U0237895

多层钢筋混凝土框架结构设计实用手册

——手算与PKPM应用

周俐俐　编著

中国水利水电出版社
www.waterpub.com.cn

内 容 提 要

本书依据现行《建筑抗震设计规范》（GB 50011—2010）、《混凝土结构设计规范》（GB 50010—2010）、《建筑地基基础设计规范》（GB 50007—2011）、《高层建筑混凝土结构技术规程》（JGJ 3—2010）等国家标准和规范编写，完整阐述了多层钢筋混凝土框架结构的手算设计过程和电算设计过程，内容丰富翔实、实用性强。

全书的主要内容包括框架结构手算实例和框架结构电算实例，电算实例包括PMCAD、TAT、SATWE、JCCAD、结构施工图绘制、框架PK电算结果与手算结果对比分析6部分。

本书可供高等学校土木工程专业、高等专科学校和高等职业技术学院房屋建筑工程专业学生毕业设计时使用，也可供自学考试、网络教育、函授本（专）科、电大、职工大学、中专学生及工程结构设计人员等不同层次的读者参考。

图书在版编目（CIP）数据

多层钢筋混凝土框架结构设计实用手册：手算与PKPM应用/周俐俐编著．—北京：中国水利水电出版社，2012.11（2024.1重印）
ISBN 978-7-5170-0271-0

Ⅰ.①多… Ⅱ.①周… Ⅲ.①多层结构-钢筋混凝土结构-框架结构-结构设计-技术手册 Ⅳ.①TU375.4-62

中国版本图书馆CIP数据核字（2012）第246261号

书　　名	多层钢筋混凝土框架结构设计实用手册 ——手算与PKPM应用
作　　者	周俐俐　编著
出版发行	中国水利水电出版社 （北京市海淀区玉渊潭南路1号D座　100038） 网址：www.waterpub.com.cn E-mail：sales@mwr.gov.cn 电话：（010）68545888（营销中心）
经　　售	北京科水图书销售有限公司 电话：（010）68545874、63202643 全国各地新华书店和相关出版物销售网点
排　　版	中国水利水电出版社微机排版中心
印　　刷	北京印匠彩色印刷有限公司
规　　格	184mm×260mm　16开本　22.5印张　534千字
版　　次	2012年11月第1版　2024年1月第6次印刷
印　　数	13001—14000册
定　　价	**88.00**元

凡购买我社图书，如有缺页、倒页、脱页的，本社营销中心负责调换

前　　言

PKPM 系列程序是中国建筑科学研究院开发的土木建筑结构设计软件，包含结构、特种结构、建筑、设备、钢结构、节能等部分。目前全国大部分建筑设计院均应用该系列程序进行建筑结构设计。目前许多高校土木工程专业都以应用较广泛的框架结构作为毕业设计的内容，要求学生在结构设计中采用手算为主、电算（一般采用 PKPM 系列程序）复核的方法，完成结构设计任务。

本书是为指导大学本科（专科）高年级学生毕业设计和刚参加工作的结构设计人员而编写的。在编写过程中，编者结合近二十多年的教学心得和工程实践经验，采用国家现行的有关设计规范、规程和标准，编入了大量的设计计算实例，系统、完整、详尽地阐述了多层钢筋混凝土框架结构的手算过程和电算过程。手算过程可使学生较好地了解建筑结构设计的全过程，较深入地掌握建筑结构的设计方法，较全面地学习综合运用力学、材料、结构、抗震等方面知识的能力，为今后的工作奠定更扎实的基础。电算过程可使学生毕业后能尽快地胜任设计工作，继而在实践中逐步提高。本书编写体系简明扼要、重点突出，编写内容丰富翔实、实用性强。

本书的主要内容包括框架结构手算实例和框架结构电算实例（包括 PMCAD、TAT、SATWE、JCCAD、结构施工图绘制、框架 PK 电算结果与手算结果对比分析等六部分）。本书设计内容依据《建筑抗震设计规范》（GB 50011—2010）、《混凝土结构设计规范》（GB 50010—2010）、《建筑地基基础设计规范》（GB 50007—2011）、《高层建筑混凝土结构技术规程》（JGJ 3—2010）、《混凝土结构施工图平面整体表示方法制图规则和构造详图》（11G101—1）等国家现行规范、规程和国标图集。电算内容依据中国建筑科学研究院 PKPMCAD 工程部 PKPM 系列软件（2010 版）。

本书可供高等学校土木工程专业、高等专科学校和高等职业技术学院房屋建筑工程专业学生毕业设计时使用，也可供自学考试、网络教育、函授本（专）科、电大、职工大学、中专学生及工程结构设计人员等不同层次的读者参考。本书也可作为土木工程专业计算机辅助结构设计课程的教材使用。

本书由周俐俐（一级注册结构工程师）编写完成，在编写过程中，张志强、张吉铭参加了框架部分内力计算。

在编写本书的过程中，参考了大量的文献资料。在此，谨向这些文献的作者表示衷心的感谢。虽然编写工作是努力和认真的，但是水平有限，错误和不当之处依然难免，恳请读者惠予指正。

周俐俐

2012 年 8 月

于西南科技大学科大花园

目　录

第1章 框架结构手算实例

本书以“云海市建筑职业技术学校办公楼”（以下简称“办公楼”）为设计实例，详细说明框架结构的手算设计过程和电算设计过程。本办公楼设计为4层，在结构方案选择上，采用框架结构体系，框架结构具有传力明确、结构布置灵活、抗震性和整体性好的优点，其整体性和抗震性均好于砌体结构，同时可提供较大的使用空间，也可构成丰富多变的立面造型。框架结构可通过合理的设计，使之具有良好的延性，成为“延性框架”，在地震作用下，这种延性框架具有良好的抗震性能。

1.1 工程概况

办公楼为四层钢筋混凝土框架结构体系，建筑面积约2700m^2。办公楼各层建筑平面图、剖面图、立面图、楼梯详图、卫生间和门窗表等如图1.1～图1.15所示。一～四层的建筑层高分别为3.9m、3.6m、3.6m和3.9m。一～四层的结构层高分别为4.9m（从基础顶面算起，包括初估地下部分1.0m）、3.6m、3.6m和3.9m，室内外高差0.45m。建筑设计使用年限50年。

1.2 设计资料

1.2.1 工程地质条件

根据地质勘察报告，场区范围内地下水位为－12.00m，地下水对一般建筑材料无侵蚀作用，不考虑土的液化。土质构成自地表向下依次为：

（1）填土层：厚度约为0.5m，承载力特征值 f_{ak}=80kPa，天然重度17.0kN/m^3。

（2）黏土：厚度约为2～5m，承载力特征值 f_{ak}=240kPa，天然重度18.8kN/m^3，e 及 I_L 均小于0.85。

（3）轻亚黏土：厚度约为3～6m，承载力特征值 f_{ak}=220kPa，天然重度18.0kN/m^3。

（4）卵石层：厚度约为2～9m，承载力特征值 f_{ak}=300kPa，天然重度20.2kN/m^3。

1.2.2 气象资料

（1）气温：年平均气温20℃，最高气温38℃，最低气温0℃。

（2）雨量：年降雨量800mm，最大雨量110mm/d。

（3）基本风压：W_0=0.4kN/m^2，地面粗糙度为C类。

（4）基本雪压：0.30kN/m^2。

1.2.3 抗震设防烈度

抗震设防烈度为7度，设计基本地震加速度值为0.10g，建筑场地土类别为二类，场地特征周期为0.35s，框架抗震等级为3级，设计地震分组为第一组。

建筑设计总说明

一、工程概况
1、工程名称：云海市职业技术学校办公楼；
2、耐火等级：二级；
3、建筑高度：16米；
4、建筑总面积：2700平方米；
5、建筑设计使用年限：50年；
6、抗震烈度：7度；
7、结构类型：钢筋混凝土框架结构，基础为钢筋混凝土独立基础。

二、设计依据
1、设计任务书中提及的设计内容；
2、《房屋建筑制图统一标准》(GB/T 50001-2010)；
3、《建筑设计防火规范》(GB 50016-2006)；
4、工程建设标准强制性条文-（房屋建筑部分）的建筑设计篇与建筑防火篇；
5、《建筑制图标准》(GB/T 50104-2010)；
6、《中小学校设计规范》 (GB50099-2011)；
7、《公共建筑节能设计标准》(GB 50189-2005)；
8、《建筑工程设计文件编制深度规定》等。

三、设计总则
1、施工图纸中所注尺寸均以毫米为单位，标高以米为单位，比例与尺寸均以尺寸为准，图中细部节点以详图为准；
2、本工程有关施工操作及工程质量标准，请按照国家颁发的现行建筑安装工程施工及验收规范，安全技术规范及本省其他有关规定办理；
3、施工过程中请与水、电、暖安装工程密切配合，做好预埋、预留工作；
4、施工过程中如因材料供应困难或建设单位提出改变原设计的布置或用料时，均应在事前征得设计单位的同意后方可施工，如发现本工程所各工种图纸存在矛盾和碰头之处，应及时与设计人员联系解决；
5、本图中未详尽处请按国家现行颁布的有关施工及验收规定执行。

四、定位、设计标高
1、定位见总平面图；
2、本工程设计室内地坪标高±0.000相对于绝对标高750m，室内外高差450mm；
3、立面、剖面所注楼地面标高均系指建筑标高，室内指建筑完成面标高。

五、墙体工程
1、墙体标号、砂浆详见结施图；
2、外墙均为200mm厚，内部填充墙为200mm厚；
3、外墙采用200mm厚大空页岩砖，内部填充墙采用200mm厚大空页岩砖。砌筑容重少于$10kN/m^2$；
4、室内墙、柱面、门窗洞口阳角均做1：2水泥砂浆护角，并倒小圆角R=20，高度到顶；
5、外墙窗台、窗楣、压顶等上面均应做泛水坡度1%；
6、所有管道预留孔在管道安装好以后用素混凝土密室填充。

六、楼面
1、卫生间防滑地砖楼面：200×200 防滑地砖面层，25mm厚1：2水泥砂浆结合层，C15细石混凝土1%找坡，100mm厚现浇钢筋混凝土板，板底1：1：4混合砂浆底，纸筋灰面，白色内墙涂料二度；
2、地砖楼面：500×500地砖面层（白水泥勾缝），5mm厚1：3水泥砂浆结合层，20mm厚1：3水泥砂浆找平层，100mm厚现浇钢筋混凝土板，20mm厚混合砂浆板底抹灰。

七、地面
1、卫生间地面：200×200防滑地砖面层，25mm厚水泥砂浆结合层，C15细石混凝土1%找坡100mm厚C25细石混凝土，80mm厚碎石，素土分层夯实；
2、地砖地面：500×500地砖面层（白水泥勾缝），5mm厚1：3水泥砂浆结合层，20mm厚1：3水泥砂浆找平层，100mm厚C25细石混凝土，80mm厚碎石，素土分层夯实。

八、粉刷
1、外墙： 饰面部位详立面图
a 面砖外墙：15mm厚1：3水泥砂浆找平打底，10mm厚1：0.4：1混合砂浆结合层，银灰色外墙面砖；
b 涂料外墙：12mm厚1：3水泥砂浆找平打底，8mm厚1：2.5水泥砂浆粉面，优质合成米白色外墙树脂漆二度。
2、内墙
a 涂料墙面：18mm厚1：1：6混合砂浆打底，粉面，砖墙，满批成品腻子、打光；白色内墙乳胶漆罩面二度，地面处理剂1：4加水稀释做底涂；
b 瓷砖墙面：10mm厚1：2.5水泥砂浆打底，5mm厚1：0.4：1混合砂浆结合层，5mm厚瓷砖面层，白水泥砂浆嵌缝。
3、顶棚
混凝土板底（包括楼板底）均需做粉刷：12mm厚1：1：6混合砂浆打底，3mm厚纸筋灰面，满批成品腻子、打光；白色内墙乳胶漆罩面二度，底层处理剂1：4加水稀释做底涂。

九、屋面
1、屋面必须设置保温、隔热层，传热系数小于等于1.5W/m.k；
2、不上人屋面做法：
40厚C20细石混凝土随捣随抹(内配Φ4@150×150双向钢筋网片)
铺油毛毡隔离层一道
80厚矿渣水泥保温层
SBS改性沥青防水卷材一层
20厚1：2.5水泥砂浆找平层
40厚水泥石灰焦渣砂浆3‰找坡

十、门窗
采用白色塑钢门窗，卫生间门窗采用5mm厚磨砂玻璃，其余采用5mm厚白片玻璃；
门窗气密性等级为三级；
楼梯窗应加设防护栏杆。

十一、消防设计
本工程的消防道路、防火间距、防火分区及消防疏散的设计均满足《建筑设计防火规范》GB 50016 的要求，详见总平面图。每一层为一个防火分区，每个防火分区不超过2500平方米，每个防火分区疏散出口不少于两个，疏散距离符合防火规范要求本建筑设有两个楼梯间作为垂直交通和安全疏散用。

十二、其他
1、雨水管采用ø110PVC塑料管，雨水管接头处均应粘结牢固，安装完后均应做灌水实验；
2、散水做法详见西南04J802第44页 2大样图施工；
3、空调按分体式空调考虑，空调管留洞和室外机位置见建筑平面图所示。室外空调机搁板要预留穿墙孔。
4、屋面
屋面泛水按西南J212-1第21页 3、4大样施工；
屋顶女儿墙压顶参照西南J212-1第21页 8 大样施工；
屋面分格缝按西南J212-1第21页 8 大样施工；
屋面雨水口外排水按西南J212第46页 2 大样施工；
屋面雨水斗及雨水管按西南J212第49页 1 大样施工。
5、土建施工应与设备安装密切配合，注意做留空洞，预埋件位置准确，避免错漏。如需要更改设计，必须经设计单位同意后方可施工。所有图中未详之处须严格按国家现行施工操作规程及验收规范处理。
6、未尽之处按现行施工及验收规范执行。

十三、建筑节能设计（另详）

图纸目录

序号	图号	图纸名称	图幅	备注
1	1/16	建筑设计总说明	2#	
2	2/16	室内装修明细表	2#	
3	3/16	底层平面图	2#	
4	4/16	二层平面图	2#	
5	5/16	三层平面图	2#	
6	6/16	四层平面图	2#	
7	7/16	屋顶平面图	2#	
8	8/16	①—⑥立面图	2#	
9	9/16	⑥—①立面图	2#	
10	10/16	Ⓐ—Ⓒ立面图	2#	
11	11/16	Ⓒ—Ⓐ立面图	2#	
12	12/16	1-1剖面图	2#	
13	13/16	±0.000 — 7.500 1号楼梯平面图	2#	
14	14/16	7.500 — 11.100 1号楼梯平面图	2#	
15	15/16	1号楼梯剖面图	2#	
16	16/16	卫生间详图	2#	

门窗表

类型	设计编号	洞口尺寸（mm）	数量	
门	M1	2400×2100	2	
	M2	1000×2100	20	
	M3	1500×2100	31	
	M4	900×2100	8	
	M5	1200×2100	2	
窗	C1	1860×1800	8	由厂家订做
	C2	2100×1800	79	

选用标准图集目录

序号	图集代号	图集名称	序号	图集代号	图集名称
1	西南J112	墙	6	西南J516	室外装修
2	西南J212－1	屋 面	7	西南J517	卫生间设施
3	西南J312	楼地面 刷浆	8	西南J812	室外附属工程
4	西南J412	楼梯栏杆	9	92SJ713	铝合金门窗图集
5	西南J515	室内装修			

工程名称	云海市建筑职业技术学校办公楼			
设计制图		建筑设计总说明	图号	01/16
校 对			图别	建施
指导老师			日期	2012.06

图 1.1 建筑设计总说明

室内装修明细表

楼层	房间名称	楼地面	墙面	踢脚	吊顶及天棚	楼层	房间名称	楼地面	墙面	踢脚	吊顶及天棚
底层	门厅	普通地砖帖面	纸筋灰粉刷喷白二度	大理石贴面120高	另详二次装修	三层	走廊	普通地砖帖面	纸筋灰粉刷喷白二度	大理石贴面120高	轻钢龙骨石膏板吊顶
	走廊	普通地砖帖面	纸筋灰粉刷喷白二度	大理石贴面120高	纸筋灰粉刷喷白二度		楼梯间	普通地砖帖面	纸筋灰粉刷喷白二度	大理石贴面120高	纸筋灰粉刷喷白二度
	楼梯间	普通地砖帖面	纸筋灰粉刷喷白二度	大理石贴面120高	纸筋灰粉刷喷白二度		办公室	普通地砖帖面	纸筋灰粉刷喷白二度	大理石贴面120高	纸筋灰粉刷喷白二度
	传达室	普通地砖帖面	纸筋灰粉刷喷白二度	大理石贴面120高	纸筋灰粉刷喷白二度		会议室	普通地砖帖面	高级粉刷底喷白二度	大理石贴面120高	吸音板吊顶
	办公室	普通地砖帖面	高级粉刷底喷白二度	大理石贴面120高	纸筋灰粉刷喷白二度		卫生间	防滑地砖贴面	瓷砖贴面		金属扣板吊顶
	卫生间	防滑地砖贴面	瓷砖贴面		金属扣板吊顶		音响控制室	普通地砖帖面	纸筋灰粉刷喷白二度	大理石贴面120高	纸筋灰粉刷喷白二度
	平台台阶	细毛面花岗岩条石					总配线	水泥油漆地面	纸筋灰粉刷喷白二度	大理石贴面120高	纸筋灰粉刷喷白二度
二层	走廊	普通地砖帖面	纸筋灰粉刷喷白二度	大理石贴面120高	轻钢龙骨石膏板吊顶	四层	走廊	普通地砖帖面	纸筋灰粉刷喷白二度	大理石贴面120高	轻钢龙骨石膏板吊顶
	楼梯间	普通地砖帖面	纸筋灰粉刷喷白二度	大理石贴面120高	纸筋灰粉刷喷白二度		楼梯间	普通地砖帖面	纸筋灰粉刷喷白二度	大理石贴面120高	纸筋灰粉刷喷白二度
	办公室	普通地砖帖面	纸筋灰粉刷喷白二度	大理石贴面120高	纸筋灰粉刷喷白二度		办公室	普通地砖帖面	纸筋灰粉刷喷白二度	大理石贴面120高	纸筋灰粉刷喷白二度
	会议室	普通地砖帖面	纸筋灰粉刷喷白二度	大理石贴面120高	吸音板吊顶		清洁间	水泥油漆地面	纸筋灰粉刷喷白二度	大理石贴面120高	纸筋灰粉刷喷白二度
	活动室	普通地砖帖面	纸筋灰粉刷喷白二度	大理石贴面120高	吸音板吊顶		卫生间	防滑地砖贴面	瓷砖贴面		金属扣板吊顶
	卫生间	防滑地砖贴面	瓷砖贴面		金属扣板吊顶						

工程名称	云海市建筑职业技术学校办公楼		
设计制图	室内装修明细表	图号	02 / 16
校　对		图别	建施
指导老师		日期	2012.06

图1.2 室内装修明细表

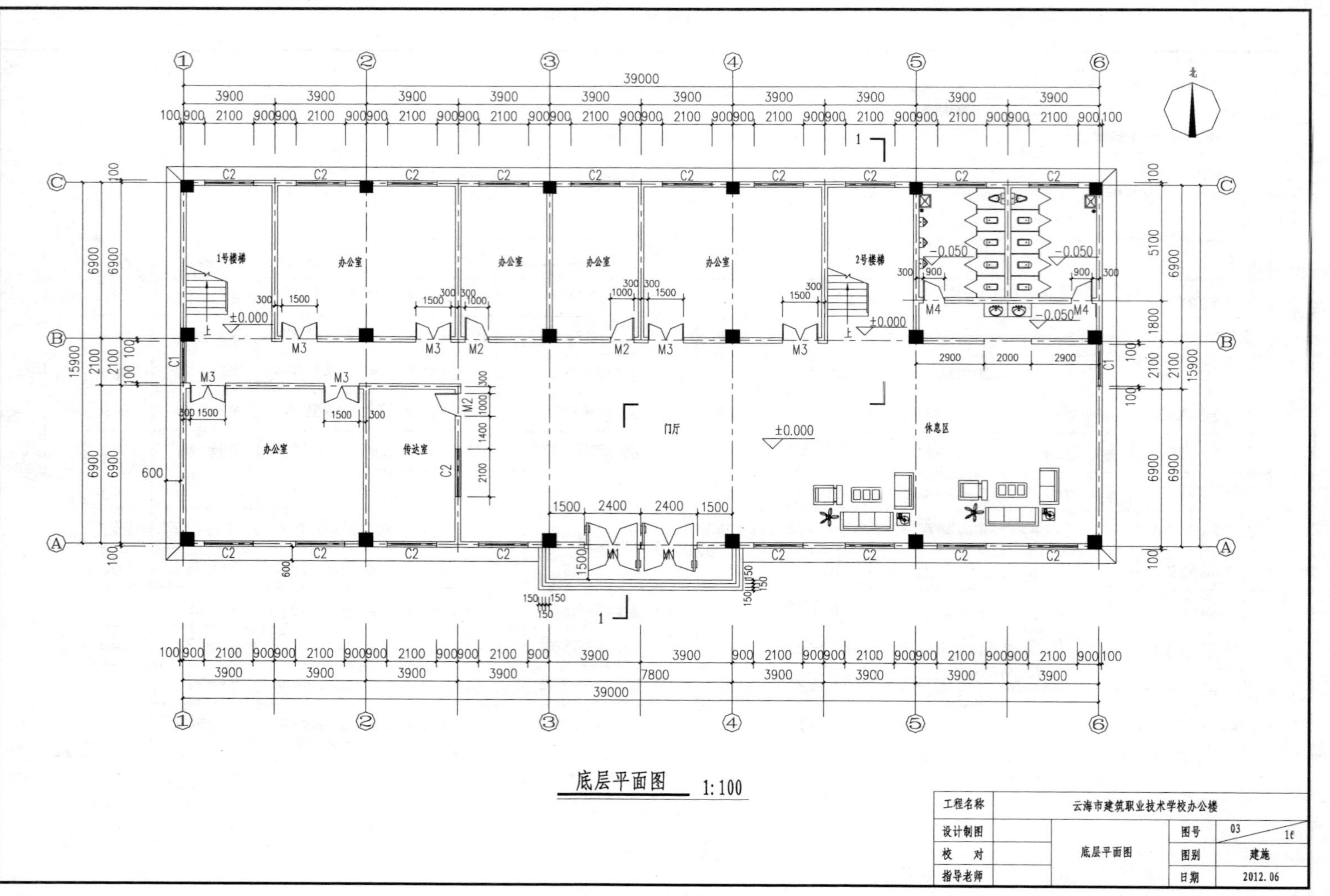
1号楼梯
办公室
办公室
办公室
办公室
2号楼梯
办公室
传达室
门厅
休息区
±0.000
-0.050
39000
15900
3900
6900
2100
M1
M2
M3
M4
C1
C2
底层平面图 1:100
工程名称
云海市建筑职业技术学校办公楼
设计制图
校 对
指导老师
底层平面图
图号
03
1f
图别
建施
日期
2012.06

图 1.3 底层平面图

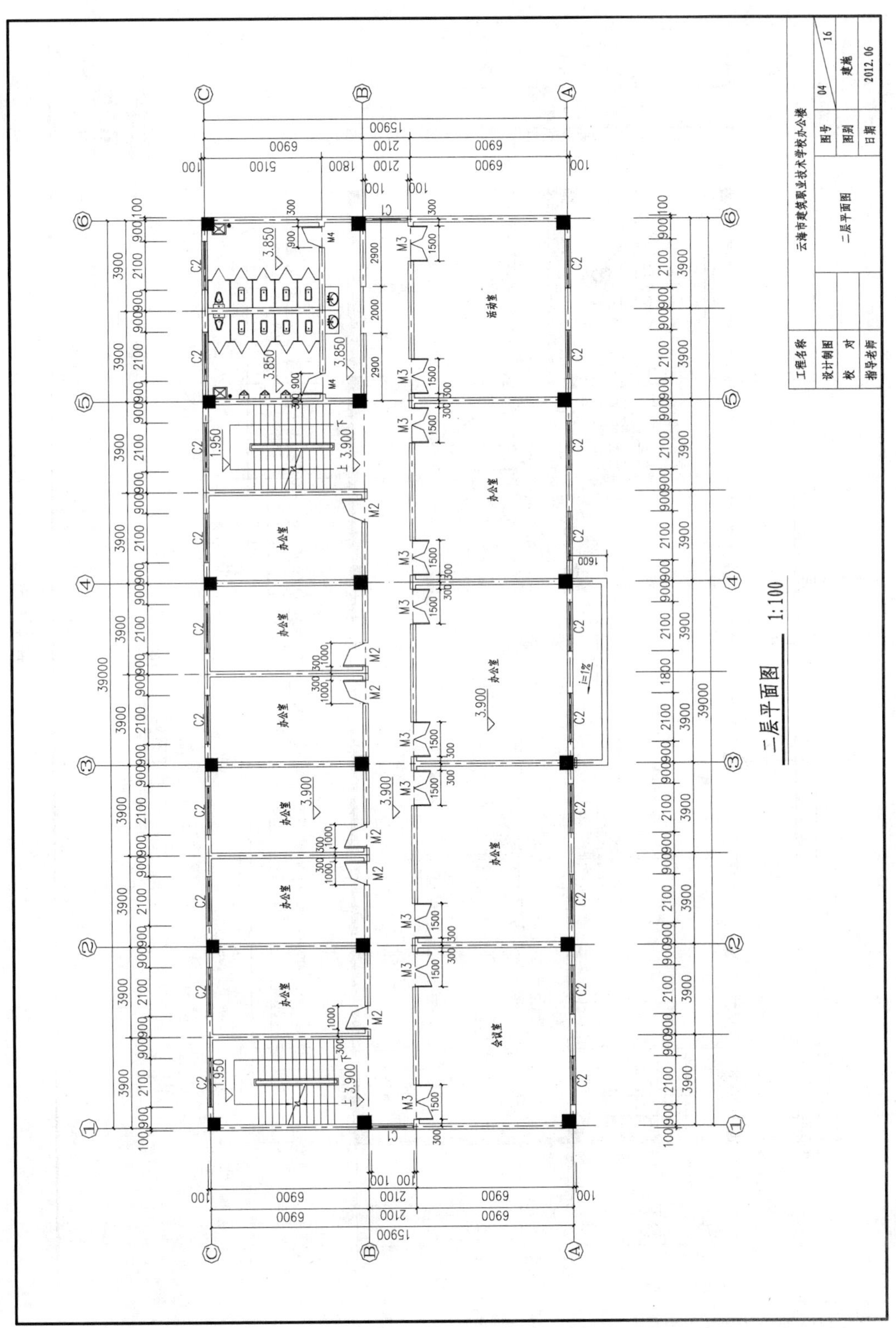
二层平面图　1:100
工程名称
云海市建筑职业技术学校办公楼
设计制图
校　对
指导老师
二层平面图
图号
04
16
图别
建施
日期
2012.06
办公室
活动室
会议室
M2
M3
M4
C1
C2
15900
39000
i=1%

图 1.4　二层平面图

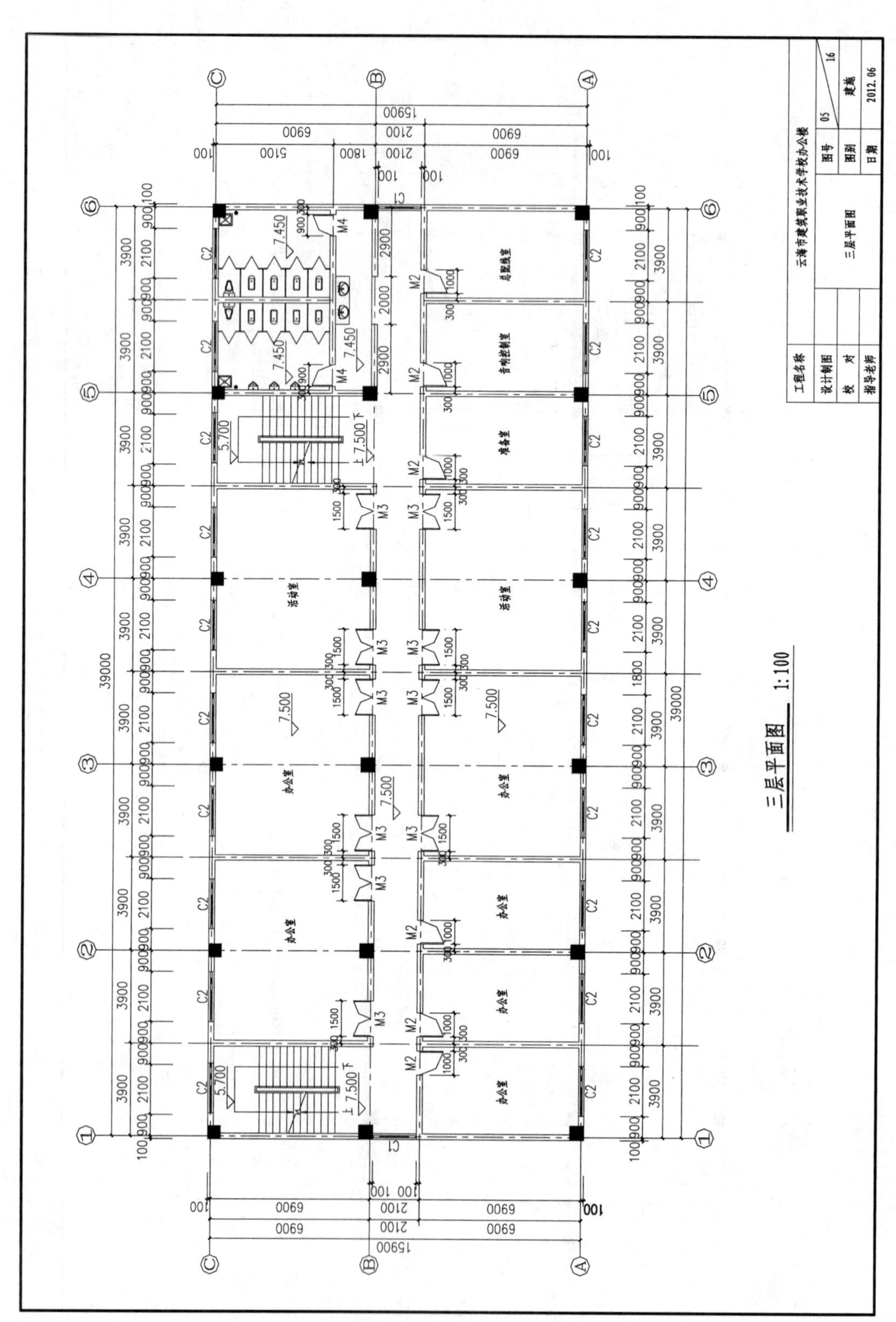
三层平面图 1:100
工程名称
云海市建筑职业技术学校办公楼
设计制图
校 对
三层平面图
指导老师
图号
05
16
图别
建施
日期
2012.06

图 1.5 三层平面图

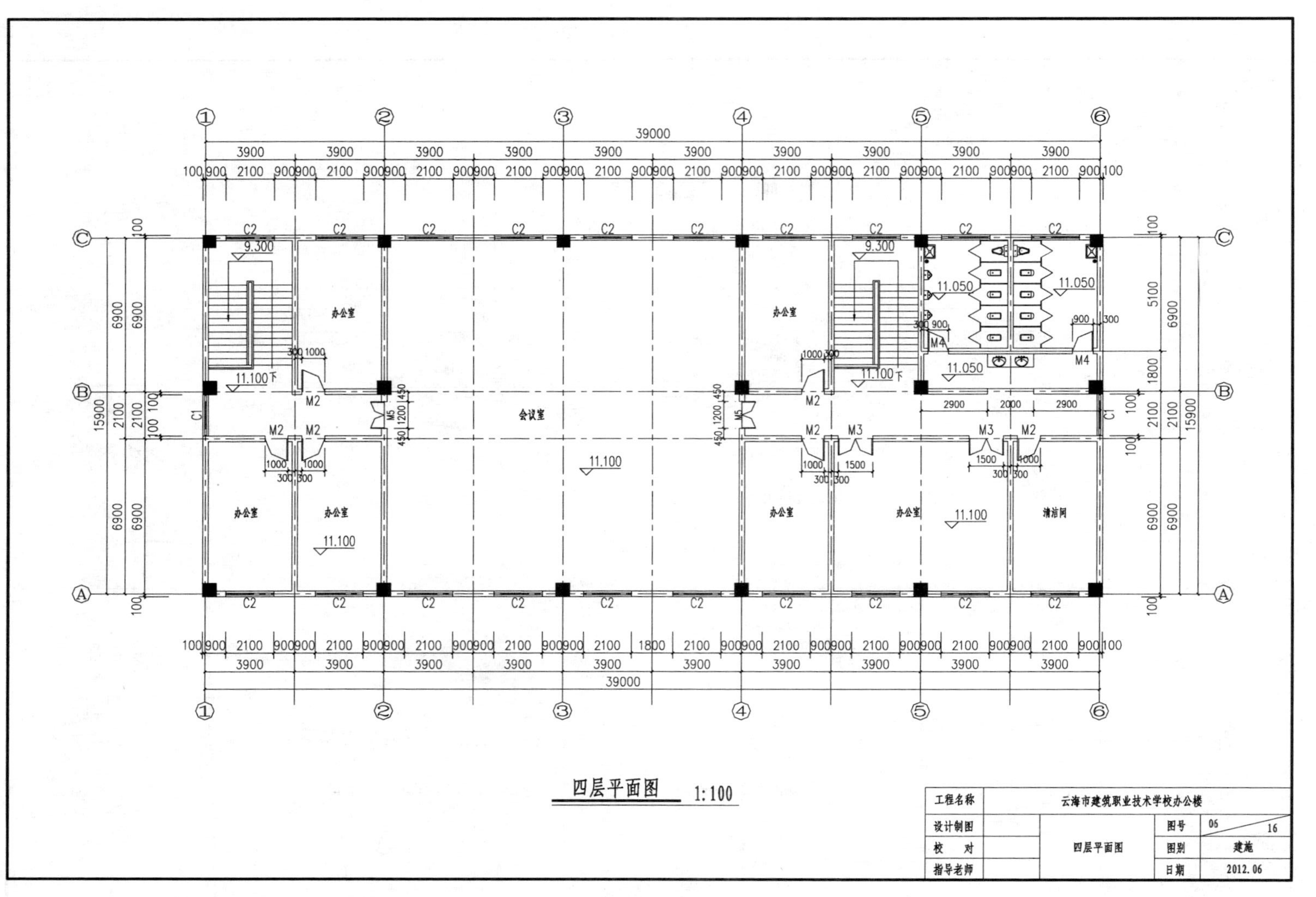

四层平面图　1:100
办公室
会议室
清洁间
11.100
11.050
9.300
工程名称
云海市建筑职业技术学校办公楼
设计制图
校　对
指导老师
四层平面图
图号 06 16
图别 建施
日期 2012.06

图 1.6　四层平面图

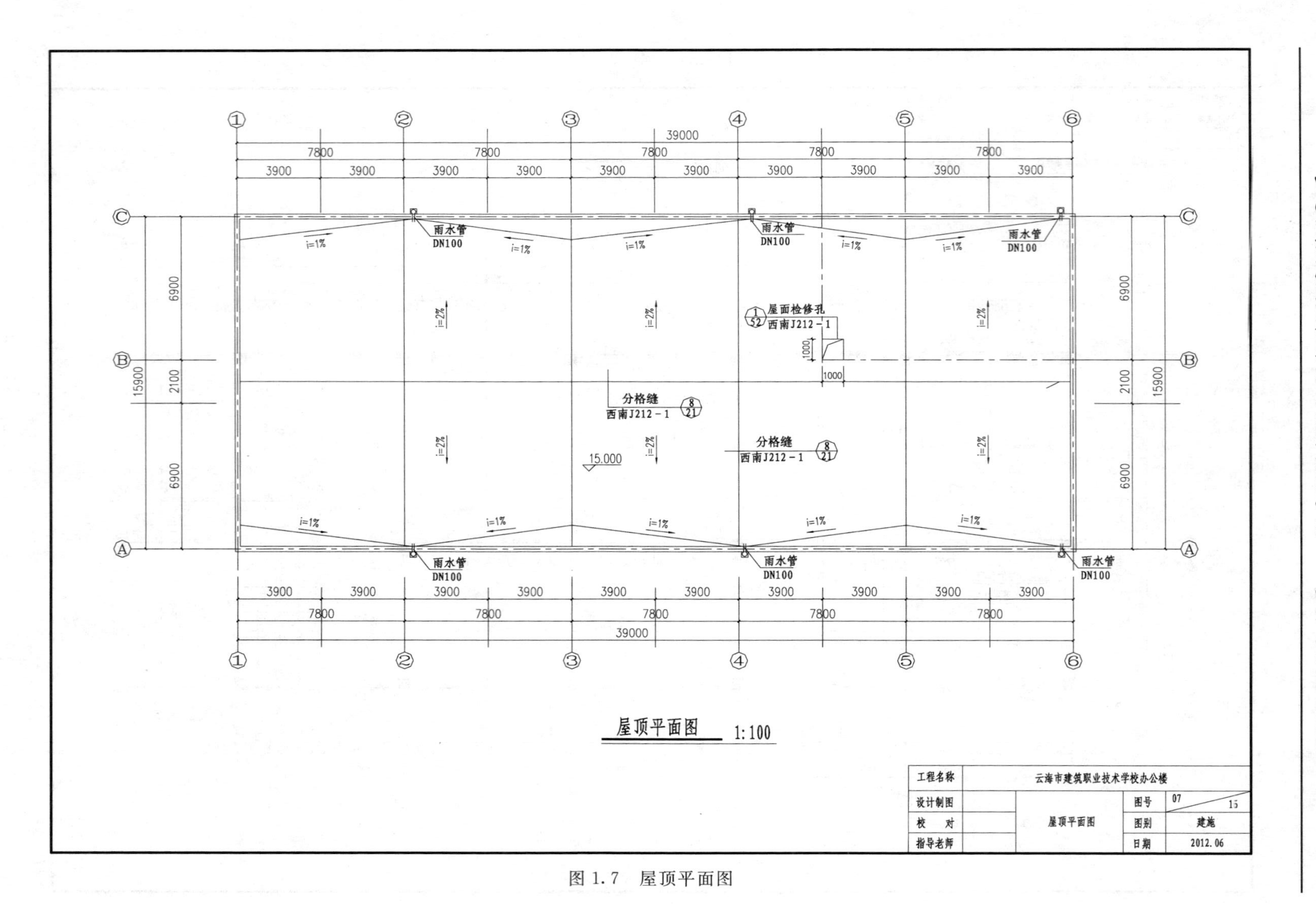

屋顶平面图 1:100
雨水管
DN100
分格缝
西南J212-1
屋面检修孔
i=1%
i=2%
15.000
39000
7800
3900
15900
6900
2100
1000
工程名称
云海市建筑职业技术学校办公楼
设计制图
校 对
指导老师
屋顶平面图
图号
07
15
图别
建施
日期
2012.06

图 1.7 屋顶平面图

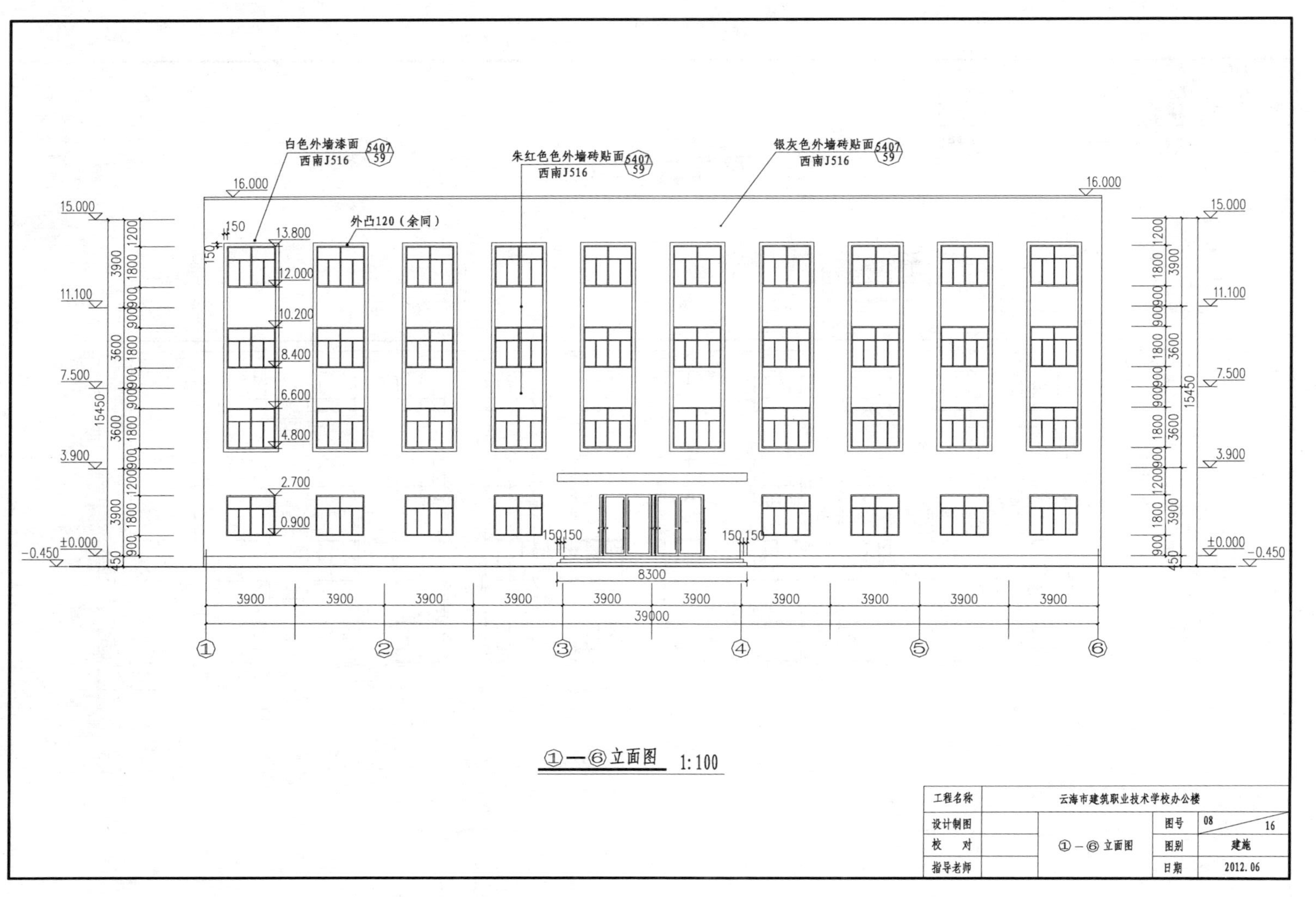

白色外墙漆面
西南J516
5407
59
朱红色色外墙砖贴面
西南J516
银灰色外墙砖贴面
西南J516
外凸120（余同）
16.000
15.000
11.100
7.500
3.900
±0.000
-0.450
13.800
12.000
10.200
8.400
6.600
4.800
2.700
0.900
15450
8300
3900
39000
①—⑥立面图　1:100
工程名称
云海市建筑职业技术学校办公楼
设计制图
校　对
指导老师
①—⑥立面图
图号
08
16
图别
建施
日期
2012.06

图1.8　①—⑥立面图

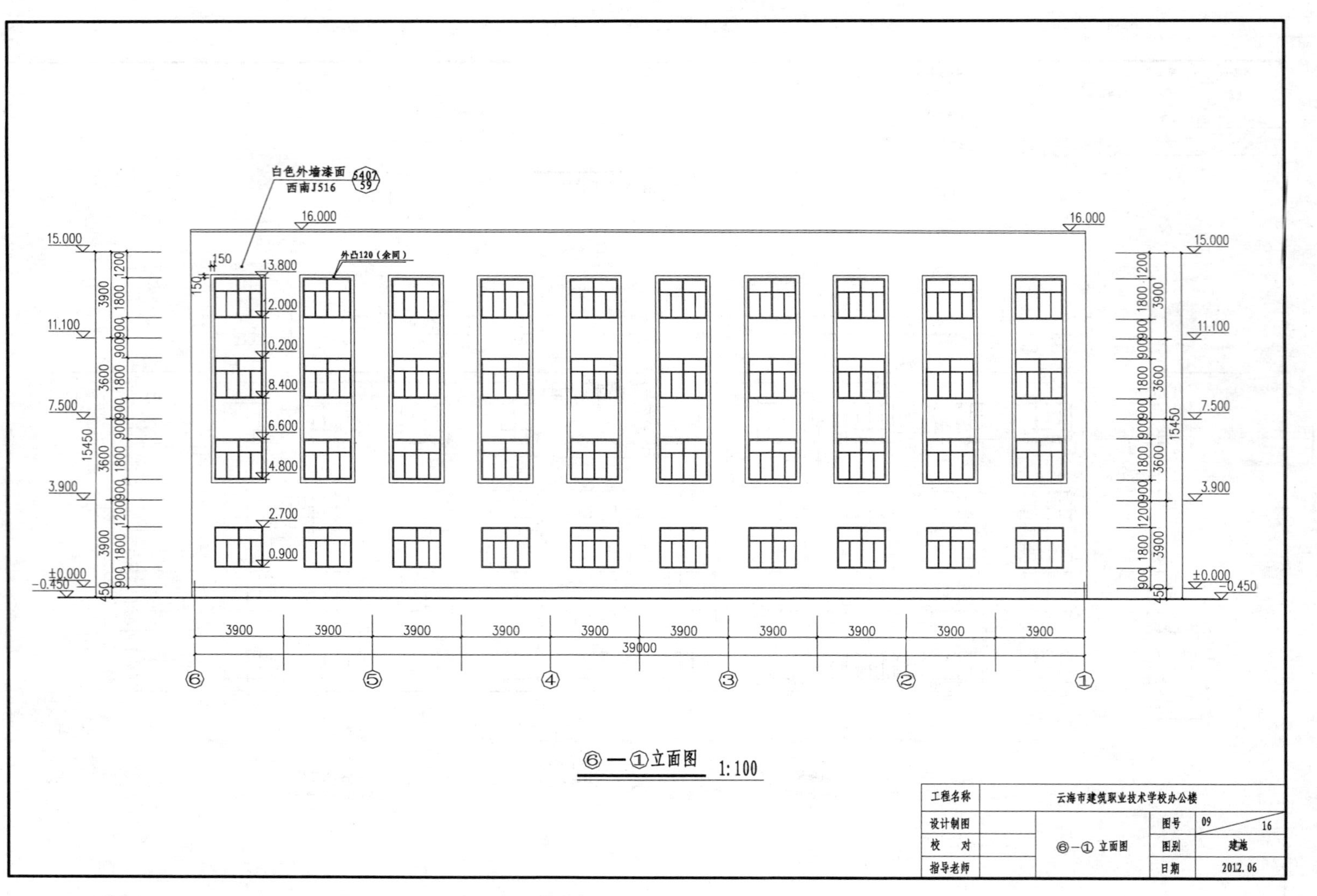

白色外墙漆面
西南J516
5407
59
外凸120（余同）
16.000
15.000
13.800
12.000
11.100
10.200
8.400
7.500
6.600
4.800
3.900
2.700
0.900
±0.000
-0.450
150
15450
3900
39000
⑥—①立面图 1:100
工程名称
云海市建筑职业技术学校办公楼
设计制图
校 对
指导老师
⑥—① 立面图
图号
09
16
图别
建施
日期
2012.06

图 1.9 ⑥—①立面图

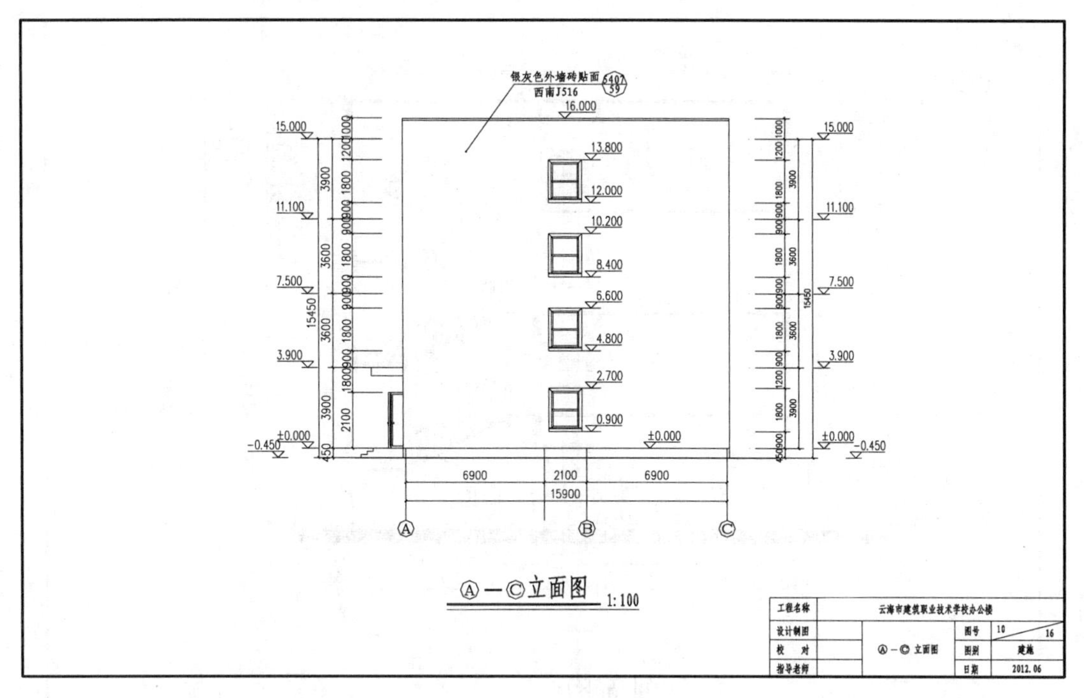

图1.10　Ⓐ—Ⓒ立面图

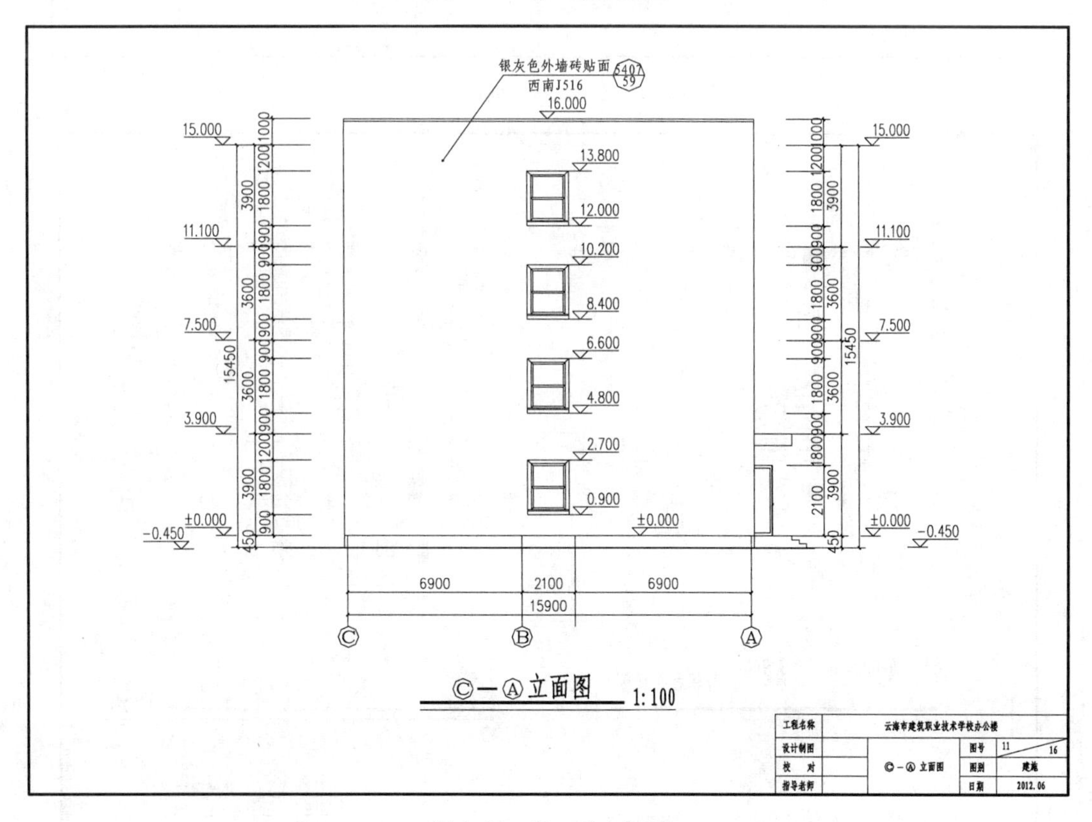

图1.11　Ⓒ—Ⓐ立面图

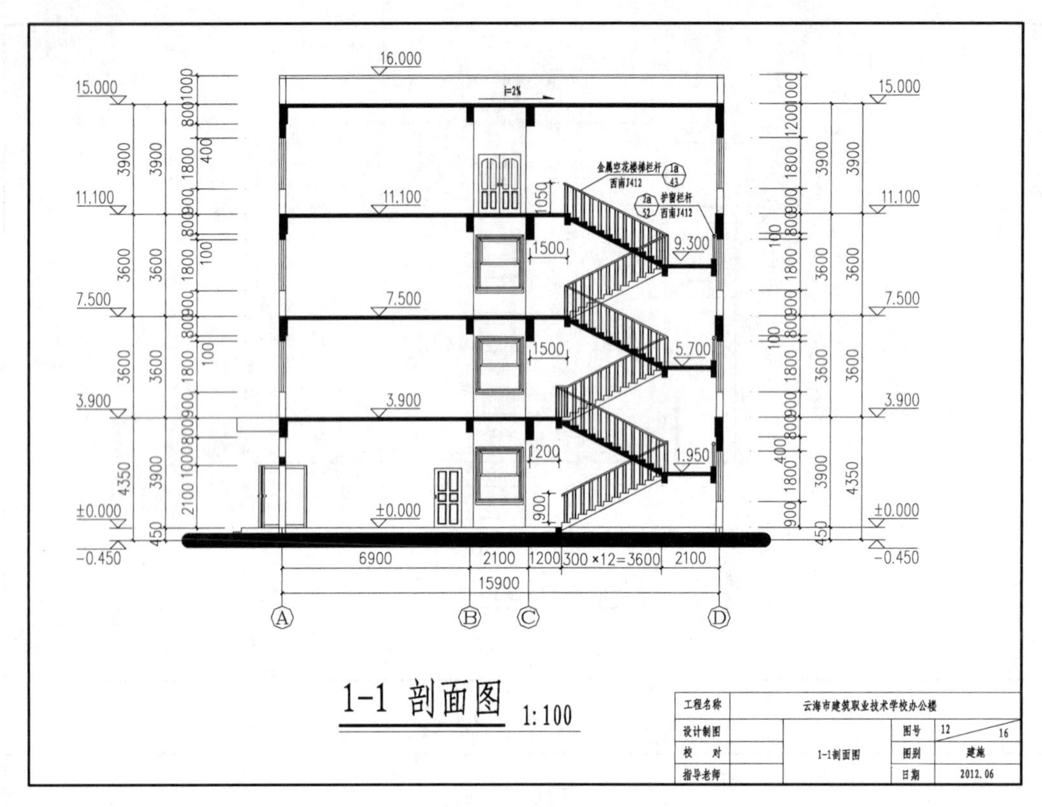

图 1.12 1—1 剖面图

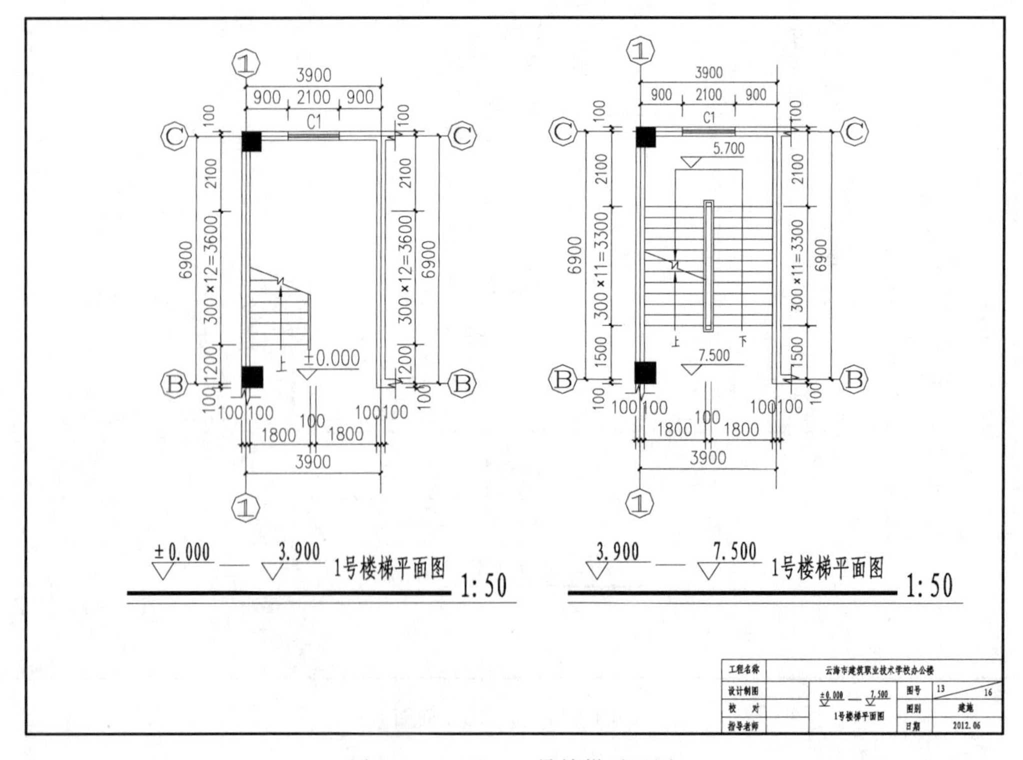

图 1.13（一） 1 号楼梯平面图

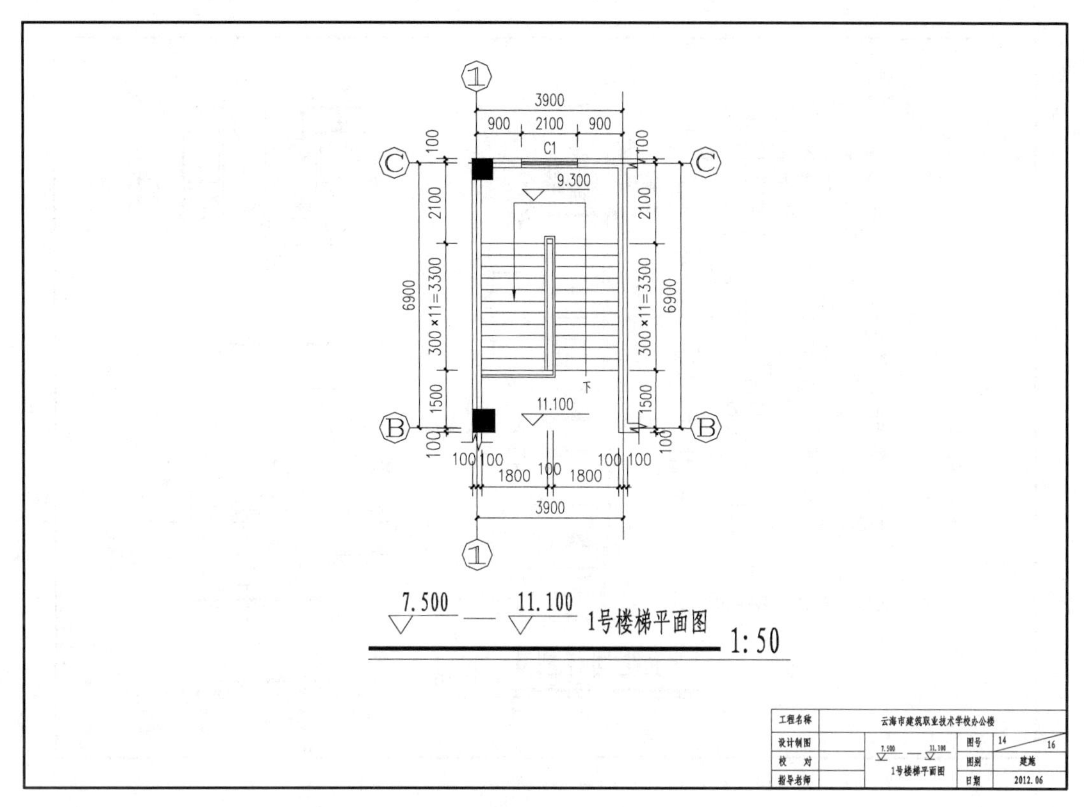

图 1.13（二） 1号楼梯平面图

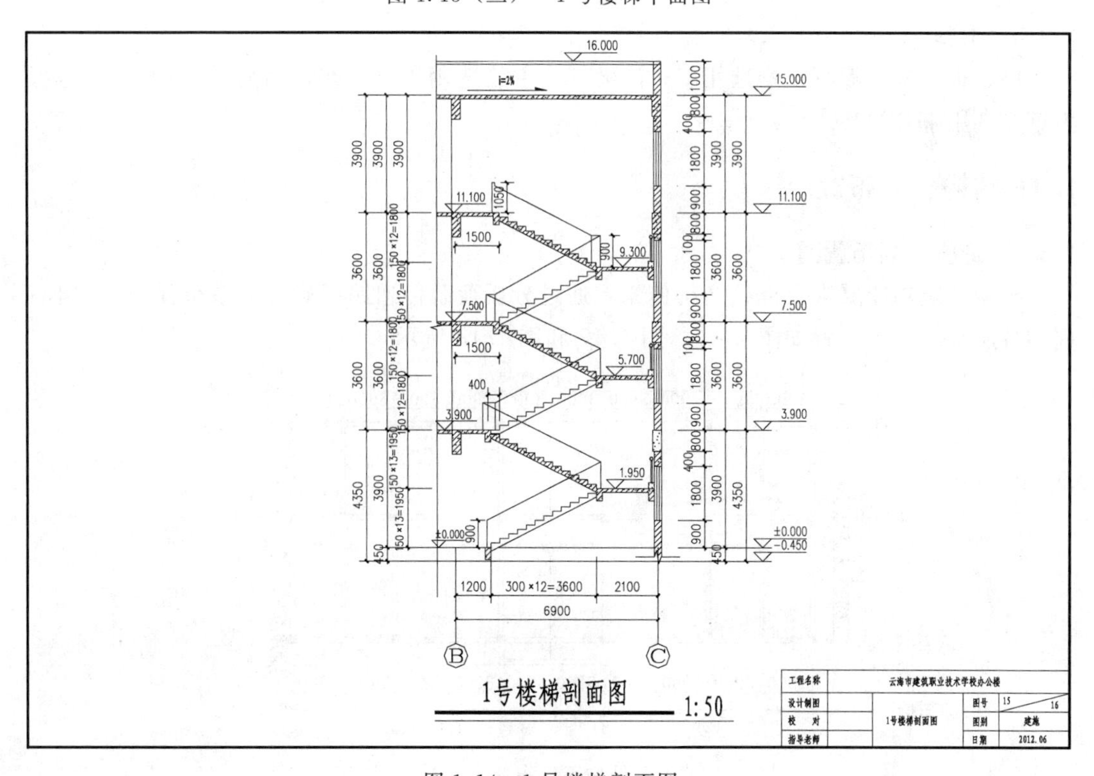

图 1.14 1号楼梯剖面图

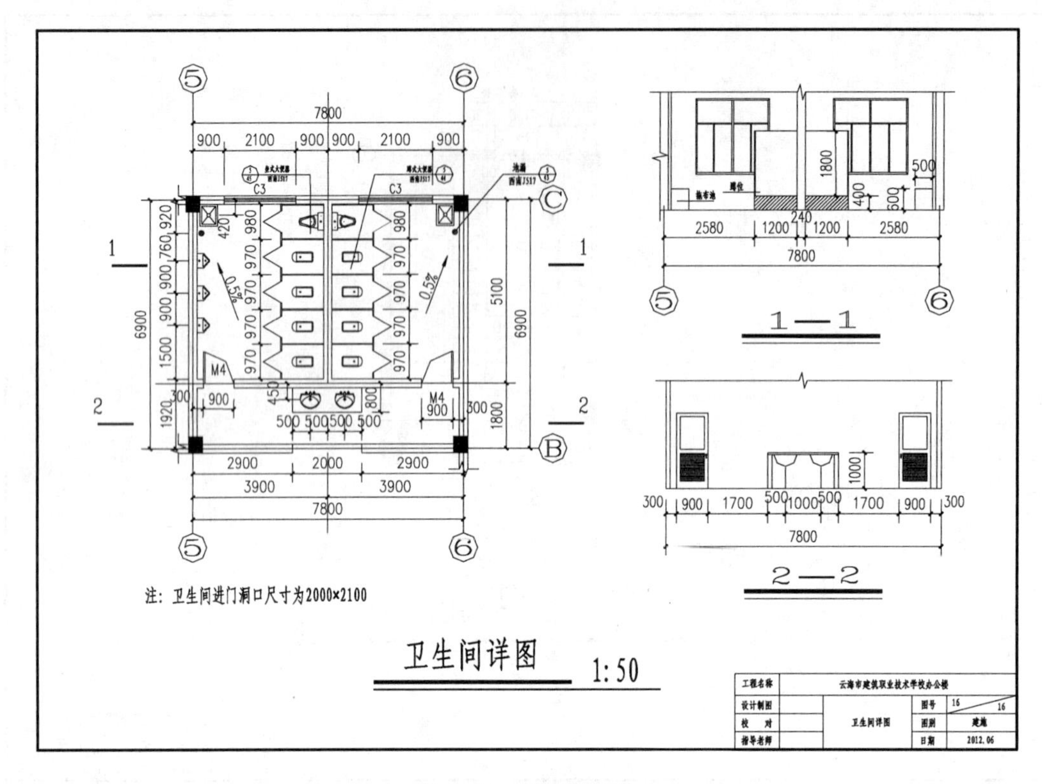

图 1.15 卫生间详图

1.2.4 材料

梁、板、柱的混凝土均选用C30，梁、柱主筋选用HRB400，箍筋选HPB300，板受力钢筋选用HRB335。

1.3 结构平面布置

1.3.1 结构平面布置图

根据建筑功能要求及框架结构体系，通过分析荷载传递路线确定梁系布置方案。本工程的各层结构平面布置如图1.16、图1.17和图1.18所示。

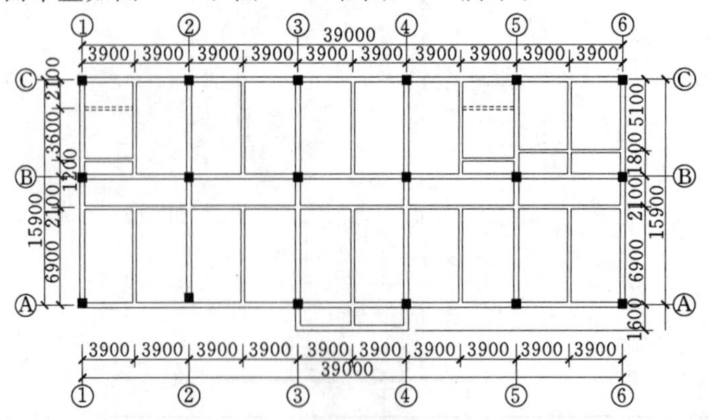

图 1.16 一层结构平面布置图（单位：mm）

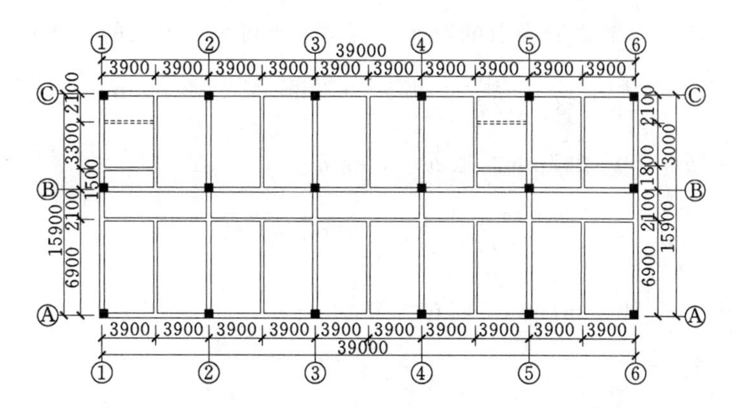

图 1.17　二、三层结构平面布置图（单位：mm）

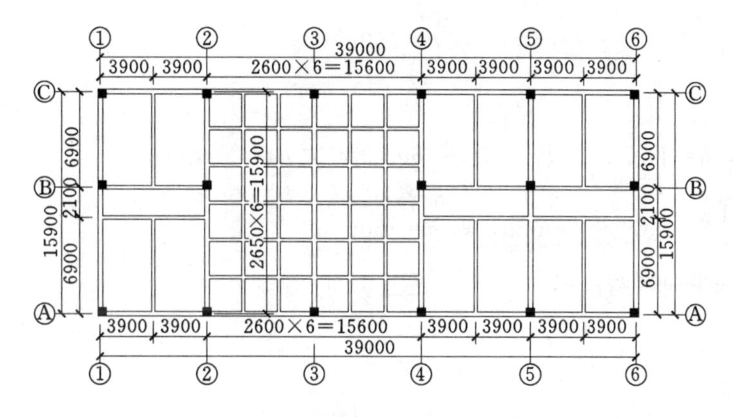

图 1.18　四层结构平面布置图（单位：mm）

1.3.2　框架梁柱截面尺寸确定

1. 框架梁截面尺寸初估

（1）横向框架梁。

Ⓐ—Ⓑ跨：

$l_0=9\text{m}$，$h=\left(\frac{1}{8}\sim\frac{1}{12}\right)l_0=1125\sim750\text{mm}$，取 $h=900\text{mm}$

$b=\left(\frac{1}{2}\sim\frac{1}{3}\right)h=450\sim300\text{mm}$，取 $b=350\text{mm}$

Ⓑ—Ⓒ跨：

$l_0=6.9\text{m}$，$h=\left(\frac{1}{8}\sim\frac{1}{12}\right)l_0=862\sim575\text{mm}$，取 $h=700\text{mm}$

$b=\left(\frac{1}{2}\sim\frac{1}{3}\right)h=350\sim233\text{mm}$，取 $b=350\text{mm}$

（2）纵向框架梁。

Ⓐ轴：$l_0=7.8\text{m}$，$h=\left(\frac{1}{8}\sim\frac{1}{12}\right)l_0=975\sim650\text{mm}$，取 $h=800\text{mm}$

$b=\left(\frac{1}{2}\sim\frac{1}{3}\right)h=400\sim267\text{mm}$，取 $b=350\text{mm}$（因Ⓐ轴纵向框架梁沿柱外边平齐放

置，为减小梁柱偏心，梁宽适当取的宽些，当然梁也可采取加腋的办法）

Ⓑ轴：$l_0=7.8\text{m}$，$h=\left(\frac{1}{8}\sim\frac{1}{12}\right)l_0=975\sim650\text{mm}$，取 $h=800\text{mm}$

$b=\left(\frac{1}{2}\sim\frac{1}{3}\right)h=400\sim267\text{mm}$，取 $b=350\text{mm}$

Ⓒ轴：$l_0=7.8\text{m}$，$h=\left(\frac{1}{8}\sim\frac{1}{12}\right)l_0=975\sim650\text{mm}$，取 $h=800\text{mm}$

$b=\left(\frac{1}{2}\sim\frac{1}{3}\right)h=400\sim267\text{mm}$，取 $b=350\text{mm}$

（3）横向次梁。

$l_0=6.9\text{m}$，$h=\left(\frac{1}{8}\sim\frac{1}{12}\right)l_0=862\sim575\text{mm}$，取 $h=650\text{mm}$

$b=\left(\frac{1}{2}\sim\frac{1}{3}\right)h=325\sim217\text{mm}$，取 $b=250\text{mm}$

（4）纵向连梁。

$l_0=7.8\text{m}$，$h=\left(\frac{1}{8}\sim\frac{1}{12}\right)l_0=975\sim650\text{mm}$，取 $h=750\text{mm}$

$b=\left(\frac{1}{2}\sim\frac{1}{3}\right)h=375\sim250\text{mm}$，取 $b=250\text{mm}$

（5）卫生间纵向两跨次梁。

$l_0=3.9\text{m}$，$h=\left(\frac{1}{8}\sim\frac{1}{12}\right)l_0=487\sim325\text{mm}$，取 $h=400\text{mm}$

$b=\left(\frac{1}{2}\sim\frac{1}{3}\right)h=200\sim133\text{mm}$，取 $b=200\text{mm}$

（6）井字梁。

井字楼盖的平面尺寸为15600mm×15900mm，井字梁的梁格划分如图1.18所示，井字梁采用6×6网格，网格尺寸为2600mm×2650mm。由于本实例井字梁跨度较大，故梁高度取得大些，为短跨度的1/14～1/16，即

$h=\left(\frac{1}{14}\sim\frac{1}{16}\right)l_0=1114\sim975\text{mm}$，取井字梁的高度为 $h=1100\text{mm}$

井字梁的宽度取为高度的1/3～1/4，即

$b=\left(\frac{1}{3}\sim\frac{1}{4}\right)h=367\sim275\text{mm}$，取 $b=300\text{mm}$，因此，井字梁的截面尺寸为300mm×1100mm

⑤轴线上的井字梁与柱相交，截面宽度增加而高度保持不变，即截面取为350mm×1100mm。井字梁四周边梁需要保证足够的刚度，其刚度一般大于井字梁截面高度的1.1～1.2倍，故取井字梁四周边梁的截面尺寸为400mm×1200mm。

2. 框架柱截面初估

（1）按轴压比要求初估框架柱截面尺寸。

框架柱的受荷面积如图1.19所示，框架柱选用C30混凝土，$f_c=14.3\text{N/mm}^2$，框架抗震等级为三级，轴压比 $\mu_N=0.85$。由轴压比初步估算框架柱截面尺寸时，可按式

（1.1）计算，即

$$A_c=b_ch_c\geqslant\frac{N}{\mu_N f_c} \tag{1.1}$$

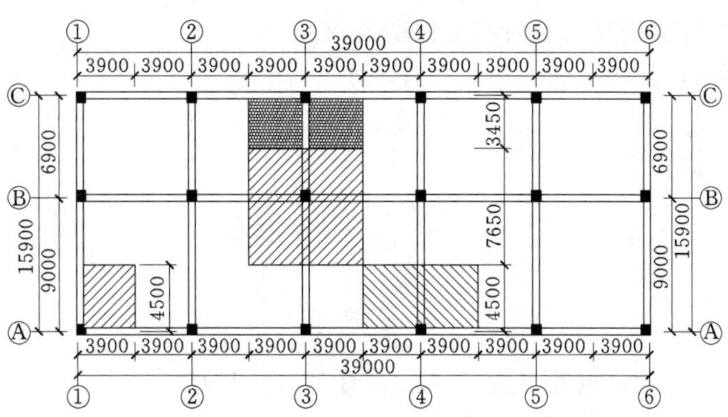

图 1.19　框架柱的受荷面积

柱轴向压力设计值 N 按式（1.2）估算，即

$$N=\gamma_G qSn\alpha_1\alpha_2\beta \tag{1.2}$$

1）③轴与Ⓑ轴相交中柱：

$$N=\gamma_G qSn\alpha_1\alpha_2\beta$$
$$=1.25\times14\times(7.95\times7.8)\times4\times1.05\times1.0\times1.0=4558(\text{kN})$$
$$A_c=b_ch_c\geqslant\frac{N}{\mu_N f_c}=\frac{4558\times1000}{0.85\times14.3}=374990(\text{mm}^2)$$

因为 $b_ch_c=600\times600=360000$（$\text{mm}^2$），$\frac{374990-360000}{360000}\times100\%=4.16\%<5\%$，故取中柱截面尺寸为 600mm×600mm。

2）④轴与Ⓐ轴相交边柱：

$$N=\gamma_G qSn\alpha_1\alpha_2\beta$$
$$=1.25\times14\times(4.5\times7.8)\times4\times1.05\times1.0\times1.0=2580(\text{kN})$$
$$A_c=b_ch_c\geqslant\frac{N}{\mu_N f_c}=\frac{2580\times1000}{0.85\times14.3}=212258(\text{mm}^2)$$

考虑到边柱承受偏心荷载且跨度较大，故取Ⓐ轴边柱截面尺寸为 600mm×600mm。

3）③轴与Ⓒ轴相交边柱：

$$N=\gamma_G qSn\alpha_1\alpha_2\beta$$
$$=1.25\times14\times(3.45\times7.8)\times4\times1.05\times1.0\times1.0=1978(\text{kN})$$
$$A_c=b_ch_c\geqslant\frac{N}{\mu_N f_c}=\frac{1978\times1000}{0.85\times14.3}=162731(\text{mm}^2)$$
$$b_ch_c=162731=404\times404(\text{mm}^2)$$

考虑到边柱承受偏心荷载，故取Ⓒ轴边柱截面尺寸为 550mm×550mm。

4）①轴与Ⓐ轴相交角柱：

角柱虽然承受面荷载较小，但由于角柱承受双向偏心荷载作用，受力复杂，故截面尺寸取与Ⓐ轴边柱相同，即600mm×600mm。

故框架柱截面尺寸共有两种：Ⓐ轴和Ⓑ轴框架柱的截面尺寸为600mm×600mm，Ⓒ轴框架柱的截面尺寸为550mm×550mm。

（2）校核框架柱截面尺寸是否满足构造要求。

1）按构造要求框架柱截面的边长不宜小于400mm。

2）为避免发生剪切破坏，柱净高与截面长边之比宜大于4。

取二层较短柱高，$H_n=3600$：

边柱与角柱：
$$\frac{H_n}{h}=\frac{3.6}{0.55}=6.55>4$$

中柱：
$$\frac{H_n}{h}=\frac{3.6}{0.6}=6>4$$

3）框架柱截面高度和宽度一般可取层高的1/10～1/15。

$$h\geqslant\left(\frac{1}{10}\sim\frac{1}{15}\right)H_0=\left(\frac{1}{10}\sim\frac{1}{15}\right)\times4900=490\sim327\text{mm}（取底层柱高为4900mm）$$

故所选框架柱截面尺寸均满足构造要求。

1.4 楼板设计

因为在确定框架计算简图时需要利用楼板的传递荷载，因此，在进行框架手算之前应进行楼板的设计。

各层楼盖采用现浇钢筋混凝土梁板结构，梁系把楼盖分为一些双向板和单向板。大部分板厚取120mm，雨篷、卫生间和屋顶井字楼盖部分板厚取100mm（板厚根据现浇板的跨度选定，在此不再赘述）。下面以二层楼盖为例说明楼板的设计方法，二层楼板平面布置图如图1.20所示。

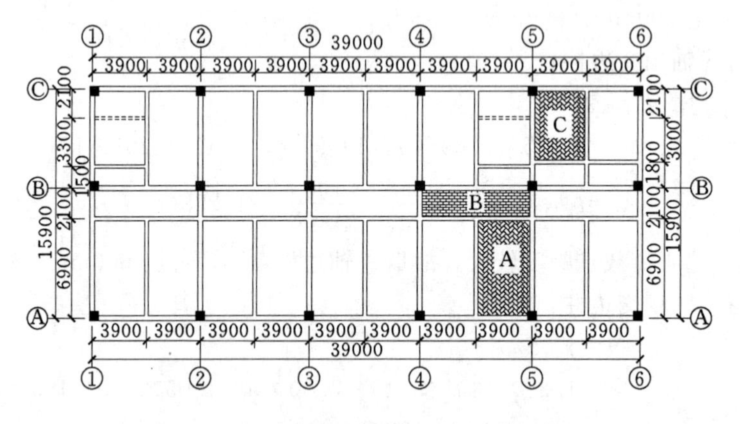

图1.20　二层楼板平面布置示意图

1.4.1 楼板荷载

1. 恒荷载

（1）不上人屋面恒荷载（板厚120mm）。

当板厚为120mm时，不上人屋面的恒荷载计算见表1.1。

表 1.1　　不上人屋面恒荷载（板厚 120mm）

构　造　层	面荷载（kN/m²）
面层：40 厚 C20 细石混凝土	1.0
防水层（柔性）：三毡四油	0.4
找平层：20 厚水泥砂浆	0.020×20=0.40
找坡层：40 厚水泥石灰焦渣砂浆 3‰找平	0.04×14=0.56
保温层：80 厚矿渣水泥	0.08×14.5=1.16
结构层：120 厚现浇钢筋混凝土板	0.12×25=3
抹灰层：10 厚混合砂浆	0.01×17=0.17
合计	6.69 取 7.0

（2）不上人屋面恒荷载（板厚 100mm）。

当板厚为 100mm 时，不上人屋面的恒荷载计算见表 1.2。

表 1.2　　不上人屋面恒荷载（板厚 100mm）

构　造　层	面荷载（kN/m²）
面层：40 厚 C20 细石混凝土防水	1.0
防水层（柔性）：三毡四油	0.4
找平层：20 厚水泥砂浆	0.020×20=0.40
找坡层：40 厚水泥石灰焦渣砂浆 3‰找平	0.04×14=0.56
保温层：80 厚矿渣水泥	0.08×14.5=1.16
结构层：100 厚现浇钢筋混凝土板	0.10×25=2.5
抹灰层：10 厚混合砂浆	0.01×17=0.17
合计	6.19 取 6.5

（3）标准层楼面恒荷载（板厚 120mm）。

当板厚为 120mm 时，标准层楼面的恒荷载计算见表 1.3。

表 1.3　　标准层楼面恒荷载（板厚 120mm）

构　造　层	面荷载（kN/m²）
板面装修荷载	1.10
结构层：120 厚现浇钢筋混凝土板	0.12×25=3
抹灰层：10 厚混合砂浆	0.01×17=0.17
合计	4.27 取 4.5

（4）标准层楼面恒荷载（板厚 100mm）。

当板厚为 100mm 时，标准层楼面的恒荷载计算见表 1.4。

表1.4　　标准层楼面恒荷载（板厚100mm）

构　造　层	面荷载（kN/m²）	构　造　层	面荷载（kN/m²）
板面装修荷载	1.10	抹灰层：10厚混合砂浆	0.01×17=0.17
结构层：100厚现浇钢筋混凝土板	0.10×25=2.5	合计	3.77取4.0

(5) 标准层楼面恒荷载（板厚80mm）。

当板厚为80mm（楼梯平台板厚为80mm）时，标准层楼面的恒荷载计算见表1.5。

表1.5　　标准层楼面恒荷载（板厚80mm）

构　造　层	面荷载（kN/m²）	构　造　层	面荷载（kN/m²）
板面装修荷载	1.10	抹灰层：10厚混合砂浆	0.01×17=0.17
结构层：80厚现浇钢筋混凝土板	0.08×25=2.0	合计	3.27取3.5

(6) 雨篷恒荷载（板厚100mm）。

当板厚为100mm时，雨篷的恒荷载计算见表1.6。

表1.6　　雨篷恒荷载（板厚100mm）

构　造　层	面荷载（kN/m²）	构　造　层	面荷载（kN/m²）
40细石混凝土面层	1.00	找平层	0.40
防水层	0.30	100厚现浇钢筋混凝土板结构层	0.12×25=3
找坡	0.50	板底粉刷	0.01×20=0.20
防水层	0.30	合计	5.7

(7) 卫生间恒荷载（板厚100mm）。

当板厚为100mm时，卫生间的恒荷载计算见表1.7。

表1.7　　卫生间恒荷载（板厚100mm）

构　造　层	面荷载（kN/m²）	构　造　层	面荷载（kN/m²）
板面装修荷载	1.10	蹲位折算荷载（考虑局部20厚炉渣填高）	1.5
找平层：15厚水泥砂浆	0.015×20=0.30	抹灰层：10厚混合砂浆	0.01×17=0.17
结构层：100厚现浇钢筋混凝土板	0.1×25=2.5	合计	5.87取6.0
防水层	0.30		

2. 活荷载

活荷载取值见表1.8。

表1.8　　活荷载取值

序号	类　别	活荷载标准值（kN/m²）
1	不上人屋面活荷载	0.5
2	办公楼一般房间活荷载	2.0

续表

序号	类　　别	活荷载标准值（kN/m²）
3	走廊、门厅、楼梯活荷载	2.5（当人流可能密集时，取为 3.5kN/m²，本例取为 2.5kN/m²）
4	雨篷活荷载（按不上人屋面活荷载考虑）	0.5
5	卫生间活荷载	2.0

1.4.2　楼板配筋计算

在各层楼盖平面，梁系把楼盖分为一些双向板和单向板。如果各板块比较均匀，可按连续单向板或双向板查表进行内力计算；如果各板块分布不均匀，精确的计算可取不等跨的连续板为计算模型，用力矩分配法求解内力；比较近似的简便方法是按单独板块进行内力计算，但需要考虑周边的支承情况。下面按单独一块板的计算方法计算两块双向板和一块单向板。为计算简便，板块的计算跨度近似取轴线之间的距离。

1. A 区格板（图 1.20）配筋计算

$l_x=3.9\text{m}$，$l_y=6.9\text{m}$，$\dfrac{l_y}{l_x}=\dfrac{6.9}{3.9}=1.77<2$，四边支承，按双向板计算。

（1）荷载设计值。

恒荷载设计值：　$g=1.2\times4.5=5.4\ (\text{kN/m}^2)$

活荷载设计值：　$q=1.4\times2.0=2.8\ (\text{kN/m}^2)$

$g+q/2=5.4+2.8/2=6.8\ (\text{kN/m}^2)$

$q/2=2.8/2=1.4\ (\text{kN/m}^2)$

$g+q=5.4+2.8=8.2\ (\text{kN/m}^2)$

（2）内力计算。

$$l_x=3.9\text{m},l_y=6.9\text{m},\frac{l_x}{l_y}=\frac{3.9}{6.9}=0.57$$

单位板宽跨中弯矩：

$$m_x=(0.0378+0.2\times0.0064)\times6.8\times3.9^2+(0.0863+0.2\times0.0223)\times1.4\times3.9^2=5.97(\text{kN}\cdot\text{m/m})$$

$$m_y=(0.0064+0.2\times0.0378)\times6.8\times3.9^2+(0.0223+0.2\times0.0863)\times1.4\times3.9^2=2.29(\text{kN}\cdot\text{m/m})$$

单位板宽支座弯矩：

$$m_x'=m_x''=-0.08056\times8.2\times3.9^2=-10.05(\text{kN}\cdot\text{m/m})$$

$$m_y'=m_y''=-0.0571\times8.2\times3.9^2=-7.12(\text{kN}\cdot\text{m/m})$$

（3）截面设计。

板保护层厚度取 20mm，选用Φ 8 钢筋作为受力主筋，则 l_x 短跨方向跨中截面有效高度（短跨方向钢筋放置在长跨方向钢筋的外侧，以获得较大的截面有效高度）：

$$h_{01}=h-c-\frac{d}{2}=120-20-4=96(\text{mm})$$

l_y 方向跨中截面有效高度：

$$h_{02}=h-c-\frac{3d}{2}=120-20-\frac{3\times 8}{2}=88(\text{mm})$$

支座处 h_0 均为 96mm。

截面弯矩设计值不考虑折减。计算配筋量时，取内力臂系数 $r_s=0.95$，$A_s=M/0.95h_0 f_y$。板筋选用 HRB335，$f_y=300\text{N/mm}^2$。配筋计算结果见表 1.9。

表 1.9　　　　A 区格板配筋计算

位置	截面	h_0(mm)	M(kN·m/m)	$A_s(\text{mm})^2$	选配钢筋	实配钢筋
跨中	l_x 方向	96	5.97	218	Φ8@180	279
	l_y 方向	88	2.29	91	Φ8@200	251
支座	A 边支座（l_x 向）	96	−10.05	367	Φ8@120	419
	A 边支座（l_y 向）	96	−7.12	260	Φ8@150	335

2. B 区格板（图 1.20）配筋计算

（1）$l_x=7.8\text{m}$，$l_y=2.1\text{m}$，则 $l_x/l_y=7.5/2.1=3.7>2$，故按单向板计算。

（2）荷载组合设计值。

由可变荷载效应控制的组合：

$$g+q=1.2\times 4.0+1.4\times 2.5=8.3(\text{kN/m}^2)$$

由永久荷载效应控制的组合：

$$g+q=1.35\times 4.0+1.4\times 0.7\times 2.5=7.85(\text{kN/m}^2)$$

故取由可变荷载效应控制的组合：$g+q=8.3$（kN/m^2）。

（3）内力计算。

取 1m 板宽作为计算单元，按弹性理论计算，取 B 区格板的计算跨度为 $l_0=2100\text{mm}$。如果 B 区格板两端是完全简支的情况，则跨中弯矩为 $M=\frac{1}{8}(g+q)l_0^2$，考虑到 B 区格板两端梁的嵌固作用，故跨中弯矩取为 $M=\frac{1}{10}(g+q)l_0^2$；B 区格板如果两端是完全嵌固，则支座弯矩为 $M=-\frac{1}{12}(g+q)l_0^2$，考虑到支座两端不是完全嵌固，故取支座弯矩为 $M=-\frac{1}{14}(g+q)l_0^2$，B 区格板的弯矩计算见表 1.10。

表 1.10　　　　B 区格板的弯矩计算

截　面	跨中	支座	截　面	跨中	支座
弯矩系数 α	$\frac{1}{10}$	$-\frac{1}{14}$	$M=\alpha(g+q)l_0^2$（kN·m/m）	3.66	−2.62

（4）截面设计。

板保护层厚度取 20mm，选用Φ 6 钢筋作为受力主筋，则板的截面有效高度为：

$$h_0=h-c-\frac{d}{2}=100-20-\frac{6}{2}=77(\text{mm})$$

混凝土采用 C30，则 $f_c=14.3\text{N/mm}^2$；板受力钢筋选用 HRB335，$f_y=300\text{N/mm}^2$。

B 区格板配筋计算见表 1.11。

表 1.11　　B 区格板的配筋计算

截　面	跨中	支座	截　面	跨中	支座
M(kN·m/m)	3.66	−2.62	$A_s=\dfrac{M}{\gamma_s h_0 f_y}$ (mm)	162	115
$\alpha_s=\dfrac{M}{\alpha_1 f_c b h_0^2}$	0.0432	0.0309	选配钢筋	Φ 6@150	Φ 6@150
$\gamma_s=0.5(1+\sqrt{1-2\alpha_s})$	0.978	0.984	实配钢筋 (mm)	189	189

3. C 区格板（图 1.20）配筋计算

$l_x=3.9\text{m}$，$l_y=5.1\text{m}$，$\dfrac{l_x}{l_y}=\dfrac{3.9}{5.1}=0.76$，按双向板计算。

（1）荷载设计值。

卫生间恒荷载设计值：　$g=1.2\times6.0=7.2\ (\text{kN/m}^2)$

卫生间活荷载设计值：　$q=1.4\times2.5=3.5\ (\text{kN/m}^2)$

$g+q/2=7.2+3.5/2=8.95\ (\text{kN/m}^2)$

$q/2=3.5/2=1.75\ (\text{kN/m}^2)$

$g+q=7.2+3.5=10.5\ (\text{kN/m}^2)$

（2）内力计算。

$l_x=3.9\text{m}$，$l_y=5.1\text{m}$，$\dfrac{l_y}{l_x}=\dfrac{5.1}{3.9}=1.31<2$，四边支承，按双向板计算。

单位板宽跨中弯矩：

$m_x=(0.0291+0.2\times0.0133)\times8.95\times3.9^2+(0.0608+0.2\times0.0320)\times1.75\times3.9^2$
$=6.11(\text{kN}\cdot\text{m})$

$m_y=(0.0133+0.2\times0.0291)\times8.95\times3.9^2+(0.0320+0.2\times0.0608)\times1.75\times3.9^2$
$=3.78(\text{kN}\cdot\text{m})$

单位板宽支座弯矩：

$$m'_x=m''_x=-0.0694\times10.5\times3.9^2=-11.08(\text{kN}\cdot\text{m})$$

$$m'_y=m''_y=-0.0566\times10.5\times3.9^2=-9.04(\text{kN}\cdot\text{m})$$

（3）截面设计。

板保护层厚度取 20mm，选用Φ 8 钢筋作为受力主筋，则 l_x 短跨方向跨中截面有效高度为：

$$h_{01}=h-c-\frac{d}{2}=100-20-4=76(\text{mm})$$

l_y 方向跨中截面有效高度为：

$$h_{02}=h-c-\frac{3d}{2}=100-20-\frac{3\times8}{2}=68(\text{mm})$$

支座处 h_0 均为 76mm。

截面弯矩设计值不考虑折减。计算配筋量时，取内力臂系数 $r_s=0.95$，$A_s=M/$

$0.95h_0f_y$。板筋选用HRB335，$f_y=300N/mm^2$。配筋计算结果见表1.12。

表1.12　　C区格板配筋计算

位置	截面	h_0(mm)	M(kN·m/m)	A_s(mm²)	选配钢筋	实配钢筋
跨中	l_x方向	76	6.11	282	Φ8@150	335
	l_y方向	68	3.78	195	Φ8@200	251
支座	C边支座（l_x向）	76	−11.8	545	Φ10@120	654
	C边支座（l_y向）	76	−9.04	417	Φ8@100	503

1.5　横向框架在竖向荷载作用下的计算简图及内力计算

多高层建筑结构是一个复杂的三维空间受力体系，它是由垂直方向的抗侧力构件与水平方向刚度很大的楼板相互连结所组成的。计算分析时应根据结构实际情况，选取能较准确地反映结构中各构件的实际受力状况的力学模型。框架结构一般有按空间结构分析和简化成平面结构分析两种方法。近年来随着微型计算机的日益普及和应用程序的不断出现，框架结构分析时更多是采用空间结构模型进行变形、内力的计算，以及构件截面承载力计算。《高层建筑混凝土结构技术规程》（JGJ 3—2010）规定：对于平面和立面布置简单规则的框架结构宜采用空间分析模型，可采用平面框架空间协同模型。也就是说采用手算计算较规则的框架结构时，允许在纵、横两个方向将其按平面框架计算，但要考虑空间协同作用，在手算一个方向的平面框架时，要考虑另一个方向框架的传力。采用平面结构假定的近似的手算方法虽然计算精度较差，但概念明确，能够直观地反映结构的受力特点，因此，工程设计中也常利用手算的结果来定性地校核判断电算结果的合理性。本章以图1.16～图1.18结构平面布置图中的⑤轴线框架为例说明一榀横向平面框架的手算计算方法，以帮助读者掌握结构分析的基本方法，建立结构受力性能的基本概念。纵向平面框架的计算方法与横向平面框架的计算方法相同。

为了便于设计计算，在计算模型和受力分析上应进行不同程度的简化。在进行手算横向平面框架时应满足以下四个基本假定。

1. 结构分析的弹性静力假定

多高层建筑结构内力与位移均按弹性体静力学方法计算，一般情况下不考虑结构进入弹塑性状态所引起的内力重分布。其实钢筋混凝土结构是具有明显弹塑性性质的结构，即使在较低应力情况下也有明显的弹塑性性质，当荷载增大，构件出现裂缝或钢筋屈服，塑性性质更为明显。但在目前，国内设计规范仍沿用按弹性方法计算结构内力，按弹塑性极限状态进行截面设计。

2. 平面结构假定

在柱网正交布置情况下，可以认为每一方向的水平力只由该方向的抗侧力结构承担，垂直于该方向的抗侧力结构不受力，如图1.21所示。

当抗侧力结构与主轴斜交时，在简化计算中，可将抗侧力构件的抗侧刚度转换到主轴方向上再进行计算。

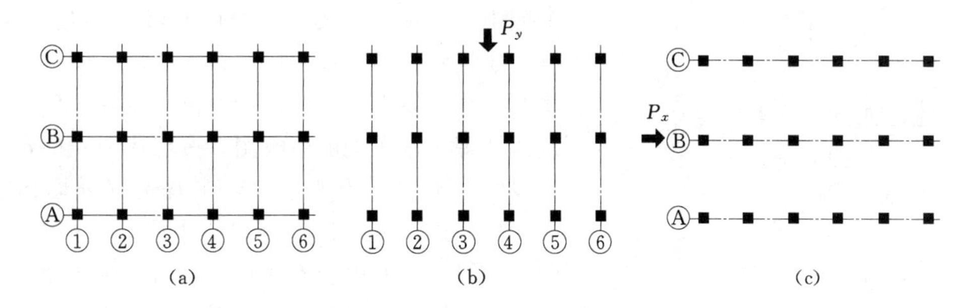

图1.21 平面结构假定计算图形

(a) 平面结构；(b) y方向抗侧力结构；(c) x方向抗侧力结构

3. 楼板在自身平面内刚性假定

各个平面抗侧力结构之间，是通过楼板联系在一起而作为一个整体的。建筑的进深一般较大，框架相距较近，楼板可视为水平放置的深梁，在水平平面内有很大的刚度，并可按楼板在平面内不变形的刚性隔板考虑。所以楼板常假定在其自身平面内的刚度为无限大。建筑物在水平荷载作用下产生侧移时，楼板只有刚性位移——平移和转动，而不必考虑楼板的变形。当不考虑结构发生扭转时，根据刚性楼板的假定，在同一标高处，所有抗侧力结构的水平位移都相等。

由于计算中采用了楼板在其自身平面内刚度无限大的假定，所以必须采取构造措施，加强楼板的刚度。当楼面有大的开洞或缺口、刚度受到削弱、楼板平面有较长的外伸段等情况时，应考虑楼板变形对内力与位移的影响，对简化计算的结果给予修正。

4. 水平荷载按位移协调原则分配

将空间结构简化为平面结构后，整体结构上的水平荷载应按位移协调原则，分配到各片抗侧力结构上。当结构只有平移而无扭转发生时，根据刚性楼板的假定，在同一标高处的所有抗侧力结构的水平位移都相等。

1.5.1 横向框架在恒荷载作用下的计算简图

1. 横向框架简图

假定框架柱嵌固于基础顶面上，框架梁与柱刚接。由于各层柱的截面尺寸不变，故框架梁的跨度等于柱截面形心之间的距离。注意建筑图Ⓐ、Ⓑ、Ⓒ三轴线之间的距离是按墙体定义的，取框架简图时框架梁的跨度等于柱截面形心之间的距离，所以，Ⓐ、Ⓑ之间的跨度为9000－200＋200＝9000（mm），Ⓑ、Ⓒ之间的跨度为6900－200－(550/2－100)＝6525（mm）。

底层柱高从基础顶面算至二楼楼面，根据地质条件，室内外高差为－0.450m，基础顶面至室外地坪通常取－0.500m，为便于计算，本设计取基础顶面至室外地坪的距离为－0.550m，二楼楼面标高为＋3.900m，故底层柱高为3.9＋0.45＋0.55＝4.9（m）。其余各层柱高从楼面算至上一层楼面（即层高），即3.6m、3.6m和3.9m。⑤轴线横向框架简图如图1.22所示。

这里需要说明：轴线设置的目的主要是为结构构件定位，对于框架结构，一般应以柱子为基准标注轴线，当墙、梁、柱的中心线一致时，就以该中心线为定位轴线。但在实际

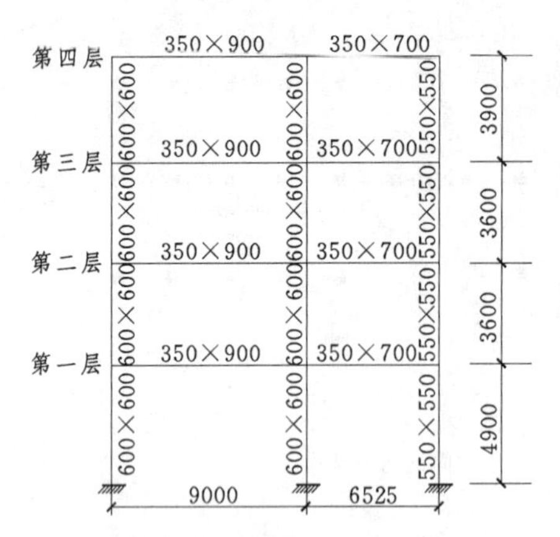

图 1.22　⑤轴线横向框架简图

工程中，往往墙、梁、柱的中心线不一致，这时，有的建筑师在墙和柱子同时存在时，一般习惯以墙体的中线为基准，一些设计单位为设计方便，也是这样处理，本实例的建筑图是按墙体中线确定定位轴线的。本实例中考虑实际工程情况外墙体是靠梁、柱外边平齐，这样以墙体中线定位的结果是：墙的中线与梁的中线不一致，梁的中线与柱的中线不一致，梁的中线和柱的中线与定位轴线不一致。这样的处理结果似乎有点麻烦，但是对于电算不影响，在手算时为计算方便，在荷载传递时，楼板和梁的跨度近似取轴线之间的距离（结果可能导致板的荷载多算一些，但在计算梁自重时，梁高要扣除板厚，这样可能会导致梁的荷载少算一些，如边框架梁）。在框架计算时，框架梁的跨度取柱截面形心之间的距离（不等于框架柱轴线之间的距离）。

另外需要注意的是：每个图中的符号表示本图中的意义，不同的图中有相同的符号，但数值和意义是不同的，在进行荷载清理时，一定要思路清晰，对荷载既不能多算也不能少算。

为便于荷载效应组合（内力组合），以下所有计算简图中的荷载均为标准值。

2. 第一层框架计算简图

第一层楼面梁布置如图 1.23 所示，第一层楼面板布置如图 1.24 所示，为方便荷载整理，在梁布置图和板布置图中分别标示出梁和板。

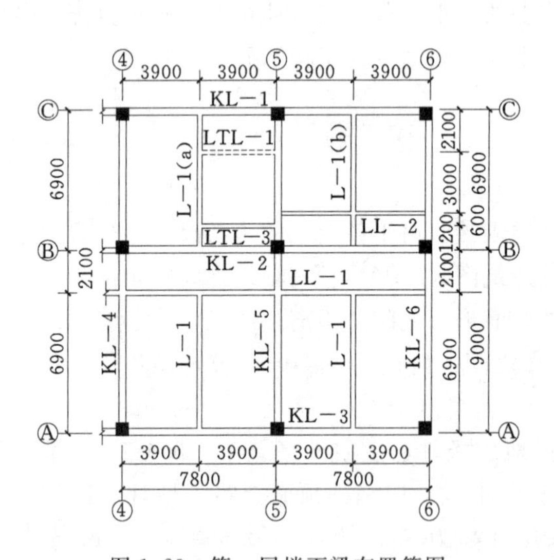

图 1.23　第一层楼面梁布置简图

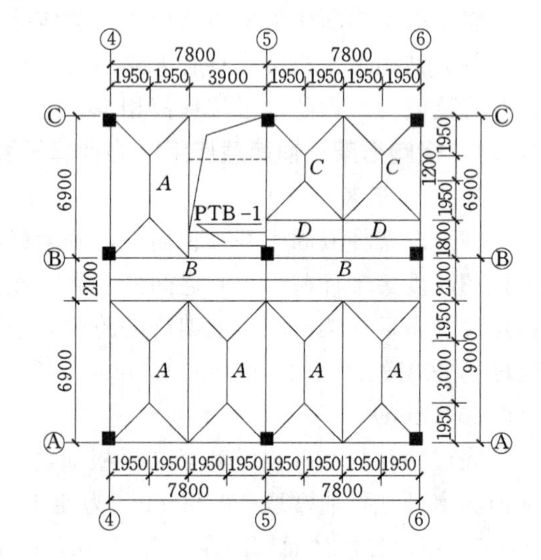

图 1.24　第一层楼面板布置简图

需要说明：双向板沿两个方向传给支承梁的荷载划分是从每一区格板的四角作与板边成 45°的斜线，这些斜线与平行于长边的中线相交，每块板都被划分为四小块。假定每小块板上的荷载就近传给其支承梁，因此板传给短跨梁上的荷载为三角形，长跨梁上的荷载为梯形。对于梁的自重或直接作用在梁上的其他荷载按实际情况考虑。为了便于计算，通常可将三角形或梯形荷载换算成等效均布荷载。等效均布荷载是按照支座固端弯矩等效的原则来确定的。本实例不换算成等效均布荷载，采用荷载实际分布情况进行计算。

分析图1.23和图1.24荷载传递，⑤轴线第一层的框架计算简图如图1.25所示。图中集中力作用点有A、B、C、D、E、F、G七个，如F_A表示作用在A点的集中力，q_{DB}表示作用在DB范围的均布线荷载。下面计算第一层楼面板和楼面梁传给⑤轴线横向框架的恒荷载，求出第一层框架的计算简图。

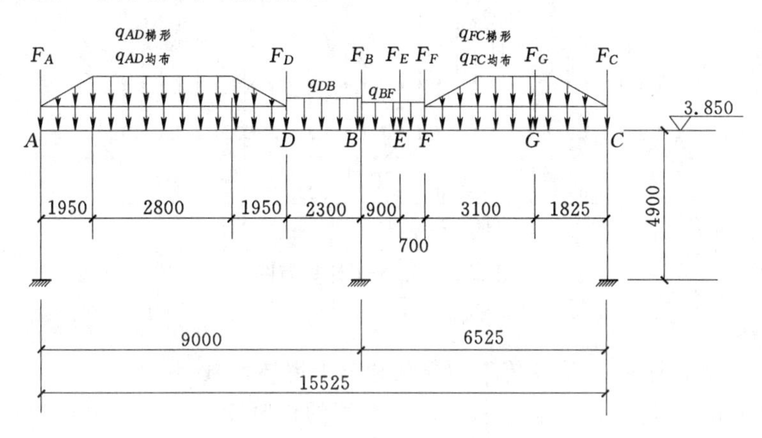

图1.25 ⑤轴线第一层框架简图

(1) $q_{AD梯形}$计算。

$q_{AD梯形}$为板A传递荷载，板A的面荷载为4.5kN/m^2（表1.3），由图1.24可知，传递给AD段为梯形荷载，梯形荷载最大值为：4.5×1.95×2=17.55（kN/m）。

(2) $q_{AD均布}$计算。

1）梁自重及抹灰。

梁（350×900mm）自重：25×0.35×(0.9－0.12)＝6.825（kN/m）

抹灰层（10厚混合砂浆，只考虑梁两侧抹灰）：0.01×(0.9－0.12)×2×17＝0.265（kN/m）

小计：6.825＋0.265＝7.09（kN/m）。

2）墙体荷载。

墙体选用200mm厚大空页岩砖（砌筑容重＜10kN/m^3，取砌筑容重γ＝10kN/m^3）。填充墙外墙面荷载计算见表1.13，填充墙内墙面荷载计算见表1.14。外围护墙最好采用实心砖砌筑，若采用大空页岩砖砌筑，但门窗洞口四周应采用实心页岩砌块砌筑。

故AD段墙体荷载：2.8×(3.6－0.9)＝7.56（kN/m）。

3）$q_{AD均布}$荷载小计。$q_{AD均布}$＝7.09＋7.56＝14.65（kN/m）。

(3) q_{DB}计算。q_{DB}部分只有梁自重及抹灰，即q_{DB}＝7.1（kN/m）。

(4) F_D计算。

由图1.23可知，F_D是由LL－1传递来的集中力。LL－1的计算简图如图1.26

所示。

表 1.13　填充墙外墙荷载　单位：kN/m²

构造层	面荷载
墙体自重	10×0.20=2
水刷石外墙面	0.50
水泥粉刷内墙面	0.36
合计：	2.86 取 3.0

表 1.14　填充墙内墙荷载　单位：kN/m²

构造层	面荷载
墙体自重	10×0.20=2
水泥粉刷外墙面	0.36
水泥粉刷内墙面	0.36
合计：	2.72 取 2.8

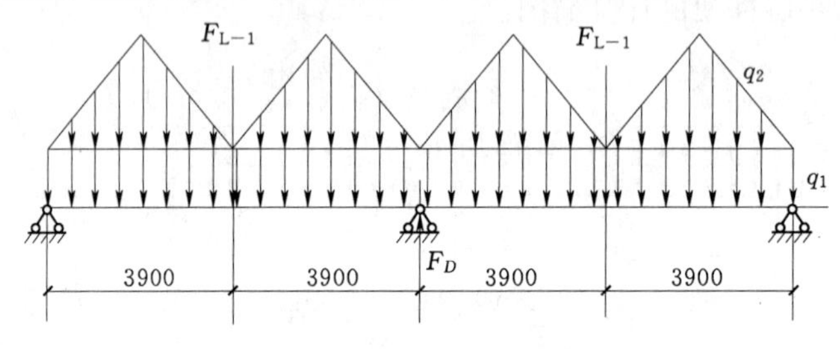

图 1.26　LL－1计算简图

1）q_1 计算。

q_1 包括梁自重和抹灰、板 B 传来的荷载和梁上墙体荷载。

LL－1(250mm×750mm) 自重（LL－1两侧的板厚度不同，一边为120mm，一边为100mm，近似取100mm)：25×0.25×(0.75－0.10)＝4.06 (kN/m)。

抹灰层（10厚混合砂浆，只考虑梁两侧抹灰)：

$$0.01\times(0.75-0.12+0.75-0.10)\times17=0.218(\text{kN/m})$$

板 B 传来的荷载：由表1.4可知板 B 面荷载为4.0kN/m²，传递给LL－1的线荷载为：

$$4.0\times2.1\div2=4.2(\text{kN/m})$$

LL－1梁上墙体荷载。LL－1两跨上的墙体荷载相同，一跨内的墙长为7.8m，有两个门M3：1.5m×2.1m（门荷载为0.45kN/m²），简化为均布线荷载为：

$$\frac{[7.8\times(3.6-0.75)-2\times1.5\times2.1]\times2.8+2\times1.5\times2.1\times0.45}{7.8}=6.1\ \text{kN/m}$$

因此，q_1＝4.06＋0.218＋4.6＋6.1＝14.58 (kN/m)

2）q_2 为板 A 传来的荷载最大值。

板 A 的面荷载为4.5kN/m²（表1.3)，板 A 传来的荷载为三角形荷载，荷载最大值为：

$$q_2=4.5\times1.95=8.78(\text{kN/m})$$

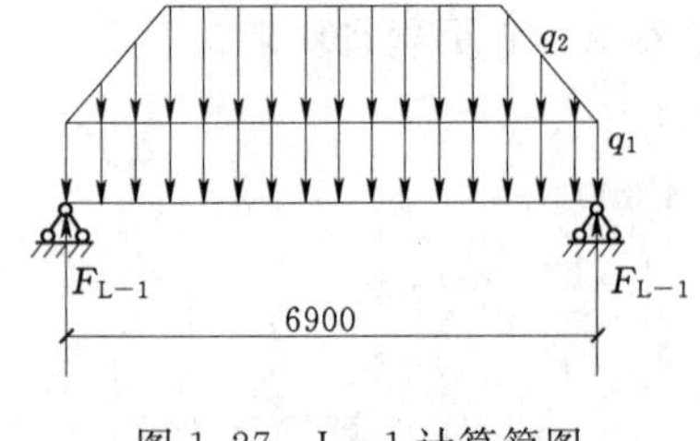

图 1.27　L－1计算简图

3）F_{L-1} 计算。

F_{L-1} 为L－1传递的集中荷载，L－1的计算简图如图1.27所示。

q_1 为梁自重和抹灰：

L—1(250mm×650mm) 自重：

$$25\times0.25\times(0.65-0.12)=3.31(\text{kN/m})$$

抹灰层（10 厚混合砂浆，只考虑梁两侧抹灰）：

$$0.01\times(0.65-0.12)\times2\times17=0.18(\text{kN/m})$$

则 $q_1=3.31+0.18=3.49$（kN/m）。

q_2 为板 A 传来的荷载，板 A 的面荷载为 4.5kN/m²，传递给 L—1 为梯形荷载，荷载最大值为：

$$q_2=4.5\times1.95\times2=17.55(\text{kN/m})$$

则

$$F_{L-1}=q_1\times6.9\div2+(3+6.9)\times q_2\div4$$
$$=3.49\times6.9\div2+(3+6.9)\times17.55\div4=55.5\ (\text{kN})$$

4）F_D 计算。

由图 1.26 可知，$F_D=q_1\times7.8+q_2\times3.9\div2\times2+F_{L-1}=14.58\times7.8+8.78\times3.9+55.5=203.5$（kN）。

（5）q_{BF} 计算。

q_{BF} 部分包括梁自重、抹灰和梁上墙体荷载。

梁（350mm×700mm）自重：25×0.35×(0.7−0.10) ＝5.25（kN/m）

抹灰层：0.01×(0.7−0.10)×2×17＝0.204（kN/m）

梁上墙体荷载：2.8×(3.6−0.7)＝8.12（kN/m）

小计：$q_{BF}=5.25+0.204+8.12=13.6$（kN/m）

（6）$q_{FC梯形}$ 计算。

板 C 的面荷载为 6.0kN/m²（表 1.7），由图 1.24 可知，传递给 FC 段为梯形荷载，梯形荷载最大值为：6.0×1.95＝11.7（kN/m）。

（7）$q_{FC均布}$ 计算。

$q_{FC均布}$ 部分包括梁自重、抹灰和梁上墙体荷载。

梁（350mm×700mm）自重：25×0.35×(0.7−0.10)＝5.25（kN/m）

抹灰层：0.01×(0.7−0.10)×2×17＝0.204（kN/m）

梁上墙体荷载：2.8×(3.6−0.7)＝8.12（kN/m）

小计：$q_{FC均布}=5.25+0.204+8.12=13.6$（kN/m）

（8）F_F 计算。

F_F 是由 LL—2 传递来的集中力。LL—2 的计算简图如图 1.28 所示。

q_1 为梁自重、抹灰、板 D 传来的荷载和梁上墙体荷载：

LL—2(200mm×400mm) 自重：25×0.20×(0.40−0.10) ＝1.5（kN/m）

抹灰层：0.01×(0.40−0.10)×2×17＝0.102（kN/m）

板 D 传来的荷载：

由表 1.7 可知板 D 面荷载为 6.0kN/m²，传递给 LL—2 的线荷载为：

$$6.0\times1.8\div2=5.4\text{kN/m}$$

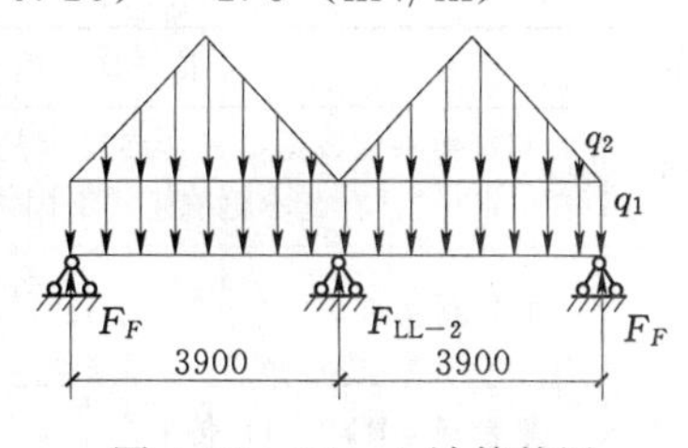

图 1.28　LL—2 计算简图

LL－2上墙体荷载，墙长7.8m，有两个门M4：0.9m×2.1m，简化为均布线荷载为：

$$\frac{[7.8\times(3.6-0.40)-2\times0.9\times2.1]\times2.8+2\times0.9\times2.1\times0.45}{7.8}=7.8(\text{kN/m})$$

则 $$q_1=1.5+0.102+5.4+7.8=14.8(\text{kN/m})$$

板C传递给LL－2的荷载为三角形荷载，荷载最大值为：

$$q_2=6.0\times1.95=11.7(\text{kN/m})$$

则 $$F_F=q_1\times3.9\div2+q_2\times3.9\div4=14.8\times3.9\div2+11.7\times3.9\div4=40.3(\text{kN})$$

（9）F_E 和 F_G 计算。

F_E 和 F_G 为楼梯传递荷载。各层楼梯平面布置图如图1.29所示，楼梯剖面布置图如图1.30所示。需要说明：图1.30中DKL实际为图5.73中的DL，DL的顶标高为－1.200，因此，LTL－2可支承于DL上的实心砖墙上或者支承在生根于DL上的TZ上。

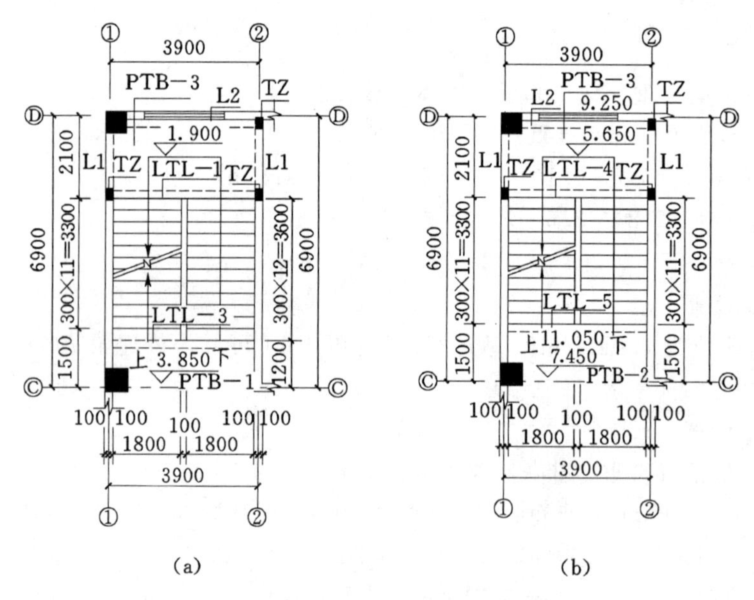

图1.29 楼梯平面布置图

（a）楼梯平面布置图（一）；（b）楼梯平面布置图（二）

1）F_E 计算。

F_E 为由LTL－3传递的集中力。LTL－3的线荷载计算详见表1.15。

表1.15　　LTL－3均布恒荷载计算　　单位：kN/m

序号	传递途径	荷载
1	TB1传来（数据参考《多层钢筋混凝土框架结构毕业设计实用指导》，在此不再赘述，下同）	$7.2\times1.8=12.96$
2	TB2传来	$\frac{(7.0\times3.3+4.32\times0.3)}{3.6}\times1.8=12.20$
3	平台板（PTB－1）传来	$3.5\times1.1\div2=1.925$

续表

序号	传递途径	荷载
4	自重（200mm×400mm）及抹灰层	25×0.20×(0.40−0.08)=1.6 0.01×(0.40−0.08)×2×17=0.109
5	合计（TB1和TB2传来的荷载差别不大，近似取相等）	16.6

则 $F_E = 16.6 \times 3.9 \div 2 = 32.4$ kN。

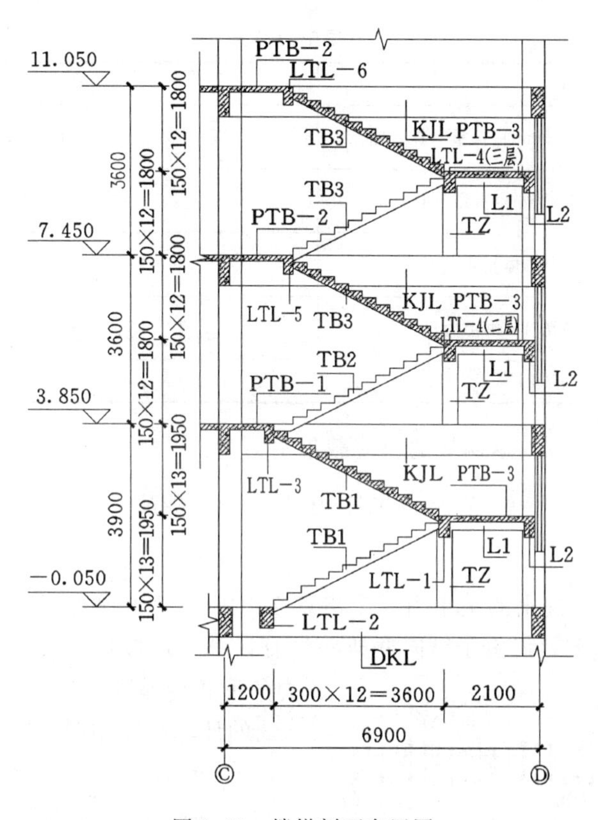

图 1.30 楼梯剖面布置图

2) F_G 计算。

F_G 为由 LTL−4（二层）通过 TZ 传至下端支承梁上的集中力（图 1.30）。LTL−4（二层）的荷载计算详见表 1.16。TZ 的集中力计算见表 1.17。

表 1.16　　LTL−4（二层）的荷载计算　　单位：kN/m

序号	传递途径	荷载
1	TB3 传来	7.0×1.65=11.55
2	TB2 传来	$\frac{(7.0\times3.3+4.32\times0.3)}{3.6}\times1.8=12.20$
3	平台板（PTB−3）传来	按单向板考虑，$3.07\times\frac{(2.1-0.3)}{2}=2.8$

续表

序号	传递途径	荷载
4	LTL－4（二层）自重（200mm×400mm）及抹灰层	25×0.20×（0.40－0.08）＝1.6 0.01×（0.40－0.08）×2×17＝0.109
5	LTL－4均布线荷载（因TB2和TB3传来荷载相差不大，近似按均布考虑）	2.8＋1.6＋0.109＋12.20＝17

表1.17　　TZ集中力计算

序号	类别	荷载
1	TZ(200mm×300mm)自重（抹灰略）	25×0.2×0.3×（1.8－0.4）＝2.1（kN）
2	L1(200mm×300mm)自重（抹灰略）	25×0.2×0.3＝1.5（kN/m）
3	L1上墙体自重	（1.8－0.7）×2.8＝3.08（kN/m）
4	L1传至TZ集中力	$(3.08+1.5)\times\frac{(2.1-0.3)}{2}=4.12$（kN）
5	合计	2.1＋4.12＝6.22（kN）

故LTL－4（二层）传至两端的恒荷载集中力为：

$$F_G=17\times\frac{3.9}{2}+6.22=40(\text{kN})$$

（10）F_A计算。

F_A是由KL－3传递来的集中力。严格意义上KL－3传递来的集中力应为KL－3在A支座的两端的剪力差，但由于纵向框架并没有计算，近似将KL－3上的荷载以支座反力的形式传递到A支座，即集中力F_A。KL－3的计算简图如图1.31所示。

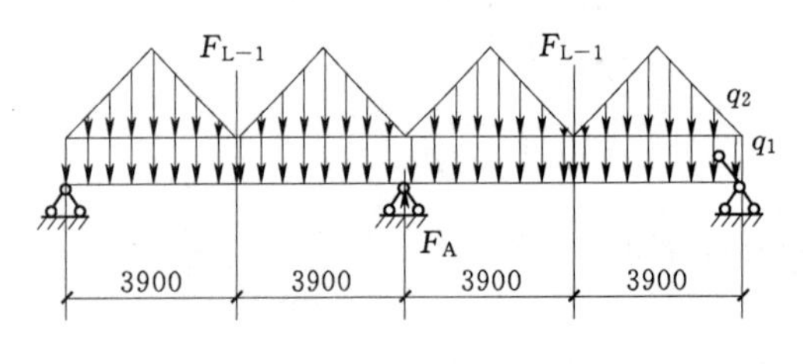

图1.31　KL－3计算简图

1）q_1计算。

q_1包括梁自重和抹灰、梁上墙体荷载。

梁自重（350mm×800mm）自重：

$$25\times0.35\times(0.80-0.12)=5.95(\text{kN/m})$$

抹灰层（梁外侧为面砖，近似按和梁内侧相同抹灰）：

$$0.01\times(0.80-0.12)\times2\times17=0.231(\text{kN/m})$$

KL－3上墙体荷载：KL－3两跨上的墙体荷载相同，一跨内的墙长为7.8m，有两个窗C2：2.1m×1.8m，（窗荷载为0.45kN/m^2），简化为均布线荷载为：

$$\frac{[7.8\times(3.6-0.8)-2\times2.1\times1.8]\times3+2\times2.1\times1.8\times0.45}{7.8}=5.93\ (\text{kN/m})$$

小计：$q_1=5.95+0.231+5.93=12.11$（kN/m）

2）q_2计算。

q_2是由板A传递的三角形荷载，板A传来的荷载为三角形荷载，荷载最大值为：

$$q_2=4.5\times1.95=8.78(\mathrm{kN/m})$$

3）F_A 计算。

由图 1.31 可知，$F_A=12.11\times7.8+8.78\times3.9\div2\times2+F_{L-1}=94.5+34.2+55.5=184.2$（kN）

（11）F_B 计算。

F_B 是由 KL－2 传递来的集中力。KL－2 的计算简图如图 1.32 所示。

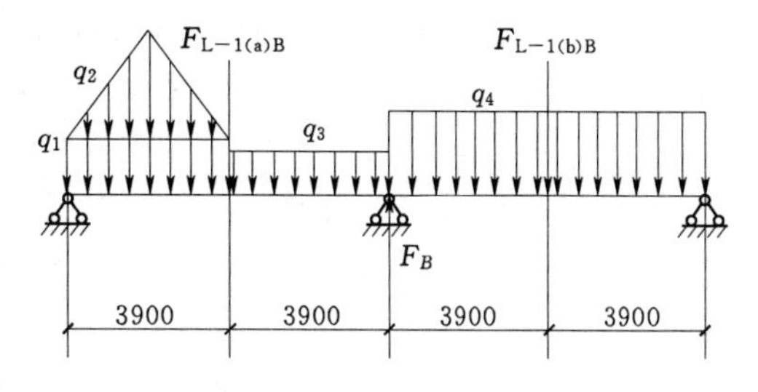

图 1.32　KL－2 计算简图

1）q_1 计算。

q_1 包括梁自重和抹灰、梁上墙体荷载和板 B 传来的荷载。

KL－2 自重（350mm×800mm）自重（KL－2 两侧的板厚度不同，一侧为 120mm，一侧为 100mm，近似取 100mm）：$25\times0.35\times(0.80-0.10)=6.125$（kN/m）

抹灰层：$0.01\times(0.80-0.12+0.80-0.10)\times17=0.235$（kN/m）

KL－2 上墙体荷载：墙长为 3.9m，有一个门 M2：1.0m×2.1m，简化为均布线荷载为：

$$\frac{[3.9\times(3.6-0.8)-1.0\times2.1]\times2.8+1.0\times2.1\times0.45}{3.9}=6.6(\mathrm{kN/m})$$

板 B 传来的荷载：$4.0\times2.1\div2=4.2$（kN/m）

小计：$q_1=6.125+0.235+6.6+4.2=17.2$（kN/m）

2）q_2 计算。

板 A 传递的三角形荷载，荷载最大值为：

$$4.5\times1.95=8.78(\mathrm{kN/m})$$

3）q_3 计算。

q_3 包括梁自重和抹灰、板 B 传来的荷载和 PTB－1 传来的荷载。

KL－2 自重及抹灰层：$6.125+0.235=6.36$（kN/m）

板 B 传来的荷载：4.2kN/m

PTB－1 传来的荷载（表 1.5）：$3.5\times1.1\div2=1.925$（kN/m）

小计：$q_3=6.36+4.2+1.925=12.5$（kN/m）

4）q_4 计算。

q_4 包括梁自重和抹灰、梁上墙体荷载和板 B、板 D 传来的荷载。

KL－2 自重及抹灰层：6.36kN/m

KL－2 上墙体荷载：墙长 7.8m，有一个门洞：2.0m×2.1m，简化为均布线荷载为：

$$\frac{[7.8\times(3.6-0.80)-2.0\times2.1]\times2.8}{7.8}=6.4(\mathrm{kN/m})$$

板 B 传来的荷载：4.2kN/m

板 D 传来的荷载：$6.0\times1.8\div2=5.4$（kN/m）

小计：$q_4=6.36+6.4+4.2+5.4=22.4$（kN/m）

5）$F_{L-1(a)B}$计算。

$F_{L-1(a)B}$为L－1（a）传递的集中荷载，L－1（a）的计算简图如图1.33所示。

q_1 包括梁自重和抹灰、梁上墙体荷载。

L－1（a）（250mm×650mm）自重及抹灰：3.49kN/m

L－1（a）上墙体荷载，墙长6.9m，无洞口，(3.6－0.65)×2.8＝8.26（kN/m）

则 q_1＝3.49＋8.26＝11.75（kN/m）。

q_2 为板 A 传来的梯形荷载，荷载最大值为：q_2＝4.5×1.95＝8.78（kN/m）。

由“（9）F_E 和 F_G 计算”可知，F_E＝32.4kN，F_G＝40kN。

则 $F_{L-1(a)B}$＝11.75×6.9÷2＋(3＋6.9)×8.78÷4＋32.4×5.8÷6.9＋40×2÷6.9＝101.1（kN）

$F_{L-1(a)C}$＝11.75×6.9÷2＋(3＋6.9)×8.78÷4＋32.4×1.1÷6.9＋40×4.9÷6.9＝95.8（kN）（在 F_C 计算中应用）。

6）$F_{L-1(b)B}$计算。

$F_{L-1(b)B}$为L－1（b）传递的集中荷载，L－1（b）的计算简图如图1.34所示。

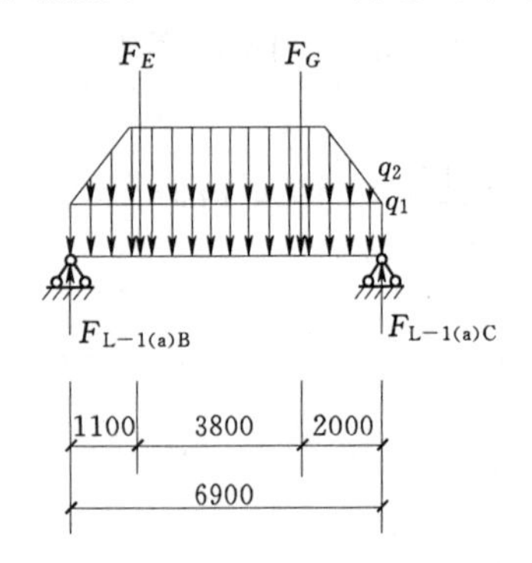

图1.33　L－1（a）计算简图

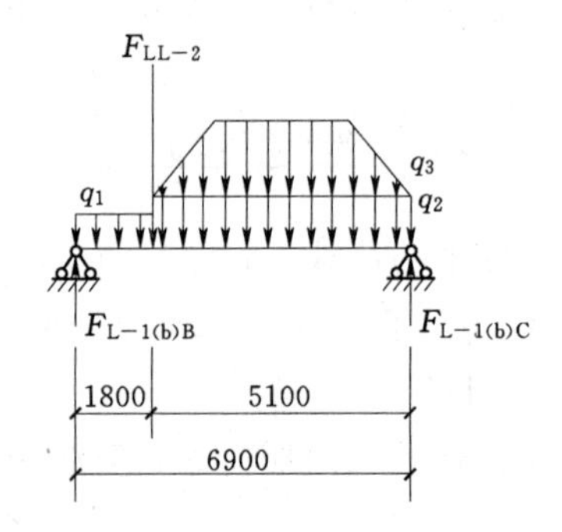

图1.34　L－1（b）计算简图

q_1 包括梁自重和抹灰。

L－1（b）（250mm×650mm）自重：25×0.25×(0.65－0.10)＝3.44（kN/m）

抹灰层：0.01×（0.65－0.10）×2×17＝0.187（kN/m）

则 q_1＝3.44＋0.187＝3.63（kN/m）。

q_2 包括梁自重和抹灰、梁上墙体荷载。

L－1（b）自重及抹灰：3.63kN/m

L－1（b）上墙体荷载，墙长5.1m，无洞口，(3.6－0.65)×2.8＝8.26（kN/m）

则 q_2＝3.63＋8.26＝11.9（kN/m）。

q_3 为板 C 传来的梯形荷载（由表1.7可知，板 C 的面荷载为6.0kN/m^2），荷载最大值为：q_3＝6×1.95×2＝23.4（kN/m）。

F_{LL-2}为LL－2传来的集中力。由“（8）F_F 计算”中可得：

$$F_{LL-2}=40.3\times2=80.6(\text{kN})$$

则 $F_{L-1(b)B}$＝3.63×1.8×6÷6.9＋80.6×5.1÷6.9＋11.9×5.1×2.55÷6.9＋(1.2＋5.1)×23.4÷2×2.55÷6.9＝114.9（kN）

$F_{L-1(b)C}=3.63\times1.8\times0.9\div6.9+80.6\times1.8\div6.9+11.9\times5.1\times4.35\div6.9+(1.2+5.1)\times23.4\div2\times4.35\div6.9=106.6$（kN）（在 F_C 计算中应用）。

7）F_B 计算。

在图 1.32 中，

$$
\begin{aligned}
F_B&=q_1\times3.9\times1.95\div7.8+q_2\times3.9\div2\times1.95\div7.8+F_{L-1(a)B}\div2\\
&\quad+q_3\times3.9\times5.85\div7.8+q_4\times3.9+F_{L-1(b)B}\div2\\
&=17.2\times3.9\times1.95\div7.8+8.78\times3.9\div2\times1.95\div7.8+101.1\div2\\
&\quad+12.5\times3.9\times5.85\div7.8+22.4\times3.9+114.9\div2\\
&=253.0\ (\text{kN})。
\end{aligned}
$$

（12）F_C 计算

F_C 是由 KL－1 传递来的集中力。KL－1 的计算简图如图 1.35 所示。

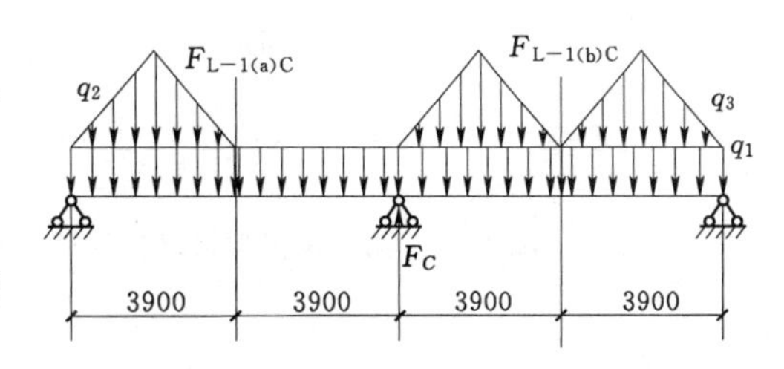

图 1.35　KL－1 计算简图

1）q_1 计算。

q_1 包括梁自重和抹灰、梁上墙体荷载。由“（10）F_A 计算”中可知，$q_1=12.11$kN/m。

2）q_2 计算。

q_2 为板 A 传递的三角形荷载，由“（10）F_A 计算”中可知，荷载最大值为：

$$q_2=4.5\times1.95=8.78(\text{kN/m})$$

3）q_3 计算。

板 C 传递给 KL－1 的荷载为三角形荷载，荷载最大值为：

$$q_3=6.0\times1.95=11.7(\text{kN/m})$$

4）$F_{L-1(a)C}$、$F_{L-1(b)C}$ 计算。

由“（11）F_B 计算”中可知，$F_{L-1(a)C}=95.8$kN，$F_{L-1(b)C}=106.6$kN。

5）F_C 计算。

$$
\begin{aligned}
F_C&=q_1\times7.8+F_{L-1(a)C}\div2+q_2\times3.9\div2\times1.95\div7.8+q_3\times3.9\div2\times1.95\div7.8\\
&\quad+q_3\times3.9\div2\times5.85\div7.8+F_{L-1(b)C}\div2\\
&=12.11\times7.8+95.8\div2+8.78\times3.9\div2\times1.95\div7.8+11.7\times3.9\div2\times1.95\\
&\quad\div7.8+11.7\times3.9\div2\times5.85\div7.8+106.6\div2\\
&=222.8(\text{kN})
\end{aligned}
$$

（13）第一层框架最终计算简图。

根据前面的计算结果，画出第一层框架的最终恒荷载计算简图如图 1.36 所示。

3. 第二层框架计算简图

第二层楼面梁布置如图 1.37 所示，第二层楼面板布置如图 1.38 所示。分析图 1.37 和图 1.38 的荷载传递，⑤轴线第二层的框架简图如图 1.39 所示。下面计算第二层框架计算简图。

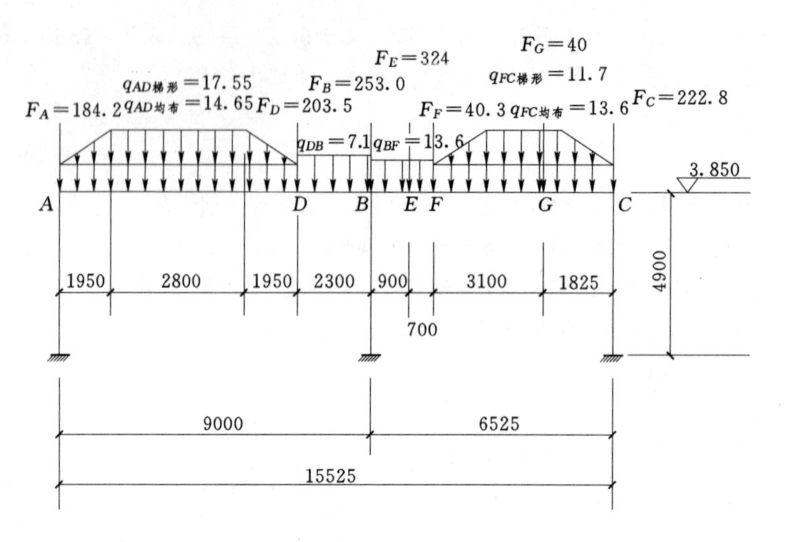

图 1.36　第一层框架最终恒荷载计算简图（单位：F：kN　q：kN/m）

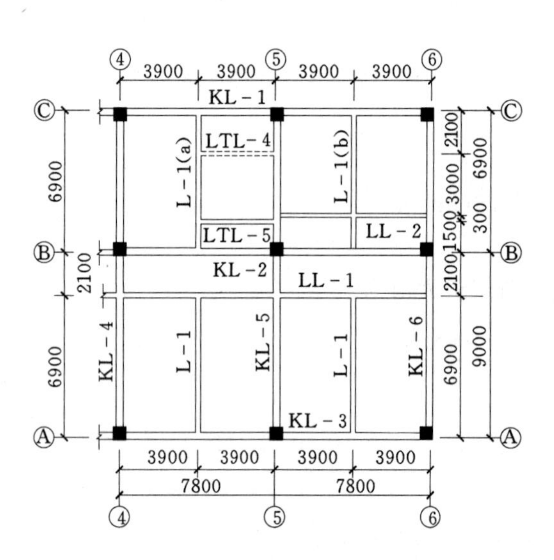

图 1.37　第二层楼面梁布置简图

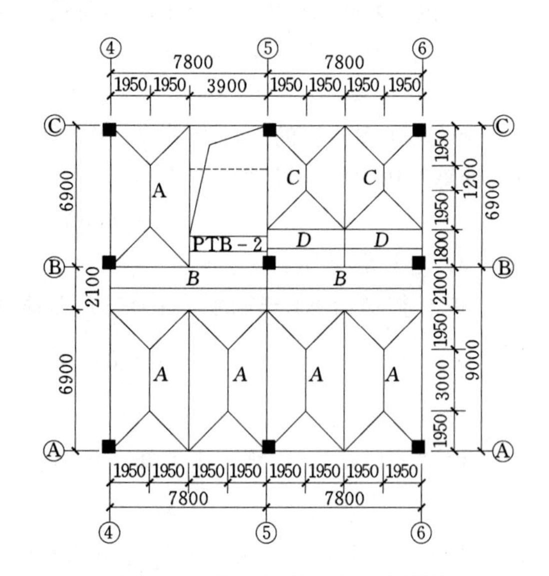

图 1.38　第二层楼面板布置简图

（1）$q_{AD梯形}$ 计算。

$q_{AD梯形}$ 为板 A 传递荷载，传递给 AD 段为梯形荷载，梯形荷载最大值为：

$$4.5\times1.95\times2=17.55(\text{kN/m})$$

（2）$q_{AD均布}$ 计算。

$q_{AD均布}$ 与第一层楼面梁上荷载相同，即 $q_{AD均布}=14.65\text{kN/m}$。

（3）q_{DB} 计算。

q_{DB} 与第一层楼面梁上荷载相同，即 $q_{DB}=7.1\text{kN/m}$。

（4）F_D 计算。

F_D 是由 LL－1 传递来的集中力。LL－1 的计算简图如图 1.40 所示（注意此图虽与图 1.26 相同，但各个代号所表示的力的大小并不相同）。

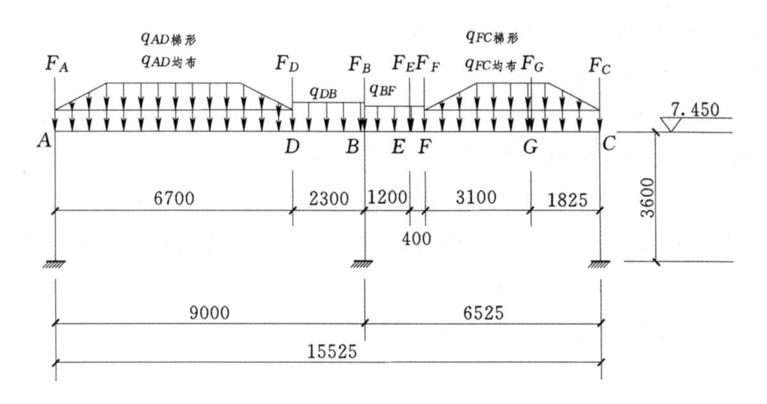

图 1.39　⑤轴线第二层框架简图

1）q_1 计算。

q_1 包括梁自重和抹灰、板 B 传来的荷载（与第一层 LL－1 上荷载相同）和梁上墙体荷载（与第一层 LL－1 上荷载不相同，④～⑥轴线之间的墙体共有四段，开有三个门 M2，一个门 M3，荷载近似统一计算）。

LL－1（250×750mm）自重：4.06kN/m

抹灰层：0.218kN/m

板 B 传来的荷载：4.2kN/m

LL－1 梁上墙体荷载：

LL－1 梁上④～⑥轴线之间的墙体共长 15.6m，有 1.5m×2.1m，三个 1.0m×2.1m，简化为均布线荷载为：

$$\frac{[15.6\times(3.6-0.75)-1\times1.5\times2.1-3\times1.0\times2.1]\times2.8+1\times1.5\times2.1\times0.45+3\times1.0\times2.1\times0.45}{15.6}$$

$=6.6$（kN/m）

因此，$q_1=4.06+0.218+4.2+6.6=15.1$（kN/m）

2）q_2 计算。

q_2 为板 A 传来的三角形荷载，荷载最大值为：$q_2=4.5\times1.95=8.78$（kN/m）

3）F_{L-1}计算。

F_{L-1}为 L－1 传递的集中荷载，L－1 的计算简图如图 1.41 所示。

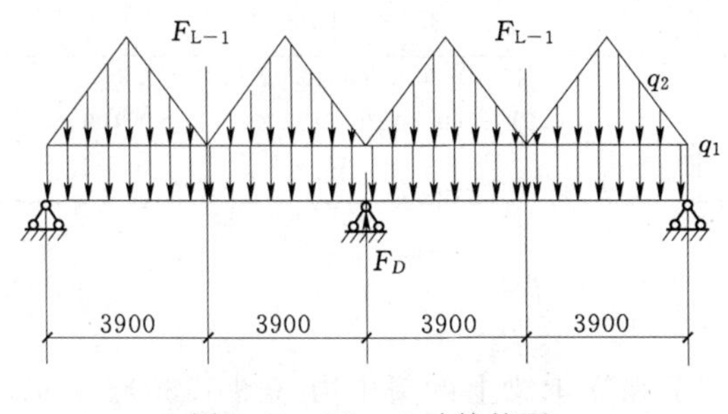

图 1.40　LL－1 计算简图

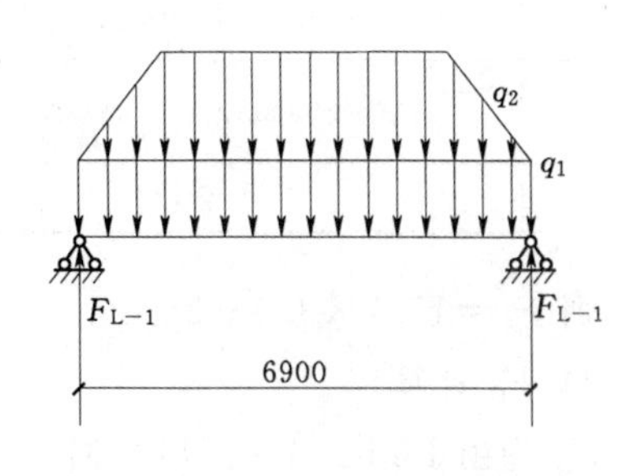

图 1.41　L－1 计算简图

q_1 为梁自重、抹灰和L－1上墙体荷载：

L－1（250×650mm）自重：3.31kN/m

抹灰层：0.18kN/m

L－1上墙体荷载：(3.6－0.65)×2.8＝8.26（kN/m）

则 q_1＝3.31＋0.18＋8.26＝11.75（kN/m）。

q_2 为板 A 传来的荷载，板 A 的面荷载为4.5kN/m^2，传递给L－1为梯形荷载，荷载最大值为：q_2＝4.5×1.95×2＝17.55（kN/m）。

则 $F_{L-1}=q_1\times6.9\div2+(3+6.9)\times q_2\div2\div2=11.75\times6.9\div2+(3+6.9)\times17.55\div2\div2=84.0$（kN）

4）F_D 计算。

由图1.40可知，$F_D=q_1\times7.8+q_2\times3.9\times2\div2+F_{L-1}=15.1\times7.8+8.78\times3.9+84.0=236.0$（kN）。

（5）q_{BF} 计算。

q_{BF} 与第一层楼面梁上荷载相同，即 q_{BF}＝13.6kN/m。

（6）$q_{FC梯形}$ 计算。

$q_{FC梯形}$ 与第一层楼面梁上荷载相同，梯形荷载最大值为：6.0×1.95＝11.7（kN/m）

（7）$q_{FC均布}$ 计算。

$q_{FC均布}$ 与第一层楼面梁上荷载相同，即 $q_{FC均布}$＝13.6kN/m。

（8）F_F 计算。

F_F 与第一层楼面梁上荷载相同，即 F_F＝40.3kN。

（9）F_E 和 F_G 计算。

F_E 和 F_G 为楼梯传递荷载。各层楼梯平面布置图如图1.29所示，楼梯剖面布置图如图1.30所示。

1）F_E 计算

F_E 为由LTL－5传递的集中力。LTL－5的线荷载计算详见表1.18。

表1.18　LTL－5的线荷载计算　单位：kN/m

序号	传递途径	荷载
1	TB3传来	7.0×1.65＝11.55
2	平台板（PTB－2）传来	3.5×1.4÷2＝2.45
3	自重（200mm×400mm）及抹灰层	25×0.20×（0.40－0.08）＝1.6 0.01×（0.40－0.08）×2×17＝0.109
4	合计	15.7

则 F_E＝15.7×3.9÷2＝30.6（kN）。

2）F_G 计算。

F_G 为由LTL－4（三层）通过TZ传至下端支承梁上的集中力（图1.30）。LTL－4（三层）的荷载计算详见表1.19。TZ的集中力计算见表1.17。

表1.19　　LTL－4（三层）的荷载计算　　单位：kN/m

序号	传递途径	荷载
1	TB3传来	7.0×1.65=11.55
2	平台板（PTB－3）传来	按单向板考虑，$3.07\times\frac{(2.1-0.3)}{2}=2.8$
3	LTL－4（三层）自重（200mm×400mm）及抹灰层	25×0.20×(0.40－0.08)=1.6 0.01×(0.40－0.08)×2×17=0.109
4	LTL－4均布线荷载	11.55+2.8+1.6+0.109=16.1

由表1.17可知，TZ的集中力为6.22kN，则LTL－4（三层）传至两端的恒荷载集中力为：$F_G=16.1\times\frac{3.9}{2}+6.22=37.6$（kN）。

（10）F_A计算。

F_A是由KL－3传递来的集中力。KL－3的计算简图如图1.31所示。

1）q_1计算。

q_1包括梁自重和抹灰、梁上墙体荷载，合计12.11kN/m。

2）q_2计算。

q_2是由板A传递的三角形荷载，板A传来的荷载为三角形荷载，荷载最大值为：

$$q_2=4.5\times1.95=8.78(\text{kN/m})$$

3）F_A计算。

由图1.31可知，$F_A=12.11\times7.8+8.78\times3.9\div2\times2+F_{L-1}=94.5+34.2+84=212.7$（kN）。注意此时$F_{L-1}$为“第二层框架计算简图”中的“3）$F_{L-1}$计算”中的数值，而非“第一层框架计算简图”中的数值。

（11）F_B计算。

F_B是由KL－2传递来的集中力。KL－2的计算简图如图1.42所示。

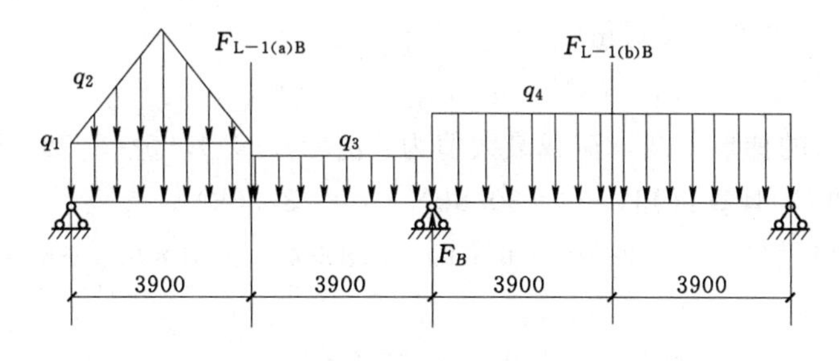

图1.42　KL－2计算简图

1）q_1计算。

q_1包括梁自重和抹灰、梁上墙体荷载和板B传来的荷载。

KL－2（350mm×800mm）自重：6.125kN/m

抹灰层：0.235kN/m

KL—2上墙体荷载：墙长为3.9m，有一个门M3：1.5m×2.1m，简化为均布线荷载为：

$$\frac{[3.9\times(3.6-0.8)-1.5\times2.1]\times2.8+1.5\times2.1\times0.45}{3.9}=6(\text{kN/m})$$

板B传来的荷载：4.2kN/m

小计：$q_1=6.125+0.235+6+4.2=16.56$（kN/m）

2）q_2计算。

板A传递的三角形荷载，荷载最大值为：4.5×1.95=8.78（kN/m）

3）q_3计算。

q_3包括梁自重和抹灰、板B传来的荷载和PTB—2传来的荷载。

KL—2自重及抹灰层：6.36kN/m

板B传来的荷载：4.2kN/m

PTB—2传来的荷载：3.5×1.4÷2=2.45(kN/m)

小计：$q_3=6.36+4.2+2.45=13$(kN/m)。

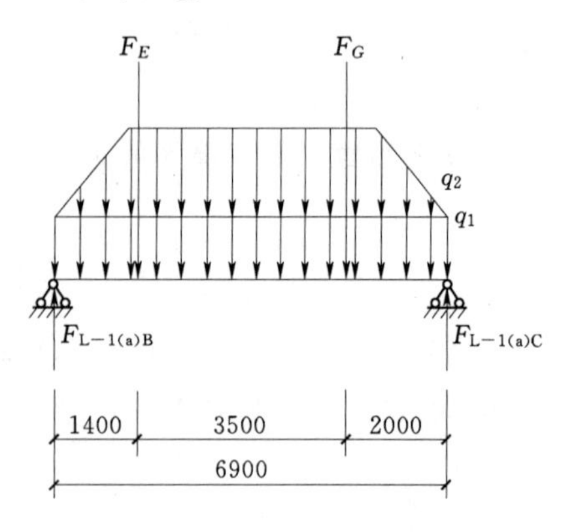

图1.43　L—1（a）计算简图

4）q_4计算。

q_4包括梁自重和抹灰、梁上墙体荷载和板B、板D传来的荷载，同第一层，即$q_4=22.4$kN/m。

5）$F_{L-1(a)B}$计算。

$F_{L-1(a)B}$为L—1（a）传递的集中荷载，L—1（a）的计算简图如图1.43所示。

q_1包括梁自重和抹灰、梁上墙体荷载。

L—1（a）(250mm×650mm）自重及抹灰：3.49kN/m

L—1（a）上墙体荷载，墙长6.9m，无洞口，(3.6—0.65)×2.8=8.26（kN/m）

则$q_1=3.49+8.26=11.75$（kN/m）

q_2为板A传来的梯形荷载，荷载最大值为：$q_2=4.5\times1.95=8.78$（kN/m）。

由（9）F_E和F_G计算可知，$F_E=30.6$kN，$F_G=37.6$kN。

则$F_{L-1(a)B}=11.75\times6.9\div2+(3+6.9)\times8.78\div4+30.6\times5.5\div6.9+37.6\times2\div6.9=97.6$（kN）

$F_{L-1(a)C}=11.75\times6.9\div2+(3+6.9)\times8.78\div4+30.6\times1.4\div6.9+37.6\times4.9\div6.9=95.2$（kN）（在$F_C$计算中应用）。

6）$F_{L-1(b)B}$计算。

$F_{L-1(b)B}$为L—1（b）传递的集中荷载，与“第一层框架计算简图”中的数值相同。

即$F_{L-1(b)B}=114.9$kN，$F_{L-1(b)C}=106.6$kN（在F_C计算中应用）。

7）F_B计算。

在图 1.42 中，$F_B = q_1 \times 3.9 \times 1.95 \div 7.8 + q_2 \times 3.9 \div 2 \times 1.95 \div 7.8 + F_{L-1(a)B} \div 2 + q_3 \times 3.9 \times 5.85 \div 7.8 + q_4 \times 3.9 + F_{L-1(b)B} \div 2 = 16.56 \times 3.9 \times 1.95 \div 7.8 + 8.78 \times 3.9 \div 2 \times 1.95 \div 7.8 + 97.6 \div 2 + 13 \times 3.9 \times 5.85 \div 7.8 + 22.4 \times 3.9 + 114.9 \div 2 = 252.1$（kN）

（12）F_C 计算。

F_C 是由 KL－1 传递来的集中力。KL－1 的计算简图如图 1.35 所示。

1）q_1 计算。

$q_1 = 12.11$kN/m。

2）q_2 计算。

q_2 为板 A 传递的三角形荷载，荷载最大值为：

$q_2 = 4.5 \times 1.95 = 8.78$（kN/m）。

3）q_3 计算。

板 C 传递给 KL－1 的荷载为三角形荷载，荷载最大值为：

$q_3 = 6.0 \times 1.95 = 11.7$（kN/m）。

4）$F_{L-1(a)C}$、$F_{L-1(b)C}$ 计算。

由“（11）F_B 计算”中可知，$F_{L-1(a)C} = 95.2$kN，$F_{L-1(b)C} = 106.6$kN。

5）F_C 计算。

$$
\begin{aligned}
F_C &= q_1 \times 7.8 + F_{L-1(a)C} \div 2 + q_2 \times 3.9 \div 2 \times 1.95 \div 7.8 + q_3 \times 3.9 \div 2 \times 1.95 \div 7.8 \\
&\quad + q_3 \times 3.9 \div 2 \times 5.85 \div 7.8 + F_{L-1(b)C} \div 2 \\
&= 12.11 \times 7.8 + 95.2 \div 2 + 8.78 \times 3.9 \div 2 \times 1.95 \div 7.8 + 11.7 \times 3.9 \div 2 \times 1.95 \\
&\quad \div 7.8 + 11.7 \times 3.9 \div 2 \times 5.85 \div 7.8 + 106.6 \div 2 \\
&= 222.5 \text{（kN）}
\end{aligned}
$$

（13）第二层框架最终计算简图。

根据前面的计算结果，画出第二层框架的最终恒荷载计算简图如图 1.44 所示。

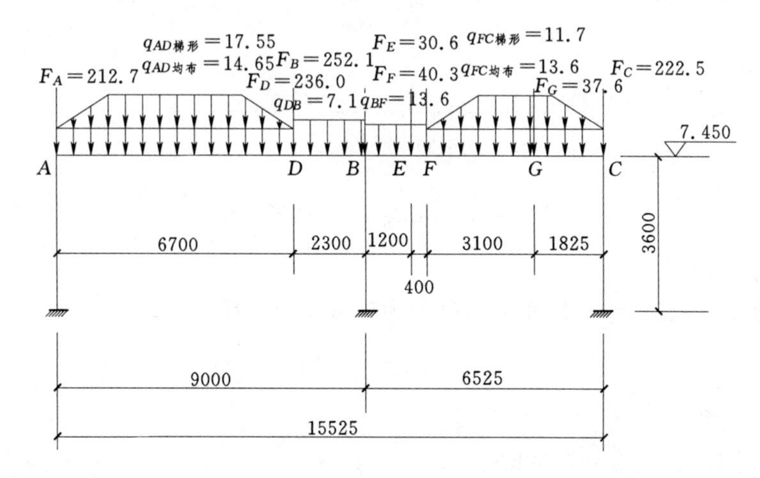

图 1.44　第二层框架最终恒荷载计算简图（单位：F：kN　q：kN/m）

4. 第三层框架计算简图

第三层楼面梁布置如图1.45所示，第三层楼面板布置如图1.46所示，分析图1.45和图1.46的荷载传递，⑤轴线第三层的框架简图如图1.47所示。下面计算第三层框架计算简图。

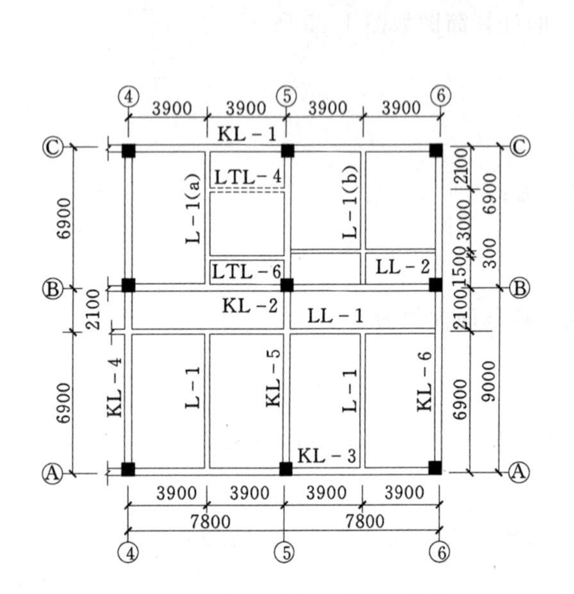

图1.45　第三层楼面梁布置简图

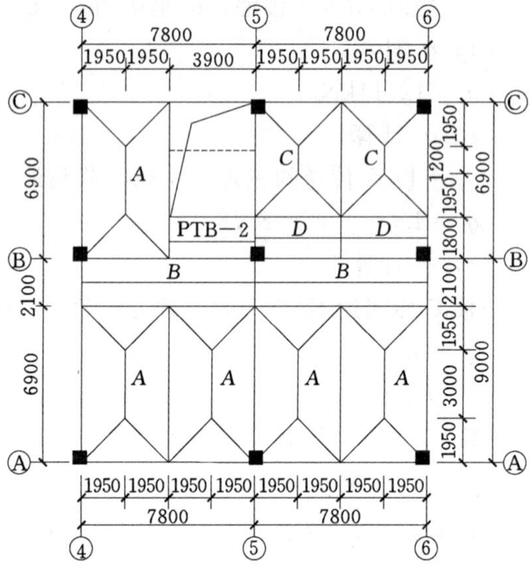

图1.46　第三层楼面板布置简图

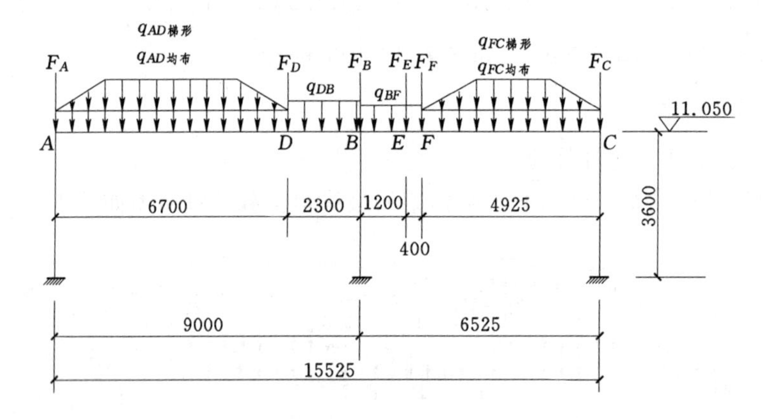

图1.47　⑤轴线第三层框架简图

(1) $q_{AD梯形}$计算。

$q_{AD梯形}$为板A传递荷载，传递给AD段为梯形荷载，梯形荷载最大值为：

$$4.5\times1.95\times2=17.55(\text{kN/m})$$

(2) $q_{AD均布}$计算。

梁自重及抹灰：$q_{AD均布}=7.09\text{kN/m}$。

(3) q_{DB}计算。

q_{DB}部分只有梁自重及抹灰，即$q_{DB}=7.1\text{kN/m}$。

（4）F_D 计算。

F_D 是由 LL—1 传递来的集中力。LL—1 的计算简图如图 1.40 所示。

1）q_1 计算。

q_1 包括梁自重和抹灰、板 B 传来的荷载（与第一层 LL—1 上荷载相同）和梁上墙体荷载（与第一层、第二层 LL—1 上荷载不相同，④～⑥轴线之间的墙体共有四段，开有两个门 M2，两个门 M3，荷载近似统一计算）。

LL—1（250mm×750mm）自重：4.06kN/m

抹灰层：0.218kN/m

板 B 传来的荷载：4.2kN/m

LL—1 梁上墙体荷载：

LL—1 梁上④～⑥轴线之间的墙体共长 15.6m，有：两个 1.5m×2.1m，两个 1.0m×2.1m，简化为均布线荷载为：

$$\frac{[15.6\times(3.9-0.75)-2\times1.5\times2.1-2\times1.0\times2.1]\times2.8+2\times1.5\times2.1\times0.45+2\times1.0\times2.1\times0.45}{15.6}$$

$=7.3\ (\text{kN/m})$

因此，$q_1=4.06+0.218+4.2+7.3=15.8\ (\text{kN/m})$

2）q_2 计算。

q_2 为板 A 传来的荷载，荷载最大值为：$q_2=4.5\times1.95=8.78\ (\text{kN/m})$

3）F_{L-1} 计算。

F_{L-1} 为 L—1 传递的集中荷载，L—1 的计算简图如图 1.41 所示。

q_1 为梁自重、抹灰和 L—1 上墙体荷载：

L—1（250mm×650mm）自重：3.31kN/m

抹灰层：0.18kN/m

L—1 上墙体荷载：$(3.9-0.65)\times2.8=9.1(\text{kN/m})$

则

$$q_1=3.31+0.18+9.1=12.6(\text{kN/m})$$

q_2 为板 A 传来的荷载，荷载最大值为：$q_2=4.5\times1.95\times2=17.55(\text{kN/m})$

则 $F_{L-1}=q_1\times6.9\div2+(3+6.9)\times q_2\div2\div2=12.6\times6.9\div2+(3+6.9)\times17.55\div2\div2=86.9(\text{kN})$

4）F_D 计算。

由图 1.40 可知，

$$F_D=q_1\times7.8+q_2\times3.9\times2\div2+F_{L-1}=15.8\times7.8+8.78\times3.9+86.9=244.4(\text{kN})$$

（5）q_{BF} 计算。

q_{BF} 部分包括梁自重、抹灰和梁上墙体荷载。

梁（350mm×700mm）自重：5.25kN/m

抹灰层：0.204kN/m

梁上墙体荷载：$2.8\times(3.9-0.7)=8.96\ (\text{kN/m})$

小计：$q_{BF}=5.25+0.204+8.96=14.4\ (\text{kN/m})$

（6）$q_{FC梯形}$计算。

$q_{FC梯形}$与第一层楼面梁上荷载相同，梯形荷载最大值为：6.0×1.95=11.7（kN/m）

（7）$q_{FC均布}$计算。

$q_{FC均布}$部分包括梁自重、抹灰和梁上墙体荷载。

梁（350mm×700mm）自重：5.25 kN/m

抹灰层：0.204kN/m

梁上墙体荷载：2.8×(3.9−0.7)=8.96（kN/m）

小计：$q_{FC均布}$=5.25+0.204+8.96=14.41（kN/m）

（8）F_F计算。

F_F是由LL−2传递来的集中力。LL−2的计算简图如图1.28所示。

q_1为梁自重、抹灰、板D传递荷载和梁上墙体荷载：

LL−2(200mm×400mm）自重：1.5kN/m

抹灰层：0.102kN/m

板D传递给LL−2的线荷载：5.4kN/m

LL−2上墙体荷载，墙长7.8m，有两个门M4：0.9m×2.1m，简化为均布线荷载为：

$$\frac{[7.8\times(3.9-0.40)-2\times0.9\times2.1]\times2.8+2\times0.9\times2.1\times0.45}{7.8}=8.7(\text{kN/m})$$

则
$$q_1=1.5+0.102+5.4+8.7=15.7(\text{kN/m})$$

板C传递给LL−2的荷载为三角形荷载，荷载最大值为：

$$q_2=6.0\times1.95=11.7(\text{kN/m})$$

则
$$F_F=q_1\times3.9\div2+q_2\times3.9\div4=15.7\times3.9\div2+11.7\times3.9\div4=42.0(\text{kN})$$

（9）F_E计算。

F_E为LTL−6传递的集中荷载。各层楼梯平面布置图如图1.29所示，楼梯剖面布置图如图1.30所示。LTL−6的线荷载计算详见表1.20。

表1.20　LTL−6的线荷载计算　单位：kN/m

序号	传递途径	荷　载
1	TB3传来	7.0×1.65=11.55（作用在右半跨）
2	平台板（PTB−2）传来	3.5×1.4÷2=2.45
3	自重（200mm×400mm）及抹灰层	25×0.20×(0.40−0.08)=1.6 0.01×(0.40−0.08)×2×17=0.109

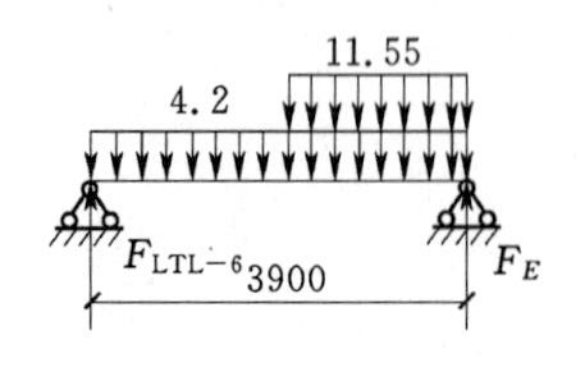

图1.48　LTL−6的荷载简图（单位：kN/m）

因此，LTL−6均布荷载为2.45+1.6+0.109=4.2（kN/m），梯板传递的局部荷载为11.55 kN/m。LTL−6的荷载简图如图1.48所示。

$$F_E=\frac{4.2\times3.9}{2}+\frac{11.55\times3.9}{2}\times\left(3.9\times\frac{3}{4}\right)\div3.9=25.1(\text{kN})$$

$$F_{LTL-6}=\frac{4.2\times3.9}{2}+\frac{11.55\times3.9}{2}\times\left(3.9\times\frac{1}{4}\right)\div3.9=$$

13.8（kN）（在计算 F_B 和 F_C 时需要）

（10）F_A 计算。

F_A 是由 KL－3 传递来的集中力。KL－3 的计算简图如图 1.31 所示。

1）q_1 计算。

q_1 包括梁自重和抹灰、梁上墙体荷载。

梁（350mm×800mm）自重：5.95kN/m

抹灰层：0.231kN/m

KL－3 上墙体荷载：KL－3 两跨上的墙体荷载相同，一跨内的墙长为 7.8m，有两个窗 C2：2.1m×1.8m，简化为均布线荷载为：

$$\frac{[7.8\times(3.9-0.8)-2\times2.1\times1.8]\times3+2\times2.1\times1.8\times0.45}{7.8}=6.8(\text{kN/m})$$

小计：$q_1=5.95+0.231+6.8=13$（kN/m）

2）q_2 为板 A 传来的荷载最大值。

板 A 的面荷载为 4.5kN/m^2（表 1.3），板 A 传来的荷载为三角形荷载，荷载最大值为：

$$q_2=4.5\times1.95=8.78(\text{kN/m})$$

3）F_A 计算。

由图 1.31 可知，$F_A=13\times7.8+8.78\times3.9\div2\times2+F_{L-1}=101.4+34.2+86.9=222.5$（kN）。注意此时 F_{L-1} 为“第三层框架计算简图”中的“3）F_{L-1} 计算”中的数值。

（11）F_B 计算。

F_B 是由 KL－2 传递来的集中力。KL－2 的计算简图如图 1.42 所示。

1）q_1 计算。

q_1 包括梁自重和抹灰、梁上墙体荷载和板 B 传来的荷载。

KL－2（350mm×800mm）自重：6.125kN/m

抹灰层：0.235kN/m

KL－2 上墙体荷载：墙长为 3.9m，有一个门 M2：1.0m×2.1m，简化为均布线荷载为：

$$\frac{[3.9\times(3.9-0.8)-1.0\times2.1]\times2.8+1.0\times2.1\times0.45}{3.9}=7.4(\text{kN/m})$$

板 B 传来的荷载：4.2kN/m

小计：$q_1=6.125+0.235+7.4+4.2=17.96$（kN/m）

2）q_2 计算。

板 A 传递的三角形荷载，荷载最大值为：$4.5\times1.95=8.78$（kN/m）

3）q_3 计算。

q_3 包括梁自重和抹灰、板 B 传来的荷载和 PTB－2 传来的荷载。

KL－2 自重及抹灰层：6.36kN/m

板 B 传来的荷载：4.2kN/m

PTB－2 传来的荷载：3.5×1.4÷2＝2.45（kN/m）

小计：$q_3=6.36+4.2+2.45=13$（kN/m）

4）q_4 计算。

q_4 包括梁自重和抹灰、梁上墙体荷载和板 B、板 D 传来的荷载。

KL－2 自重及抹灰层：6.36kN/m

KL－2 上墙体荷载：墙长 7.8m，有一个门洞：2.0m×2.1m，简化为均布线荷载为：

$$\frac{[7.8\times(3.9-0.80)-2.0\times2.1]\times2.8}{7.8}=7.2\text{kN/m}$$

板 B 传来的荷载：4.2kN/m

板 D 传来的荷载：5.4kN/m

小计：$q_4=6.36+7.2+4.2+5.4=23.2$（kN/m）

5）$F_{L-1(a)B}$计算。

$F_{L-1(a)B}$为 L－1（a）传递的集中荷载，L－1（a）的计算简图如图 1.49 所示。

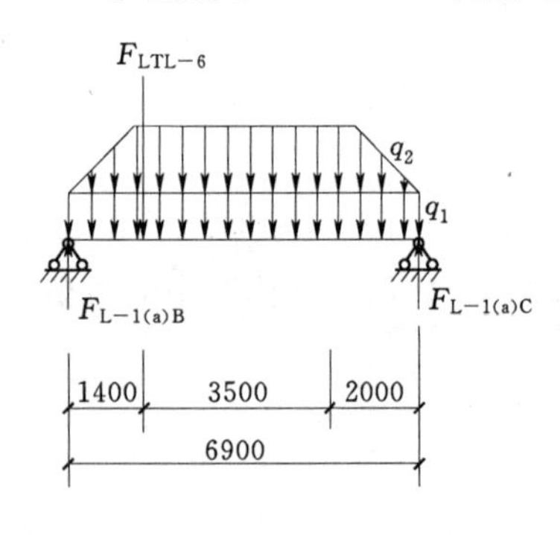

图 1.49　L－1（a）计算简图

q_1 包括梁自重和抹灰、梁上墙体荷载。

L－1（a）自重及抹灰：3.49kN/m

L－1（a）上墙体荷载，墙长 6.9m，无洞口，(3.9－0.65)×2.8＝9.1（kN/m）

则 $q_1=3.49+9.1=12.6$kN/m。

q_2 为板 A 传来的梯形荷载，荷载最大值为：$q_2=4.5\times1.95=8.78$（kN/m）

由“（9）F_E 计算”可知，$F_{LTL-6}=\frac{4.2\times3.9}{2}+\frac{11.55\times3.9}{2}\times\left(3.9\times\frac{1}{4}\right)\div3.9=13.8$（kN）

则 $F_{L-1(a)B}=12.6\times6.9\div2+(3+6.9)\times8.78\div4+13.8\times5.5\div6.9=76.2$（kN）

$F_{L-1(a)C}=12.6\times6.9\div2+(3+6.9)\times8.78\div4+13.8\times1.4\div6.9=68.0$（kN）（在 F_C 计算中应用）

6）$F_{L-1(b)B}$计算。

$F_{L-1(b)B}$为 L－1（b）传递的集中荷载，L－1（b）的计算简图如图 1.34 所示。

q_1 包括梁自重和抹灰，$q_1=3.63$kN/m。

q_2 包括梁自重和抹灰、梁上墙体荷载。

L－1（b）自重及抹灰：3.63kN/m。

L－1（b）上墙体荷载，墙长 5.1m，无洞口，(3.9－0.65)×2.8＝9.1（kN/m）。则 $q_2=3.63+9.1=12.7$（kN/m）。

q_3 为板 C 传来的梯形荷载（由表 1.7 可知，板 C 的面荷载为 6.0kN/m^2），荷载最大值为：$q_3=6\times1.95\times2=23.4$（kN/m）。

F_{LL-2}为 LL－2 传来的集中力。由“（8）F_F 计算”中可得：

$F_{LL-2}=42\times2=84$（kN）

则 $F_{L-1(b)B}=3.63\times1.8\times6\div6.9+84\times5.1\div6.9+12.7\times5.1\times2.55\div6.9+(1.2+5.1)\times23.4\div2\times2.55\div6.9=119.0$（kN）

$F_{L-1(b)C}=3.63\times1.8\times0.9\div6.9+84\times1.8\div6.9+12.7\times5.1\times4.35\div6.9+(1.2+5.1)\times23.4\div2\times4.35\div6.9=110.1$（kN）（在 F_C 计算中应用）

7）F_B 计算。

在图 1.42 中，$F_B=q_1\times3.9\times1.95\div7.8+q_2\times3.9\div2\times1.95\div7.8+F_{L-1(a)B}\div2+q_3\times3.9\times5.85\div7.8+q_4\times3.9+F_{L-1(b)B}\div2=17.96\times3.9\times1.95\div7.8+8.78\times3.9\div2\times1.95\div7.8+76.2\div2+13\times3.9\times5.85\div7.8+23.2\times3.9+119\div2=247.9$（kN）

（12）F_C 计算。

F_C 是由 KL－1 传递来的集中力。KL－1 的计算简图如图 1.35 所示。

1）q_1 计算。

q_1 包括梁自重和抹灰、梁上墙体荷载。由“（10）F_A 计算”中可知，$q_1=13$kN/m。

2）q_2 计算。

q_2 为板 A 传递的三角形荷载，由“（10）F_A 计算”中可知，荷载最大值为：

$$q_2=4.5\times1.95=8.78(\text{kN/m})$$

3）q_3 计算。

板 C 传递给 KL－1 的荷载为三角形荷载，荷载最大值为：

$$q_3=6.0\times1.95=11.7(\text{kN/m})$$

4）$F_{L-1(a)C}$、$F_{L-1(b)C}$计算。

由“（11）F_B 计算”中可知，$F_{L-1(a)C}=68.0$kN，$F_{L-1(b)C}=110.1$kN。

5）F_C 计算。

$$\begin{aligned}F_C&=q_1\times7.8+F_{L-1(a)C}\div2+q_2\times3.9\div2\times1.95\div7.8+q_3\times3.9\div2\times1.95\div7.8\\&\quad+q_3\times3.9\div2\times5.85\div7.8+F_{L-1(b)C}\div2\\&=13\times7.8+68.0\div2+8.78\times3.9\div2\times1.95\div7.8+11.7\times3.9\div2\times1.95\\&\quad\div7.8+11.7\times3.9\div2\times5.85\div7.8+110.1\div2\\&=217.5(\text{kN})\end{aligned}$$

（13）第三层框架最终计算简图。

根据前面的计算结果，画出第三层框架的最终恒荷载计算简图如图 1.50 所示。

5. 第四层框架计算简图

第四层楼面梁布置如图 1.51 所示，第四层楼面板布置如图 1.52 所示，分析图 1.51 和图 1.52 的荷载传递，⑤轴线第四层的框架简图如图 1.53 所示。下面计算第四层框架计算简图。

（1）$q_{AD梯形}$ 计算。

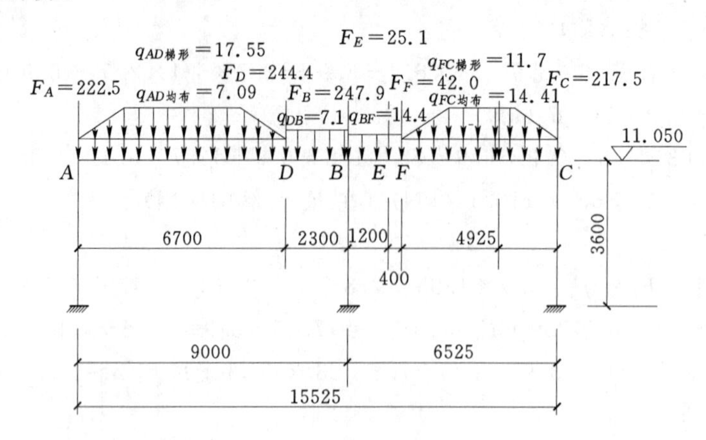

图 1.50　第三层框架最终恒荷载计算简图（单位：F：kN　q：kN/m）

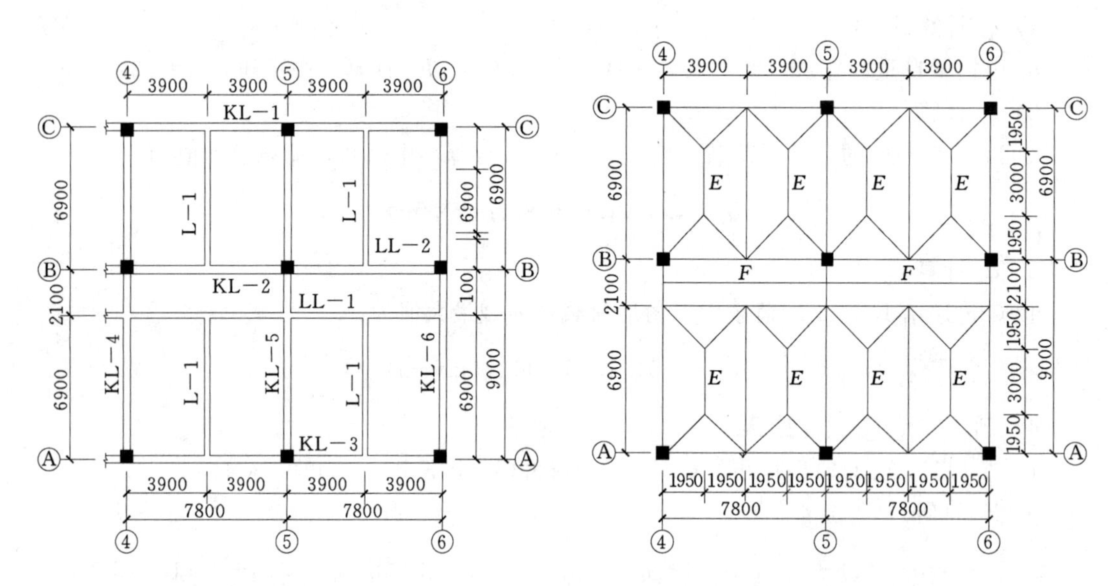

图 1.51　第四层楼面梁布置简图

图 1.52　第四层楼面板布置简图

$q_{AD梯形}$ 为板 E 传递荷载，传递给 AD 段为梯形荷载，梯形荷载最大值为：$7\times1.95\times2=27.3$（kN/m）

（2）$q_{AD均布}$ 计算。

梁自重及抹灰：$q_{AD均布}=7.09$kN/m。

（3）q_{DB} 计算。

q_{DB} 部分只有梁自重及抹灰，即 $q_{DB}=7.1$kN/m。

（4）F_D 计算。

F_D 是由 LL－1 传递来的集中力。LL－1 的计算简图如图 1.40 所示。

1）q_1 计算。

在图 1.40 中，q_1 包括梁自重、抹灰和板 F 传来的荷载。

LL－1(250mm×750mm) 自重：4.06kN/m

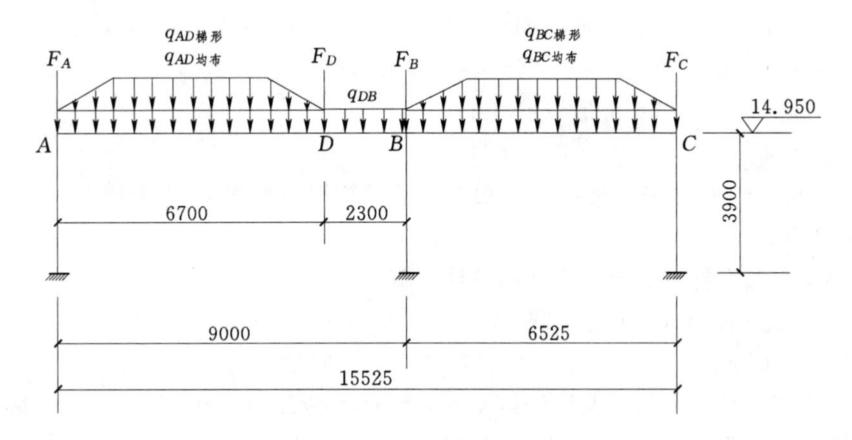

图 1.53　⑤轴线第四层框架简图

抹灰层：0.218kN/m

由表 1.2 可知，板 F 的面荷载为 6.5kN/m^2，则板 F 传递的荷载为：

$$6.5\times2.1\div2=6.8(\text{kN/m})$$

$$q_1=4.06+0.218+6.8=11.08(\text{kN/m})$$

2）q_2 计算。

q_2 为板 E 传来的三角形荷载，荷载最大值为：$q_2=7.0\times1.95=13.65$（kN/m）

3）F_{L-1} 计算。

F_{L-1} 为 L－1 传递的集中荷载，L－1 的计算简图如图 1.41 所示。

q_1 为梁自重和抹灰：

L－1(250mm×650mm) 自重：3.31kN/m

抹灰层：0.18kN/m

则 $q_1=3.31+0.18=3.49$（kN/m）

q_2 为板 E 传来的荷载，板 E 的面荷载为 7.0kN/m^2，传递给 L－1 为梯形荷载，荷载最大值为：$q_2=7.0\times1.95\times2=27.3$kN/m。

则 $F_{L-1}=q_1\times6.9\div2+(3+6.9)\times q_2\div2\div2=3.49\times6.9\div2+(3+6.9)\times27.3\div2\div2=79.6$（kN）

4）F_D 计算。

由图 1.40 可知，$F_D=q_1\times7.8+q_2\times3.9\times2\div2+F_{L-1}=11.08\times7.8+13.65\times3.9+79.6=219.3$（kN）

（5）$q_{BC梯形}$ 计算。

板 E 传来的荷载，板 E 的面荷载为 7.0kN/m^2，荷载最大值为：

$$q_{BC梯形}=7.0\times1.95\times2=27.3(\text{kN/m})$$

（6）$q_{BC均布}$ 计算。

梁自重及抹灰：

梁（350mm×700mm）自重：25×0.35×(0.7－0.12)＝5.075（kN/m）

抹灰层：0.01×(0.7－0.12)×2×17＝0.197（kN/m）

$q_{BC均布}$＝5.075＋0.197＝5.27（kN/m）

（7）F_A 计算。

F_A 是由KL－3传递来的集中力。KL－3的计算简图如图1.31所示。

1）q_1 计算。

q_1 包括梁自重和抹灰、梁上女儿墙墙体荷载。

梁（350mm×800mm）自重：25×0.35×(0.80－0.12)＝5.95（kN/m）

抹灰层：0.01×(0.80－0.12)×2×17＝0.231（kN/m）

KL－3上的墙体荷载为女儿墙墙体荷载：墙体面荷载为3.0kN/m²，女儿墙1000mm高，女儿墙墙体线荷载为3.0×1.0＝3.0（kN/m）。

小计：q_1＝5.95＋0.231＋3.0＝9.2（kN/m）

2）q_2 计算。

q_2 是由板 E 传递的三角形荷载，板 E 传来的荷载为三角形荷载，荷载最大值为：

$$q_2=7\times1.95=13.65(\text{kN/m})$$

3）F_A 计算。

由图1.31可知，F_A＝9.2×7.8＋13.65×3.9÷2×2＋F_{L-1}＝71.76＋53.24＋79.6＝204.6（kN）。

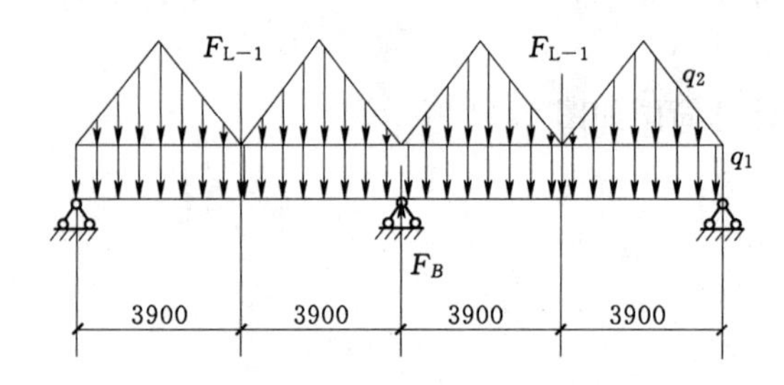

图1.54　KL－2计算简图

（8）F_B 计算。

F_B 是由KL－2传递来的集中力。KL－2的计算简图如图1.54所示。

1）q_1 计算。

q_1 包括梁自重、抹灰和板 F 传来的荷载。

KL－2(350mm×800mm）自重：25×0.35×(0.80－0.10)＝6.125（kN/m）

抹灰层：0.01×(0.80－0.12＋0.80－0.10)×17＝0.235（kN/m）

板 F 传递的荷载：6.5×2.1÷2＝6.8（kN/m）

小计：q_1＝6.125＋0.235＋6.8＝13.16（kN/m）

2）q_2 计算。

q_2 是由板 E 传递的三角形荷载，板 E 传来的荷载为三角形荷载，荷载最大值为：

$$q_2=7\times1.95=13.65(\text{kN/m})$$

3）由“（4）F_D 计算”中可知，F_{L-1}＝79.6kN。

4）F_B 计算。

在图1.54中，F_B＝q_1×7.8＋q_2×3.9÷2×2＋F_{L-1}＝13.16×7.8＋13.65×3.9＋79.6＝235.5（kN）。

(9) F_C 计算。

F_C 近似取与 F_A 相等，即 $F_C=204.6$kN。

(10) 第四层框架最终计算简图。

根据前面的计算结果，画出第四层框架的最终恒荷载计算简图如图 1.55 所示。

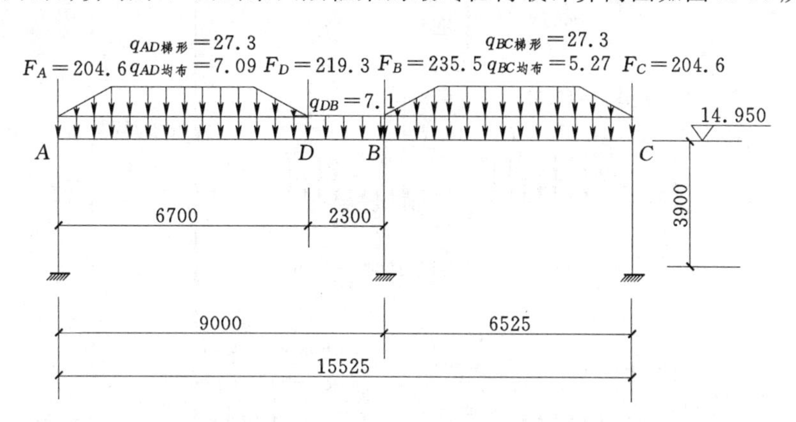

图 1.55　第四层框架最终恒荷载计算简图（单位：F：kN　q：kN/m）

6. 恒荷载作用下横向框架的计算简图

汇总前面各层的计算简图，画出恒荷载作用下的横向框架计算简图（图 1.56）。该计算简图比较复杂，是经过详细的手算过程得出的，比较符合实际情况。

1.5.2　横向框架在活荷载作用下的计算简图

1. 第一层框架计算简图

第一层楼面梁布置如图 1.23 所示，第一层楼面板布置如图 1.24 所示（活荷载和恒荷载的荷载平面传递方式相同）。分析图 1.23 和图 1.24 的荷载传递，⑤轴线第一层的框架简图如图 1.57 所示，下面计算第一层楼面板和楼面梁传给⑤轴线横向框架的活荷载，求出第一层框架计算简图。

(1) $q_{AD梯形}$ 计算。

$q_{AD梯形}$ 为板 A 传递荷载，板 A 的活荷载为 2.0kN/m^2（表 1.8），由图 1.24 可知，传递给 AD 段为梯形荷载，荷载最大值为：$q_{AD梯形}=2.0\times1.95\times2=7.8$ (kN/m)。

(2) $q_{FC梯形}$ 计算。

$q_{FC梯形}$ 为板 C 传递荷载，板 C 的活荷载为 2.0kN/m^2（表 1.8），由图 1.24 可知，传递给 FC 段为梯形荷载，荷载最大值为：$q_{FC梯形}=2.0\times1.95=3.9$ (kN/m)。

(3) F_D 计算。

由图 1.23 可知，F_D 是由 LL－1 传递来的集中力。LL－1 的计算简图如图 1.58 所示。

1) q_1 计算。

q_1 为板 B 传来的活荷载。由表 1.8 可知板 B 活荷载为 2.5kN/m^2，传递给 LL－1 的线荷载为：$q_1=2.5\times2.1\div2=2.63$ (kN/m)。

2) q_2 计算。

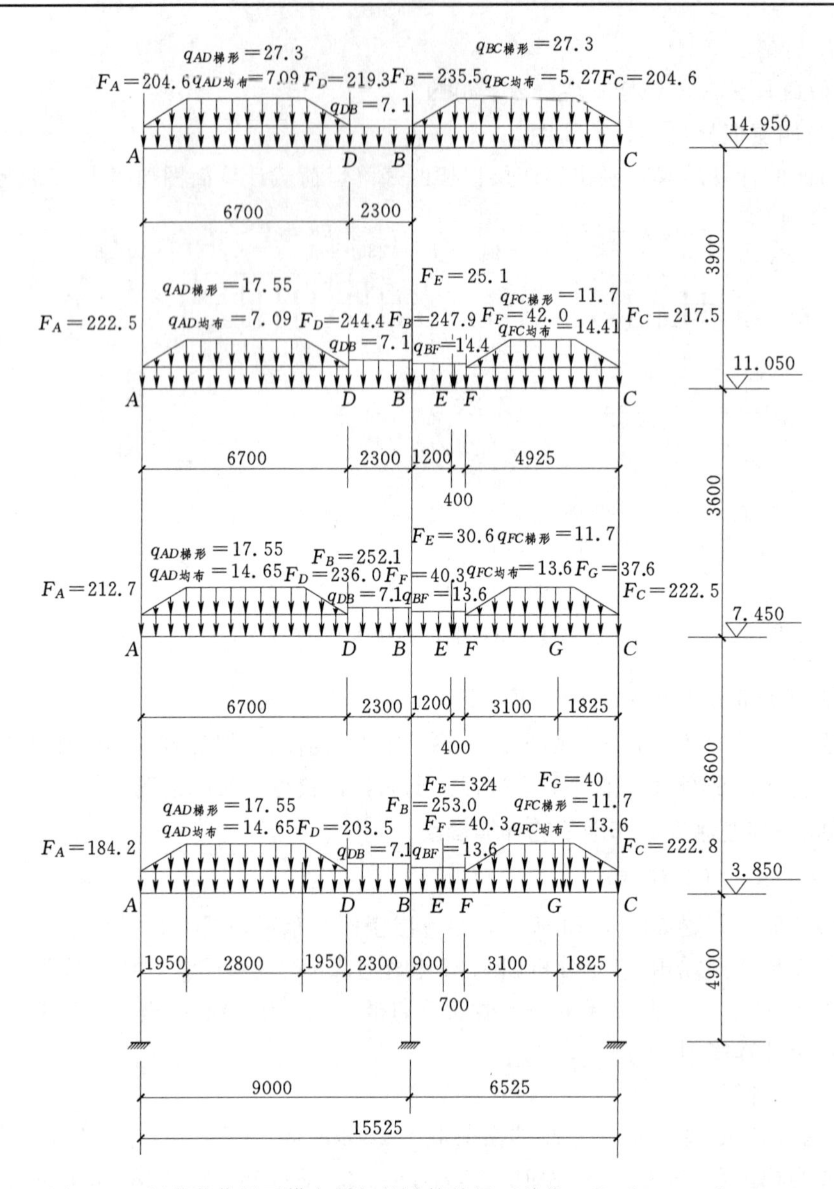

图 1.56　恒荷载作用下横向框架的计算简图（单位：F：kN　q：kN/m）

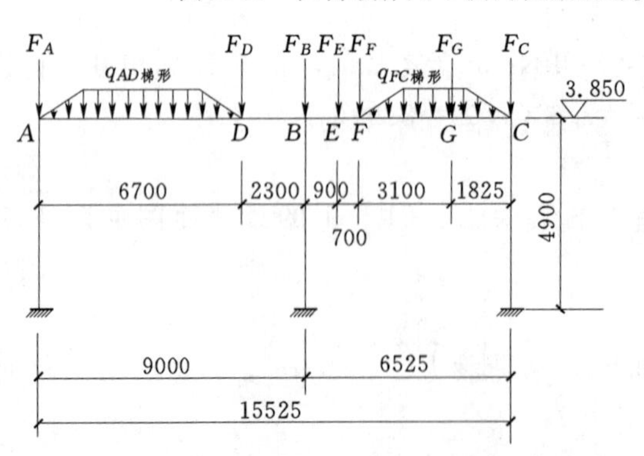

图 1.57　⑤轴线第一层框架简图

q_2 为板 A 传来的荷载，板 A 的活荷载为 2.0kN/m^2（表 1.3），板 A 传来的荷载为三角形荷载，荷载最大值为：$q_2=2.0\times1.95=3.9$（kN/m）。

3）F_{L-1} 计算。

F_{L-1} 为 L－1 传递的集中荷载，L－1 的计算简图如图 1.59 所示。

q_1 为板 A 传来的活荷载，荷载最大值为：$q_1=2.0\times1.95\times2=7.8$（kN/m）。

$F_{L-1}=q_1\times(3+6.9)\div2\div2=7.8\times9.9\div4=19.3$ (kN)

4) F_D 计算。

由图1.58可知，$F_D=q_1\times7.8+q_2\times3.9\div2\times2+F_{L-1}=2.63\times7.8+3.9\times3.9+19.3=55.0$ (kN)。

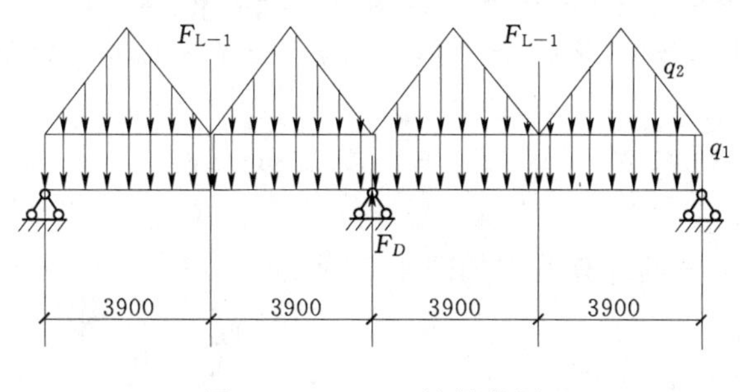

图1.58 LL—1计算简图

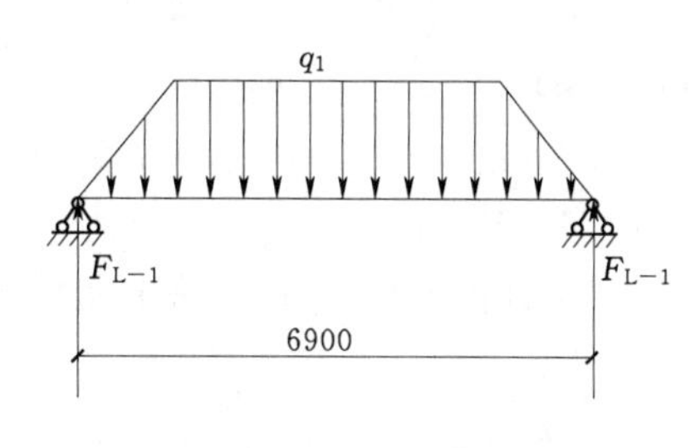

图1.59 L—1计算简图

(4) F_E 和 F_G 计算。

F_E 和 F_G 为楼梯传递荷载。各层楼梯平面布置如图1.29所示，楼梯剖面布置如图1.30所示。

1) F_E 计算。

F_E 为由LTL—3传递的集中力。LTL—3的线荷载计算详见表1.21。

表1.21 **LTL—3均布活荷载计算** 单位：kN/m

序号	传 递 途 径	活 荷 载
1	TB1传来（右半跨）	2.5×1.8=4.5
2	TB2传来（左半跨）	2.5×1.8=4.5
3	平台板（PTB—1）传来	2.5×1.1÷2=1.375
4	合计	5.9

$$F_E=5.9\times3.9\div2=11.5(\text{kN})$$

2) F_G 计算。

F_G 为由LTL—4（二层）通过TZ传至下端支承梁上的集中力（图1.30）。LTL—4（二层）的活荷载计算详见表1.22。

表1.22 **LTL—4（二层）的活荷载计算** 单位：kN/m

序号	传 递 途 径	荷 载
1	TB3传来	2.5×1.65=4.125
2	TB2传来	2.5×1.8=4.5
3	平台板（PTB—3）传来	按单向板考虑，$2.5\times\frac{(2.1-0.3)}{2}=2.25$
4	LTL—4均布线荷载（因TB2和TB3传来荷载相差不大，近似按均布考虑）	$2.25+\frac{(4.125+4.5)}{2}=6.6$

LTL－4（二层）传至两端的活荷载集中力为：$F_G=6.6\times\frac{3.9}{2}=13$（kN）

（5）F_F 计算。

F_F 是由 LL－2 传递来的集中力。LL－2 的计算简图如图 1.60 所示。

q_1 为板 D 传递荷载，传递给 LL－2 的线荷载为：$q_1=2.0\times1.8\div2=1.8$（kN/m）

板 C 传递给 LL－2 的荷载为三角形荷载，荷载最大值为：$q_2=2.0\times1.95=3.9$（kN/m）

$F_F=q_1\times3.9\div2+q_2\times3.9\div4=1.8\times3.9\div2+3.9\times3.9\div4=7.31$（kN）

（6）F_A 计算。

F_A 是由 KL－3 传递来的集中力。KL－3 的计算简图如图 1.61 所示。

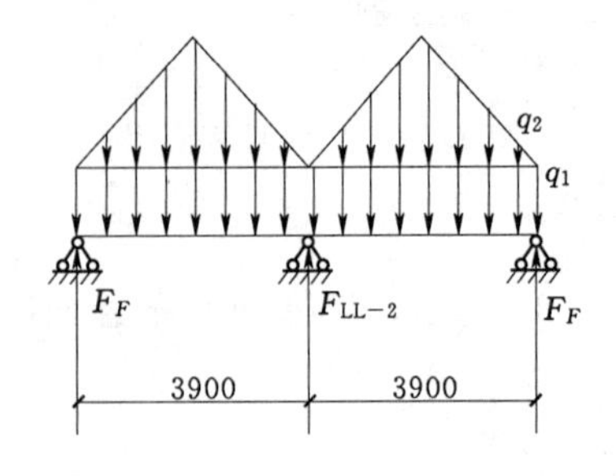

图 1.60　LL－2 计算简图

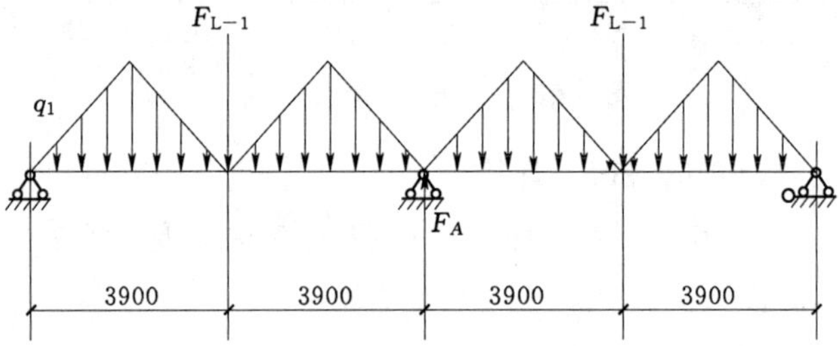

图 1.61　KL－3 计算简图

q_1 为板 A 传来的三角形荷载，荷载最大值为：$q_1=2.0\times1.95=3.9$（kN/m）

由"（3）F_D 计算"中可知 $F_{L-1}=19.3$kN。

则由图 1.61 可知，$F_A=3.9\times3.9\div2\times2+F_{L-1}=15.21+19.3=34.51$（kN）。

（7）F_B 计算。

F_B 是由 KL－2 传递来的集中力。KL－2 的计算简图如图 1.62 所示。

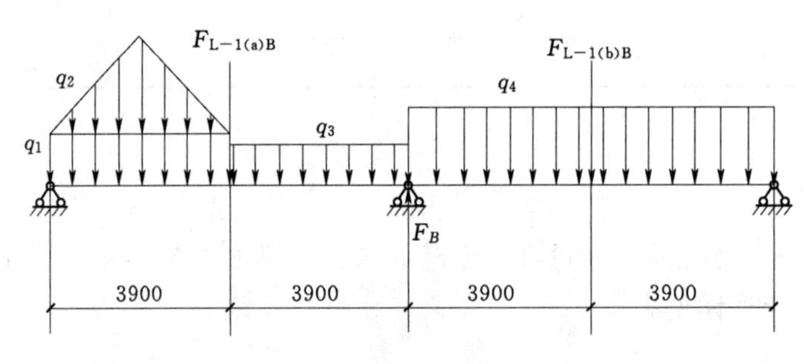

图 1.62　KL－2 计算简图

1）q_1 计算。

q_1 为板 B 传来的荷载。板 B 传来的活荷载：$q_1=2.5\times2.1\div2=2.63$（kN/m）

2）q_2 计算。

板 A 传递的三角形荷载，荷载最大值为：$q_2=2.0\times1.95=3.9$（kN/m）

3）q_3 计算。

q_3 为板 B 传来的荷载和 PTB－1 传来的荷载。

板 B 传来的活荷载：2.5×2.1÷2=2.63（kN/m）

PTB—1 传来的荷载：2.5×1.1÷2=1.375（kN/m）

小计：q_3=2.63+1.375=4（kN/m）

4）q_4 计算。

q_4 为板 B、板 D 传来的荷载。

板 B 传来的活荷载：2.5×2.1÷2=2.63（kN/m）

板 D 传来的活荷载：2.0×1.8÷2=1.8（kN/m）

小计：q_4=2.63+1.8=4.43（kN/m）

5）$F_{L-1(a)B}$计算。

$F_{L-1(a)B}$为 L—1（a）传递的集中荷载，L—1（a）的计算简图如图 1.63 所示。

q_1 为板 A 传来的梯形活荷载，荷载最大值为：

q_1=2.0×1.95=3.9（kN/m）

由"（4）F_E 和 F_G 计算"中可知，F_E=11.5kN，F_G=13kN。

则 $F_{L-1(a)B}$=(3+6.9)×3.9÷4+11.5×5.8÷6.9+13×2÷6.9=23.1（kN）

$F_{L-1(a)C}$=(3+6.9)×3.9÷4+11.5×1.1÷6.9+13×4.9÷6.9=20.7（kN）（在 F_C 计算中应用）。

6）$F_{L-1(b)B}$计算。

$F_{L-1(b)B}$为 L—1（b）传递的集中荷载，L—1（b）的计算简图如图 1.64 所示。

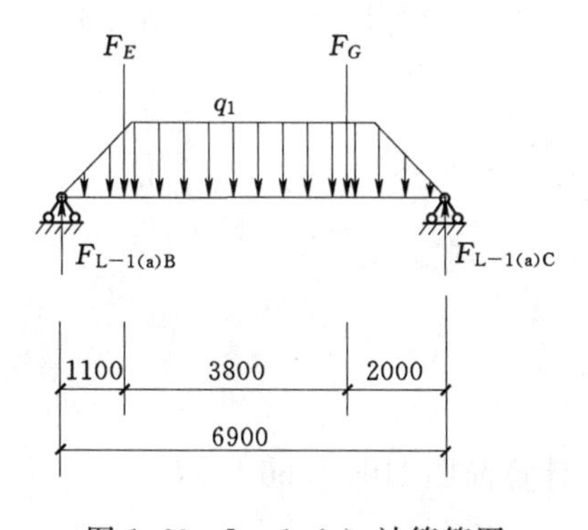

图 1.63　L—1（a）计算简图

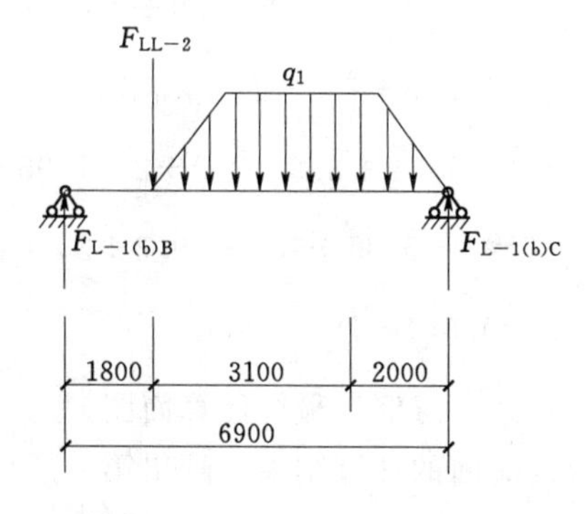

图 1.64　L—1（b）计算简图

q_1 为板 C 传来的梯形荷载，荷载最大值为：

$$2.0\times1.95\times2=7.8(\text{kN/m})$$

F_{LL-2}为 LL—2 传来的集中力。由"（5）F_F 计算"中可得：

$$F_{LL-2}=7.31\times2=14.62(\text{kN})$$

则 $F_{L-1(b)B}$=14.62×5.1÷6.9+(1.2+5.1)×7.8÷2×2.55÷6.9=19.9（kN）

$F_{L-1(b)C}$=14.62×1.8÷6.9+(1.2+5.1)×7.8÷2×4.35÷6.9=19.3（kN）（在 F_C 计算中应用）。

7）F_B 计算。

在图 1.62 中

$F_B = q_1 \times 3.9 \times 1.95 \div 7.8 + q_2 \times 3.9 \div 2 \times 1.95 \div 7.8 + F_{L-1(a)B} \div 2 + q_3 \times 3.9 \times 5.85 \div 7.8 + q_4 \times 3.9 + F_{L-1(b)B} \div 2$

$= 2.63 \times 3.9 \times 1.95 \div 7.8 + 3.9 \times 3.9 \div 2 \times 1.95 \div 7.8 + 23.1 \div 2 + 4 \times 3.9 \times 5.85 \div 7.8 + 4.43 \times 3.9 + 19.9 \div 2 = 54.9$（kN）

（8）F_C 计算。

F_C 是由KL－1传递来的集中力。KL－1的计算简图如图1.65所示。

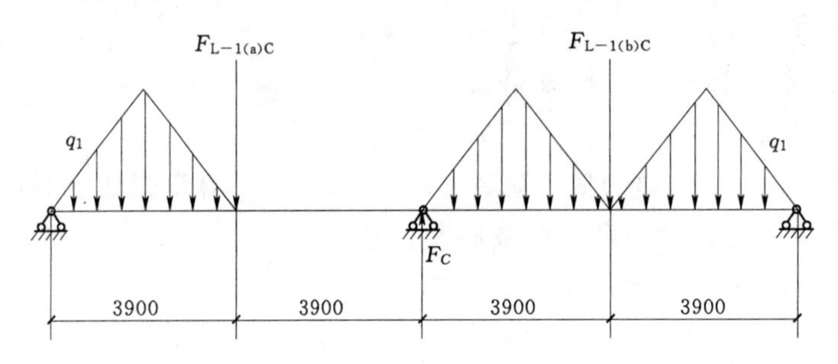

图1.65　KL－1计算简图

q_1 为板A、板C传递的三角形荷载，荷载最大值为：$q_1 = 2.0 \times 1.95 = 3.9$（kN/m）

由“（7）F_B 计算”中可知，$F_{L-1(a)C} = 20.7$kN，$F_{L-1(b)C} = 19.3$kN。

则由图1.65可知：

$F_C = F_{L-1(a)C} \div 2 + q_1 \times 3.9 \div 2 \times 1.95 \div 7.8 + q_1 \times 3.9 \div 2 \times 1.95 \div 7.8 + q_1 \times 3.9 \div 2 \times 5.85 \div 7.8 + F_{L-1(b)C} \div 2$

$= 20.7 \div 2 + 3.9 \times 3.9 \div 2 \times 1.95 \div 7.8 + 3.9 \times 3.9 \div 2 \times 1.95 \div 7.8 + 3.9 \times 3.9 \div 2 \times 5.85 \div 7.8 + 19.3 \div 2$

$= 29.5$（kN）

（9）第一层框架最终计算简图。

根据前面的计算结果，画出第一层框架的最终计算简图如图1.66所示。

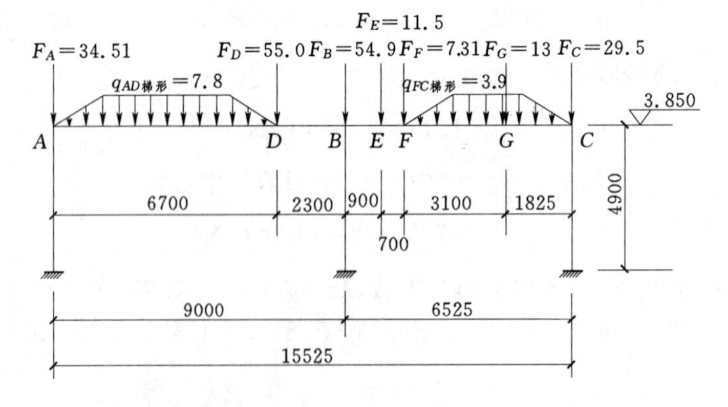

图1.66　第一层框架最终活荷载计算简图（单位：F：kN　q：kN/m）

2. 第二层框架计算简图

第二层楼面梁布置如图 1.37 所示，第二层楼面板布置如图 1.38 所示。分析图 1.37 和图 1.38 的荷载传递，⑤轴线第二层的框架简图如图 1.67 所示，下面计算第二层楼面板和楼面梁传给⑤轴线横向框架的活荷载，求出第二层框架计算简图。

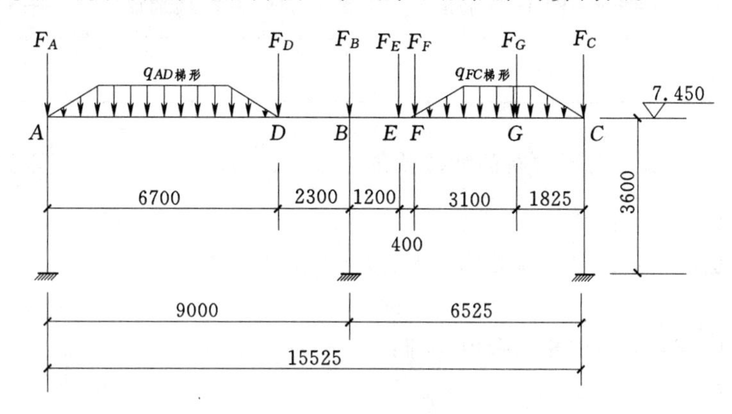

图 1.67　⑤轴线第二层框架简图

(1) $q_{AD梯形}$ 计算。

$q_{AD梯形}$ 同第一层框架简图中相应数值，即：$q_{AD梯形}=2.0\times1.95\times2=7.8$（kN/m）。

(2) $q_{FC梯形}$ 计算。

$q_{FC梯形}$ 同第一层框架简图中相应数值，即：$q_{FC梯形}=2.0\times1.95=3.9$（kN/m）。

(3) F_D 计算。

F_D 同第一层框架简图中相应数值，即：$F_D=55.0$kN。

(4) F_E 和 F_G 计算。

F_E 和 F_G 为楼梯传递的活荷载。各层楼梯平面布置如图 1.29 所示，楼梯剖面布置如图 1.30 所示。

1) F_E 计算。

F_E 为由 LTL—5 传递的集中力。LTL—5 的线荷载计算详见表 1.23。

表 1.23　　LTL—5 的均布活荷载计算　　单位：kN/m

序号	传　递　途　径	荷　　载
1	TB3 传来	2.5×1.65=4.125
2	平台板（PTB—2）传来	2.5×1.4÷2=1.75
3	合计	5.9

则 $F_E=5.9\times3.9\div2=11.5$（kN）。

2) F_G 计算。

F_G 为由 LTL—4（三层）通过 TZ 传至下端支承梁上的集中力（图 1.30）。LTL—4（三层）的活荷载计算详见表 1.24。

表1.24　　LTL－4（三层）的活荷载计算　　单位：kN/m

序号	传递途径	荷载
1	TB3传来	$2.5\times1.65=4.125$
2	平台板（PTB－3）传来	按单向板考虑，$2.5\times\frac{(2.1-0.3)}{2}=2.25$
3	LTL－4均布线荷载	$4.125+2.25=6.4$

则LTL－4（三层）传至两端的活荷载集中力为：$F_G=6.4\times\frac{3.9}{2}=12.5$（kN）。

（5）F_F 计算。

F_F 同第一层框架简图中相应数值，即：$F_F=7.31$kN。

（6）F_A 计算。

F_A 同第一层框架简图中相应数值，即：$F_A=34.51$kN。

（7）F_B 计算。

F_B 是由KL－2传递来的集中力。KL－2的计算简图如图1.62所示。

1）q_1 计算。

$q_1=2.5\times2.1\div2=2.63$（kN/m）（同前）。

2）q_2 计算。

$q_2=2.0\times1.95=3.9$（kN/m）（同前）。

3）q_3 计算。

$q_3=2.63+1.375=4$（kN/m）（同前）。

4）q_4 计算。

$q_4=2.63+1.8=4.43$（kN/m）（同前）。

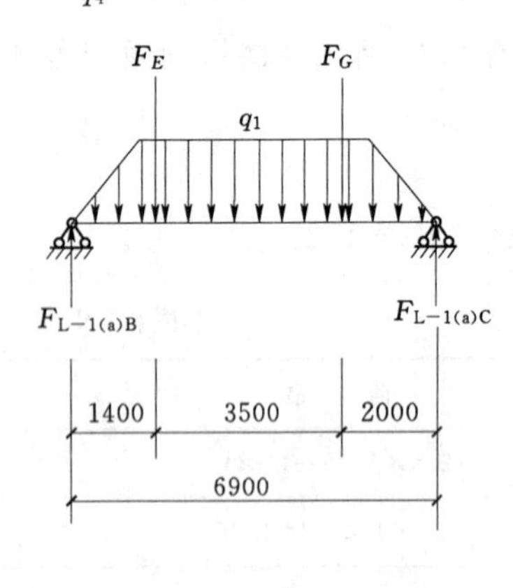

图1.68　L－1（a）计算简图

5）$F_{L-1(a)B}$ 计算。

$F_{L-1(a)B}$ 为L－1（a）传递的集中荷载，L－1（a）的计算简图如图1.68所示。

q_1 为板 A 传来的梯形活荷载，荷载最大值为：$q_1=2.0\times1.95=3.9$kN/m

由“（4）F_E 和 F_G 计算”中可知，$F_E=11.5$kN，$F_G=12.5$kN。

则 $F_{L-1(a)B}=(3+6.9)\times3.9\div4+11.5\times5.5\div6.9+12.5\times2\div6.9=22.4$（kN）

$F_{L-1(a)C}=(3+6.9)\times3.9\div4+11.5\times1.4\div6.9+12.5\times4.9\div6.9=20.9$（kN）（在 F_C 计算中应用）。

6）$F_{L-1(b)B}$ 计算。

$F_{L-1(b)B}=19.9$kN（同前）。

$F_{L-1(b)C}=19.3$kN（同前，在 F_C 计算中应用）。

7）F_B 计算。

在图 1.62 中

$$F_B=q_1\times3.9\times1.95\div7.8+q_2\times3.9\div2\times1.95\div7.8+F_{L-1(a)B}\div2+q_3\times3.9\times5.85\div7.8+q_4\times3.9+F_{L-1(b)B}\div2$$

$$=2.63\times3.9\times1.95\div7.8+3.9\times3.9\div2\times1.95\div7.8+22.4\div2+4\times3.9\times5.85\div7.8+4.43\times3.9+19.9\div2$$

$$=54.6\ (kN)。$$

（8）F_C 计算。

F_C 是由 KL－1 传递来的集中力。KL－1 的计算简图如图 1.65 所示。

q_1 为板 A、板 C 传递的三角形荷载，荷载最大值为：

$$q_1=2.0\times1.95=3.9(kN/m)$$

由“（7）F_B 计算”中可知，$F_{L-1(a)C}=20.9kN$，$F_{L-1(b)C}=19.3kN$。

则由图 1.65 可知：

$$F_C=F_{L-1(a)C}\div2+q_1\times3.9\div2\times1.95\div7.8+q_1\times3.9\div2\times1.95\div7.8+q_1\times3.9\div2\times5.85\div7.8+F_{L-1(b)C}\div2$$

$$=20.9\div2+3.9\times3.9\div2\times1.95\div7.8+3.9\times3.9\div2\times1.95\div7.8+3.9\times3.9\div2\times5.85\div7.8+19.3\div2$$

$$=29.6\ (kN)$$

（9）第二层框架最终计算简图。

根据前面的计算结果，画出第二层框架的最终计算简图如图 1.69 所示。

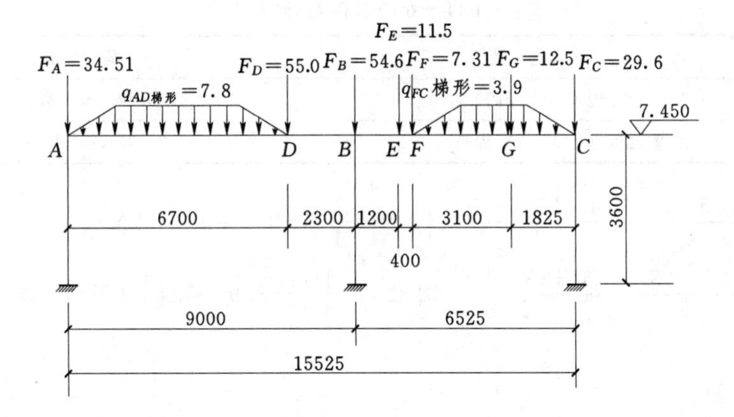

图 1.69　第二层框架最终活荷载计算简图（单位：F：kN　q：kN/m）

3. 第三层框架计算简图

第三层楼面梁布置如图 1.45 所示，第三层楼面板布置如图 1.46 所示，分析图 1.45 和图 1.46 的荷载传递，⑤轴线第三层的框架简图如图 1.70 所示。下面计算第三层楼面板和楼面梁传给⑤轴线横向框架的活荷载，求出第三层框架计算简图。

（1）$q_{AD梯形}$ 计算。

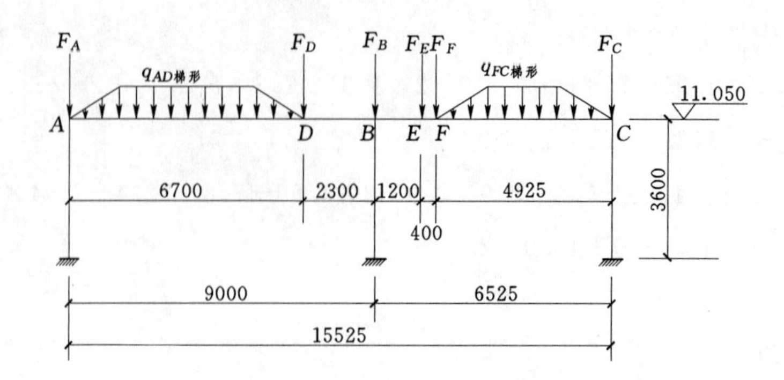

图 1.70 ⑤轴线第三层框架简图

$q_{AD梯形}$ 为板 A 传递荷载，传递给 AD 段为梯形荷载，荷载最大值为：

$$q_{AD梯形}=2.0\times1.95\times2=7.8(\text{kN/m})$$

（2）$q_{FC梯形}$ 计算。

$q_{FC梯形}$ 为板 C 传递荷载，传递给 FC 段为梯形荷载，荷载最大值为：

$$q_{FC梯形}=2.0\times1.95=3.9(\text{kN/m})$$

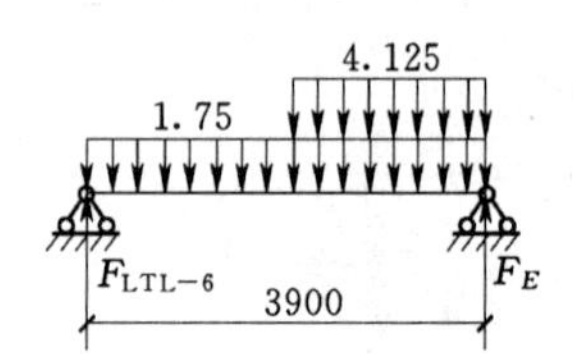

图 1.71 LTL－6 的荷载简图（单位：kN/m）

（3）F_D 计算。

F_D 同第一层框架简图中相应数值，即：$F_D=55.0$kN。

（4）F_E 计算。

F_E 为 LTL－6 传递的集中荷载。各层楼梯平面布置图如图 1.29 所示，楼梯剖面布置图如图 1.30 所示。LTL－6 的线荷载计算详见表 1.25。LTL－6 的荷载简图如图 1.71 所示。

表 1.25　　LTL－6 的活荷载计算　　单位：kN/m

序号	传 递 途 径	荷　　载
1	TB3 传来（右半跨）	2.5×1.65＝4.125（作用在右半跨）
2	平台板（PTB－2）传来	2.5×1.4÷2＝1.75

则 $F_E=\dfrac{1.75\times3.9}{2}+\dfrac{4.125\times3.9}{2}\times\left(3.9\times\dfrac{3}{4}\right)\div3.9=9.4\ (\text{kN})$

$F_{LTL-6}=\dfrac{1.75\times3.9}{2}+\dfrac{4.125\times3.9}{2}\times\left(3.9\times\dfrac{1}{4}\right)\div3.9=5.4\ (\text{kN})$（在计算 F_B 和 F_C 时需要）。

（5）F_F 计算。

F_F 同第一层框架简图中相应数值，即：$F_F=7.31$kN。

（6）F_A 计算。

F_A 同第一层框架简图中相应数值，即：$F_A=34.51$kN。

（7）F_B 计算。

F_B 是由 KL－2 传递来的集中力。KL－2 的计算简图如图 1.62 所示。

1）q_1 计算。

$q_1=2.5\times2.1\div2=2.63$（kN/m）（同前）。

2）q_2 计算。

$q_2=2.0\times1.95=3.9$（kN/m）（同前）。

3）q_3 计算。

$q_3=2.63+1.375=4$（kN/m）（同前）。

4）q_4 计算。

$q_4=2.63+1.8=4.43$（kN/m）（同前）。

5）$F_{L-1(a)B}$计算。

$F_{L-1(a)B}$为 L－1（a）传递的集中荷载，L－1（a）的计算简图如图 1.72 所示。

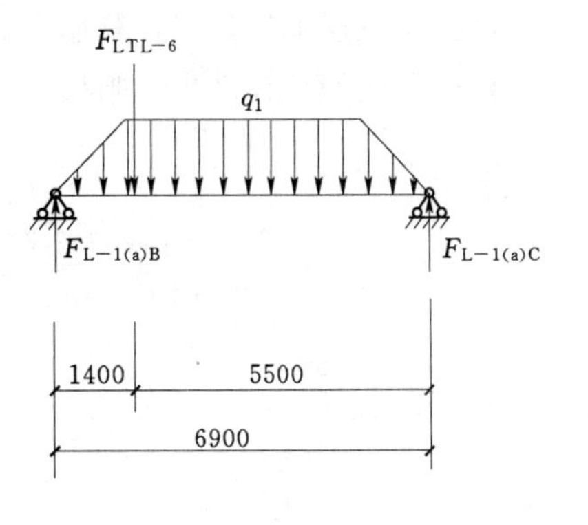

图 1.72　L－1（a）计算简图

q_1 为板 A 传来的梯形活荷载，荷载最大值为：$q_1=2.0\times1.95=3.9$（kN/m）

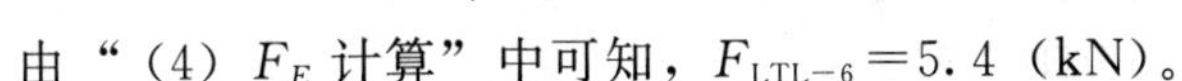

由“（4）F_E 计算”中可知，$F_{LTL-6}=5.4$（kN）。

则 $F_{L-1(a)B}=(3+6.9)\times3.9\div4+5.4\times5.5\div6.9=14.0$（kN）

$F_{L-1(a)C}=(3+6.9)\times3.9\div4+5.4\times1.4\div6.9=10.7$（kN）（在 F_C 计算中应用）。

6）$F_{L-1(b)B}$计算。

$F_{L-1(b)B}=19.9$kN（同前）。

$F_{L-1(b)C}=19.3$kN（同前，在 F_C 计算中应用）。

7）F_B 计算。

在图 1.62 中可知：

$$F_B=q_1\times3.9\times1.95\div7.8+q_2\times3.9\div2\times1.95\div7.8+F_{L-1(a)B}\div2+q_3\times3.9\times5.85\div7.8+q_4\times3.9+F_{L-1(b)B}\div2$$

$$=2.63\times3.9\times1.95\div7.8+3.9\times3.9\div2\times1.95\div7.8+14.0\div2+4\times3.9\times5.85\div7.8+4.43\times3.9+19.9\div2$$

$$=50.4\ (\text{kN})$$

（8）F_C 计算。

F_C 是由 KL－1 传递来的集中力。KL－1 的计算简图如图 1.65 所示。

q_1 为板 A、板 C 传递的三角形荷载，荷载最大值为：

$$q_1=2.0\times1.95=3.9\text{kN/m}$$

由“（7）F_B 计算”中可知，$F_{L-1(a)C}=10.7$kN，$F_{L-1(b)C}=19.3$kN。

则由图 1.65 可知：

$$F_C=F_{L-1(a)C}\div2+q_1\times3.9\div2\times1.95\div7.8+q_1\times3.9\div2\times1.95\div7.8+q_1\times3.9\div2\times5.85\div7.8+F_{L-1(b)C}\div2$$

$$=10.7\div2+3.9\times3.9\div2\times1.95\div7.8+3.9\times3.9\div2\times1.95\div7.8+3.9\times3.9\div2\times5.85\div7.8+19.3\div2$$

$$=24.5\ (\text{kN})$$

(9) 第三层框架最终计算简图。

根据前面的计算结果，画出第三层框架的最终计算简图如图1.73所示。

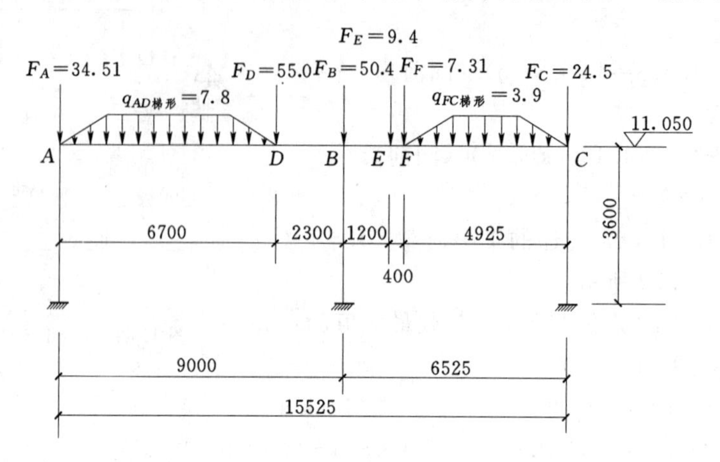

图1.73　第三层框架最终活荷载计算简图（单位：F：kN　q：kN/m）

4. 第四层框架计算简图

第四层楼面梁布置如图1.51所示，第四层楼面板布置如图1.52所示，分析图1.51和图1.52的荷载传递，⑤轴线第四层的框架简图如图1.74所示。下面计算第四层楼面板和楼面梁传给⑤轴线横向框架的活荷载，求出第四层框架计算简图。

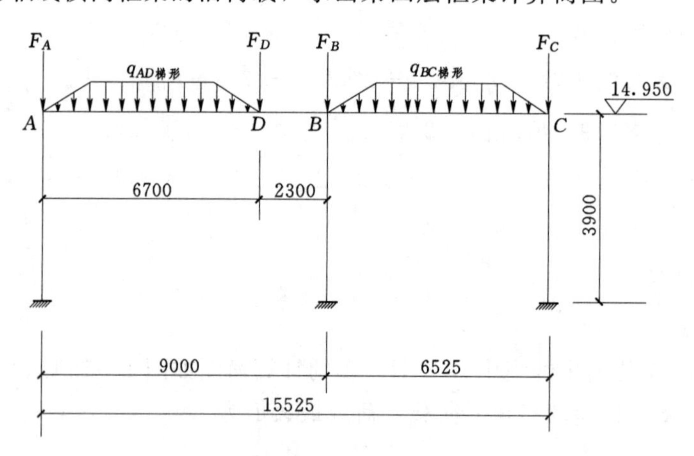

图1.74　⑤轴线第四层框架简图

(1) $q_{AD梯形}$计算。

$q_{AD梯形}$为板E传递荷载，板E的活荷载为0.5kN/m^2，由图1.52可知，传递给AD段为梯形荷载，荷载最大值为：

$$q_{AD梯形}=0.5\times1.95\times2=1.95(\text{kN/m})$$

(2) $q_{BC梯形}$计算。

板E的面荷载为0.5kN/m^2，由图1.52可知，传递给AD段为梯形荷载，荷载最大值为：

$$q_{BC梯形}=0.5\times1.95\times2=1.95(\text{kN/m})$$

（3）F_D 计算。

F_D 是由 LL—1 传递来的集中力。LL—1 的计算简图如图 1.58 所示。

1）q_1 计算。

在图 1.58 中，q_1 为板 F 传递的荷载：0.5×2.1÷2=0.525（kN/m）

2）q_2 计算。

q_2 为板 E 传来的荷载，板 E 的活荷载为 0.5kN/m^2，板 E 传来的荷载为三角形荷载，荷载最大值为：

$$q_2=0.5\times1.95=0.98(\text{kN/m})$$

3）F_{L-1}计算。

F_{L-1}为 L—1 传递的集中荷载，L—1 的计算简图如图 1.59 所示。

q_1 为板 E 传来的活荷载，荷载最大值为：

$$q_1=0.5\times1.95\times2=1.95(\text{kN/m})$$

则 $F_{L-1}=q_1\times(3+6.9)\div2\div2=1.95\times9.9\div4=4.83(\text{kN})$。

4）F_D 计算。

由图 1.58 可知，$F_D=q_1\times7.8+q_2\times3.9\div2\times2+F_{L-1}=0.525\times7.8+0.98\times3.9+4.83=12.7$（kN）。

（4）F_A 计算。

F_A 是由 KL—3 传递来的集中力。KL—3 的计算简图如图 1.61 所示。

q_1 为板 E 传来的三角形荷载，荷载最大值为：$q_1=0.5\times1.95=0.98$（kN/m）。

由“（3）F_D 计算”中可知 $F_{L-1}=4.83$kN。

则由图 1.61 可知，$F_A=0.98\times3.9\div2\times2+F_{L-1}=3.82+4.83=8.65$（kN）

（5）F_B 计算。

F_B 是由 KL—2 传递来的集中力。KL—2 的计算简图如图 1.54 所示。在图 1.54 中，q_1 为板 F 传来的荷载：0.5×2.1÷2=0.525（kN/m）。

q_2 为板 E 传来的荷载，板 E 传来的荷载为三角形荷载，荷载最大值为：

$$q_2=0.5\times1.95=0.98(\text{kN/m})$$

由“（3）F_D 计算”中可知 $F_{L-1}=4.83$kN。

在图 1.54 中，$F_B=q_1\times7.8+q_2\times3.9\div2\times2+F_{L-1}=0.525\times7.8+0.98\times3.9+4.83=12.7$（kN）。

（6）F_C 计算。

$$F_C=F_A=8.65\text{kN}$$

（7）第四层框架最终计算简图。

根据前面的计算结果，画出第四层框架的最终计算简图如图 1.75 所示。

5. 横向框架在活荷载作用下的计算简图

汇总前面各层的计算简图，画出活荷载作用下的横向框架计算简图（图 1.76）。该计算简图比较复杂，是经过详细的手算过程得出的，比较符合实际情况。

1.5.3 横向框架在重力荷载代表值作用下的计算简图

在有地震作用的荷载效应组合时需要用到重力荷载代表值。对于楼层，重力荷载代表

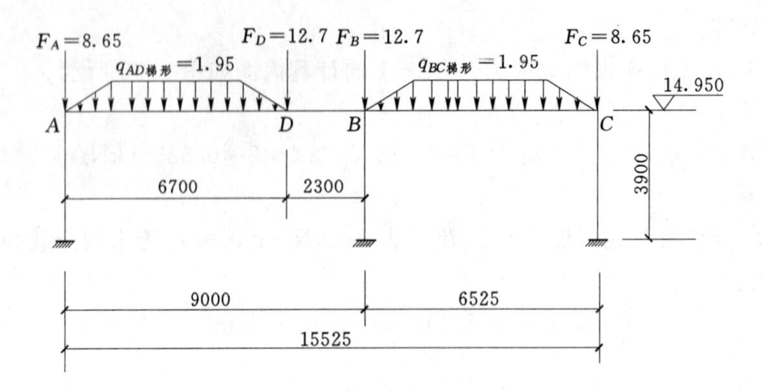

图 1.75　第四层框架最终活荷载计算简图（单位：F：kN　q：kN/m）

值取全部的恒荷载和50%的楼面活荷载；对于屋面，重力荷载代表值取全部的恒荷载和50%的雪荷载（基本雪压为0.30kN/m²）。下面依据1.5.1和1.5.2的计算结果，详细求出横向框架在重力荷载代表值作用下的计算简图。

1. 第一层框架计算简图

依据图1.56和图1.76，计算第一层框架的重力荷载代表值。

（1）$q_{AD梯形}$计算。

$$q_{AD梯形}=17.55+7.8\times0.5=21.45(\text{kN/m})$$

（2）$q_{AD均布}$计算。

$$q_{AD均布}=14.65\text{kN/m}$$

（3）q_{DB}计算。

$$q_{DB}=7.1\text{kN/m}$$

（4）q_{BF}计算。

$$q_{BF}=13.6\text{kN/m}$$

（5）$q_{FC梯形}$计算。

$$q_{FC梯形}=11.7+3.9\times0.5=13.65(\text{kN/m})$$

（6）$q_{FC均布}$计算。

$$q_{FC均布}=13.6\text{kN/m}$$

（7）F_D计算。

$$F_D=203.5+55.0\times0.5=231(\text{kN})$$

（8）F_E和F_G计算。

$$F_E=32.4+11.5\times0.5=38.2(\text{kN})$$

$$F_G=40+13\times0.5=46.5(\text{kN})$$

（9）F_F计算。

$$F_F=40.3+7.31\times0.5=44.0(\text{kN})$$

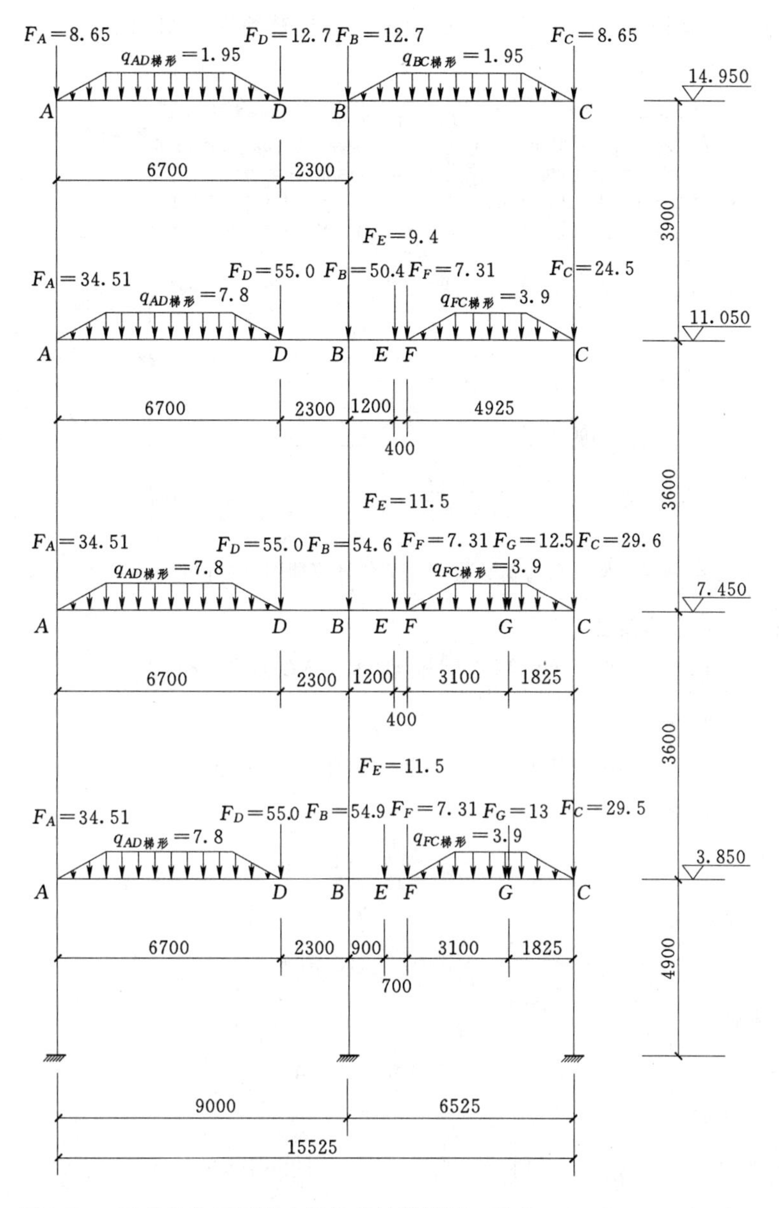

图 1.76　活荷载作用下横向框架的计算简图（单位：F：kN　q：kN/m）

（10）F_A 计算。

$$F_A=184.2+34.51\times0.5=201.5(\text{kN})$$

（11）F_B 计算。

$$F_B=253.0+54.9\times0.5=280.5(\text{kN})$$

（12）F_C 计算。

$$F_C=222.8+29.5\times0.5=237.6(\text{kN})$$

（13）第一层框架最终计算简图。

根据前面的计算结果，画出第一层框架的最终计算简图（图1.77）。

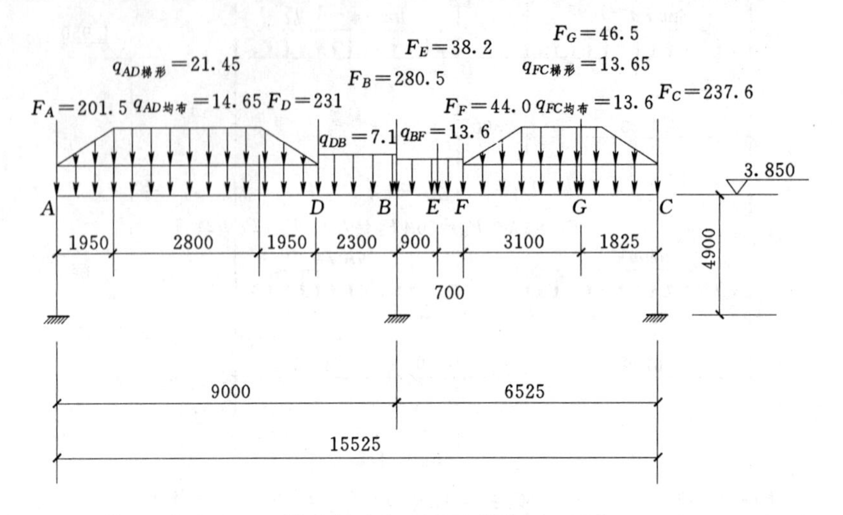

图1.77　第一层框架在重力荷载代表值下的计算简图（单位：F：kN　q：kN/m）

2. 第二层框架计算简图

依据图1.56和图1.76，计算第二层框架的重力荷载代表值。

（1）$q_{AD梯形}$计算。

$$q_{AD梯形}=17.55+7.8\times0.5=21.45(\text{kN/m})$$

（2）$q_{AD均布}$计算。

$$q_{AD均布}=14.65\text{kN/m}$$

（3）q_{DB}计算。

$$q_{DB}=7.1\text{kN/m}$$

（4）q_{BF}计算。

$$q_{BF}=13.6\text{kN/m}$$

（5）$q_{FC梯形}$计算。

$$q_{FC梯形}=11.7+3.9\times0.5=13.65(\text{kN/m})$$

（6）$q_{FC均布}$计算。

$$q_{FC均布}=13.6\text{kN/m}$$

（7）F_D计算。

$$F_D=236.0+55.0\times0.5=263.5(\text{kN})$$

（8）F_E和F_G计算。

$$F_E=30.6+11.5\times0.5=36.4(\text{kN})$$

$$F_G=37.6+12.5\times0.5=43.9(\text{kN})$$

（9）F_F计算。

$$F_F = 40.3 + 7.31 \times 0.5 = 44.0(\text{kN})$$

(10) F_A 计算。

$$F_A = 212.7 + 34.51 \times 0.5 = 230(\text{kN})$$

(11) F_B 计算。

$$F_B = 252.1 + 54.6 \times 0.5 = 279.4(\text{kN})$$

(12) F_C 计算。

$$F_C = 222.5 + 29.6 \times 0.5 = 237.3(\text{kN})$$

(13) 第二层框架最终计算简图。

根据前面的计算结果，画出第二层框架的最终计算简图如图 1.78 所示。

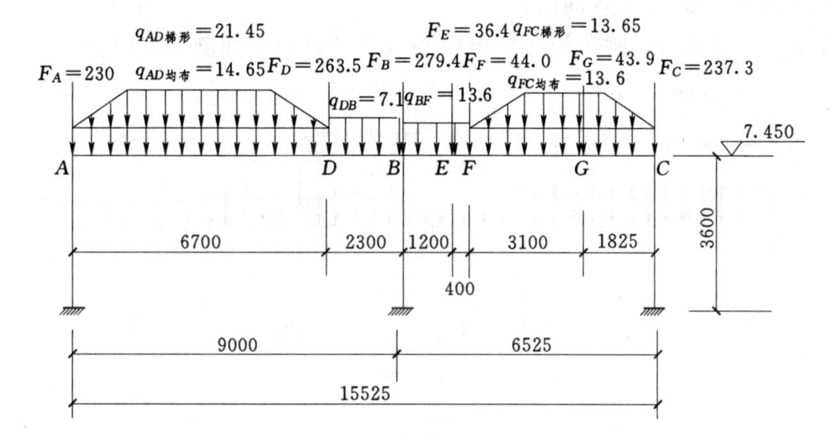

图 1.78　第二层框架在重力荷载代表值下的计算简图（单位：F：kN　q：kN/m）

3. 第三层框架计算简图

依据图 1.56 和图 1.76，计算第三层框架的重力荷载代表值。

(1) $q_{AD梯形}$ 计算。

$$q_{AD梯形} = 17.55 + 7.8 \times 0.5 = 21.45(\text{kN/m})$$

(2) $q_{AD均布}$ 计算。

$$q_{AD均布} = 7.09\text{kN/m}$$

(3) q_{DB} 计算。

$$q_{DB} = 7.1\text{kN/m}$$

(4) q_{BF} 计算。

$$q_{BF} = 14.4\text{kN/m}$$

(5) $q_{FC梯形}$ 计算。

$$q_{FC梯形} = 11.7 + 3.9 \times 0.5 = 13.65(\text{kN/m})$$

(6) $q_{FC均布}$ 计算。

$$q_{FC均布} = 14.41\text{kN/m}$$

(7) F_D 计算。

$$F_D = 244.4 + 55.0 \times 0.5 = 271.9(\text{kN})$$

（8）F_E 计算。

$$F_E=25.1+9.4\times0.5=29.8(\mathrm{kN})$$

（9）F_F 计算。

$$F_F=42.0+7.31\times0.5=45.7(\mathrm{kN})$$

（10）F_A 计算。

$$F_A=222.5+34.51\times0.5=239.8(\mathrm{kN})$$

（11）F_B 计算。

$$F_B=247.9+50.4\times0.5=273.1(\mathrm{kN})$$

（12）F_C 计算。

$$F_C=217.5+24.5\times0.5=229.8(\mathrm{kN})$$

（13）第三层框架最终计算简图。

根据前面的计算结果，画出第三层框架的最终计算简图如图1.79所示。

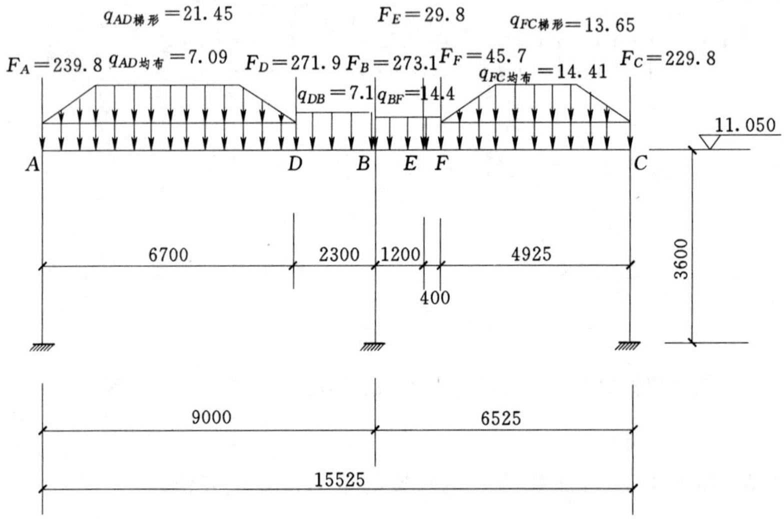

图1.79　第三层框架在重力荷载代表值下的计算简图（单位：F：kN　q：kN/m）

4. 第四层框架计算简图

第四层楼面的活荷载取基本雪压为0.30kN/m² 的雪荷载，不计入屋面活荷载。下面计算⑤轴线第四层的框架在雪荷载作用下的计算简图（图1.80）。

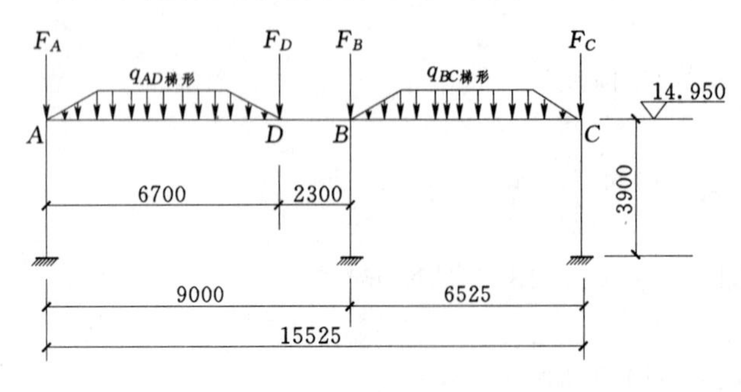

图1.80　⑤轴线第四层框架在雪荷载作用下的简图（单位：F：kN　q：kN/m）

（1）$q_{AD梯形}$ 计算。

$q_{AD梯形}$ 为板 E 传递荷载，板 E 的雪荷载为0.30kN/m²，由图1.52可知，传递给 AD 段为梯形荷载，荷载最大值为：$q_{AD梯形}=0.3\times1.95\times2=1.17(\mathrm{kN/m})$

（2）$q_{BC梯形}$ 计算。

板 E 的雪荷载为0.30kN/m²，

由图 1.52 可知，传递给 AD 段为梯形荷载，荷载最大值为：

$$q_{BC梯形}=0.3\times1.95\times2=1.17(\mathrm{kN/m})$$

（3）F_D 计算。

F_D 是由 LL—1 传递来的集中力。LL—1 的计算简图如图 1.58 所示。

1）q_1 计算。

在图 1.58 中，q_1 为板 F 传递的荷载：$q_1=0.3\times2.1\div2=0.315$（kN/m）

2）q_2 计算。

q_2 为板 E 传来的荷载，板 E 的雪荷载为 0.30kN/m^2，板 E 传来的荷载为三角形荷载，荷载最大值为：

$$q_2=0.3\times1.95=0.585(\mathrm{kN/m})$$

3）F_{L-1} 计算。

F_{L-1} 为 L—1 传递的集中荷载，L—1 的计算简图如图 1.59 所示。

q_1 为板 E 传来的雪荷载，荷载最大值为：$q_1=0.3\times1.95\times2=1.17$（kN/m）

则 $F_{L-1}=q_1\times(3+6.9)\div2\div2=1.17\times9.9\div4=2.9$（kN）

4）F_D 计算。

由图 1.58 可知，$F_D=q_1\times7.8+q_2\times3.9\div2\times2+F_{L-1}=0.315\times7.8+0.585\times3.9+2.9=7.64$（kN）

（4）F_A 计算。

F_A 是由 KL—3 传递来的集中力。KL—3 的计算简图如图 1.61 所示。

q_1 为板 E 传来的三角形荷载，荷载最大值为：

$$q_1=0.3\times1.95=0.585(\mathrm{kN/m})$$

由“（3）F_D 计算”中可知 $F_{L-1}=2.9$kN。

则由图 1.61 可知，$F_A=0.585\times3.9\div2\times2+F_{L-1}=1.14+2.9=4.04$（kN）

（5）F_B 计算。

F_B 是由 KL—2 传递来的集中力。KL—2 的计算简图如图 1.54 所示。在图 1.54 中，q_1 为板 F 传来的荷载：$0.3\times2.1\div2=0.315$（kN/m）。

q_2 为板 E 传来的荷载，板 E 传来的荷载为三角形荷载，荷载最大值为：

$$q_2=0.3\times1.95=0.585(\mathrm{kN/m})$$

由“（3）F_D 计算”中可知 $F_{L-1}=2.9$kN。

在图 1.54 中，$F_B=q_1\times7.8+q_2\times3.9\div2\times2+F_{L-1}=0.315\times7.8+0.585\times3.9+2.9=7.64$（kN）

（6）F_C 计算。

$$F_C=F_A=4.04\mathrm{kN}$$

（7）第四层框架在雪荷载作用下的最终计算简图。

根据前面的计算结果，画出第四层框架在雪荷载作用下的计算简图如图1.81所示。

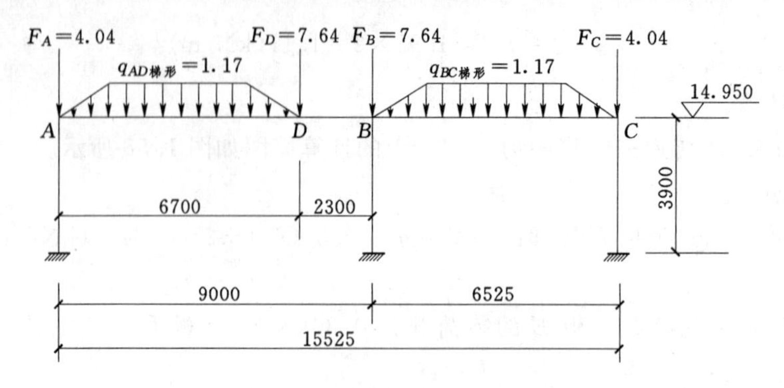

图1.81　第四层框架在雪荷载作用下的计算简图
（单位：F：kN　q：kN/m）

依据图1.56和图1.81，计算第四层框架的重力荷载代表值。

（1）$q_{AD梯形}$计算。

$$q_{AD梯形}=27.3+1.17\times0.5=27.9(\text{kN/m})$$

（2）$q_{AD均布}$计算。

$$q_{AD均布}=7.09\text{kN/m}$$

（3）q_{DB}计算。

$$q_{DB}=7.1\text{kN/m}$$

（4）$q_{BC梯形}$计算。

$$q_{BC梯形}=27.3+1.17\times0.5=27.9(\text{kN/m})$$

（5）$q_{BC均布}$计算。

$$q_{BC均布}=5.27\text{kN/m}$$

（6）F_D计算。

$$F_D=219.3+7.64\times0.5=223.1(\text{kN})$$

（7）F_A计算。

$$F_A=204.6+4.04\times0.5=206.6(\text{kN})$$

（8）F_B计算。

$$F_B=235.5+7.64\times0.5=239.3(\text{kN})$$

（9）F_C计算。

$$F_C=204.6+4.04\times0.5=206.6(\text{kN})$$

（10）第四层框架最终计算简图。

根据前面的计算结果，画出第四层框架的最终计算简图如图1.82所示。

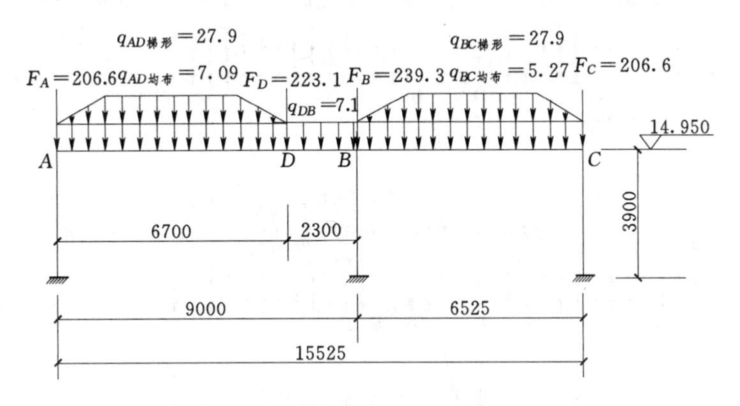

图1.82 第四层框架在重力荷载代表值作用下的计算简图（单位：F：kN q：kN/m）

5. 横向框架在重力荷载代表值作用下的计算简图

汇总前面各层的计算简图，画出框架在重力荷载代表值作用下的计算简图（图1.83）。该计算简图比较复杂，是经过详细的手算过程得出的，比较符合实际情况。

1.5.4 横向框架在恒荷载作用下的内力计算

1. 用弯矩二次分配法计算弯矩

根据“图1.56 恒荷载作用下横向框架的计算简图”，用弯矩二次分配法计算⑤轴线框架在恒荷载作用下的弯矩。

（1）计算各框架梁柱的截面惯性矩。

框架梁的截面惯性矩：

9m跨度： $I=\frac{bh^3}{12}=\frac{350\times900^3}{12}=2.13\times10^{10}(\mathrm{mm}^4)$

6.525m跨度： $I=\frac{bh^3}{12}=\frac{350\times700^3}{12}=1.00\times10^{10}(\mathrm{mm}^4)$

框架柱的截面惯性矩：

$$600\mathrm{mm}\times600\mathrm{mm}: I=\frac{bh^3}{12}=\frac{600\times600^3}{12}=1.08\times10^{10}(\mathrm{mm}^4)$$

$$550\mathrm{mm}\times550\mathrm{mm}: I=\frac{bh^3}{12}=\frac{550\times550^3}{12}=0.76\times10^{10}(\mathrm{mm}^4)$$

（2）计算各框架梁柱的线刚度及相对线刚度。

考虑现浇楼板对梁刚度的加强作用，故对⑤轴线框架梁（中框架梁）的惯性矩乘以2.0（设计时，中框架梁惯性矩增大系数可取1.5～2.0；边框架梁惯性矩增大系数可取1.2～1.5。本实例中6.525m跨度的梁一边有现浇楼板，另一边是楼梯，惯性矩增大系数可取1.5左右，本实例取为2.0，不再作修改）。框架梁柱线刚度及相对线刚度计算过程详见表1.26。

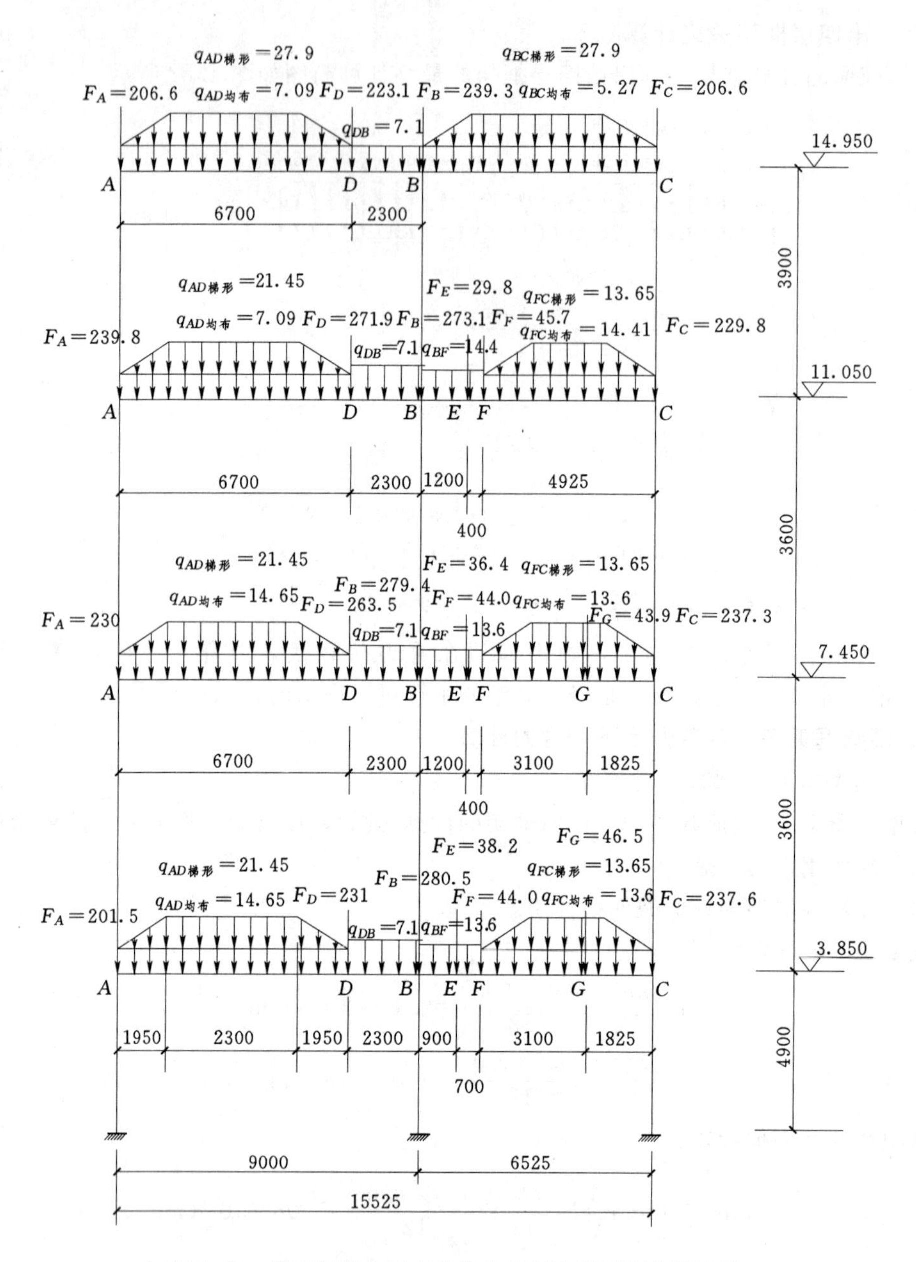

图 1.83 横向框架在重力荷载代表值作用下的计算简图
（单位：F：kN q：kN/m）

表 1.26　　　　梁柱线刚度及相对线刚度计算

构件		线刚度	相对线刚度
框架梁	9m 跨度	$i=2.0\times\frac{EI}{l}=2.0\times\frac{2.13\times10^{10}}{0.9\times10^4}E=4.73\times10^6E$	1.58
	6.525m 跨度	$i=2.0\times\frac{EI}{l}=2.0\times\frac{1.00\times10^{10}}{0.6525\times10^4}E=3.06\times10^6E$	1.02

续表

构件	线刚度		相对线刚度
框架柱	四层	$i_{4,5}=i_{9,10}=\dfrac{EI}{l}=\dfrac{1.08\times10^{10}}{0.39\times10^{4}}E=2.77\times10^{6}E$	0.92
		$i_{14,15}=\dfrac{EI}{l}=\dfrac{0.76\times10^{10}}{0.39\times10^{4}}E=1.95\times10^{6}E$	0.65
	二、三层	$i_{3,4}=i_{8,9}=i_{2,3}=i_{7,8}=\dfrac{EI}{l}=\dfrac{1.08\times10^{10}}{0.36\times10^{4}}E=3\times10^{6}E$	1.00
		$i_{13,14}=i_{12,13}=\dfrac{EI}{l}=\dfrac{0.76\times10^{10}}{0.36\times10^{4}}E=2.11\times10^{6}E$	0.70
	一层	$i_{1,2}=i_{6,7}=\dfrac{EI}{l}=\dfrac{1.08\times10^{10}}{0.49\times10^{4}}E=2.20\times10^{6}E$	0.73
		$i_{11,12}=\dfrac{EI}{l}=\dfrac{0.76\times10^{10}}{0.49\times10^{4}}E=1.55\times10^{6}E$	0.52

(3) 计算弯矩分配系数。

例如：三根杆件汇交于 10 节点（图 1.84），各杆件的分配系数计算如下

$$\mu_{10,5}=\frac{4\times1.58}{4\times1.58+4\times0.92+4\times1.02}=0.449$$

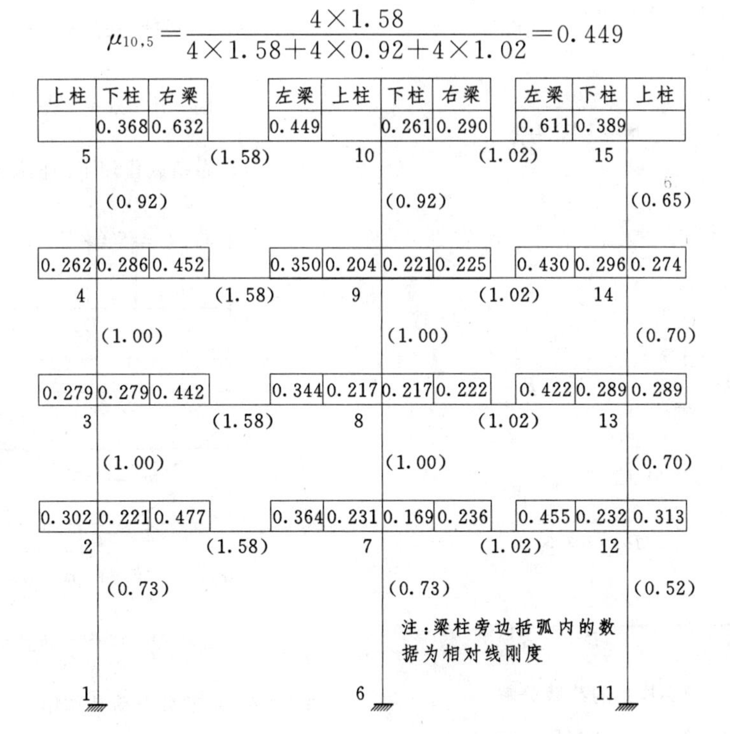

图 1.84　梁柱相对线刚度及弯矩分配系数

$$\mu_{10,15}=\frac{4\times1.02}{4\times1.58+4\times0.92+4\times1.02}=0.290$$

$$\mu_{10,9}=\frac{4\times0.92}{4\times1.58+4\times0.92+4\times1.02}=0.261$$

其他各节点采用相同的计算方法，弯矩分配系数结果见图1.84。

(4) 计算固端弯矩。

由于框架梁承担荷载比较复杂，故采用叠加法计算在复杂荷载作用下的固端弯矩。比如以第一层 AB 梁的荷载为例说明，AB 段计算荷载作用可以分解为以下几种情况叠加，如图1.85所示。

1) 均布荷载作用下的固端弯矩可按图1.86中公式计算。

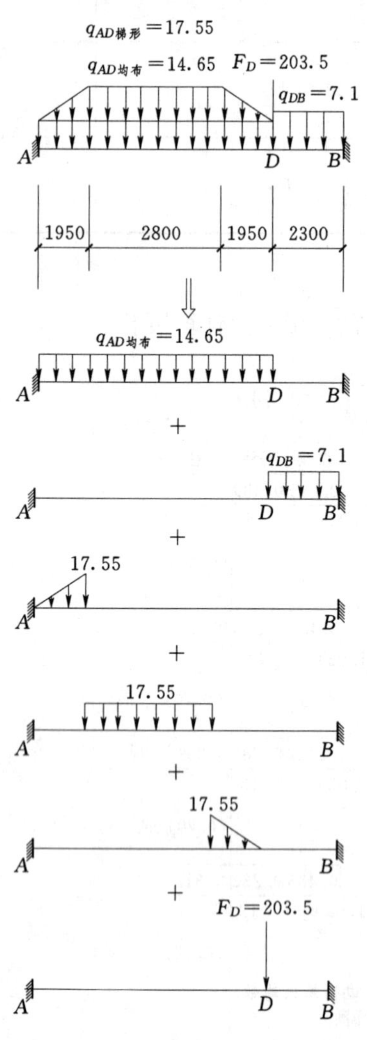

图1.85 第一层 AB 梁的荷载分解
(单位：F：kN q：kN/m)

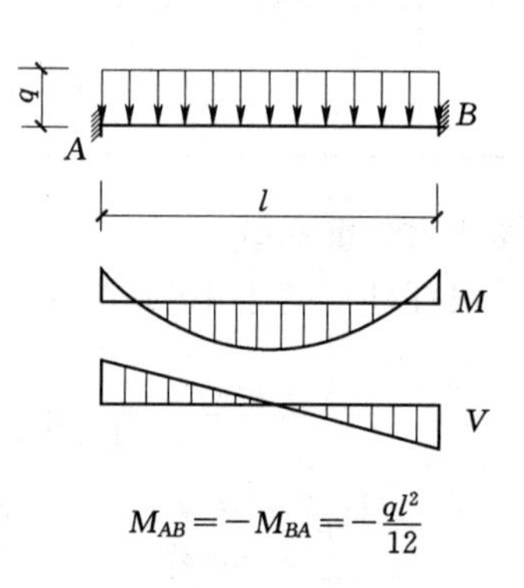

图1.86 均布荷载作用下的固端弯矩

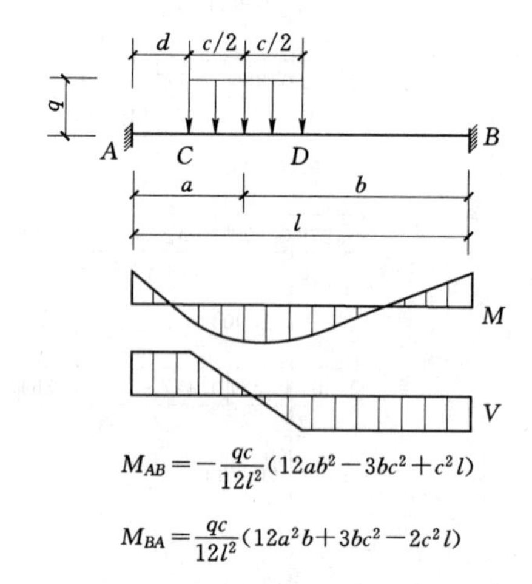

图1.87 局部分布荷载作用下的固端弯矩

2）局部分布荷载作用下的固端弯矩可按图 1.87 中公式计算。

3）集中荷载作用下的固端弯矩可按图 1.88 中公式计算。

4）三角形荷载作用下的固端弯矩可按图 1.89 和图 1.90 中公式计算。

5）固端弯矩的计算过程详见表 1.27。

（5）弯矩二次分配过程。

采用弯矩二次分配法计算框架在恒荷载作用下的弯矩，分配过程详见图 1.91。

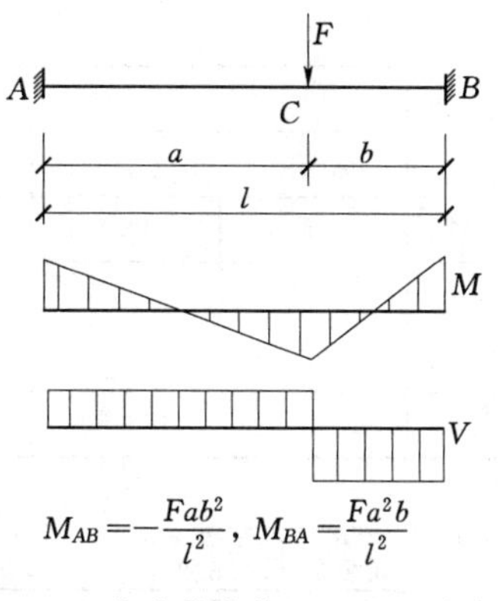

图 1.88　集中荷载作用下的固端弯矩

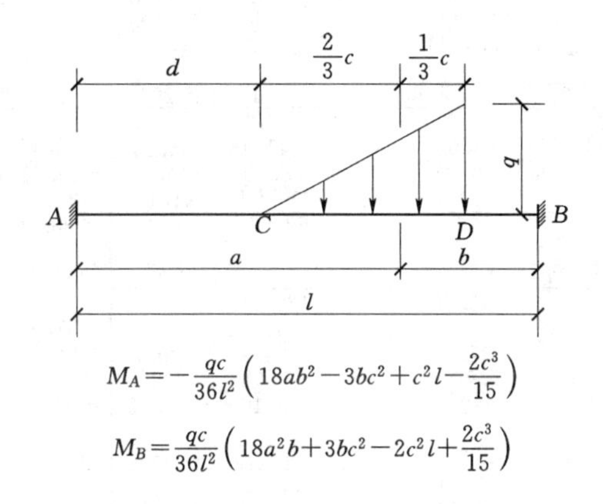

图 1.89　三角形荷载作用下的固端弯矩（一）

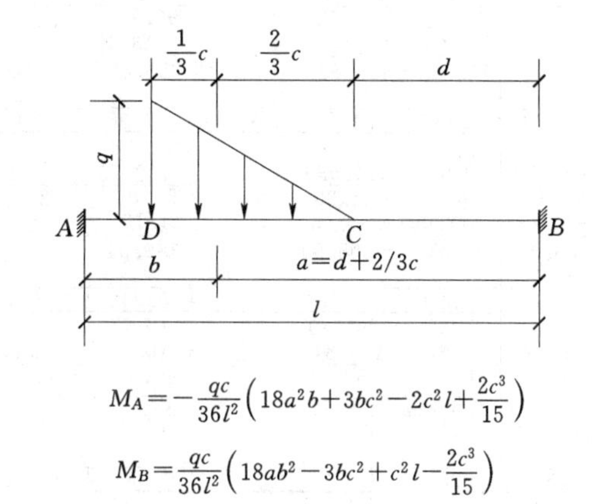

图 1.90　三角形荷载作用下的固端弯矩（二）

表 1.27　恒荷载作用下固端弯矩计算过程　　单位：kN·m

固端弯矩位置		各部分产生固端弯矩							最终固端弯矩
		$q_{梯形荷载}$	$q_{均布1}$	$q_{均布2}$	F_D	F_E	F_F	F_G	
第四层框架梁	M_{AB}	−143.241	−45.275	−2.586	−95.959	—	—	—	−287.06
	M_{BA}	97.817	34.882	12.994	279.532	—	—	—	425.22
	M_{BC}	−82.143	−18.698	—	—	—	—	—	−100.84
	M_{CB}	82.143	18.698	—	—	—	—	—	100.84
第三层框架梁	M_{AB}	−92.083	−45.275	−2.586	−106.942	—	—	—	−246.89
	M_{BA}	62.882	34.882	12.994	311.526	—	—	—	422.28
	M_{BC}	−19.396	−51.126	—	—	−20.060	−38.284	—	−128.87
	M_{CB}	28.344	51.126	—	—	4.521	12.438	—	96.43
第二层框架梁	M_{AB}	−92.083	−93.551	−2.586	−103.266	—	—	—	−291.49
	M_{BA}	62.882	72.076	12.994	300.818	—	—	—	448.77
	M_{BC}	−19.396	−48.252	—	—	−24.696	−36.735	−13.825	−142.90
	M_{CB}	28.344	48.252	—	—	5.565	11.934	35.603	129.70

续表

固端弯矩位置		各部分产生固端弯矩							最终固端弯矩
		$q_{梯形荷载}$	$q_{均布1}$	$q_{均布2}$	F_D	F_E	F_F	F_G	
第一层框架梁	M_{AB}	−92.083	−93.551	−2.586	−89.045	—	—	—	−277.27
	M_{BA}	62.882	72.076	12.994	259.392	—	—	—	407.34
	M_{BC}	−19.396	−48.252	—	—	−25.894	−36.735	−14.707	−144.98
	M_{CB}	28.344	48.252	—	—	5.835	11.934	37.875	132.24

上柱	下柱	右梁	左梁	上柱	下柱	右梁	左梁	下柱	上柱
	0.368	0.632	0.449		0.261	0.29	0.611	0.389	
		−287.06	425.22			−100.84	100.84		
	105.64	181.42	−145.65		−84.66	−94.07	−61.61	−39.23	
	32.34	−72.82	90.71		−29.93	−30.81	−47.04	−13.21	
	14.90	25.58	−13.46		−7.82	−8.69	36.81	23.44	
	152.88	−152.88	356.83		−122.42	−234.41	29.00	−29.00	
0.262	0.286	0.452	0.35	0.204	0.221	0.225	0.43	0.296	0.274
		−246.89	422.28			−128.87	96.43		
64.68	70.61	111.59	−102.70	−59.86	−64.85	−66.02	−41.46	−28.54	−26.42
52.82	40.66	−51.35	55.80	−42.33	−33.19	−20.73	−33.01	−18.74	−19.61
−11.04	−12.05	−19.04	14.16	8.25	8.94	9.10	30.69	21.12	19.55
106.46	99.22	−205.69	389.54	−93.94	−89.09	−206.52	52.64	−26.16	−26.48
0.279	0.279	0.442	0.344	0.217	0.217	0.222	0.422	0.289	0.289
		−291.49	448.77			−142.90	129.70		
81.32	81.32	128.84	−105.22	−66.37	−66.37	−67.90	−54.73	−37.48	−37.48
35.30	41.87	−52.61	64.42	−32.42	−30.30	−27.37	−33.95	−20.70	−14.27
−6.85	−6.85	−10.86	8.83	5.57	5.57	5.70	29.08	19.92	19.92
109.78	116.34	−226.12	416.80	−93.22	−91.10	−232.47	70.10	−38.26	−31.84
0.302	0.221	0.477	0.364	0.231	0.169	0.236	0.455	0.232	0.313
		−277.27	407.34			−144.98	132.24		
83.73	61.28	132.26	−95.50	−60.61	−44.34	−61.92	−60.17	−30.68	−41.39
40.66		−47.75	66.13	−33.19		−30.08	−30.96		−18.74
2.14	1.57	3.38	−1.04	−0.66	−0.48	−0.67	22.61	11.53	15.56
126.54	62.84	−189.38	376.93	−94.45	−44.82	−237.66	63.73	−19.15	−44.58
	30.64				−22.17			−15.34	

图 1.91　弯矩二次分配法计算恒荷载作用下的
框架梁柱弯矩（单位：kN·m）

2. 绘制内力图

（1）弯矩图。

根据弯矩二次分配法的计算结果，画出恒荷载作用下的框架梁柱弯矩图，如图 1.92 所示。需要说明的是框架梁柱弯矩图中框架梁下部的跨中弯矩为框架梁中间位置的弯矩而非跨间最大弯矩。取框架梁中间位置的弯矩便于荷载效应组合，在荷载效应组合前，可以将该框架梁中间位置的弯矩乘以 1.1～1.2 的放大系数。

（2）剪力图。

根据弯矩图，取出梁柱脱离体，利用脱离体的平衡条件，求出剪力，并画出恒荷载作用下的框架梁柱剪力图，如图 1.93 所示。

（3）轴力图。

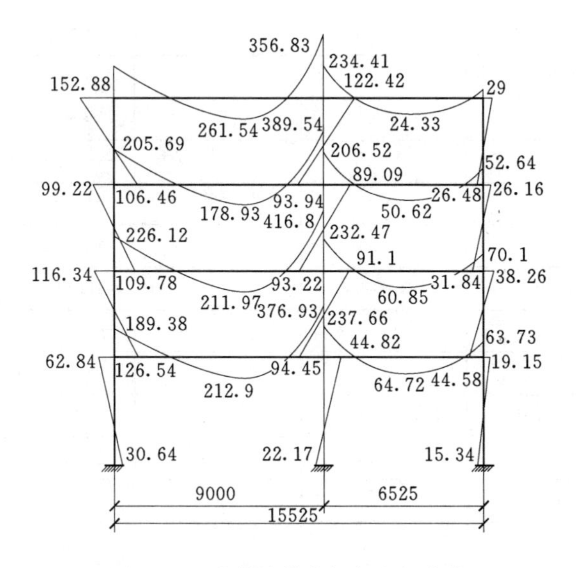

图 1.92 ⑤轴线横向框架在恒荷载作用下的弯矩图（单位：kN·m）

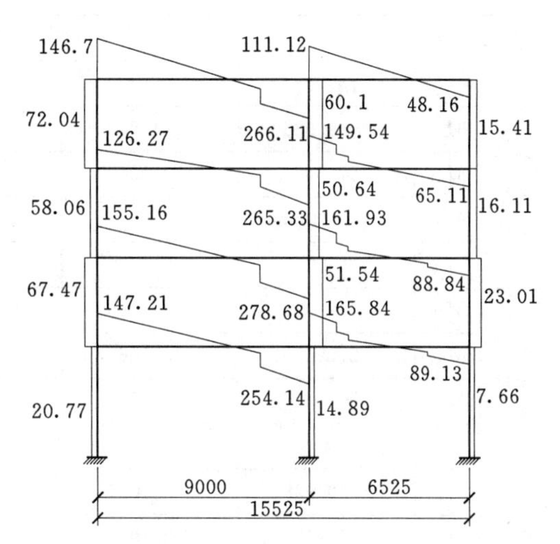

图 1.93 ⑤轴线横向框架在恒荷载作用下的剪力图（单位：kN）

依据剪力图，根据节点的平衡条件，求出轴力，并画出恒荷载作用下的框架柱轴力图，如图 1.94 所示。

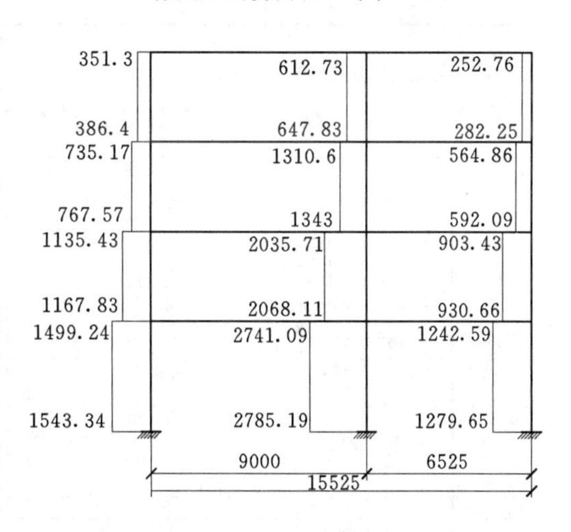

图 1.94 ⑤轴线横向框架在恒荷载作用下的轴力图（单位：kN）

1.5.5 横向框架在活荷载作用下的内力计算

1. 用弯矩二次分配法计算弯矩

根据“图 1.76 活荷载作用下横向框架的计算简图”，用弯矩二次分配法计算⑤轴线框架在活荷载作用下的弯矩。

（1）框架梁柱的线刚度、相对线刚度和弯矩分配系数与 1.5.4 节中相应数值相同。

（2）计算固端弯矩。

固端弯矩的计算过程详见表 1.28。

表 1.28 活荷载作用下固端弯矩计算过程 单位：kN·m

固端弯矩位置		各部分产生固端弯矩					最终固端弯矩
		$q_{梯形荷载}$	F_D	F_E	F_F	F_G	
第四层框架梁	M_{AB}	−10.231	−5.557	—	—	—	−15.79
	M_{BA}	6.987	16.188	—	—	—	23.18
	M_{BC}	−5.867	—	—	—	—	−5.87
	M_{CB}	5.867	—	—	—	—	5.87

续表

固端弯矩位置		各部分产生固端弯矩					最终固端弯矩
		$q_{梯形荷载}$	F_D	F_E	F_F	F_G	
第三层框架梁	M_{AB}	−40.926	−24.066	—	—	—	−64.99
	M_{BA}	27.948	70.106	—	—	—	98.05
	M_{BC}	−6.465	—	−7.513	−6.663	—	−20.64
	M_{CB}	9.448	—	1.693	2.165	—	13.31
第二层框架梁	M_{AB}	−40.926	−24.066	—	—	—	−64.99
	M_{BA}	27.948	70.106	—	—	—	98.05
	M_{BC}	−6.465	—	−9.191	−6.663	−4.596	−26.92
	M_{CB}	9.448	—	2.071	2.165	11.836	25.52
第一层框架梁	M_{AB}	−40.926	−24.066	—	—	—	−64.99
	M_{BA}	27.948	70.106	—	—	—	98.05
	M_{BC}	−6.465	—	−9.19	−6.663	−4.780	−27.10
	M_{CB}	9.448	—	2.07	2.165	12.310	25.99

(3) 弯矩二次分配过程。

采用弯矩二次分配法计算框架在活荷载作用下的弯矩，分配过程详见图1.95。

上柱	下柱	右梁	左梁	上柱	下柱	右梁	左梁	下柱	上柱
	0.368	0.632	0.449		0.261	0.29	0.611	0.389	
		−15.79	23.18			−5.87	5.87		
	5.81	9.98	−7.77		−4.52	−5.02	−3.58	−2.28	
	8.51	−3.89	4.99		−7.90	−1.79	−2.51	−1.82	
	−1.70	−2.93	2.11		1.23	1.36	2.65	1.69	
	12.62	−12.62	22.50		−11.19	−11.32	2.42	−2.42	
0.262	0.286	0.452	0.35	0.204	0.221	0.225	0.43	0.296	0.274
		−64.99	98.05			−20.64	13.31		
17.03	18.59	29.38	−27.09	−15.79	−17.11	−17.42	−5.72	−3.94	−3.65
2.91	9.07	−13.55	14.69	−2.26	−7.72	−2.86	−8.71	−3.69	−1.14
0.41	0.45	0.71	−0.65	−0.38	−0.41	−0.42	5.82	4.01	3.71
20.35	28.10	−48.45	85.00	−18.43	−25.24	−41.34	4.70	−3.62	−1.08
0.279	0.279	0.442	0.344	0.217	0.217	0.222	0.422	0.289	0.289
		−64.99	98.05			−26.92	25.52		
18.13	18.13	28.73	−24.47	−15.44	−15.44	−15.79	−10.77	−7.38	−7.38
9.29	9.81	−12.24	14.36	−8.55	−8.20	−5.38	−7.90	−4.07	−1.97
−1.92	−1.92	−3.04	2.67	1.69	1.69	1.73	5.88	4.03	4.03
25.51	26.03	−51.54	90.62	−22.30	−21.95	−46.37	12.73	−7.42	−5.32
0.302	0.221	0.477	0.364	0.231	0.169	0.236	0.455	0.232	0.313
		−64.99	98.05			−27.10	25.99		
19.63	14.36	31.00	−25.83	−16.39	−11.99	−16.75	−11.83	−6.03	−8.14
9.07		−12.91	15.50	−7.72		−5.91	−8.37		−3.69
1.16	0.85	1.84	−0.68	−0.43	−0.32	−0.44	5.49	2.80	3.77
29.86	15.21	−45.07	87.05	−24.54	−12.31	−50.20	11.28	−3.23	−8.05
	7.18				−6.00			−3.02	

图1.95 弯矩二次分配法计算活荷载作用下的框架梁柱弯矩（单位：kN·m）

2. 绘制内力图

(1) 弯矩图。

根据弯矩二次分配法的计算结果，画出活荷载作用下的框架梁柱弯矩图，如图1.96所示。需要说明的是框架梁柱弯矩图中框架梁下部的跨中弯矩为框架梁中间位置的弯矩而非跨间最大弯矩。取框架梁中间位置的弯矩便于荷载效应组合，在荷载效应组合前，可以将该框架梁中间位置的弯矩乘以1.1～1.2的放大系数。

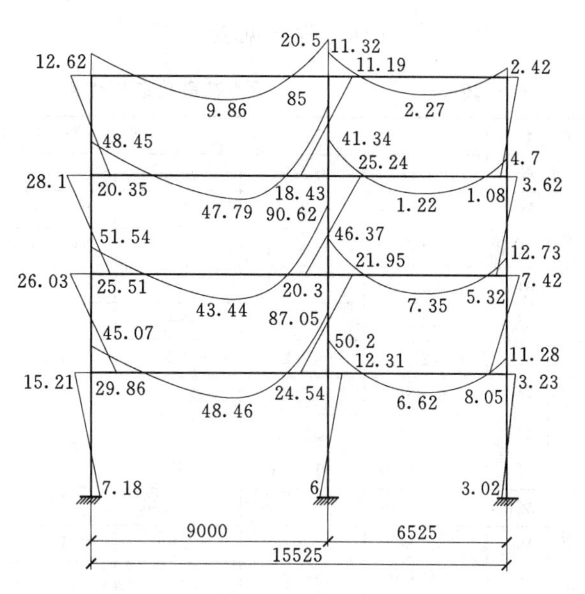

图1.96 ⑤轴线横向框架在活荷载作用下的弯矩图（单位：kN·m）

（2）剪力图。

根据弯矩图，取出梁柱脱离体，利用脱离体的平衡条件，求出剪力，并画出活荷载作用下的框架梁柱剪力图，如图1.97所示。

（3）轴力图。

依据剪力图，根据节点的平衡条件，求出轴力，并画出活荷载作用下的框架柱轴力图，如图1.98所示。

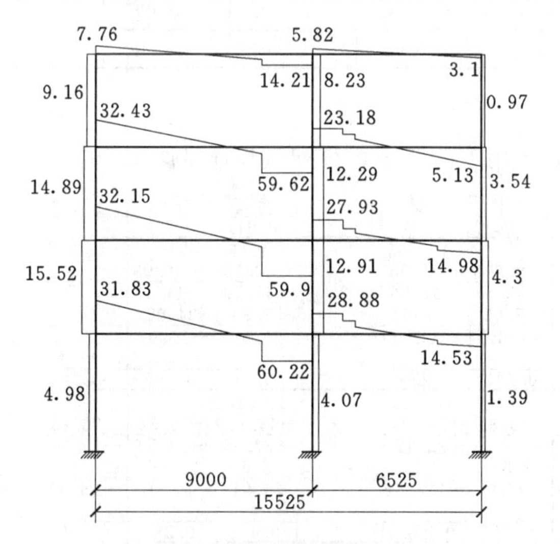

图1.97 ⑤轴线横向框架在活荷载作用下的剪力图（单位：kN）

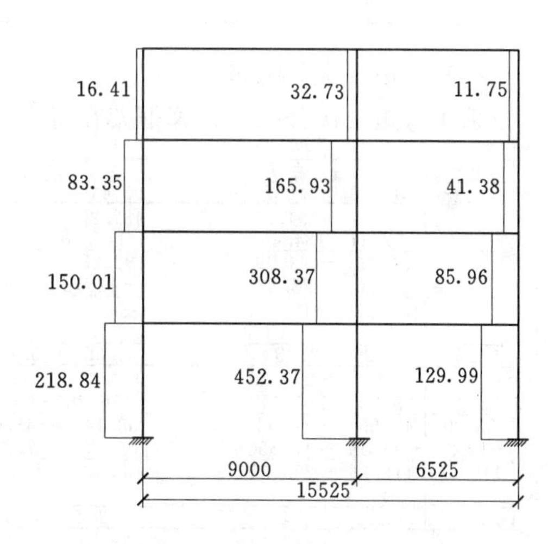

图1.98 ⑤轴线横向框架在活荷载作用下的轴力图（单位：kN）

1.5.6 横向框架在重力荷载作用下的内力计算

1. 用弯矩二次分配法计算弯矩

根据“图1.83 横向框架在重力荷载代表值作用下的计算简图”，用弯矩二次分配法计算⑤轴线框架在重力荷载作用下的弯矩。

（1）框架梁柱的线刚度、相对线刚度和弯矩分配系数与1.5.4节中相应数值相同。

（2）计算固端弯矩。

固端弯矩的计算过程详见表 1.29。

表 1.29　　重力荷载代表值作用下固端弯矩计算过程　　单位：kN·m

固端弯矩位置		各部分产生固端弯矩							最终固端弯矩
		$q_{梯形荷载}$	$q_{均布1}$	$q_{均布2}$	F_D	F_E	F_F	F_G	
第四层	M_{AB}	−146.389	−45.275	−2.586	−97.621	—	—	—	−291.87
	M_{BA}	99.967	34.882	12.994	284.375	—	—	—	432.22
	M_{BC}	−83.949	−18.698	—	—	—	—	—	−102.65
	M_{CB}	83.949	18.698	—	—	—	—	—	102.65
第三层	M_{AB}	−112.546	−45.275	−2.586	−118.975	—	—	—	−279.38
	M_{BA}	76.856	34.882	12.994	346.579	—	—	—	471.31
	M_{BC}	−22.629	−51.126	—	—	−23.816	−41.657	—	−139.23
	M_{CB}	33.069	51.126	—	—	5.367	13.533	—	103.10
第二层	M_{AB}	−112.546	−93.551	−2.586	−103.485	—	—	—	−312.17
	M_{BA}	76.856	72.076	12.994	301.456	—	—	—	463.38
	M_{BC}	−22.629	−48.252	—	—	−29.091	−40.107	−16.141	−156.22
	M_{CB}	33.069	48.252	—	—	6.556	13.030	41.568	142.47
第一层	M_{AB}	−112.546	−93.551	−2.586	−101.078	—	—	—	−309.76
	M_{BA}	76.856	72.076	12.994	294.445	—	—	—	456.37
	M_{BC}	−22.629	−48.252	—	—	−30.530	−40.107	−17.097	−158.62
	M_{CB}	33.069	48.252	—	—	6.880	13.030	44.030	145.26

（3）弯矩二次分配过程。

采用弯矩二次分配法计算框架在重力荷载作用下的弯矩，分配过程详见图 1.99。

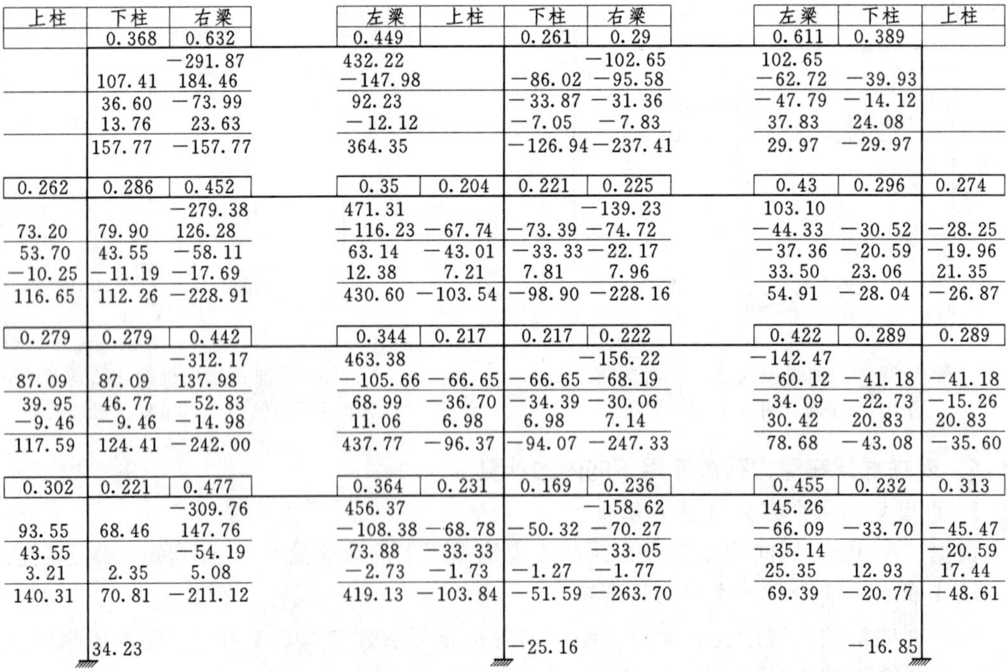

上柱	下柱	右梁	左梁	上柱	下柱	右梁	左梁	下柱	上柱
	0.368	0.632	0.449		0.261	0.29	0.611	0.389	
		−291.87	432.22			−102.65	102.65		
	107.41	184.46	−147.98		−86.02	−95.58	−62.72	−39.93	
	36.60	−73.99	92.23		−33.87	−31.36	−47.79	−14.12	
	13.76	23.63	−12.12		−7.05	−7.83	37.83	24.08	
	157.77	−157.77	364.35		−126.94	−237.41	29.97	−29.97	
0.262	0.286	0.452	0.35	0.204	0.221	0.225	0.43	0.296	0.274
		−279.38	471.31			−139.23	103.10		
73.20	79.90	126.28	−116.23	−67.74	−73.39	−74.72	−44.33	−30.52	−28.25
53.70	43.55	−58.11	63.14	−43.01	−33.33	−22.17	−37.36	−20.59	−19.96
−10.25	−11.19	−17.69	12.38	7.21	7.81	7.96	33.50	23.06	21.35
116.65	112.26	−228.91	430.60	−103.54	−98.90	−228.16	54.91	−28.04	−26.87
0.279	0.279	0.442	0.344	0.217	0.217	0.222	0.422	0.289	0.289
		−312.17	463.38			−156.22	−142.47		
87.09	87.09	137.98	−105.66	−66.65	−66.65	−68.19	−60.12	−41.18	−41.18
39.95	46.77	−52.83	68.99	−36.70	−34.39	−30.06	−34.09	−22.73	−15.26
−9.46	−9.46	−14.98	11.06	6.98	6.98	7.14	30.42	20.83	20.83
117.59	124.41	−242.00	437.77	−96.37	−94.07	−247.33	78.68	−43.08	−35.60
0.302	0.221	0.477	0.364	0.231	0.169	0.236	0.455	0.232	0.313
		−309.76	456.37			−158.62	145.26		
93.55	68.46	147.76	−108.38	−68.78	−50.32	−70.27	−66.09	−33.70	−45.47
43.55		−54.19	73.88	−33.33		−33.05	−35.14		−20.59
3.21	2.35	5.08	−2.73	−1.73	−1.27	−1.77	25.35	12.93	17.44
140.31	70.81	−211.12	419.13	−103.84	−51.59	−263.70	69.39	−20.77	−48.61
	34.23				−25.16			−16.85	

图 1.99　弯矩二次分配法计算重力荷载作用下的框架梁柱弯矩（单位：kN·m）

2. 绘制内力图。

(1) 弯矩图。

根据弯矩二次分配法的计算结果，画出重力荷载作用下的框架梁柱弯矩图，如图 1.100 所示。需要说明的是框架梁柱弯矩图中框架梁下部的跨中弯矩为框架梁中间位置的弯矩而非跨间最大弯矩。取框架梁中间位置的弯矩便于荷载效应组合，在荷载效应组合前，可以将该框架梁中间位置的弯矩乘以 1.1～1.2 的放大系数。

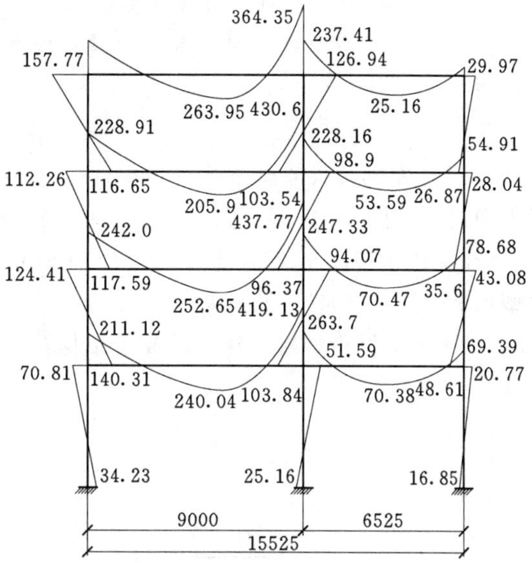

(2) 剪力图。

根据弯矩图，取出梁柱脱离体，利用脱离体的平衡条件，求出剪力，并画出重力荷载作用下的框架梁柱剪力图，如图 1.101 所示。

图 1.100 ⑤轴线横向框架在重力荷载作用下的弯矩图（单位：kN·m）

(3) 轴力图。

依据剪力图，根据节点的平衡条件，求出轴力，并画出重力荷载作用下的框架柱轴力图，如图 1.102 所示。

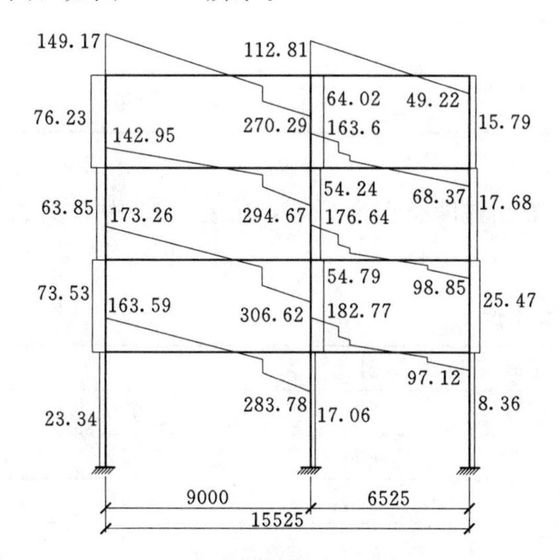

图 1.101 ⑤轴线横向框架在重力荷载作用下的剪力图（单位：kN）

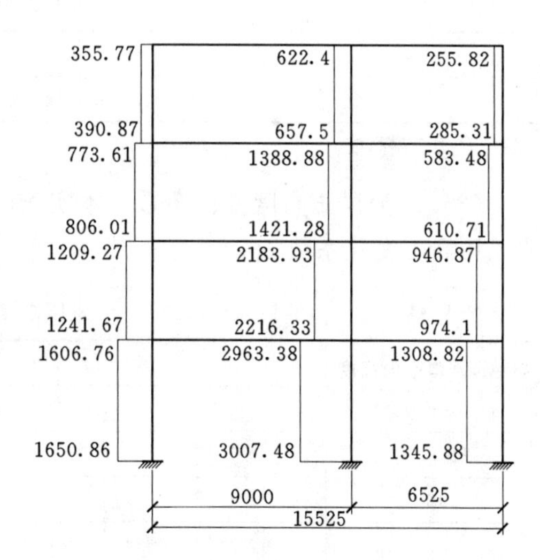

图 1.102 ⑤轴线横向框架在重力荷载作用下的轴力图（单位：kN）

1.6 横向框架在风荷载作用下的内力和位移计算

1.6.1 横向框架在风荷载作用下的计算简图

由 1.1 节可知，该办公楼为四层钢筋混凝土框架结构体系，室内外高差 0.45m。基本

风压 $w_0=0.4\text{kN/m}^2$，地面粗糙度类别为C类，结构总高度为16.00m。

1. 计算主要承重结构时，垂直于建筑物表面上的风荷载标准值，应按公式（1.3）计算，即

$$w_k=\beta_z\mu_s\mu_z w_o \tag{1.3}$$

（1）μ_s 为风荷载体型系数，本设计按《建筑结构荷载规范》（GB 50009—2001）2006年版中规定（图1.103），迎风面取0.8，背风面取0.5，合计为 $\mu_s=1.3$。

《高层建筑混凝土结构技术规程》（JGJ3—2010）给出了高层建筑矩形平面的风荷载体型系数（图1.104），具体数值可查表1.30，可见《建筑结构荷载规范》（GB 50009—2001）2006年版和《高层建筑混凝土结构技术规程》（JGJ3—2010）给出的风荷载体型系数有一点差距。

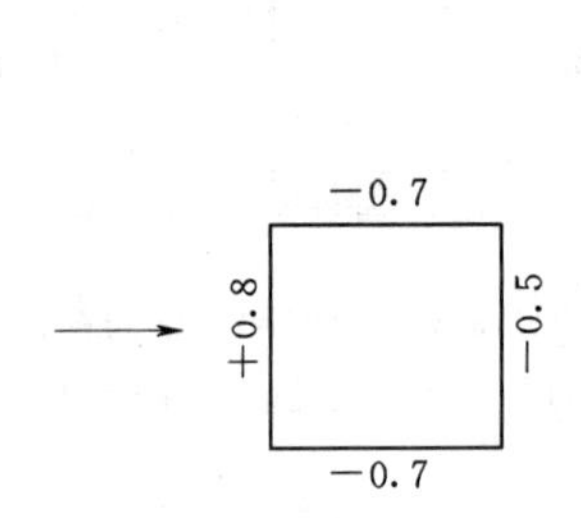

图1.103　矩形平面风荷载体型系数（荷载规范）

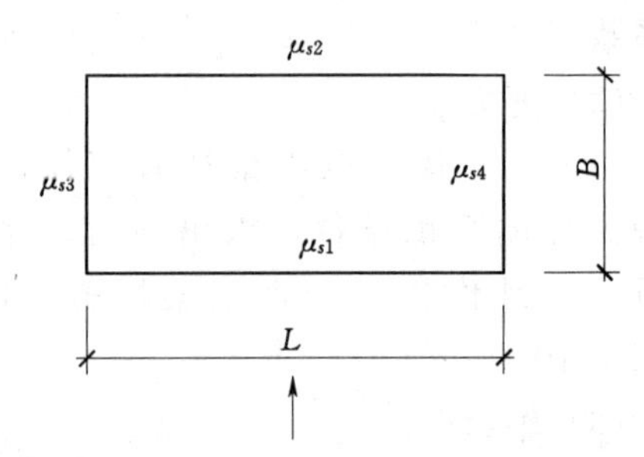

图1.104　矩形平面风荷载体型系数（高规）

表1.30　　矩形平面风荷载体型系数

μ_{s1}	μ_{s2}	μ_{s3}	μ_{s4}
0.80	$-(0.48+0.03H/L)$	−0.60	−0.60

注　H 为房屋高度。

（2）μ_z 为风压高度变化系数，本实例的地面粗糙度类别为C类，按表1.31中C类选取风压高度变化系数 μ_z。

表1.31　　风压高度变化系数 μ_z

离地面或海平面高度（m）	地面粗糙度类别			
	A	B	C	D
5	1.17	1.00	0.74	0.62
10	1.38	1.00	0.74	0.62
15	1.52	1.14	0.74	0.62
20	1.63	1.25	0.84	0.62
30	1.80	1.42	1.00	0.62
40	1.92	1.56	1.13	0.73
50	2.03	1.67	1.25	0.84
60	2.12	1.77	1.35	0.93
70	2.20	1.86	1.45	1.02

续表

离地面或海平面高度（m）	地面粗糙度类别			
	A	B	C	D
80	2.27	1.95	1.54	1.11
90	2.34	2.02	1.62	1.19
100	2.40	2.09	1.70	1.27
150	2.64	2.38	2.03	1.61
200	2.83	2.61	2.30	1.92
250	2.99	2.80	2.54	2.19
300	3.12	2.97	2.75	2.45
350	3.12	3.12	2.94	2.68
400	3.12	3.12	3.12	2.91
≥450	3.12	3.12	3.12	3.12

注　地面粗糙度的A类指近海海面和海岛、海岸、湖岸及沙漠地区；B类指田野、乡村、丛林、丘陵以及房屋比较稀疏的乡镇和城市郊区；C类指有密集建筑群的城市市区；D类指有密集建筑群且房屋较高的城市市区。

（3）β_z 为风振系数，《建筑结构荷载规范》（GB 50009—2001）2006年版的7.4.1条规定：对于基本自振周期 T_1 大于0.25s的工程结构，如房屋、屋盖及各种高耸结构，以及对于高度大于30m且高宽比大于1.5的高柔房屋，均应考虑风压脉动对结构发生顺风向风振的影响。对于 $T<0.25$s的结构和高度小于30m或高宽比小于1.5的房屋，原则上也应考虑风振影响，但经计算表明，这类结构的风振一般不大，此时往往按构造要求进行设计，结构已有足够的刚度，因而一般不考虑风振影响也不至于会影响结构的抗风安全性。

《高层建筑混凝土结构技术规程》（JGJ3—2010）给出了结构的基本周期近似计算公式，对于框架结构可取 $T_1=(0.05\sim0.10)n$，n 为结构层数。本实例估算 $T_1=0.08\times4=0.32\text{s}>0.25\text{s}$，故适当虑风振系数 β_z，按公式（1.4）计算。

$$\beta_z=1+\frac{\xi\nu\varphi_z}{\mu_z} \tag{1.4}$$

式中　ξ——脉动增大系数，按表1.32确定；

ν——脉动影响系数。结构迎风面宽度较大时，应考虑宽度方向风压空间相关性的情况（如高层建筑等），若外形、质量沿高度比较均匀，脉动影响系数可根据总高度 H 及其与迎风面宽度 B 的比值，按表1.33确定；

φ_z——振型系数。振型系数应根据结构动力计算确定。对外形、质量、刚度沿高度按连续规律变化的悬臂型高耸结构及沿高度比较均匀的高层建筑，振型系数也可根据相对高度 z/H 确定。在一般情况下，对顺风向响应可仅考虑第1振型的影响，对横风向的共振响应，应验算第1～第4振型的频率，因此表1.34列出了相应的前4个振型系数。对迎风面宽度较大的高层建筑，当剪力墙和框架均起主要作用时，其振型系数可按表1.34采用；

μ_z——风压高度变化系数。

也可采用经验公式计算结构的基本自振周期，即

$$T_1=0.25+0.53\times10^{-3}\frac{H^2}{\sqrt[3]{B}}=0.25+0.00053\times\frac{15^2}{\sqrt[3]{16.1}}=0.297\text{s}。$$

本例暂按 $T_1=0.32$s 估算结构的基本自振周期。

表 1.32　　　　脉动增大系数 ξ

$\omega_0 T_1^2$ (kNs²/m²)	0.01	0.02	0.04	0.06	0.08	0.10	0.20	0.40	0.60
钢结构	1.47	1.57	1.69	1.77	1.83	1.88	2.04	2.24	2.36
有填充墙的房屋钢结构	1.26	1.32	1.39	1.44	1.47	1.50	1.61	1.73	1.81
混凝土及砌体结构	1.11	1.14	1.17	1.19	1.21	1.23	1.28	1.34	1.38
$\omega_0 T_1^2$ (kNs²/m²)	0.80	1.00	2.00	4.00	6.00	8.00	10.00	20.00	30.00
钢结构	2.46	2.53	2.80	3.09	3.28	3.42	3.54	3.91	4.14
有填充墙的房屋钢结构	1.88	1.93	2.10	2.30	2.43	2.52	2.60	2.85	3.01
混凝土及砌体结构	1.42	1.44	1.54	1.65	1.72	1.77	1.82	1.96	2.06

注　1. w_0 为基本风压；T_1 为结构基本自振周期，可由结构动力学计算确定。对比较规则的结构，可以用近似公式计算：框架结构 $T_1=(0.05\sim0.10)n$，框架—剪力墙和框架—核心筒结构 $T_1=(0.06\sim0.08)n$，剪力墙结构和筒中筒结构 $T_1=(0.05\sim0.06)n$，n 为结构层数。

2. 计算 $w_0T_1^2$ 时，对地面粗糙度B类地区可直接代入基本风压，而对A类、C类和D类地区应按当地的基本风压分别乘以1.38、0.62和0.32后代入。

表 1.33　　　　脉动影响系数 ν

H/B	粗糙度类别	总高度 H(m)							
		≤30	50	100	150	200	250	300	350
≤0.5	A	0.44	0.42	0.33	0.27	0.24	0.21	0.19	0.17
	B	0.42	0.41	0.33	0.28	0.25	0.22	0.20	0.18
	C	0.40	0.40	0.34	0.29	0.27	0.23	0.22	0.20
	D	0.36	0.37	0.34	0.30	0.27	0.25	0.24	0.22
1.0	A	0.48	0.47	0.41	0.35	0.31	0.27	0.26	0.24
	B	0.46	0.46	0.42	0.36	0.36	0.29	0.27	0.26
	C	0.43	0.44	0.42	0.37	0.34	0.31	0.29	0.28
	D	0.39	0.42	0.42	0.38	0.36	0.33	0.32	0.31
2.0	A	0.50	0.51	0.46	0.42	0.38	0.35	0.33	0.31
	B	0.48	0.50	0.47	0.42	0.40	0.36	0.35	0.33
	C	0.45	0.49	0.48	0.44	0.42	0.38	0.38	0.36
	D	0.39	0.46	0.48	0.46	0.46	0.44	0.42	0.39
3.0	A	0.53	0.51	0.49	0.42	0.41	0.38	0.38	0.36
	B	0.48	0.50	0.49	0.46	0.43	0.40	0.40	0.38
	C	0.45	0.49	0.49	0.48	0.46	0.43	0.43	0.41
	D	0.41	0.46	0.49	0.49	0.48	0.47	0.46	0.45

续表

H/B	粗糙度类别	总高度 H(m)							
		≤30	50	100	150	200	250	300	350
5.0	A	0.52	0.53	0.51	0.49	0.46	0.44	0.42	0.39
	B	0.50	0.53	0.52	0.50	0.48	0.45	0.44	0.42
	C	0.47	0.50	0.52	0.52	0.50	0.48	0.47	0.45
	D	0.43	0.48	0.52	0.53	0.53	0.52	0.51	0.50
8.0	A	0.53	0.54	0.53	0.51	0.48	0.46	0.43	0.42
	B	0.51	0.53	0.54	0.52	0.50	0.49	0.46	0.44
	C	0.48	0.51	0.54	0.53	0.52	0.52	0.50	0.48
	D	0.43	0.48	0.54	0.53	0.55	0.55	0.54	0.53

表 1.34　　高层建筑的振型系数

相对高度 z/H	振型序号			
	1	2	3	4
0.1	0.02	−0.09	0.22	−0.38
0.2	0.08	−0.30	0.58	−0.73
0.3	0.17	−0.50	0.70	−0.40
0.4	0.27	−0.68	0.46	0.33
0.5	0.38	−0.63	−0.03	0.68
0.6	0.45	−0.48	−0.49	0.29
0.7	0.67	−0.18	−0.63	−0.47
0.8	0.74	0.17	−0.34	−0.62
0.9	0.86	0.58	0.27	−0.02
1.0	1.00	1.00	1.00	1.00

2. 各层楼面处集中风荷载标准值计算

(1) 框架风荷载负荷宽度。

⑤轴线框架的负荷宽度为 $B=(7.8+7.8)/2=7.8\text{m}$，如图 1.105 所示。需要说明的是风荷载是对结构的整体作用，应该按照结构整体的刚度来分配总风荷载，分到一榀框架之后进行框架的内力计算。在手算时，为方便计算，近似取一榀框架承受其负荷宽度（两边跨度各一半）的风荷载。

(2) 计算风振系数 β_z。

由 $w_0 T_1^2=0.4\times0.62\times0.32^2=0.025$，查表 1.32，可知脉动增大系数 $\xi=1.148$；由 $H/B=16.45/16.1\approx1.0$，$H<30\text{m}$，查表 1.33，可知脉

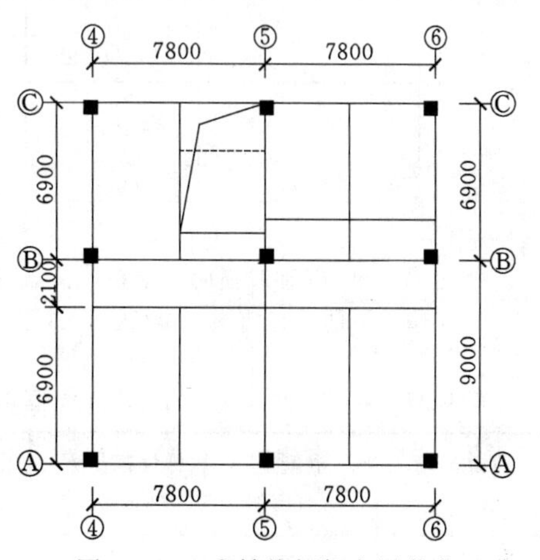

图 1.105　⑤轴线框架在风荷载作用下的负荷宽度

动影响系数 ν=0.43。风振系数 β_z 计算过程详见表1.35（本实例采用表1.34高层建筑的振型系数，计算结果偏大）。

表1.35　　风振系数 β_z 计算过程

层号	离地面高度（m）	相对高度 z/H	ξ	ν	φ_z	μ_z	$\beta_z=1+\frac{\xi\upsilon\varphi_z}{\mu_z}$
1	4.35	0.3	1.148	0.43	0.17	0.74	1.113
2	7.95	0.5	1.148	0.43	0.38	0.74	1.253
3	11.55	0.7	1.148	0.43	0.67	0.74	1.447
4	15.45	0.9	1.148	0.43	0.86	0.75	1.566

（3）各层楼面处集中风荷载标准值计算。

各层楼面处集中风荷载标准值计算列于表1.36。

表1.36　　各层楼面处集中风荷载标准值

层号	离地面高度（m）	μ_z	β_z	μ_s	w_0（kN/m²）	$h_下$（m）	$h_上$（m）	$F_i=\beta_z\mu_s\mu_z w_0 B(h_下+h_上)/2$（kN）
1	4.35	0.74	1.113	1.3	0.4	4.35	3.6	13.3
2	7.95	0.74	1.253	1.3	0.4	3.6	3.6	13.5
3	11.55	0.74	1.447	1.3	0.4	3.6	3.9	16.3
4	15.45	0.75	1.566	1.3	0.4	3.9	1.0	14.1 [$\beta_z\mu_s\mu_z w_0 B(3.9/2+1.0)$]

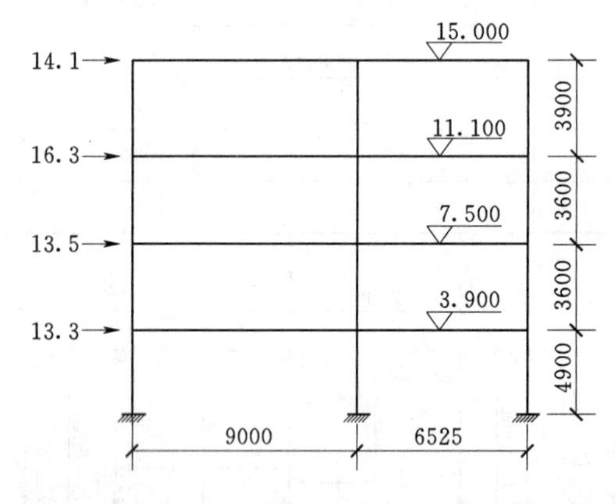

图1.106　⑤轴线横向框架在风荷载作用下的计算简图（单位：kN）

3. 风荷载作用下的计算简图

根据表1.36，画出⑤轴线横向框架在风荷载（左风）作用下的计算简图，如图1.106所示。

1.6.2　横向框架在风荷载作用下的位移计算

1. 框架梁柱线刚度计算

考虑现浇楼板对梁刚度的加强作用，故对⑤轴线框架梁（中框架梁）的惯性矩乘以2.0，框架梁的线刚度计算见表1.37，框架柱的线刚度计算见表1.38。

表1.37　　框架梁线刚度计算

截面 $b\times h$（m²）	混凝土强度等级	弹性模量 E_C（kN/m²）	跨度 L（m）	矩形截面惯性矩 I_0（m⁴）	$I_b=2.0I_0$（m⁴）	$K_{bi}=E_CI_b/L$（kN·m）
0.35×0.9	C30	3.0×107	9.0	0.0213	0.0426	14.2×10^4
0.35×0.7	C30	3.0×107	6.525	0.01	0.02	9.2×10^4

表 1.38　　框架柱线刚度计算

框架柱位置	截面 $b\times h$ (m^2)	混凝土强度等级	弹性模量 E_C (kN/m^2)	高度 L (m)	矩形截面惯性矩 I_c (m^4)	$K_C=E_CI_c/L$ (kN·m)
顶层柱	0.6×0.6	C30	3.0×10^7	3.9	0.0108	8.3×10^4
	0.55×0.55	C30	3.0×10^7	3.9	0.0076	5.85×10^4
二、三层柱	0.6×0.6	C30	3.0×10^7	3.6	0.0108	9.0×10^4
	0.55×0.55	C30	3.0×10^7	3.6	0.0076	6.33×10^4
底层柱	0.6×0.6	C30	3.0×10^7	4.9	0.0108	6.61×10^4
	0.55×0.55	C30	3.0×10^7	4.9	0.0076	4.65×10^4

2. 侧移刚度 D 计算

考虑梁柱的线刚度比，用 D 值法计算柱的侧移刚度，计算数据见表 1.39。

表 1.39　　柱侧移刚度 **D** 值计算

楼层		K_C	$\overline{K}$	α	$D=12\alpha K_C/h^2$ (kN/m)	根数
			一般层：$\overline{K}=\sum K_{bi}/2K_C$ 底层：$\overline{K}=\sum K_{bi}/K_C$	一般层：$\alpha=\overline{K}/(2+\overline{K})$ 底层：$(0.5+\overline{K})/(2+\overline{K})$		
四层	Ⓐ轴边柱	8.3×10^4	1.711	0.461	30188	1
	Ⓑ轴中柱	8.3×10^4	2.819	0.585	38308	1
	Ⓒ轴边柱	5.85×10^4	1.573	0.440	20308	1
	$\sum D$	30188+38308+20308=88804				
二三层	Ⓐ轴边柱	9.0×10^4	1.578	0.441	36750	1
	Ⓑ轴中柱	9.0×10^4	2.600	0.565	47083	1
	Ⓒ轴边柱	6.33×10^4	1.453	0.421	24675	1
	$\sum D$	36750+47083+24675=108508				
底层	Ⓐ轴边柱	6.61×10^4	2.148	0.638	21077	1
	Ⓑ轴中柱	6.61×10^4	3.540	0.729	24083	1
	Ⓒ轴边柱	4.65×10^4	1.978	0.623	14479	1
	$\sum D$	21077+24083+14479=59639				

3. 风荷载作用下框架侧移计算

风荷载作用下框架的层间侧移可按式（1.5）计算：

$$\Delta u_j=\frac{V_j}{\sum D_{ij}} \tag{1.5}$$

式中　V_j——第 j 层的总剪力标准值；

$\sum D_{ij}$——第 j 层所有柱的抗侧刚度之和；

Δu_j——第 j 层的层间侧移。

各层楼板标高处的侧移值是该层以下各层层间侧移之和。顶点侧移是所有各层层间侧移之和，即

第 j 层侧移：
$$u_j = \sum_{j=1}^{j} \Delta u_j \tag{1.6}$$

顶点侧移：
$$u = \sum_{j=1}^{n} \Delta u_j \tag{1.7}$$

⑤轴线框架在风荷载作用下侧移的计算过程详见表1.40。

表4.40　风荷载作用下框架楼层层间侧移与层高之比计算

楼层	F_j (kN)	V_j (kN)	$\sum D_{ij}$ (kN/m)	Δu_j (m)	h (m)	$\Delta u_j/h$
4	14.1	14.1	88804	0.00016	3.9	1/24563
3	16.3	30.4	108508	0.00028	3.6	1/12850
2	13.5	43.9	108508	0.0004	3.6	1/8898
1	13.3	57.2	59639	0.00096	4.35	1/4535
$u=\sum_{j=1}^{n}\Delta u_j = 0.0018\text{ m}$						

侧移验算：由"表3.3弹性层间位移角限值"可知，对于框架结构，楼层层间最大位移与层高之比的限值为1/550。本框架的层间最大位移与层高之比在底层，其值为1/4535<1/550，框架侧移满足规范要求。

1.6.3　横向框架在风荷载作用下的内力计算

框架在风荷载作用下的内力计算采用 D 值法（改进的反弯点法）。计算时首先将框架各楼层的层间总剪力 V_j，按各柱的侧移刚度（D 值）在该层总侧移刚度所占比例分配到各柱，即可求得第 j 层第 i 柱的层间剪力 V_{ij}；根据求得的各柱层间剪力 V_{ij} 和修正后的反弯点位置 y（反弯点高度计算见表1.41），即可确定柱端弯矩 $M_{c上}$ 和 $M_{c下}$；由节点平衡条件，梁端弯矩之和等于柱端弯矩之和，将节点左右梁端弯矩之和按线刚度比例分配，可求出各梁端弯矩；进而由梁的平衡条件求出梁端剪力；最后，第 j 层第 i 柱的轴力即为其上各层节点左右梁端剪力代数和。

1. 反弯点高度计算

反弯点高度比按式（1.8）计算：

$$y = y_0 + y_1 + y_2 + y_3 \tag{1.8}$$

式中　y_0——标准反弯点高度比；

y_1——因上、下层梁刚度比变化的修正值；

y_2——因上层层高变化的修正值；

y_3——因下层层高变化的修正值。

反弯点高度比的计算列于表1.41。

表 1.41　　反弯点高度比 y 计算

楼层	Ⓐ轴中框架柱	Ⓑ轴中框架柱	Ⓒ轴中框架柱
四层	$\overline{K}=1.711$　$y_0=0.385$ $\alpha_1=1$　$y_1=0$ $\alpha_3=0.923$　$y_3=0$ $y=0.385+0+0=0.385$	$\overline{K}=2.819$　$y_0=0.441$ $\alpha_1=1$　$y_1=0$ $\alpha_3=0.923$　$y_3=0$ $y=0.441+0+0=0.441$	$\overline{K}=1.573$　$y_0=0.379$ $\alpha_1=1$　$y_1=0$ $\alpha_3=0.923$　$y_3=0$ $y=0.379+0+0=0.379$
三层	$\overline{K}=1.578$　$y_0=0.45$ $\alpha_1=1$　$y_1=0$ $\alpha_2=1.083$　$y_2=0$ $\alpha_3=1$　$y_3=0$ $y=0.45+0+0+0=0.45$	$\overline{K}=2.6$　$y_0=0.48$ $\alpha_1=1$　$y_1=0$ $\alpha_2=1.083$　$y_2=0$ $\alpha_3=1$　$y_3=0$ $y=0.48+0+0+0=0.48$	$\overline{K}=1.453$　$y_0=0.45$ $\alpha_1=1$　$y_1=0$ $\alpha_2=1.083$　$y_2=0$ $\alpha_3=1$　$y_3=0$ $y=0.45+0+0+0=0.45$
二层	$\overline{K}=1.578$　$y_0=0.45$ $\alpha_1=1$　$y_1=0$ $\alpha_2=1$　$y_2=0$ $\alpha_3=1.083$　$y_3=0$ $y=0.45+0+0+0=0.45$	$\overline{K}=2.6$　$y_0=0.48$ $\alpha_1=1$　$y_1=0$ $\alpha_2=1$　$y_2=0$ $\alpha_3=1.083$　$y_3=0$ $y=0.48+0+0+0=0.48$	$\overline{K}=1.453$　$y_0=0.45$ $\alpha_1=1$　$y_1=0$ $\alpha_2=1$　$y_2=0$ $\alpha_3=1.083$　$y_3=0$ $y=0.45+0+0+0=0.45$
底层	$\overline{K}=2.148$　$y_0=0.55$ $\alpha_1=1$　$y_1=0$ $\alpha_2=0.735$　$y_2=0$ $y=0.55+0+0=0.55$	$\overline{K}=3.540$　$y_0=0.55$ $\alpha_1=1$　$y_1=0$ $\alpha_2=0.735$　$y_2=0$ $y=0.55+0+0=0.55$	$\overline{K}=1.978$　$y_0=0.55$ $\alpha_1=1$　$y_1=0$ $\alpha_2=0.735$　$y_2=0$ $y=0.55+0+0=0.55$

2. 柱端弯矩及剪力计算

风荷载作用下的柱端剪力按式（1.9）计算：

$$V_{ij}=\frac{D_{ij}}{\sum D}V_j \tag{1.9}$$

式中　V_{ij}——第 j 层第 i 柱的层间剪力；

V_j——第 j 层的总剪力标准值；

$\sum D$——第 j 层所有柱的抗侧刚度之和；

D_{ij}——第 j 层第 i 柱的抗侧刚度。

风荷载作用下的柱端弯矩按式（1.10）、式（1.11）计算：

$$M_{c上}=V_{ij}(1-y)h \tag{1.10}$$

$$M_{c下}=V_{ij}yh \tag{1.11}$$

风荷载作用下的柱端剪力和柱端弯矩计算列于表 1.42。

表 1.42　　风荷载作用下柱端弯矩及剪力计算

柱	楼层	V_j (kN)	D_{ij} (kN/m)	$\sum D$ (kN/m)	$D_{ij}/\sum D$	V_{ij} (kN)	y	yh (m)	$M_{c上}$ (kN·m)	$M_{c下}$ (kN·m)
Ⓐ轴	4	14.1	30188	88804	0.340	4.79	0.385	1.50	11.50	7.20
	3	30.4	36750	108508	0.339	10.30	0.45	1.62	20.39	16.68
	2	43.9	36750	108508	0.339	14.87	0.45	1.62	29.44	24.09
	1	57.2	21077	59639	0.353	20.22	0.55	2.70	44.57	54.48

续表

柱	楼层	V_j (kN)	D_{ij} (kN/m)	ΣD (kN/m)	$D_{ij}/\Sigma D$	V_{ij} (kN)	y	yh (m)	$M_{c上}$ (kN·m)	$M_{c下}$ (kN·m)
Ⓑ轴	4	14.1	38308	88804	0.431	6.08	0.441	1.72	13.26	10.46
	3	30.4	47083	108508	0.434	13.19	0.48	1.73	24.69	22.79
	2	43.9	47083	108508	0.434	19.05	0.48	1.73	35.66	32.92
	1	57.2	24083	59639	0.404	23.10	0.55	2.70	50.93	62.25
Ⓒ轴	4	14.1	20308	88804	0.229	3.22	0.379	1.48	7.81	4.77
	3	30.4	24675	108508	0.227	6.91	0.45	1.62	13.69	11.2
	2	43.9	24675	108508	0.227	9.98	0.45	1.62	19.77	16.17
	1	57.2	14479	59639	0.243	13.89	0.55	2.70	30.62	37.43

3. 梁端弯矩及剪力计算

由节点平衡条件，梁端弯矩之和等于柱端弯矩之和，将节点左右梁端弯矩之和按左右梁的线刚度比例分配，可求出各梁端弯矩，进而由梁的平衡条件求出梁端剪力。

风荷载作用下的梁端弯矩按式（1.12）～式（1.14）计算：

中柱：

$$M_{b左ij}=\frac{K_b^{左}}{K_b^{左}+K_b^{右}}(M_{c下j+1}+M_{c上j}) \tag{1.12}$$

$$M_{b右ij}=\frac{K_b^{右}}{K_b^{左}+K_b^{右}}(M_{c下j+1}+M_{c上j}) \tag{1.13}$$

边柱：

$$M_{b总ij}=(M_{c下j+1}+M_{c上j}) \tag{1.14}$$

式中 $M_{b左ij}$、$M_{b右ij}$——第 j 层第 i 节点左端梁的弯矩和第 j 层第 i 节点右端梁的弯矩；

$K_b^{左}$、$K_b^{右}$——第 j 层第 i 节点左端梁的线刚度和第 j 层第 i 节点右端梁的线刚度；

$M_{c下j+1}$、$M_{c上j}$——第 j 层第 i 节点上层柱的下部弯矩和下层柱的上部弯矩。

（1）风荷载作用下的梁端弯矩计算列于表1.43和表1.44。

表1.43　梁端弯矩 M_{AB}、M_{CB} 计算　单位：kN·m

楼层	柱端弯矩	柱端弯矩之和	M_{AB}	柱端弯矩	柱端弯矩之和	M_{CB}
4	—	11.50	11.50	—	7.81	7.81
	11.50			7.81		
3	7.2	27.59	27.59	4.77	18.46	18.46
	20.39			13.69		
2	16.68	46.12	46.12	11.2	30.97	30.97
	29.44			19.77		
1	24.09	68.66	68.66	16.17	46.79	46.79
	44.57			30.62		

表 1.44　　　　**梁端弯矩 M_{BA}、M_{BC} 计算**　　　　单位：kN・m

<table>
<tr><th>楼层</th><th>柱端弯矩</th><th>柱端弯矩之和</th><th>$K_b^{左}$</th><th>$K_b^{右}$</th><th>M_{BA}</th><th>M_{BC}</th></tr>
<tr><td rowspan="2">4</td><td>—</td><td rowspan="2">13.26</td><td rowspan="2">14.2×10^4</td><td rowspan="2">9.2×10^4</td><td rowspan="2">8.05</td><td rowspan="2">5.21</td></tr>
<tr><td>13.26</td></tr>
<tr><td rowspan="2">3</td><td>10.46</td><td rowspan="2">35.15</td><td rowspan="2">14.2×10^4</td><td rowspan="2">9.2×10^4</td><td rowspan="2">21.33</td><td rowspan="2">13.82</td></tr>
<tr><td>24.69</td></tr>
<tr><td rowspan="2">2</td><td>22.79</td><td rowspan="2">58.45</td><td rowspan="2">14.2×10^4</td><td rowspan="2">9.2×10^4</td><td rowspan="2">35.47</td><td rowspan="2">22.98</td></tr>
<tr><td>35.66</td></tr>
<tr><td rowspan="2">1</td><td>32.92</td><td rowspan="2">83.85</td><td rowspan="2">14.2×10^4</td><td rowspan="2">9.2×10^4</td><td rowspan="2">50.88</td><td rowspan="2">32.97</td></tr>
<tr><td>50.93</td></tr>
</table>

（2）风荷载作用下的梁端剪力计算详见表 1.45。

表 1.45　　　　**梁端剪力计算**

楼层	M_{AB}（kN・m）	M_{BA}（kN・m）	$V_{AB}=V_{BA}$（kN）	M_{BC}（kN・m）	M_{CB}（kN・m）	$V_{BC}=V_{CB}$（kN）
4	11.50	8.05	2.17	5.21	7.81	2.00
3	27.59	21.33	5.44	13.82	18.46	4.95
2	46.12	35.47	9.07	22.98	30.97	8.27
1	68.66	50.88	13.30	32.97	46.79	12.20

4. 柱轴力计算

由梁柱节点的平衡条件计算风荷载作用下的柱轴力，计算中要注意剪力的实际方向，计算过程详见表 1.46。

表 1.46　　　　**风荷载作用下柱轴力计算**　　　　单位：kN

楼层	V_{AB}	N_A	V_{BA}	V_{BC}	N_B	V_{CB}	N_C
4	2.17	−2.17	2.17	2.00	0.17	2.00	2.00
3	5.44	−7.61	5.44	4.95	0.66	4.95	6.95
2	9.07	−16.67	9.07	8.27	1.46	8.27	15.22
1	13.3	−29.96	13.3	12.20	2.56	12.20	27.42

5. 绘制内力图

（1）弯矩图。

依据表 1.42、表 1.43 和表 1.44，画出⑤轴线框架在风荷载作用下的弯矩图，如图 1.107 所示。

（2）剪力图。

依据表 1.42 和表 1.45，画出⑤轴线框架在风荷载作用下的剪力图，如图 1.108 所示。

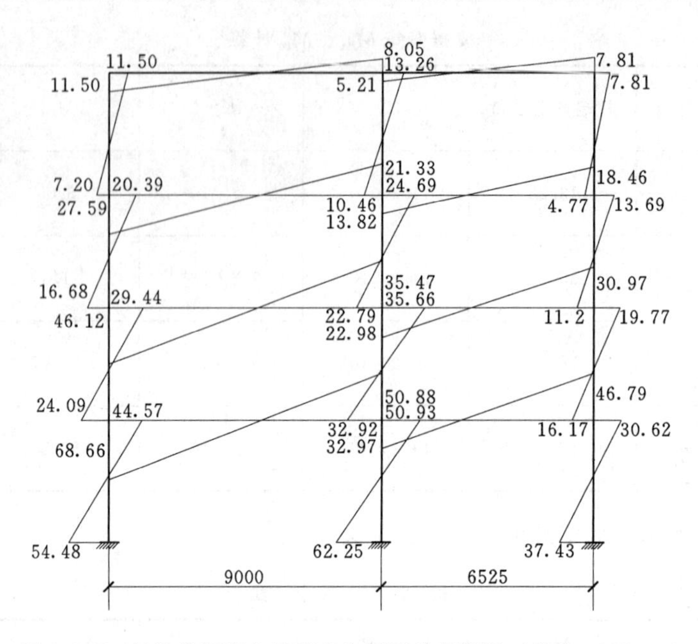

图 1.107 ⑤轴线框架在风荷载作用下的弯矩图（单位：kN·m）

（3）轴力图。

依据表 1.46，画出⑤轴线框架柱在风荷载作用下的轴力图，如图 1.109 所示。

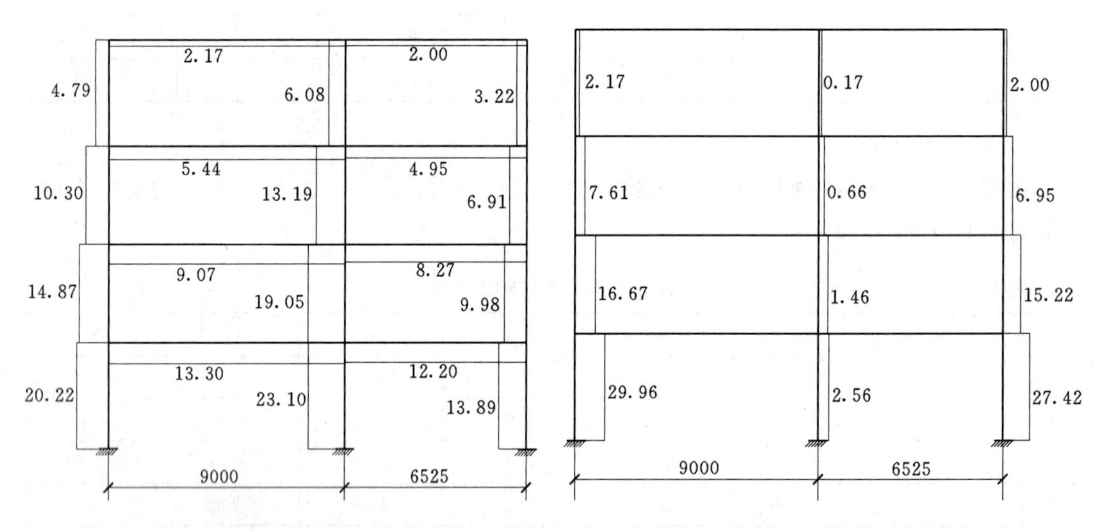

图 1.108 ⑤轴线框架在风荷载作用下的剪力图（单位：kN）

图 1.109 ⑤轴线框架柱在风荷载作用下的轴力图（单位：kN）

1.7 横向框架在水平地震作用下的内力和位移计算

1.7.1 重力荷载代表值计算

本设计实例的建筑高度为 16m<40m，以剪切变形为主，且质量和高度均匀分布，故可采用底部剪力法计算水平地震作用。首先需要计算重力荷载代表值。

屋面处重力荷载代表值＝结构和构配件自重标准值＋0.5×屋面雪荷载标准值

楼面处重力荷载代表值＝结构和构配件自重标准值＋0.5×楼面活荷载标准值

其中结构和构配件自重取楼面上、下各半层层高范围内（屋面处取顶层的一半）的结构及构配件自重。

1. 第4层重力荷载代表值计算。

（1）女儿墙的自重标准值。

$$G_{女儿墙}=3.0\times(39+15.9)\times2=329.4(\mathrm{kN})$$

（2）第4层屋面板结构层及构造层自重标准值。

$$G_{屋面板}=6.5\times2.1\times39.2+7.0\times14\times39.2=4376.68(\mathrm{kN})$$

（3）第4层梁自重标准值。

$$\begin{aligned}G_{梁}=&25\times0.35\times(0.9-0.12)\times9\times3+25\times0.35\times(0.7-0.12)\times6.525\times3\\&+25\times0.35\times(0.8-0.12)\times7.8\times9+25\times0.25\times(0.75-0.12)\times7.8\times3\\&+25\times0.25\times(0.65-0.12)\times6.9\times6+25\times0.3\times(1.1-0.10)\times15.6\times5\\&+25\times0.3\times(1.1-0.10)\times15.9\times4+25\times0.4\times(1.2-0.10)\times15.6\times2\\&+25\times0.4\times(1.2-0.10)\times15.9\times2+25\times0.35\times(1.1-0.10)\times15.9\\=&2824.71(\mathrm{kN})\end{aligned}$$

（4）第4层柱自重标准值（取50%）。

$$\begin{aligned}G_{柱}=&11\times25\times0.6\times0.6\times(1.95-0.12)+6\times25\times0.55\times0.55\times(1.95-0.12)\\=&264.21\ (\mathrm{kN})\end{aligned}$$

（5）第4层墙自重标准值（取50%）。

$$\begin{aligned}G_{墙}=&\frac{1}{2}\times3\times[(3.9-1.0)\times5.95\times2+(3.9-1.0)\times8.4\times2+(7.8-0.6)\times(3.9-0.8)\\&+(7.8-0.8)\times(3.9-0.8)\times2+(7.8-0.6)\times(3.9-1.2)\times2+(7.8-0.55)\\&\times(3.9-0.8)+(7.8-0.725)\times(3.9-0.8)\times2+(7.8-0.55)\times(3.9-1.2)\\&\times2-20\times2.1\times1.8-2\times1.9\times1.8]+\frac{1}{2}\times0.45\times(20\times2.1\times1.8+2\times1.9\times1.8)\\&+\frac{1}{2}\times2.8\times[(3.9-0.65)\times6.7\times5+(3.9-1.2)\times5.95\times2+(3.9-1.2)\times8.4\\&\times2+(3.9-0.8)\times5.95+(3.9-0.65)\times4.9+(3.9-0.12)\times7.6+(3.9-0.75)\\&\times7.6+(3.9-0.75)\times(7.8\times2-0.2)+(3.9-0.8)\times3.7\times2+(7.8-0.6)\times(3.9\\&-0.8)-2\times1.2\times2.1-1\times2.1\times6-1.5\times2.1\times2-2\times2.1-2\times0.9\times2.1]+\frac{1}{2}\\&\times0.45\times(2\times1.2\times2.1+1\times2.1\times6+1.5\times2.1\times2+2\times0.9\times2.1)\\=&810.46(\mathrm{kN})\end{aligned}$$

（6）屋顶雪荷载标准值（取50%）。

$$Q_4=Q_{雪}=0.5\times0.3\times39.2\times16.1=0.5\times189.34=94.67(\mathrm{kN})$$

（7）第4层重力荷载代表值汇总。

$$\begin{aligned}G_4=&G_{女儿墙}+G_{墙}+G_{屋面板}+G_{梁}+G_{柱}+Q_4\\=&329.4+4376.68+2824.71+264.21+810.46+94.67\end{aligned}$$

$=8700.1(kN)$

（8）第4层重力荷载设计值。

$G_4=1.2\times(329.4+4376.68+2824.71+264.21+810.46)+1.4\times189.34=10591.6(kN)$

2. 第3层楼面处重力荷载标准值计算。

（1）第3层楼面板结构层及构造层自重标准值。

$$G_{办公室}=39.2\times(6.9\times2+0.2)\times4.5=2469.6(kN)$$

$$G_{卫生间}=6.9\times7.8\times6.0=322.92(kN)$$

$$G_{走廊}=39.2\times2.1\times4.0=329.28(kN)$$

（2）第3层楼面梁自重标准值。

$$\begin{aligned}G_{梁}=&25\times0.35\times(0.9-0.12)\times9\times3+25\times0.35\times(0.7-0.12)\times6.525\times3\\&+25\times0.35\times(0.8-0.12)\times7.8\times15+25\times0.25\times(0.75-0.12)\times7.8\times5\\&+25\times0.25\times(0.65-0.12)\times6.9\times9+25\times0.25\times(0.65-0.1)\times6.9\\&+25\times0.2\times(0.4-0.1)\times7.8+25\times0.35\times(1.0-0.12)\times15.9\\=&1496.89(kN)\end{aligned}$$

（3）第3层柱自重标准值（取50%）。

$$G_{柱}=12\times25\times0.6\times0.6\times(1.95+1.8-0.12)+6\times25\times0.55\times0.55\times(1.95+1.8-0.12)=556.75\ (kN)$$

（4）第3层墙自重标准值（取50%）。

$$\begin{aligned}G_{墙}=&\frac{1}{2}\times3\times[(3.6-1.0)\times5.95\times2+(3.6-1.0)\times8.4\times2+(7.8-0.6)\times(3.6-0.8)\\&\times3+(7.8-0.8)\times(3.6-0.8)\times2+(7.8-0.55)\times(3.6-0.8)\times3+(7.8-0.725)\\&\times(3.6-0.8)\times2-20\times2.1\times1.8-2\times1.9\times1.8]+\frac{1}{2}\times0.45\times(20\times2.1\times1.8+2\\&\times1.9\times1.8)+\frac{1}{2}\times2.8\times[(3.6-0.65)\times6.7\times9+(3.6-0.9)\times6.7\times2+(3.6-0.7)\\&\times5.95+(3.6-0.65)\times4.9+(3.6-0.4)\times7.6+39\times(3.6-0.75)+3.7\times(3.6-0.8)\\&\times2+(7.8-0.6)\times(3.6-0.8)\times3-1\times2.1\times6-1.5\times2.1\times10-2\times2.1-2\times0.9\\&\times2.1]+\frac{1}{2}\times0.45\times(1\times2.1\times6+1.5\times2.1\times10+2\times0.9\times2.1)+810.46\\=&892.4+810.46=1702.86(kN)\end{aligned}$$

（5）第3层活荷载标准值（取50%）。

$$\begin{aligned}Q_3=&\frac{1}{2}\times(Q_{办公室}+Q_{走廊}+Q_{楼梯}+Q_{卫生间})\\=&\frac{1}{2}\times[2.0\times(39.2\times7.0+23.4\times7.0)+2.5\times39.2\times2.1+2.5\times(3.9+0.1)\times7.0\\&\times2+2.5\times7.8\times7.0]\\=&\frac{1}{2}\times1358.7=679.35(kN)\end{aligned}$$

（6）第3层重力荷载代表值汇总。

$$G_3=G_{墙}+G_{办公室}+G_{走廊}+G_{卫生间}+G_{梁}+G_{柱}+Q_3$$

$=1702.86+2469.6+329.28+322.92+1496.89+556.75+679.35$

$=7557.7$ (kN)

(7) 第3层重力荷载设计值。

$G_3=1.2\times(1702.86+2469.6+329.28+322.92+1496.89+556.75)+1.4\times1358.7$

$=10156.2$ (kN)

3. 第2层楼面处重力荷载标准值计算

(1) 第2层楼面板结构层及构造层自重标准值。

$$G_{办公室}=39.2\times(6.9\times2+0.2)\times4.5=2469.6(\text{kN})$$

$$G_{卫生间}=6.9\times7.8\times6.0=322.92(\text{kN})$$

$$G_{走廊}=39.2\times2.1\times4.0=329.28(\text{kN})$$

(2) 第2层楼面梁自重标准值。

$$G_{梁}=1496.89(\text{kN})$$

(3) 第2层柱自重标准值(取50%)。

$G_{柱}=12\times25\times0.6\times0.6\times(3.6-0.12)+6\times25\times0.55\times0.55\times(3.6-0.12)$

$=533.75$ (kN)

(4) 第2层墙自重标准值(取50%)。

$G_{墙}=\frac{1}{2}\times3\times[(3.6-1.0)\times5.95\times2+(3.6-1.0)\times8.4\times2+(7.8-0.6)\times(3.6-0.8)\times3+(7.8-0.8)\times(3.6-0.8)\times2+(7.8-0.55)\times(3.6-0.8)\times3+(7.8-0.725)\times(3.6-0.8)\times2-20\times2.1\times1.8-2\times1.9\times1.8]+\frac{1}{2}\times0.45\times(20\times2.1\times1.8+2\times1.9\times1.8)+\frac{1}{2}\times2.8\times[(3.6-0.65)\times6.7\times4+(3.6-0.9)\times6.7\times4+(3.6-0.7)\times5.95\times4+(3.6-0.65)\times4.9+(3.6-0.4)\times7.6+39\times(3.6-0.75)+3.7\times(3.6-0.8)\times2+(7.8-0.6)\times(3.6-0.8)\times3-1\times2.1\times6-1.5\times2.1\times10-2\times2.1-2\times0.9\times2.1]+\frac{1}{2}\times0.45\times(1\times2.1\times6+1.5\times2.1\times10+2\times0.9\times2.1)+892.4$

$=877.17+892.4=1769.57(\text{kN})$

(5)第2层活荷载标准值(取50%)。

$$Q_2=Q_3=\frac{1}{2}\times1358.7=679.35(\text{kN})$$

(6) 第2层重力荷载代表值汇总。

$G_2=G_{墙}+G_{办公室}+G_{走廊}+G_{卫生间}+G_{梁}+G_{柱}+Q_2$

$=1769.57+2469.6+329.28+322.92+1496.89+533.75+679.35$

$=7601.4$ (kN)

(7) 第2层重力荷载设计值。

$G_2=1.2\times(1769.57+2469.6+329.28+322.92+1496.89+533.75)+1.4\times1358.7$

$=10208.6(\text{kN})$

4. 第 1 层楼面处重力荷载标准值计算

（1）第 1 层楼面板结构层及构造层自重标准值。

$$G_{办公室}=39.2\times(6.9\times2+0.2)\times4.5=2469.6(kN)$$

$$G_{卫生间}=6.9\times7.8\times6.0=322.92(kN)$$

$$G_{走廊}=39.2\times2.1\times4.0=329.28(kN)$$

$$\begin{aligned}G_{雨篷}&=2\times25\times0.35\times(0.4-0.1)\times1.5+2\times25\times0.2\times(0.4-0.1)\times(7.8-0.35)\\&\quad+25\times0.25\times(0.4-0.1)\times1.3+5.7\times(7.8+0.35)\times1.5\\&=102.35\ (kN)\end{aligned}$$

（2）第 1 层楼面梁自重标准值。

$$G_{梁}=1496.89(kN)$$

（3）第 1 层柱自重标准值（取 50%）。

$$\begin{aligned}G_{柱}&=12\times25\times0.6\times0.6\times(2.45+1.8-0.12)+6\times25\times0.55\times0.55\times(2.45+1.8-0.12)\\&=633.44\ (kN)\end{aligned}$$

（4）第 1 层墙自重标准值（取 50%）。

$$\begin{aligned}G_{墙}&=\frac{1}{2}\times3\times[(3.9-1.0)\times5.95\times2+(3.9-1.0)\times8.4\times2+(7.8-0.6)\times(3.9-0.8)\\&\quad\times3+(7.8-0.8)\times(3.9-0.8)\times2+(7.8-0.55)\times(3.9-0.8)\times3+(7.8-0.725)\\&\quad\times(3.9-0.8)\times2-18\times2.1\times1.8-2\times1.9\times1.8-2\times2.4\times2.1]+\frac{1}{2}\times0.45\times(18\\&\quad\times2.1\times1.8+2\times2.4\times2.1+2\times1.9\times1.8)+\frac{1}{2}\times2.8\times[(3.9-0.65)\times6.7\times5\\&\quad+(3.9-0.9)\times6.7\times3+(3.9-0.65)\times4.9+(3.9-0.4)\times7.6+(7.8+3.9)\times(3.9\\&\quad-0.75)+3.7\times(3.9-0.8)\times2+(7.8-0.6)\times(3.9-0.8)\times3-1\times2.1\times3-1.5\\&\quad\times2.1\times6-2\times2.1-2\times0.9\times2.1]+\frac{1}{2}\times0.45\times(1\times2.1\times3+1.5\times2.1\times6+2\times0.9\\&\quad\times2.1)+877.17\\&=782.05+877.17=1659.22\ (kN)\end{aligned}$$

（5）第 1 层活荷载标准值（取 50%）。

$$\begin{aligned}Q_1&=\frac{1}{2}\times(Q_{办公室}+Q_{走廊}+Q_{楼梯}+Q_{卫生间}+Q_{雨篷})\\&=\frac{1}{2}\times[2.0\times(39.2\times7.0+23.4\times7.0)+2.5\times39.2\times2.1+2.5\times(3.9+0.1)\times7.0\times2\\&\quad+2.5\times7.8\times7.0+8.15\times1.5\times0.5]\\&=\frac{1}{2}\times1364.8=682.4\ (kN)\end{aligned}$$

（6）第 1 层重力荷载代表值汇总。

$$\begin{aligned}G_1&=G_{墙}+G_{办公室}+G_{走廊}+G_{卫生间}+G_{雨篷}+G_{梁}+G_{柱}+Q_1\\&=1659.22+2469.6+329.28+322.92+102.35+1496.89+633.44+682.4\\&=7696.1(kN)\end{aligned}$$

（7）第 1 层重力荷载设计值。

G_1 =1.2×(1659.22+2469.6+329.28+322.92+102.35+1496.89+633.44)
+1.4×1364.8
=10327.2 (kN)

1.7.2　横向框架的水平地震作用和位移计算

1. 框架梁柱线刚度计算

考虑现浇楼板对梁刚度的加强作用，故对中框架梁的惯性矩乘以 2.0，对边框架梁的惯性矩乘以 1.5。框架梁的线刚度计算详见表 1.47，框架柱的线刚度计算详见表 1.38。

表 1.47　　框架梁线刚度计算

框架梁位置	截面 $b\times h$ (m^2)	混凝土强度等级	弹性模量 E_C (kN/m^2)	跨度 L (m)	矩形截面惯性矩 I_0 (m^4)	$I_b=1.5I_0$ (边跨) $I_b=2.0I_0$ (中跨) (m^4)	$K_{bi}=E_CI_b/L$ (kN·m)
边框架梁	0.35×0.9	C30	3.0×10^7	9.0	0.0213	0.032	10.67×10^4
	0.35×0.7	C30	3.0×10^7	6.525	0.01	0.015	6.9×10^4
中框架梁	0.35×0.9	C30	3.0×10^7	9.0	0.0213	0.0426	14.2×10^4
	0.35×0.7	C30	3.0×10^7	6.525	0.01	0.02	9.2×10^4
	0.35×1.1 (屋顶③轴井字梁)	C30	3.0×10^7	15.9	0.0388	0.0776	14.6×10^4

2. 侧移刚度 D 计算

考虑梁柱的线刚度比，用 D 值法计算框架柱的侧移刚度，计算过程详见表 1.48。

表 1.48　　柱的侧移刚度 D 值计算

楼层		K_C	$\overline{K}$ 一般层：$\overline{K}=\sum K_{bi}/2K_C$ 底层：$\overline{K}=\sum K_{bi}/K_C$	α 一般层：$\alpha=\overline{K}/(2+\overline{K})$ 底层：$(0.5+\overline{K})/(2+\overline{K})$	$D=12\alpha K_C/h^2$ (kN/m)	根数
四层	Ⓐ轴边框边柱	8.3×10^4	1.286	0.391	25604	2
	Ⓐ轴中框边柱	8.3×10^4	1.711	0.461	30188	3
	Ⓐ轴中框边柱	8.3×10^4	1.759	0.468	30646	1
	Ⓑ轴边框中柱	8.3×10^4	2.117	0.514	33658	2
	Ⓑ轴中框中柱	8.3×10^4	2.819	0.585	38308	3
	Ⓒ轴边框边柱	5.85×10^4	1.179	0.371	17123	2
	Ⓒ轴中框边柱	5.85×10^4	1.573	0.440	20308	3
	Ⓒ轴中框边柱	5.85×10^4	2.496	0.555	25615	1
	$\sum D$	475442				
二层、三层	Ⓐ轴边框边柱	9.0×10^4	1.186	0.372	31000	2
	Ⓐ轴中框边柱	9.0×10^4	1.578	0.441	36750	4
	Ⓑ轴边框中柱	9.0×10^4	1.952	0.494	41167	2
	Ⓑ轴中框中柱	9.0×10^4	2.600	0.565	47083	4
	Ⓒ轴边框边柱	6.33×10^4	1.090	0.353	20690	2
	Ⓒ轴中框边柱	6.33×10^4	1.453	0.421	24675	4
	$\sum D$	619747				

续表

楼层		K_C	$\overline{K}$	α	$D=12\alpha K_C/h^2$ (kN/m)	根数
			一般层：$\overline{K}=\sum K_{bi}/2K_C$ 底层：$\overline{K}=\sum K_{bi}/K_C$	一般层：$\alpha=\overline{K}/(2+\overline{K})$ 底层：$(0.5+\overline{K})/(2+\overline{K})$		
底层	Ⓐ轴边框边柱	6.61×10^4	1.614	0.585	19326	2
	Ⓐ轴中框边柱	6.61×10^4	2.148	0.638	21077	4
	Ⓑ轴边框中柱	6.61×10^4	2.658	0.678	22399	2
	Ⓑ轴中框中柱	6.61×10^4	3.540	0.729	24083	4
	Ⓒ轴边框边柱	4.65×10^4	1.484	0.569	13224	2
	Ⓒ轴中框边柱	4.65×10^4	1.978	0.623	14479	4
	$\sum D$	348454				

3. 结构基本自振周期的计算

（1）采用假想顶点位移法计算结构基本自振周期。

结构在重力荷载代表值作用下的假想顶点位移计算详见表1.49。

表1.49　　假想顶点位移计算

楼层	G_i (kN)	$\sum G_i$ (kN)	$\sum D$ (kN/m)	$\Delta u_i=\sum G_i/\sum D$ (m)	u_i (m)
4	8700.1	8700.1	475442	0.0183	0.1736
3	7557.7	16257.8	619747	0.0262	0.1553
2	7601.4	23859.2	619747	0.0385	0.1291
1	7696.1	31555.3	348454	0.0906	0.0906

采用假想顶点位移法近似计算结构基本自振周期的计算公式为式（1.15）：

$$T_1=1.7\psi_T\sqrt{u_T} \tag{1.15}$$

考虑填充墙对框架结构的影响，取周期折减系数 $\psi_T=0.7$，则结构的基本自振周期为：

$$T_1=1.7\psi_T\sqrt{u_T}=1.7\times0.7\times\sqrt{0.1736}=0.496(\text{s})$$

（2）采用能量法（Rayleigh法）计算结构基本自振周期。

采用能量法（Rayleigh法）近似计算结构基本自振周期的计算公式为式（1.16）：

$$T_1=2\pi\psi_T\sqrt{\frac{\sum_{i=1}^{n}G_iu_i^2}{g\sum_{i=1}^{n}G_iu_i}} \tag{1.16}$$

$\sum_{i=1}^{n}G_iu_i$ 和 $\sum_{i=1}^{n}G_iu_i^2$ 的计算过程列于表1.50。

表 1.50　　能量法计算结构基本自振周期

楼层	G_i（kN）	u_i（m）	G_iu_i	$G_iu_i^2$
4	8700.1	0.1736	1510.34	262.19
3	7557.7	0.1553	1173.71	182.28
2	7601.4	0.1291	981.34	126.69
1	7696.1	0.0906	697.27	63.17
总计			4362.7	634.33

将 $\sum_{i=1}^{n}G_iu_i$ 和 $\sum_{i=1}^{n}G_iu_i^2$ 代入自振周期计算式（1.16），则

$$T_1=2\pi\psi_T\sqrt{\frac{\sum_{i=1}^{n}G_iu_i^2}{g\sum_{i=1}^{n}G_iu_i}}=2\times3.14\times0.7\times\sqrt{\frac{634.33}{4362.7\times9.8}}=0.535(\mathrm{s})$$

（3）采用经验公式计算结构基本自振周期。

采用经验公式（3.1）计算结构的基本自振周期，即

$$T_1=0.25+0.53\times10^{-3}\frac{H^2}{\sqrt[3]{B}}=0.25+0.00053\times\frac{15^2}{\sqrt[3]{16.1}}=0.297(\mathrm{s})$$

4. 横向水平地震作用计算

本设计实例的质量和刚度沿高度分布比较均匀、高度不超过 40m，并以剪切变形为主（房屋高宽比小于 4），故采用底部剪力法计算横向水平地震作用。

（1）地震影响系数。

本工程所在场地为 7 度设防，设计地震分组为第一组，场地土为Ⅱ类，结构的基本自振周期采用能量法的计算结果，即 $T_1=0.535\mathrm{s}$。查表 3.1 得：$\alpha_{\max}=0.08$，查表 2.17 得：$T_g=0.35\mathrm{s}$。

因 $T_g<T_1=0.535<5T_g$，查图 2.70，则地震影响系数为：

$$\alpha_1=\left(\frac{T_g}{T_1}\right)^{\gamma}\eta_2\alpha_{\max}$$

式中　γ——衰减指数，在 $T_g<T_1<5T_g$ 的区间取 0.9；

η_2——阻尼调整系数，除有专门规定外，建筑结构的阻尼比应取 0.05，相应的阻尼调整系数按 1.0 采用，即 $\eta_2=1.0$。

因此，地震影响系数为：

$$\alpha_1=\left(\frac{T_g}{T_1}\right)^{0.9}\alpha_{\max}=\left(\frac{0.35}{0.535}\right)^{0.9}\times0.08=0.0546$$

（2）各层水平地震作用标准值、楼层地震剪力及楼层层间位移计算。

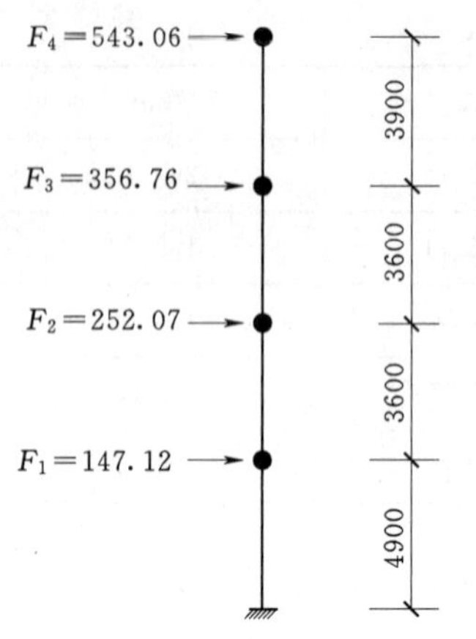

图 1.110　水平地震作用下的计算简图（单位：kN）

对于多质点体系，结构底部总横向水平地震作用标准值：

$$F_{EK}=\alpha_1 G_{eq}$$
$$=0.0546\times0.85\times(8700.1+7557.7+7601.4+7696.1)$$
$$=1464.5(\text{kN})$$

因为 $T_1=0.535\text{s}>1.4T_g=0.49\text{s}$，所以需要考虑顶部附加水平地震作用的影响。顶部附加地震作用系数为：

$$\delta_n=0.08T_1+0.07=0.08\times0.535+0.07=0.113$$

顶部附加水平地震作用为：$\Delta F_n=\delta_n F_{EK}=0.113\times1464.5=165.5$（kN）

则
$$F_i=\frac{G_iH_i}{\sum_{j=1}^{n}G_jH_j}F_{EK}(1-\delta_n)$$

计算各层水平地震作用标准值，进而求出各楼层地震剪力及楼层层间位移，计算过程详见表 1.51。根据计算结果，画出水平地震作用下的计算简图（图 1.110），在图中标出各层水平地震作用标准值。

表 1.51　　各层水平地震作用标准值、楼层地震剪力及楼层层间位移计算

楼层	G_i (kN)	H_i (m)	G_iH_i	$\sum G_iH_i$	F_i (kN)	V_i (kN)	$\sum D$ (kN/m)	$\Delta u_i=\frac{V_i}{\sum D}$ (m)
4	8700.1	16	139201.6	332972.6	543.06	708.56	475442	0.00149
3	7557.7	12.1	91448.2	332972.6	356.76	1065.3	619747	0.00172
2	7601.4	8.5	64611.9	332972.6	252.07	1317.4	619747	0.00213
1	7696.1	4.9	37710.9	332972.6	147.12	1464.5	348454	0.0042

楼层最大位移与楼层层高之比：$\frac{\Delta u_i}{h}=\frac{0.0042}{4.9}=\frac{1}{1166}<\frac{1}{550}$

故满足位移要求。

（3）刚重比和剪重比验算。

为了保证结构的稳定和安全，需进行结构刚重比和剪重比验算。刚重比和剪重比的概念可参考“3.6.9 需要注意的几个重要比值”。各层的刚重比和剪重比计算详见表 1.52。

表 1.52　　各层刚重比和剪重比计算

楼层	h_i (m)	D_i (kN/m)	D_ih_i (kN)	V_{EKi} (kN)	$\sum_{j=i}^{n}G_j$（重力荷载代表值，kN）	$\sum_{j=i}^{n}G_j$（重力荷载设计值，kN）	$\frac{D_ih_i}{\sum_{j=i}^{n}G_j}$（刚重比）	$\frac{V_{EKi}}{\sum_{j=i}^{n}G_j}$（剪重比）
4	3.9	475442	1854223.8	708.56	8700.1	10591.6	175.07	0.081
3	3.6	619747	2231089.2	1065.3	16257.8	10156.2	219.68	0.066
2	3.6	619747	2231089.2	1317.4	23859.2	10208.6	218.55	0.055
1	4.9	348454	1707424.6	1464.5	31555.3	10327.2	165.33	0.046

由表1.52可知各层的刚重比均大于10，满足稳定的要求；由表3.2查得楼层最小地震剪力系数λ=0.016，由表1.52可知各层的剪重比均大于0.016，满足剪重比的要求。

1.7.3 横向框架在水平地震作用下的内力计算

横向框架在水平地震作用下的内力计算采用D值法。下面以⑤轴线横向框架为例，进行水平地震作用下的框架内力计算。D值法的计算步骤与风荷载作用下的计算步骤相同。

1. 反弯点高度计算

反弯点高度比与风荷载中的计算结果相同，详见表1.53。

表1.53 反弯点高度比 y

楼层	Ⓐ轴中框架柱	Ⓑ轴中框架柱	Ⓒ轴中框架柱
四层	0.385	0.441	0.379
三层	0.45	0.48	0.45
二层	0.45	0.48	0.45
底层	0.55	0.55	0.55

2. 柱端弯矩及剪力计算

框架在水平地震作用下的柱端剪力和柱端弯矩计算方法与风荷载作用下的柱端剪力和柱端弯矩计算方法相同，具体计算过程列于表1.54。

表1.54 水平地震作用下柱端弯矩及剪力计算

柱	楼层	V_j (kN)	D_{ij} (kN/m)	$\sum D$ (kN/m)	$D_{ij}/\sum D$	V_{ij} (kN)	y	yh (m)	$M_{c上}$ (kN·m)	$M_{c下}$ (kN·m)
Ⓐ轴	4	708.56	30188	475442	0.063	44.64	0.385	1.50	107.07	66.96
	3	1065.3	36750	619747	0.059	62.85	0.45	1.62	124.44	101.82
	2	1317.4	36750	619747	0.059	77.73	0.45	1.62	153.91	125.92
	1	1464.5	21077	348454	0.061	89.33	0.55	2.70	196.97	241.19
Ⓑ轴	4	708.56	38308	475442	0.081	57.39	0.441	1.72	125.12	98.71
	3	1065.3	47083	619747	0.076	80.96	0.48	1.73	151.56	140.06
	2	1317.4	47083	619747	0.076	100.10	0.48	1.73	187.39	173.17
	1	1464.5	24083	348454	0.069	101.10	0.55	2.70	222.93	272.97
Ⓒ轴	4	708.56	20308	475442	0.043	30.47	0.379	1.48	73.80	45.10
	3	1065.3	24675	619747	0.040	42.61	0.45	1.62	84.37	69.03
	2	1317.4	24675	619747	0.040	52.70	0.45	1.62	104.35	85.37
	1	1464.5	14479	348454	0.042	61.51	0.55	2.70	135.63	166.08

3. 梁端弯矩及剪力计算

(1) 水平地震作用下的梁端弯矩计算列于表1.55和表1.56。

表 1.55　　梁端弯矩 M_{AB}、M_{CB} 计算

楼层	柱端弯矩	柱端弯矩之和	M_{AB}（kN·m）	柱端弯矩	柱端弯矩之和	M_{CB}（kN·m）
4	— 107.07	107.07	107.07	— 73.80	73.80	73.80
3	66.96 124.44	191.40	191.40	45.10 84.37	129.47	129.47
2	101.82 153.91	255.73	255.73	69.03 104.35	173.38	173.38
1	125.92 196.97	322.89	322.89	85.37 135.63	221.00	221.00

表 1.56　　梁端弯矩 M_{BA}、M_{BC} 计算　　单位：kN·m

楼层	柱端弯矩	柱端弯矩之和	$K_b^{左}$	$K_b^{右}$	M_{BA}	M_{BC}
4	— 125.12	125.12	14.2×10^4	9.2×10^4	75.93	49.19
3	98.71 151.56	250.27	14.2×10^4	9.2×10^4	151.87	98.40
2	140.06 187.39	327.45	14.2×10^4	9.2×10^4	198.71	128.74
1	173.17 222.93	396.10	14.2×10^4	9.2×10^4	240.37	155.73

（2）水平地震作用下的梁端剪力计算详见表1.57。

表 1.57　　梁端剪力计算

楼层	M_{AB}（kN·m）	M_{BA}（kN·m）	$V_{AB}=V_{BA}$（kN）	M_{BC}（kN·m）	M_{CB}（kN·m）	$V_{BC}=V_{CB}$（kN）
4	107.07	75.93	20.33	49.19	73.80	18.85
3	191.40	151.87	38.14	98.40	129.47	34.92
2	255.73	198.71	50.49	128.74	173.38	46.30
1	322.89	240.37	62.58	155.73	221.00	57.74

4. 柱轴力计算

由梁柱节点的平衡条件计算水平地震作用下的柱轴力，计算中要注意剪力的实际方向，计算过程详见表1.58。

表 1.58　　水平地震作用下柱轴力计算　　单位：kN

楼层	V_{AB}	N_A	V_{BA}	V_{BC}	N_B	V_{CB}	N_C
4	20.33	-20.33	20.33	18.85	1.48	18.85	18.85
3	38.14	-58.47	38.14	34.92	4.70	34.92	53.77
2	50.49	-108.96	50.49	46.30	8.89	46.30	100.07
1	62.58	-171.54	62.58	57.74	13.73	57.74	157.81

5. 绘制内力图

(1) 弯矩图。

依据表 1.54、表 1.55 和表 1.56，画出⑤轴线框架在水平地震作用下的弯矩图，如图 1.111 所示。

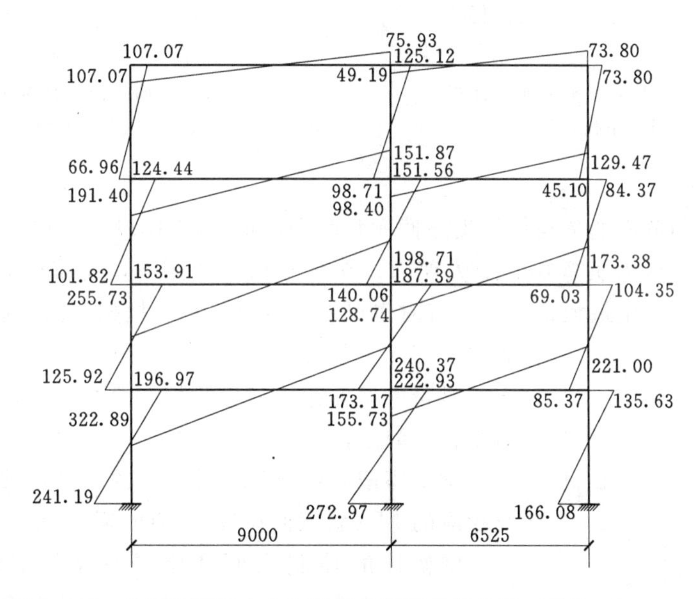

图 1.111　⑤轴线框架在水平地震作用下的弯矩图（单位：kN·m）

(2) 剪力图。

依据表 1.54 和表 1.57，画出⑤轴线框架在水平地震作用下的剪力图，如图 1.112 所示。

(3) 轴力图。

依据表 1.58，画出⑤轴线框架柱在水平地震作用下的轴力图，如图 1.113 所示。

1.8　框架梁柱内力组合

1.8.1　一般规定

求出各种荷载作用下的框架内力后，应根据最不利又是可能的原则进行内力组合。

1. 梁端负弯矩调幅

当考虑结构塑性内力重分布的有利影响时，应在内力组合之前对竖向荷载作用下的内力进行调幅（本实例梁端负弯矩调幅系数取 0.85，详见“2.2.12 设计参数输入”），水平荷载作用下的弯矩不能调幅。

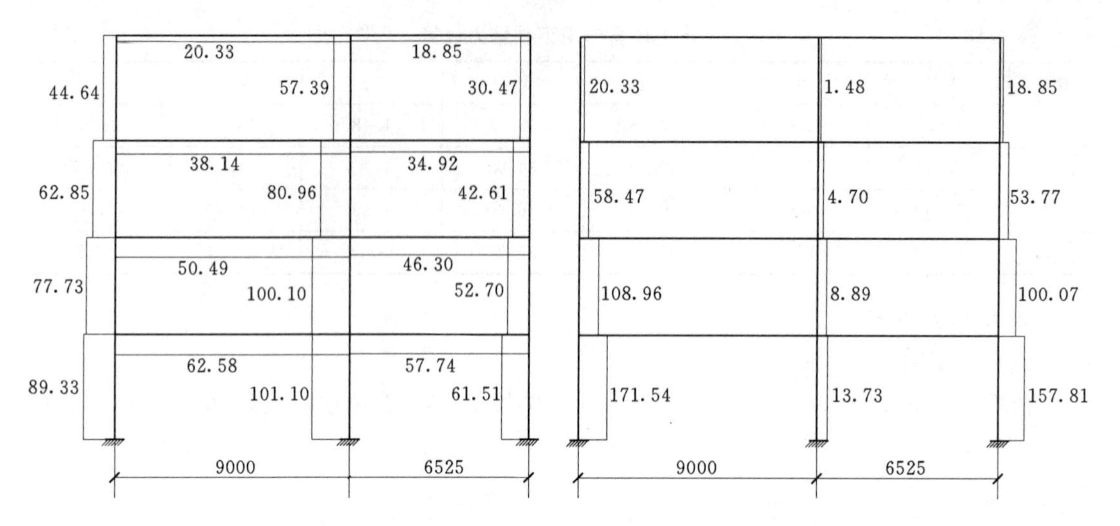

图 1.112 ⑤轴线框架在水平地震作用下的剪力图（单位：kN）

图 1.113 ⑤轴线框架在水平地震作用下的轴力图（单位：kN）

2. 控制截面

框架梁的控制截面通常是梁端支座截面和跨中截面（图 1.114）。在竖向荷载作用下，支座截面可能产生最大负弯矩和最大剪力；在水平荷载作用下，支座截面还会出现正弯矩。跨中截面一般产生最大正弯矩，有时也可能出现负弯矩。框架梁的控制截面最不利内力组合有以下几种。

梁跨中截面：$+M_{max}$及相应的V（正截面设计），有时需组合$-M_{max}$；

梁支座截面：$-M_{max}$及相应的V（正截面设计），V_{max}及相应的M（斜截面设计），有时需组合$+M_{max}$。

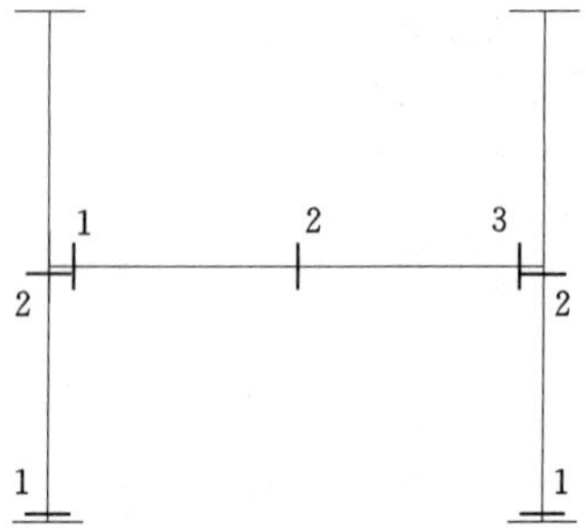

图 1.114 框架梁柱的控制截面

框架柱的控制截面通常是柱上、下两端截面（图 1.114）。柱的剪力和轴力在同一层柱内变化很小，甚至没有变化，而柱的两端弯矩最大。同一柱端截面在不同内力组合时，有可能出现正弯矩或负弯矩，考虑到框架柱一般采用对称配筋，组合时只需选择绝对值最大的弯矩。框架柱的控制截面最不利内力组合有以下几种。

柱截面：$|M_{max}|$及相应的N、V；

N_{max}及相应的M、V；

N_{min}及相应的M、V；

V_{max}及相应的M、N；

$|M|$比较大（不是绝对最大），但N比较小或N比较大（不是绝对最小或绝对最大）。

3. 内力换算

结构受力分析所得内力是构件轴线处内力，而梁支座截面是指柱边缘处梁端截面，柱上、下端截面是指梁顶和梁底处柱端截面，如图 1.115 所示。因此，进行内力组合前，应将各种荷载作用下梁柱轴线的弯矩值和剪力值换算到梁柱边缘处，然后再进行内力组合。对于框架柱，在手算时为了简化起见，可采用轴线处内力值，也就是可不用换算为柱边缘截面的内力，这样算得的钢筋用量比需要的钢筋用量略微多一些。

梁支座边缘处的内力值：

$$M_{边缘}=M-V\frac{b}{2} \tag{1.17}$$

$$V_{边缘}=V-q\frac{b}{2} \tag{1.18}$$

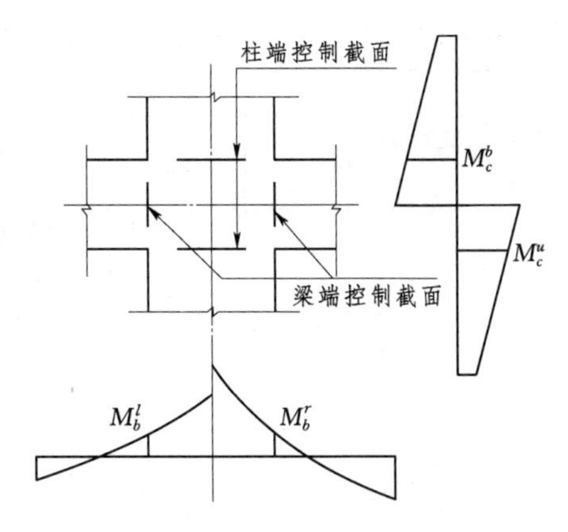

图 1.115　框架梁柱控制截面处的内力

式中　$M_{边缘}$——支座边缘截面的弯矩标准值；

$V_{边缘}$——支座边缘截面的剪力标准值；

M——梁柱中线交点处的弯矩标准值；

V——与 M 相应的梁柱中线交点处的剪力标准值；

q——梁单位长度的均布荷载标准值；

b——梁端支座宽度（即柱截面高度）。

4. 荷载效应组合的种类

荷载效应组合的种类可参考“3.2.1 分析与设计参数补充定义”中的设计信息，在手算时，主要考虑以下组合。

(1) 非抗震设计时的基本组合。

以永久荷载效应控制的组合：1.35×恒载+0.7×1.4×活载=1.35×恒载+0.98×活载；

以可变荷载效应控制的组合：1.2×恒载+1.4×活载；

考虑恒载、活载和风载组合时，采用简化规则：1.2×恒载+1.4×0.9(活载+风载)。

(2) 地震作用效应和其他荷载效应的基本组合。

考虑重力荷载代表值、风载和水平地震组合（对一般结构，风载组合系数为 0)：1.2×重力荷载+1.3×水平地震。

(3) 荷载效应的标准组合。

荷载效应的标准组合：1.0×恒载+1.0×活载。

1.8.2　框架梁内力组合

选择第三层 AB 框架梁为例进行内力组合，考虑恒荷载、活荷载、重力荷载代表值、风荷载和水平地震作用五种荷载。

1. 内力换算和梁端负弯矩调幅

根据式（1.17）和式（1.18）将框架梁轴线处的内力换算为梁支座边缘处的内力值，计算过程详见表 1.59。需要说明：因为第三层 AB 框架梁的受力复杂，式（1.18）中的 q（梁单位长度的均布荷载标准值）近似取该跨梁上所有荷载除以该跨梁的跨长。表中弯矩以梁下部受拉为正（注意弯矩的符号与弯矩二次分配法时的符号定义不同，弯矩二次分配法时弯矩的符号是以绕杆端顺时针为正，逆时针为负。），剪力以绕杆端顺时针为正。

本实例梁端负弯矩调幅系数取 0.85，梁端负弯矩调幅后的数值列于表 1.59 中。

表 1.59　　轴线处的内力换算为梁支座边缘处的内力值

楼层	截面位置		内力	荷载类型						
				S_{GE}	S_{Gk}	S_{Qk}	S_{wk}		S_{Ek}	
							左风	右风	左震	右震
3	轴线处内力	左端	M	−228.91	−205.69	−48.45	27.59	−27.59	191.40	−191.40
			V	142.95	126.27	32.43	−5.44	5.44	−38.14	38.14
		跨中	M	205.9	178.93	47.79	3.11	−3.11	19.77	−19.77
			V	—	—	—	—	—	—	—
		右端	M	−430.6	−389.54	−85.0	−21.33	21.33	−151.87	151.87
			V	−294.67	−265.33	−59.62	−5.44	5.44	−38.14	38.14
	梁支座边缘处内力	左端	M	−186.03	−167.81	−38.72	25.96	−25.96	179.96	−179.96
			V	129.28	113.21	29.36	−5.44	5.44	−38.14	38.14
		跨中	M	205.9	178.93	47.79	3.11	−3.11	19.77	−19.77
			V	—	—	—	—	—	—	—
		右端	M	−342.20	−309.94	−67.11	−19.70	19.70	−140.43	140.43
			V	−281.0	−252.27	−56.55	−5.44	5.44	−38.14	38.14
	梁支座边缘处调幅后内力	左端	M	−158.13	−142.64	−32.91	25.96	−25.96	179.96	−179.96
			V	129.28	113.21	29.36	−5.44	5.44	−38.14	38.14
		跨中	M	271.79	236.19	63.08	3.11	−3.11	19.77	−19.77
			V	—	—	—	—	—	—	—
		右端	M	−290.87	−263.45	−57.04	−19.70	19.70	−140.43	140.43
			V	−281.0	−252.27	−56.55	−5.44	5.44	−38.14	38.14

注　1. 表中弯矩的单位是 kN·m，剪力的单位是 kN。

2. 表中的调幅后跨中弯矩 M 比调幅前跨中弯矩大，近似取为调幅前跨中弯矩的 1.1 倍；考虑手算时没有考虑活荷载的最不利布置和跨中弯矩并非跨间最大弯矩，则跨中弯矩也应适当放大，故再乘以一个 1.2 的系数，即表中的调幅后跨中弯矩 M 为调幅前跨中弯矩乘以 $1.1\times1.2=1.32$。水平荷载作用下不调幅。

2. 非抗震设计时的基本组合

非抗震设计时的基本组合是考虑恒荷载、活荷载和风荷载三种荷载效应的组合。组合过程列于表 1.60。

表 1.60　　用于承载力计算的框架梁非抗震基本组合表（第三层 *AB* 框架梁）

楼层	截面位置	内力	荷载类型				恒荷载＋活荷载＋风荷载		恒荷载＋活荷载	
			S_{Gk}	S_{Qk}	S_{wk}		$1.2S_{Gk}+1.4\times0.9(S_{Qk}+S_{wk})$		可变荷载控制组合	永久荷载控制组合
					左风	右风	左风	右风	$1.2S_{Gk}+1.4S_{Qk}$	$1.35S_{Gk}+1.4\times0.7S_{Qk}$
3	左端	M	−142.64	−32.91	25.96	−25.96	−179.93	−245.35	−217.24	−224.82
		V	113.21	29.36	−5.44	5.44	165.99	179.70	176.96	181.61
	跨中	M	236.19	63.08	3.11	−3.11	366.83	358.99	371.74	380.67
		V	—	—	—	—	—	—	—	—
	右端	M	−263.45	−57.04	−19.70	19.70	−412.83	−363.19	−396.00	−411.56
		V	−252.27	−56.55	−5.44	5.44	−380.83	−367.12	−381.89	−395.98

注　表中弯矩的单位是 kN·m，剪力的单位是 kN。

3. 地震作用效应和其他荷载效应的基本组合

对一般结构，风荷载组合值系数为 0，所以地震作用效应和其他荷载效应的基本组合只考虑重力荷载代表值和水平地震作用两种荷载效应的组合。组合过程列于表 1.61。

表 1.61　用于承载力计算的框架梁抗震基本组合表（第三层 AB 框架梁）

楼层	截面位置	内力	荷载类型			抗震组合	
			S_{GE}	S_{Ek}		γ_{RE} [$1.2S_{GE}+1.3S_{Ek}$]	
				左震	右震	左震	右震
3	左端	M	−158.13	179.96	−179.96	33.14	−317.78
		V	129.28	−38.14	38.14	89.72	174.01
	跨中	M	271.79	19.77	−19.77	263.89	225.34
		V	—	—	—		
	右端	M	−290.87	−140.43	140.43	−398.70	−124.86
		V	−281.0	−38.14	38.14	−328.76	−244.48

注　1. 表中弯矩的单位是 kN·m，剪力的单位是 kN。
2. 对于受弯混凝土梁，受弯时，承载力抗震调整系数 $\gamma_{RE}=0.75$，受剪时，承载力抗震调整系数 $\gamma_{RE}=0.85$。

4. 荷载效应的准永久组合

荷载效应的准永久组合是考虑非抗震设计时的恒荷载和活荷载的组合。组合过程列于表 1.62。

表 1.62　用于正常使用极限状态验算的框架梁准永久组合表（第三层 AB 框架梁）

楼层	截面位置	内力	荷载类型		恒荷载+活荷载
			S_{Gk}	S_{Qk}	$1.0S_{Gk}+1.0\times0.4S_{Qk}$
3	左端	M	−142.64	−32.91	☆−155.80
		V	113.21	29.36	—
	跨中	M	236.19	63.08	☆261.42
		V	—	—	—
	右端	M	−263.45	−57.04	☆−286.27
		V	−252.27	−56.55	—

注　1. 表中弯矩的单位是 kN·m，剪力的单位是 kN。
2. 根据《建筑结构荷载规范》(GB 50009—2001)(2006 年版)，准永久值系数取为 0.4。

1.8.3　框架柱内力组合

选择第三层Ⓐ轴线框架柱为例进行内力组合，考虑恒荷载、活荷载、重力荷载代表值、风荷载和水平地震作用五种荷载。

1. 控制截面的内力

对于框架柱，本设计实例在手算时直接采用轴线处的内力值，不换算成柱边缘截面的内力值，这样算得的钢筋用量比需要的钢筋用量略微多一些。框架柱控制截面的内力值详见表 1.63。

表 1.63　　第三层Ⓐ轴线框架柱控制截面的内力值

楼层	截面位置	内力	荷载类型						
			S_{GE}	S_{Gk}	S_{Qk}	S_{wk}		S_{Ek}	
						左风	右风	左震	右震
3	柱顶	M	−112.26	−99.22	−28.1	20.39	−20.39	124.44	−124.44
		N	773.61	735.17	83.35	−7.61	7.61	−58.47	58.47
		V	−63.85	−58.06	−14.89	10.30	−10.30	62.85	−62.85
	柱底	M	117.59	109.78	25.51	−16.68	16.68	−101.82	101.82
		N	806.01	767.57	83.35	−7.61	7.61	−58.47	58.47
		V	−63.85	−58.06	−14.89	10.30	−10.30	62.85	−62.85

注　1. 表中弯矩的单位是kN·m，轴力、剪力的单位是kN。
2. 弯矩以右侧受拉为正，剪力以绕杆端顺时针方向为正，轴力以受压为正。

2. 非抗震设计时的基本组合

非抗震设计时的基本组合是考虑恒荷载、活荷载和风荷载三种荷载效应的组合。弯矩和轴力组合过程列于表1.64，剪力组合过程列于表1.65。

表 1.64　　用于承载力计算的框架柱非抗震弯矩和轴力基本组合表（第三层Ⓐ轴线框架柱）

楼层	截面位置	内力	荷载类型				恒荷载+活荷载+风荷载		恒荷载+活荷载	
			S_{Gk}	S_{Qk}	S_{wk}		$1.2S_{Gk}+1.4\times 0.9(S_{Qk}+S_{wk})$		可变荷载控制组合	永久荷载控制组合
					左风	右风	左风	右风	$1.2S_{Gk}+1.4S_{Qk}$	$1.35S_{Gk}+1.4\times 0.7S_{Qk}$
3	柱顶	M	−99.22	−28.1	20.39	−20.39	−128.78	−180.16	−158.40	−161.49
		N	735.17	83.35	−7.61	7.61	977.64	996.81	998.89	1074.16
	柱底	M	109.78	25.51	−16.68	16.68	142.86	184.90	167.45	173.20
		N	767.57	83.35	−7.61	7.61	1016.52	1035.69	1037.77	1117.90

注　表中弯矩的单位是kN·m，轴力的单位是kN。

表 1.65　　用于承载力计算的框架柱非抗震剪力基本组合表（第三层Ⓐ轴线框架柱）

楼层	截面位置	内力	荷载类型				恒荷载+活荷载+风荷载		恒荷载+活荷载	
			S_{Gk}	S_{Qk}	S_{wk}		$1.2S_{Gk}+1.4\times 0.9(S_{Qk}+S_{wk})$		可变荷载控制组合	永久荷载控制组合
					左风	右风	左风	右风	$1.2S_{Gk}+1.4S_{Qk}$	$1.35S_{Gk}+1.4\times 0.7S_{Qk}$
3	柱身	V	−58.06	−14.89	10.30	−10.30	−75.46	−101.41	−90.52	−92.97

注　表中剪力的单位是kN。

3. 地震作用效应和其他荷载效应的基本组合

对一般结构，风荷载组合值系数为0，所以地震作用效应和其他荷载效应的基本组合只考虑重力荷载代表值和水平地震作用两种荷载效应的组合。弯矩和轴力组合过程列于表

1.66，剪力组合过程列于表 1.67。

表 1.66 用于承载力计算的框架柱抗震弯矩和轴力基本组合表（第三层Ⓐ轴线框架柱）

楼层	截面位置	内力	荷载类型			抗震组合	
			S_{GE}	S_{Ek}		γ_{RE} [$1.2S_{GE}+1.3S_{Ek}$]	
				左震	右震	左震	右震
3	柱顶	M	−112.26	124.44	−124.44	21.65	−237.19
		N	773.61	−58.47	58.47	681.86	803.47
	柱底	M	117.59	−101.82	101.82	6.99	218.78
		N	806.01	−58.47	58.47	712.96	834.58

注 1. 表中弯矩的单位是 kN·m，轴力的单位是 kN。
2. 轴压比不小于 0.15 时，框架柱承载力抗震调整系数 $\gamma_{RE}=0.80$。

表 1.67 用于承载力计算的框架柱抗震剪力基本组合表（第三层Ⓐ轴线框架柱）

楼层	截面位置	内力	荷载类型			抗震组合	
			S_{GE}	S_{Ek}		γ_{RE} [$1.2S_{GE}+1.3S_{Ek}$]	
				左震	右震	左震	右震
3	柱身	V	−63.85	62.85	−62.85	4.32	−134.58

注 1. 表中剪力的单位是 kN。
2. 对于框架柱，受剪时承载力抗震调整系数 $\gamma_{RE}=0.85$。

4. 荷载效应的标准组合

荷载效应的标准组合是考虑非抗震设计时的恒荷载和活荷载的组合。组合过程列于表 1.68。

表 1.68 用于正常使用极限状态验算的框架柱标准组合表（第三层Ⓐ轴线框架柱）

楼层	截面位置	内力	荷载类型		恒荷载+活荷载
			S_{Gk}	S_{Qk}	$1.0S_{Gk}+1.0S_{Qk}$
3	柱顶	M	−99.22	−28.1	−127.32
		N	735.17	83.35	818.52
	柱底	M	109.78	25.51	135.29
		N	767.57	83.35	850.92

注 表中弯矩的单位是 kN·m，轴力的单位是 kN。

1.9 框架梁柱截面设计

1.9.1 框架梁非抗震截面设计

1. 选取最不利组合内力

由表 1.60 可知，非抗震设计时框架梁弯矩的最不利内力有两种组合，具体列于表 1.69。从表中看出，支座负弯矩选择由右风、左风控制的非抗震组合值，跨中正弯矩选择由永久荷载控制的非抗震组合值，即数值前带▲标记。非抗震设计时框架梁剪力的最不利组合取由永久荷载控制的非抗震组合值，即数值前带△标记。

表 1.69　　非抗震设计时框架梁的最不利内力

楼层	截面位置	内力	非抗震组合（永久荷载控制组合）	非抗震组合（左风）	非抗震组合（右风）
3	左端	M	−224.82	−179.93	▲−245.35
		V	△181.61	165.99	179.70
	跨中	M	▲380.67	366.83	358.99
	右端	M	−411.56	▲−412.83	−363.19
		V	△−395.98	−380.83	−367.12

注　表中弯矩的单位是 kN·m，剪力的单位是 kN。

2. 框架梁正截面受弯承载能力计算

第三层 AB 框架梁的截面尺寸为：350mm×900mm，混凝土等级为 C30，纵向受力钢筋采用 HRB400 级，箍筋采用 HPB300 级。截面有效高度暂取为 $h_0=860\text{mm}$。材料的强度标准值和设计值如下。

混凝土强度：C30　$f_c=14.3\text{N/mm}^2$　　$f_t=1.43\text{N/mm}^2$　$f_{tk}=2.01\text{N/mm}^2$

钢筋强度：HRB400　$f_y=360\text{N/mm}^2$　　$f_{yk}=400\text{N/mm}^2$

HPB300　$f_y=270\text{N/mm}^2$　　$f_{yk}=300\text{N/mm}^2$

相对受压区高度：$\xi_b=\dfrac{\beta_1}{1+\dfrac{f_y}{E_S\varepsilon_{cu}}}=\dfrac{0.8}{1+\dfrac{360}{2.00\times10^5\times0.0033}}=0.518$

第三层 AB 框架梁的正截面受弯承载能力及纵向钢筋计算过程详见表 1.70。最小配筋率为：

$$\rho_{\min}=\max[0.2\%,(45f_t/f_y)\%]=\max[0.2\%,0.18\%]=0.2\%。$$

表 1.70　　第三层 AB 框架梁正截面受弯承载能力计算（非抗震设计）

截面位置		M	α_s	ξ	γ_s	$A_s(\text{mm}^2)$	配筋	实配 A_s	$\rho(\%)$
		kN·m	$\alpha_s=M/\alpha_1 bh_0^2 f_c$	$\xi=1-\sqrt{1-2\alpha_s}$	$\gamma_s=0.5(1+\sqrt{1-2\alpha_s})$	$A_s=M/\gamma_s h_0 f_y$		(mm^2)	$\rho=A_s/bh_0$
支座	左端	−245.35	0.07	0.073<0.518	0.964	822.07	4 Φ 18	1017	0.34
	右端	−412.83	0.11	0.117<0.518	0.942	1415.53	4 Φ 18+2 Φ 22	1777	0.59
跨中		380.67	0.10	0.106<0.518	0.947	1298.37	4 Φ 22	1520	0.50

从表 1.70 看出，各截面的配筋率均大于最小配筋率，满足要求。

3. 框架梁斜截面受剪承载能力计算

斜截面受剪承载能力及配箍计算详见表 1.71。表中算出 $A_{sv}/s<0$，说明按构造配箍即可。

4. 裂缝宽度验算

三级裂缝控制等级时，《混凝土结构设计规范》（GB 50010—2010）规定钢筋混凝土构件的最大裂缝宽度可按荷载准永久组合并考虑长期作用影响的效应计算。因此各框架梁按荷载效应的准永久组合的最大裂缝宽度不大于裂缝宽度限值。弯矩采用正常使用极限状态下的荷载效应准永久组合值，即表1.62中数值前带☆标记的组合值。裂缝宽度验算过程详见表1.72，从表中看出，框架梁支座和跨中的最大裂缝宽度均小于0.3mm，满足裂缝宽度限值。

表1.71　　第三层 *AB* 框架梁斜截面受剪承载能力计算（非抗震设计）

截面位置	V (kN)	$0.25\beta_c f_c bh_0$ (kN)	$A_{sv}/s=(V-0.7f_t bh_0)/f_{yv}h_0$	实配四肢箍筋（A_{sv}/s）
左端	181.61	1076.08	$-0.52<0$	Φ8@200 (1.01)
右端	395.98	1076.08	0.41	Φ8@200 (1.01)

表1.72　　第三层 *AB* 框架梁裂缝宽度验算（非抗震设计）

截面位置		M_k (kN·m)	A_s (mm²)	$\sigma_{sk}=\frac{M_k}{0.87h_0A_s}$ (N/mm²)	A_{te} (mm²)	$\rho_{te}=\frac{A_s}{A_{te}}$ (%)	$\psi=1.1-\frac{0.65f_{tk}}{\rho_{te}\sigma_{sk}}$	α_{cr}	$d_{eq}=\frac{\sum n_i d_i^2}{\sum n_i v_i d_i}$ (mm)	$\omega_{max}=\alpha_{cr}\psi\frac{\sigma_{sk}}{E_s}\left(1.9c+0.08\frac{d_{eq}}{\rho_{te}}\right)$ (mm)
支座	左端	155.80	1017	204.75	157500	0.65	0.11	1.9	18	0.04
	右端	286.27	1777	215.31	157500	1.13	0.56	1.9	19.52	0.22
跨中		261.42	1520	229.87	157500	0.97	0.51	1.9	22	0.26

1.9.2 框架梁抗震截面设计

1. 选择最不利组合内力

由表1.61可知，抗震设计时框架梁弯矩的最不利内力有一种组合，具体列于表1.73。从表中看出，支座负弯矩选择由右震、左震控制的抗震组合值，跨中正弯矩选择由左震控制的抗震组合值，即数值前带▲标记。抗震设计时框架梁剪力的最不利组合取由左震控制右端截面剪力和由右震控制的左端截面剪力，即数值前带△标记。在进行斜截面抗剪承载力计算时，应根据"强剪弱弯"的原则对梁端截面组合的剪力设计值进行调整。

表1.73　　抗震设计时框架梁的最不利内力

楼层	截面位置	内力	抗震组合（左震）	抗震组合（右震）
3	左端	M	33.14	▲−317.78
		V	89.72	△174.01
	跨中	M	▲263.89	225.34
	右端	M	▲−398.70	−124.86
		V	△−328.76	−244.48

注　表中弯矩的单位是kN·m，剪力的单位是kN。

2. 框架梁正截面受弯承载能力计算

第三层 AB 框架梁的截面尺寸为：350mm×900mm，混凝土等级为C30，纵向受力钢筋采用HRB400级，箍筋采用HPB300级。框架抗震等级为三级。对于受弯混凝土梁，受弯时，承载力抗震调整系数 $\gamma_{RE}=0.75$，受剪时，承载力抗震调整系数 $\gamma_{RE}=0.85$。材料的强度标准值和设计值如下：

混凝土强度：C30　$f_c=14.3\text{N/mm}^2$　$f_t=1.43\text{N/mm}^2$　$f_{tk}=2.01\text{N/mm}^2$

钢筋强度：HRB400　$f_y=360\text{N/mm}^2$　$f_{yk}=400\text{N/mm}^2$

HPB300　$f_y=270\text{N/mm}^2$　$f_{yk}=300\text{N/mm}^2$

相对受压区高度：由《混凝土结构设计规范》（GB50010－2010）第11.3.1条可知，$\xi_b=0.35$。

第三层 AB 框架梁的正截面受弯承载能力及纵向钢筋计算过程详见表1.74。

表1.74　第三层 AB 框架梁正截面受弯承载能力计算（抗震设计）

截面位置		M	α_s	ξ	γ_s	$A_s(\text{mm}^2)$	配筋	实配 A_s	$\rho(\%)$
		kN·m	$\alpha_s=M/\alpha_1 bh_0^2 f_c$	$\xi=1-\sqrt{1-2\alpha_s}$	$\gamma_s=0.5(1+\sqrt{1-2\alpha_s})$	$A_s=M/\gamma_s h_0 f_y$		mm²	$\rho=A_s/bh_0$
支座	左端	－317.78	0.09	0.090＜0.35	0.955	1074.72	4 ⌀ 20	1256	0.42
	右端	－398.70	0.11	0.114＜0.35	0.943	1365.80	5 ⌀ 20	1570	0.52
跨中		263.89	0.07	0.074＜0.35	0.963	885.12	4 ⌀ 18	1017	0.34

最小配筋率如下。

支座：$\rho_{\min}=\max[0.25\%,(55f_t/f_y)\%]=\max[0.25\%,0.22\%]=0.25\%$

跨中：$\rho_{\min}=\max[0.2\%,(45f_t/f_y)\%]=\max[0.2\%,0.18\%]=0.2\%$

从表1.74看出，各截面的配筋率均大于最小配筋率，满足要求。

3. 框架梁斜截面受剪承载能力计算

为避免梁在弯曲破坏前发生剪切破坏，应按“强剪弱弯”的原则调整框架梁端截面组合的剪力设计值。该框架梁的抗震等级为三级，框架梁端截面剪力设计值 V，应按下式进行调整，即：

$$V=\eta_{vb}(M_b^l+M_b^r)/l_n+V_{Gb}$$

式中　η_{vb}——梁端剪力增大系数，取1.1；

V_{Gb}——考虑地震作用组合时的重力荷载代表值产生的剪力设计值，可按简支梁计算确定。

把第三层 AB 框架梁从“图1.83横向框架在重力荷载代表值作用下的计算简图”中按照简支梁取出，其计算简图如图1.116所示，由图中可算出 $V_{Gbl}=165.4\text{kN}$，$V_{Gbr}=272.29\text{kN}$。

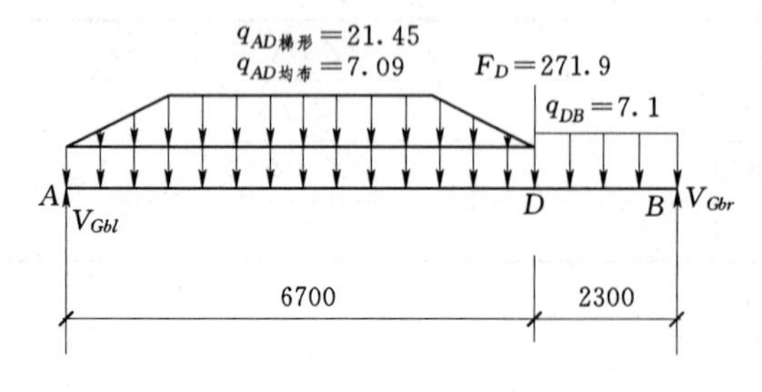

图1.116　重力荷载代表值作用下第三层AB简支梁（单位：F：kN；q：kN/m）

梁端控制截面剪力的调整详见表1.75。需要说明：在表中梁右端的弯矩均为负值（抗震等级为一级框架时，考虑安全性，将绝对值较小的弯矩取为零。本实例为三级抗震等级时，可不将绝对值较小的弯矩取为零）。表1.61中抗震基本组合时已经考虑了承载力抗震调整系数，表 1.75 中 M_b^l、M_b^r 为不考虑承载力抗震调整系数的梁端弯矩组合值（表 1.75 中数值已经考虑）。

表 1.75　　梁端截面剪力“强剪弱弯”调整

截面	M_b^l (kN·m)	M_b^r (kN·m)	l_n (m)	V_{Gb} (kN)	$V=\eta_{vb}(M_b^l+M_b^r)/l_n+V_{Gb}$ (kN)	$\gamma_{RE}V$ (kN)
梁左支座（顺时针）	44.19	−531.6	8.4	165.4	240.80	204.68
梁左支座（逆时针）	−423.71	−166.48	8.4	165.4	199.08	169.22
梁右支座（顺时针）	44.19	−531.6	8.4	272.29	347.69	295.54
梁右支座（逆时针）	−423.71	−166.48	8.4	272.29	305.97	260.08

注　承载力抗震调整系数 $\gamma_{RE}=0.85$。

从表 1.73 可知，框架梁左端最大剪力组合值为 174.01kN，框架梁右端最大剪力组合值为 328.76kN。从表 1.75 可知，框架梁左端最大剪力组合值为 204.68kN，框架梁右端最大剪力组合值为 295.54kN。因此取框架梁左端最大剪力组合值为 204.68kN 和框架梁右端最大剪力组合值为 328.76kN 进行第三层 *AB* 框架梁斜截面受剪承载能力计算。斜截面受剪承载能力及配箍计算详见表 1.76。

表 1.76　　第三层 *AB* 框架梁斜截面受剪承载能力计算（抗震设计）

截面位置	V (kN)	$0.25\beta_c f_c bh_0$ (kN)	$A_{sv}/s=(V-0.42f_tbh_0)/f_{yv}h_0$	实配加密区四肢箍筋 A_{sv}/s	实配非加密区四肢箍筋 A_{sv}/s	$\rho_{sv}=\frac{A_{sv}}{bs}$	$0.26\frac{f_t}{f_{yv}}$	加密区长度
左端	204.68	1076.075	0.10	Φ8@100 (2.01)	Φ8@150 (1.34)	0.38%	0.18%	1350
右端	328.76	1076.075	0.64	Φ8@100 (2.01)	Φ8@150 (1.34)	0.38%	0.18%	1350

注　表中剪力 V 已乘以承载力抗震调整系数 $\gamma_{RE}=0.85$。

1.9.3　框架柱非抗震截面设计

1. 框架柱正截面受弯承载能力计算

（1）基本数据资料。

第三层Ⓐ轴线框架柱的截面尺寸为：600mm×600mm，混凝土等级为 C30，纵向受力钢筋采用 HRB400 级，箍筋采用 HPB300 级。材料的强度标准值和设计值如下。

混凝土强度：C30　$f_c=14.3\text{N/mm}^2$　$f_t=1.43\text{N/mm}^2$　$f_{tk}=2.01\text{N/mm}^2$

钢筋强度：HRB400　$f_y=360\text{N/mm}^2$　$f_{yk}=400\text{N/mm}^2$

HPB300　$f_y=270\text{N/mm}^2$　$f_{yk}=300\text{N/mm}^2$

相对受压区高度：$$\xi_b=\frac{\beta_1}{1+\frac{f_y}{E_S\varepsilon_{cu}}}=\frac{0.8}{1+\frac{360}{2.00\times10^5\times0.0033}}=0.518$$

（2）轴压比验算。

由表 1.64 和表 1.66 可知，柱底最大的轴力为 1117.90kN。需要说明：验算轴压比时的轴力组合值不考虑承载力抗震调整系数。

轴压比 $\mu=\frac{N}{f_c bh}=\frac{1117.90\times10^3}{14.3\times600\times600}=0.22$，小于三级抗震等级框架柱轴压比限值0.85。作设计时，主要控制底层柱的轴压比满足要求。

(3) 框架柱正截面受弯承载能力计算。

考虑框架柱同一截面可能承受正负向弯矩，故采用对称配筋。

从表1.64选取两组内力进行正截面受弯承载能力计算（如果不好判断哪种内力组合的配筋结果最大，建议每种内力组合结果均做计算）。选取的内力列于表1.77。

表1.77　　框架柱正截面受弯承载能力计算内力取值

楼层	截面位置	内力	右风	永久荷载控制组合
3	柱顶	M	−180.16	−161.49
		N	996.81	1074.16
	柱底	M	184.90	173.20
		N	1035.69	1117.90

框架柱正截面受弯承载能力的计算过程详见表1.78。下面结合表1.78，对第一组组合的计算进行说明。

表1.78　　框架柱正截面受弯承载能力计算（非抗震设计）

截面位置	组合一	组合二
M_1(kN·m)	−180.16	−161.49
M_2(kN·m)	184.90	173.20
与 M_2 对应的 N(kN)	1035.69	1117.90
l_0(m)	4.5	4.5
$b\times h_0$(mm)	600×560	600×560
e_0(mm)	178.53	154.93
e_a(mm)	20	20
$e_i=e_0+e_a$(mm)	198.53	174.93
e(mm)	458.53	434.93
ξ	$0.216<\xi_b=0.518$	$0.233<\xi_b=0.518$
偏心性质	大偏压	大偏压
a_s'(mm)	40	40
$A_s=A_s'=\frac{Ne-\xi(1-0.5\xi)\alpha_1 f_c bh_0^2}{f_y(h_0-a_s')}$ (mm²)	−232.51<0，按构造配筋	−361.56<0，按构造配筋
选配钢筋	4Φ20	4Φ20
实配面积（mm²）	1256	1256
单侧最小配筋面积（mm²，$\rho_{min}=0.2\%$）	720	720

柱的计算长度根据《混凝土结构设计规范》（GB 50010—2010）第 6.2.20－2 条规定，计算长度系数取 1.25。故柱的计算长度 $l_0=1.25H=4.5\text{m}$。

截面有效高度取为 $h_0=h-40=600-40=560\text{mm}$。

附加偏心矩 e_a 取 20mm 和偏心方向截面尺寸的 1/30 两者中的较大值 600/30＝20mm，故取 $e_a=20\text{mm}$。

根据《混凝土结构设计规范》（GB 50010—2010）第 6.2.3 条的规定，判断是否考虑轴向压力在挠曲杆件中产生的附加弯矩影响，即

$$l_c/i\leqslant 34-12(M_1/M_2) \tag{1.19}$$

式中　M_1、M_2——已考虑侧移影响的偏心受压构件两端截面按结构弹性分析确定的对同一主轴的组合弯矩设计值，绝对值较大端为 M_2，绝对值较小端为 M_1，当构件按单曲率弯曲时，M_1/M_2 取正值，否则取负值；

l_c——构件的计算长度，可近似取偏心受压构件相应主轴方向上下支撑点之间的距离；

i——偏心方向的截面回转半径。

对于第一组组合的情况，$i=\sqrt{\dfrac{I}{A}}=\sqrt{\dfrac{600\times600^3}{12\times600\times600}}=173.21$（mm）

因为 $4500/173.21=25.98\leqslant 34-12(-180.16/184.90)=45.69$，所以可不考虑轴向压力在挠曲杆件中产生的二阶效应影响。本实例为说明《混凝土结构设计规范》（GB 50010—2010）这一点改变的地方，仍然按《混凝土结构设计规范》（GB 50010—2010）第 6.2.4 条的规定，计算考虑轴向压力在挠曲杆件中产生的二阶效应后控制截面的弯矩设计值，根据公式（1.20）～公式（1.23）计算。

$$M=C_m\eta_{ns}M_2 \tag{1.20}$$

$$C_m=0.7+0.3\times\frac{M_1}{M_2} \tag{1.21}$$

$$\eta_{ns}=1+\frac{1}{1300(M_2/N+e_a)/h_0}\left(\frac{l_c}{h}\right)^2\zeta_c \tag{1.22}$$

$$\zeta_c=\frac{0.5f_cA}{N} \tag{1.23}$$

式中　C_m——构件端截面偏心距调节系数，当小于 0.7 时取 0.7；

η_{ns}——弯矩增大系数；

N——与弯矩设计值 M_2 相应的轴向压力设计值；

e_a——附加偏心矩；

ζ_c——偏心受压构件的截面曲率修正系数，当计算值大于 1.0 时取 1.0；

h——截面高度，对环形截面，取外直径，对圆形截面，取直径；

h_0——截面有效高度；

A——构件截面面积。

当 $C_m\eta_{ns}$ 小于 1.0 时取 1.0；对剪力墙及核心筒墙，可取 $C_m\eta_{ns}=1.0$。

则套用公式计算如下：

$C_m = 0.7 + 0.3 \times \frac{M_1}{M_2} = 0.7 + 0.3 \times \frac{-180.16}{184.90} = 0.41 < 0.7$，所以取 $C_m = 0.7$。

$\zeta_c = 0.5 f_c A / N = 0.5 \times 14.3 \times 600^2 / 1035690 = 2.49 > 1.0$，故取 $\zeta_c = 1.0$

$$\eta_{ns} = 1 + \frac{1}{1300(M_2/N + e_a)/h_0}\left(\frac{l_c}{h}\right)^2 \zeta_c$$

$$= 1 + \frac{1}{1300 \times (184.90 \times 1000/1035.69 + 20)/560}\left(\frac{4500}{600}\right)^2 \times 1.0$$

$$= 1.122$$

$C_m \eta_{ns} = 0.7 \times 1.122 = 0.785 < 1.0$，所以取 $C_m \eta_{ns} = 1.0$，也即 $M = C_m \eta_{ns} M_2 = M_2$，弯矩没有放大，仍取原来数值。

轴向力对截面重心的偏心矩 $e_0 = M/N = 184.90 \times 1000/1035.69 = 178.53\text{mm}$

初始偏心矩：$e_i = e_0 + e_a = 178.53 + 20 = 198.53\text{mm}$

$$e = e_i + h/2 - a_s = 198.53 + 600/2 - 40 = 458.53\ (\text{mm})$$

采用对称配筋，$\xi = \frac{x}{h_0} = \frac{N}{\alpha_1 f_c b h_0} = \frac{1035.69 \times 10^3}{14.3 \times 600 \times 560} = 0.216 < \xi_b = 0.518$，所以为大偏压的情况。因 $x = \xi h_0 = 0.216 \times 560 = 120.96\text{mm} > 2a_s' = 80\text{mm}$，则按式（1.24）计算纵向受力钢筋。

$$A_s = A_s' = \frac{Ne - \xi(1 - 0.5\xi)\alpha_1 f_c b h_0^2}{f_y'(h_0 - a_s')} \tag{1.24}$$

2. 框架柱斜截面受剪承载能力计算

由表1.65可知，第三层Ⓐ轴线框架柱非抗震剪力基本组合的控制剪力值为101.41kN。与之组合相对应的轴力组合值为1035.69kN。

框架柱斜截面受剪承载能力的计算过程详见表1.79。下面结合表1.79，对计算过程进行说明。

表1.79　框架柱斜截面受剪承载能力的计算（非抗震设计）

V (kN)	$0.25\beta_c f_c b h_0$ (kN)	N (kN)	$0.3 f_c A$ (kN)	$\frac{A_{sv}}{s} = \frac{V - \frac{1.75}{\lambda+1} f_t b h_0 - 0.07N}{f_{yv} h_0}$	实配箍筋（构造配箍）	
					加密区	非加密区
101.41	1201.2	1035.69	1544.40	<0	Φ8@100	Φ8@150

截面尺寸复核：

因为 $h_w/b = \frac{560}{600} = 0.93 < 4$，所以 $0.25\beta_c f_c b h_0 = 1201.2\text{kN} > 101.41\text{kN}$，说明截面尺寸满足要求。

剪跨比：$\lambda = H_n/2h_0 = \frac{2.7}{2 \times 0.56} = 2.41 < 3$，所以取 $\lambda = 2.41$。

由于 $N = 1035.69\text{kN} < 0.3 f_c A = 0.3 \times 14.3 \times 600 \times 600 = 1544.4\text{kN}$，故取 $N = 1035.69\text{kN}$。

将上述各参数代入下式进行配箍计算。

$$\frac{A_{sv}}{s}=\frac{V-\dfrac{1.75}{\lambda+1}f_t bh_0-0.07N}{f_{yv}h_0}$$

3. 裂缝宽度验算

根据《混凝土结构设计规范》（GB 50010—2010）第 7.1.2 条的规定，对于 $e_0/h_0 \leqslant 0.55$ 的偏心受压构件，可不验算裂缝宽度。本实例所选框架柱第一种组合 $e_0/h_0=178.53/560=0.319<0.55$，第二种组合 $e_0/h_0=154.93/560=0.277<0.55$，因此均不需验算裂缝宽度。

1.9.4　框架柱抗震截面设计

框架柱抗震截面设计分为框架柱正截面受弯承载能力计算和框架柱斜截面受剪承载能力计算。需要注意抗震设计时，应根据“强柱弱梁”和“强剪弱弯”的原则调整柱的弯矩设计值和剪力设计值，具体可参考《混凝土结构设计规范》（GB 50010—2010）第 11.4.1 条、第 11.4.3 条的规定和《多层钢筋混凝土框架结构毕业设计实用指导》中的框架柱抗震设计实例；框架结构还要进行框架梁柱节点核心区截面的抗震验算，具体可参考《建筑抗震设计规范》（GB 50011—2010）附录 D，在此不再赘述。

第2章　框架结构电算实例——PMCAD部分

2.1　PMCAD的基本功能与应用范围

2.1.1　PMCAD的基本功能

（1）人机交互建立全楼结构模型。

用人机交互方式引导用户在屏幕上逐层布置柱、梁、墙、洞口、楼板等结构构件，快速搭建起全楼结构框架。

（2）自动导算荷载，建立恒活荷载库。

PMCAD具有较强的荷载统计和传导计算功能。除计算结构自重外，还自动完成从楼板到次梁，从次梁到主梁，从主梁到承重柱、墙，从上部结构传到基础的全部计算，再加上局部的外加荷载，建立建筑的荷载数据模型。

（3）为各种计算模型提供计算所需数据文件。

可指定任一个轴线形成PK平面杆系，计算所需的框架计算数据文件；可指定任一层平面的任一次梁或主梁组成的多组连梁，形成PK连续梁计算所需的数据文件；为空间有限元壳元计算程序SATWE提供数据；为三维空间杆系薄壁柱程序TAT提供计算数据。

（4）为上部结构各绘图CAD模块提供结构构件的精确尺寸。

（5）为基础设计CAD模块提供底层结构布置与轴线网格布置，还提供上部结构传下的恒活荷载。

（6）可完成现浇钢筋混凝土楼板结构计算与配筋设计。

（7）可完成结构平面施工图的辅助设计。

（8）可完成砖混结构和底层框架上部砖房结构的抗震计算及受压、高厚比、局部承压计算。绘制砖混结构圈梁布置图和圈梁大样、构造柱大样图。

（9）统计结构工程量，并以表格形式输出。

2.1.2　PMCAD的应用范围

1. 楼面结构平面形式

楼面结构的平面形式，可采用平面正交网格、平面斜交网格或用线条构成的不规则复杂体型平面，线条可为直线、圆弧线及三点连成的曲线等。

2. 最大适用范围

PMCAD软件的最大适用范围见表2.1。

表2.1　PMCAD软件的适用范围

序号	内　容	应用范围	序号	内　容	应用范围
1	层数	≤99	3	正交网格时，横向网格、纵向网格各	≤100
2	结构标准层、荷载标准层	≤99	4	斜交网格时，网络线条数	≤2000

续表

序号	内　　容	应用范围	序号	内　　容	应用范围
5	网格节点总数	≤5000	12	每层次梁总根数	≤600
6	标准柱截面	≤100	13	每个房间周围最多可以容纳的梁墙数	<150
7	标准梁截面	≤40	14	每节点周围不重叠的梁墙根数	≤6
8	标准洞口	≤100	15	每层房间次梁布置种类数	≤40
9	每层柱根数	≤1500	16	每层房间预制板布置种类数	≤40
10	每层梁根数（不包括次梁）、墙数	≤1800	17	每层房间楼板开洞种类数	≤40
11	每层房间总数	≤900			

2.1.3 PMCAD 的一般规定

（1）两节点之间最多设置一个洞口。当需设置两个洞口时，应在两洞口间增设一网格线和节点。

（2）软件将由墙或梁围成的平面闭合体自动编成房间，自动生成房间编号。房间用来作为输入楼面上的次梁、预制板、洞口和导算荷载、绘图的基本单元。当不构成房间时，可设置虚梁（100mm×100mm）构成房间。

（3）次梁可作为主梁输入或作为次梁输入，在矩形房间或非矩形房间均可输入次梁。

（4）主菜单 1 中输入的墙是结构承重墙或抗侧力墙，框架填充墙不应当作墙输入，它的重量可作为外加荷载输入，否则不能形成框架荷载。

（5）平面布置时，应避免大房间内套小房间的布置，否则会在荷载导算或统计材料时重叠计算，可在大小房间之间用虚梁连接，将大房间切割。

2.2 建筑模型与荷载输入

执行 PMCAD 程序的第一步，以交互输入的方法，建立一楼层的结构平面，包括轴线、构件布置等，并以图形形式储存。将各结构层根据每一结构层的高度组装成整体结构，并以数据文件的形式保存，即完成结构整体模型的输入。

2.2.1 输入前准备

（1）建立工程子目录。每一项工程须建立一单独的专用工作子目录，在此目录下只能保存一个工程的文件，建议用工程名称做目录名。不同工程的数据结构，应在不同的工作子目录下运行。

（2）根据建筑图对各层进行结构布置，初步确定梁、柱、承重墙及承重墙体洞口、斜杆的截面尺寸，计算各层的楼面荷载及其他荷载，为结构输入作必要的数据准备。

（3）一个工程的数据结构，是由若干带扩展名 .PM 的有格式或无格式文件组成。保留一项已建立的工程数据结构，对于人机交互建立的各层平面数据，是指该工程名称加扩展名的若干文件，其余为 *.PM，把上述文件复制到另一计算机的工作子目录中，就可在另一计算机上恢复原有工程的数据结构。

（4）本框架结构设计实例采用中国建筑科学研究院 PKPM 系列设计软件（2010.10）

进行结构电算。

2.2.2 框架结构分析

1. 框架结构设计实例的基本情况

在建立结构整体模型之前，需要对整个结构进行分析。本办公楼设计实例为4层框架结构，抗震设防烈度为7度（0.10g），二类场地，框架抗震等级为3级，周期折减系数取0.7，按设计地震分组第一组计算。基本风压为0.4kN/m^2，地面粗糙度类别为C类，梁、板、柱的混凝土均选用C30，梁、柱主筋选用HRB400，箍筋选用HPB300，板筋选用HRB335。框架梁端负弯矩调幅系数取为0.85，结构重要系数为1.0。各层建筑平面图、剖面图、门窗表等如图1.1～图1.15所示，1～4层的结构层高分别为4.9m（从基础顶面算起，包括初估地下部分1m）、3.6m、3.6m和3.9m。各层梁、柱的布置及尺寸见结构平面布置图，各层采用现浇钢筋混凝土板，板厚取120mm，雨篷、卫生间和屋顶井字楼盖部分板厚取100mm（板厚取值可参考《多层钢筋混凝土框架结构毕业设计实用指导》，在此不再赘述）。次梁均作为主梁输入。楼梯间按真实的荷载传递输入。

2. 结构标准层

结构布置相同（即构件布置相同，包括次梁、楼板的输入也要求相同），并且相邻的楼层可以定义为一个结构标准层。结构标准层的定义次序必须遵守建筑楼层从下到上的次序。

结构标准层为四个：结构标准层1、结构标准层2、结构标准层3和结构标准层4。

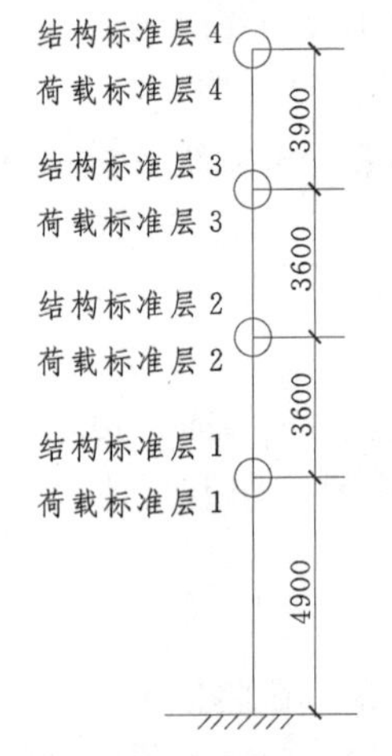

图2.1　楼层组合图

3. 荷载标准层

荷载布置（指楼面荷载）相同并且相邻的楼层定义为一个荷载标准层。荷载标准层的次序必须遵循从下到上的次序，否则后面会出错。荷载标准层定义楼面的恒、活载。一般定义荷载标准层选用这一楼层大多数的恒载、活载，若某个别房间的荷载不同于其他房间，在后面可以进行修改。荷载输入的值是荷载标准值，荷载分项系数程序已经考虑，单位为kN/m^2。一般荷载不同的楼层定义为不同的荷载标准层。

荷载标准层为四个：荷载标准层1、荷载标准层2、荷载标准层3和荷载标准层4。

4. 楼层组合

楼层组合按表2.2进行，楼层组合图如图2.1所示。

表2.2　　楼层组合表

层数	楼层组合	层高（m）
第一层	结构标准层1＋荷载标准层1	4.9
第二层	结构标准层2＋荷载标准层2	3.6
第三层	结构标准层3＋荷载标准层3	3.6
第四层	结构标准层4＋荷载标准层4	3.9

5. 荷载计算

(1) 恒荷载。

恒荷载取值见表 2.3。

表 2.3　　恒荷载取值　　单位：kN/m²

序号	类　别	恒荷载
1	不上人屋面恒荷载（板厚 120mm）	7.0
2	不上人屋面恒荷载（板厚 100mm）	6.5
3	标准层楼面恒荷载（板厚 120mm）	4.5
4	标准层楼面恒荷载（板厚 100mm）	4.0
5	标准层楼面恒荷载（板厚 80mm）	3.5
6	雨篷恒荷载（板厚 100mm）	5.7
7	卫生间恒荷载（板厚 100mm）	6.0
8	填充墙外墙体（无洞口，选用 200mm 大空页岩砖，砌筑容重<10kN/m²）	3.0
9	填充墙内墙体（无洞口，选用 200mm 大空页岩砖，砌筑容重<10kN/m²）	2.8
10	女儿墙墙体（高 1000mm，选用 200mm 大空页岩砖，砌筑容重<10kN/m²）	3.0
11	塑钢门窗	0.45

(2) 活荷载。

活荷载取值见表 2.4。

表 2.4　　活荷载取值　　单位：kN/m²

序号	类　别	活荷载
1	不上人屋面活荷载	0.5
2	办公楼一般房间活荷载	2.0
3	走廊、门厅、楼梯活荷载	2.5
4	雨篷活荷载（按不上人屋面活荷载）	0.5
5	卫生间活荷载	2.0

2.2.3　定义第 1 结构标准层

1. 轴线输入

(1) 点击 PKPM 图标，进入 PKPM 系列程序菜单。

(2) 点击结构选项，进入结构设计计算菜单。进入 PMCAD 程序前，点击右下角的改变目录，进入工程子目录（工程子目录事先已建立，本实例的工程子目录是事先在 D 盘建立“办公楼”文件夹）。

(3) 点击 PMCAD，进入 PMCAD 主菜单，出现 PMCAD 主菜单（图 2.2）。

(4) 鼠标移至“建筑模型与荷载输入”，点击“应用”按钮或双击“建筑模型与荷载输入”，进入建筑模型与荷载输入的新文件建立或打开已建立的文件，屏幕显示如图 2.3 所示。键入新文件文件名“办公楼设计”，点击“确定”，建立新的 PM 文件。

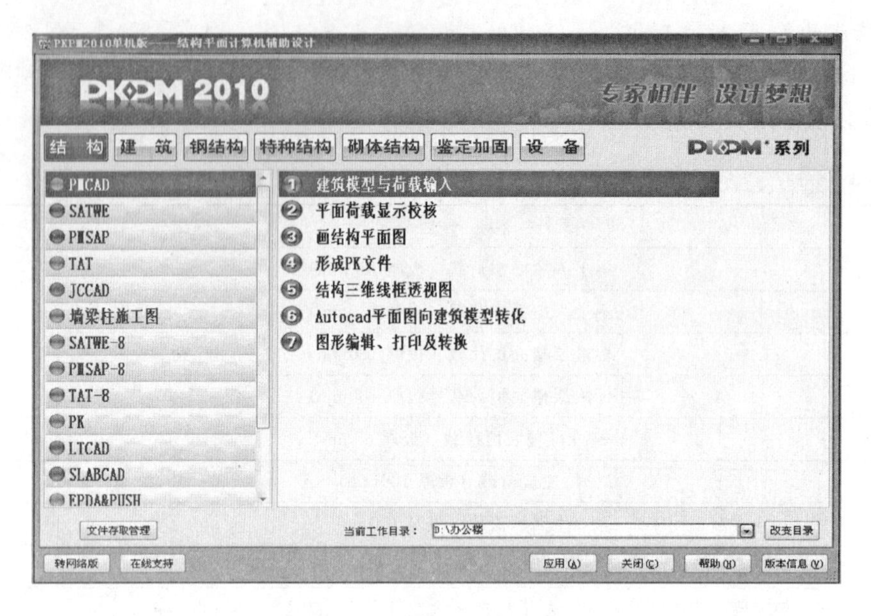

图 2.2　PMCAD 程序主菜单

图 2.3　建筑模型与荷载输入的新文件建立

对于新建的PM文件，进入“建筑模型与荷载输入”菜单进行第一结构标准层的输入(图 2.4)。

(5) 点击轴线输入，出现下拉菜单，点击正交轴网，出现直线轴网输入菜单，屏幕显示如图 2.5 所示。在轴网数据录入和编辑栏里按从左到右填写下开间和上开间的数值，按从下至上填写左进深和右进深的数值，也可双击常用值中的数据，如图 2.6 所示。点击“确定”按钮，选定插入点，屏幕显示整体网格线图形，如图 2.7 所示。点击“轴线命名”，按顺序定义横向和纵向的轴线名称。点击“轴线显示”，屏幕显示如图 2.8 所示。

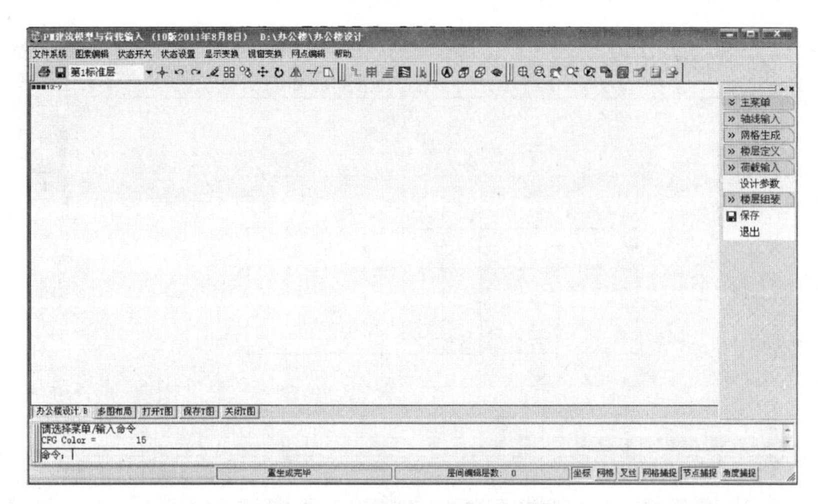

图 2.4　建筑模型与荷载输入菜单

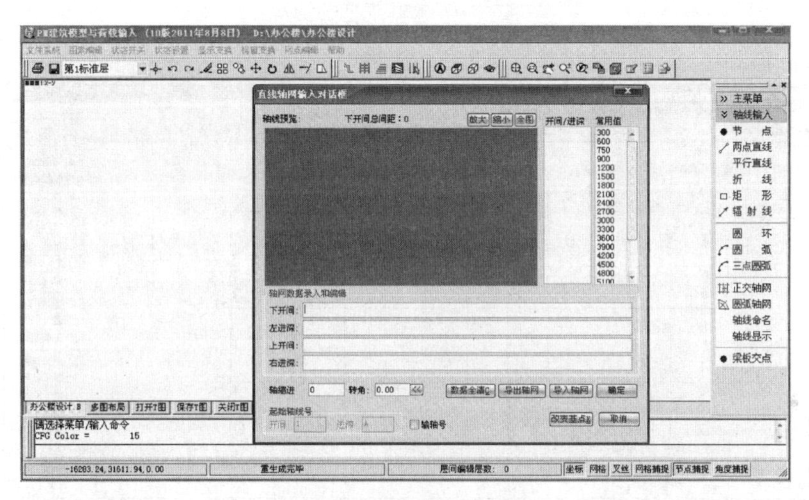

图 2.5　直线轴网输入菜单

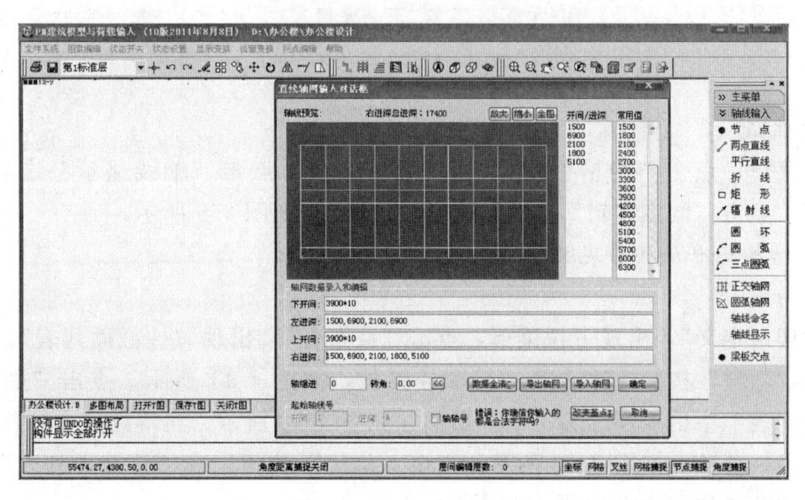

图 2.6　直线轴网输入

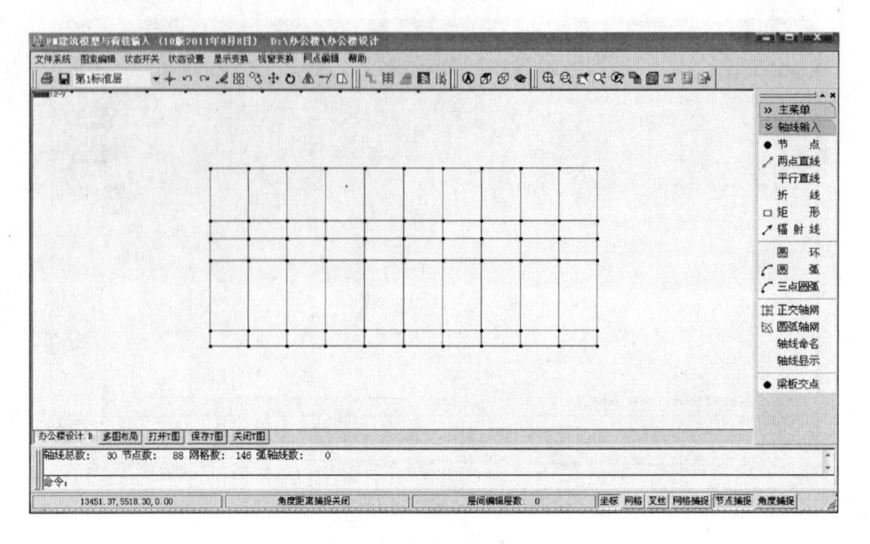

图 2.7 整体网格图形

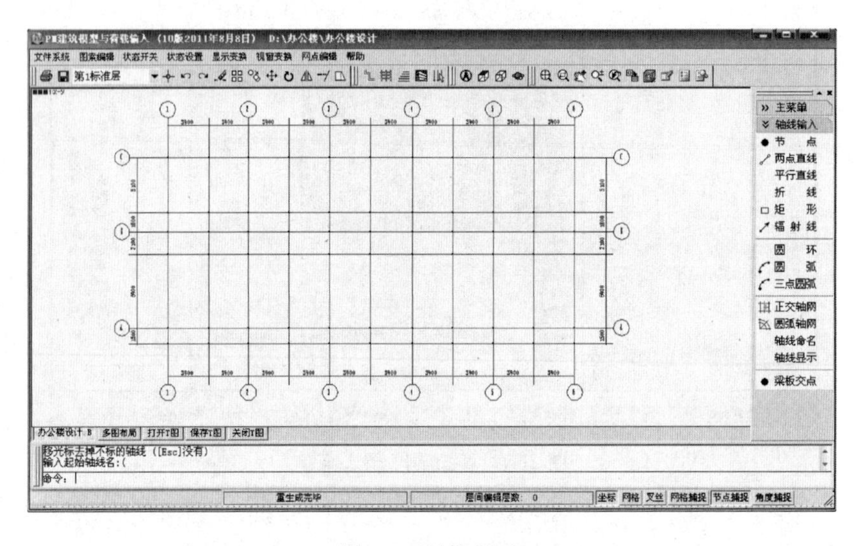

图 2.8 轴线显示

2. 网格生成

回到主菜单，点击“网格生成”，出现下拉菜单，点击“轴线显示”之后，再点击“形成网点”。点击“网点编辑”，删除不需要的节点，如图 2.9 所示。

3. 第一结构标准层楼层定义

（1）柱布置。

点击“楼层定义”，出现下拉菜单，点击“柱布置”，出现“柱截面列表”，如图 2.10 所示。点击“新建”按钮，输入第一标准柱参数，如图 2.11 所示。点击“确定”按钮，在“柱截面列表”中出现序号为 1 的柱截面，如图 2.12 所示。再继续点击“新建”按钮，输入第二标准柱参数，如图 2.13 所示。点击“确定”按钮，在“柱截面列表”中出现序号为 1 和 2 的两种柱截面，如图 2.14 所示。

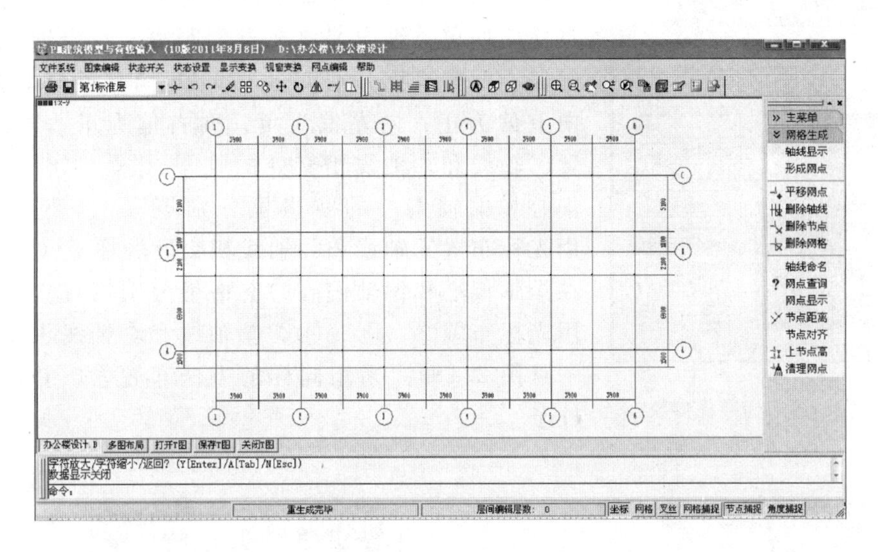

图 2.9　网点编辑

图 2.10　柱截面列表（一）

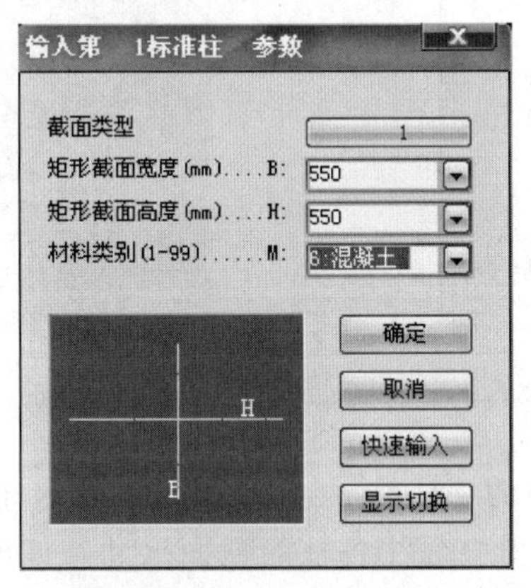

图 2.11　第一标准柱参数

图 2.12　柱截面列表（二）

柱截面尺寸定义完成之后，选择各种型号的柱子进行布置（也可以定义一种截面的柱子之后，直接进行柱子的布置）。点击序号 1，点击“布置”，出现第一柱布置对

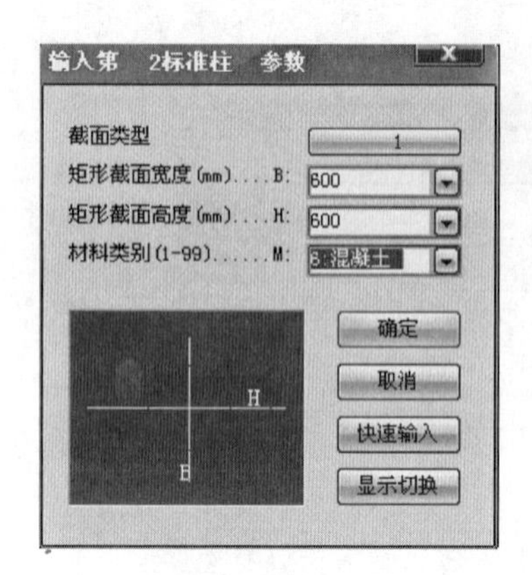

图 2.13 第二标准柱参数

话框（图 2.15），沿轴偏心和偏轴偏心是柱截面形心点横向偏离、纵向偏离节点的距离。在沿轴偏心和偏轴偏心的空格里分别填写 175 和 −175（向下偏为负，向上偏为正；向左偏为负，向右偏为正），用光标布置①轴线和Ⓒ轴线相交处的柱子（图 2.16）。在沿轴偏心和偏轴偏心的空格里分别填写 −175 和 −175，用光标布置⑥轴线和Ⓒ轴线相交处的柱子（图 2.17）。在沿轴偏心和偏轴偏心的空格里分别填写 0 和 −175，用光标布置②、③、④、⑤轴线和Ⓒ轴线相交处的柱子（图 2.18）。采用同样的方法布置Ⓐ、Ⓑ轴线上的柱子。

图 2.14 柱截面列表（三）

图 2.15 第一柱布置对话框

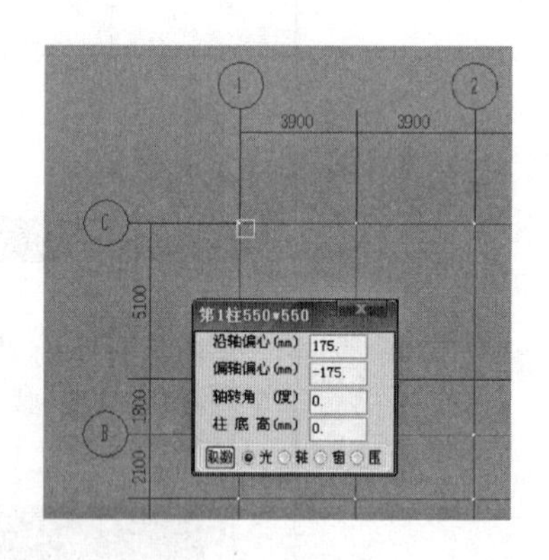

图 2.16 柱布置（一）

点击“截面显示”菜单中的“柱显示”，出现“柱显示开关”对话框，点击“数据显示”中的“显示截面尺寸”，图中标注各柱的截面尺寸，如图 2.19 所示；点击“数据显示”中的“显示偏心标高”，图中标注各柱的偏心和标高，如图 2.20 所示。由此便可校对柱子的布置是否正确。

（2）主梁布置。

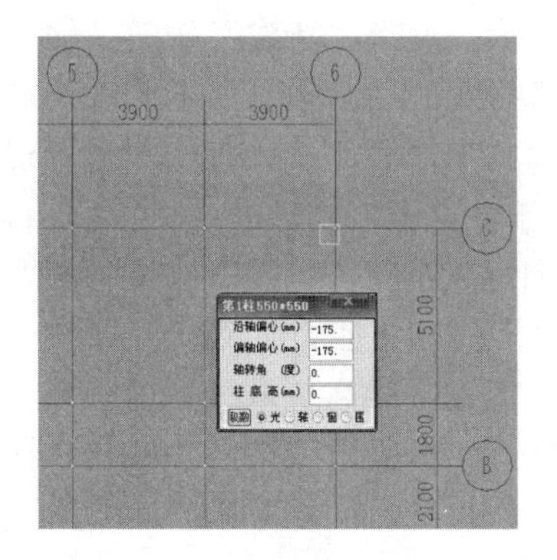

图 2.17　柱布置（二）

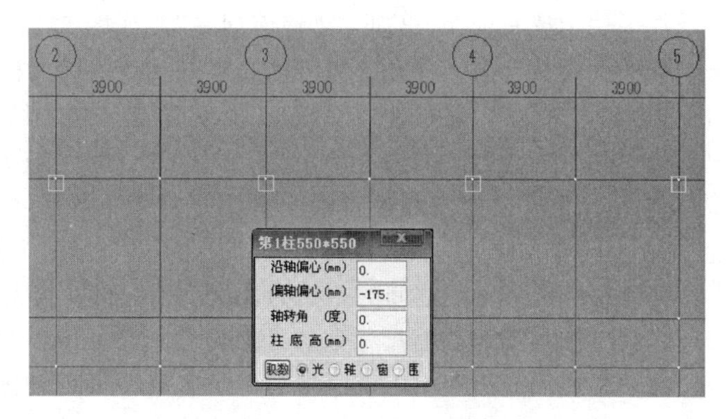

图 2.18　柱布置（三）

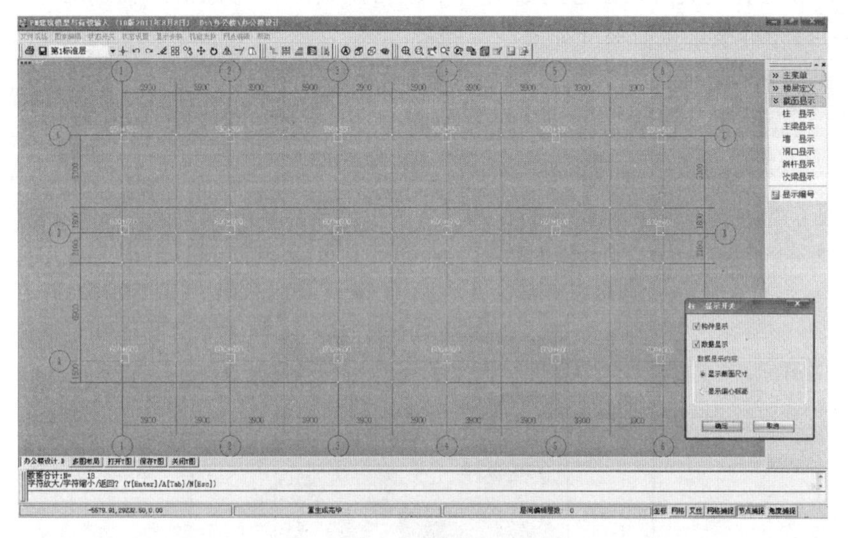

图 2.19　显示柱截面尺寸

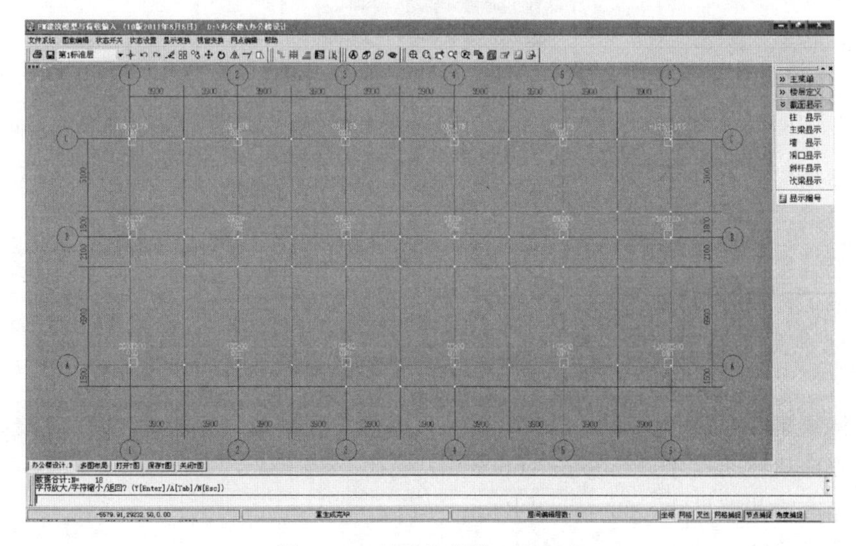

图 2.20　显示柱的偏心和标高

点击“主梁布置”，出现“梁截面列表”，如图2.21所示。点击“新建”按钮，输入第1标准梁参数。第1标准梁为①轴线和⑥轴线的横向框架梁，因为①轴线和⑥轴线的横向框架梁为边框架，靠柱外边平齐，《高层建筑混凝土结构技术规程》（JGJ 3—2010）规定，梁、柱中心线之间的偏心距，9度抗震设计时不应大于柱截面在该方向宽度的1/4；非抗震设计和6～8度抗震设计时不宜大于柱截面在该方向宽度的1/4，所以框架梁的宽度不宜小于300mm。另外，对于边框架，为了增强整个建筑的抗扭能力，截面宜选择稍大些。Ⓐ轴线和Ⓑ轴线之间的距离为9000mm，跨度较大，因此，梁高应取大一些。综上所述，第1标准梁的截面尺寸取为350mm×1000mm，如图2.22所示。点击“确定”按钮，在“梁截面列表”中出现序号为1的主梁截面，如图2.23所示。选择截面后双击或点击“布置”按钮即可布置构件。布置①轴线和⑥轴线的第一标准梁分别如图2.24和图2.25所示。在布置主梁时，偏心的数值可不填写正负号，光标指向轴线的一侧，偏心就在这一侧。其余标准梁截面尺寸如下。

图2.21　梁截面列表（一）

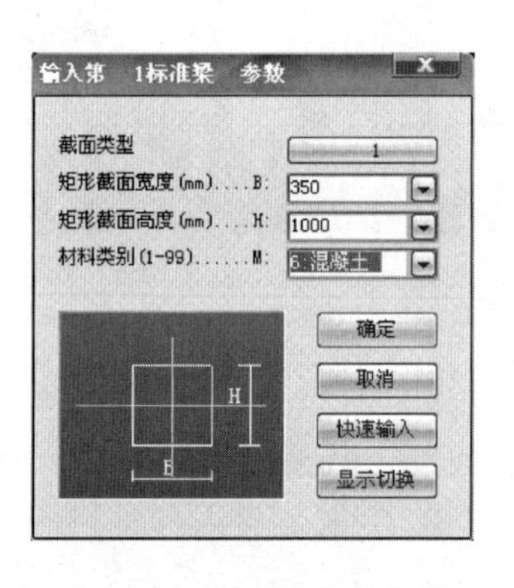

图2.22　第一标准梁参数

图2.23　梁截面列表（二）

第2标准梁截面尺寸：350mm×900mm，布置在②、③、④、⑤轴线在Ⓐ、Ⓑ轴线之间的4根梁，偏心为0；

第3标准梁截面尺寸：350mm×700mm，布置在②、③、④、⑤轴线在Ⓑ、Ⓒ轴线之间的4根梁，偏心为0；

第4标准梁截面尺寸：350mm×800mm，通常布置在Ⓐ、Ⓑ、Ⓒ轴线上，偏心为75mm；

第5标准梁截面尺寸：250mm×750mm，通常布置在Ⓐ、Ⓑ轴线之间，偏心为0；

第6标准梁截面尺寸：250mm×650mm；

第7标准梁截面尺寸：200mm×400mm；

第8标准梁截面尺寸：350mm×400mm；

第 9 标准梁截面尺寸：250mm×400mm。

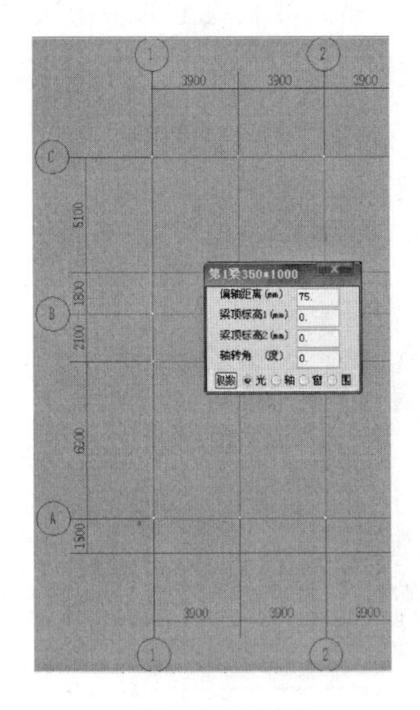

图 2.24　第一标准梁布置（一）

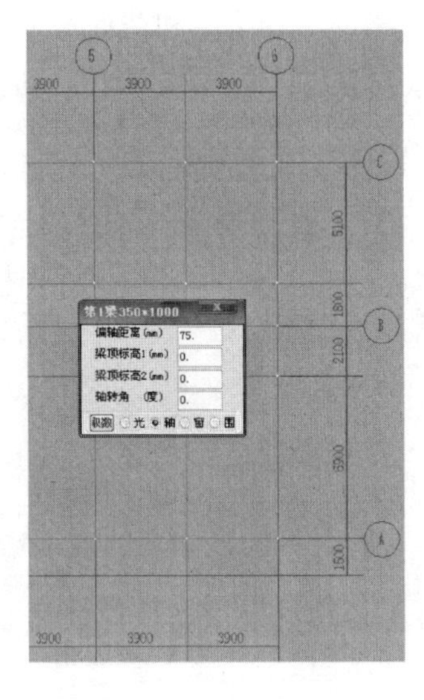

图 2.25　第一标准梁布置（二）

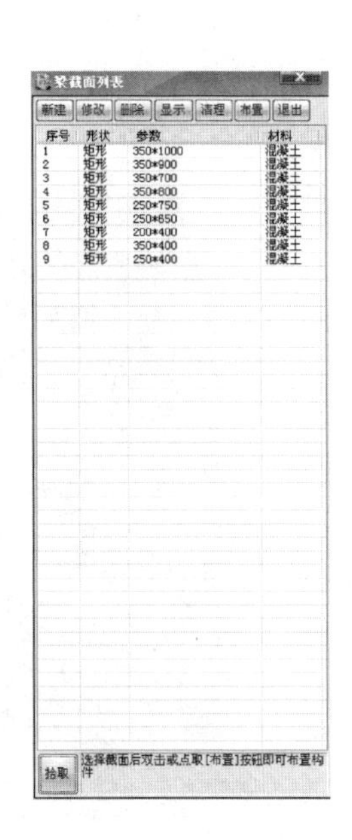

序号	形状	参数	材料
1	矩形	350*1000	混凝土
2	矩形	350*900	混凝土
3	矩形	350*700	混凝土
4	矩形	350*800	混凝土
5	矩形	250*750	混凝土
6	矩形	250*650	混凝土
7	矩形	200*400	混凝土
8	矩形	350*400	混凝土
9	矩形	250*400	混凝土

图 2.26　梁截面列表（三）

主梁截面列表如图 2.26 所示。主梁的布置和截面尺寸如图 2.27 所示，图 2.28 显示了主梁的偏心和标高。

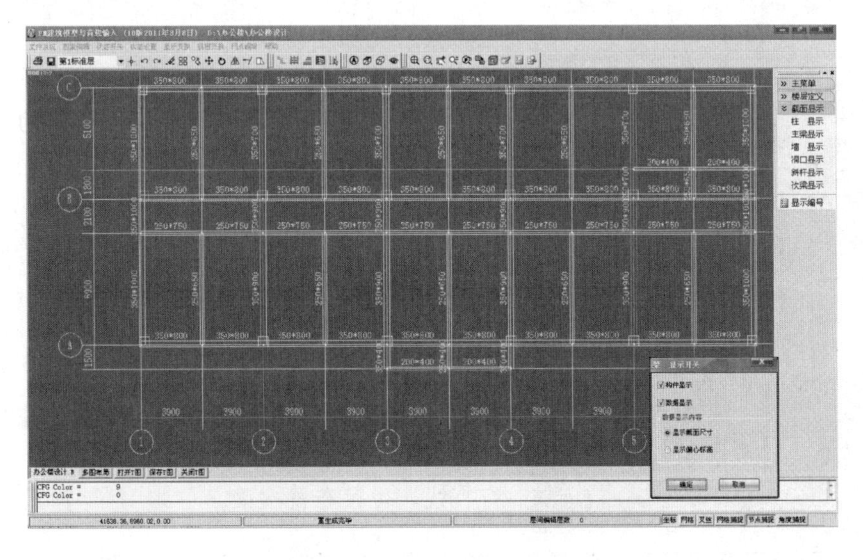

图 2.27　显示主梁截面尺寸

（3）次梁布置。

本实例中的次梁为两个楼梯梁，选择第 7 标准梁，截面尺寸为 200mm×400mm。点击“次梁布置”，出现“梁截面列表”，如图 2.26 所示。选择序号 7，进行次梁布置。用光标捕捉输入第一点，用光标捕捉输入第二点，然后出现输入复制间距和次数，如果向上布置次梁，则复制间距为正值，如果向下布置次梁，则复制间距为负值。如果向右布置次梁，则复制间距为正值，如果向左布置次梁，则复制间距为负值。输入“1100，1”（图2.29），然后回车确定。点击“本层修改”中的“删除次梁”，删除Ⓑ轴线上的多余次梁，同样布置另一楼梯梁，最后次梁的布置结果和截面尺寸显示如图2.30所示。

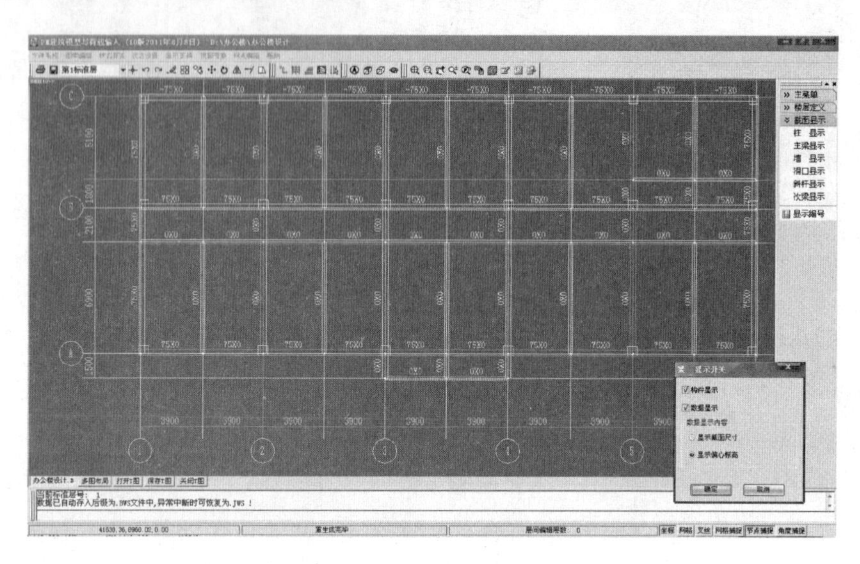

图2.28　显示主梁的偏心和标高

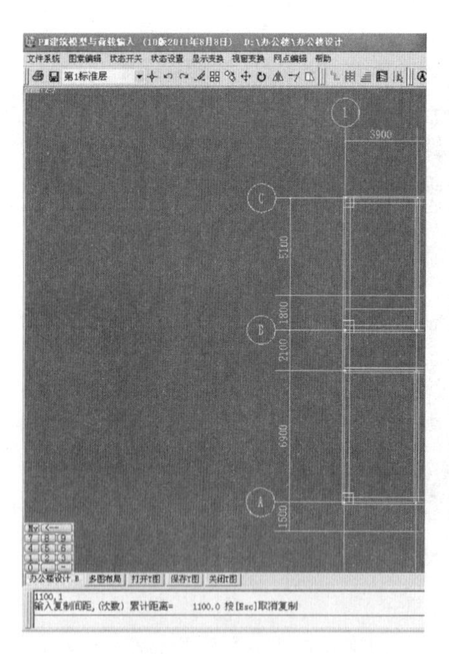

图2.29　次梁布置

次梁也可作为主梁输入。由于次梁不在轴线上，为避免轴线输入过多，引起混淆，所以次梁两端没有节点，作为主梁输入，必须形成次梁两端的节点。可以通过点击“轴线输入”中的“两点直线”来形成次梁两端的网点（节点）。用光标捕捉第一点，然后输入“0，1100”，得到下一点，即“0，1100”点，再输入“3900，0”，得到“3900，0”点。点击“网格生成”中的“形成网点”，出现次梁两端的两个网点。点击“楼层定义”中的“主梁布置”，选择“序号7”的梁进行布置。点击“截面显示”中的“主梁显示”，则所有主梁的截面尺寸如图2.31所示。利用“轴线输入”中的“平行直线”也可布置次梁。

（4）输入本层信息。

点击“本层信息”，进入“本层信息”对话框。按照对话框的内容相应输入板厚、板混凝土强度等级、板钢筋保护层厚度、柱混凝土强度等级、梁混凝土强度等级、剪力墙混凝土强度等级、梁柱钢筋类别、本标准层层高，如图2.32所示。此对话框中的“本标准层层高”设定值，只用于定向观察某一轴线立面时做立面高度的值。实际各层层高的数据在楼层组装菜单中输入。

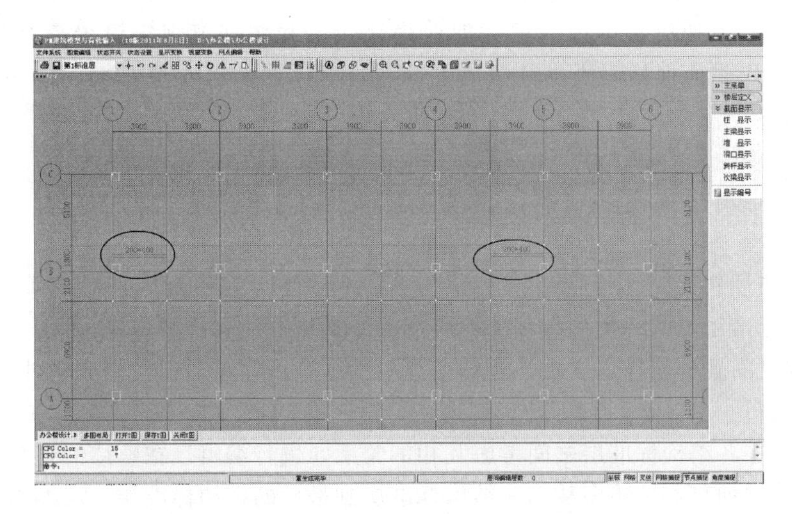

图 2.30　次梁的布置和截面尺寸显示

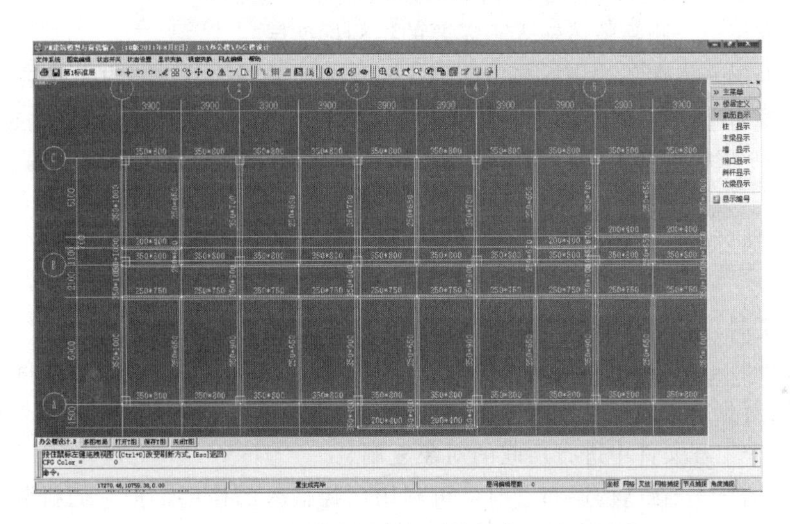

图 2.31　次梁做主梁布置时的梁截面尺寸显示

本实例把第一层作为第一结构标准层输入，也即基础连梁层（也可称为基础拉梁、基础连梁，地梁等）没有作为结构标准层输入。基础连梁及其上部填充墙的荷载在基础设计时以节点荷载输入。本实例把基础连梁的梁顶标高统一为－1.200（具体详见 6.2.2 节的说明），这样基础连梁锚固在基础内，手算和电算的计算模型基本一致。此种方法的缺点是当基础连梁上部有填充墙体时，填充墙体砌筑高度较高。

用光标点明要修改的项目 [确定]返...

本标准层信息

板厚 (mm)	120
板混凝土强度等级	30
板钢筋保护层厚度(mm)	15
柱混凝土强度等级	30
梁混凝土强度等级	30
剪力墙混凝土强度等级	30
梁钢筋类别	HRB400
柱钢筋类别	HRB400
墙钢筋类别	HRB400
本标准层层高(mm)	4900

确定　取消　帮助

图 2.32　第 1 标准层本层信息对话框

当基础埋置深度较深时，也可以把基础连梁设置在 ±0.000 以下适当位置（比如－0.050），可以适当减小框架柱底层的计算长度，此时基础连梁应作为地下框架梁，可按一层框架建模输入，并按规范规定设置箍筋加密区，此时，基础连梁层作为框架梁画出其平法配筋图，具体构造可参考06G101—6第68页～第69页的规定。

（5）本层修改。

点击“本层修改”，进入“本层修改”菜单（图2.33）。“本层修改”包括三部分内容：

1）设置错层斜梁。

2）把该标准层上某一类型截面的构件用另一类型截面构件替换。

3）点取已布置的构件，出现该构件信息对话框，可在该对话框修改构件信息。

（6）层编辑。

层编辑是在各结构标准层之间考虑互相的关系，进行编辑。在整体的组装中结构标准层随结构层的增加只能按顺序从第一结构标准层到最后的结构标准层。层编辑的菜单如图2.34所示。主要可以进行以下几个方面的编辑：

1）删标准层——删除整体输入不需要的结构标准层。

2）插标准层——在某结构标准层前插入整体输入需要的另一结构标准层。

3）层间编辑——在多个结构标准层或全部结构标准层上同时进行结构标准层修改。如需在第1～10层标准层上同一位置加一根梁，可先将层间编辑菜单定义编辑1～10层，则只需进行在一层布置梁的操作，其他层的加梁可自动完成。进入层间编辑，先选择要同时编辑的层，随后所有的操作均在这几层同时进行，进行完一层后自动切换到下一层并提示确定。

4）层间复制——把当前标准层上的部分内容拷贝到其他标准层上。

5）单层拼装——单层拼装是针对打开工程的当前标准层（没有设置层间编辑）进行拼装。拼装的对象来自其他工程或本工程的某一被选标准层。注意与层间复制的区别，层间复制是在一个工程文件中进行层间的对象复制。

6）工程拼装——在结构层布置时，可利用已经输入的楼层，把它们拼装在一起成为新的结构标准层，从而简化楼层布置的输入。注意与单层拼装的区别，单层拼装是将某一标准层的内容进行拼装。

（7）截面显示。

显示柱、主梁、墙、洞口、斜杆和次梁等构件及其截面尺寸。进入“截面显示”菜单（图2.35），对各种构件可选择“构件显示”和“数据显示”。进入“数据显示”可选择显示截面尺寸或显示偏心标高，如图2.19、图2.20、图2.27、图2.28等。对已输入在平面上的构件可随时用光标点指，显示构件的截面尺寸、偏心、位置等数据。

（8）绘梁线。

绘梁线是把梁的布置连同它相应的网格线一起输入。也就是以前先输轴线再布置梁，现在可以直接绘梁。绘梁时先选择绘梁类型（定义过的主梁类型），然后输入梁偏轴距离、标高（梁向上、向右偏为正；向下、向左偏为负），最后在相应的位置绘出梁线。

（9）偏心对齐。

利用梁柱墙的相互关系，通过对齐的方法达到柱偏心、梁偏心或墙偏心。点击偏心对齐，进入梁柱墙偏心对齐菜单（图 2.36）。

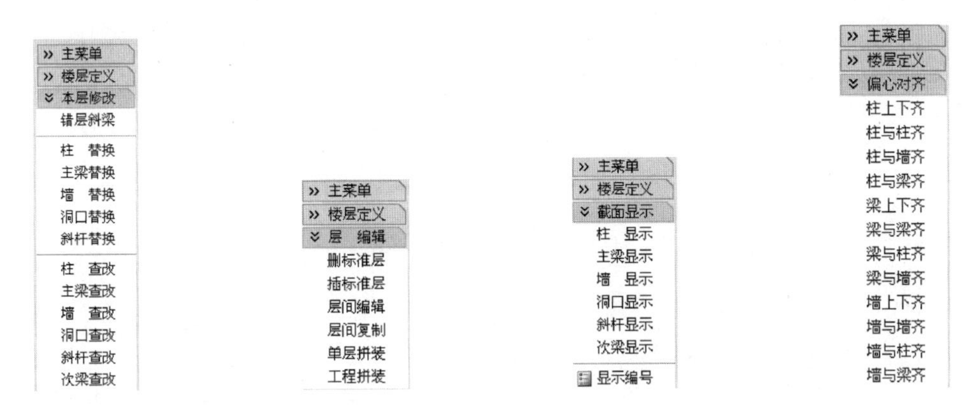

图 2.33　本层修改菜单　　图 2.34　层编辑菜单　　图 2.35　截面显示菜单　　图 2.36　偏心对齐

1）柱上下齐、梁上下齐、墙上下齐——使该构件从上到下各结构标准层都与第一结构标准层的构件对齐。

2）柱与柱齐、梁与梁齐、墙与墙齐——结构标准层中，在同一轴线的同类构件对齐。

3）柱与墙齐、梁与柱齐、墙与柱齐、柱与梁齐、梁与墙齐、墙与梁齐——结构标准层中，一类构件与另一类构件对齐。

2.2.4　定义第 2 结构标准层

1. 添加第 2 标准层

在“楼层定义”菜单中点击“换标准层”，出现“选择/添加标准层”（图 2.37）。选择“添加新标准层”，新增标准层方式选择“全部复制”，点击“确定”按钮，出现“第 2 标准层”。“第 2 标准层”和“第 1 标准层”的区别是“第 2 标准层”没有雨篷，楼梯梁的位置有变化。点击“构件删除”中的“删除梁”，把雨篷梁删除。在“网点编辑”中“删除节点”，把雨篷梁的多余的节点删除。楼梯梁可以删除后重新添加，也可以采用“图素编辑”中的“平移”命令，将楼梯梁向上平移 300mm，再点击“网格生成”中的“形成网点”。在“网点编辑”中“删除节点”，把原来的楼梯梁两端的多余的节点删除。通过局部修改，得到“第 2 标准层”的平面图，点击“网点编辑”中的“网点显示”，显示网格长度如图 2.38 所示。

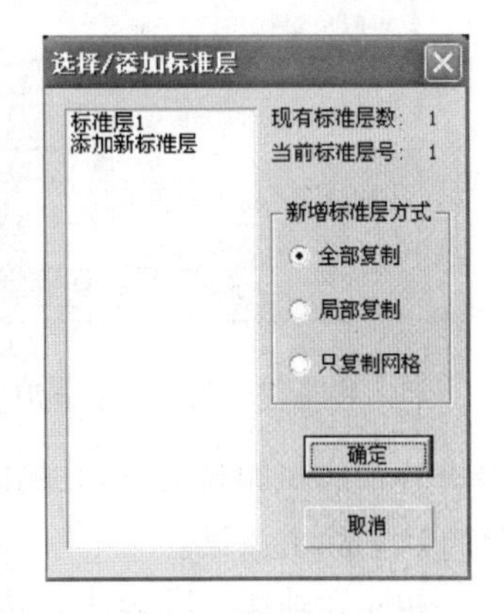

图 2.37　选择/添加标准层对话框

2. 本层信息

在“楼层定义”菜单中点击“本层信息”，本标准层层高改为 3600mm（图 2.39）。

3. 截面显示

点击“截面显示”中的“主梁显示”，显示主梁的截面尺寸如图 2.40 所示。

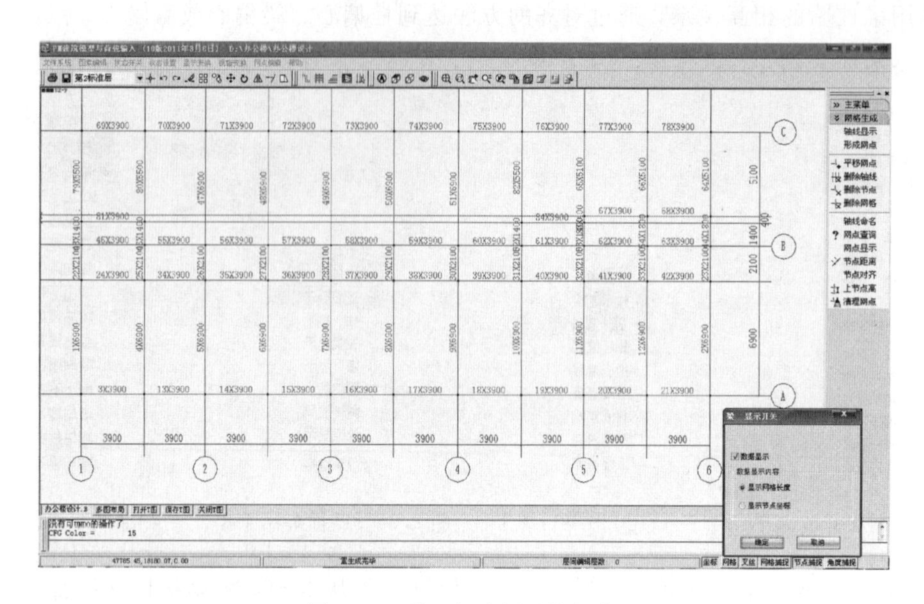

图 2.38 第 2 标准层网格长度

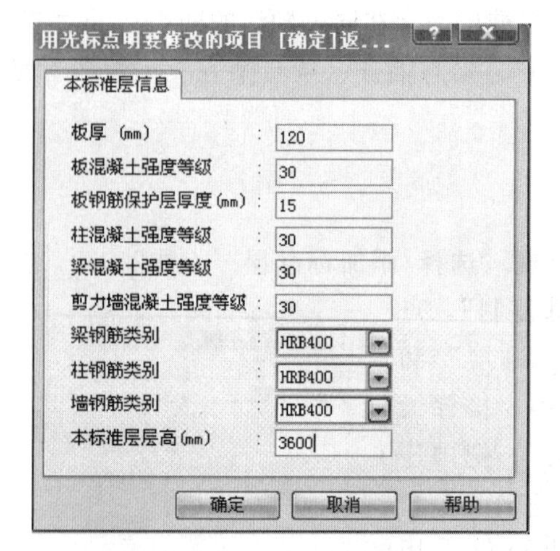

图 2.39 第 2 标准层本层信息对话框

2.2.5 定义第 3 结构标准层

在“楼层定义”菜单中点击“换标准层”，选择“添加新标准层”，新增标准层方式选择“全部复制”，则出现“第 3 标准层”。“第 3 标准层”与“第 2 标准层”完全相同。本层信息也相同，层高为 3600mm。

2.2.6 定义第 4 结构标准层

1. 添加第 4 标准层

在“楼层定义”菜单中点击“换标准层”，选择“添加新标准层”，新增标准层方式选择“全部复制”，则出现“第 4 标准层”。点击“构件删除”中的“删除梁”，删除楼梯间两根楼梯梁和Ⓑ轴线、Ⓒ轴线之间的横梁。点击“网点编辑”中的“删除节点”，删除多余的节点。也可以直接删除不需要梁的两端节点，这样就自动删除了该梁。

删除③轴线、Ⓐ轴线、Ⓒ轴线之间的纵向梁和横向梁，删除③轴线与Ⓑ轴线相交的柱子，然后布置井字梁。由“1.3.2 框架梁柱截面尺寸确定”可知，井字梁的截面尺寸为 300mm×1100mm。③轴线上的井字梁与柱相交，其截面取为 350mm×1100mm。井字梁四周边梁的截面尺寸为 400mm×1200mm。点击“楼层定义”中的“主梁布置”，进行井字梁的布置。

井字梁的四周边梁需要进行截面改动。可以删除井字梁的四周边梁，然后按照新的截面尺寸进行布置。也可以直接在四周边梁位置重新布置新的截面尺寸梁，覆盖原来的截面

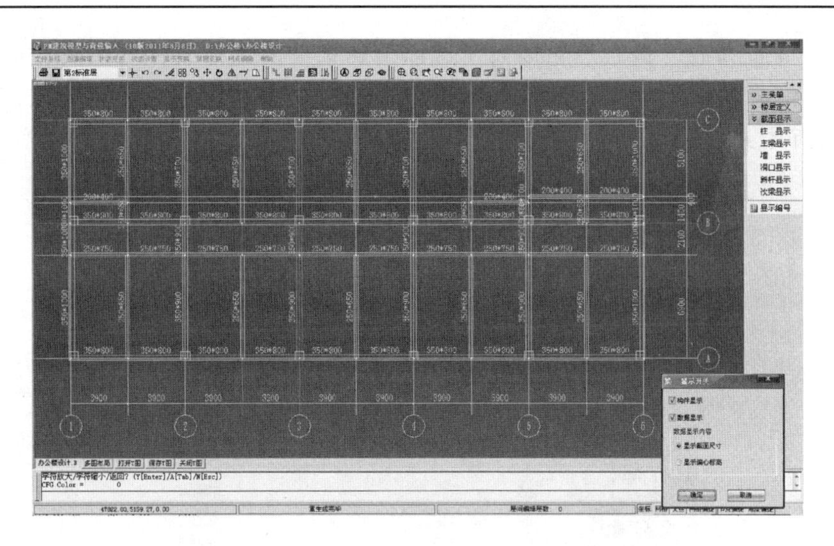

图 2.40 第 2 标准层主梁截面尺寸显示

尺寸。还可以采用“本层修改”中的“主梁查改”进行截面变动。

2. 本层信息

在“楼层定义”菜单中点击“本层信息”，本标准层层高改为 3900mm（图 2.41）。

图 2.41 第 4 标准层本层信息对话框

3. 截面显示

点击“截面显示”中的“主梁显示”，主梁的截面尺寸显示如图 2.42 所示。

2.2.7 第 1 结构标准层荷载输入

点击“荷载输入”，出现“荷载输入”菜单（图 2.43）。点击“梁间荷载”，出现“梁间荷载”菜单

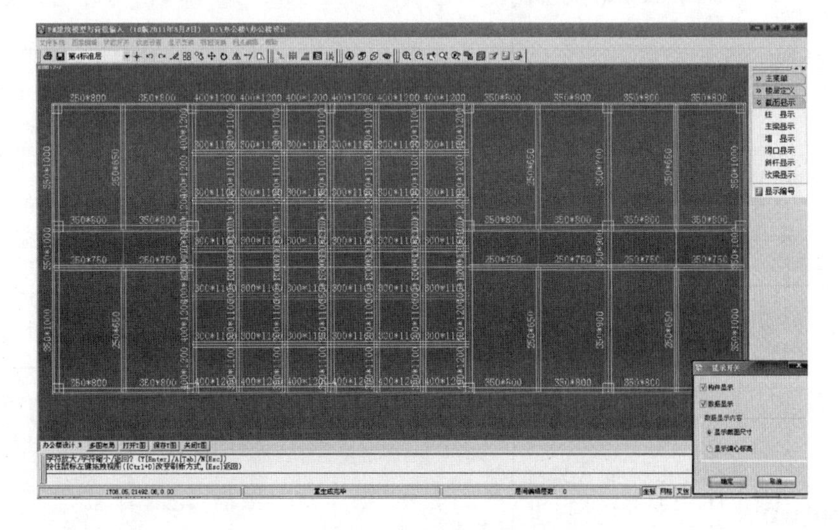

图 2.42 第 4 标准层主梁截面尺寸显示

（图 2.44）。“梁间荷载”指的是除楼面荷载以外的梁上的恒荷载标准值或活荷载标准值（如梁上的墙体荷载），包括“恒载输入”和“活载输入”。在输入梁间荷载之前，需要整理当前层所有梁上的荷载。

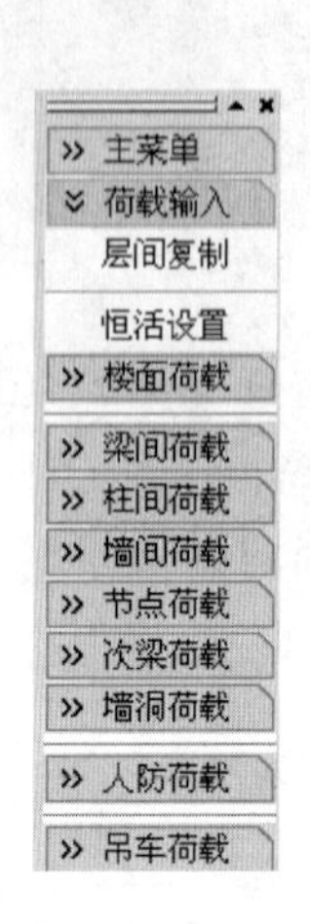

图 2.43　荷载输入菜单

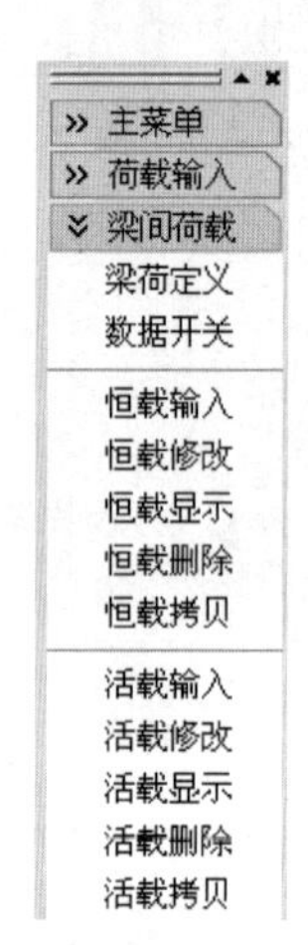

图 2.44　梁间荷载输入菜单

1. 墙体荷载计算

在电算荷载输入时，梁上墙体荷载的输入有一种方法是：考虑开门窗洞口的大小，将没开洞墙体的荷载乘以 0.6～1.0 的系数，近似作为实际墙体的荷载。这种方法有一定的误差。本书详细计算墙体和门窗的荷载然后均布到其跨度上，比较准确。纵横向墙体荷载的计算详见表 2.5。

表 2.5　　纵横向墙体荷载计算　　单位：kN/m

序号	位置			线荷载
1	横向墙体	①轴线 ⑥轴线	墙长 6.9m（无洞口，上层梁高 1.0m，层高 3.6m）	（3.6－1.0）×3.0＝7.8
2			墙长 2.1m（有窗洞 1.9m×1.8m，上层梁高 1.0m，层高 3.6m）	墙体：（3.6－1.0－1.8）×3.0＝2.4 窗：0.45×1.8＝0.81 合计：3.21
3		②轴线 ③轴线 ④轴线 ⑤轴线	墙长 6.9m（无洞口，上层梁高 0.9m，层高 3.6m）	（3.6－0.9）×2.8＝7.56
4			墙长 6.9m（无洞口，上层梁高 0.7m，层高 3.6m）	（3.6－0.7）×2.8＝8.12
5			墙长 2.1m（走廊，无墙体）	0
6		①～⑤轴线间横隔墙	墙长 6.9m（无洞口，上层梁高 0.65m，层高 3.6m）	（3.6－0.65）×2.8＝8.26

续表

序号	位置			线荷载
7		⑤～⑥轴线间横隔墙	墙长 5.1m（无洞口，上层梁高 0.65m，层高 3.6m）	$(3.6-0.65)\times2.8=8.26$
8	纵向外墙体	Ⓐ轴线 Ⓒ轴线	墙长 7.8m（有两个窗 C2：2.1m×1.8m，上层梁高 0.8m，层高 3.6m）	$\dfrac{[7.8\times(3.6-0.8)-2\times2.1\times1.8]\times3+2\times2.1\times1.8\times0.45}{7.8}=5.93$
9	纵向内墙体	Ⓑ轴线	墙长 3.9m（有一个门 M2：1.0m×2.1m，上层梁高 0.8m，层高 3.6m）	$\dfrac{[3.9\times(3.6-0.8)-1.0\times2.1]\times2.8+1.0\times2.1\times0.45}{3.9}=6.6$
10	纵向内墙体	Ⓑ轴线	墙长 7.8m（有一个门洞：2.0m×2.1m，梁高 0.8m，层高 3.6m）	$\dfrac{[7.8\times(3.6-0.80)-2.0\times2.1]\times2.8}{7.8}=6.4$
11	纵向内墙体	Ⓐ轴～Ⓑ轴线之间	墙长 7.8m（有两个门 M3：1.5m×2.1m，上层梁高 0.75m，层高 3.6m）	$\dfrac{[7.8\times(3.6-0.75)-2\times1.5\times2.1]\times2.8+2\times1.5\times2.1\times0.45}{7.8}=6.1$
12	纵向内墙体	Ⓑ轴～Ⓒ轴线之间	墙长 7.8m（有两个门 M4：0.9m×2.1m，上层梁高 0.40m，层高 3.6m）	$\dfrac{[7.8\times(3.6-0.40)-2\times0.9\times2.1]\times2.8+2\times0.9\times2.1\times0.45}{7.8}=7.8$

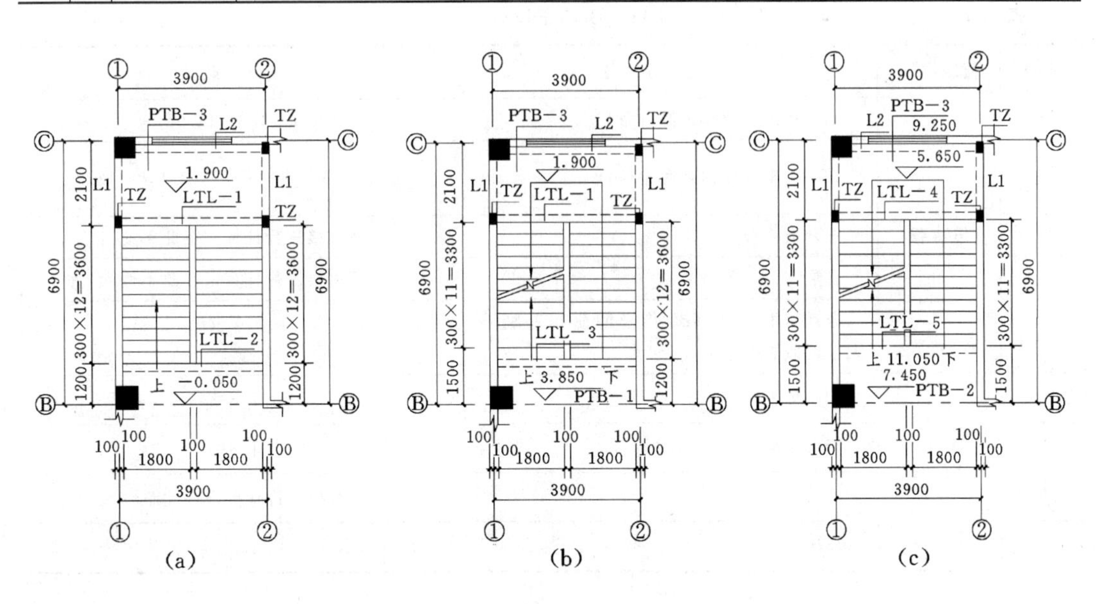

图 2.45　楼梯平面布置图

(a) 楼梯平面布置图（一）；(b) 楼梯平面布置图（二）；(c) 楼梯平面布置图（三）

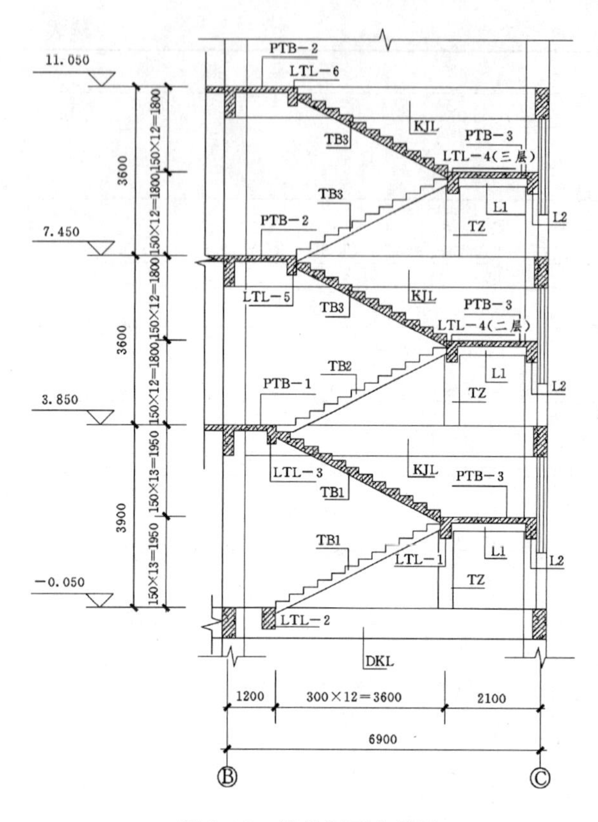

图 2.46 楼梯剖面布置图

2. 楼梯荷载计算

在电算荷载数据输入时，楼梯间荷载有一种输入方法是：将楼梯间板厚取为0，将楼梯荷载折算成楼面荷载，在输楼面恒荷载时，将楼梯的面荷载加大。这种方法的优点只是方便，但不符合实际受力情况，不很合理。第二种方法是将楼梯的荷载折算成线荷载，作用在梁上，这种方法更接近实际受力情况，比较准确。在PMCAD主菜单2时，可在楼梯间位置上开一个较大洞口，也可将楼梯间的板厚设为0，其上荷载也设置为0。本书按照真实的楼梯荷载传递输入数据，下面计算二层楼梯通过楼梯梁传至一层楼面的荷载。由于手算和电算对楼梯荷载的统计有不同之处，为表述清楚，下面仍给出各层楼梯平面布置图（图2.45）和楼梯剖面布置图（图2.46）。

(1) LTL－3的线荷载计算。

LTL－3的线荷载计算详见表2.6。

表 2.6　LTL－3 均布荷载计算　单位：kN/m

序号	荷载类别	传递途径	荷载
1	恒荷载	TB1传来（数据来源省略）	7.2×1.8=12.96
2		TB2传来（数据来源省略）	$\frac{(7.0\times3.3+4.32\times0.3)}{3.6}\times1.8=12.20$
3		平台板传来	程序直接进行计算，在此不输入
4		自重	程序直接进行计算，在此不输入
5		合计（TB1和TB2传来的荷载差别不大，近似取相等）	12.96
6	活荷载	TB1传来	2.5×1.8=4.5
7		TB2传来	2.5×1.8=4.5
8		平台板传来	程序直接进行计算，在此不输入
9		合计	4.5

(2) LTL－4（二层）通过TZ传至下端支承梁上的集中力。

LTL－4（二层）的荷载计算详见表2.7。TZ的集中力计算见表2.8。

表2.7 LTL－4（二层）的荷载计算 单位：kN/m

序号	荷载类别	传递途径	荷载
1	恒荷载	TB3传来（数据来源省略）	7.0×1.65=11.55
2		TB2传来（数据来源省略）	$\frac{(7.0\times3.3+4.32\times0.3)}{3.6}\times1.8=12.20$
3		平台板（PTB—3）传来（数据来源省略）	按单向板考虑，$3.07\times\frac{(2.1-0.3)}{2}=2.8$
4		LTL－4（二层）自重（200mm×400mm）及抹灰层	25×0.20×(0.40－0.08)＝1.6 0.01×(0.40－0.08)×2×17=0.109
5		LTL－4均布线荷载（因TB2和TB3传来荷载相差不大，近似按均布考虑）	2.8+1.6+0.109+12.20=17
6	活荷载	TB3传来	2.5×1.65=4.125
7		TB2传来	2.5×1.8=4.5
8		平台板（PTB—3）传来	按单向板考虑，$2.5\times\frac{(2.1-0.3)}{2}=2.25$
9		LTL－4均布线荷载（因TB2和TB3传来荷载相差不大，近似按均布考虑）	$2.25+\frac{(4.125+4.5)}{2}=6.6$

表2.8 TZ集中力计算

序号	类别	荷载
1	TZ（200mm×300mm）自重（抹灰略）	25×0.2×0.3×（1.8－0.4）＝2.1（kN）
2	L1（200mm×300mm）自重（抹灰略）	25×0.2×0.3=1.5（kN/m）
3	L1上墙体自重	(1.8－0.7)×2.8=3.08（kN/m）
4	L1传至TZ集中力	$(3.08+1.5)\times\frac{(2.1-0.3)}{2}=4.12$（kN）
5	合计	2.1+4.12=6.22（kN）

LTL－4（二层）传至两端的恒荷载集中力为：$17\times\frac{3.9}{2}+6.22=40$（kN）

LTL－4（二层）传至两端的活荷载集中力为：$6.6\times\frac{3.9}{2}=13$（kN）

3.“梁间荷载”输入

(1)“恒载输入”。

进入“梁间荷载”菜单，点击“恒载输入”，出现“选择要布置的梁荷载”对话框，选择“添加”，出现“选择荷载类型”对话框，选择均布荷载，出现“输入第1类型荷载参数”（图2.47），填入线荷载数值，再点击“确定”，出现图2.48所示的“选择要布置的梁荷载”对话框，点击“布置”，在平面图中布置相应恒荷载的梁。根据表2.5，按照先横向梁，再纵向梁的顺序布置梁间荷载，一定要细心，荷载输入是基础，不能出错。

需要说明第 4 类型荷载为集中荷载，需输入参数有两个：一个是集中力的大小，一个是集中力作用点距离左端的距离 x（图 2.49）。图 2.49 中⑤轴线上的集中力矩左端 $x=6.9-1.8-2.1+0.1=3.1$（m）（集中力作用于 LTL－4 梁的中心位置）；图 2.49 中除⑤轴线外的其他三个集中力矩左端 $x=6.9-1.2+0.1-2.1+0.1=3.8$（m）（集中力作用于 LTL－4 梁的中心位置）。

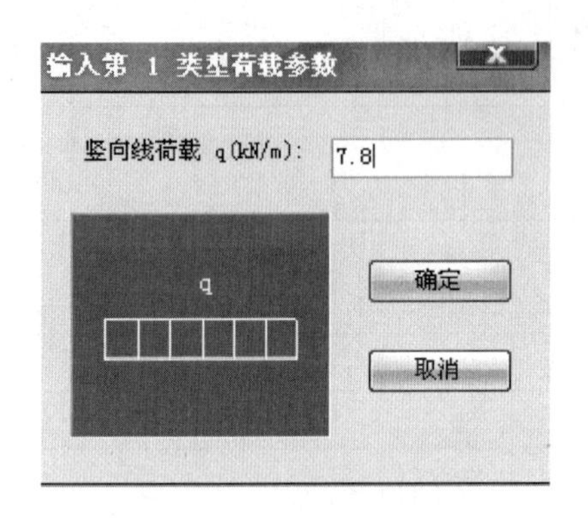

图 2.47　第 1 类型荷载参数输入对话框

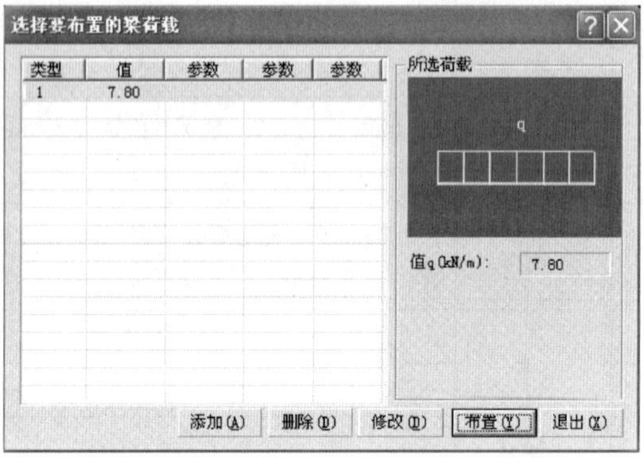

图 2.48　选择要布置的梁荷载对话框

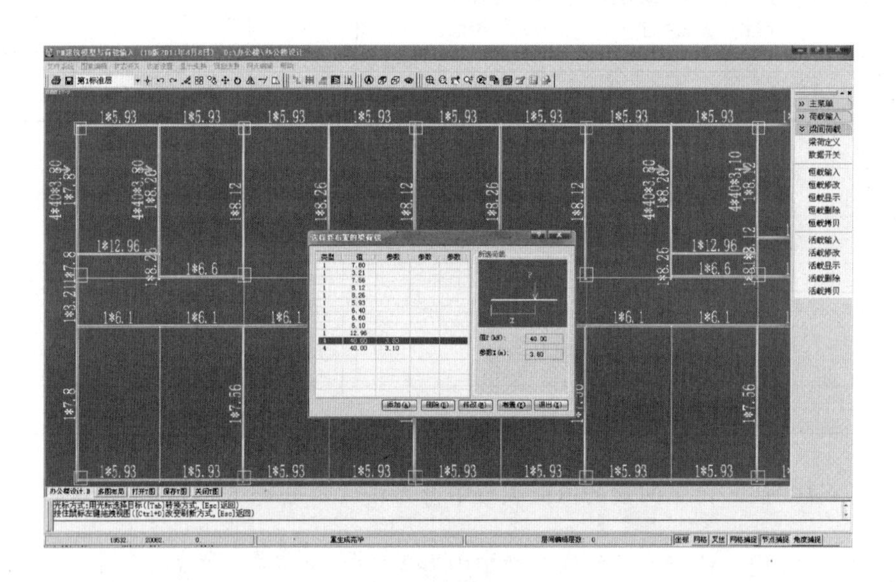

图 2.49　恒荷载输入

恒荷载最终输入的结果显示如图 2.50 所示。

(2)“活载输入”。

输入楼梯间周围梁上的活荷载，输入方法同恒荷载。活荷载最终输入的结果显示如图 2.51 所示。

2.2.8　第 2 结构标准层荷载输入

1. 墙体荷载计算

参考表 2.5，第 2 结构标准层上纵横向墙体荷载的计算详见表 2.9。

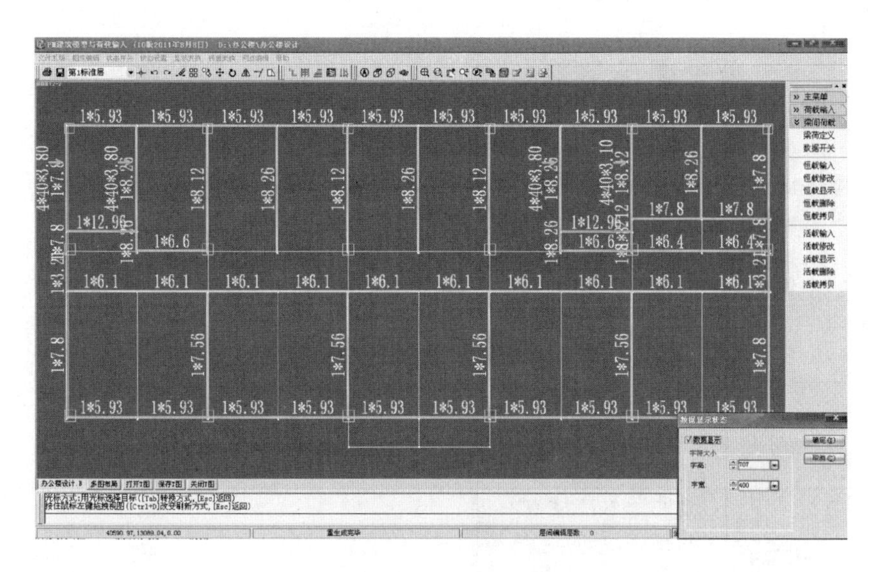

图 2.50　第 1 结构标准层恒荷载输入结果显示

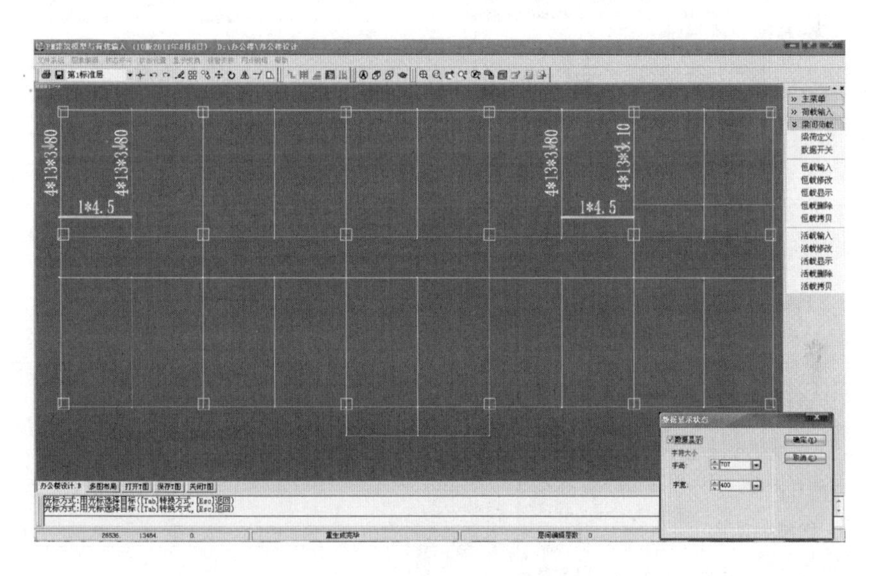

图 2.51　第 1 结构标准层活荷载输入结果显示

表 2.9　　　　**纵横向墙体荷载计算**　　　　单位：kN/m

序号	位　置			线　荷　载
1	横向墙体	①轴线 ⑥轴线	墙长 6.9m（无洞口，上层梁高 1.0m，层高 3.6m）	7.8
2			墙长 2.1m（有窗洞 1.9m×1.8m，上层梁高 1.0m，层高 3.6m）	3.21

续表

<table>
<tr><th>序号</th><th colspan="3">位　置</th><th>线　荷　载</th></tr>
<tr><td>3</td><td rowspan="5">横向墙体</td><td rowspan="3">②轴线
③轴线
④轴线
⑤轴线</td><td>墙长 6.9m（无洞口，上层梁高 0.9m，层高 3.6m）</td><td>7.56</td></tr>
<tr><td>4</td><td>墙长 6.9m（无洞口，上层梁高 0.7m，层高 3.6m）</td><td>8.12</td></tr>
<tr><td>5</td><td>墙长 2.1m（走廊，无墙体）</td><td>0</td></tr>
<tr><td>6</td><td>①～⑤轴线间横隔墙</td><td>墙长 6.9m（无洞口，上层梁高 0.65m，层高 3.6m）</td><td>8.26</td></tr>
<tr><td>7</td><td>⑤～⑥轴线间横隔墙</td><td>墙长 5.1m（无洞口，上层梁高 0.65m，层高 3.6m）</td><td>8.26</td></tr>
<tr><td>8</td><td>纵向外墙体</td><td>Ⓐ轴线
Ⓒ轴线</td><td>墙长 7.8m（有两个窗 C2：2.1m×1.8m，上层梁高 0.8m，层高 3.6m）</td><td>5.93</td></tr>
<tr><td>9</td><td rowspan="5">纵向内墙体</td><td>Ⓑ轴线</td><td>墙长 3.9m（有一个门 M3：1.5m×2.1m，上层梁高 0.8m，层高 3.6m）</td><td>$\frac{[3.9\times(3.6-0.8)-1.5\times2.1]\times2.8+1.5\times2.1\times0.45}{3.9}=6$</td></tr>
<tr><td>10</td><td>Ⓑ轴线</td><td>墙长 7.8m（有一个门洞：2.0m×2.1m，上层梁高 0.8m，层高 3.6m）</td><td>6.4</td></tr>
<tr><td>11</td><td>Ⓐ轴～Ⓑ轴线之间</td><td>墙长 7.8m（有两个门 M3：1.5m×2.1m，上层梁高 0.75m，层高 3.6m）</td><td>6.1</td></tr>
<tr><td>12</td><td>Ⓐ轴～Ⓑ轴线之间</td><td>墙长 3.9m（有一个门 M2：1.0m×2.1m，上层梁高 0.75m，层高 3.6m）</td><td>$\frac{[3.9\times(3.6-0.75)-1.0\times2.1]\times2.8+1.0\times2.1\times0.45}{3.9}=6.7$</td></tr>
<tr><td>13</td><td>Ⓑ轴～Ⓒ轴线之间</td><td>墙长 7.8m（有两个门 M4：0.9m×2.1m，上层梁高 0.40m，层高 3.6m）</td><td>7.8</td></tr>
</table>

2. 楼梯荷载计算

下面计算三层楼梯通过楼梯梁传至二层楼面两边支承梁的集中力。参考图 2.45 和图 2.46。

（1）LTL－5 的线荷载计算。

LTL－5 的线荷载计算详见表 2.10。

表 2.10　　LTL－5 的线荷载计算　　单位：kN/m

序号	荷载类别	传　递　途　径	荷　　载
1	恒荷载	TB3 传来（数据来源省略）	7.0×1.65＝11.55
2		平台板传来	程序直接进行计算，在此不输入
3		自重	程序直接进行计算，在此不输入
4		合计	11.55
5	活荷载	TB3 传来	2.5×1.65＝4.125
6		平台板传来	程序直接进行计算，在此不输入
7		合计	4.125

（2）LTL－4（三层）通过 TZ 传至下端支承梁上的集中力。

LTL－4（三层）的荷载计算详见表 2.11。TZ 的集中力计算见表 2.12。

表 2.11　　LTL－4（三层）的荷载计算　　单位：kN/m

序号	荷载类别	传　递　途　径	荷　　载
1	恒荷载	TB3 传来（数据来源省略）	7.0×1.65＝11.55
2		平台板（PTB－3）传来（数据来源省略）	按单向板考虑，$3.07\times\frac{(2.1-0.3)}{2}=2.8$
3		LTL－4 自重（200mm× 400mm）	25×0.2×0.4＝2
4		LTL－4 均布线荷载	11.55＋2.8＋2＝16.35
5	活荷载	TB3 传来	2.5×1.65＝4.125
6		平台板（PTB－3）传来	按单向板考虑，$2.5\times\frac{(2.1-0.3)}{2}=2.25$
7		LTL－4 均布线荷载	4.125＋2.25＝6.4

参考表 2.8，TZ 集中力为 6.68kN，则

LTL－4（三层）传至两端的恒荷载集中力为：$16.35\times\frac{3.9}{2}+6.22=38$（kN）

LTL－4（三层）传至两端的活荷载集中力为：$6.4\times\frac{3.9}{2}=13$（kN）

3. “梁间荷载”输入

（1）“恒载输入”。

按表 2.9、表 2.10 和表 2.11 进行恒荷载输入。第 4 类型荷载为集中荷载，⑤轴线上的集中力作用点距离左端的距离 $x=6.9-1.8-2.1+0.1=3.1$（m）（集中力作用于 LTL－4 梁的中心位置）；除⑤轴线外的其他三个集中力矩左端 $x=6.9-1.5+0.1-2.1+0.1=3.5$（m）（集中力作用于 LTL－4 梁的中心位置）。

恒荷载最终输入的结果如图 2.52 所示。

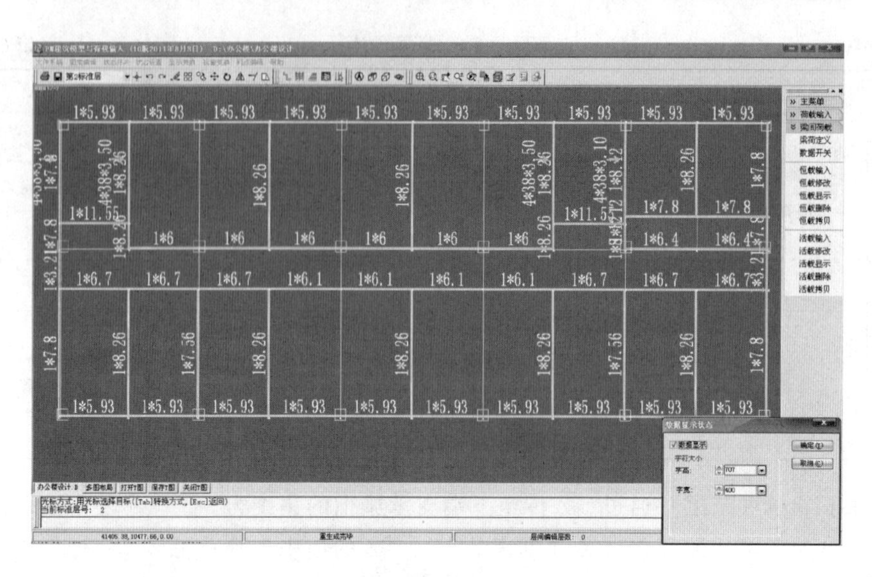

图 2.52　第 2 结构标准层恒荷载输入结果显示

（2）“活载输入”。

输入楼梯间周围梁上的活荷载，输入方法同恒荷载。活荷载最终输入的结果如图 2.53 所示。

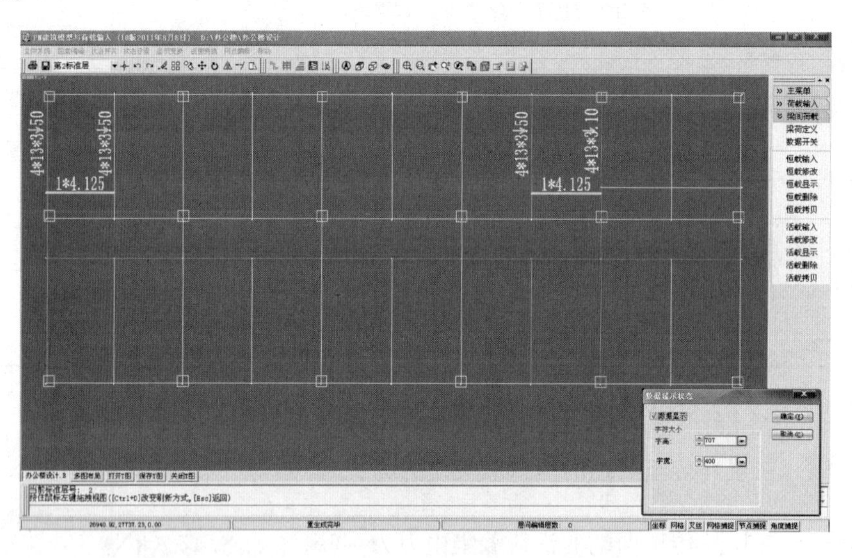

图 2.53　第 2 结构标准层活荷载输入结果显示

2.2.9　第 3 结构标准层荷载输入

1. 墙体荷载计算

参考表 2.5，第 3 结构标准层上纵横向墙体荷载的计算详见表 2.12。

2. 楼梯荷载计算

下面计算三层楼梯传至楼梯梁的均布线荷载。参考图 2.45 和图 2.46。LTL－6 的线荷载计算详见表 2.13。

表 2.12　　**纵横向墙体荷载计算**　　单位：kN/m

序号	位置			线荷载
1	横向墙体	①轴线 ⑥轴线	墙长 6.9m（无洞口，上层梁高 1.0m，层高 3.9m）	$(3.9-1.0)\times3.0=8.7$
2			墙长 2.1m（有窗洞 1.9m×1.8m，上层梁高 1.0m，层高 3.9m）	墙体：$(3.9-1.0-1.8)\times3.0=3.3$ 窗：$0.45\times1.8=0.81$ 合计：4.11
3		②轴线 ④轴线	墙长 6.9m（无洞口，上层梁高 1.2m，层高 3.9m）	$(3.9-1.2)\times2.8=7.56$
4		⑤轴线	墙长 6.9m（无洞口，上层梁高 0.7m，层高 3.9m）	$(3.9-0.7)\times2.8=9$
5		走廊	墙长 2.1m（无墙体）	0
6			墙长 2.1m（有一个门 M5，1.2m×2.1m）	$\frac{[2.1\times(3.9-1.2)-1.2\times2.1]\times2.8+1.2\times2.1\times0.45}{2.1}=4.74$
7		①～⑤轴线间横隔墙	墙长 6.9m（无洞口，上层梁高 0.65m，层高 3.9m）	$(3.9-0.65)\times2.8=9.1$
8		⑤～⑥轴线间横隔墙	墙长 5.1m（无洞口，上层梁高 0.65m，层高 3.9m）	$(3.9-0.65)\times2.8=9.1$
9	纵向外墙体	Ⓐ轴～Ⓒ轴线（除②轴～④轴线间墙体）	墙长 7.8m（有两个窗 C2：2.1m×1.8m，上层梁高 0.8m，层高 3.9m）	$\frac{[7.8\times(3.9-0.8)-2\times2.1\times1.8]\times3+2\times2.1\times1.8\times0.45}{7.8}=6.8$
		Ⓐ轴～Ⓒ轴线（②轴～④轴线间墙体）	墙长 7.8m（有两个窗 C2：2.1m×1.8m，上层梁高 1.2m，层高 3.9m）	$\frac{[7.8\times(3.9-1.2)-2\times2.1\times1.8]\times3+2\times2.1\times1.8\times0.45}{7.8}=5.63$
10	纵向内墙体	Ⓑ轴线	墙长 3.9m（有一个门 M2：1.0m×2.1m，上层梁高 0.8m，层高 3.9m）	$\frac{[3.9\times(3.9-0.8)-1.0\times2.1]\times2.8+1.0\times2.1\times0.45}{3.9}=7.4$
11		Ⓑ轴线	墙长 7.8m（有一个门洞：2.0m×2.1m，上层梁高 0.8m，层高 3.9m）	$\frac{[7.8\times(3.9-0.80)-2.0\times2.1]\times2.8}{7.8}=7.2$
12		Ⓐ轴～Ⓑ轴线之间	墙长 7.8m（有两个门 M3：1.5m×2.1m，上层梁高 0.75m，层高 3.9m）	$\frac{[7.8\times(3.9-0.75)-2\times1.5\times2.1]\times2.8+2\times1.5\times2.1\times0.45}{7.8}=6.9$
13		Ⓐ轴～Ⓑ轴线之间	墙长 3.9m（有一个门 M2：1.0m×2.1m，上层梁高 0.75m，层高 3.9m）	$\frac{[3.9\times(3.9-0.75)-1.0\times2.1]\times2.8+1.0\times2.1\times0.45}{3.9}=7.6$
14		Ⓑ轴～Ⓒ轴线之间	墙长 7.8m（有两个门 M4：0.9m×2.1m，上层梁高 0.40m，层高 3.9m）	$\frac{[7.8\times(3.9-0.40)-2\times0.9\times2.1]\times2.8+2\times0.9\times2.1\times0.45}{7.8}=8.7$

表 2.13　　LTL－6 的线荷载计算　　单位：kN/m

序号	荷载类别	传递途径	荷载
1	恒荷载	TB3 传来（数据来源省略）	7.0×1.65＝11.55（作用在右半跨）
2		平台板传来	程序直接进行计算，在此不输入
3		自重	程序直接进行计算，在此不输入
4	活荷载	TB3 传来	2.5×1.65＝4.125（作用在右半跨）
5		平台板传来	程序直接进行计算，在此不输入

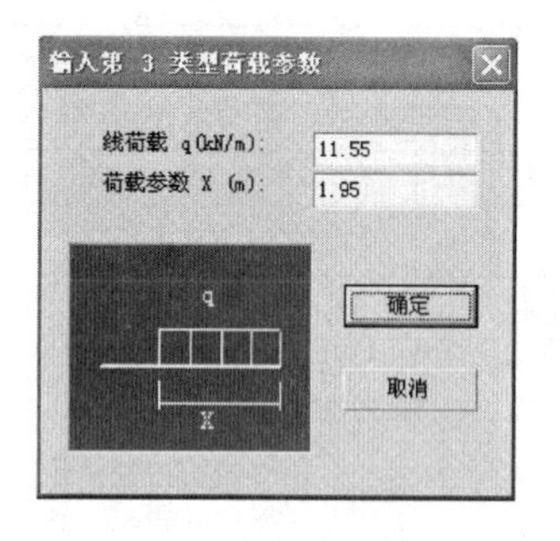

图 2.54　第 3 类型荷载参数

3. “梁间荷载”输入

(1)“恒载输入”。

按表 2.12 和表 2.13 进行恒荷载输入。梯板传递给 LTL－6 的线荷载只作用在右半跨，选择荷载类型 3，输入线荷载和荷载参数，如图 2.54 所示。

恒荷载最终输入的结果如图 2.55 所示。

(2)“活载输入”。

输入楼梯间周围梁上的活荷载，输入方法同恒荷载。活荷载最终输入的结果如图 2.56 所示。

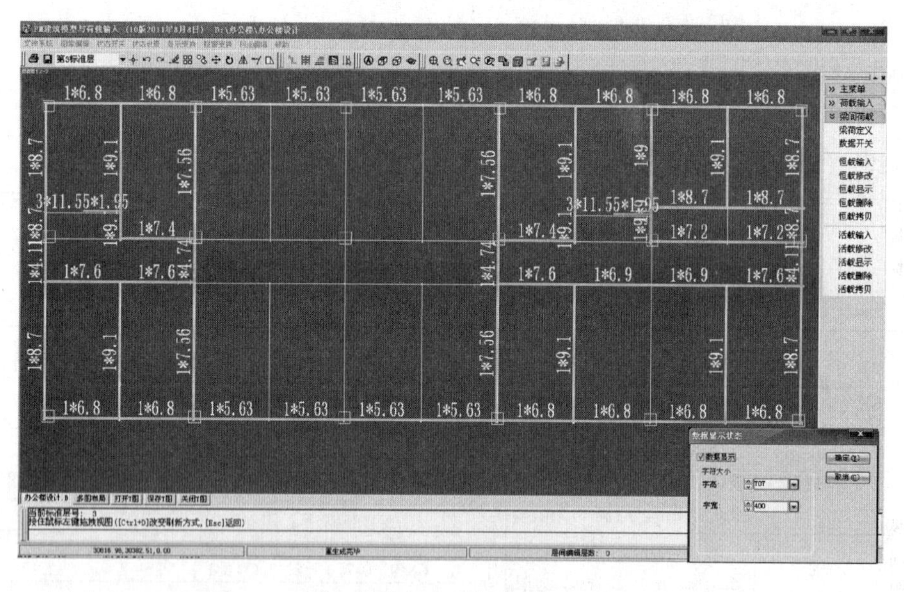

图 2.55　第 3 结构标准层恒荷载输入结果显示

2.2.10　第 4 结构标准层荷载输入

第 4 结构标准层上只有四周的女儿墙，女儿墙墙体选用 200mm 厚大孔页岩砖，荷载为 3.0kN/m^2，女儿墙 1000mm 高，女儿墙墙体线荷载为 3.0×1.0＝3.0（kN/m）。

第 4 结构标准层的“梁间荷载”输入只有“恒载输入”，沿外围四周输入梁上恒载，恒荷载最终输入的结果如图 2.57 所示。

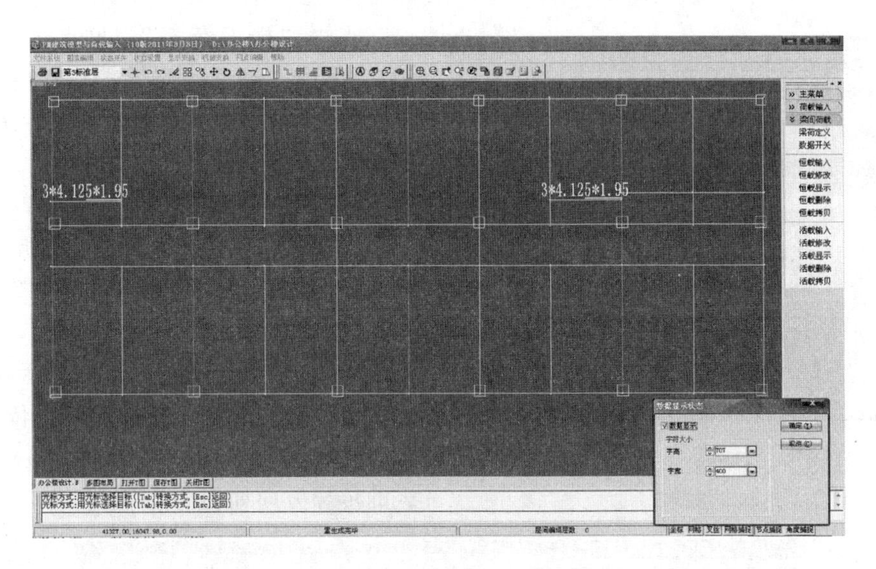

图 2.56　第 3 结构标准层活荷载输入结果显示

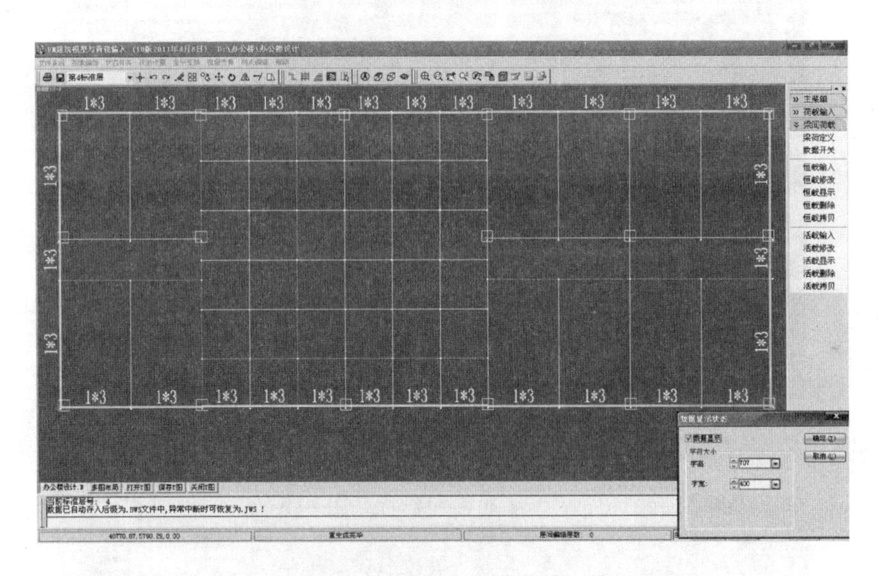

图 2.57　第 4 结构标准层恒荷载输入结果显示

2.2.11　楼面荷载输入

1. 第 1 层楼面荷载输入

(1) 楼面恒载。

点击“荷载输入”，再点击“恒活设置”，出现如图 2.58 所示的对话框。“恒活设置”的功能是输入各荷载标准层的楼面恒荷载标准值和楼面活荷载标准值，定义荷载标准层。定义荷载标准层不仅需其楼面荷载相同，同时须考虑楼层上的其他荷载是否相同。对话框的一个选项是“考虑活荷载折减”；另有一选项“自动计算现浇楼板自重”，若选择该项，则输入的荷载值应不包括板的自重；若不选择该项，则输入的荷载值应包括板的自重，表 2.3 恒荷载取值中已经包含了板的自重。

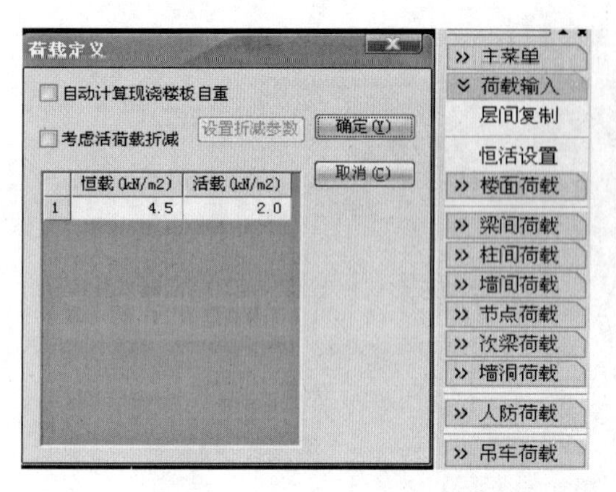

图 2.58　荷载定义对话框

点击“楼面荷载”，再点击“楼面恒载”，出现“修改恒载”对话框（图 2.58）。逐次修改各块楼板的楼面恒载，第 1 层楼面恒载最终结果如图 2.59 所示。

（2）楼面恒活载。

按同样方法逐次修改各块楼板的楼面活载，第 1 层楼面活载最终结果如图 2.60 所示。

（3）导荷方式。

点击“导荷方式”，屏幕显示导荷方式子菜单。出现各房间楼面荷载的传导方向，调整楼面单向板的传力方向，最终楼面荷载的传导方向如图 2.61 所示。

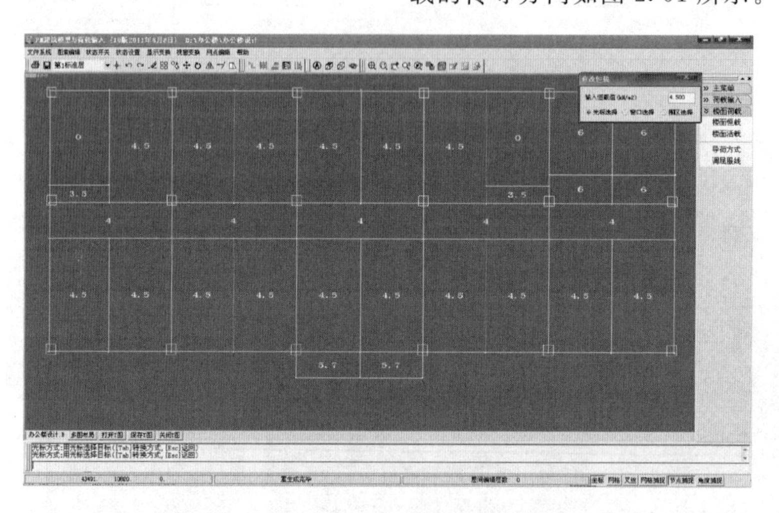

图 2.59　第 1 层楼面恒载最终结果

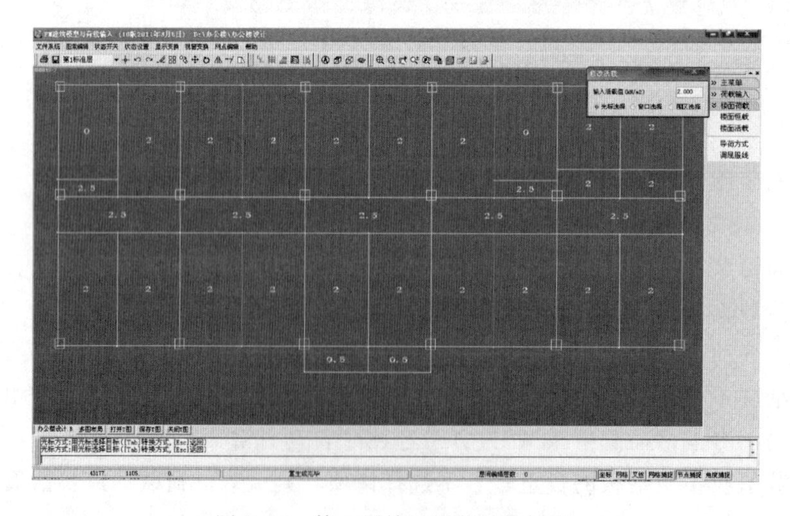

图 2.60　第 1 层楼面活载最终结果

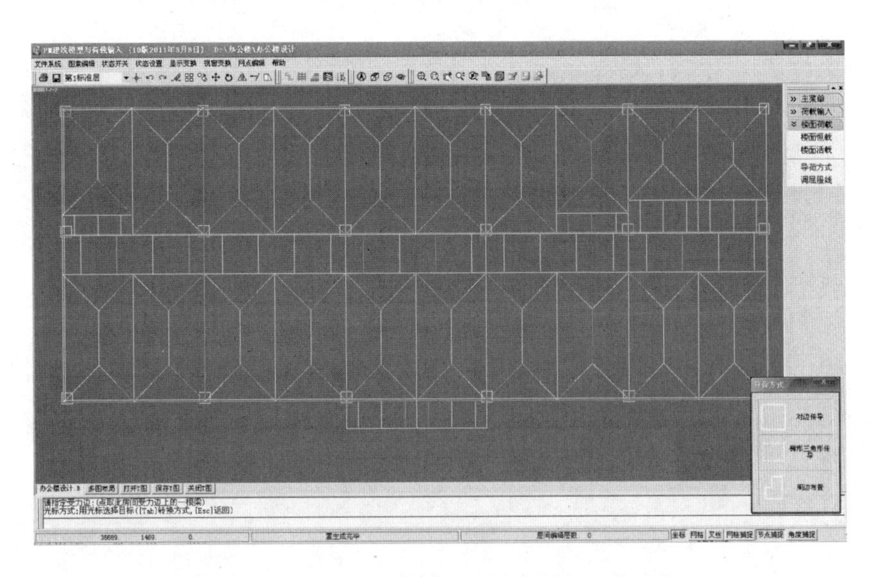

图 2.61　第 1 荷载标准层房间楼面荷载的传导方向

2. 第 2 层、第 3 层楼面荷载输入

(1) 楼面恒载。

按表 2.3 的恒荷载取值进行修改，修改后的最终楼面恒荷载值如图 2.62 所示。

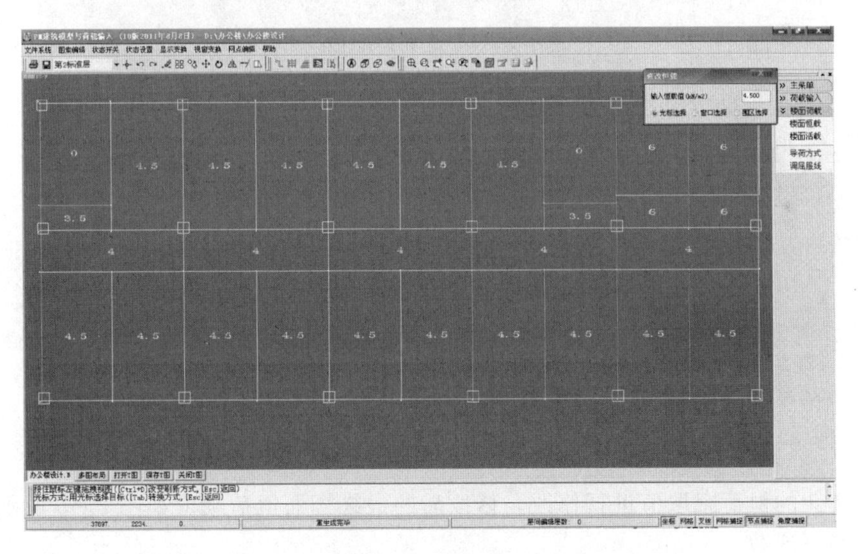

图 2.62　第 2、3 荷载标准层修改后的最终楼面恒荷载值

(2) 楼面活载。

按表 2.4 的活荷载取值进行修改，修改后的最终楼面活荷载值如图 2.63 所示。

(3) 导荷方式。

各房间指定方式的楼面荷载传导方向如图 2.64 所示。

3. 第 4 层楼面荷载输入

(1) 楼面恒载。

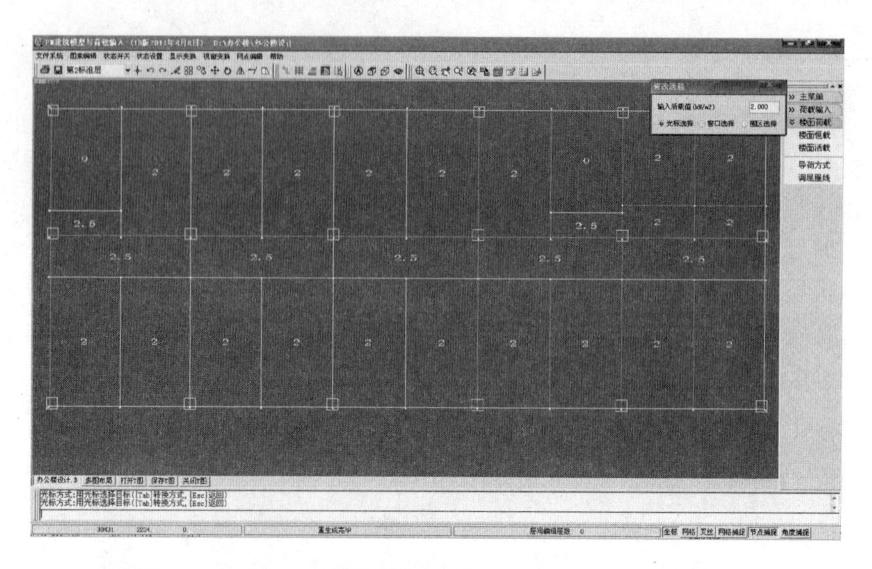

图 2.63　第 2、3 荷载标准层修改后的最终楼面活荷载值

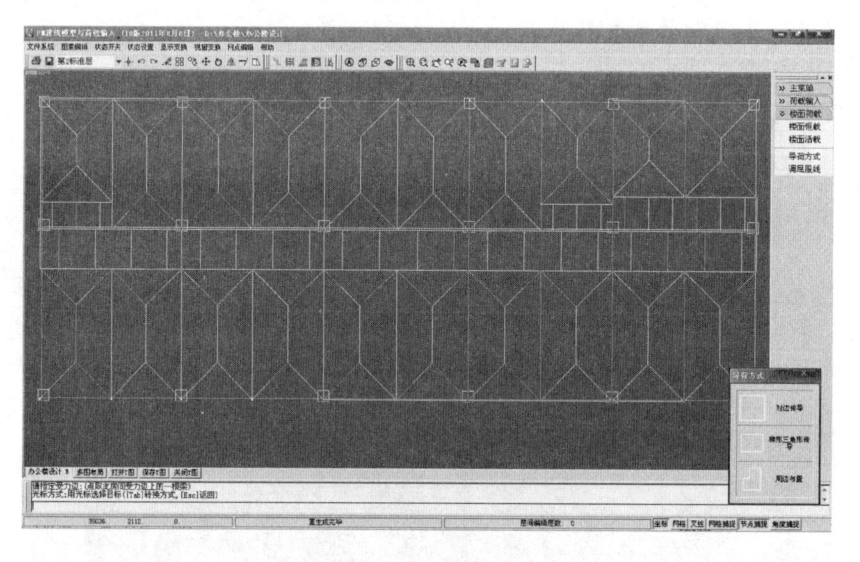

图 2.64　第 2、3 荷载标准层房间楼面荷载的传导方向

按表 2.3 的恒荷载取值进行修改，修改后的最终楼面恒荷载值如图 2.65 所示。

(2) 楼面活载。

按表 2.4 的活荷载取值进行修改，修改后的最终楼面活荷载值如图 2.66 所示。

(3) 导荷方式。

各房间指定方式的楼面荷载传导方向如图 2.67 所示。

2.2.12　设计参数输入

设计参数在从 PMCAD 生成的各种结构计算文件中均起作用，有些参数在后面各菜单还可以进行修改。包括总信息参数、材料信息参数、地震信息参数、风荷载信息参数、钢筋信息参数等。

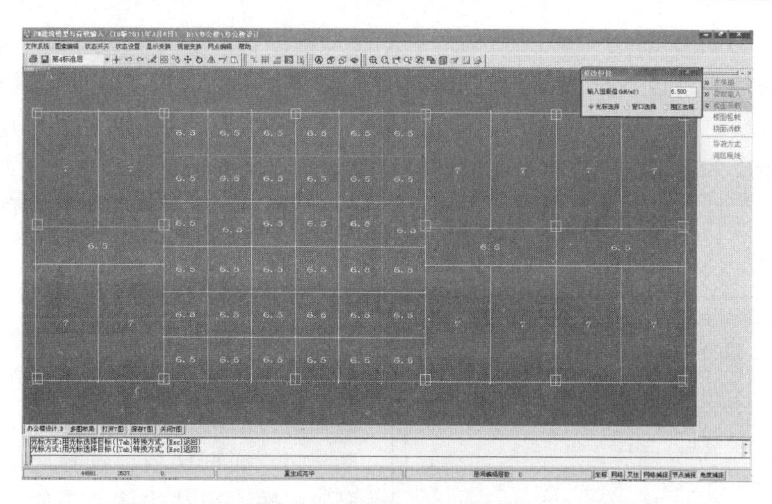

图 2.65　第 4 荷载标准层修改后的最终楼面恒荷载值

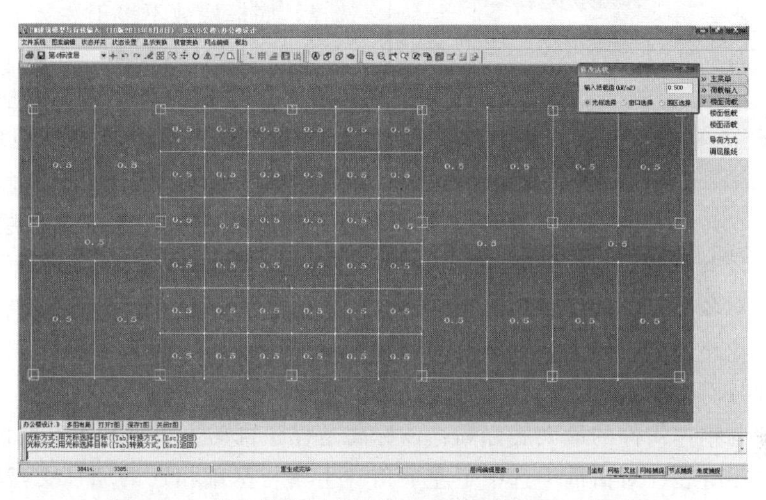

图 2.66　第 4 荷载标准层修改后的最终楼面活荷载值

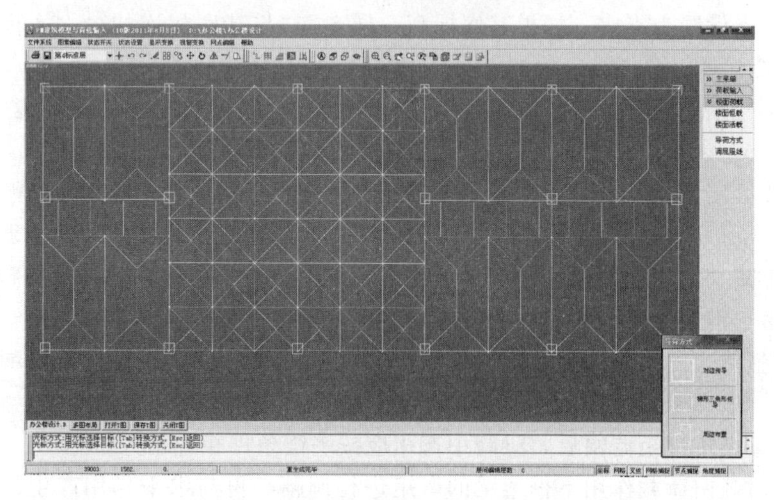

图 2.67　第 4 荷载标准层房间楼面荷载的传导方向

1. 总信息（图2.68）

（1）结构体系：包括框架结构、框—剪结构、框—筒结构、筒中筒结构、剪力墙结构、短肢剪力墙结构、复杂高层结构、砌体结构和底框结构等结构体系。程序根据所选的结构体系，相应采用规范中规定的不同的设计参数、不同的信息输入和计算方法。

（2）结构主材：包括钢筋混凝土、砌体、钢和混凝土。程序根据所选用的材料，要求输入材料信息，并采用相应的计算方法。

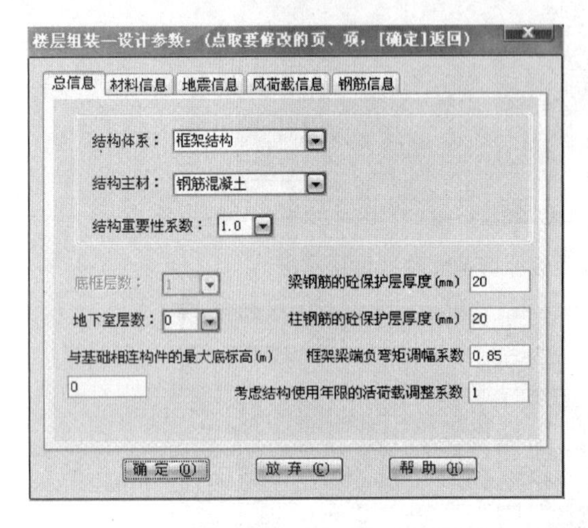

图2.68 设计参数（总信息）

（3）结构重要性系数：1.1、1.0、0.9，隐含取值1.0。该系数主要是针对非抗震地区设置，程序在组合配筋时，对非地震参与的组合才乘以该放大系数。

（4）底框层数：选择底框砌体结构的框架层数。当结构体系为底框砌体结构时选择，底框层数不多于3层。

（5）地下室层数：结构的地下层数。填入小于层数的数。当设有地下室时，程序对结构作如下处理：计算风载时，其高度扣去地下室层数，风力在地下室处为0；在总刚度集成时，地下室各层的水平位移被嵌固；在抗震计算时，结构地下室不产生振动，地下室各层没有地震力，但地下室各层承担上部传下的地震反应；在计算剪力墙加强区时，将扣除地下室的高度求上部结构的加强区部位，且地下室部分亦为加强部位；地下室同样进行内力调整。

（6）与基础相连构件的最大底标高：该标高是程序自动生成接基础支座信息的控制参数。当在“楼层组装”对话框中选中了左下角“生成与基础相连的墙柱支座信息”，并按“确定”按钮退出该对话框时，程序会自动根据此参数将各标准层上底标高低于此参数的构件所在的节点设置为支座。如果基底标高一样齐，“与基底相连的最大底标高”可取默认值。

（7）梁、柱钢筋混凝土保护层厚度。梁、柱混凝土保护层厚度均按环境类别一取用，即均取为20mm。

（8）框架梁端负弯矩调幅系数：在竖向荷载作用下，框架梁端负弯矩很大，配筋困难，不便于施工。因此允许考虑塑性变形内力重分布对梁端负弯矩进行适当调幅，通过调整使梁端弯矩减少，相应增加跨中弯矩，使梁上下配筋均匀一些，达到节约材料，方便施工的目的。由于钢筋混凝土的塑性变形能力有限，调幅的幅度必须加以限制。

1）装配整体式框架梁端负弯矩调幅系数可取为0.7～0.8；现浇框架梁端负弯矩调幅系数可取为0.8～0.9。

2）框架梁端负弯矩调幅后，梁跨中弯矩应按平衡条件相应增大。

3）应先对竖向荷载作用下框架梁的弯矩进行调幅，再与水平作用产生的框架梁弯矩进行组合。

4）截面设计时，为保证框架梁跨中截面底钢筋不至于过少，框架梁跨中截面正弯矩设计值不应小于竖向荷载作用下按简支梁计算的跨中弯矩设计值的 50%。

5）当梁端为柱或墙且为负弯矩时，可折减调幅；当梁端为正弯矩时，不能折减调幅。

6）钢梁不调整梁端负弯矩调幅系数。

2. 材料信息（图 2.69）

（1）混凝土容重：可填 25 左右的数。混凝土自重是计算混凝土梁、柱、支撑和剪力墙自重的，对于不考虑自重的结构可取 0；如果要细算梁、柱、墙的抹灰等荷载，可把自重定为 26～28kN/m³ 等。

（2）钢材容重：可填 78kN/m³ 左右的数。

（3）钢截面净毛面积比值：可填0.5～1 之间的数。

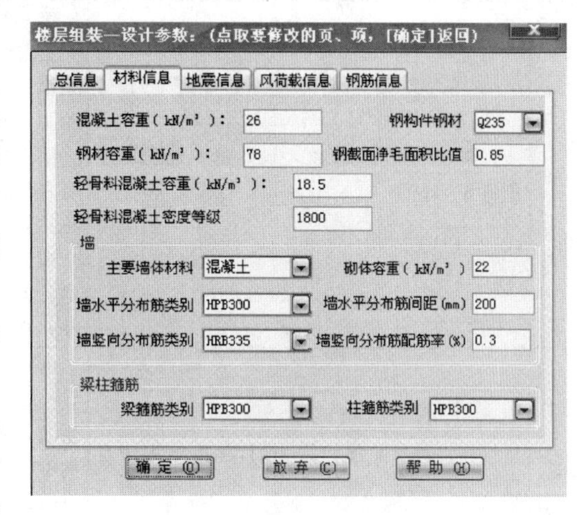

图 2.69　设计参数（材料信息）

（4）墙：墙主筋类别、墙水平分布筋类别、墙水平分布筋间距（应填入加强区间距，并满足规范要求，可填 50～400 之间的数）、墙竖向分布筋类别、墙竖向分布筋配筋率（可填 0.12～1.2 之间的数）。

（5）梁柱箍筋：梁箍筋类别、柱箍筋类别。

3. 地震信息（图 2.71）

（1）设计地震分组：分为设计地震第一组、设计地震第二组和设计地震第三组。根据《建筑抗震设计规范》（GB 50011—2010）的附录 A 选择。程序根据不同的地震分组，计算特征周期。表 2.14 给出了四川省主要城镇的抗震设防烈度、设计基本地震加速度和设计地震分组。

表 2.14　四川省主要城镇的抗震设防烈度、设计基本地震加速度和设计地震分组

序号	抗震设防烈度和设计基本地震加速度	设计地震分组
1	抗震设防烈度不低于 9 度，设计基本地震加速度值不小于 0.40g	第二组：康定，西昌
2	抗震设防烈度为 8 度，设计基本地震加速度值为 0.30g	第二组：冕宁*
3	抗震设防烈度为 8 度，设计基本地震加速度值为 0.20g	第一组：茂县，汶川，宝兴； 第二组：松潘，平武，北川（震前），都江堰，道孚，泸定，甘孜，炉霍，喜德，普格，宁南，理塘； 第三组：九寨沟，石棉，德昌
4	抗震设防烈度为 7 度，设计基本地震加速度值为 0.15g	第二组：巴塘，德格，马边，雷波，天全，芦山，丹巴，安县，青川，江油，绵竹，什邡，彭州，理县，剑阁*； 第三组：荥经，汉源，昭觉，布拖，甘洛，越西，雅江，九龙，木里，盐源，会东，新龙

续表

序号	抗震设防烈度和设计基本地震加速度	设计地震分组
5	抗震设防烈度为7度，设计基本地震加速度值为0.10g	第一组：自贡（自流井、大安、贡井、沿滩）； 第二组：绵阳（涪城、游仙），广元（利州、元坝、朝天），乐山（市中、沙湾），宜宾，宜宾县，峨边，沐川，屏山，得荣，雅安，中江，德阳，罗江，峨眉山，马尔康； 第三组：成都（青羊、锦江、金牛、武侯、成华、龙泽泉、青白江、新都、温江），攀枝花（东区、西区、仁和），若尔盖，色达，壤塘，石渠，白玉，盐边，米易，乡城，稻城，双流，乐山（金口轲、五通桥），名山，美姑，金阳，小金，会理，黑水，金川，洪雅，夹江，邛崃，蒲江，彭山，丹棱，眉山，青神，郫县，大邑，崇州，新津，金堂，广汉
6	抗震设防烈度为6度，设计基本地震加速度值为0.05g	第一组：泸州（江阳、纳溪、龙马潭），内江（市中、东兴），宣汉，达州，达县，大竹，邻水，渠县，广安，华蓥，隆昌，富顺，南溪，兴文，叙永，古蔺，资中，通江，万源，巴中，阆中，仪陇，西充，南部，射洪，大英，乐至，资阳； 第二组：南江，苍溪，旺苍，盐亭，三台，简阳，泸县，江安，长宁，高县，珙县，仁寿，威远； 第三组：犍为，荣县，梓潼，筠连，井研，阿坝，红原

注　上标*指该城镇的中心位于本设防区和较低设防区的分界线。

（2）地震烈度：所设计结构的设防烈度，根据《建筑抗震设计规范》（GB 50011—2010）选择。抗震设防烈度和设计基本地震加速度取值的对应关系见表2.15。

表2.15　抗震设防烈度和设计基本地震加速度值的对应关系

抗震设防烈度	6	7	8	9
设计基本地震加速度值	0.05g	0.10g（0.15g）	0.20g（0.30g）	0.40g

（3）场地类别：1类、2类、3类、4类、上海。根据《建筑抗震设计规范》（GB 50011—2010）选择。建筑的场地类别应根据土层等效剪切波速和场地覆盖层厚度按表2.16划分为四类。当有可靠的剪切波速和覆盖层厚度且其值处于表2.16所列场地类别的分界线附近时，应允许按插值方法确定地震作用计算所用的设计特征周期。在其他条件相同的情况下，场地类别越大，场地越软，设计特征周期（表2.17）越大，地震影响系数曲线（图2.70）的台阶就越长，地震作用加大，所算出的结构侧移也大，相应的造价也增加。

表2.16　各类建筑场地的覆盖层厚度　　单位：m

岩石的剪切波速或土的等效剪切波速（m/s）	场地类别				
	Ⅰ$_0$	Ⅰ$_1$	Ⅱ	Ⅲ	Ⅳ
$v_s>800$	0				
$800\geqslant v_s>500$		0			
$500\geqslant v_{se}>250$		<5	≥5		
$250\geqslant v_{se}>150$		<3	3～50	>50	
$v_{se}\leqslant150$		<3	3～15	15～80	>80

注　表中v_s系岩石的剪切波速。

表 2.17　　特征周期值　　单位：s

设计地震分组	场地类别				
	Ⅰ0	Ⅰ1	Ⅱ	Ⅲ	Ⅳ
第一组	0.20	0.25	0.35	0.45	0.65
第二组	0.25	0.30	0.40	0.55	0.75
第三组	0.30	0.35	0.45	0.65	0.90

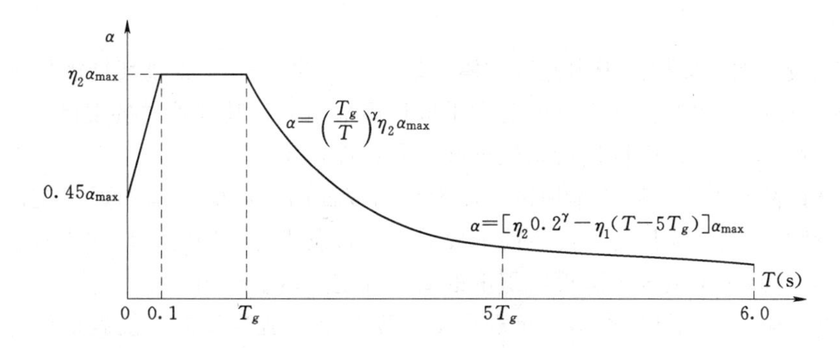

图 2.70　地震影响系数曲线

α—地震影响系数；α_{max}—地震影响系数最大值；η_1—直线下降段的下降斜率调整系数；γ—衰减指数；T_g—特征周期；η_2—阻尼调整系数；T—结构自振周期

(4) 框架抗震等级：特一级、一级、二级、三级、四级、非抗震。根据《建筑抗震设计规范》(GB 50011—2010) 选择。

(5) 剪力墙的抗震等级：特一级、一级、二级、三级、四级、非抗震。根据《建筑抗震设计规范》(GB 50011—2010) 选择。

(6) 计算振型个数：地震力计算用侧刚计算法时，不考虑耦连的振型数，个数不大于结构的层数；考虑藕连的振型数，个数不大于 3 倍层数。地震力计算用总刚度法时，结构要有较多的弹性节点，振型个数不受上限控制，一般取大于 12。振型个数的大小与结构层数、结构形式有关，当结构层数较多或结构层刚度突变较大时振型个数应取得多些。

(7) 周期折减系数：高层建筑结构内力位移分析时，只考虑了主要结构构件（梁、柱、剪力墙和筒体等）的刚度，没有考虑非承重结构的刚度，因而计算的自振周期较实际的长，按这一周期计算的地震力偏小。为此，《高层建筑混凝土结构技术规程》(JGJ 3—2010) 规定计算各振型地震影响系数所采用的结构自振周期应考虑非承重墙体的刚度影响予以折减。

大量工程实测周期表明：实际建筑物自振周期短于计算的周期。尤其是有实心砖填充墙的框架结构，由于实心砖填充墙的刚度大于框架柱的刚度，其影响更为显著，实测周期约为计算周期的 0.5～0.6 倍；剪力墙结构中，由于砖墙数量少，其刚度又远小于钢筋混凝土墙的刚度，实测周期与计算周期比较接近。因此，当非承重墙体为填充砖墙时，高层建筑结构的计算自振周期折减系数可按下列规定取值：框架结构可取 0.6～0.7；框架—剪力墙结构可取 0.7～0.8；剪力墙结构可取 0.9～1.0。对于其他结构体系或采用其他非承重墙体时，可根据工程情况确定周期折减系数。

(8) 抗震构造措施的抗震等级。

《建筑工程抗震设防分类标准》(GB 50223—2008) 将建筑工程分为以下四个抗震设防类别：特殊设防类（甲类）、重点设防类（乙类）、标准设防类（丙类）和适度设防类（丁类）。各抗震设防类别建筑的抗震设防标准，应符合下列要求：

1) 标准设防类，应按本地区抗震设防烈度确定其抗震措施和地震作用，达到在遭遇高于当地抗震设防烈度的预估罕遇地震影响时不致倒塌或发生危及生命安全的严重破坏的抗震设防目标。

2) 重点设防类，应按高于本地区抗震设防烈度一度的要求加强其抗震措施；但抗震设防烈度为9度时应按比9度更高的要求采取抗震措施；地基基础的抗震措施，应符合有关规定。同时，应按本地区抗震设防烈度确定其地震作用。

3) 特殊设防类，应按高于本地区抗震设防烈度提高一度的要求加强其抗震措施；但抗震设防烈度为9度时应按比9度更高的要求采取抗震措施。同时，应按批准的地震安全性评价的结果且高于本地区抗震设防烈度的要求确定其地震作用。

4) 适度设防类，允许比本地区抗震设防烈度的要求适当降低其抗震措施，但抗震设防烈度为6度时不应降低。一般情况下，仍应按本地区抗震设防烈度确定其地震作用。

《高层建筑混凝土结构技术规程》(JGJ 3—2010) 规定各抗震设防类别的高层建筑结构应符合下列抗震措施要求：

1) 甲类、乙类建筑：应按本地区抗震设防烈度提高一度的要求加强其抗震措施，但抗震设防烈度为9度时应按比9度更高的要求采取抗震措施；当建筑场地为Ⅰ类时，应允许仍按本地区抗震设防烈度的要求采取抗震构造措施。

2) 丙类建筑：应按本地区抗震设防烈度确定其抗震措施；当建筑场地为Ⅰ类时，除6度外，应允许按本地区抗震设防烈度降低一度的要求采取抗震构造措施。

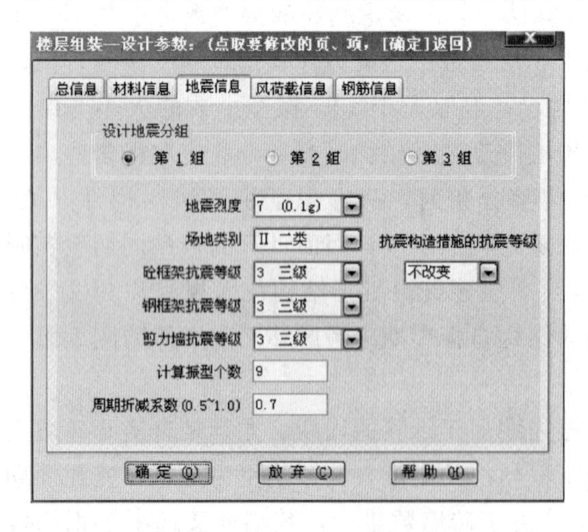

图 2.71 设计参数（地震信息）

4. 风荷载信息（图 2.72）

(1) 修正后的基本风压：基本风压应按照现行国家标准《建筑结构荷载规范》(GB 50009—2001) 2006年版的规定采用。对于特别重要的高层建筑或对风荷载比较敏感的高层建筑，应考虑100年重现期的风压值较为妥当。当没有100年一遇的风压资料时，也可近似将50年一遇的基本风压值乘以增大系数1.1采用。对风荷载是否敏感，主要与高层建筑的自振特性有关，目前尚无实用的划分标准。一般情况下，房屋高度大于60m的高层建筑都是对风荷载比较敏感的高层建筑，可按100年一遇的风压值采用；对于房屋高度不超过60m的高层建筑，其基本风压是否提高，可由设计人员根据实际情况确定。

（2）地面的粗糙度类别：地面粗糙度应分为四类：A 类指近海海面和海岛、海岸、湖岸及沙漠地区；B 类指田野、乡村、丛林、丘陵以及房屋比较稀疏的乡镇和城市郊区；C 类指有密集建筑群的城市市区；D 类指有密集建筑群且房屋较高的城市市区。

（3）体型系数：沿高度的体型分段数（与楼层的平面形状有关，不同形状楼面的体型系数不一样，一栋建筑最多可为 3 段）。每段参数有 2 个，此段的最高层号、体型系数。体型系数可由辅助计算按钮计算（图 2.73）。

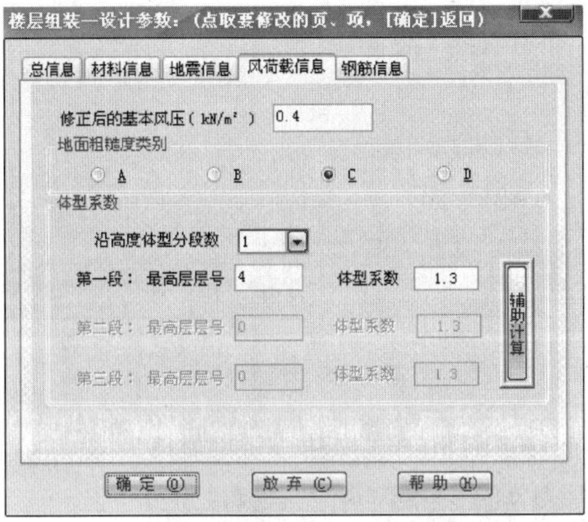

图 2.72　设计参数（风荷载信息）

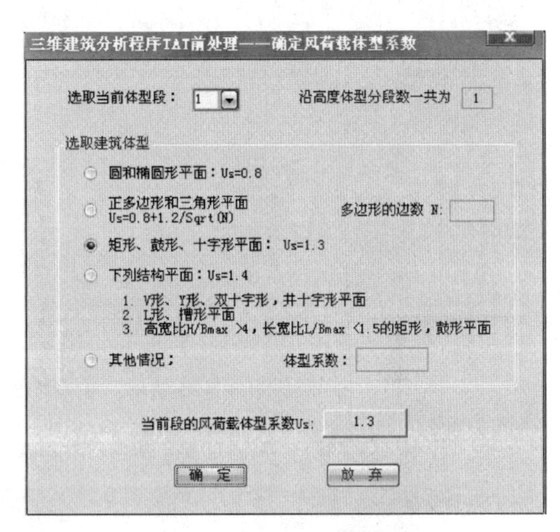

图 2.73　体型系数的辅助计算

5. 钢筋信息（图 2.74）

钢筋信息按《混凝土结构设计规范》(GB 50010—2010) 给出，一般取默认值。

2.2.13　楼层组装

1. 楼层组装

“楼层组装”是将定义的结构标准层和荷载标准层从下到上组装成实际的建筑模型。定义结构标准层和荷载标准层时必须按建筑从下至上的顺序进行定义；楼层组装时，结构标准层与荷载标准层不允许交叉组装，必须从下到上进行组装。底层柱接通基础，底层层高应从基础顶面算起。这样对风荷载、地震作用、结构的总刚度都有影响，但计算结果是偏于安全的。

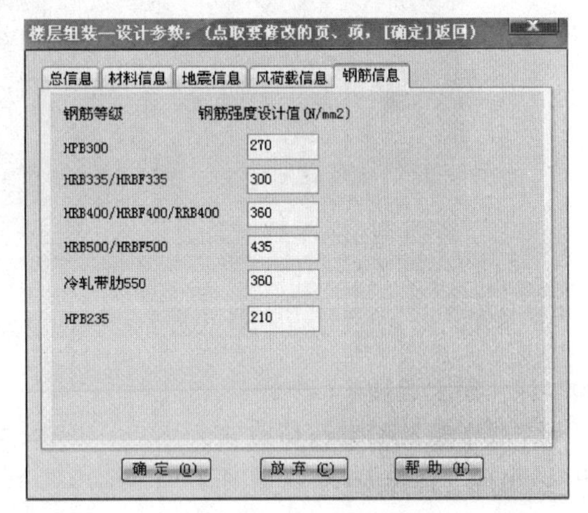

图 2.74　设计参数（钢筋信息）

点击“楼层组装”，屏幕显示“楼层组装”对话框（图 2.75）。在对话框中，出现“标准层”即已输入的各结构标准层。分别选择标准层、结构层高（选择或直接输入）和层名，并确定有几层相同的结构，点击“增加”，组装结果出现。

2. 模型显示

选择“自动拼装”之后点击“整楼模型”中的“重新组装”，点击“确定”（图2.76），逐层显示每一标准层的模型。图2.77～图2.79分别显示了第1标准层、第2、3标准层和第4标准层的模型，图2.80显示了整楼模型。从模型显示图中可大致判断模型建立的正误。

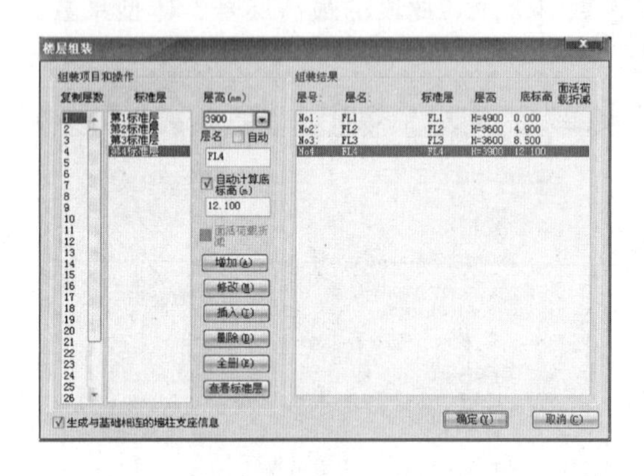

图2.75 “楼层组装”对话框

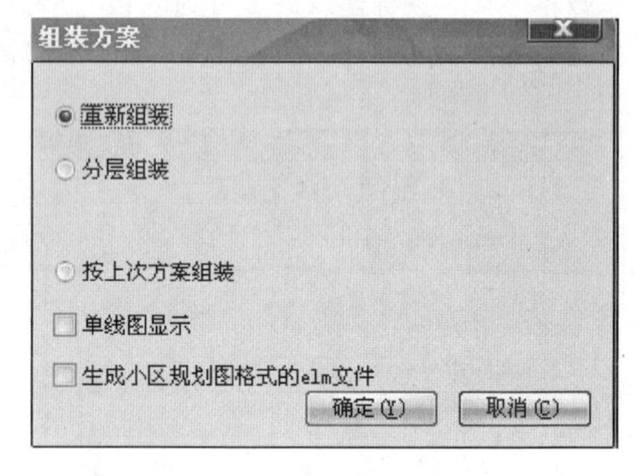

图2.76 模型显示

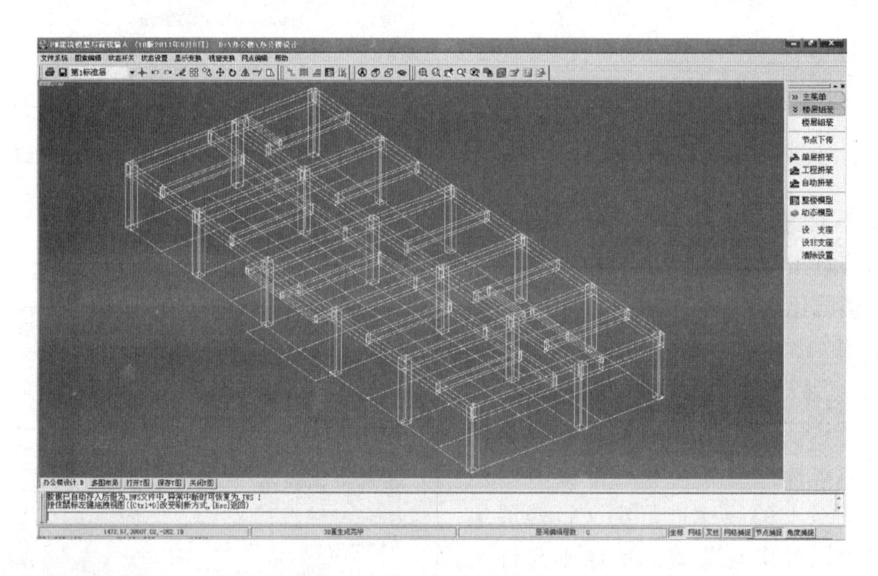

图2.77 第1标准层模型显示

2.2.14 退出选项

完成了建筑模型与荷载输入之后，点击“保存”，然后点击“退出”，选择“存盘退出”，出现“退出选项”，如图2.81所示。

选择“存盘退出”，出现选择对话框如图2.82所示。确定退出此对话框时，无论是否勾选任何选项，程序都会进行模型各层网点、杆件的几何关系分析，分析结果保存在工程文件layadjdata.pm中，为后续的结构设计菜单作必要的数据准备。同时对整体模型进行检查，找出模型中可能存在的缺陷，进行提示。

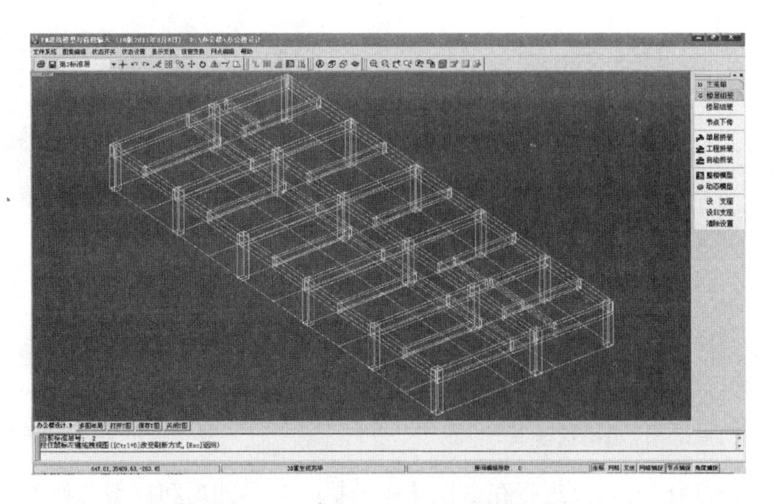

图 2.78　第 2、3 标准层模型显示

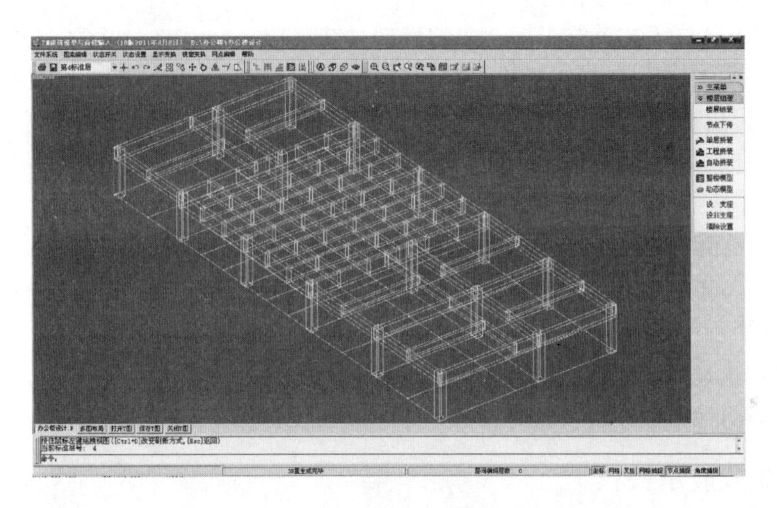

图 2.79　第 4 标准层模型显示

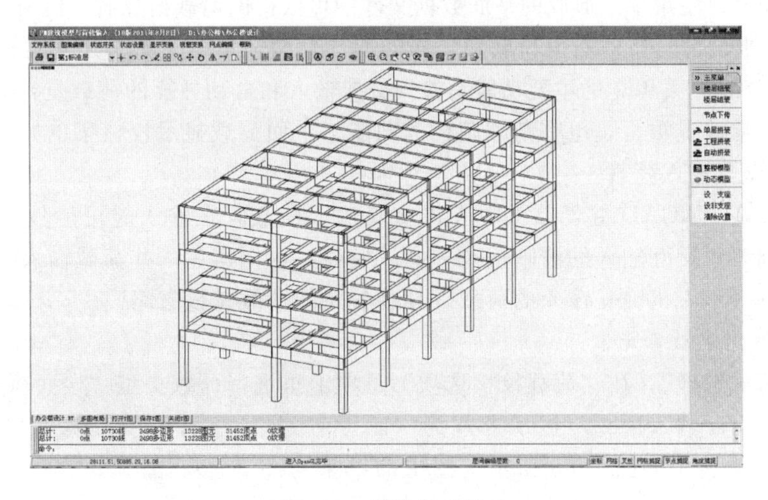

图 2.80　整楼模型显示

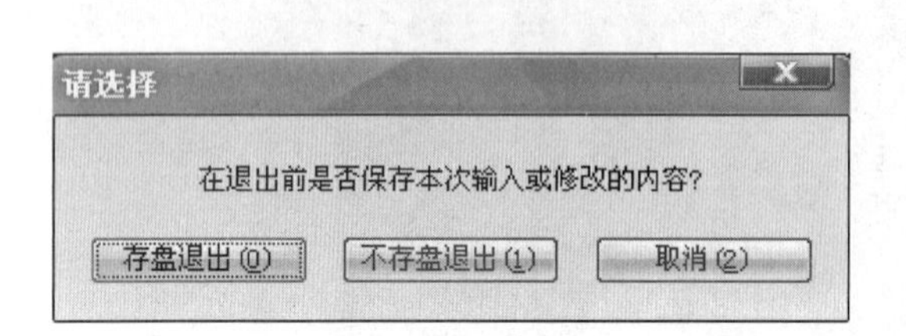

图2.81　退出选项卡

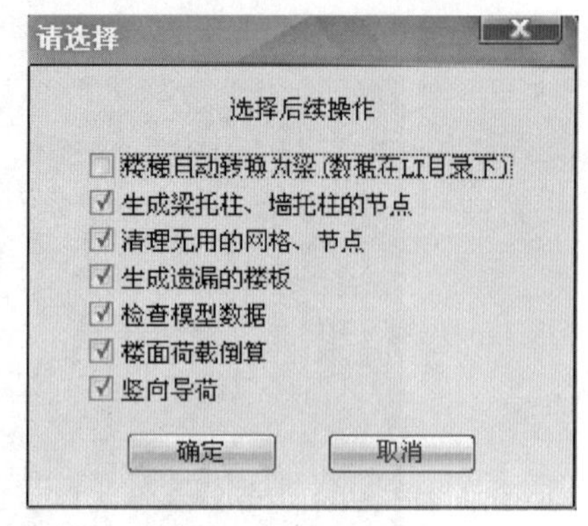

图2.82　选择对话框

取消退出此对话框时，只进行存盘操作，不执行数据处理和模型几何关系分析，适用于建模未完成时临时退出的情况。

执行完PMCAD主菜单第1项“建筑模型与荷载输入”之后，形成了以下文件。

办公楼设计.JWS：模型文件，包括建模中输入的所有内容、楼面恒载、活载导算到梁墙上的结果，后续各模块部分存盘数据。

办公楼设计.BWS：建模过程中的临时文件，内容与办公楼设计.JWS一样，当发生异常情况导致JWS文件丢失时，可将其更名为JWS使用。

axisrect.axr：“正交轴网”功能中设置的轴网信息。

layadjdata.pm：建模存盘退出时生成的文件，记录模型中网点、杆件关系的预处理结果，供后续的程序使用。

pm3j_2jc.pm：荷载竖向导算至基础的结果。

pm3j_perflr.pm：各层层底荷载值。

2.3　平面荷载显示校核

通过PMCAD主菜单1形成的平面数据文件中可获得的荷载信息有：活荷载是否计算信息；各荷载标准层中均布楼面恒荷载和均布楼面活荷载信息（主菜单1建立荷载标准层输入）等。PMCAD主菜单2的主要功能是检查交换输入和自动导算的荷载是否准确，不会对荷载结果进行修改或重写，也有荷载归档的功能。平面荷载显示校核菜单如图2.83所示。

2.3.1　人机交互输入荷载

设计人员在PMCAD主菜单1中人机交互输入荷载，在输入时可能较多较杂乱，但在这里可得到人机交互输入的清晰记录，通过校核，可以避免一些荷载输入的错误。下面以第1层为例显示人机交互输入的荷载。其余各层的荷载校核省略。

1. 楼面恒载和楼面活载

单击“荷载选择”，在“荷载校核选项”选项卡里选择荷载类型“楼面荷载”，再选择恒载、活载和交互输入荷载，显示方式为“图形方式”，字符高度和宽度也可进行调整（图2.84）。屏幕显示如图2.85所示。图中的结果与图2.59、图2.60中的数值相对比，结果应该一致。

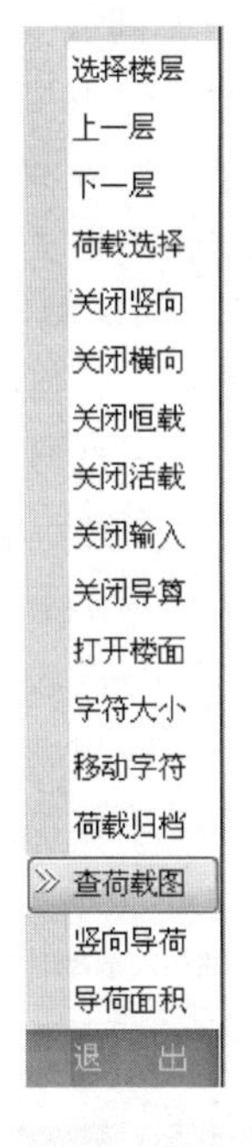

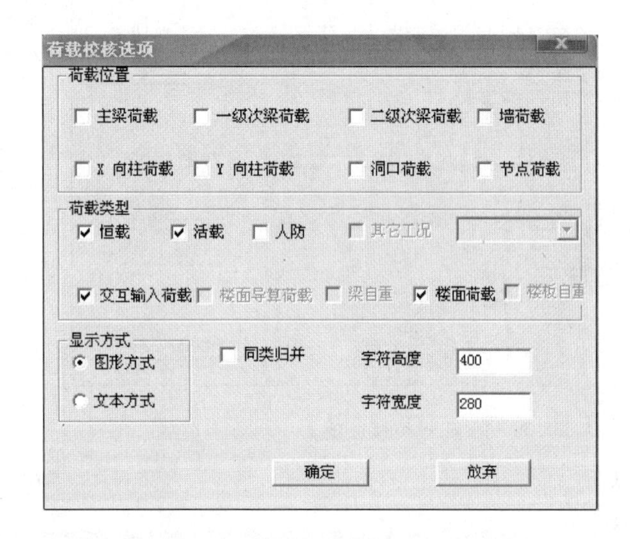

图 2.83　平面荷载显示校核菜单　　　图 2.84　荷载校核选项卡——楼面荷载

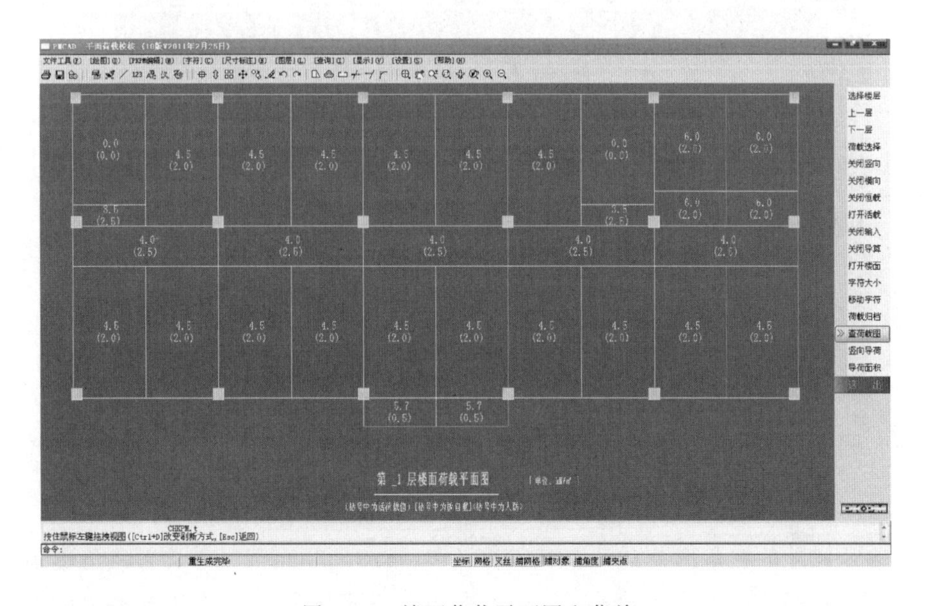

图 2.85　楼面荷载平面图和菜单

2. 梁上荷载

在“荷载校核选项”选项卡里选择荷载类型“主梁荷载”，再选择恒载、活载和交互输入荷载，显示方式为“图形方式”，字符高度和宽度也可进行调整（图 2.86）。屏幕显示如图 2.87 所示。图中的结果与图 2.50、图 2.51 中的数值相对比，结果应该一致（图 2.87 中数据是四舍五入的）。

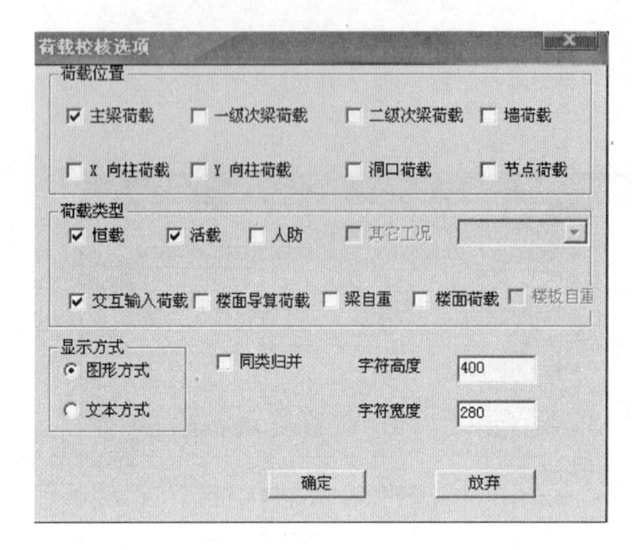

图 2.86　荷载校核选项卡——梁上荷载

2.3.2　楼面导算荷载

楼面导算荷载主要是程序自动将楼面板的荷载传导到周边的承重梁或墙上的荷载。下面以第 1 层为例显示楼面导算的荷载。

1. 梁上楼面导算恒载

在“荷载校核选项”选项卡里选择荷载类型“主梁荷载”，再选择恒载和楼面导算荷载，显示方式为“图形方式”，字符高度和宽度可进行调整，字符位置可进行移动。屏幕显示梁上楼面导算恒载如图 2.88 所示。

下面说明图 2.88 中椭圆圈出梁的导算恒载值的计算方法。“6＊8.8

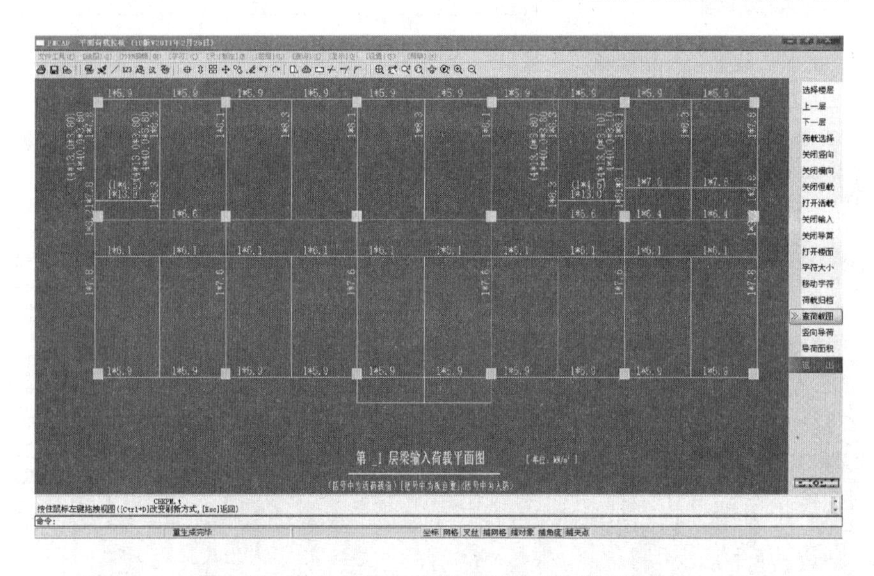

图 2.87　第 1 层梁上荷载平面图（恒载和活载）

＊1.95”表示梁上的三角形荷载，荷载类型为 6，4.5×3.9÷2≈8.8 为三角形顶点的荷载，3.9÷2＝1.95 为三角形的高；“1＊4.4”表示由走廊单向板传递到梁上的均布线荷载，荷载类型为 1，4.0×2.1÷2≈4.4 为均布荷载的数值；“6＊17.6＊1.95”表示梁上的梯形荷载（两边楼面导算相加），荷载类型为 6，4.5×3.9≈17.6 为梯形的最大荷载，3.9÷2＝1.95 为梯形的高。

2. 梁上楼面导算活载

在“荷载校核选项”选项卡里选择荷载类型“主梁荷载”，再选择活载和楼面导算荷载，显示方式为“图形方式”。屏幕显示梁上楼面导算活载如图 2.89 所示。

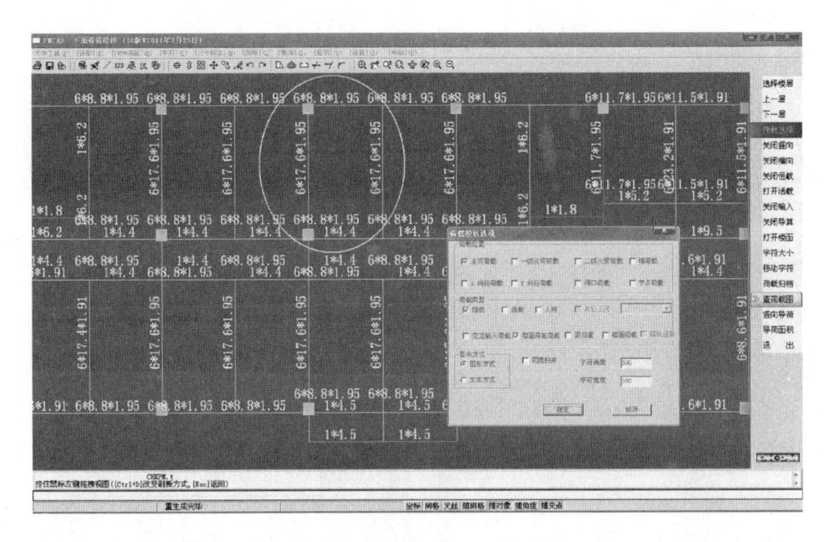

图 2.88　第 1 层梁上楼面导算恒载

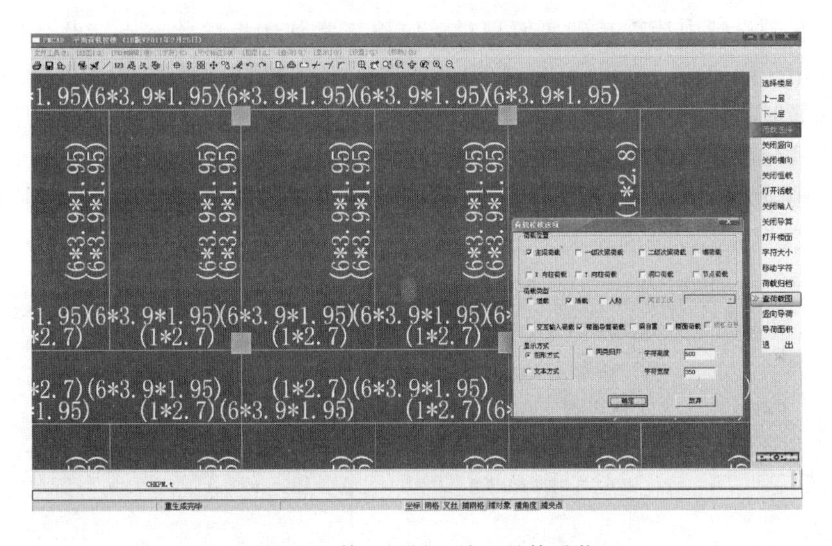

图 2.89　第 1 层梁上楼面导算活载

2.3.3　梁自重

在“荷载校核选项”选项卡里选择荷载类型“主梁荷载”，再选择恒载和梁自重，显示方式为“图形方式”。屏幕显示梁自重如图 2.90 所示。图中“1 * 7.3”表示相应梁的自重均布线荷载，荷载类型为 1，0.35×0.8×26≈7.3 为梁自重的数值，注意因要考虑梁自重抹灰的影响，在前面输入的钢筋混凝土容重为 26kN/m^3。

2.3.4　竖向导荷

单击“竖向导荷”，出现竖向导荷选项卡（图 2.91）。竖向导荷可算出作用于任一层柱或墙上的由其上层传来的恒荷载和活荷载，可以根据《建筑结构荷载规范》（GB 50009—2001）（2006 年版）的要求考虑活载折减，可以输出某层的总面积及单位面积荷载，可以输出某层以上的总荷，可以输出荷载的设计值，也可输出荷载的标准值。

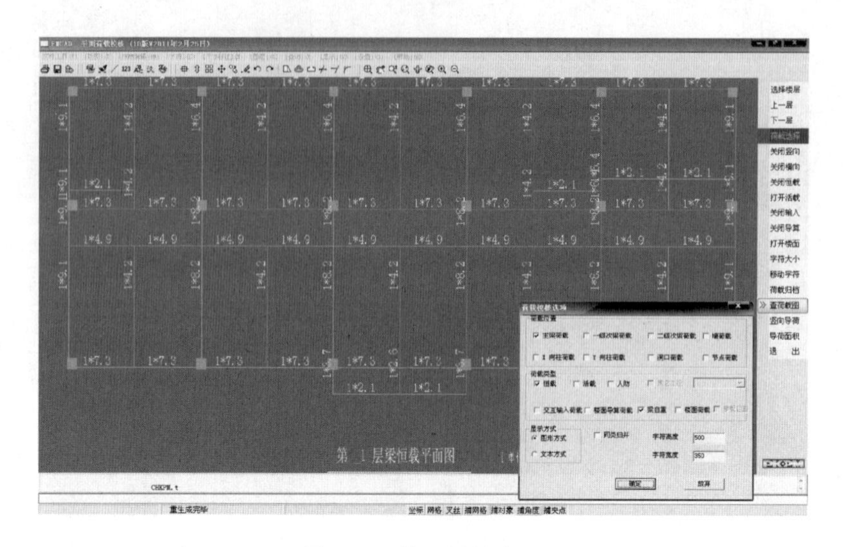

图 2.90　第1层梁自重

比如在基础设计中计算基础底面积时，应按正常使用极限状态下荷载效应的标准组合，这时利用竖向导荷将荷载分项系数全部取为1.0，得出底层柱的内力，即可使用。在计算基础配筋时，应按承载能力极限状态下荷载效应的基本组合，采用相应的分项系数，这时可将荷载分项系数分别取1.35、1或1.2、1.4，取组合结果大者用于设计。需要注意在进行基础设计时应考虑底层墙体的荷载以及柱底部的弯矩和剪力，最好利用JCCAD进行设计。

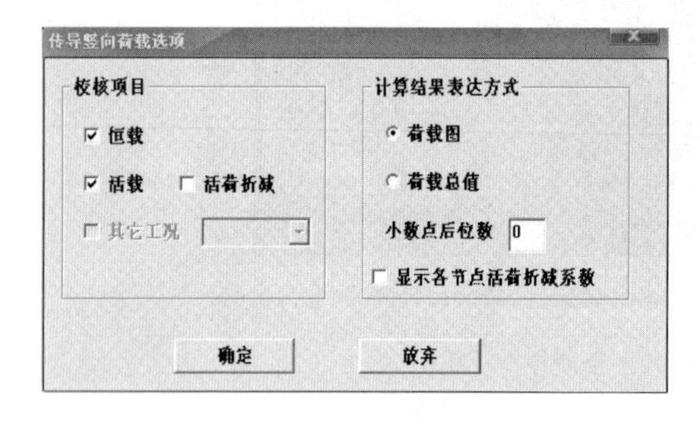

图 2.91　竖向导荷选项卡

图 2.92　恒、活荷载组合分项系数菜单

1. 活荷载不折减

单击“竖向导荷”选项卡的“确定”按钮，出现“恒、活荷载组合分项系数”菜单（图2.92），填入所需的分项系数（恒载为1.2，活载为1.4），单击“确认”按钮，出现第1层竖向导荷值（图2.93）。

2. 活荷载折减

在图2.91“竖向导荷选项卡”中选择活荷载折减后，程序出现各层活载折减系数，程序默认取规范值（图2.94）。然后同时选取恒、活荷载的分项系数（恒载为1.2，活载为1.4），单击“确认”按钮，出现第1层竖向导荷值（图2.95）。比较活荷载折减前后最大受力的柱子的轴力，图2.93中为3994kN，图2.95中为3807kN，可见活荷载不折减时的轴力比考虑

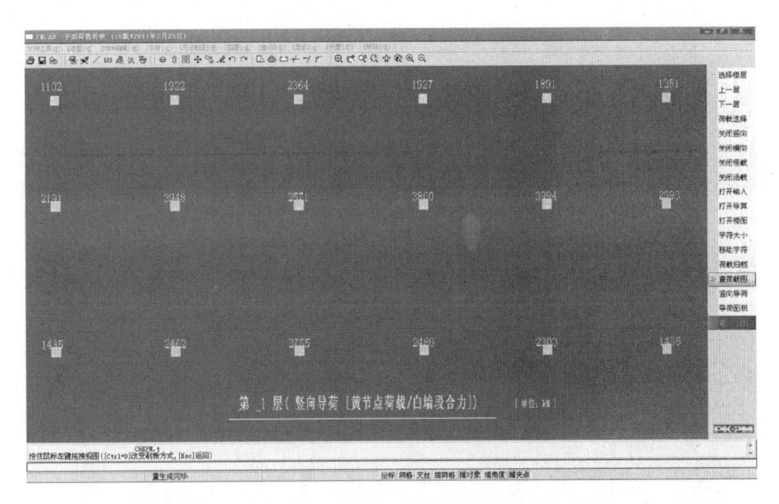

图 2.93　第 1 层竖向导荷值（活荷载不折减）

活荷载折减时的轴力增大约 5%。《建筑结构荷载规范》（GB 50009—2001）2006 年版的第 4.1.2 条关于活荷载折减的条文为强制性条文，在设计时应严格执行。

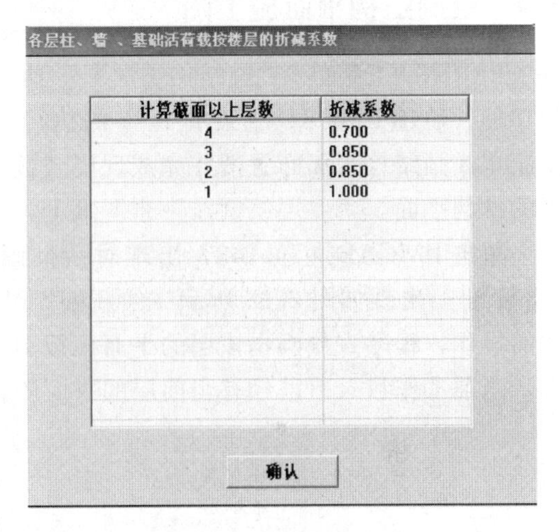

各层柱、墙、基础活荷载按楼层的折减系数

计算截面以上层数	折减系数
4	0.700
3	0.850
2	0.850
1	1.000

确认

图 2.94　活载折减系数

3. 荷载总值

在图 2.91“竖向导荷选项卡”中选择“荷载总值”，可输出某层以上的总荷载、某层的总面积及单位面积荷载。选取恒、活荷载的分项系数均为 1，单击“确定”按钮之后，屏幕显示“竖向荷载传递结果”（图 2.96）。图中显示“本层荷载值为 14.2375 kN/m^2”，一般的框架结构楼面平均面荷载标准值大概在 $14kN/m^2$ 左右。

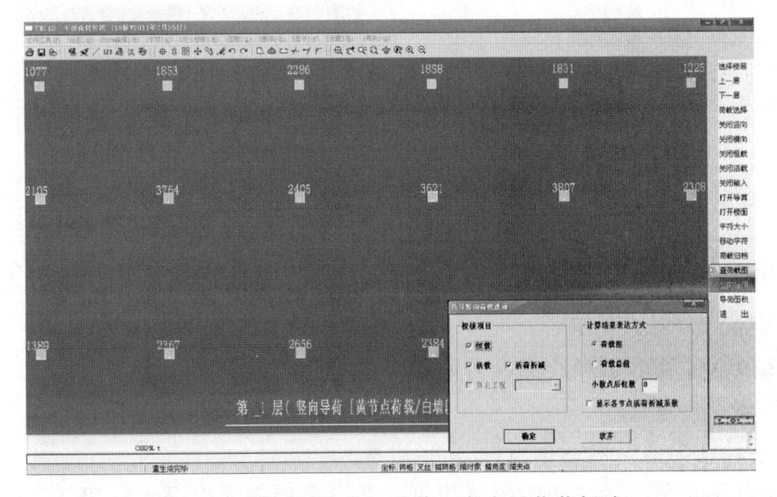

图 2.95　第 1 层竖向导荷值（考虑活荷载折减）

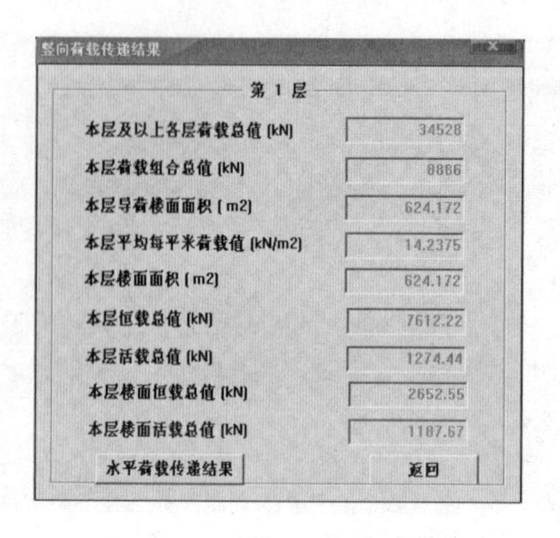

图 2.96　竖向荷载传递结果

2.4　绘制结构平面施工图

PMCAD 主菜单 3“画结构平面图”具有绘制结构平面布置图及楼板结构配筋施工图的功能。通过 PMCAD 主菜单 1、2 的执行，已输入了结构楼板的设计数据。由 PMCAD 主菜单 3 画结构平面布置图并完成现浇楼板的配筋计算。每操作一次该菜单即绘制一个楼层的结构平面，每一层绘制在一张图纸上，图纸名称为 PM＊.T（＊为层号）。

单击 PMCAD 主菜单 3，出现对话框画结构平面图主菜单，如图 2.97 所示。点击“绘新图”，出现如图 2.98 所示“绘新图”选择框。如果该层没有执行过画结构平面施工图的操作，程序直接画出该层的平面模板图。如果原来已经执行过画结构平面施工图的操作，当前工作目录下已经有当前层的平面图，则程序提供两个选项，如图 2.98 所示。

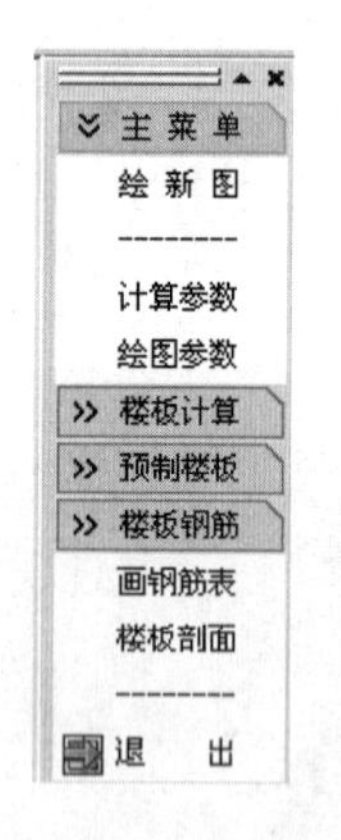

图 2.97　画结构平面图主菜单

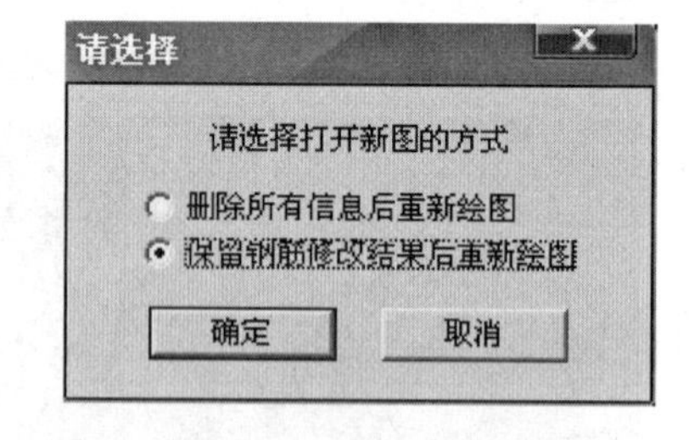

图 2.98　“绘新图”选择框

2.4.1　参数定义

参数定义包括计算参数和绘图参数两部分内容。

1. 计算参数

(1)“配筋计算参数”对话框（图 2.99）。

钢筋最小直径、钢筋最大间距的填写可参考《多层钢筋混凝土框架结构毕业设计实用指导》书中相关内容。

在“配筋计算参数”对话框中，双向板的计算方法可选“弹性方法”或“塑性方法”。若按塑性计算时，需设定支座弯矩与跨中弯矩的比值。对于双向板（长/宽≤2）时，按塑性计算，对于双向板（长/宽>2）、单向板或不规则板程序自动按弹性计算。

边缘梁支座算法可按简支计算和固端计算，一般可选择按固端计算，此时，可将“板底钢筋”的钢筋放大调整系数调整为大于 1 的数值，适当增加边跨的跨中弯矩，“支座钢筋”一般不放大。

在裂缝计算中，如果勾选“按照允许裂缝宽度选择钢筋（是否选用）”，则程序选出的钢筋不仅满足强度计算要求，还将满足允许裂缝宽度要求。当然这样处理的结果用钢量较多。

（2）“钢筋级配表”对话框（图 2.100）。

在“钢筋级配表”这项参数中可填入要选择的楼板配筋中的常用钢筋。用“添加”、“替换”和“删除”的方式进行操作。

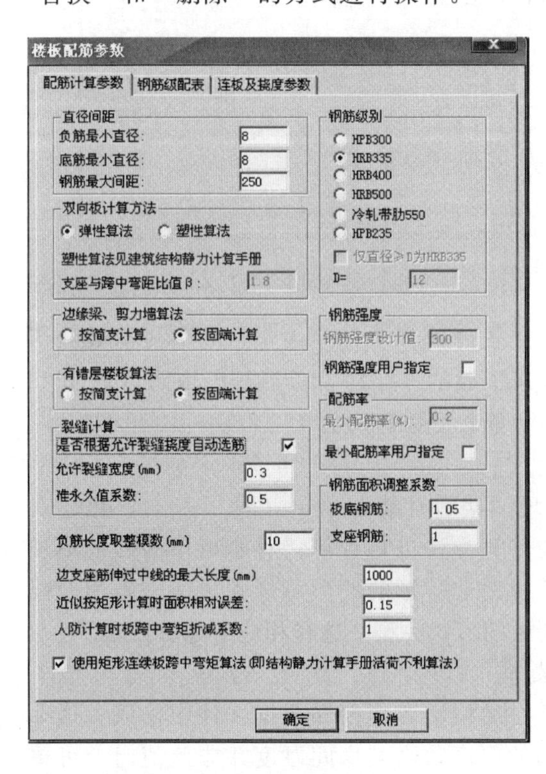

图 2.99　“楼板配筋参数”对话框

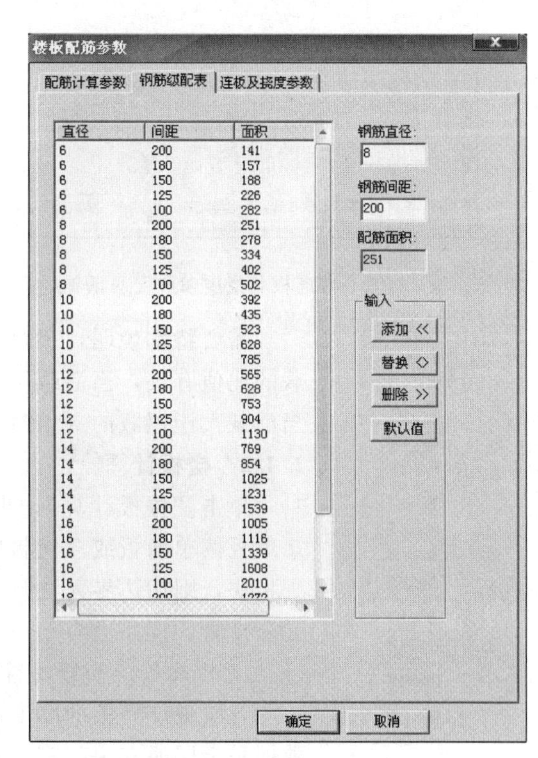

图 2.100　“钢筋级配表”对话框

（3）“连板及挠度参数”对话框（图 2.101）。

设置连续板串计算时所需的参数。对于现浇楼板，负弯矩调幅系数一般取 1.0。左（下）端支座、右（上）端支座指连续板串的最左（下）端、右（上）端边界。

2. 绘图参数

点击“绘图参数”，弹出如图 2.102 所示的对话框。在绘制楼板施工图时，要标注正筋、负筋的配筋值、钢筋编号、尺寸等，不同设计人员的绘图习惯不同，可以根据图中提示进行修改。

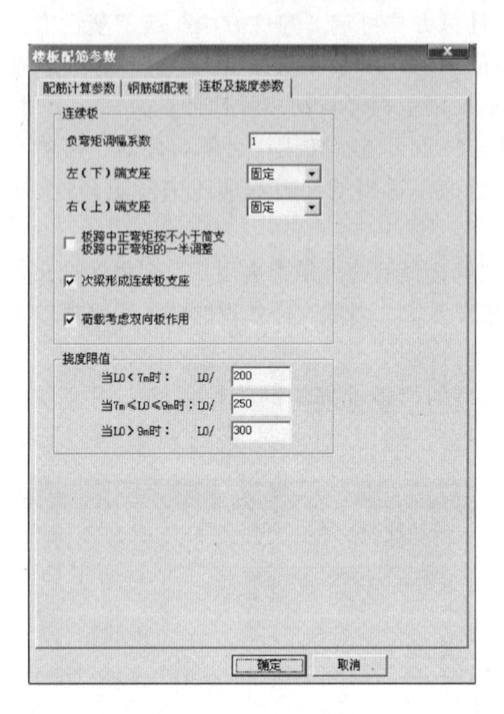

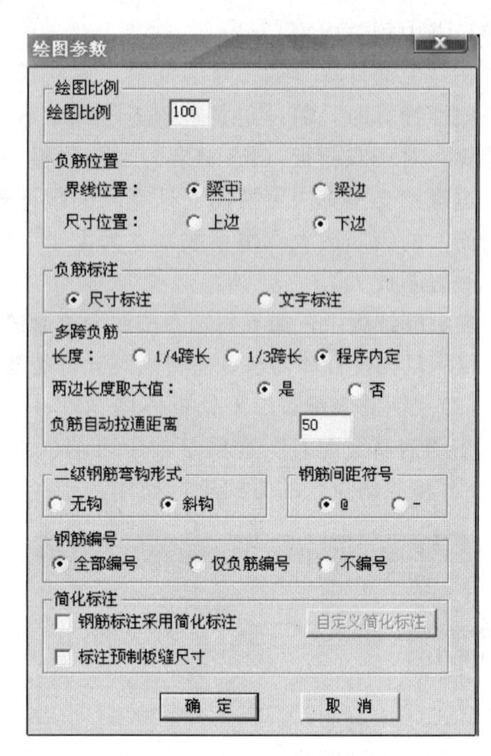

图 2.101　“连板及挠度参数”对话框　　　　图 2.102　“绘图参数”对话框

图 2.103　“楼板计算”菜单

需要特别说明，多跨负筋长度选择“程序内定”时，与恒载和活载的比值有关，当活载不大于恒载的3倍时，负筋长度取跨度的1/4；当活载大于恒载的3倍时，负筋长度取跨度的1/3。

2.4.2　楼板计算

单击“楼板计算”，出现“楼板计算”菜单（图 2.103），程序对矩形板按单向板或双向板的计算方法进行计算；对非矩形的凸形不规则板块，则用边界元法计算；对非矩形的凹形不规则板块，则用有限元法计算。程序会自动识别板的形状类型并选择相应的计算方法。

1. 修改板厚和修改荷载

各层现浇楼板的厚度已在结构交互建模和数据文件中输入，这个数据是本层所有房间都采用的厚度，当某房间厚度并非此值时，可单击此菜单，将该房间厚度修正。当某房间为空洞口时，例如楼梯间，或不打算画出房间中的内容时，可将该房间板厚修改为0。修改板厚时，在板厚对话框中（图 2.104）中键入修改后的楼板厚度，注意单位是mm。点击“确定”，随后用光标选择需变更楼板厚度的房间，修改完后可按Esc键退回上级菜单。注意某房间楼板厚度为0时，该房间上的荷载仍按传递方式自动传到房间四周的梁或墙上，但不配置该板的钢筋。第1结构标准层修改后的板厚如图 2.105 所示，第2、第3结构标准层修改后的板厚如图 2.106 所示，第4结构标准层修改后的板厚如图 2.107 所示。需要说明的是第 4 结构标准层井字梁楼盖部分靠近②、④轴线的现浇板区格板厚度在计算中还是按照 100mm 计算，在施工图（图 5.82 屋面层结构平面图）中把板厚改为 200mm，因井字梁避开了柱位，靠近柱位的区格板要加强。

2. 显示板边界条件

程序用不同的线型和颜色表示不同的边界条件，固定边界为红色显示，简支边界为蓝色显示，设计者可对程序默认的边界条件加以修改。

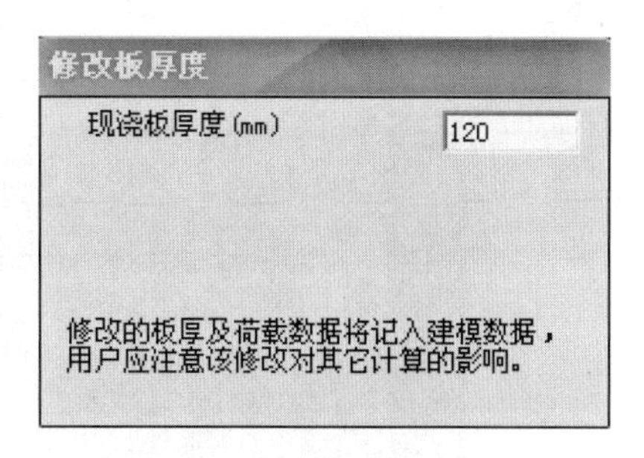

图 2.104　修改现浇板厚度

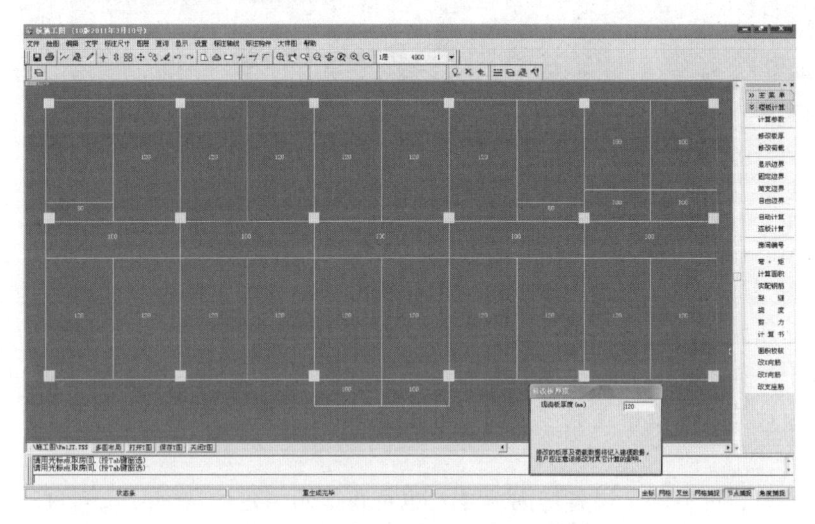

图 2.105　第 1 结构标准层的板厚

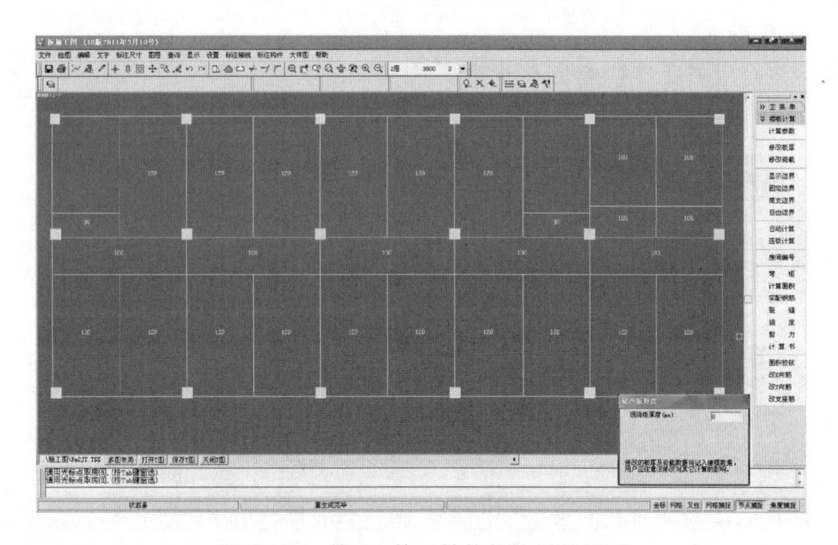

图 2.106　第 2、第 3 结构标准层的板厚

3. 自动计算

单击“自动计算”，程序自动按各独立房间计算板的内力。

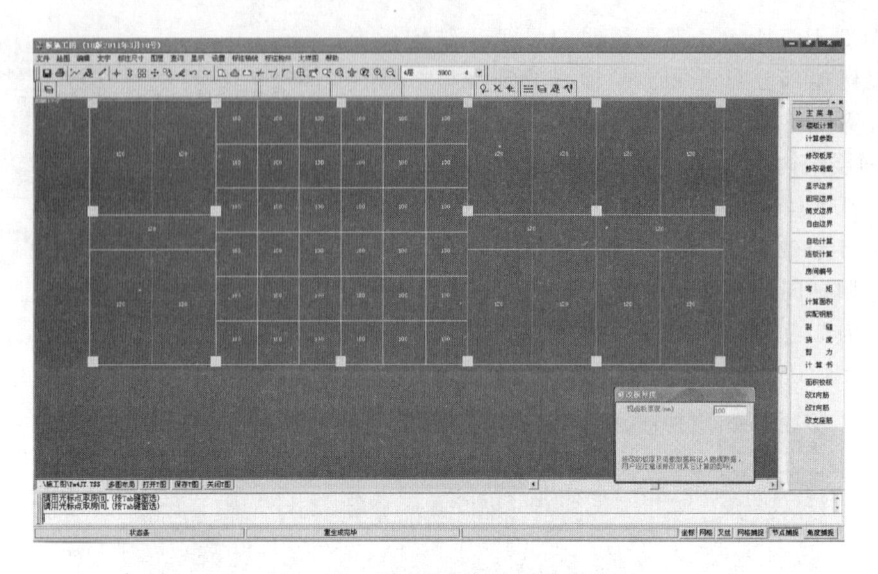

图 2.107　第 4 结构标准层的板厚

4. 连板计算

连板算法是考虑了在中间支座上内力的连续性，即中间支座两侧的内力是平衡的，而自动计算中支座两侧的内力不一定是平衡的。对于大部分很均匀、规则的板面可考虑板的连续性，对于平面不均匀、不规则的板面可不考虑板的连续性，按单独的板块进行计算。如想取消连板计算，需重新点取“自动计算”。

5. 房间编号

选择此菜单，可显示全层各房间编号，也可仅显示指定的房间号。当自动计算时，提示某房间计算有错误时，方便检查。

6. 现浇板弯矩图

选择此菜单，可显示现浇板的弯矩图（图 2.108），梁、墙、次梁上的支座弯矩值用

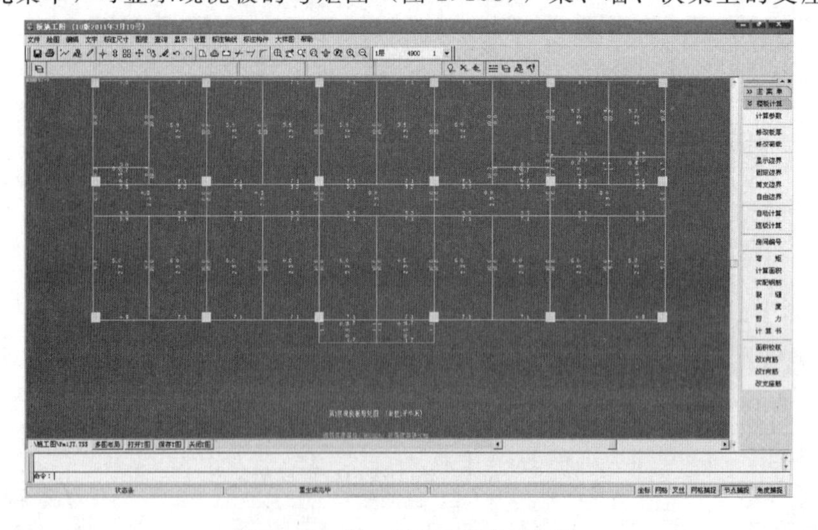

图 2.108　第一层现浇板的弯矩图

蓝色显示，各房间的板跨中 X 向和 Y 向弯矩用黄色显示，该图图名为 BM＊.T（＊为层号）。

7. 现浇板的计算面积

选择此菜单，可显示现浇板的计算面积图（图 2.109），梁、墙、次梁上的值用蓝色显示，各房间的板跨中的值用黄色显示，该图图名为 BAS＊.T（＊为层号）。

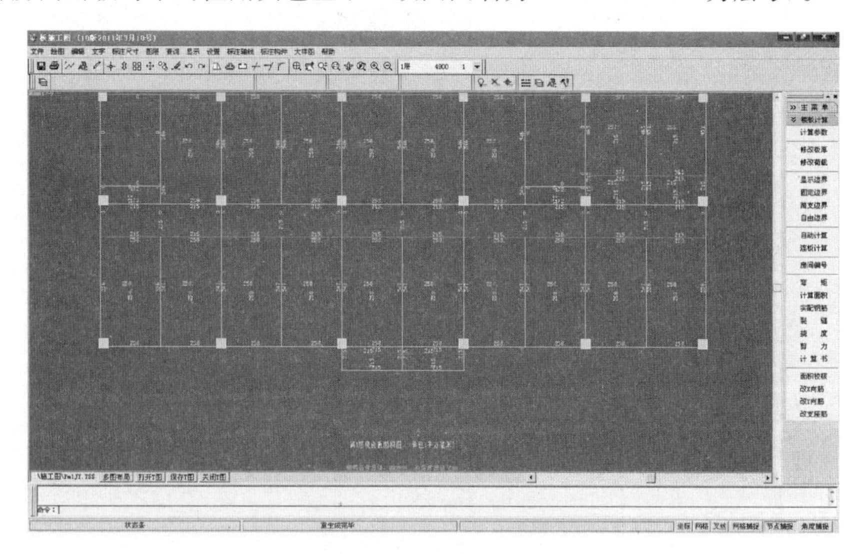

图 2.109 第一层现浇板的计算面积图

8. 现浇板的实配钢筋

选择此菜单，可显示现浇板的实配钢筋图（图 2.110），梁、墙、次梁上的值用蓝色显示，各房间板跨中的值用黄色显示。

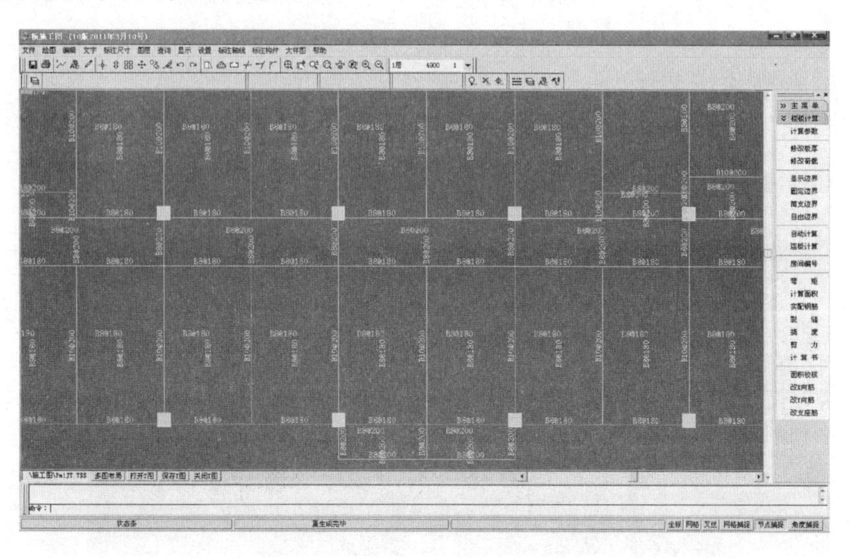

图 2.110 第一层现浇板的实配钢筋图

9. 现浇板裂缝宽度图

选择此菜单，可显示现浇板的裂缝宽度计算结果图（图 2.111），该图图名为 CRACK *.T（*为层号）。图中有字符重合的地方，可以利用“文字”—“字符”—“字符拖动”进行文字避让。本实例现浇板的裂缝宽度均小于 0.3mm（部分环境类别为二 a 的构件的最大裂缝宽度为 0.2mm），满足规范要求。

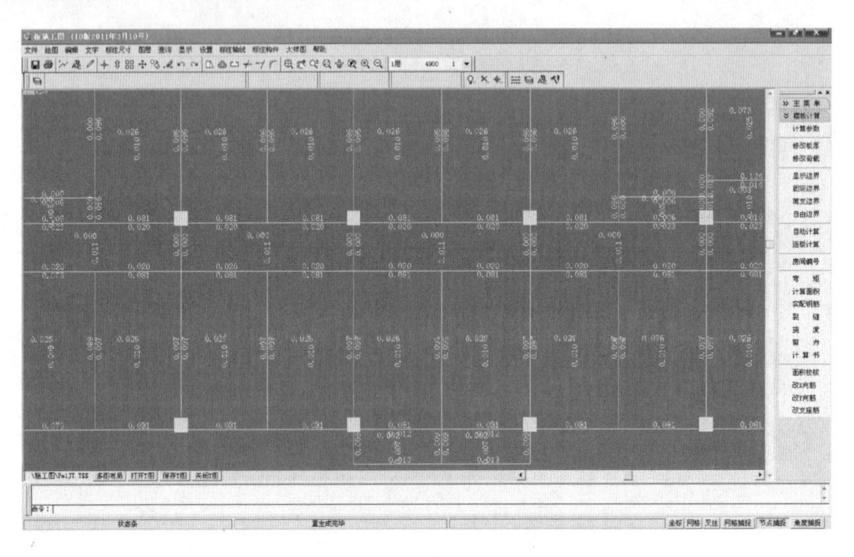

图 2.111　第一层现浇板的裂缝宽度图

10. 现浇板跨中挠度图

选择此菜单，可显示现浇板的跨中挠度计算结果图（图 2.112），该图图名为 DEFLET *.T（*为层号）。由《混凝土结构设计规范》（GB 50010—2010）第 3.4.3 条可知，当 $L_0<7$m 时，现浇板挠度限值为 $L_0/200=3900/200=19.5\text{mm}>13.01\text{mm}$，所以现浇板的跨中挠度均符合要求。

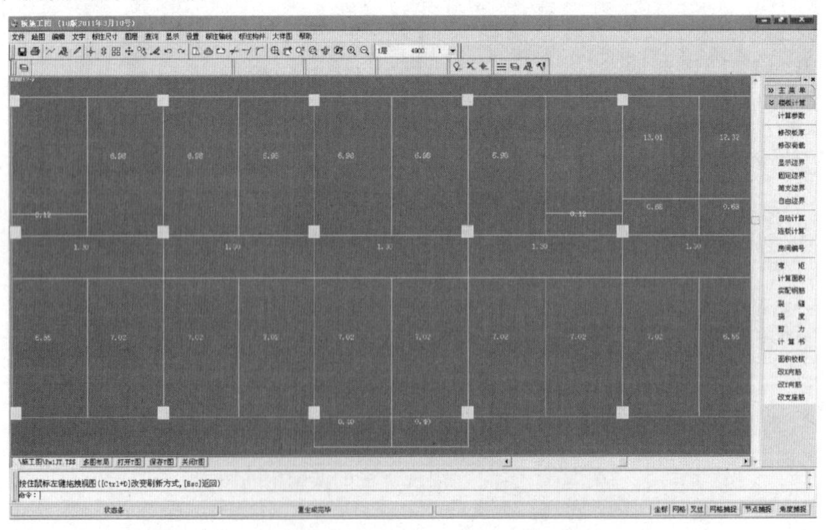

图 2.112　第一层现浇板的跨中挠度图

11. 现浇板的剪力图

选择此菜单，可显示现浇板的剪力计算结果图（图 2.113），该图图名为 BQ＊.T（＊为层号）。

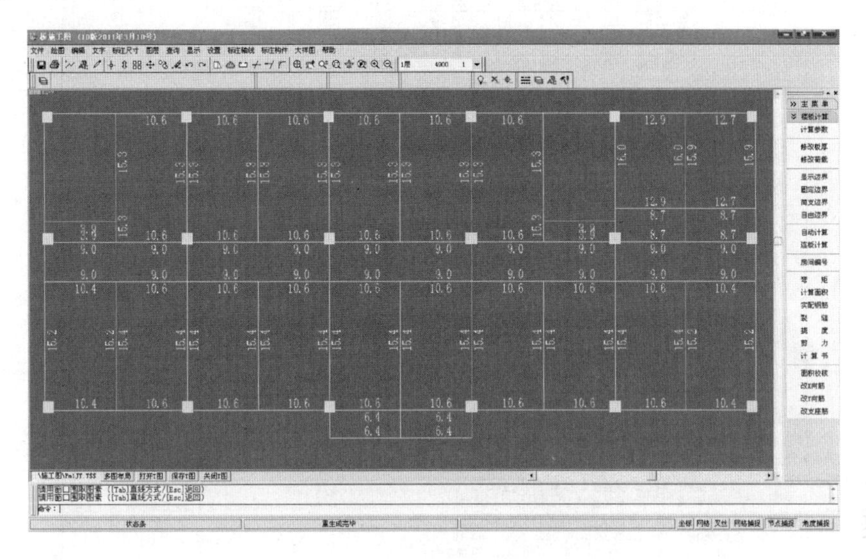

图 2.113　第一层现浇板的剪力图

12. 计算书

选择此菜单，可详细列出指定板（弹性计算时的规则现浇板）的详细计算过程，计算书包括内力、配筋、裂缝和挠度。

计算以房间为单元进行并给出每个房间的计算结果。需要计算书时，可点取需要计算书的房间，然后程序自动生成该房间的计算书。单击“计算书”，选择 22 号房间（图 2.114），其计算书的一部分如图 2.115 所示。

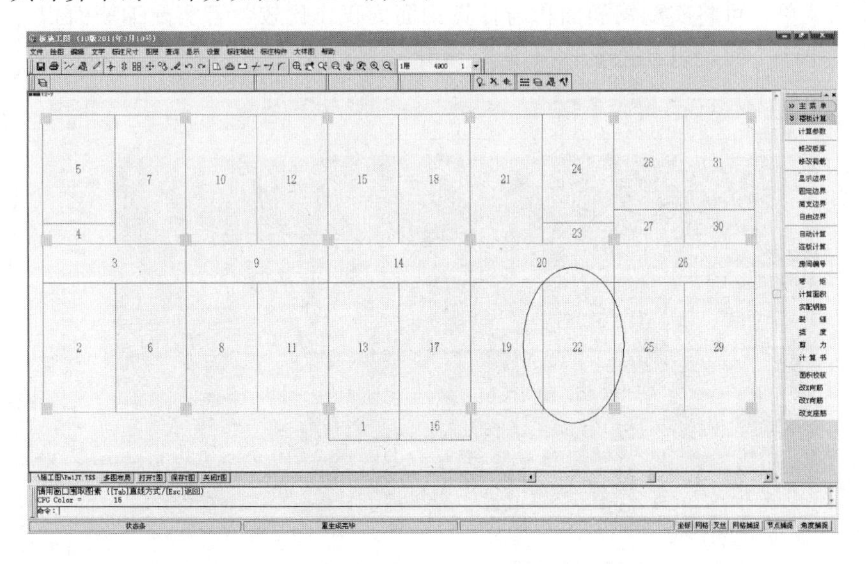

图 2.114　选择第一层 22 号房间

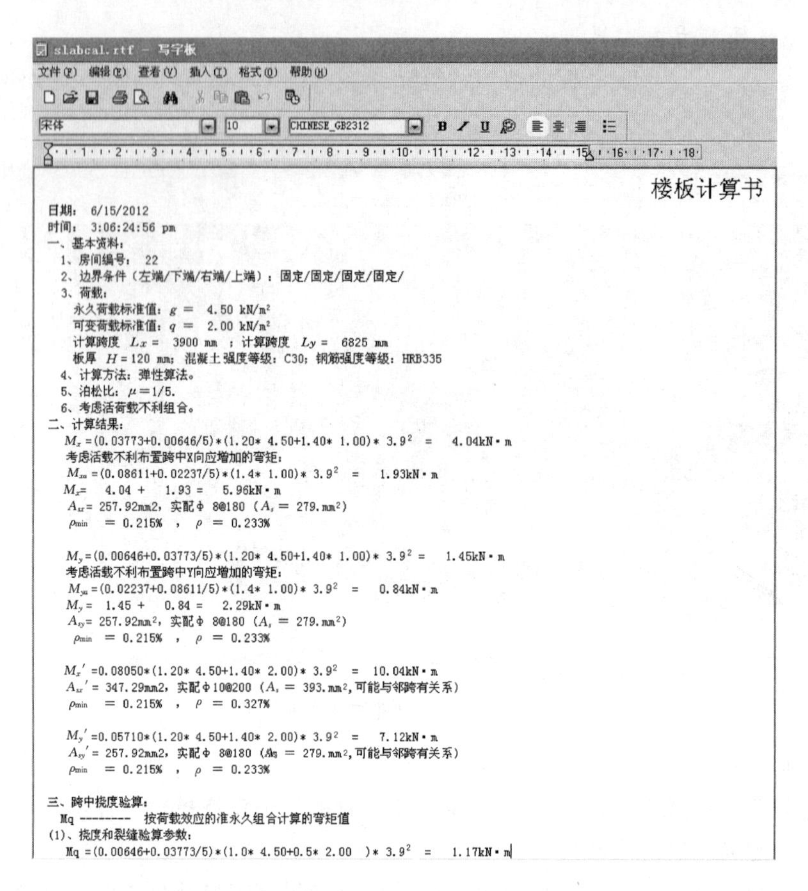

slabcal.rtf - 写字板

楼板计算书

日期： 6/15/2012
时间： 3:06:24:56 pm
一、基本资料：
1、房间编号： 22
2、边界条件（左端/下端/右端/上端）：固定/固定/固定/固定/
3、荷载：
永久荷载标准值：g = 4.50 kN/m²
可变荷载标准值：q = 2.00 kN/m²
计算跨度 Lx = 3900 mm ；计算跨度 Ly = 6825 mm
板厚 H = 120 mm；混凝土强度等级：C30；钢筋强度等级：HRB335
4、计算方法：弹性算法。
5、泊松比：μ=1/5.
6、考虑活荷载不利组合。
二、计算结果：
M_x =(0.03773+0.00646/5)*(1.20* 4.50+1.40* 1.00)* 3.9² = 4.04kN·m
考虑活载不利布置跨中X向应增加的弯矩：
M_{xa} =(0.08611+0.02237/5)*(1.4* 1.00)* 3.9² = 1.93kN·m
M_x= 4.04 + 1.93 = 5.96kN·m
A_{sx}= 257.92mm2，实配Φ 8@180 (A_s = 279.mm²)
ρ_{min} = 0.215% ， ρ = 0.233%

M_y =(0.00646+0.03773/5)*(1.20* 4.50+1.40* 1.00)* 3.9² = 1.45kN·m
考虑活载不利布置跨中Y向应增加的弯矩：
M_{ya} =(0.02237+0.08611/5)*(1.4* 1.00)* 3.9² = 0.84kN·m
M_y = 1.45 + 0.84 = 2.29kN·m
A_{sy}= 257.92mm²，实配Φ 8@180 (A_s = 279.mm²)
ρ_{min} = 0.215% ， ρ = 0.233%

M_x' =0.08050*(1.20* 4.50+1.40* 2.00)* 3.9² = 10.04kN·m
A_{sx}' = 347.29mm2，实配Φ10@200 (A_s = 393.mm², 可能与邻跨有关系)
ρ_{min} = 0.215% ， ρ = 0.327%

M_y' =0.05710*(1.20* 4.50+1.40* 2.00)* 3.9² = 7.12kN·m
A_{sy}' = 257.92mm2，实配Φ 8@180 (A_s = 279.mm², 可能与邻跨有关系)
ρ_{min} = 0.215% ， ρ = 0.233%

三、跨中挠度验算：
Mq -------- 按荷载效应的准永久组合计算的弯矩值
(1)、挠度和裂缝验算参数：
Mq =(0.00646+0.03773/5)*(1.0* 4.50+0.5* 2.00)* 3.9² = 1.17kN·m

图 2.115 第一层 22 号房间的部分计算书

13. 面积校核

选择此菜单，可将实配钢筋面积与计算钢筋面积作比较，若实配钢筋面积与计算钢筋面积的比值小于 1 时，以红色显示（图 2.116）。

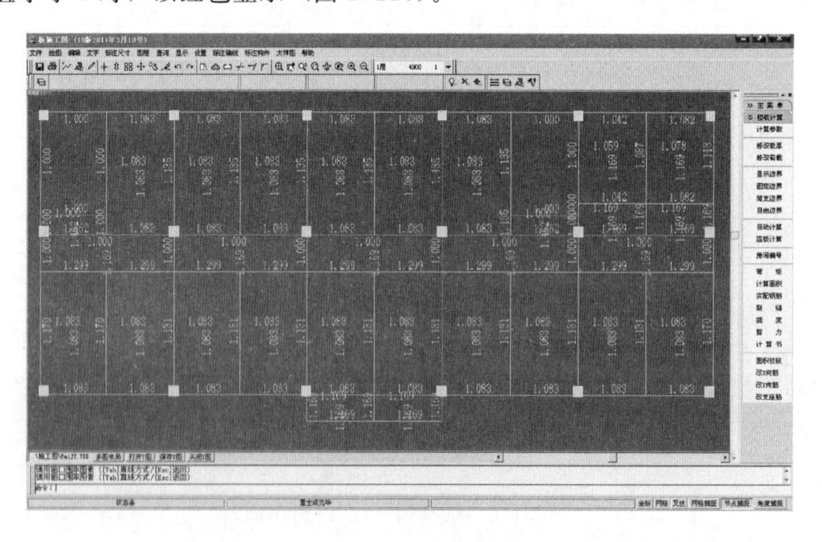

图 2.116 面积校核

14. 改 X 正筋、Y 正筋和支座筋

选择此菜单，可显示程序自动选出的板跨中 X 方向和 Y 方向的钢筋直径和间距，设计者可以进行修改。

2.4.3　预制楼板

当楼板中采用预制板时，进行预制楼板的布置。注意不能在同一房间内同时布置预制板和现浇楼板。若某房间输入预制楼板后，程序会自动将该房间处的现浇楼板取消。预制楼板的子菜单如图 2.117 所示。每个房间中预制板可有两种宽度，在自动布板方式下程序以最小现浇带为目标对两种板的数量作优化选择。

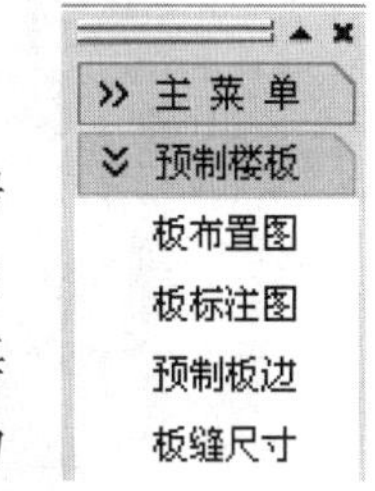

图 2.117　预制楼板的子菜单

2.4.4　绘制结构平面布置图

点击主菜单，屏幕显示当前结构标准层的平面模板图（图 2.118），进入该层的结构平面施工图设计，若该层未曾设计过，程序直接生成一张新图；若该层已经设计过，则程序调出已经画出的本层平面图，由设计者在上面继续补充修改。

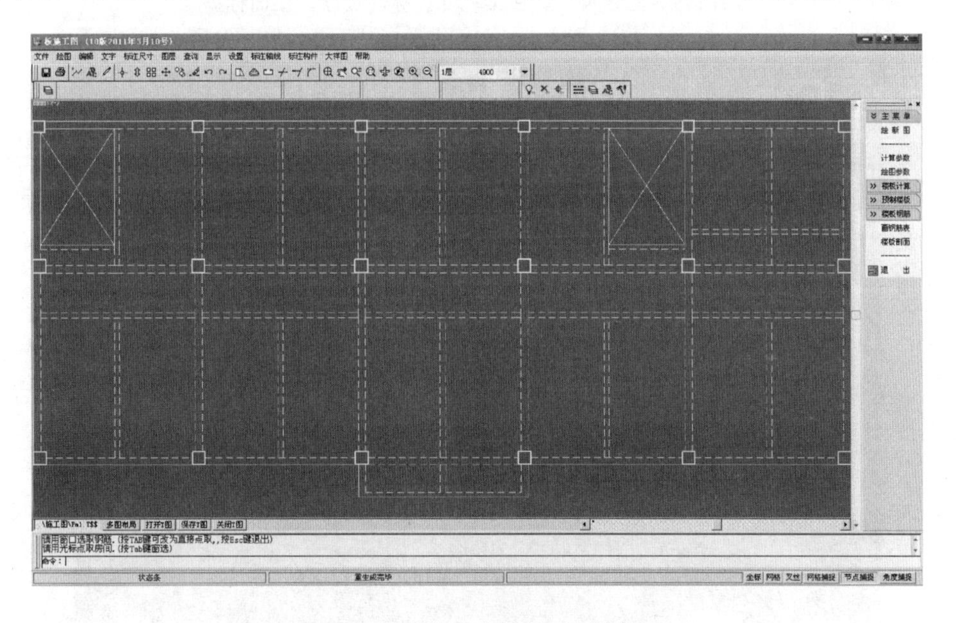

图 2.118　结构标准层的平面模板图

1. 标注构件

标注构件的二级菜单有注柱尺寸、注梁尺寸、注墙尺寸、标注板厚等内容。注柱尺寸、注梁尺寸、标注板厚、楼面标高如图 2.119 所示，尺寸标注位置取决于光标所点的位置。标柱截面、标梁截面如图 2.120 所示。

2. 标注字符

标注字符的二级菜单有注柱字符、注梁字符等内容（图 2.121）。标注字符时先键入字符内容，再点取标注该字符的构件，点取时，点取位置偏在构件的哪一边，则字符就被标在那一个位置，对于梁或墙，可将字符标在梁上或梁左、梁下或梁右。

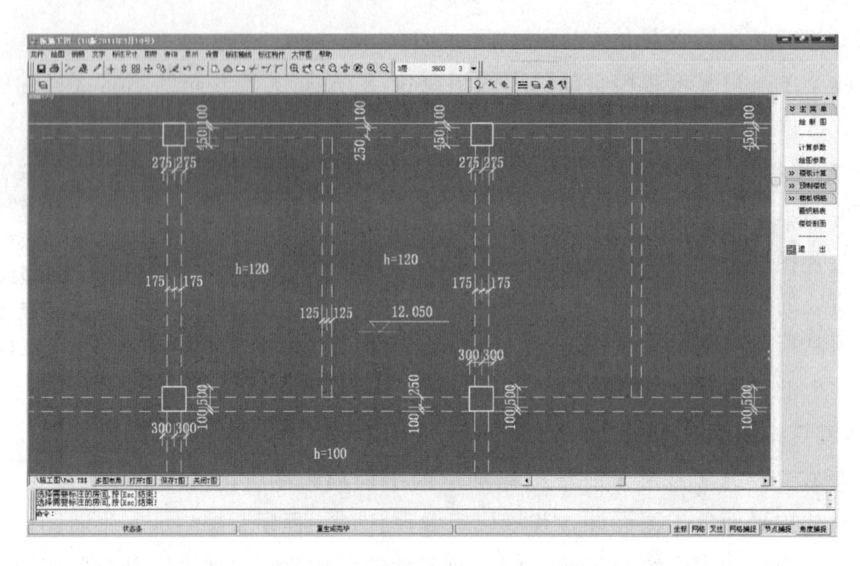

图 2.119　注柱尺寸、注梁尺寸、标注板厚、楼面标高

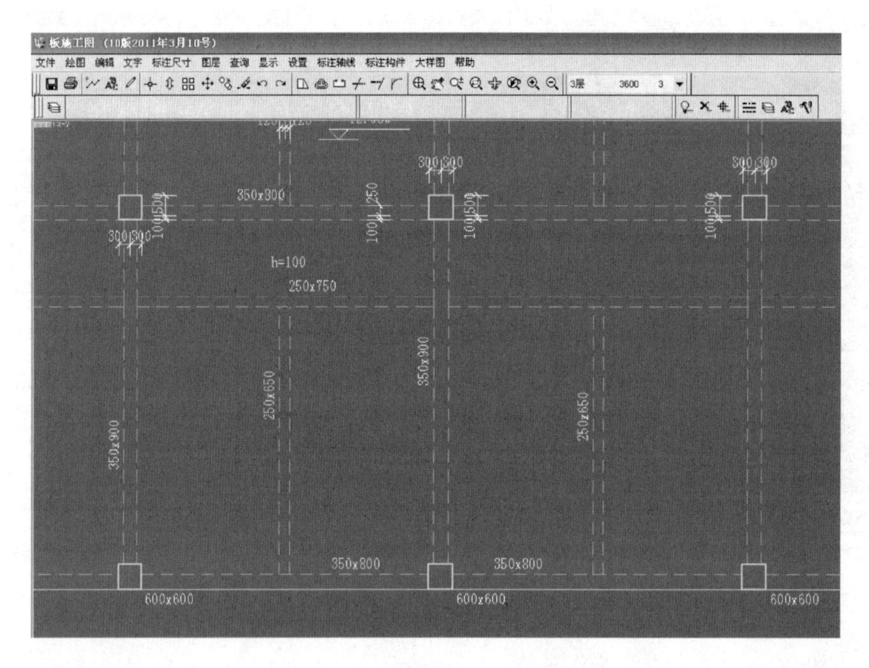

图 2.120　标柱截面、标梁截面

3. 标注轴线

标注轴线是在平面图上画出轴线及总尺寸线，其二级菜单有自动标注、交互标注、逐根点取等内容。自动标注仅能标注正交的轴线（图 2.122）。标注轴线菜单也可以标注标高和写图名。

4. 楼板钢筋

点击“楼板钢筋”，出现楼板钢筋主菜单（图 2.123）。楼板钢筋的二级菜单有逐间布筋、板底正筋、支座负筋、补强正筋、补强负筋、板底通长、支座通长、区域布筋、区域标注、洞口钢筋、钢筋修改、钢筋编号等 16 项内容。选择“逐间布筋”，程序自动绘出所选房间的板底钢筋和四周支座的钢筋（图 2.124）。

楼板配筋中应考虑温度配筋，可根据《混凝土结构设计规范》（GB 50010—2010）第 9.1.8 条的规定，在温度、收缩应力较大的现浇板的未配筋表面布置温度收缩钢筋，钢筋间距宜取为 150～200mm，温度收缩钢筋可利用原有钢筋贯通布置，也可另行设置构造钢筋网，并与原有钢筋按受拉钢筋的要求搭接或在周边构件中锚固。板的上、下表面沿纵、横两个方向的配筋率均不宜小于 0.1%。

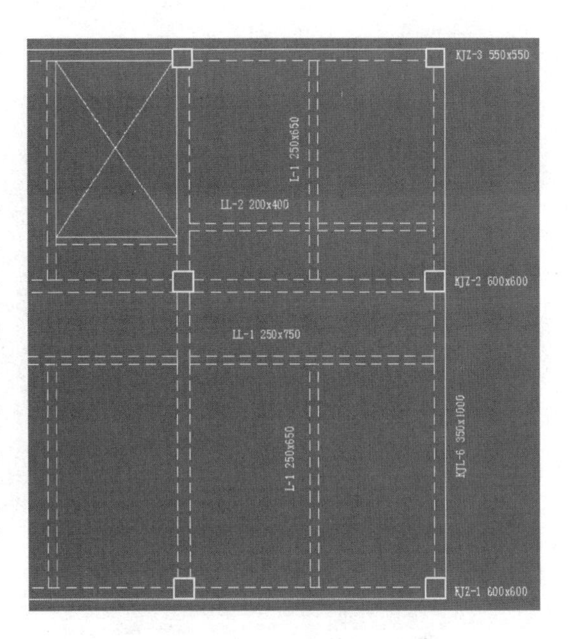

图 2.121　注柱字符、注梁字符

5. 画钢筋表

选择此菜单，程序自动生成钢筋表，移动光标指定钢筋表在平面图上画出的位置，表中会显示所有已画钢筋的直径、间距、级别、单根钢筋的最短长度和最长长度、根数、总长度和总重量等结果（图 2.125）。

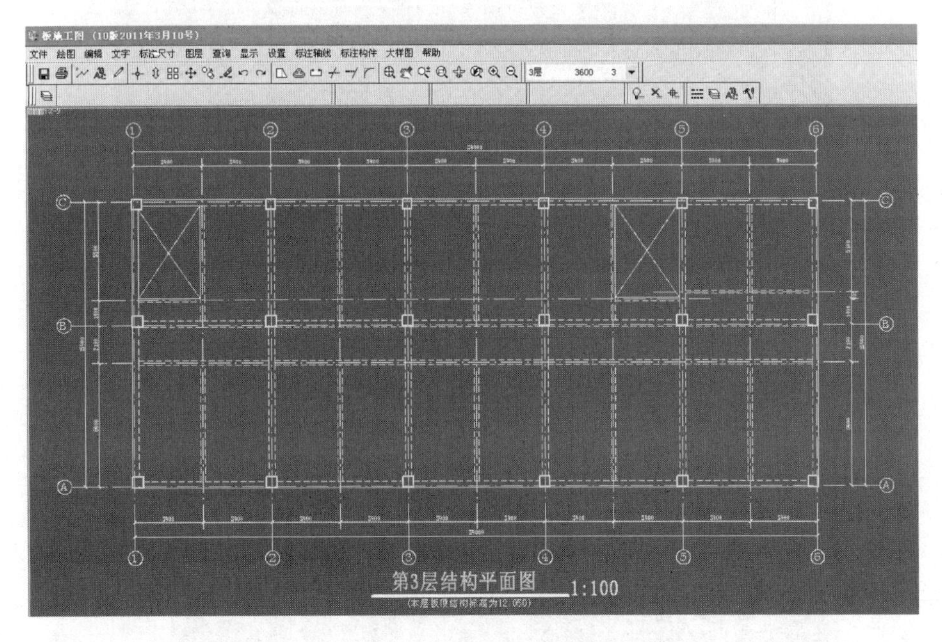

图 2.122　自动标注轴线和写图名

6. 楼板剖面

选择此菜单，程序可画出指定位置的板的剖面（图 2.126），并按一定比例画出。

图 2.123　楼板钢筋主菜单

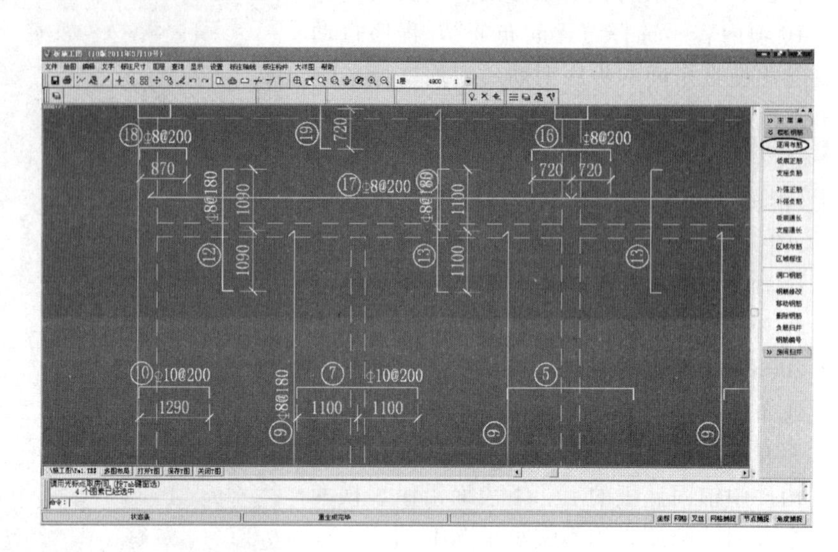

图 2.124　逐间布筋

楼板钢筋表

编号	钢筋简图	规格	最短长度	最长长度	根数	总长度	重量
①	3900	Φ8@180	3900	3900	156	608400	240.1
②	6825	Φ8@180	6824	6825	92	627896	247.8
③	105 2300 105	Φ10@200	2510	2510	105	263550	162.5
④	105 1300 105	Φ8@180	1509	1510	46	69446	27.4
⑤	105 2200 105	Φ10@200	2410	2410	70	168700	104.0
⑥	85 2200 105	Φ8@180	2390	2390	92	219880	86.8
⑦	105 2300 85	Φ6@180	2489	2490	46	114536	45.2
总重							913.7

图 2.125　楼板钢筋表

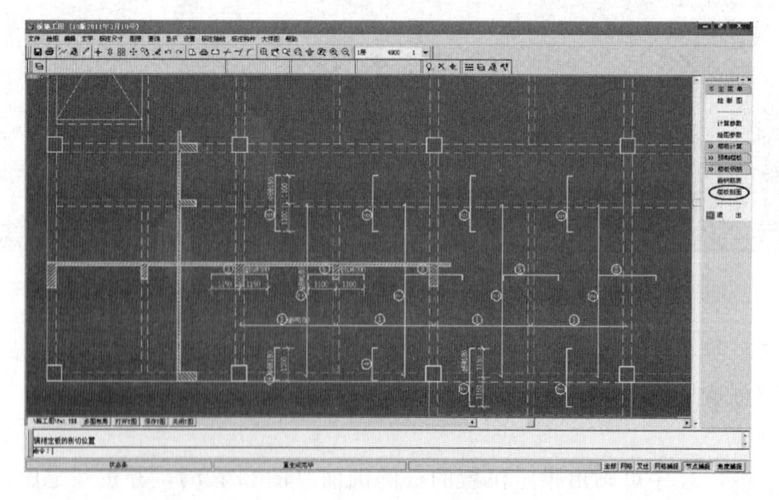

图 2.126　楼板剖面

7. 插入图框

选择此菜单，程序可在设计者确定的相应位置插入图框。也可按“Tab”键改变插入图框的大小，然后再确定插入的位置。

8. 存图退出

单击“退出”，则形成了该层平面图的一个图形文件，文件名为 PM＊.T，在后面的图形编辑等操作中可将 PM＊.T 转化为 PM＊.DWG 文件。

其他标准层也根据以上的步骤绘制出结构平面施工图。

第3章　框架结构电算实例——TAT部分

3.1　TAT的功能、使用范围和要求

3.1.1　TAT的基本功能

TAT是计算多层及高层建筑结构的三维空间分析软件，对剪力墙采用薄壁柱计算模型，对梁柱采用空间杆系计算模型，全楼整体进行结构计算。可计算各种规则或复杂体型的钢筋混凝土框架、框剪、剪力墙、筒体结构。

TAT针对多层和高层钢结构的特点，对水平支撑、垂直支撑、斜柱等均作了考虑，因此也可用于分析计算多层和高层钢结构。

TAT可用来分析交叉梁系等结构。

TAT可以进行吊车荷载的空间计算、砖混底框计算、支座位移计算和温度应力计算。

TAT能从PMCAD建立的结构数据和荷载数据中自动形成计算数据文件。计算结果可接PK画梁柱施工图，接JLQ画剪力墙施工图，接各基础JCCAD完成基础计算和绘图。

TAT－8为普及版，TAT为高级版。

3.1.2　TAT的使用范围

（1）适用的结构体系。适用于各种体型的框架、框剪、剪力墙、筒体结构，以及带有斜柱、斜梁、钢支撑的钢结构或混合结构的多层及高层建筑。

（2）解题能力由于程序动态申请内存，可以自动根据工程的要求随时扩大，解题能力不限。

3.1.3　TAT的使用要求

对一般的框架结构、框剪结构、筒体结构以及混合结构，只要每层均有楼板，或楼板开洞不大的多层、高层结构，不论其平面布置如何，均可以用TAT进行结构静力分析和动力分析。对空旷结构也通过定义弹性节点的方法，不考虑楼板的作用。对于一些特殊的结构，如框支剪力墙结构等，需要先进行简化，使其上部结构传力合理。计算完成后，还应对托梁部位采用平面有限元的方法进行详细分析。使用TAT之前必须明确以下几点。

1. 基本假定

（1）假定楼板在平面内为无限刚性，平面外刚度为0。

（2）对空旷结构可以定义为弹性节点，不考虑楼板作用。

（3）对剪力墙采用薄壁杆件的基本假定。

2. 单位与坐标系

（1）选用国际单位制：kN、m制。

（2）输入数据中柱、梁箍筋和剪力墙水平分布筋间距的单位为mm，在输出配筋文件中，钢筋面积的单位为mm^2，在配筋简图上，钢筋面积单位为cm^2。

（3）采用右手坐标系，Z 轴向上，各层的结构平面坐标系和原点与 PMCAD 建模时的坐标系一致。

（4）柱局部坐标的 X、Y 方向分别为 PMCAD 建模时柱宽 B 的布置方向和柱高 H 的布置方向。

3. 名词说明

（1）按设计习惯，楼层从下向上划分，最底层为第一层（从柱脚到楼板顶面），向上分别为第二层、第三层等，依此类推。

（2）标准层是指具有相同几何、物理参数的连续层，不论连续层的层数是多少，均称为一个标准层。在 TAT 中标准层是从顶层开始算起为第一标准层，依次从上至下检查，如几何、物理参数有变化则为第二标准层，如此直至第一层。

（3）薄壁柱是指由一肢或多肢剪力墙形成的受力构件，亦称剪力墙。

（4）连梁是指两端与剪力墙相连的梁，亦称连系梁。

（5）无柱节点是指两根或两根以上梁的交点，此交点下面没有柱。

（6）一种荷载（如风、地震等）作用下，称为受一种工况荷载。多种荷载组成一种荷载（如风＋地震）作用下，也称为结构受一种工况荷载。

3.2　接 PM 生成 TAT 数据

单击“TAT”进入 TAT 程序主菜单，内容共有 6 项（图 3.1）。单击 TAT 主菜单 1“接 PM 生成 TAT 数据”，屏幕显示 TAT 前处理菜单（图 3.2）。

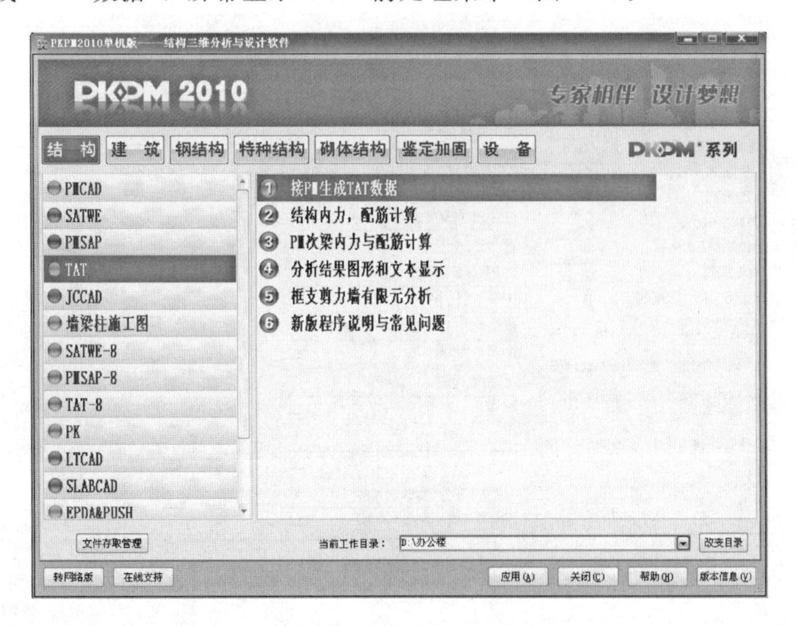

图 3.1　TAT 程序主菜单

3.2.1　分析与设计参数补充定义

单击“分析与设计参数补充定义”，屏幕出现需要填写的 8～10 页参数信息，每个参数都显示原先定义的数值或隐含值。

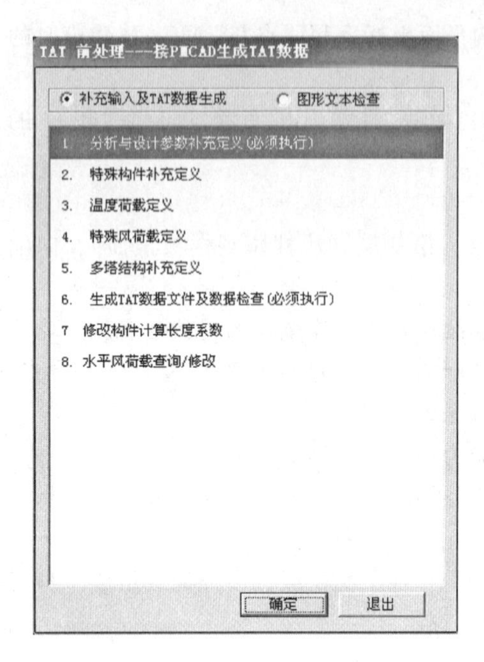

图 3.2　TAT 前处理菜单

1. 总信息（图 3.3）

（1）水平力与整体坐标夹角。该参数为地震作用、风荷载作用方向与结构整体坐标的夹角，逆时针方向为正，单位为度。当需要进行多方向侧向力核算时，可改变此参数。

（2）混凝土容重。可填 25 左右的数，考虑梁、柱的抹灰等荷载，把自重定为 26～27kN/m³ 比较合适。

（3）钢材容重。钢材容重一般为 78.5kN/m³，若考虑钢构件表面装修层重时，钢材容重可适当增加。

（4）裙房层数。裙房层数用作底部加强区高度的判断，如果不需要判断，直接填为零。

（5）转换层所在层号。确定转换层所在层号是为了便于进行正确的内力调整。

（6）嵌固端所在层号。嵌固端是指上部结构的计算嵌固端，当地下室顶板作为嵌固部位时，嵌固端所在层为地上一层，即地下室层数+1；如果在基础顶面嵌固时，嵌固端所在层号为 1。《建筑抗震设计规范》（GB 50011—2010）第 6.1.3－3 条规定了地下室作为上部结

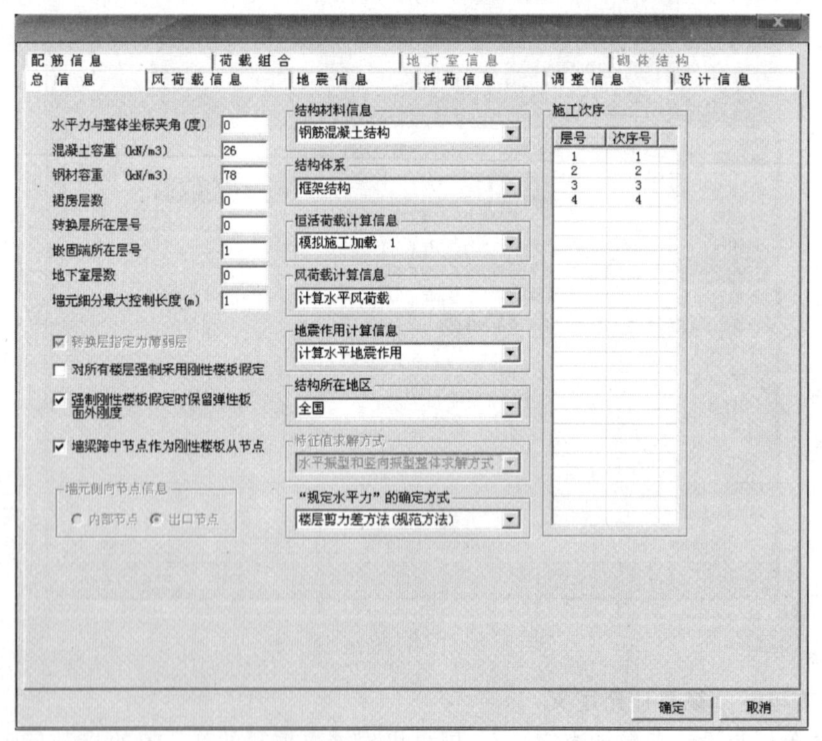

图 3.3　总信息对话框

构嵌固部位时应满足的要求；《高层建筑混凝土结构技术规程》（JGJ 3—2010）第3.5.2—2条规定结构底部嵌固层与其相邻上层的侧向刚度比不宜小于1.5。

（7）地下室层数。地下室层数是指与上部结构同时进行内力分析的地下室部分。

（8）墙元细分最大控制长度。在墙元细分时需要此参数，TAT中此参数不起作用。

（9）对所有楼层强制采用刚性楼板假定。当计算结构位移比时，需要选择此项。除了位移比计算，其他结构分析和设计时不应选择此项。

（10）墙元侧向节点信息。墙元侧向节点信息是墙元刚度矩阵凝聚计算的一个控制参数，TAT中此参数不起作用。

（11）结构材料信息。选择结构材料信息，是为了可以针对规范中的不同结构材料的规定选择不同的设计参数。

（12）结构体系。程序提供了15种结构体系，结构体系的选择决定了规范的正确应用。

（13）恒活荷载计算信息。不计算恒活荷载：不计算竖向力。

一次性加载：按一次加荷方式计算竖向力，采用整体刚度一次加载模型，这种计算适用于多层结构，或有上传荷载（如：吊柱等）的结构。

模拟施工加载1：采用整体刚度分层加载模型，普遍应用于各种类型的下传荷载的结构，目的是去掉下部荷载对上部结构产生的平动影响，但不适应有吊柱的情况。

模拟施工加载2：模拟施工加载2与模拟施工加载1类似，但在分析过程中将竖向构件（柱、墙）的轴向刚度放大10倍，以削弱竖向荷载按刚度的重分配。这样将使得柱和墙上分得的轴力比较均匀，接近手算结果，传给基础的荷载更为合理。

模拟施工加载3：只是在分层加载时，去掉了没有用的刚度（如第1层加载，则只有1层的刚度，而模拟施工加载1却仍为整体刚度），使其更接近于施工过程。建议可以首选模拟施工加载来计算恒载。

因此，对一般的多层建筑，施工中的层层找平对多层结构的竖向变位影响很小，所以可选择“一次性加载”或者“模拟施工加载1”。对高层建筑的上部结构计算时可采用“模拟施工加载1”，对高层建筑的基础计算时可采用“模拟施工加载2”。

（14）模拟施工次序信息。程序隐含指定每一个自然层是一次施工（简称为逐层施工），也可以通过施工次序定义指定连续若干层为一次施工（简称为多层施工）。对一些传力复杂的结构，应采用多层施工的施工次序。

（15）风荷载计算信息。大部分工程采用TAT缺省的“水平风荷载”即可，如需考虑更细致的风荷载，可通过“特殊风荷载”实现。

（16）地震作用计算信息。

不计算地震作用：即不计算地震作用。

计算水平地震作用：计算X、Y两个方向的水平地震作用。

计算水平和竖向地震作用：计算X、Y和Z三个方向的地震作用。

2. 风荷载信息（图3.4）

（1）地面粗糙度类别。地面粗糙度可分为A、B、C、D四类：A类指近海海面和海岛、海岸、湖岸及沙漠地区；B类指田野、乡村、丛林、丘陵以及房屋比较稀疏的乡镇和城市郊区；C类指有密集建筑群的城市市区；D类指有密集建筑群且房屋较高的城市市区。

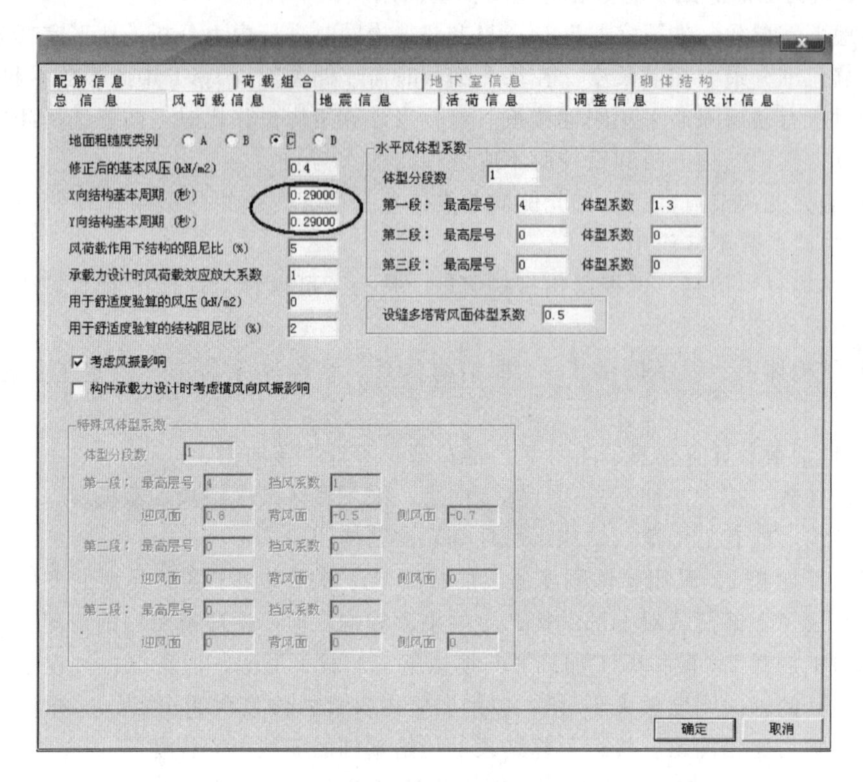

图 3.4　风荷载信息对话框

（2）修正后的基本风压。根据《建筑结构荷载规范》（GB 50009—2001）2006年版取值，基本风压不得小于0.3kN/m²。对于高层建筑、高耸结构以及对风荷载比较敏感的其他结构（一般房屋高度大于60m的都是对风荷载比较敏感的高层建筑），基本风压应适当提高。比如在沿海地区或强风地带，当地的基本风压应在规范规定的基础上放大1.1或1.2倍。

（3）X、Y向结构基本周期。在导算风荷载的过程中，涉及若干个参数，其中一个是结构的基本周期，它是用来求脉动系数的，对于比较规则的结构，可以采用近似方法计算结构基本周期：框架结构 $T_1=(0.05\sim0.1)n$；框剪结构、框筒结构 $T_1=(0.06\sim0.08)n$；剪力墙结构、筒中筒结构 $T_1=(0.05\sim0.06)n$，n为结构的层数。

《建筑结构荷载规范》（GB 50009—2001）2006年版也给出了高层建筑结构的基本自振周期近似计算公式。钢筋混凝土框架和框剪结构的基本自振周期

$$T_1=0.25+0.53\times10^{-3}\frac{H^2}{\sqrt[3]{B}} \tag{3.1}$$

钢筋混凝土剪力墙结构的基本自振周期

$$T_1=0.03+0.03\frac{H}{\sqrt[3]{B}} \tag{3.2}$$

式中　H——房屋总高度，m；

B——房屋宽度，m。

图 3.4 中椭圆圈里的结构基本自振周期 0.290 近似可以这样计算：根据公式(3.1)，则

$$T_1=0.25+0.53\times10^{-3}\frac{H^2}{\sqrt[3]{B}}=0.25+0.53\times10^{-3}\frac{15^2}{\sqrt[3]{16.1}}=0.297(\mathrm{s})$$

在设计时，可按上述方法给出结构基本周期初值，也可以在 TAT 计算完成后，得出准确的结构基本周期后，再回到此处填入新的周期值，然后重新计算，可以得到更为准确的风荷载。

(4) 风荷载作用下结构的阻尼比。混凝土结构及砌体结构的阻尼比采用 0.05。有填充墙钢结构可采用 0.02；无填充墙钢结构可采用 0.01。

(5) 水平风体型分段数、各段体型系数。沿高度的体型分段数（与楼层的平面形状有关，不同形状楼面的体型系数不一样，一栋建筑最多可为 3 段）。每段参数有 2 个，此段的最高层号、体型系数。

(6) 特殊风体型系数。“总信息”页“风荷载计算信息”下拉框中，选择“计算特殊风荷载”或者“计算水平和特殊风荷载”时，“特殊风体型系数”变亮，允许修改，否则为灰化，不可修改。

(7) 设缝多塔背风面体型系数。在计算有变形缝的结构时，为扣除设缝处遮挡面的风荷载，可以指定各塔的遮挡面，程序按照此处输入的背风面体型系数对遮挡面的风荷载进行折减。若将此参数填为 0，则相当于不考虑挡风面的影响。

(8) 承载力设计时风荷载效应放大系数。《高层建筑混凝土结构技术规程》(JGJ 3—2010) 第 4.2.2 条规定：对风荷载比较敏感的高层建筑，承载力设计时应按基本风压的 1.1 倍采用。对于正常使用极限状态设计（如位移计算），其要求可比承载力设计适当降低，一般仍可采用基本风压值或由设计人员根据实际情况确定。填写该系数后，程序将直接对风荷载作用下的构件内力进行放大，但不改变结构位移。

(9) 用于舒适度验算的风压、阻尼比。《高层建筑混凝土结构技术规程》(JGJ 3—2010) 第 3.7.6 条规定：房屋高度不小于 150m 的高层混凝土建筑结构应满足风振舒适度要求。验算风振舒适度时的风压和阻尼比可能与风荷载计算时采用的基本风压和阻尼比不同，因此，在此填写的风压和阻尼比数值仅用于舒适度验算。

验算风振舒适度时结构阻尼比宜取 0.01～0.02，风压缺省与风荷载计算的基本风压取值相同，也可自己修改。

(10) 考虑风振影响。《建筑结构荷载规范》(GB 50009—2001) 2006 年版第 7.4.1 条规定：对于基本自振周期 T_1 大于 0.25s 的工程结构，如房屋、屋盖及各种高耸结构，以及对于高度大于 30m 且高宽比大于 1.5 的高柔房屋，均应考虑风压脉动对结构发生顺风向风振的影响。本实例结构的基本自振周期初估为 0.297s＞0.25s，故可以考虑风振系数。

(11) 构件承载力设计时考虑横向风振影响。目前暂时不起作用，等新的荷载规范条文确定后考虑此选项。

3. 地震信息（图 3.5）

（1）结构规则性信息。结构规则性的判断依据《建筑抗震设计规范》（GB 50011—2010）第 3.4.3 条判断，分为平面不规则和竖向不规则。

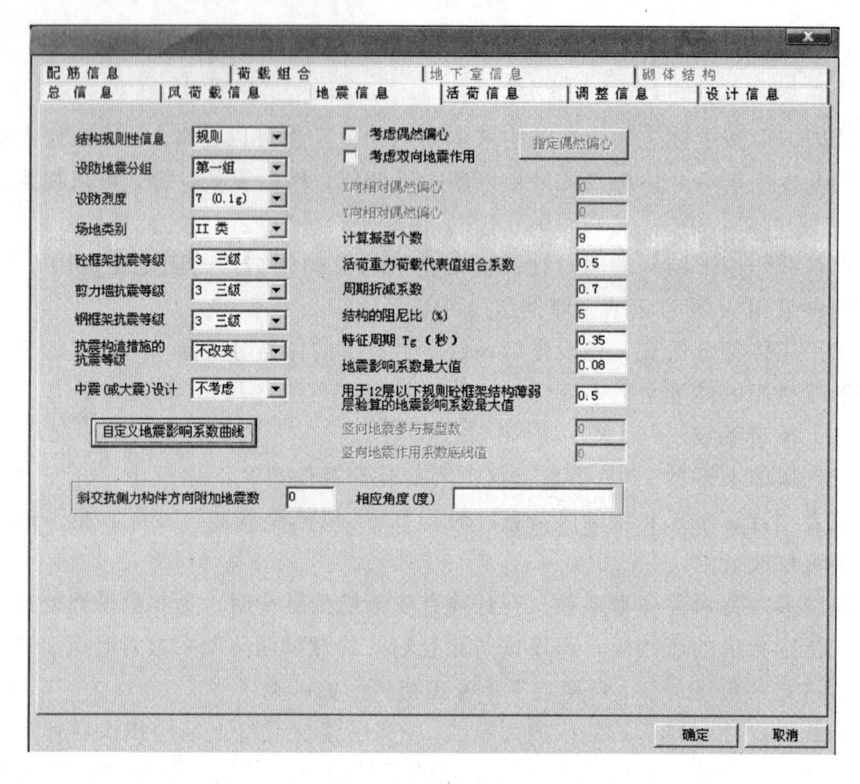

图 3.5　地震信息对话框

（2）设计地震分组。程序提供第一组、第二组和第三组三种选择。根据建筑物所建造的区域，按《建筑抗震设计规范》（GB 50011—2010）取值。程序根据不同的地震分组，计算特征周期。

（3）设防烈度。设防烈度取值 6、7、8、9，分别代表抗震设防烈度 6、7、8、9 度。

（4）场地类别。场地类别取值 0、1、2、3、4，分别代表 I_0、I_1、Ⅱ、Ⅲ、Ⅳ类土。

（5）框架、剪力墙抗震等级。依据按《建筑抗震设计规范》（GB 50011—2010）或《高层建筑混凝土结构技术规程》（JGJ 3—2010）确定。应明确此处填的抗震等级是“计算地震作用”时的抗震等级，而不是采用“抗震构造措施”时的抗震等级。

（6）考虑偶然偏心。偶然偏心的含义是：由偶然因素引起的结构质量分布变化，会导致结构固有振动特性的变化，因而结构在相同地震作用下的反应也将发生变化。考虑偶然偏心，也就是考虑由偶然偏心引起的可能最不利的地震作用。

《高层建筑混凝土结构技术规程》（JGJ 3—2010）第 4.3.3 条规定，计算单向地震作用时，应考虑偶然偏心的影响，每层质心沿垂直于地震作用方向的偏移值可取与地震作用方向垂直的建筑物总长度的 5%。

（7）考虑双向地震作用。《高层建筑混凝土结构技术规程》（JGJ 3—2010）规定质量与刚度分布明显不对称、不均匀的结构，应计算双向水平地震作用下的扭转影响；其他情况，应计算单向水平地震作用下的扭转影响。选择双向地震作用组合后，地震作用内力会放大较多。当结构布置较为对称时，可以选择“不考虑”。

在地震作用计算中，一般采用简化的层模型侧向刚度来进行地震振动分析，这种简化的侧向刚度又分两种：一种是不考虑扭转影响，另一种是考虑扭转影响。

(8) 计算振型个数。计算振型个数可取不小于3的整数。振型个数一般可以取振型参与质量达到总质量90%所需的振型数。

当地震作用采用侧向刚度计算时，若不考虑耦联振动，计算振型数不得大于结构层数；若考虑耦联振动，计算振型数一般不小于9，且不大于3倍的层数。

当地震作用采用总刚计算时，此时结构一般有较多的“弹性节点”，所以振型数的选择可以不受上限的控制，一般取大于12。

振型数的大小还与结构层数及结构形式有关，当结构层数较多或结构层刚度突变较大时，振型数也应取得多些，例如顶部有小塔楼、转换层等结构形式。对于双塔结构，振型数不能小于12，对于多于双塔的结构，其振型数则应更多。

(9) 活荷重力荷载代表值组合系数。根据《建筑抗震设计规范》(GB 50011—2010)第5.1.3条的规定修改，缺省值为0.5。

(10) 周期折减系数。周期折减系数可选取0.7～1.0的数。周期折减系数主要用于框架、框架-剪力墙或框架筒体结构。由于框架有填充墙，在早期弹性阶段会有很大的刚度，会吸收很大的地震力，当地震作用进一步加大时，填充墙首先破坏，刚度大大减弱，回到原结构（不考虑填充墙）状态。而在TAT计算中，只计算原结构（不考虑填充墙）梁、柱、墙的刚度以及相应结构自振周期，因此计算刚度小于结构实际刚度，计算周期大于实际周期。若用计算周期计算地震作用，地震作用会偏小，使结构分析偏于不安全，因此要采用周期折减的方法放大地震作用。周期折减系数不改变结构的自振特性，只改变地震影响系数。

周期折减的目的是为了充分考虑框架结构和框架—剪力墙结构中的填充墙刚度对计算周期的影响。对于框架结构，若填充墙较多，周期折减系数可取0.6～0.7；若填充墙较少，周期折减系数可取0.7～0.8。对于框架—剪力墙结构，周期折减系数可取0.8～0.9。纯剪力墙结构的周期不折减。

(11) 结构的阻尼比。对于一些常规结构，程序给出了结构阻尼比的隐含值。

(12) 特征周期。特征周期值可参考表2.17中的数值。

(13) 多遇或罕遇地震影响系数最大值。多遇或罕遇地震影响系数最大值（表3.1）随地震烈度而变化，通过该参数可求得地震作用。

表3.1　　水平地震影响系数最大值

地震影响	6度	7度	8度	9度
多遇地震	0.04	0.08 (0.12)	0.16 (0.24)	0.32
罕遇地震	0.28	0.50 (0.72)	0.90 (1.20)	1.40

注　括号中数值分别用于设计基本地震加速度为0.15g和0.30g的地区。

（14）用于12层以下规则混凝土框架薄弱层验算的地震影响系数最大值。此参数即表3.1中罕遇地震影响系数最大值。

（15）斜交抗侧力构件方向附加地震数及相应角度。最多允许附加5组地震。附加地震数在0～5之间取值，在相应角度中输入各角度值。

（16）按中震（或大震）不屈服作结构设计。此参数是针对结构抗震性能设计提供的选项。

（17）自定义地震影响系数曲线。单击“自定义地震影响系数曲线”，用户可以查看也可自定义地震影响系数曲线（图3.6）。

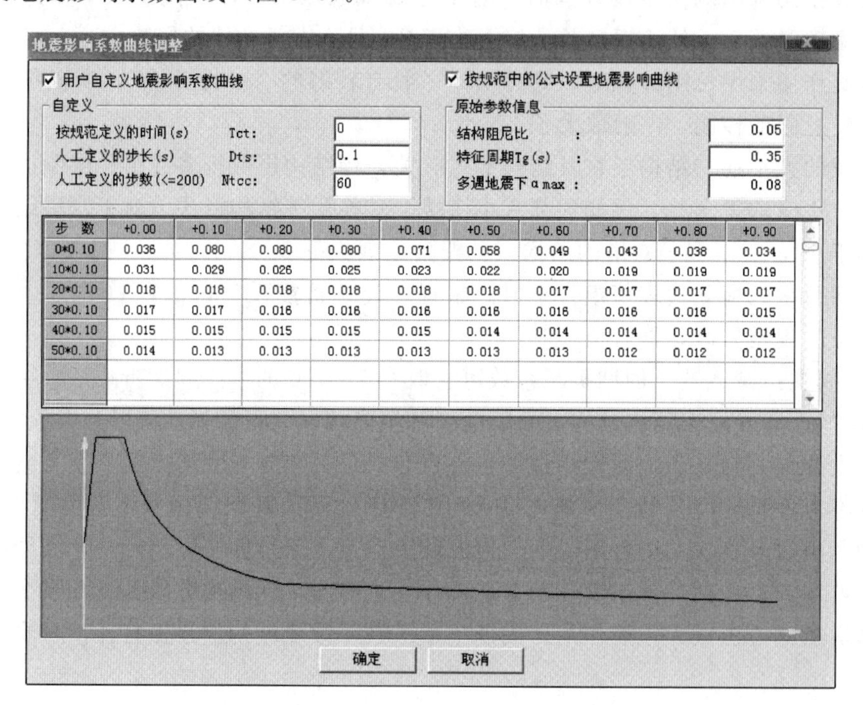

步数	+0.00	+0.10	+0.20	+0.30	+0.40	+0.50	+0.60	+0.70	+0.80	+0.90
0*0.10	0.036	0.080	0.080	0.080	0.071	0.058	0.049	0.043	0.038	0.034
10*0.10	0.031	0.029	0.026	0.025	0.023	0.022	0.020	0.019	0.019	0.019
20*0.10	0.018	0.018	0.018	0.018	0.018	0.018	0.017	0.017	0.017	0.017
30*0.10	0.017	0.017	0.016	0.016	0.016	0.016	0.016	0.016	0.016	0.015
40*0.10	0.015	0.015	0.015	0.015	0.015	0.014	0.014	0.014	0.014	0.014
50*0.10	0.014	0.013	0.013	0.013	0.013	0.013	0.013	0.012	0.012	0.012

图3.6　地震影响系数曲线调整

4. 活荷信息（图3.7）

（1）柱、墙设计时活荷载是否折减。根据《建筑结构荷载规范》（GB 50009—2001）2006年版第4.1.1条和第4.1.2条的规定，可对一些结构在柱、墙设计时进行活荷载折减。

（2）传给基础的活荷载是否折减。活荷载作为一种工况，按照地基设计规范的要求，在荷载组合计算时，可进行折减。

（3）梁活荷不利布置最高层号。此参数填0，表明不考虑活荷不利布置；若填一个大于零的数NL，则表示从1～NL各层考虑梁活荷载的不利布置，而NL+1层以上不考虑活荷载的不利布置；若NL等于结构的层数，则表示对全楼所有层都考虑活荷的不利布置。

（4）柱、墙、基础活荷载折减系数。此处分6档给出了“计算截面以上的层数”和相应的折减系数，隐含值是根据《建筑结构荷载规范》（GB 50009—2001）2006年版给出的。

(5) 考虑结构使用年限的活荷载调整系数。根据《高层建筑混凝土结构技术规程》(JGJ 3—2010) 第 5.6.1 条的规定，设计使用年限为 50 年时取为 1.0，设计使用年限为 100 年时取为 1.1。在荷载效应组合时活荷载组合系数将乘上考虑结构使用年限的活荷载调整系数。

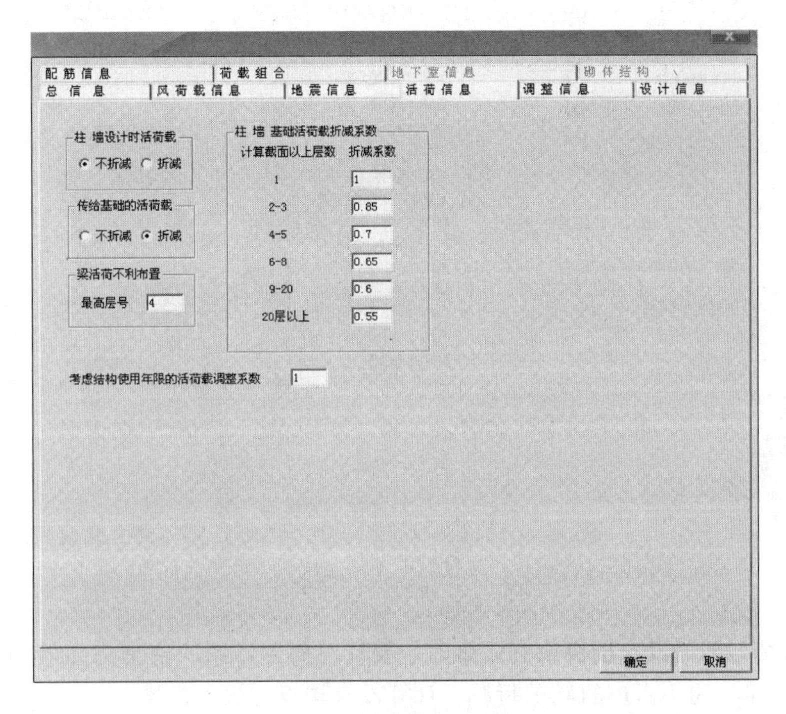

图 3.7　活荷信息对话框

5. 调整信息 (图 3.8)

(1) 梁端负弯矩调幅系数。在竖向荷载作用下，框架梁端负弯矩很大，配筋困难，不便于施工。因此允许考虑塑性变形内力重分布对梁端负弯矩进行适当调幅，通过调整使梁端弯矩减少，相应增加跨中弯矩，使梁上下配筋均匀一些，达到节约材料，方便施工的目的。由于钢筋混凝土的塑性变形能力有限，调幅的幅度必须加以限制。装配整体式框架梁端负弯矩调幅系数可取为 0.7～0.8；现浇框架梁端负弯矩调幅系数可取为 0.8～0.9。

(2) 梁活荷载内力放大系数。当考虑活荷载的不利分布时，梁弯矩放大系数取 1.0；当不作活荷载的不利分布，而仅按满布荷载计算时，一般工程宜取 1.1～1.2。梁弯矩放大系数对梁正负弯矩均起作用。程序对钢梁不做调整。

(3) 梁扭矩折减系数。对于现浇楼板结构，当采用刚性楼板假定时，可以考虑楼板对梁抗扭的作用，在截面设计时应对梁扭矩予以适当折减。计算分析表明，梁的扭矩折减系数与楼盖的约束作用和梁的位置密切相关。边梁和中梁有区别，有次梁和无次梁也不一样。因此，应根据具体情况确定楼面梁的扭矩折减系数。对一般工程的扭矩折减系数可取为 0.4～1.0。

当结构没有楼板时，该系数应取 1.0；对于有弧梁的结构，弧梁的扭转折减系数应取

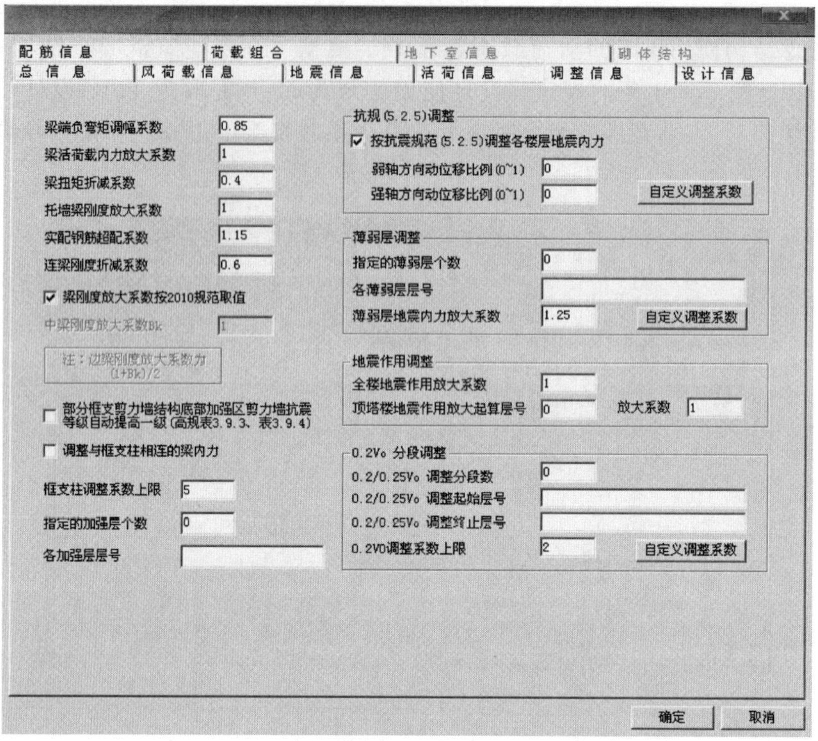

图 3.8 调整信息对话框

1.0。所以当结构部分没有楼板或有弧梁时，要计算两遍：第一遍考虑扭转的折减，计算楼板的直梁；第二遍不考虑扭转的折减，计算没有楼板的梁和弧梁。

（4）连梁刚度折减系数。这里的连梁是指那些两端与剪力墙相连的梁和剪力墙洞口间的连梁，连梁刚度折减系数一般取值范围为0.55～1.0，一般工程取0.7。

抗震设计的框架—剪力墙或剪力墙结构的连梁，由于两端的刚度很大，剪力就会很大，连梁截面设计有困难，往往出现超筋现象。抗震设计时，在保证连梁具有足够的承受其所属面积竖向荷载能力的前提下，允许其适当开裂（即降低刚度）而把内力转移到墙体等其他构件上，这就是在内力和位移计算中，对连梁的刚度进行折减。通常，设防烈度为6度、7度时连梁刚度折减系数取0.7，8度、9度时取0.55，最小不宜小于0.55。当结构位移由风荷载控制时，连梁刚度折减系数不宜小于0.8。

（5）中梁刚度增大系数。梁刚度的放大是考虑现浇楼板对梁刚度的影响，现浇楼板和梁连成一体按照T形截面梁工作，而计算时梁截面取矩形，因此可将现浇楼面和装配整体式楼面中梁的刚度放大。

对于现浇楼板，两侧均与刚性楼板相连的中梁抗弯刚度放大系数可取为1～2.0，只有一侧与刚性楼板相连的中梁或边梁的刚度放大系数可取为1～1.5。

有现浇面层的装配整体式框架梁的刚度放大系数可适当减小，中梁抗弯刚度放大系数可取为1～1.5，边梁抗弯刚度放大系数可取为1～1.2。

当梁侧没有楼板或为预制楼板时，中梁和边梁刚度放大系数值应为1.0。

(6) 调整与框支柱相连的梁内力。此参数暂不起作用。

(7) 按抗震规范第5.2.5条调整各楼层地震内力。《建筑抗震设计规范》(GB 50011—2010) 第5.2.5条规定：抗震验算时，结构任一楼层的水平地震的剪重比不应小于表3.2给出的最小地震剪力系数值。

剪重比为水平地震楼层剪力与该层重力荷载的比值。当结构的剪重比小于楼层最小地震剪力系数值（表3.2）时，程序会自动调整各层的地震作用，通过该参数放大地震作用。对于竖向不规则结构的薄弱层，还需乘以1.15的增大系数。另一方面需要注意：当结构的剪重比小于楼层最小地震剪力系数值时，首先应调整结构方案，直到达到规范的限值为止，而不能简单地调大地震力。

表3.2　楼层最小地震剪力系数值

类　别	6度	7度	8度	9度
扭转效应明显或基本周期小于3.5s的结构	0.008	0.016 (0.024)	0.032 (0.048)	0.064
基本周期大于5.0s的结构	0.006	0.012 (0.018)	0.024 (0.036)	0.048

注　1. 基本周期介于3.5s和5s之间的结构可插入取值；
2. 括号内数值分别用于设计基本地震加速度为0.15g和0.30g的地区。

(8) 实配钢筋超配系数。对于9度设防烈度的各类框架和一级抗震等级的框架结构，采用超配系数就是按规范考虑材料、配筋因素的一个附加放大系数。

(9) 薄弱层地震内力放大系数。《建筑抗震设计规范》(GB 50011—2010) 规定的薄弱层地震内力放大系数不小于1.15；《高层建筑混凝土结构技术规程》(JGJ 3—2010) 规定的薄弱层地震内力放大系数不小于1.25，程序缺省值为1.25。

(10) 指定的薄弱层个数及相应的各薄弱层层号。TAT自动按刚度比判断薄弱层并对薄弱层进行地震内力放大，但对于竖向构件不规则或承载力不满足要求的楼层，不能自动判断为薄弱层，需要在此指定。

(11) 全楼地震作用放大系数。通过此参数可放大地震作用，提高结构的抗震安全度，经验取值范围是1.0～1.5。

(12) 指定的加强层个数及相应的各加强层层号。指定加强层后，加强层及相邻层柱、墙的抗震等级自动提高一级；加强层及相邻层的轴压比减小0.05；加强层及相邻层设置约束边缘构件。

(13) 0.2V_0调整起始层号和终止层号。此条调整信息针对框架—剪力墙结构，对于框架—剪力墙结构，一般剪力墙刚度很大，剪力墙承担大部分的地震作用，而框架承担的地震作用很小。如果按此地震作用设计，在剪力墙开裂后刚度减小，框架结构部分将承担比原设计较大的地震作用，会变得不安全。因此，按照《高层建筑混凝土结构技术规程》(JGJ 3—2010) 第8.1.4条的规定需对框架—剪力墙结构中框架部分进行地震剪力的调整，框架部分承担至少20%的基底剪力，以增加框架的抗震能力。

在考虑是否进行0.2Q_0调整时需要注意以下几点：

1) 对柱少剪力墙多的框架—剪力墙结构，让框架柱承担20%的基底剪力会使放大系数过大，以致梁柱设计不合理。所以0.2Q_0的调整一般只用于框架柱较多的主体结构。

当结构以剪力墙为主时则可不调整。

2）$0.2Q_0$ 调整放大系数只对框架梁柱的弯矩和剪力有影响，框架柱的轴力标准值可不调整。

3）Q_0 的确定：对于框架柱数量从下到上基本不变的规则建筑，Q_0 为“地震作用标准值的结构底部总剪力”；对于框架柱数量从下至上分段有规律的变化的结构，Q_0 为“每段最下一层结构对应于地震作用标准值的总剪力”。

4）框架剪力的调整必须在满足规范规定的楼层“最小地震剪力系数（剪重比）”的前提下进行。在设计过程中应根据计算结果来确定调整起算层号和终止层号。

（14）$0.2V_0$、框支柱调整上限。缺省值 $0.2V_0$ 调整上限为 2.0，框支柱调整上限为 5.0，可以修改。

（15）顶塔楼地震作用放大起算层号及放大系数。对于结构顶部有小塔楼的结构，如地震的振型数取得不够多，则由于高振型的影响，顶部小塔楼的地震力会偏小，所以可以在这里对顶部的小塔楼的地震力进行放大。该系数仅放大顶塔楼的地震内力，不改变位移。

放大起算层号：程序对该层号以上的结构构件的地震力进行放大；顶部塔楼放大系数：可填入大于等于1的数值。

若不调整顶部塔楼的内力，可将起算层号及放大系数均取为0。

6. 设计信息（图3.9）

（1）结构重要性系数。结构的重要性系数隐含取值1.0。该系数用于非抗震地区，程序在组合配筋时，对非地震作用参与的组合才乘以该放大系数。

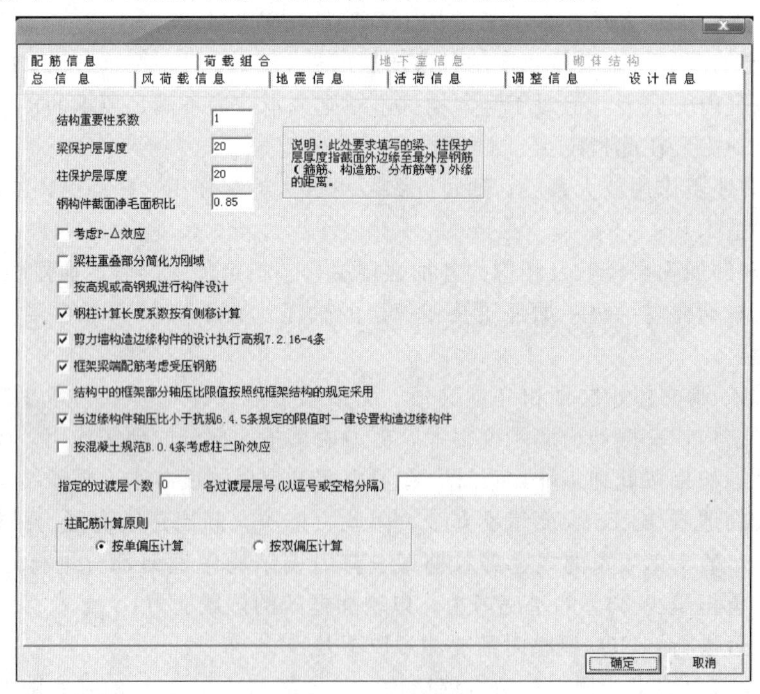

图3.9　设计信息对话框

(2) 梁、柱保护层厚度。《混凝土结构设计规范》(GB 50010—2010) 以最外层钢筋(包括箍筋、构造筋、分布筋等) 的外缘 (不再以纵向受力钢筋的外缘) 计算混凝土保护层厚度。可参考《混凝土结构设计规范》(GB 50010—2010) 第 8.2.1 条填写。

(3) 考虑 P－Δ 效应。P－Δ 效应是指在结构分析中竖向荷载的侧移效应。当结构发生水平位移时，竖向荷载与水平位移的共同作用，将使相应的内力加大。考虑 P－Δ 效应，在计算混凝土柱的计算长度系数时，柱计算长度系数取 1.0。

对于混凝土结构，当不满足《高层建筑混凝土结构技术规程》(JGJ 3—2010) 第 5.4.1 条时应考虑重力二阶效应对水平力作用下结构内力和位移的不利影响，即选择考虑 P－Δ 效应。

当选择不考虑 P－Δ 效应，对混凝土柱按《混凝土结构设计规范》(GB 50010—2010) 第 6.2.20 条确定框架结构各层柱的计算长度。

(4) 梁柱重叠部分简化为刚域。这个参数主要考虑梁柱截面重叠比较大造成的梁计算跨度发生变化而使其负弯矩区发生变化的问题。勾选此项则程序将梁柱重叠部分作为刚域计算，否则将梁柱重叠部分作为梁的一部分计算。

(5) 按高规或者高钢规进行构件设计。点取此项，程序按高规或者高钢规进行荷载组合计算，否则，按多层结构或者普通钢结构进行荷载组合计算。

(6) 钢柱计算长度系数按有侧移计算。点取此项，程序按《钢结构设计规范》(GB 50017—2003) 附录 D－2 的公式计算钢柱的计算长度系数，否则按《钢结构设计规范》(GB 50017—2003) 附录 D－1 的公式计算钢柱的计算长度系数。

(7) 剪力墙构造边缘构件的设计执行高规 7.2.16－4 条。点取此项，程序将一律按《高层建筑混凝土结构技术规程》(JGJ 3—2010) 第 7.2.16－4 条的要求控制构造边缘构件的最小配筋。

(8) 柱配筋原则。当选择单偏压计算配筋时，程序按两个方向各自配筋，否则程序按双偏压计算配筋。对异型柱程序自动按双偏压计算配筋。由于双偏压的多解性，配筋量与形式不唯一，故柱一般按单偏压配筋，按双偏压复核验算。

7. 配筋信息 (图 3.10)

(1) 梁、柱箍筋间距。梁、柱箍筋间距应填入加密区的间距，并满足规范要求。抗震设防工程一般可取 100mm，并满足规范要求。若梁上荷载复杂、有较大的集中力，则梁箍筋应全长加密。非抗震设防工程按构造规定可取 200mm。此参数强制为 100，灰化不允许修改，对于箍筋间距非 100 的情况，可对配筋结果进行折算。

(2) 墙水平分布筋间距。墙水平分布筋间距可取 100～300mm。

(3) 墙竖向分布筋配筋率。《混凝土结构设计规范》(GB 50010—2010) 第 11.7.14 条规定：一级、二级、三级抗震等级的剪力墙的水平和竖向分布钢筋配筋率均不应小于 0.25%；四级抗震等级剪力墙的水平和竖向分布钢筋配筋率均不小于 0.2%；分布钢筋间距不应大于 300mm，其直径不应小于 8mm。部分框支剪力墙结构的剪力墙底部加强部位，水平和竖向分布钢筋配筋率均不应小于 0.3%，钢筋间距不应大于 200mm。

对于特一级剪力墙，按《高层建筑混凝土结构技术规程》(JGJ 3—2010) 第 3.10.5 条规定一般部位的水平和竖向分布钢筋最小配筋率应取为 0.35%，底部加强部位的水平和竖向分布钢筋的最小配筋率应取为 0.4%。

(4) 结构底部需单独指定墙竖向分布筋配筋率的层数、配筋率。可以针对剪力墙结构加强区和非加强区定义不同的墙竖向分布筋配筋率。

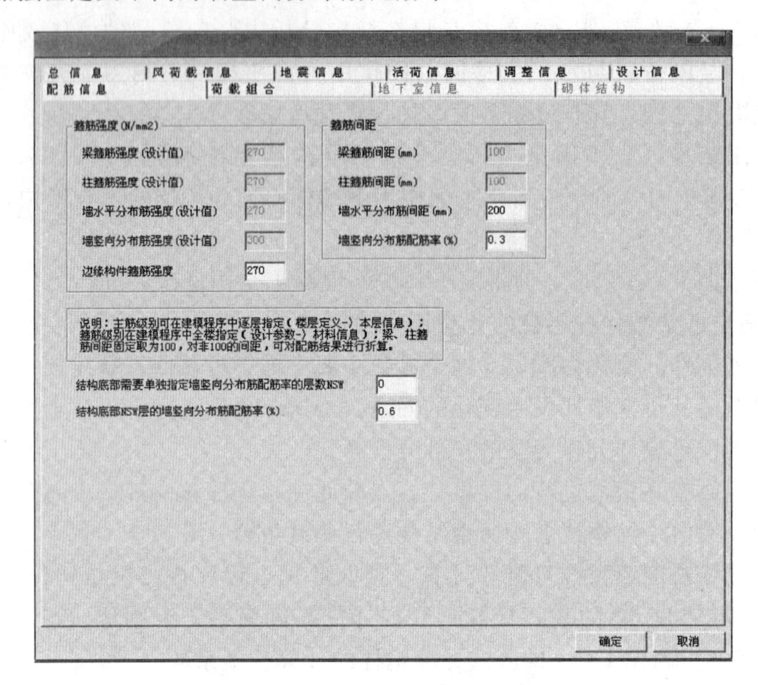

图 3.10 配筋信息对话框

8. 荷载组合（图 3.11）

(1) 恒荷载分项系数。恒荷载分项系数隐含取《建筑结构荷载规范》(GB 50009—2001) 2006 年版第 3.2.5 条值 1.2，对由永久荷载效应控制的组合，应取 1.35。

(2) 活荷载分项系数。活荷载分项系数隐含取《建筑结构荷载规范》(GB 50009—2001) 2006 年版第 3.2.5 条值 1.4，对标准值大于 $4kN/m^2$ 的工业房屋楼面结构的活荷载应取 1.3。

(3) 风荷载分项系数。风力分项系数隐含取《建筑结构荷载规范》(GB 50009—2001) 2006 年版第 3.2.5 条值 1.4。

(4) 活荷载组合值系数。活荷载组合系数可取《建筑结构荷载规范》(GB 50009—2001) 2006 年版中规定的各类荷载的相应数值，一般活荷载组合系数取为 0.7。

(5) 风荷载组合值系数。风荷载组合系数可取《建筑结构荷载规范》(GB 50009—2001) 2006 年版中的规定值 0.6。

(6) 水平地震作用分项系数和竖向地震作用分项系数。仅计算水平地震作用时，水平地震作用分项系数隐含取《建筑抗震设计规范》(GB 50011—2010) 第 5.4.1 条值 1.3，竖向地震作用分项系数取为 0；仅计算竖向地震作用时，竖向地震作用分项系数隐含取《建筑抗震设计规范》(GB 50011—2010) 第 5.4.1 条值 1.3，水平地震作用分项系数取为 0；同时计算水平与竖向地震作用（水平地震为主）时，水平地震作用分项系数取为 1.3，

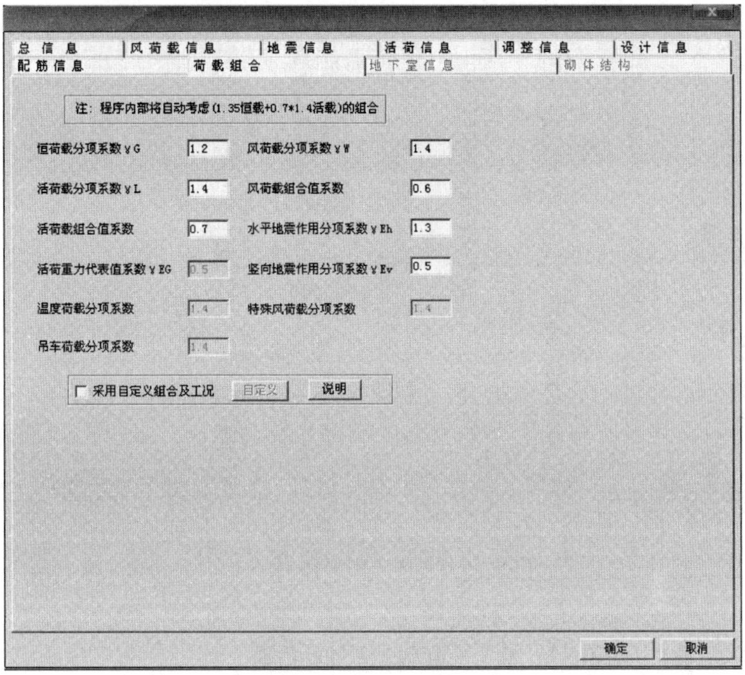

总信息 | 风荷载信息 | 地震信息 | 活荷信息 | 调整信息 | 设计信息
配筋信息 | 荷载组合 | 地下室信息 | 砌体结构

注：程序内部将自动考虑（1.35恒载+0.7*1.4活载）的组合

恒荷载分项系数γG	1.2	风荷载分项系数γW	1.4
活荷载分项系数γL	1.4	风荷载组合值系数	0.6
活荷载组合值系数	0.7	水平地震作用分项系数γEh	1.3
活荷重力代表值系数γEG	0.5	竖向地震作用分项系数γEv	0.5
温度荷载分项系数	1.4	特殊风荷载分项系数	1.4
吊车荷载分项系数	1.4		

采用自定义组合及工况　自定义　说明

确定　取消

图 3.11　荷载组合对话框

竖向地震作用分项系数取为 0.5；同时计算水平与竖向地震作用（竖向地震为主）时，水平地震作用分项系数取为 0.5，竖向地震作用分项系数取为 1.3。

（7）采用自定义组合及工况。单击“采用自定义组合及工况”，弹出“自定义荷载组合”（图 3.12 和图 3.13）。从表中看出，程序考虑了 35 种工况组合。

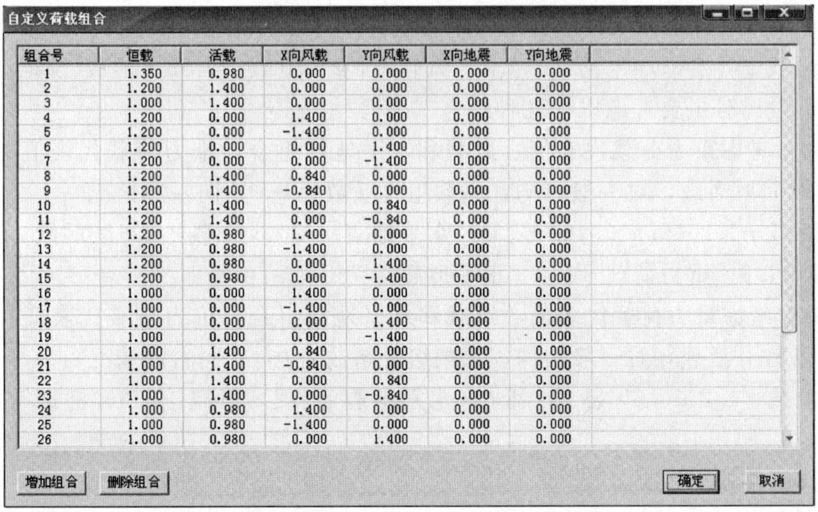

自定义荷载组合

组合号	恒载	活载	X向风载	Y向风载	X向地震	Y向地震
1	1.350	0.980	0.000	0.000	0.000	0.000
2	1.200	1.400	0.000	0.000	0.000	0.000
3	1.000	1.400	0.000	0.000	0.000	0.000
4	1.200	0.000	1.400	0.000	0.000	0.000
5	1.200	0.000	-1.400	0.000	0.000	0.000
6	1.200	0.000	0.000	1.400	0.000	0.000
7	1.200	0.000	0.000	-1.400	0.000	0.000
8	1.200	1.400	0.840	0.000	0.000	0.000
9	1.200	1.400	-0.840	0.000	0.000	0.000
10	1.200	1.400	0.000	0.840	0.000	0.000
11	1.200	1.400	0.000	-0.840	0.000	0.000
12	1.200	0.980	1.400	0.000	0.000	0.000
13	1.200	0.980	-1.400	0.000	0.000	0.000
14	1.200	0.980	0.000	1.400	0.000	0.000
15	1.200	0.980	0.000	-1.400	0.000	0.000
16	1.000	0.000	1.400	0.000	0.000	0.000
17	1.000	0.000	-1.400	0.000	0.000	0.000
18	1.000	0.000	0.000	1.400	0.000	0.000
19	1.000	0.000	0.000	-1.400	0.000	0.000
20	1.000	1.400	0.840	0.000	0.000	0.000
21	1.000	1.400	-0.840	0.000	0.000	0.000
22	1.000	1.400	0.000	0.840	0.000	0.000
23	1.000	1.400	0.000	-0.840	0.000	0.000
24	1.000	0.980	1.400	0.000	0.000	0.000
25	1.000	0.980	-1.400	0.000	0.000	0.000
26	1.000	0.980	0.000	1.400	0.000	0.000

增加组合　删除组合　确定　取消

图 3.12　自定义荷载组合（一）

1）非抗震设计时主要考虑以下几种组合工况。

工况 1（以恒载效应控制）：1.35×恒载＋0.7×1.4×活载＝1.35×恒载＋0.98×

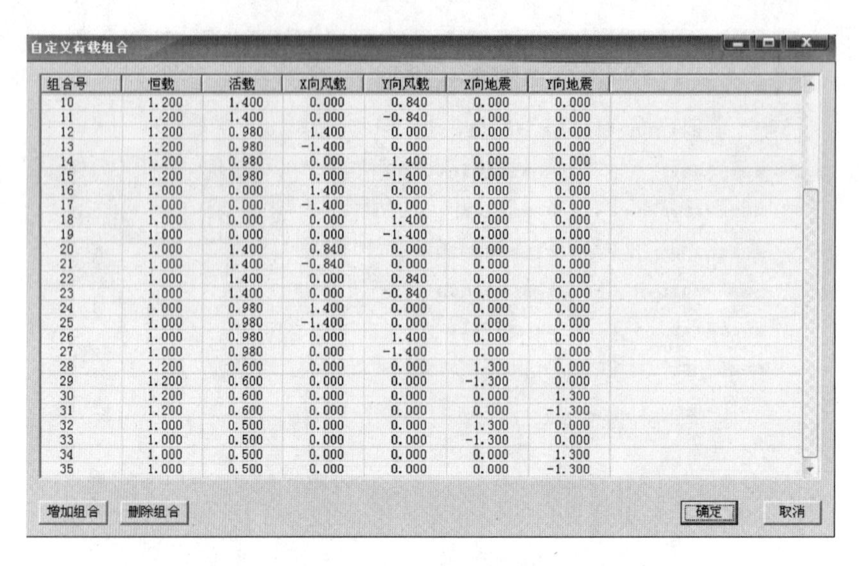

组合号	恒载	活载	X向风载	Y向风载	X向地震	Y向地震
10	1.200	1.400	0.000	0.840	0.000	0.000
11	1.200	1.400	0.000	-0.840	0.000	0.000
12	1.200	0.980	1.400	0.000	0.000	0.000
13	1.200	0.980	-1.400	0.000	0.000	0.000
14	1.200	0.980	0.000	1.400	0.000	0.000
15	1.200	0.980	0.000	-1.400	0.000	0.000
16	1.000	0.000	1.400	0.000	0.000	0.000
17	1.000	0.000	-1.400	0.000	0.000	0.000
18	1.000	0.000	0.000	1.400	0.000	0.000
19	1.000	0.000	0.000	-1.400	0.000	0.000
20	1.000	1.400	0.840	0.000	0.000	0.000
21	1.000	1.400	-0.840	0.000	0.000	0.000
22	1.000	1.400	0.000	0.840	0.000	0.000
23	1.000	1.400	0.000	-0.840	0.000	0.000
24	1.000	0.980	1.400	0.000	0.000	0.000
25	1.000	0.980	-1.400	0.000	0.000	0.000
26	1.000	0.980	0.000	1.400	0.000	0.000
27	1.000	0.980	0.000	-1.400	0.000	0.000
28	1.200	0.600	0.000	0.000	1.300	0.000
29	1.200	0.600	0.000	0.000	-1.300	0.000
30	1.200	0.600	0.000	0.000	0.000	1.300
31	1.200	0.600	0.000	0.000	0.000	-1.300
32	1.000	0.500	0.000	0.000	1.300	0.000
33	1.000	0.500	0.000	0.000	-1.300	0.000
34	1.000	0.500	0.000	0.000	0.000	1.300
35	1.000	0.500	0.000	0.000	0.000	-1.300

图3.13　自定义荷载组合（二）

活载；

工况2（以活载效应控制）：1.2×恒载+1.4×活载；

工况10（考虑活载和风载组合以活载为主，Y向左风情况）：

1.2×恒载+1.4×活载+0.6×1.4×风载=1.2×恒载+1.4×活载+0.84×风载；

工况11（考虑活载和风载组合以活载为主，Y向右风情况）：

1.2×恒载+1.4×活载−0.6×1.4×风载=1.2×恒载+1.4×活载−0.84×风载；

工况14（考虑活载和风载组合以风载为主，Y向左风情况）：

1.2×恒载+0.7×1.4×活载+1.4×风载=1.2×恒载+0.98×活载+1.4×风载；

工况15（考虑活载和风载组合以风载为主，Y向右风情况）：

1.2×恒载+0.7×1.4×活载−1.4×风载=1.2×恒载+0.98×活载−1.4×风载。

2）抗震设计时主要考虑以下几种组合工况。

工况30（考虑重力荷载代表值、风载和水平地震组合，重力荷载代表值在此考虑为100%恒载和50%活载，对一般结构，风载组合系数为0，Y向左震情况）：

1.2×恒载+1.2×0.5×活载+1.3×水平地震=1.2×恒载+0.6×活载+1.3×水平地震，也即=1.2×重力荷载+1.3×水平地震；

工况31（考虑重力荷载代表值、风载和水平地震组合，重力荷载代表值在此考虑为100%恒载和50%活载，对一般结构，风载组合系数为0，Y向右震情况）：

1.2×恒载+1.2×0.5×活载−1.3×水平地震=1.2×恒载+0.6×活载−1.3×水平地震。

3.2.2　特殊构件补充定义

程序对特殊构件采用不同的颜色进行区分，单击“颜色说明”可详细了解。另外需要注意程序采用异或方式，即重复定义即为删除。

1. 特殊梁

特殊梁指的是不调幅梁、铰接梁、连梁、托柱梁、耗能梁和叠合梁等。不调幅是不对其支座负弯矩调幅的梁，挑梁是不能作负弯矩调幅的，程序对端支座为梁的部位也不调幅，程序仅对两端支在柱或墙上主梁调幅（该主梁中间可有无柱节点）。图 3.14 为第 1 层不调幅梁和调幅系数，图 3.15 为第 2、3 层不调幅梁，图 3.16 为第 4 层不调幅梁。

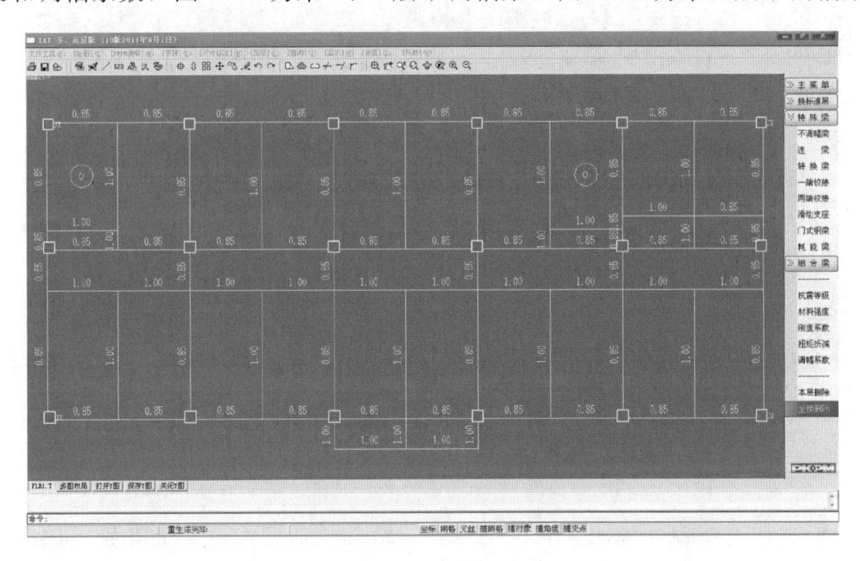

图 3.14　不调幅梁和调幅系数

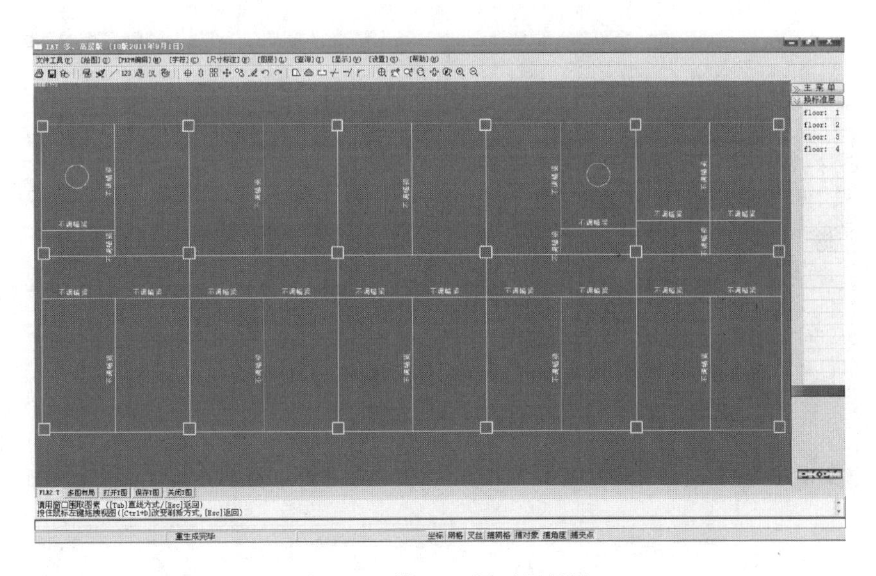

图 3.15　第 2、3 层不调幅梁

铰接梁为一端铰接或二端铰接的梁。在 PMCAD 中以主梁输入的梁，需根据结构受力的实际情况人为指定；以次梁输入的梁，程序自动默认为两端铰接的梁。

连梁是指两端与剪力墙相连的梁，为避免容易出现的超筋现象，对连梁的刚度折减系数往往较大，连梁由程序自动找出，在此可校核。

2. 特殊柱

特殊柱指的是角柱、框支柱、上端铰接柱、下端铰接柱、两端铰接柱等。

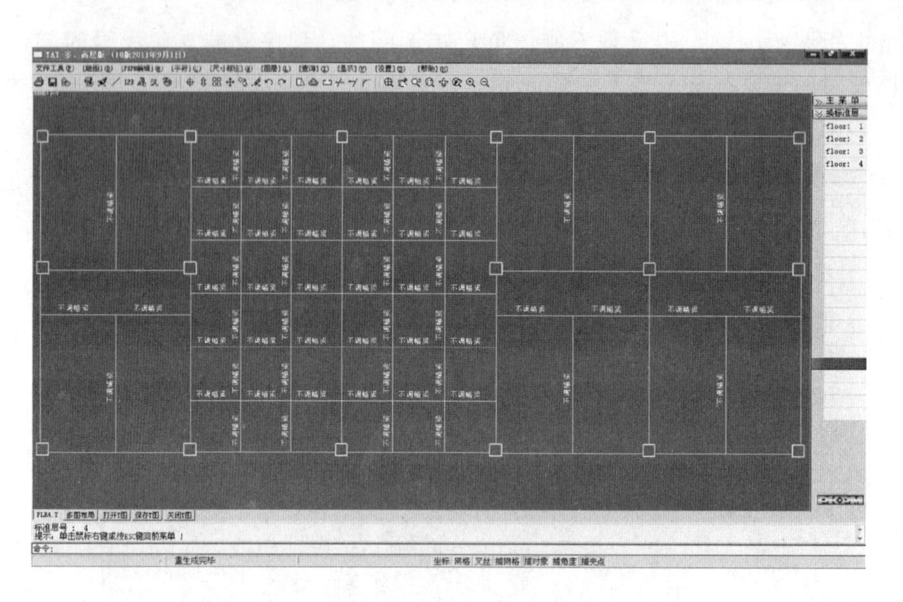

图 3.16　第 4 层不调幅梁

角柱、框支柱与普通柱相比，其内力调整系数和构造要求有较大差别，因此需在此专门指定设置。图 3.17 指定的角柱标注为 JZ。

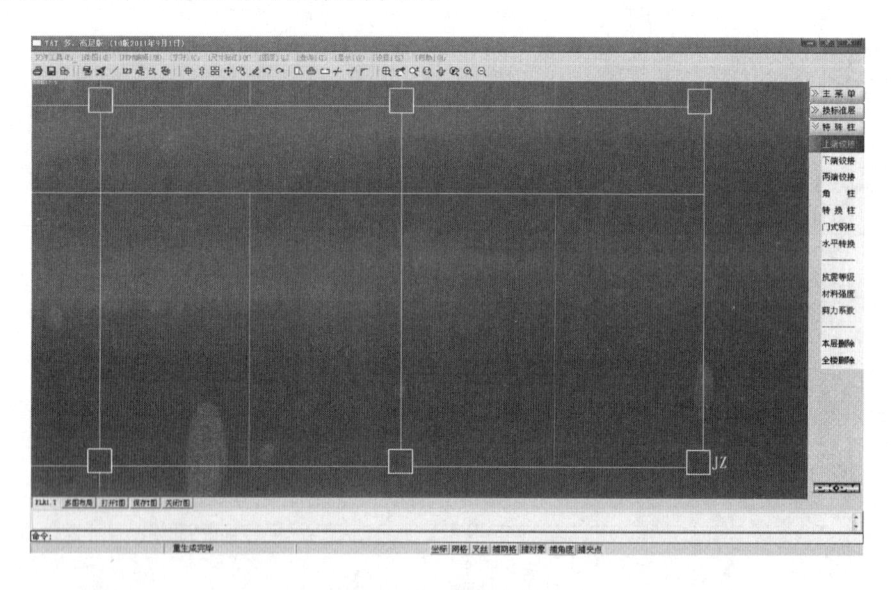

图 3.17　指定角柱

单击“抗震等级”，则出现如图 3.18 所示柱的抗震等级和特殊性。

3. 特殊支撑

特殊支撑指是铰接支撑，在 PMCAD 中定义和布置的支撑，当转到 TAT 程序时，对钢筋混凝土支撑默认为两端刚接，对钢结构支撑默认为两端铰接。

4. 特殊节点

特殊节点指的是弹性节点，在空旷结构（图 3.19）中，各层没有楼板，因此可能不

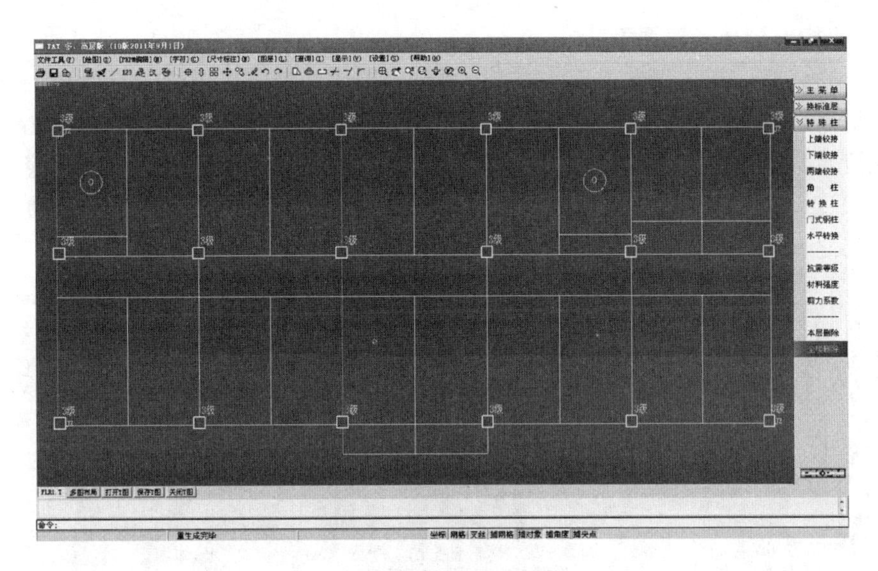

图 3.18　柱的抗震等级

满足刚性楼板的假定。对这样的节点，可用弹性节点来定义（或者指定铰接端），使其脱离刚性楼板假定对其的影响。

3.2.3　生成 TAT 数据文件及数据检查

选择“生成 TAT 数据文件及数据检查（必须执行）”，单击“确定”，屏幕出现选择框（图 3.20），点选“生成 TAT 几何数据和荷载数据”、“重新计算水平风荷载”、“重新计算柱、支撑、梁的长度系数”。“重新计算水平风荷载”、“重新计算柱、支撑、梁的长度系数”这两个选项是针对后面对这两种内容的修改所做的提示。当后面修改了柱计算长度系数或水平风荷载，在再次生成数据和数据检查时，选择此项，将相应地保留已修改过的内容。

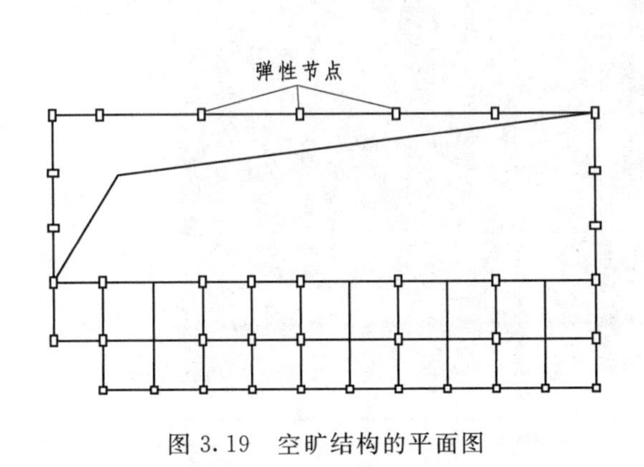

图 3.19　空旷结构的平面图

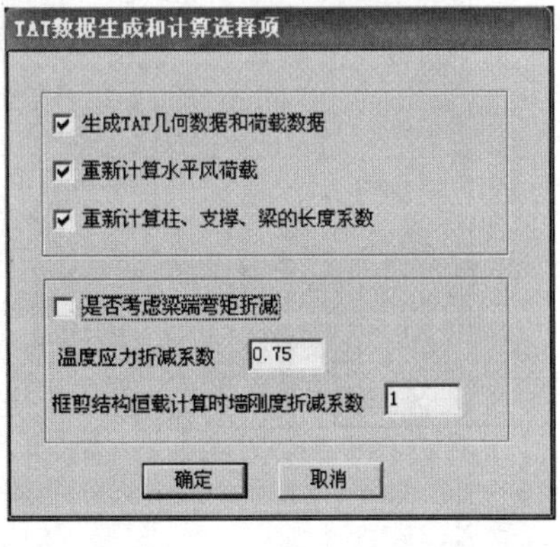

TAT数据生成和计算选择项

☑ 生成TAT几何数据和荷载数据
☑ 重新计算水平风荷载
☑ 重新计算柱、支撑、梁的长度系数
☐ 是否考虑梁端弯矩折减
温度应力折减系数　0.75
框剪结构恒载计算时墙刚度折减系数　1
确定　取消

图 3.20　TAT 数据检查计算选择项

检查后发现错误或可能的错误，屏幕会提示出错信息。错误信息可查看出错报告 TAT－C.ERR 文件，一般应查看 TAT－C.ERR 文件，看看是否有错误或警告问题的性质等，然后调整或修改，直至没有问题后，才能选择后面的计算分析。

3.2.4 修改构件计算长度系数

数据检查以后，程序根据前面“3.2.1总信息”中的选择，已把各层梁柱的计算长度系数计算好了，选择“修改构件计算长度系数”，程序给出图形显示，图3.21为第一层构件计算长度系数，图3.22为第二层构件计算长度系数，从图中看出，本实例底层混凝土柱的计算长度系数为1.0，楼层柱的计算长度系数为1.25，非框架梁的计算长度取两端支撑梁的中心之间的距离，框架梁的计算长度取两端支撑柱的中心之间的距离。

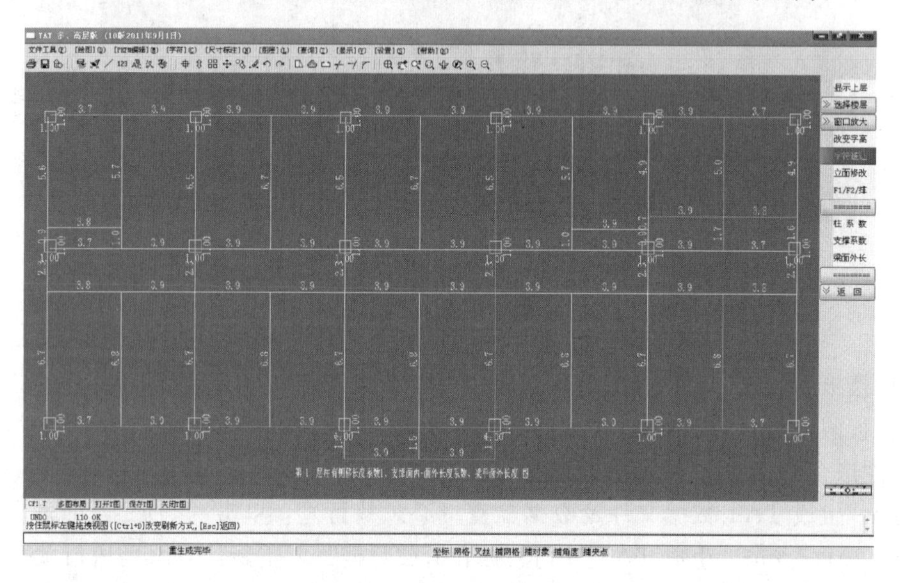

图3.21 第一层构件计算长度系数

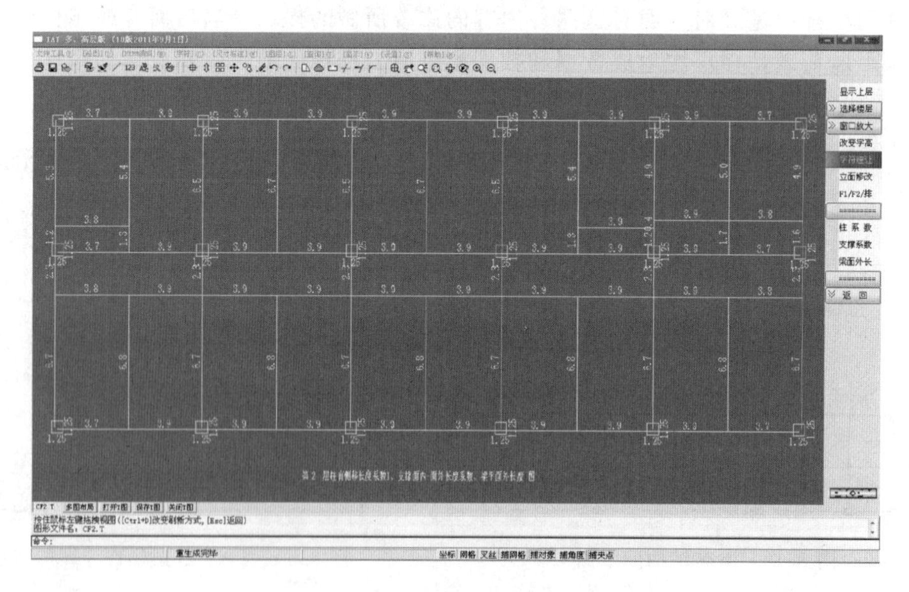

图3.22 第二层构件计算长度系数

对一些特殊情况，比如钢结构柱或结构带有支撑等一些特殊情况下的柱，其长度系数的计算比较复杂，可以在此直接输入、修改。

3.2.5 各层平面简图

单击“各层平面简图”，屏幕显示各层的平面简图（图 3.23），平面简图的文件为 FP *.T，* 为楼层号，比如第一层的平面简图文件为 FP1.T，在 PMCAD 里选择主菜单 7“图形编辑、打印及转换”可将 FP *.T 文件转换为 FP *.DWG 文件。各层平面简图分别如图 3.24～图 3.27 所示。

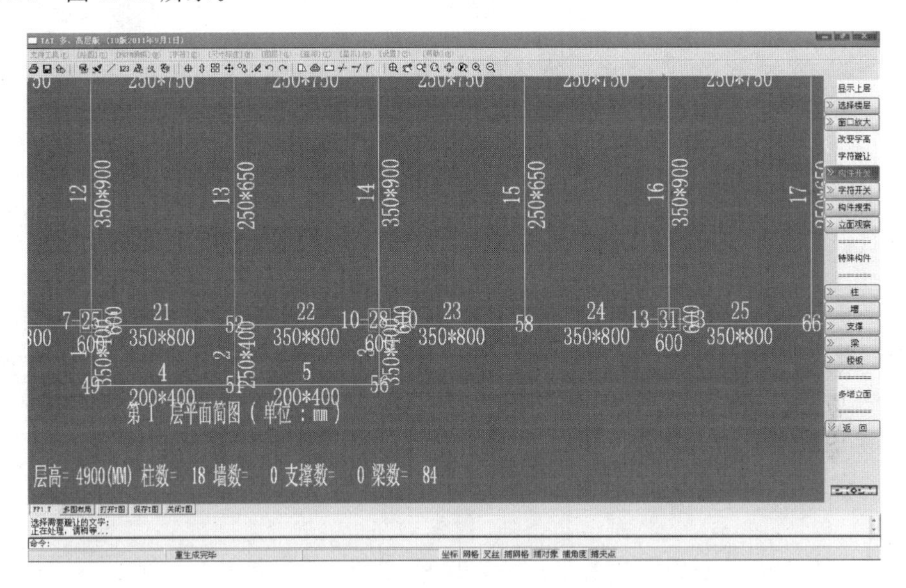

图 3.23 第 1 层平面简图及菜单

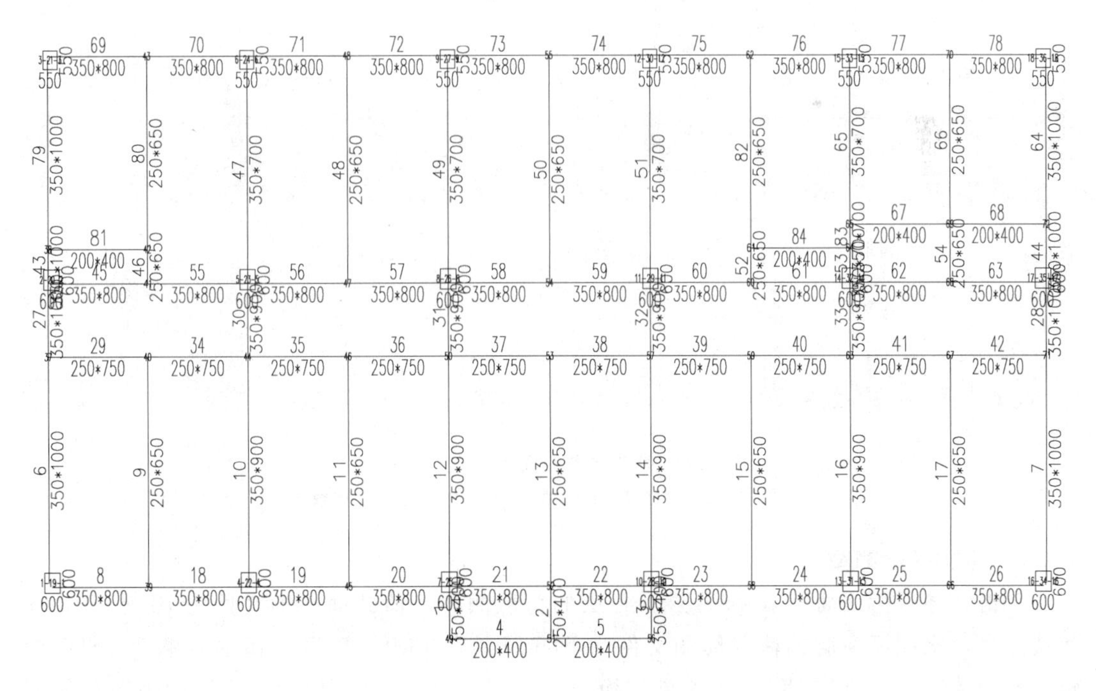

图 3.24 第 1 层平面简图（单位：mm）

层高＝4900（mm）柱数＝18 墙数＝0 支撑数＝0 梁数＝84

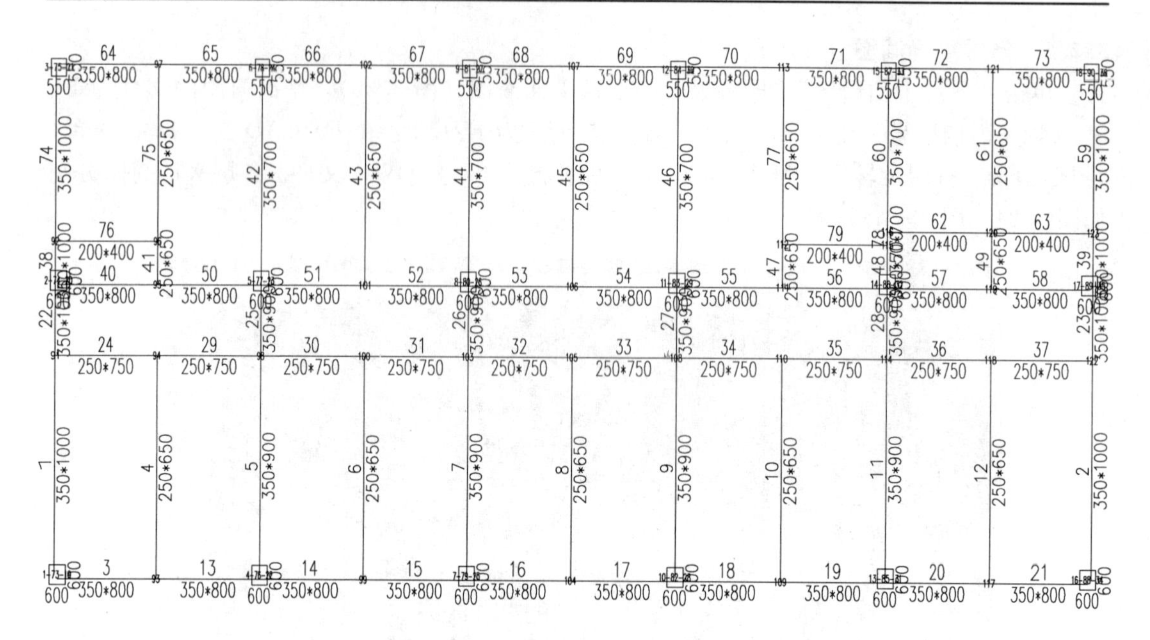

图 3.25 第2层平面简图（单位：mm）

层高=3600（mm）柱数=18 墙数=0 支撑数=0 梁数=79

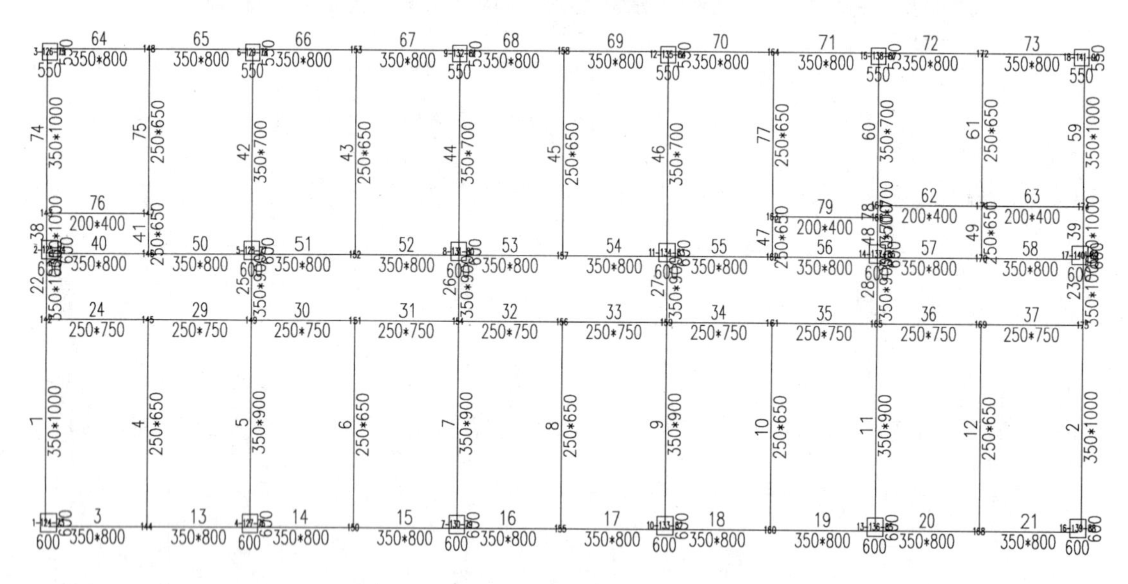

图 3.26 第3层平面简图（单位：mm）

层高=3600（mm）柱数=18 墙数=0 支撑数=0 梁数=79

3.2.6 各层荷载简图

单击“各层荷载简图”，屏幕显示各层的荷载简图，荷载简图的文件为 FL＊.T，＊为楼层号，比如第一层的荷载简图文件为 FL1.T，在 PMCAD 里选择主菜单 7“图形编辑、打印及转换”可将 FL＊.T 文件转换为 FL＊.DWG 文件。比如第 2 层的恒荷载简图如图 3.28 所示，第 2 层的活荷载简图如图 3.29 所示。

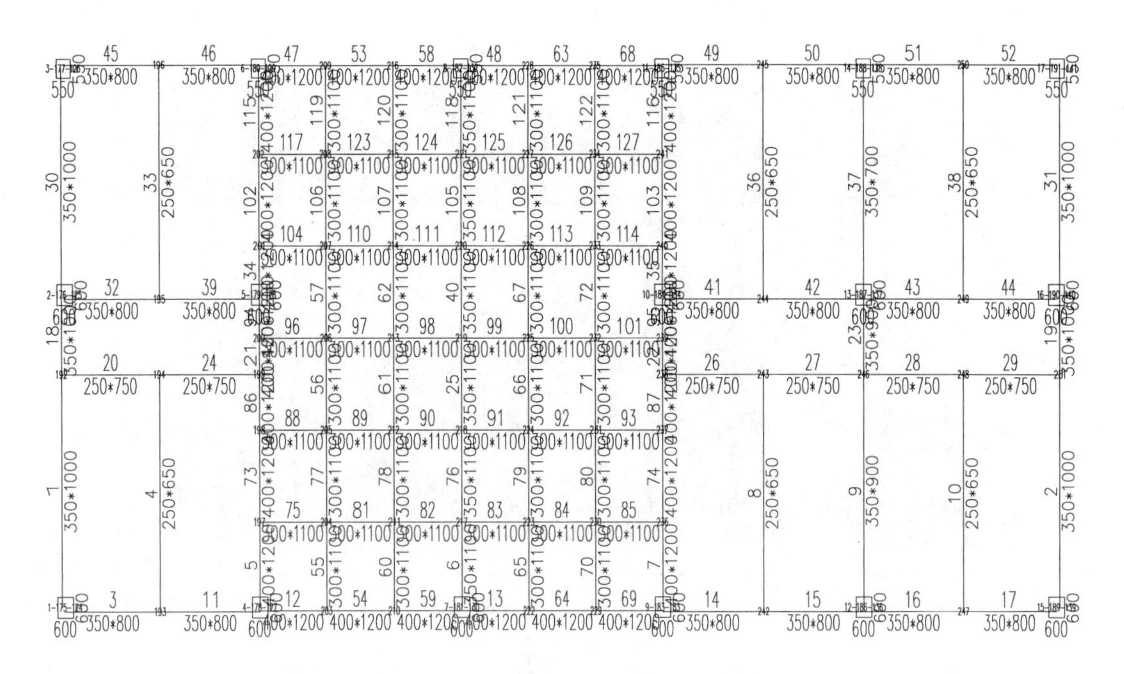

图 3.27　第 4 层平面简图（单位：mm）

层高＝3900（mm）柱数＝17　墙数＝0　支撑数＝0　梁数＝127

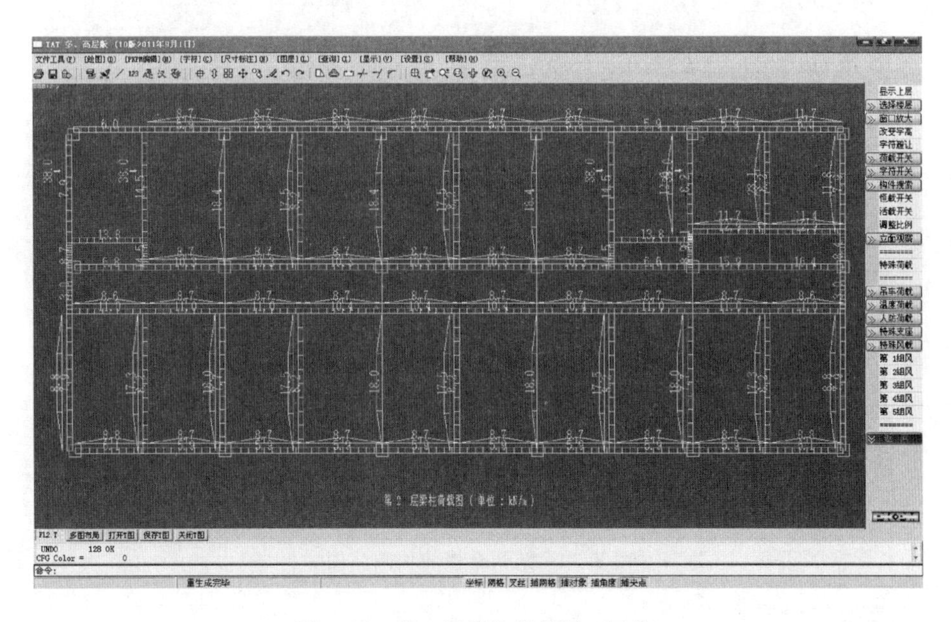

图 3.28　第 2 层梁柱荷载图（恒载）

3.2.7　结构轴侧简图

单击“结构轴侧简图”，程序可做各层的三维线条图或结构全楼的轴侧简图（图 3.30），并且可以任意转角度观察，以确定杆件之间的连接关系，可复核结构的几何位置是否正确。

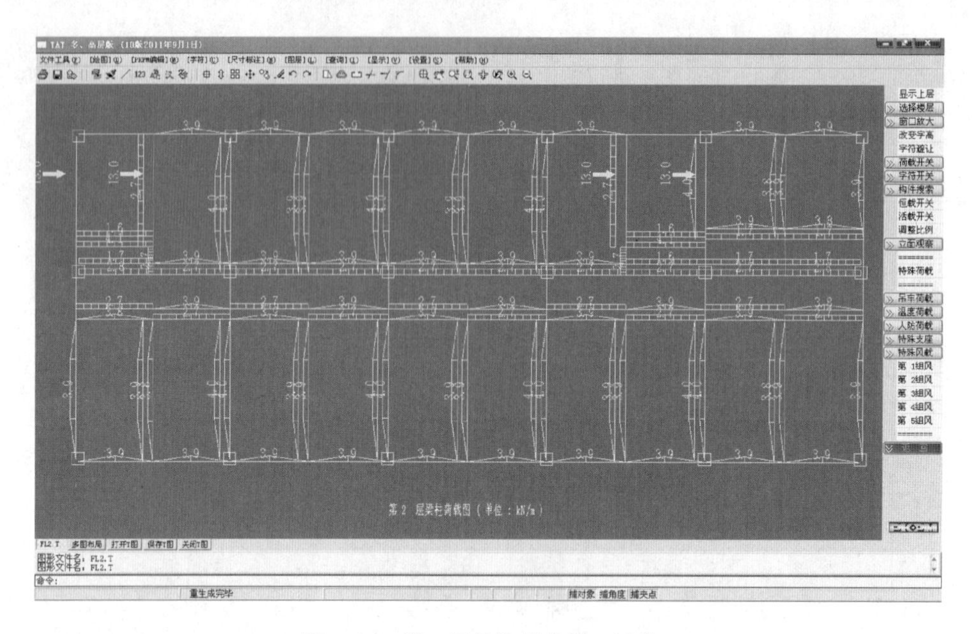

图 3.29　第 2 层梁柱荷载图（活载）

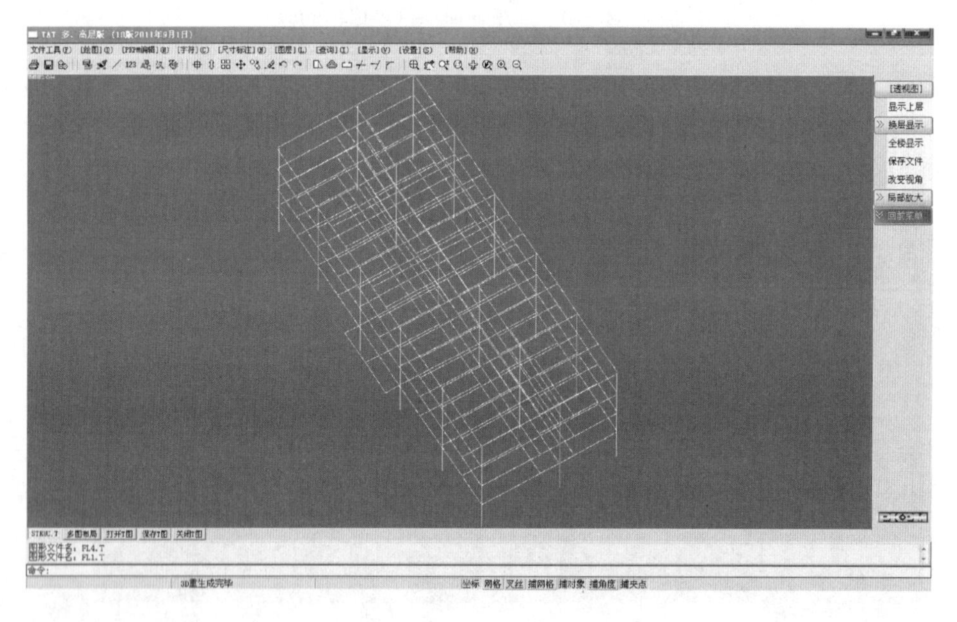

图 3.30　结构全楼的轴侧简图

3.2.8　文本文件查看

单击“文本文件查看”，屏幕显示可以查看的文本文件（图 3.31）。

1. 几何数据 DATA. TAT

单击“几何数据 DATA. TAT”，屏幕出现 DATA. TAT 记事本。

2. 荷载数据 LOAD. TAT

单击“荷载数据 LOAD. TAT”，屏幕用记事本打开 LOAD. TAT 文本文件。

3. 错误和警告信息 TAT－C. ERR

4. 数据检查报告 TAT－C. OUT

单击“数据检查报告 TAT－C. OUT”，屏幕用写字板打开 TAT－C. OUT 文本文件。比如图 3.5 地震信息对话框中填入的数据在此用文本形式表示为：

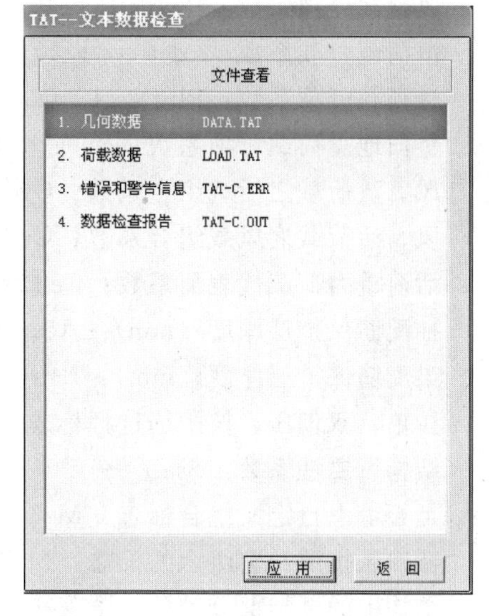

图 3.31　文本文件查看菜单

| 地 震 信 息 |

抗震设计标志：Ngl = 0

需要计算的振型数：Nmode = 9

地震设防烈度：Raf = 7.0

场地土类型：Kd = 2

设计地震分组：Ner = 1

周期折减系数：Tc = 0.70

楼层最小地震剪力系数：Em = 0.02

框架的抗震等级：Nf = 3

剪力墙的抗震等级：Nw = 3

是否考虑双向地震作用标志：Lsc = 0

结构的阻尼比：Gss = 0.050

多遇水平地震影响系数最大值：Rmax1 = 0.080

罕遇水平地震影响系数最大值：Rmax2 = 0.500

特征周期值：*Tg* = 0.350

曲线下降段的衰减指数：Gama = 0.900

是否考虑偶然偏心标志：Kst = 0

竖向地震力作用系数：Cvec = 0.058

全楼地震力放大系数：Efd = 1.000

钢结构抗震等级：NS = 3

特征值求解方式：KVIB = 0

X 向相对偶然偏心：XEC = 0.000

Y 向相对偶然偏心：YEC = 0.000

竖向地震参与振型数：NVMODE = 0

竖向地震作用系数底线值：RVMIN = 0.000

比如图 3.9 设计信息对话框中填入的数据在此用文本形式表示为：

| 设 计 信 息 |

地震荷载分项系数：Pear = 1.30

风荷载分项系数：Pwin = 1.40

恒荷载分项系数：Pdea = 1.20

活荷载分项系数：Pliv = 1.40

竖向地震荷载分项系数：Pvea = 0.50

风、活荷载之活载组合系数：Cwll = 0.70

风、活荷载之风载组合系数：Cwlw = 0.60

活荷重力荷载代表值系数：Celi = 0.50

柱配筋保护层厚度（mm）：Aca = 20.0

梁配筋保护层厚度（mm）：Bcb = 20.0

柱单、双偏压、拉配筋选择标志：Lddr = 0

结构重要性系数：Ssaft = 1.00

是否考虑自定义组合标志：Mzh_m = 0

特殊风按照约定组合的标志：Mzh_w = 0

结构中的框架部分轴压比限值按纯框架结构的规定采用：KJZYB = 0

考虑结构使用年限的活荷载调整系数：FACLD = 1.000

当边缘构件轴压比小于抗规（6.4.5）条规定的限值时一律设置构造边缘构件：NBYGJZYB = 1

是否按照混凝土规范 E.0.4 进行偏心距增大系数的调整：IPJE04 = 0

3.3 TAT 结构内力分析和配筋计算

执行 TAT 主菜单“结构内力，配筋计算”，屏幕显示计算选择菜单（图 3.32）。

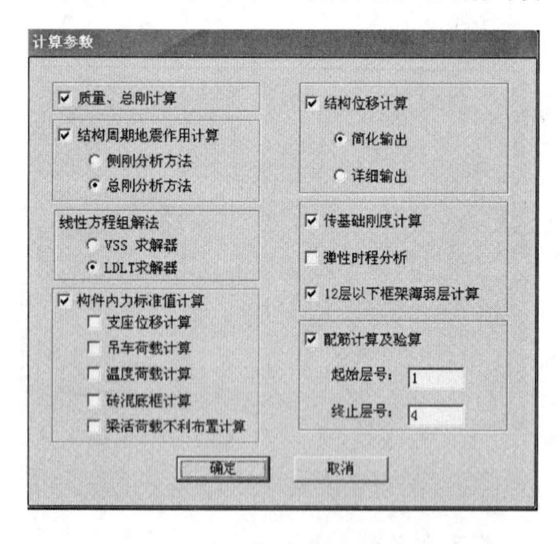

图 3.32　结构内力及配筋计算选择菜单

1. 质量、总刚度计算

在计算质量的过程中，程序以构件轴线和层高为计算长度来确定梁、柱和墙的自重荷载，因此会带来一些误差，这个误差大小因工程而异，可根据自己的经验调整。另外，程序在计算质量矩时，对梁采用两端点取矩，对剪力墙采用薄壁柱形心取矩，计算完后产生输出文件 TAT－M.OUT。

2. 结构周期地震作用计算及结构位移计算和输出

在地震作用分析的振型分解法中，结构刚度计算可采用侧刚度和总（整体）刚度两种计算方法。侧刚法是一种简化的计算方法，计算速度决。适合于满足刚性楼板假定的结构和分块楼板刚性的多塔结构。当定义有弹性楼板或有不与楼板相连的构件时，会有一定的误差。若弹性范围不大或不与楼板相连的构件不多，精度能满足工程要求。

总刚计算方法直接采用结构的总刚和与之相应的质量进行地震反应分析。这种方法适用于各种结构，精度高，可准确分析结构每层和各构件的空间反应，但计算量很大。对于没有弹性楼板且没有不与楼板相连构件的结构，两种方法的计算结果一致。

程序进行刚度计算后，形成SHID.MID文件，存放结构的刚度矩阵和柔度矩阵。周期和位移计算后，形成TAT－4.OUT文件，存放周期、地震作用产生的内力和楼层水平位移。位移输出一般采用“简化”（即输出楼层水平位移），如选择“详细”，则在TAT－4.OUT文件最后再输出各层各节点各工况的位移值和柱间位移值。

3. 梁活荷载不利布置计算

这是一个可选项，它将生成每根梁的正弯矩包络和负弯矩包络数据，这些数据可较好地反映梁活荷载的不利布置，与恒、风、地震作用组合后可得出梁的最不利内力组合与配筋。若在此选择梁活荷载不利布置计算，则在“图3.8调整信息对话框”中梁活荷载内力放大系数应取为1.0；若在此不选择梁活荷载不利布置计算，则在“图3.8调整信息对话框”中梁活荷载内力放大系数可取1.0～1.3。

梁活荷载不利布置计算只对一层进行，没有考虑不同楼层之间的活荷载的不利布置影响。

4. 传基础刚度计算

计算基础上刚度是为了把上部结构的刚度传给下部基础（JCCAD中使用）所做的上刚度凝聚工作。在基础计算时，考虑上部结构的实际刚度，使之上下共同工作。

5. 构件内力标准值计算、配筋计算及验算

计算以层为单元进行，配筋计算、验算可以同时算所有层，也可只挑选某几层计算。每层输出一个内力文件，名为NL－ *.OUT，其中 * 为层号；每层输出一个配筋文件，名为PJ－ *.OUT，其中 * 为层号。

6. 12层以下框架薄弱层计算

《建筑抗震设计规范》（GB 50011—2010）规定下列结构应进行罕遇地震作用下薄弱层的弹塑性变形验算。

（1）8度Ⅲ、Ⅳ类场地和9度时高大的单层钢筋混凝土柱厂房的横向排架。

（2）7～9度时楼层屈服强度系数小于0.5的钢筋混凝土框架结构。

（3）高度大于150m的结构。

（4）甲类建筑和9度时乙类建筑中的钢筋混凝土结构和钢结构。

（5）采用隔震和消能减震设计的结构。楼层屈服强度系数为按构件实际配筋和材料强度标准值计算的楼层受剪承载力和按罕遇地震作用标准值计算的楼层弹性地震剪力的比值。对排架柱，指按实际配筋面积材料强度标准值和轴向力计算的正截面受弯承载力与按罕遇地震作用标准值计算的弹性地震弯矩的比值。

因计算楼层屈服强度系数需要构件的配筋和内力，因此选择该选项的前提是要求程序已完成各层的内力和配筋计算。程序采用拟弱柱法进行各层极限承载力的验算，并求出各楼层屈服强度系数，当有小于0.5的屈服强度系数时，再计算各层的塑性位移和层间位移，产生输出文件TAT－K.OUT。

3.4 PM次梁内力与配筋计算

单击TAT主菜单3“PM次梁内力与配筋计算”，程序将对PMCAD中输入的所有次梁，按连续梁的方式一次全部计算，可显示其弯矩、剪力包络图、配筋值图等（图3.33）。在TAT中可将次梁整体归并，并绘制施工图。

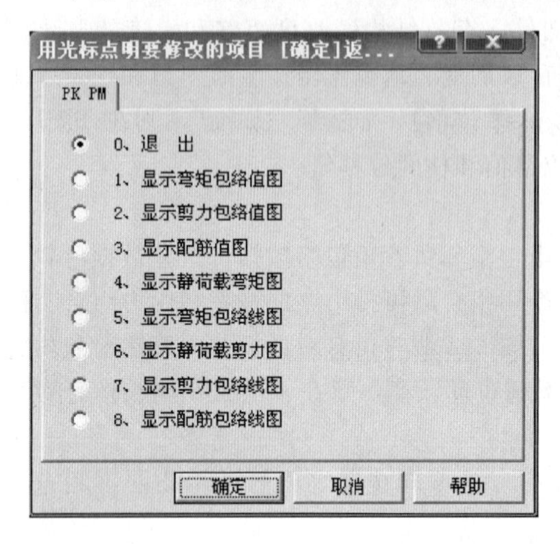

图3.33　PM次梁计算显示选项卡

PM次梁并不参与TAT整体计算，它的计算过程是：

（1）将在同一直线上的次梁连续生成一连续次梁。

（2）对每根连续梁按PK的二维连梁计算模式算出恒、活载下的内力和配筋，包括活荷载不利布置计算。

（3）逐层进行计算，自动完成计算全过程，生成每层PM次梁的内力与配筋简图。

3.5 分析结果图形和文本显示

单击TAT主菜单4“分析结果图形和文本显示”，屏幕弹出TAT计算结果输出菜单（图3.34）。

1. 混凝土构件配筋与钢构件验算简图PJ*.T

选择此项，可以查看和输出结构各层的配筋简图和钢结构的验算结果（图3.35）。配筋验算简图的文件名为PJ*.T，其中*代表层号。简图中的结果为整数，单位是cm^2。

（1）矩形混凝土柱配筋的简化表示如图3.36所示。

图中　$A_{s-corner}$——柱一根角筋的面积，采用双偏压计算时，角筋面积不应小于此值；采用单偏压计算时，角筋面积可不受此值控制；

A_{sx}、A_{sy}——柱B边和H边的单边配筋（图3.37），包括角筋；柱全截面的配筋面积为：$2\times(A_{sx}+A_{sy})-4\times A_{s-corner}$，在图3.35中的右下角角柱的全截面配筋

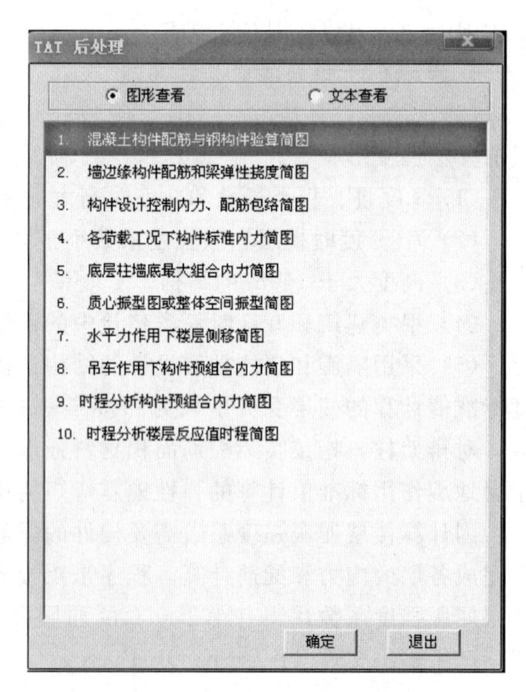

图3.34　TAT计算结果输出菜单

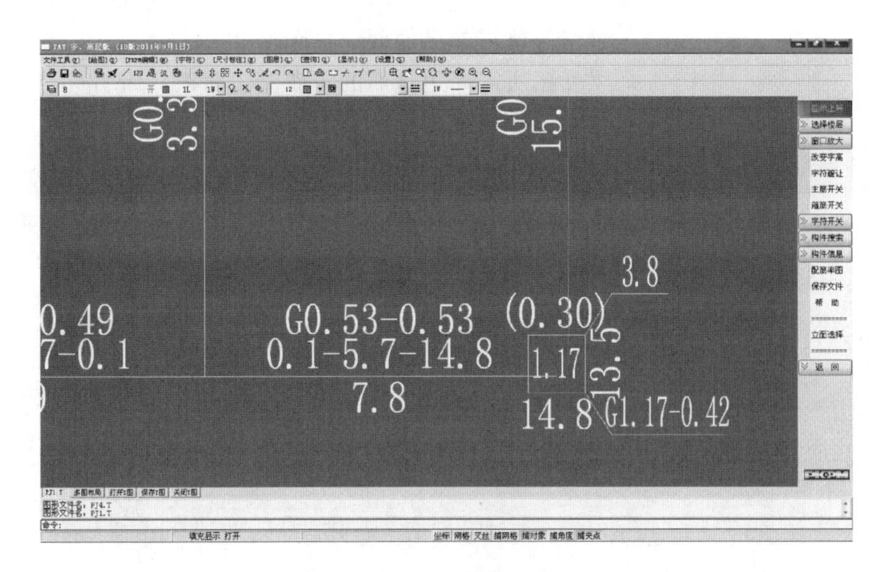

图 3.35　配筋验算简图

面积为 2×(14.8+13.5)－4×3.8=41.4cm²；

A_{sv}——柱加密区在 S_c 范围内的箍筋，它是取柱斜截面抗剪箍筋和节点抗剪箍筋的较大值（cm²），且考虑了体积配箍率的要求；

U_c——柱的轴压比。

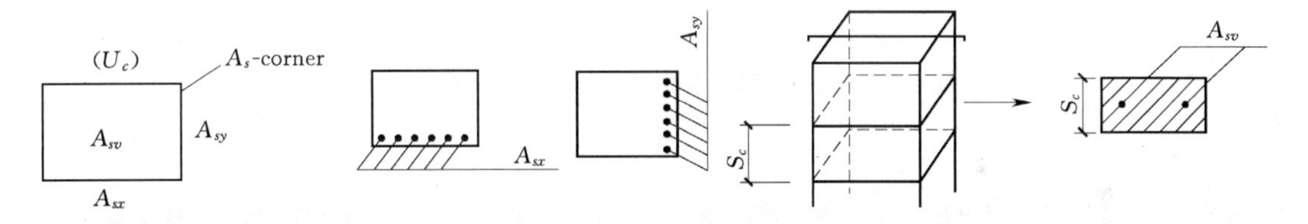

图 3.36　矩形混凝土柱配筋的简化表示

图 3.37　混凝土柱配筋简图

（2）混凝土梁配筋的简化表示如图 3.38 所示。

图 3.38 中　A_{s1}、A_{s2}、A_{s3}——梁上部（负弯矩）左端、跨中、右端配筋面积，cm²；

A_{sm}——梁下边的最大配筋面积，cm²；

A_{sv}——梁在 S_b（图 3.39）范围内的剪扭箍筋面积，cm²；

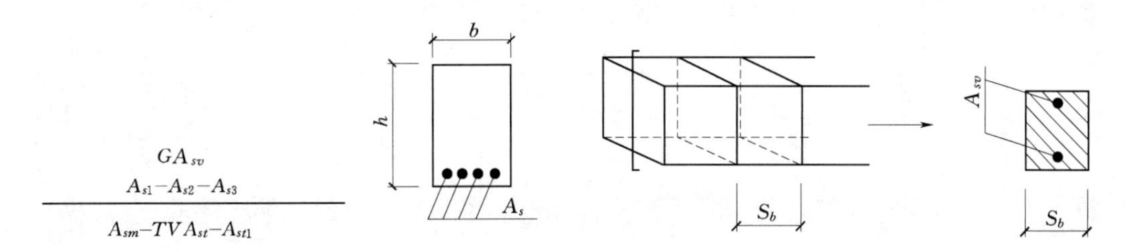

图 3.38　混凝土梁配筋的简化表示

图 3.39　混凝土梁配筋简图

A_{st}——梁受扭所需的纵筋面积，cm^2；

A_{st1}——梁受扭所需周边箍筋的单肢箍的面积，cm^2；

G、TV——箍筋、剪扭配筋标记。

（3）各层配筋及验算简图分别如图3.40～图3.43所示。

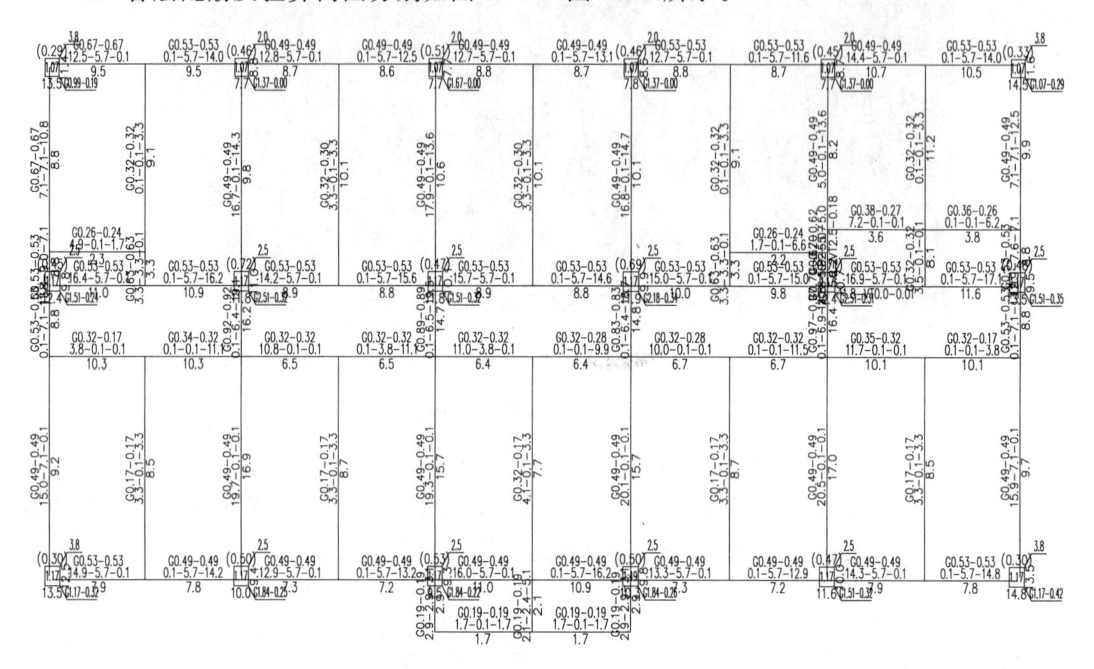

图3.40　第1层配筋及验算简图（单位：cm×cm）

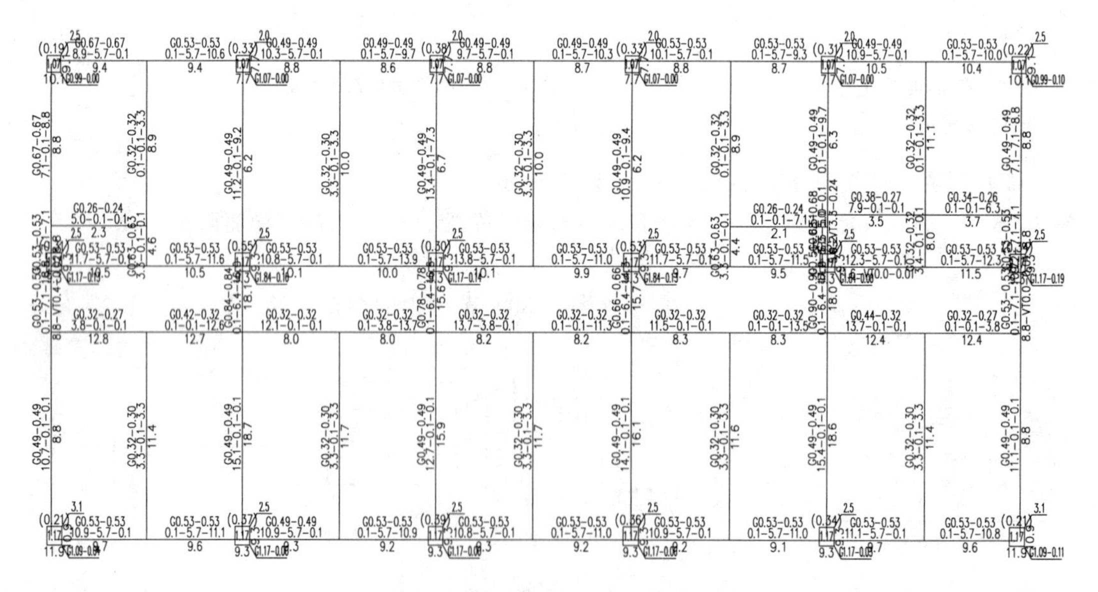

图3.41　第2层配筋及验算简图（单位：cm×cm）

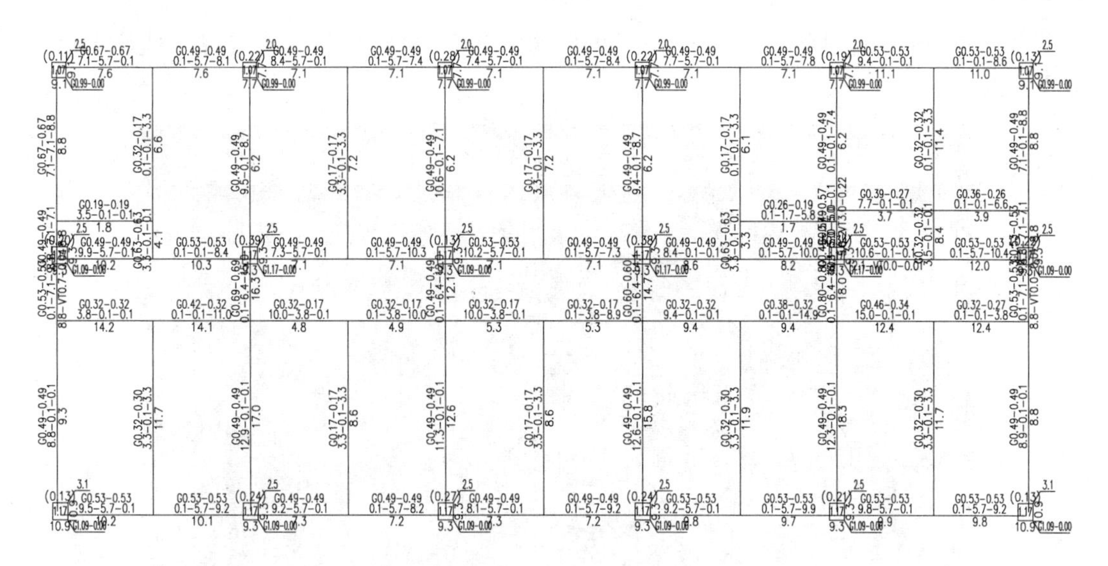

图 3.42　第 3 层配筋及验算简图（单位：cm×cm）

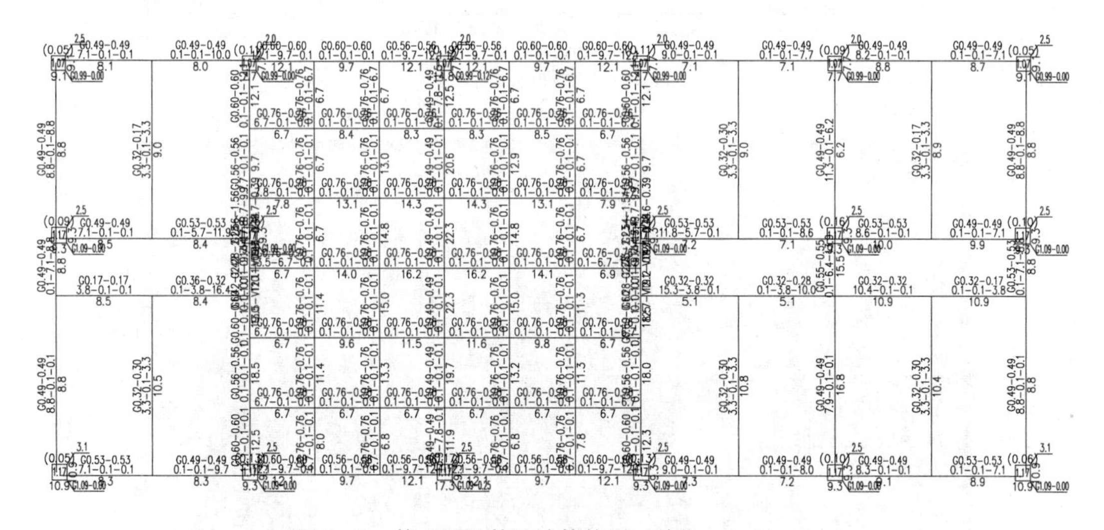

图 3.43　第 4 层配筋及验算简图（单位：cm×cm）

2. 墙边缘构件配筋和梁弹性挠度简图 PD * . T

选择此项，可以查看和输出各层梁弹性挠度和剪力墙边缘构件图（图 3.44），文件名为 PD * . T，其中 * 代表层号。

当选择菜单中的“刚心质心”时，程序把该层结构刚心和质心位置用圆圈画出，可以直观地看出刚心和质心的位置差异（图 3.44）。

在此给出的梁的挠度是弹性挠度，该挠度值是按梁的弹性刚度和短期作用效应组合计算的，未考虑长期作用效应的影响。对于钢梁有参考意义，对于钢筋混凝土梁，仅作为和梁柱施工图中计算出的挠度进行对比。

第 4 层梁的弹性挠度如图 3.45 所示，井字梁跨中最大挠度为 7.57mm，一般情况下，井字梁的参考挠度取值为：井字梁的挠度 $f \leqslant l_1/300$，要求较高时 $f \leqslant l_1/400$。本实例中

$l_1/300=15600/300=52\text{mm}$，$l_1/400=15600/400=39\text{mm}$，可见井字梁的弹性挠度满足要求。

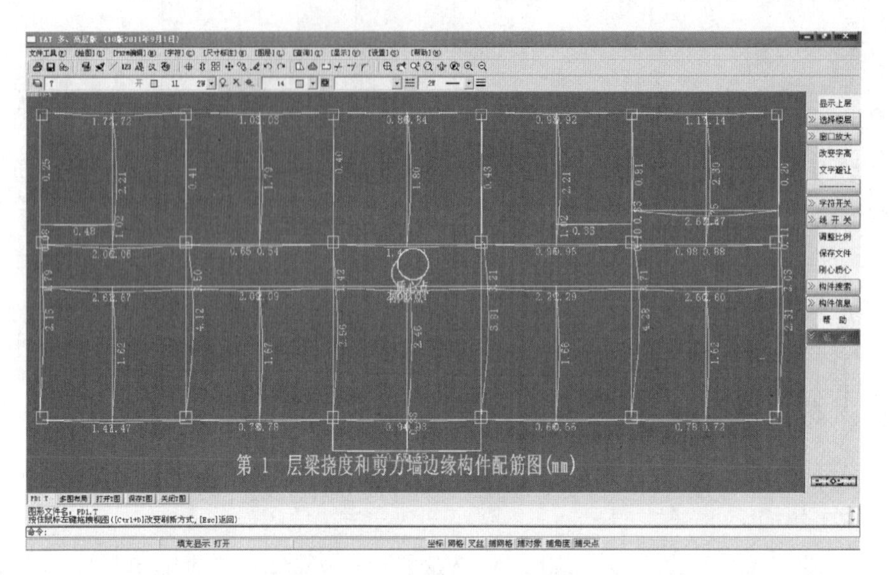

图 3.44　梁弹性挠度图

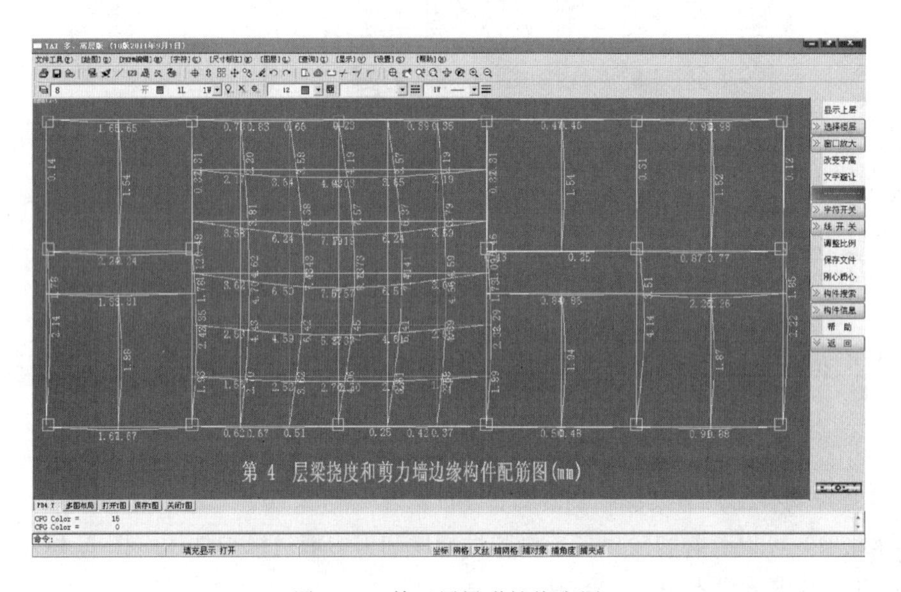

图 3.45　第 4 层梁弹性挠度图

3. 构件设计控制内力、配筋包络简图 PB＊.T

选择此项，可以查看和输出各层梁、柱、墙和支撑控制配筋的设计内力包络图和配筋包络图。用图形表达构件内力，可以一目了然地观察到构件的内力大小、内力分布，比用文本文件更直接、直观。内力包络图包括弯矩包络图（图 3.46）、剪力包络图（图 3.47）和轴力包络图；配筋包络图包括主筋包络图（图 3.48）和箍筋包络图。在配筋包络图中，标出支座上部配筋和跨中下部配筋。文件名为 PB＊.T，其中＊代表层号。

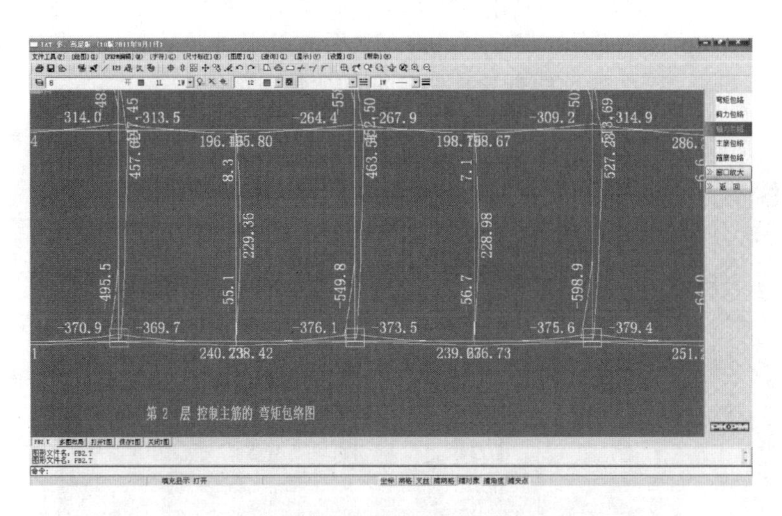

图3.46 第2层控制主筋的弯矩包络图

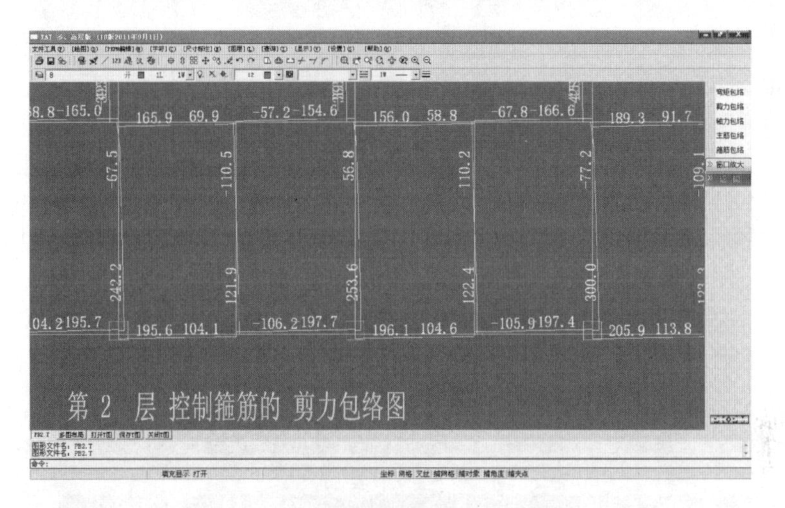

图3.47 第2层控制箍筋的剪力包络图

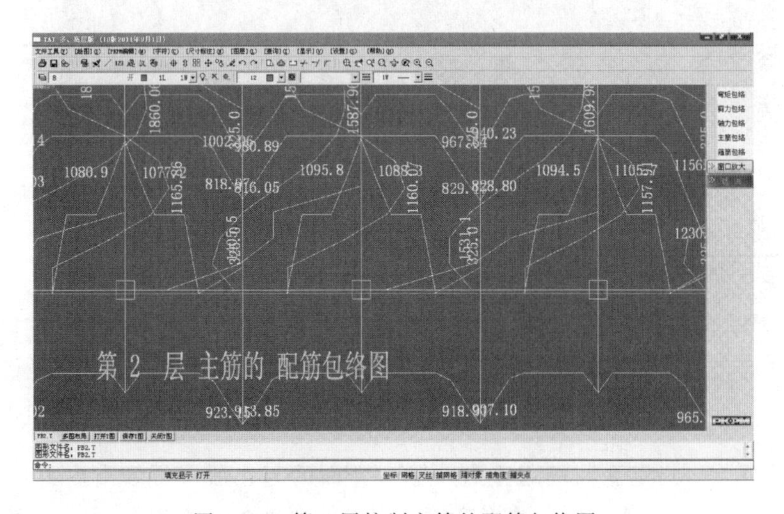

图3.48 第2层控制主筋的配筋包络图

用立面选择，在指定立面的起止点，输入立面的起止层，可绘出内力包络图和配筋包络图的立面图。图 3.49 为⑤轴线框架控制主筋的弯矩包络图。

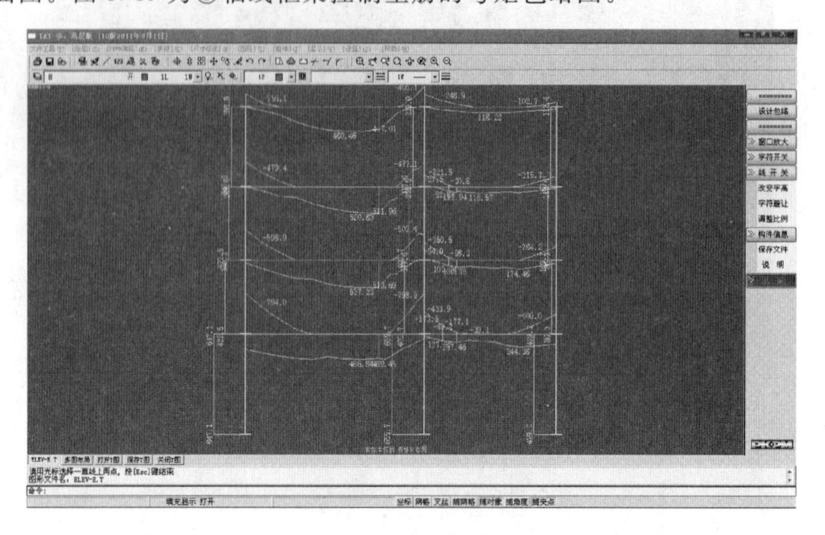

图 3.49　⑤轴线框架控制主筋的弯矩包络图

4. 各荷载工况下构件标准内力简图 PS＊.T

选择此项，可查看和输出各层梁、柱、墙和支撑等的标准内力图。标准内力图指地震、风载、恒载、活载等标准值分别作用下的分组弯矩图、剪力图和轴力图。在弯矩图（图 3.50）中，标出了两端支座和跨中的最大值；在剪力图中，标出两端部的最大值。在弯矩标准图中，活 2 表示梁活荷载不利布置的负弯矩包络，活 3 表示正弯矩包络，活 1 表示梁活荷载一次性作用下的弯矩。如果不考虑活荷载不利分布，则只有活 1。同样的情况在剪力标准图中。文件名为 PS＊.T，其中＊代表层号。

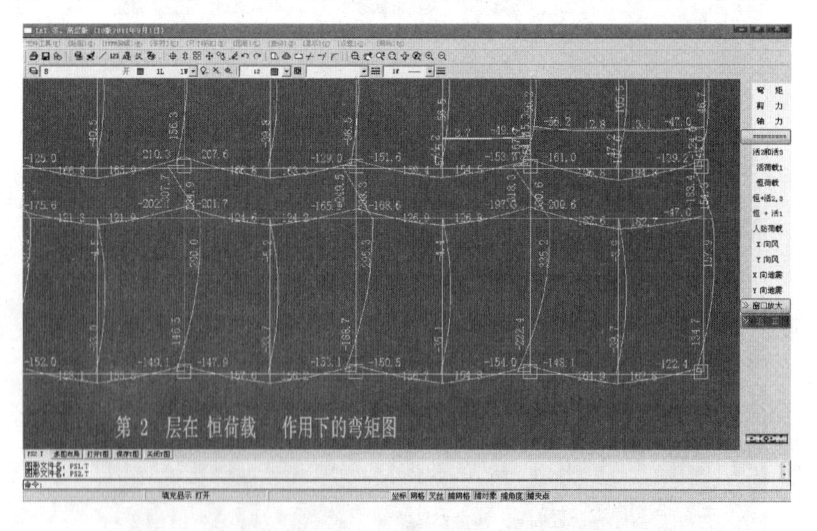

图 3.50　恒荷载标准值作用下的弯矩图

用立面选择，再指定立面的起止点，输入立面的起止层，可绘出内力标准值的立面图。图 3.51 为⑤轴线框架在恒荷载标准值作用下的弯矩图，图 3.52 为⑤轴线框架在恒荷载标准值作用下的剪力图。

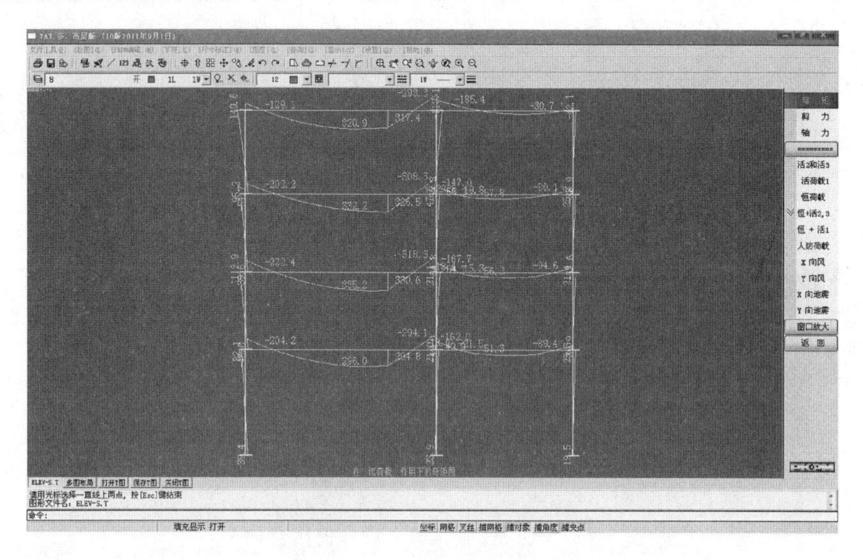

图 3.51　⑤轴线框架在恒荷载标准值作用下的弯矩图

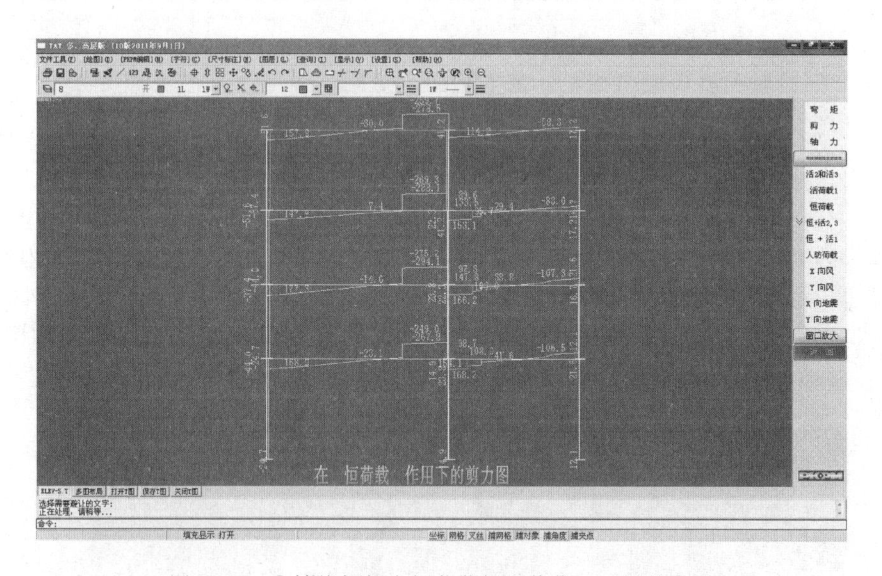

图 3.52　⑤轴线框架在恒荷载标准值作用下的剪力图

5. 底层柱墙底最大组合内力简图 DCNL＊.T

选择此项，程序以图形显示底层柱、墙底最大设计值组合内力（图 3.53)。底层最大组合内力主要用于基础设计，在进行最大组合内力搜索时，若有活荷载折减，则在组合时，对活荷载折减；当计算了吊车荷载时，在组合时已组合进了吊车荷载。文件名为 DCNL＊.T，其中＊代表层号。

图 3.53 菜单区中包括以下几种组合（组合结果已包含有荷载分项系数)。

最大剪力：$V_{x\max}$、$V_{y\max}$ 及相应的其他内力；

最大轴力：$N_{\min}$、$N_{\max}$ 及相应的其他内力；

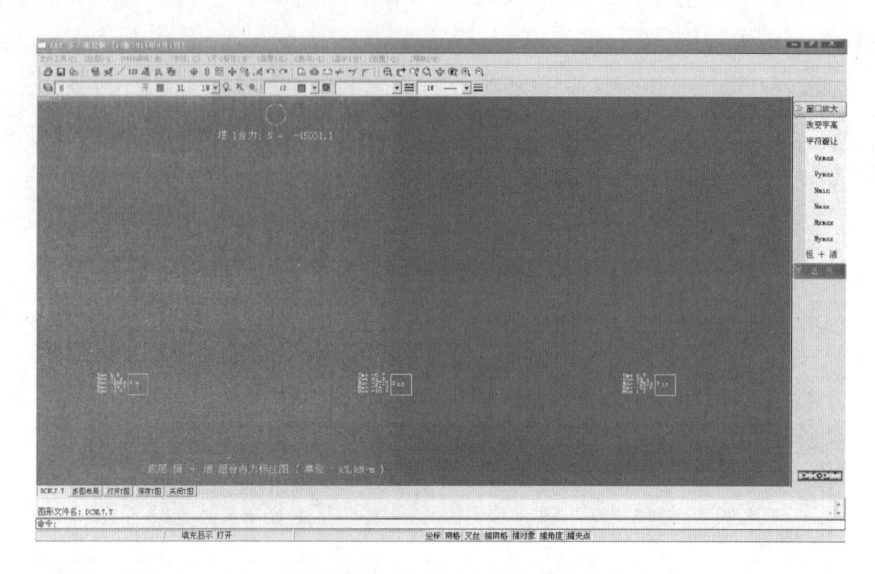

图 3.53　底层柱墙底最大设计值组合内力

最大弯矩：$M_{x\max}$、$M_{y\max}$及相应的其他内力；

恒+活组合时的内力。

6. 质心振型图或整体空间振型简图 MODE＊.T

选择此项，可以按自己的要求绘各振型的振型图，可以一个振型绘一张图，也可以几个或全部振型绘一张图。文件名为 MODE＊.T，其中＊代表层号。总刚计算的振型图为整体结构动态显示振型图。

下面说明侧刚计算的振型图。本实例选择 9 个振型，由图 3.65 中的平动比例和转动比例判断可知，Y 方向的前三个平动振型是：第一振型为振型号 2，第二振型为振型号 5，第三振型为振型号 8，选择“Mode2、Mode5、Mode8”，屏幕显示 Y 方向振型图如图 3.54 所

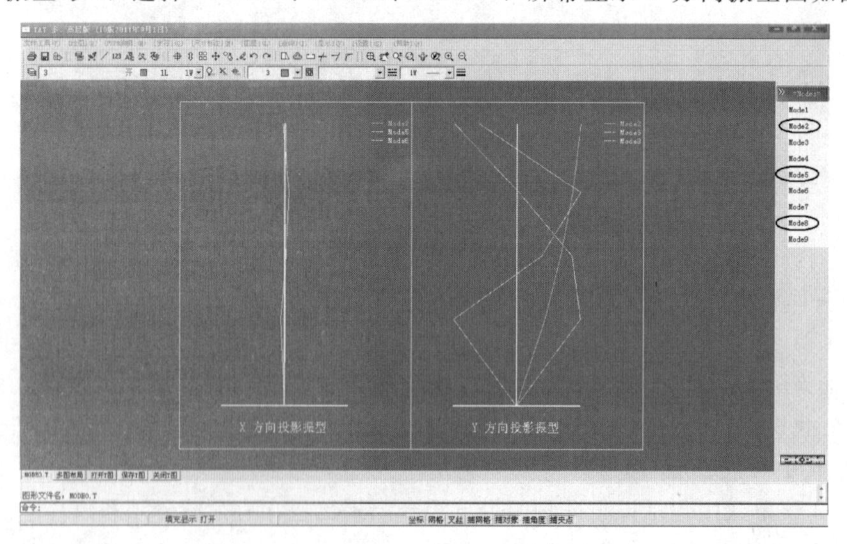

图 3.54　Y 方向前三个振型

示。X 方向的前三个平动振型是：第一振型为振型号 1，第二振型为振型号 4，第三振型为振型号 7，选择“Mode1、Mode4、Mode7”，屏幕显示 X 方向振型图如图 3.55 所示。振型号 3、6、9 为扭转振动。

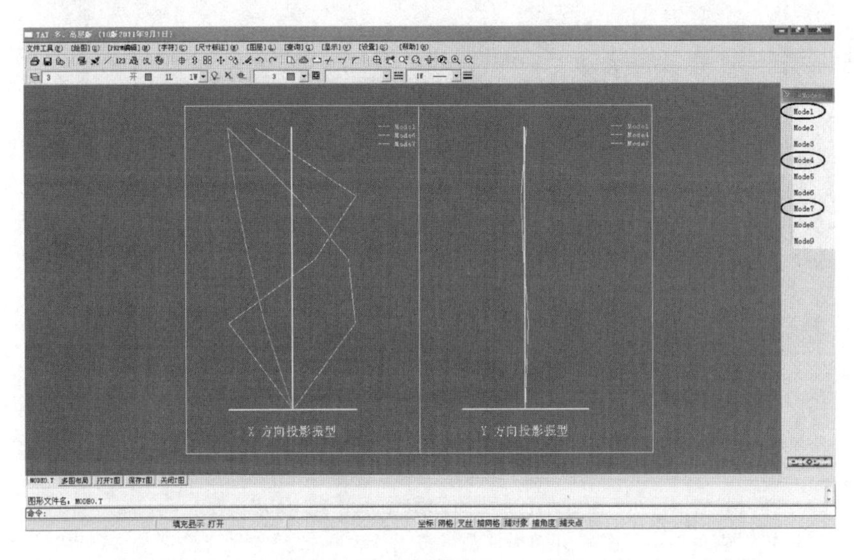

图 3.55　X 方向前三个振型

7. 水平力作用下楼层侧移简图 DISP＊.T

选择此项，程序可以给出水平力作用下楼层侧移单线条的显示图，具体可显示地震力、风力作用下的楼层位移、层间位移、位移比、层间位移比、平均位移、平均层间位移、作用力、层剪力、层弯矩等。

（1）在“工况选择”中选择“地震作用”，最大层位移如图 3.56 所示，最大层间位移角如图 3.57 所示，层剪力如图 3.58 所示，层弯矩如图 3.59 所示。

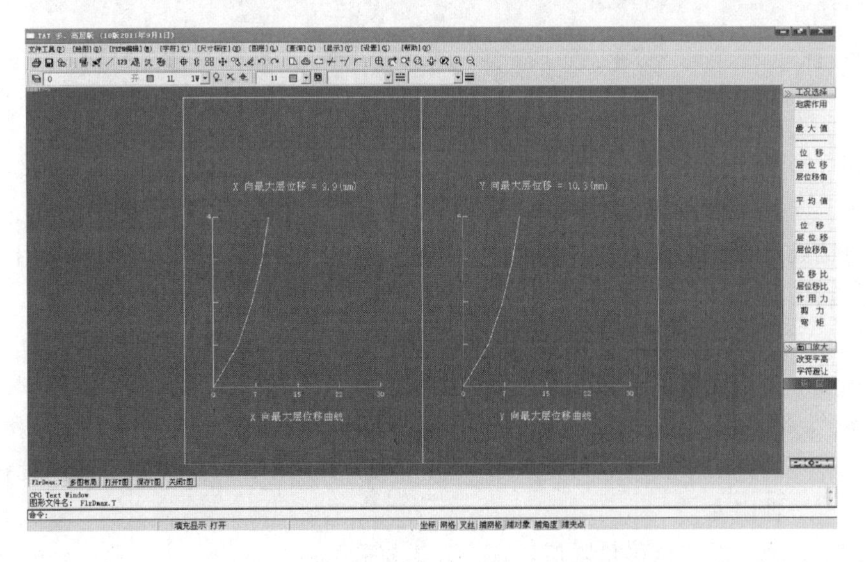

图 3.56　地震作用下最大层位移

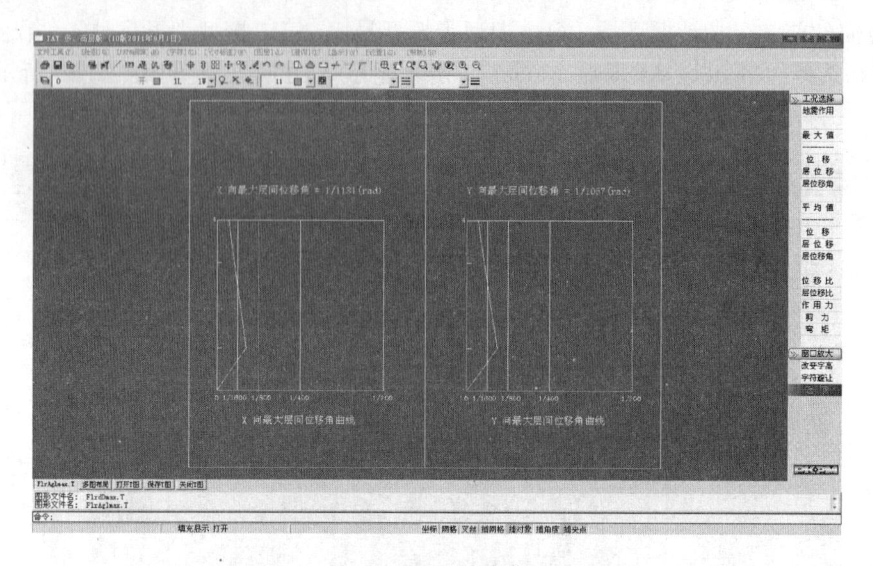

图 3.57　地震作用下最大层间位移角

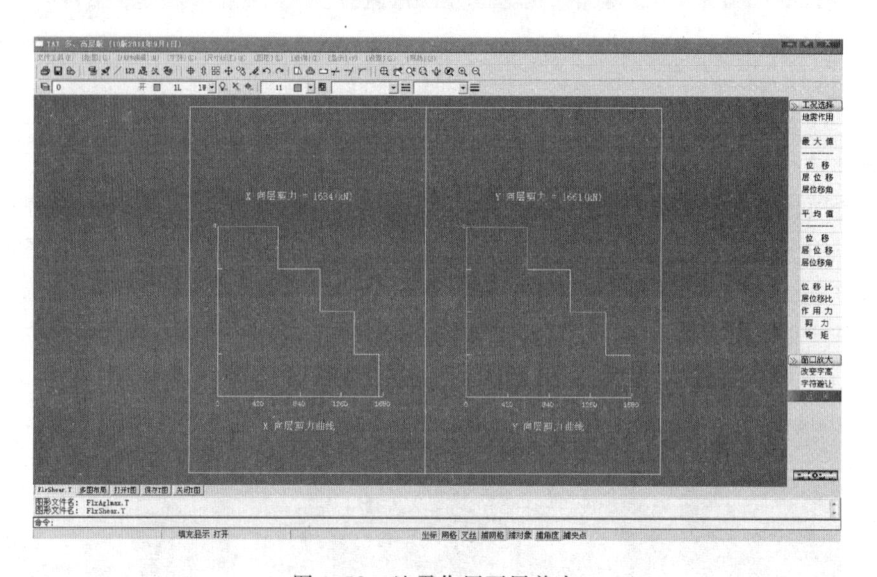

图 3.58　地震作用下层剪力

《建筑抗震设计规范》（GB 50011—2010）第 5.5.1 条规定：多遇地震作用下的结构抗震变形验算其楼层内最大的弹性层间位移应符合下式要求：

$$\Delta u_e \leqslant [\theta_e]h \tag{3.3}$$

式中　Δu_e——多遇地震作用标准值产生的楼层内最大的弹性层间位移；计算时，以弯曲变形为主的高层建筑外，可不扣除结构整体弯曲变形；应计入扭转变形，各作用分项系数均应采用 1.0；钢筋混凝土结构构件的截面刚度可采用弹性刚度；

$[\theta_e]$——弹性层间位移角限值，宜按表 3.3 采用；

h——计算楼层层高。

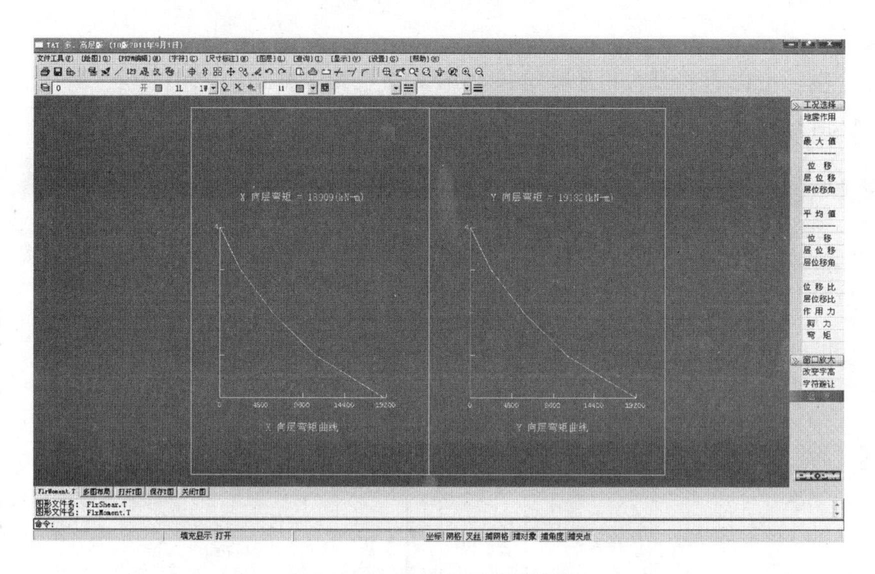

图 3.59　地震作用下层弯矩

从图 3.57 可看出，地震作用下最大层间位移角均满足表 3.3 规定的弹性层间位移角限值。

表 3.3　　**弹性层间位移角限值**

结　构　类　型	$[\theta_e]$
钢筋混凝土框架	1/550
钢筋混凝土框架—抗震墙、板柱—抗震墙、框架—核心筒	1/800
钢筋混凝土抗震墙、筒中筒	1/1000
钢筋混凝土框支层	1/1000
多、高层钢结构	1/300

（2）在“工况选择”中选择“风力作用”，最大层位移如图 3.60 所示。

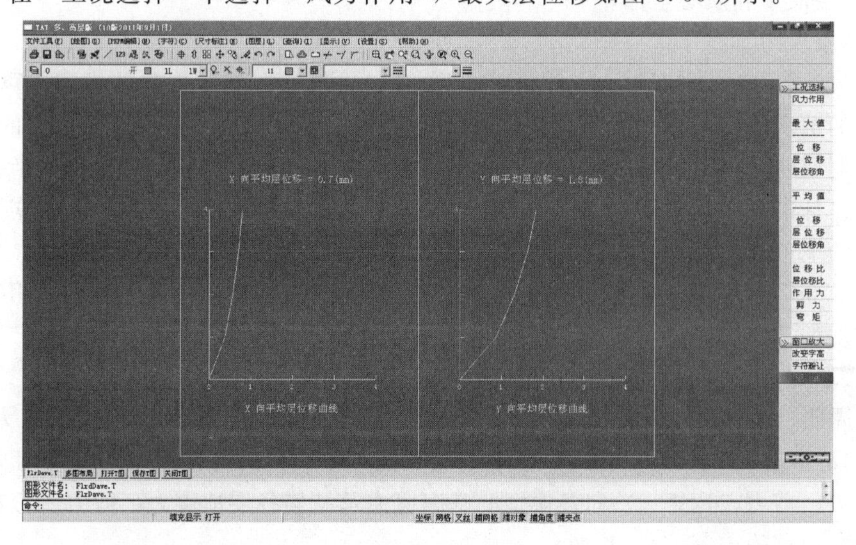

图 3.60　风力作用下最大层位移

8. 文本文件查看

选择此项，可以查看TAT计算结果文本文件（图3.61）。

选择总信息输出文件，出现图3.62所示选项内容。

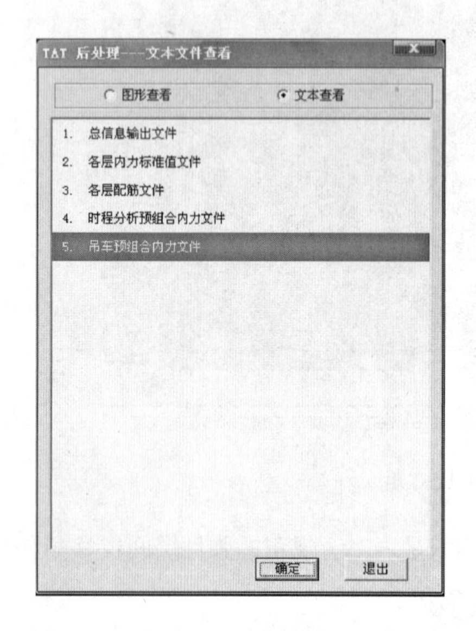

图3.61　查看TAT计算结果文本文件

TAT 总信息文本

1. 结构分析设计控制信息 TAT-M.OUT
2. 周期、地震力和楼层位移 TAT-P.OUT
3. 底层柱墙底最大组合内力 DCNL.OUT
4. 配筋、验算超限信息 GCPJ.OUT
5. 框架结构薄弱层验算 TAT-K.OUT
6. 剪力墙边缘构件配筋 TATBMB.OUT
7. 框剪结构调整前后的框架剪力 FLR_SM.OUT
8. 弹性时程分析最大反应值 TAT-D.OUT

确定　返回

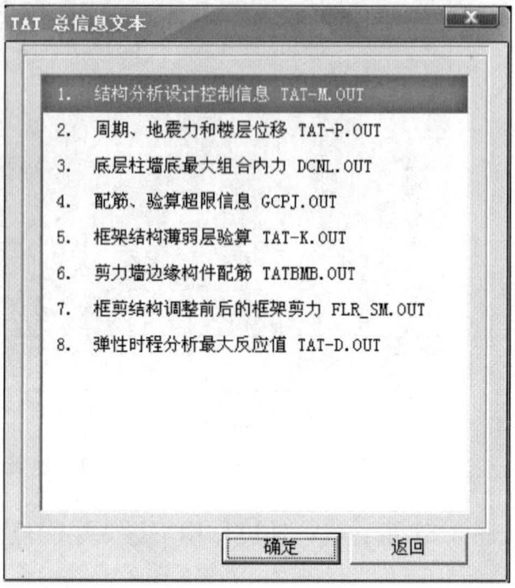

图3.62　总信息输出文件

(1) 结构分析设计控制信息TAT－M.OUT。选择此项，屏幕出现文件名为TAT－M.OUT的记事本，输出以下内容。

1) TAT结构计算控制参数，包括总信息（图3.63）、地震信息、调整信息、材料信息、设计信息、风荷载信息、各层柱、墙活荷载折减系数、各层附加薄弱层地震剪力的人工调整系数、各层杆件和材料信息、剪力墙加强区信息等。与“3.2.8文本文件查看”中的文件“TAT－C.OUT”有相同地方。

2) 各层质量和质心坐标。

3) 各层风力。

4) 各层层刚度、刚度中心、刚度比（图3.64，包括框架结构整体稳定验算）。层刚度是楼层的剪切刚度，层刚度中心也是剪切刚度中心；层刚度比是本层与下层的刚度比，在考虑薄弱层时，可以采用倒数；偏心率是指楼层刚心和质心之差与楼层回转半径之比。

正常设计的高层建筑下部楼层侧向刚度宜大于上部楼层的侧向刚度，否则变形会集中于刚度小的下部楼层而形成结构薄弱层，因此《高层建筑混凝土结构技术规程》(JGJ 3—2010) 第3.5.2条规定：抗震设计的高层建筑结构，其楼层侧向刚度不宜小于相邻上部楼层侧向刚度的70%或其上相邻三层侧向刚度平均值的80%。

5) 楼层抗剪承载力及承载力比值。

(2) 周期、地震力和楼层位移TAT－P.OUT。选择此项，屏幕出现文件名为TAT－P.OUT的记事本，输出层模型耦联振动周期（图3.65）、X向各振型的基底剪力及结构各层地震力、剪力、弯矩、Y向各振型的基底剪力及结构各层地震力、剪力、弯矩、楼层节点的最大位移等内容。

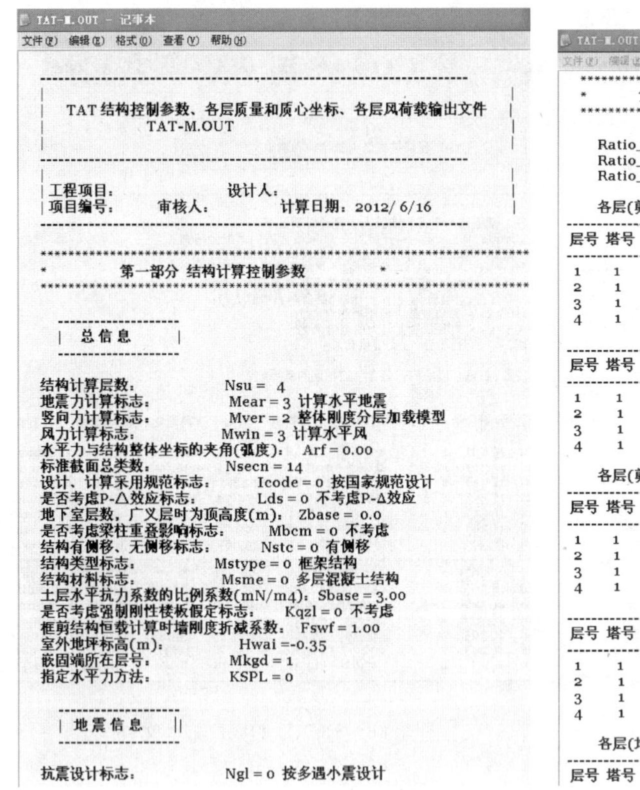

TAT-M.OUT - 记事本

文件(F)　编辑(E)　格式(O)　查看(V)　帮助(H)

TAT 结构控制参数、各层质量和质心坐标、各层风荷载输出文件
TAT-M.OUT

工程项目：　　　　设计人：
项目编号：　　审核人：　　计算日期：2012/ 6/16

第一部分 结构计算控制参数

总 信 息

结构计算层数：　Nsu = 4
地震力计算标志：　Mear = 3 计算水平地震
竖向力计算标志：　Mver = 2 整体刚度分层加载模型
风力计算标志：　Mwin = 3 计算水平风
水平力与结构整体坐标的夹角(弧度)：　Arf = 0.00
标准截面总类数：　Nsecn = 14
设计、计算采用规范标志：　Icode = 0 按国家规范设计
是否考虑P-Δ效应标志：　Lds = 0 不考虑P-Δ效应
地下室层数，广义层时为顶高度(m)：　Zbase = 0.0
是否考虑梁柱重叠影响标志：　Mbcm = 0 不考虑
结构有侧移、无侧移标志：　Nstc = 0 有侧移
结构类型标志：　Mstype = 0 框架结构
结构材料标志：　Msme = 0 多层混凝土结构
土层水平抗力系数的比例系数(mN/m4)：Sbase = 3.00
是否考虑强制刚性楼板假定标志：　Kqzl = 0 不考虑
框剪结构恒载计算时墙刚度折减系数：　Fswf = 1.00
室外地坪标高(m)：　Hwai =-0.35
嵌固端所在层号：　Mkgd = 1
指定水平力方法：　KSPL = 0

地 震 信 息

抗震设计标志：　Ngl = 0 按多遇小震设计

图 3.63　TAT－M. OUT 文本文件

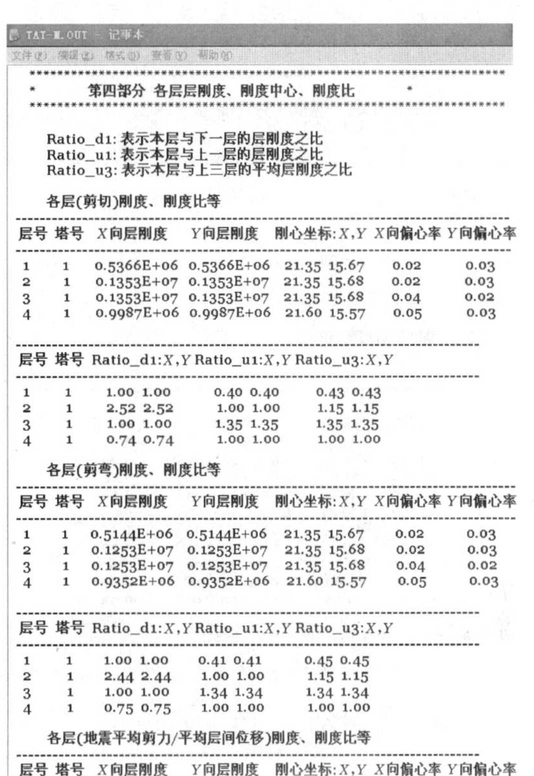

TAT-M.OUT - 记事本

文件(F)　编辑(E)　格式(O)　查看(V)　帮助(H)

第四部分 各层层刚度、刚度中心、刚度比

Ratio_d1: 表示本层与下一层的层刚度之比
Ratio_u1: 表示本层与上一层的层刚度之比
Ratio_u3: 表示本层与上三层的平均层刚度之比

各层(剪切)刚度、刚度比等

层号	塔号	X向层刚度	Y向层刚度	刚心坐标:X,Y	X向偏心率	Y向偏心率
1	1	0.5366E+06	0.5366E+06	21.35 15.67	0.02	0.03
2	1	0.1353E+07	0.1353E+07	21.35 15.68	0.02	0.03
3	1	0.1353E+07	0.1353E+07	21.35 15.68	0.04	0.02
4	1	0.9987E+06	0.9987E+06	21.60 15.57	0.05	0.03

层号	塔号	Ratio_d1:X,Y	Ratio_u1:X,Y	Ratio_u3:X,Y
1	1	1.00 1.00	0.40 0.40	0.43 0.43
2	1	2.52 2.52	1.00 1.00	1.15 1.15
3	1	1.00 1.00	1.35 1.35	1.35 1.35
4	1	0.74 0.74	1.00 1.00	1.00 1.00

各层(剪弯)刚度、刚度比等

层号	塔号	X向层刚度	Y向层刚度	刚心坐标:X,Y	X向偏心率	Y向偏心率
1	1	0.5144E+06	0.5144E+06	21.35 15.67	0.02	0.03
2	1	0.1253E+07	0.1253E+07	21.35 15.68	0.02	0.03
3	1	0.1253E+07	0.1253E+07	21.35 15.68	0.04	0.02
4	1	0.9352E+06	0.9352E+06	21.60 15.57	0.05	0.03

层号	塔号	Ratio_d1:X,Y	Ratio_u1:X,Y	Ratio_u3:X,Y
1	1	1.00 1.00	0.41 0.41	0.45 0.45
2	1	2.44 2.44	1.00 1.00	1.15 1.15
3	1	1.00 1.00	1.34 1.34	1.34 1.34
4	1	0.75 0.75	1.00 1.00	1.00 1.00

各层(地震平均剪力/平均层间位移)刚度、刚度比等

层号	塔号	X向层刚度	Y向层刚度	刚心坐标:X,Y	X向偏心率	Y向偏心率

图 3.64　各层层刚度、刚度中心、刚度比文本格式

对于一个振动周期来说，若转动比例等于 1（或很接近 1，比如 0.99），说明该周期为纯扭转振动周期。若平动系数等于 1（或很接近 1，比如 0.99），则说明该周期为纯平动振动周期，其振动方向为转角，若转角为 0 度或 180 度，则为 X 方向的平动，若转角为 90 度，则为 Y 方向的平动，否则，为沿角度为转角值的空间振动。若扭转系数和平动系数都不等于 1，则该周期为扭转振动和平动振动混合周期。据此可以判断各个方向的各阶振型。

（3）底层柱墙底最大组合内力 DCNL. OUT。选择此项，屏幕出现文件名为 DCNL. OUT 的记事本，输出柱、薄壁柱、支撑和墙肢内力等内容（图 3.66）。

（4）配筋、验算超限信息 GCPJ. OUT。选择此项，屏幕出现文件名为 GCPJ. OUT 的记事本，输出各层构件的超限信息。由于本实例没有出现超限信息，故屏幕显示如图 3.67 所示。

1）混凝土和型钢混凝土柱、支撑超限。

轴压比验算：

"＊＊（Nuc）N，$U_c = N/A_c/f_c > U_{cf}$" 表示轴压比超限。

式中　Nuc——控制轴力的内力组合号；

　　　N——控制轴压比的轴力；

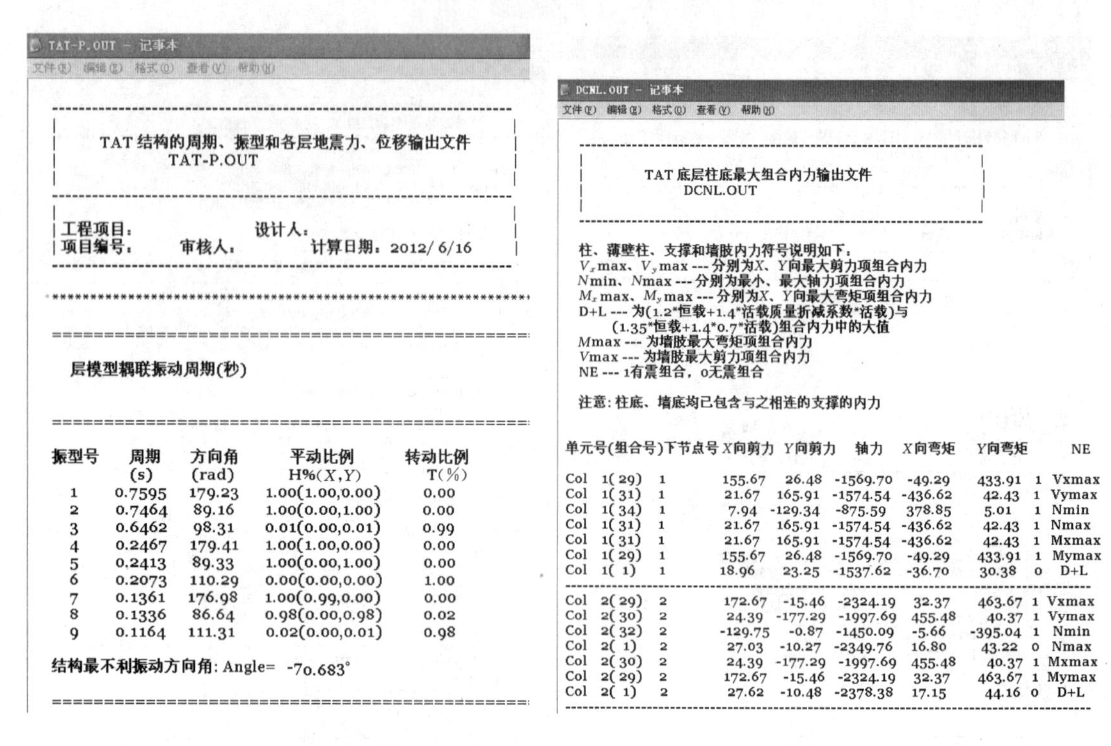

TAT-P.OUT - 记事本

文件(F) 编辑(E) 格式(O) 查看(V) 帮助(H)

TAT结构的周期、振型和各层地震力、位移输出文件
TAT-P.OUT

工程项目：　　　　　设计人：
项目编号：　　审核人：　　　计算日期：2012/ 6/16

层模型耦联振动周期(秒)

振型号	周期 (s)	方向角 (rad)	平动比例 H%(X,Y)	转动比例 T(%)
1	0.7595	179.23	1.00(1.00,0.00)	0.00
2	0.7464	89.16	1.00(0.00,1.00)	0.00
3	0.6462	98.31	0.01(0.00,0.01)	0.99
4	0.2467	179.41	1.00(1.00,0.00)	0.00
5	0.2413	89.33	1.00(0.00,1.00)	0.00
6	0.2073	110.29	0.00(0.00,0.00)	1.00
7	0.1361	176.98	1.00(0.99,0.00)	0.00
8	0.1336	86.64	0.98(0.00,0.98)	0.02
9	0.1164	111.31	0.02(0.00,0.01)	0.98

结构最不利振动方向角：Angle= -70.683°

DCNL.OUT - 记事本

文件(F) 编辑(E) 格式(O) 查看(V) 帮助(H)

TAT底层柱底最大组合内力输出文件
DCNL.OUT

柱、薄壁柱、支撑和墙肢内力符号说明如下：
$V_x$max、$V_y$max --- 分别为X、Y向最大剪力项组合内力
Nmin、Nmax --- 分别为最小、最大轴力项组合内力
$M_x$max、$M_y$max --- 分别为X、Y向最大弯矩项组合内力
D+L --- 为(1.2*恒载+1.4*活载质量折减系数*活载)与
(1.35*恒载+1.4*0.7*活载)组合内力中的大值
Mmax --- 为墙肢最大弯矩项组合内力
Vmax --- 为墙肢最大剪力项组合内力
NE --- 1有震组合，0无震组合

注意：柱底、墙底均已包含与之相连的支撑的内力

单元号	(组合号)	下节点号	X向剪力	Y向剪力	轴力	X向弯矩	Y向弯矩	NE	
Col	1(29)	1	155.67	26.48	-1569.70	-49.29	433.91	1	Vxmax
Col	1(31)	1	21.67	165.91	-1574.54	-436.62	42.43	1	Vymax
Col	1(34)	1	7.94	-129.34	-875.59	378.85	5.01	1	Nmin
Col	1(31)	1	21.67	165.91	-1574.54	-436.62	42.43	1	Nmax
Col	1(31)	1	21.67	165.91	-1574.54	-436.62	42.43	1	Mxmax
Col	1(29)	1	155.67	26.48	-1569.70	-49.29	433.91	1	Mymax
Col	1(1)	1	18.96	23.25	-1537.62	-36.70	30.38	0	D+L
Col	2(29)	2	172.67	-15.46	-2324.19	32.37	463.67	1	Vxmax
Col	2(30)	2	24.39	-177.29	-1997.69	455.48	40.37	1	Vymax
Col	2(32)	2	-129.75	-0.87	-1450.09	-5.66	-395.04	1	Nmin
Col	2(1)	2	27.03	-10.27	-2349.76	16.80	43.22	0	Nmax
Col	2(30)	2	24.39	-177.29	-1997.69	455.48	40.37	1	Mxmax
Col	2(29)	2	172.67	-15.46	-2324.19	32.37	463.67	1	Mymax
Col	2(1)	2	27.62	-10.48	-2378.38	17.15	44.16	0	D+L

图 3.65　TAT－4. OUT 文本文件　　　　图 3.66　DCNL. OUT 文本文件

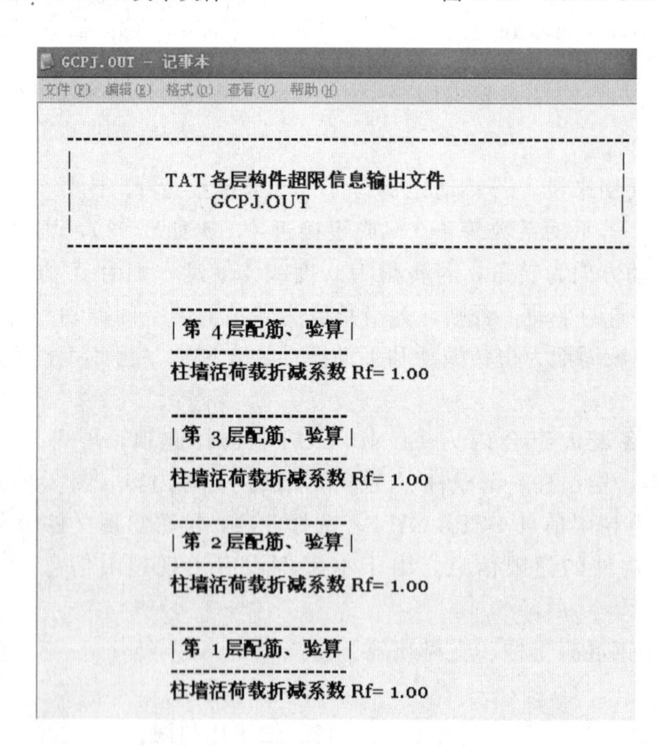

GCPJ.OUT - 记事本

文件(F) 编辑(E) 格式(O) 查看(V) 帮助(H)

TAT各层构件超限信息输出文件
GCPJ.OUT

|第 4层配筋、验算|

柱墙活荷载折减系数 Rf= 1.00

|第 3层配筋、验算|

柱墙活荷载折减系数 Rf= 1.00

|第 2层配筋、验算|

柱墙活荷载折减系数 Rf= 1.00

|第 1层配筋、验算|

柱墙活荷载折减系数 Rf= 1.00

图 3.67　GCPJ. OUT 文本文件

U_c——计算轴压比；

A_c——截面面积；

f_c——混凝土抗压强度；

U_{cf}——允许轴压比。

最大配筋率验算：

"* * $R_s > R_{smax}$" 表示柱全截面配筋率超限；

"* * $R_{sx} > 1.2\%$" 表示柱单边 B 边的配筋率超限；

"* * $R_{sy} > 1.2\%$" 表示柱单边 H 边的配筋率超限。

式中　R_s——柱全截面配筋率；

R_{sx}、R_{sy}——柱单边 B 边和 H 边的配筋率；

R_{smax}——柱全截面允许的最大配筋率。

抗剪验算：

"* * (N_{vx}) V_x，$V_x > F_{vx} = A_x * f_c * B * H_0$" 表示柱抗剪截面不够；

"* * (N_{vy}) V_y，$V_y > F_{vy} = A_y * f_c * H * B_0$" 表示柱抗剪截面不够。

式中　N_{vx}、N_{vy}——V_x、V_y 的内力组合号；

V_x、V_y——控制验算的 X、Y 向剪力；

F_{vx}、F_{vy}——截面 X、Y 向的抗剪承载力；

A_x、A_y——截面 X、Y 向的计算系数；

f_c——混凝土抗压强度；

B、B_0——截面宽和有效宽度；

H、H_0——截面高和有效高度。

2）混凝土和型钢混凝土梁超限。

受压区高度验算：

"* * (N_s) $X > 0.25H_0$" 表示梁受压区高度超限；

"* * (N_s) $X > 0.35H_0$" 表示梁受压区高度超限。

式中　N_s——梁截面序号，负弯矩配筋截面号 1～9，正弯矩配筋截面号 10～18；

X——受压区高度；

H_0——梁有效高度。

最大配筋率验算：

"* * (N_s) $R_s > R_{smax}$" 表示梁主筋配筋率超限。

式中　N_s——截面号；

R_s——截面一边的配筋率；

R_{smax}——规范允许的最大配筋率。

抗剪验算：

"* * (NT_v) V，$V > F_v = A_v * f_c * B * H_0$" 表示梁抗剪截面不够。

式中　NT_v——控制剪力的内力组合号；

V——控制剪力；

F_v——截面抗剪承载力；

A_v——截面系数；

f_c——混凝土抗压强度；

B、H_0——截面宽和有效高度。

剪扭验算：

“* *（NT_v）V，T，$V/(BH_0)+T/W_t>0.25f_c$”表示梁剪扭截面不够。

式中 NT_v——控制剪力的内力组合号；

V、T——控制验算的剪力和扭矩；

B、H_0——截面宽和有效高度；

W_t——截面的塑性抵抗矩；

f_c——混凝土抗压强度。

（5）框架结构薄弱层验算 TAT－K. OUT。选择此项，屏幕出现文件名为 TAT－K. OUT 的记事本，输出结构薄弱层的验算文件（图 3.68）。图 3.69 给出了各层的弹塑性层间位移。

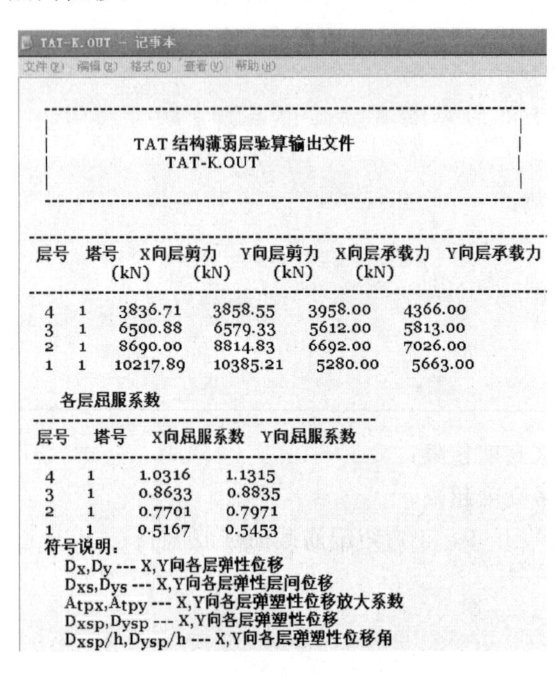

TAT-K.OUT - 记事本

文件(F) 编辑(E) 格式(O) 查看(V) 帮助(H)

TAT 结构薄弱层验算输出文件
TAT-K.OUT

层号	塔号	X向层剪力 (kN)	Y向层剪力 (kN)	X向层承载力 (kN)	Y向层承载力
4	1	3836.71	3858.55	3958.00	4366.00
3	1	6500.88	6579.33	5612.00	5813.00
2	1	8690.00	8814.83	6692.00	7026.00
1	1	10217.89	10385.21	5280.00	5663.00

各层屈服系数

层号	塔号	X向屈服系数	Y向屈服系数
4	1	1.0316	1.1315
3	1	0.8633	0.8835
2	1	0.7701	0.7971
1	1	0.5167	0.5453

符号说明：
Dx,Dy --- X,Y向各层弹性位移
Dxs,Dys --- X,Y向各层弹性层间位移
Atpx,Atpy --- X,Y向各层弹塑性位移放大系数
Dxsp,Dysp --- X,Y向各层弹塑性位移
Dxsp/h,Dysp/h --- X,Y向各层弹塑性位移角

图 3.68 薄弱层验算文件 TAT－K. OUT

符号说明：
Dx,Dy --- X,Y向各层弹性位移
Dxs,Dys --- X,Y向各层弹性层间位移
Atpx,Atpy --- X,Y向各层弹塑性位移放大系数
Dxsp,Dysp --- X,Y向各层弹塑性位移
Dxsp/h,Dysp/h --- X,Y向各层弹塑性位移角

X向各层弹塑性位移

层号	塔号	Dx (mm)	Dxs (mm)	Atpx	Dxsp (mm)	Dxsp/h	层高 (m)
4	1	62.39804	8.46867	1.30	11.00927	1/354	3.90
3	1	54.29976	11.68144	1.30	15.18587	1/237	3.60
2	1	42.83057	15.87597	1.30	20.63876	1/174	3.60
1	1	27.06329	27.06330	1.30	35.18229	1/139	4.90

Y向各层弹塑性位移

层号	塔号	Dy (mm)	Dys (mm)	Atpy	Dysp (mm)	Dysp/h	层高 (m)
4	1	64.43199	8.07630	1.30	10.49919	1/371	3.90
3	1	56.67037	11.90938	1.30	15.48220	1/232	3.60
2	1	44.96959	16.35077	1.30	21.25600	1/169	3.60
1	1	28.68102	28.68101	1.30	37.28532	1/131	4.90

图 3.69 各层弹塑性层间位移

《建筑抗震设计规范》（GB 50011—2010）第 5.5.5 条规定：结构薄弱层（部位）弹塑性层间位移应符合下式要求：

$$\Delta u_p \leqslant [\theta_p]h \tag{3.4}$$

式中 Δu_p——弹塑性层间位移；

$[\theta_p]$——弹塑性层间位移角限值，可按表 3.4 采用；对钢筋混凝土框架结构，当轴压比小于 0.40 时，可提高 10%；当柱子全高的箍筋构造比最小配箍特征值大 30%时，可提高 20%，但累计不超过 25%；

h——薄弱层楼层高度或单层厂房上柱高度。

从图 3.69 看出，X，Y 两个方向的第 1 层弹塑性位移角 D_{xsp}/h 均满足表 3.4 规定的弹塑性层间位移角限值。

表 3.4　　弹塑性层间位移角限值

结构类型	$[\theta_p]$
单层钢筋混凝土柱排架	1/30
钢筋混凝土框架	1/50
底部框架砖房中的框架—抗震墙	1/100
钢筋混凝土框架—抗震墙、板柱—抗震墙、框架—核心筒	1/100
钢筋混凝土抗震墙、筒中筒	1/120
多、高层钢结构	1/50

3.6　计算结果的分析、判断和调整

目前，采用计算机软件进行多高层建筑结构的分析和设计是相当普遍的。多高层建筑结构的布置复杂，构件较多，计算后数据输出量很大，因此，对计算结果的合理性、可靠性进行判断是十分必要的。结构工程师应以扎实的力学概念和丰富的工程经验为基础，从结构整体和局部两个方面对计算结果的合理性进行判断，确认其可靠性后，方可作为施工图设计的依据。

计算结果的大致判断可以按以下 8 项要求进行（不包括有多塔、错层等特殊结构），若工程计算结果均满足，可认为计算结果大体正常，可以在工程设计中应用。

3.6.1　自振周期

周期大小与刚度的平方根成反比，与结构质量的平方根成正比。周期的大小与结构在地震中的反应有密切关系，最基本的是不能与场地土的卓越周期一致，否则会发生类共振。对于比较正常的工程设计，其不考虑折减的计算自振周期大概在下列范围。

（1）第一振型的周期。

框架结构：$T_1=(0.12\sim0.15)\ n$；

框架剪力墙结构和框架筒体结构：$T_1=(0.06\sim0.12)\ n$；

剪力墙结构和筒中筒结构：$T_1=(0.04\sim0.06)\ n$。

其中，n 为建筑物层数。对于 40 层以上的建筑和层数较低的建筑，上述近似周期的范围可能有较大的差别。

（2）第二振型的周期。

$$T_2=(1/3\sim1/5)T_1$$

（3）第三振型的周期。

$$T_3=(1/5\sim1/7)T_1$$

如果计算结果偏离上述数值太远，应考虑工程中截面是否太大或太小，剪力墙数量是否合理，若不合理应适当予以调整。反之，如果截面尺寸、结构布置都正常，无特殊情况而偏离太远，则应检查输入数据是否有错误。

以上的判断是根据平移振动振型分解方法提出的。考虑扭转耦联振动时，情况复杂得

多，首先应挑出与平移振动对应的振型来进行上述比较。下面以图 3.65 输出的 TAT－P. OUT 文本文件为例说明如何判断和分析。根据平动比例由图 3.65 可挑出 X 向、Y 向平移振动所对应的振型，即

X 方向：$T_1=0.7595$，$T_2=0.2467$，$T_3=0.1361$。

Y 方向：$T_1=0.7464$，$T_2=0.2413$，$T_3=0.1336$。

对于 X 方向，$T_1=0.7595>(0.12\sim0.15)\times4=(0.48\sim0.60)$，但差别不大。

$T_2=0.2467>(1/3\sim1/5)T_1=(0.24\sim0.14)$，但差别不大。

$T_3=0.1361\in(1/5\sim1/7)T_1=(0.14\sim0.10)$

对于 Y 方向，$T_1=0.7464>(0.12\sim0.15)\times4=(0.48\sim0.60)$，但差别不大。

$T_2=0.2413>(1/3\sim1/5)T_1=(0.23\sim0.14)$，但差别不大。

$T_3=0.1336\in(1/5\sim1/7)T_1=(0.14\sim0.10)$

可见结构的自振周期设计较合理。

3.6.2 振型曲线

在正常的计算下，对于比较均匀的结构，振型曲线应是比较连续光滑的曲线，如图 3.70 所示，不应有大的凹凸曲折。

第一振型无零点［图 3.70（a）］；第二振型在（0.7～0.8）H 处有一个零点［图 3.70（b）］；第三振型分别在（0.4～0.5）H 及（0.8～0.9）H 处有两个零点［图 3.70（c）］。

分析“图 3.54Y 方向前三个振型”和“图 3.55X 方向前三个振型”，可看出基本符合本条规定，具体推证不再赘述。

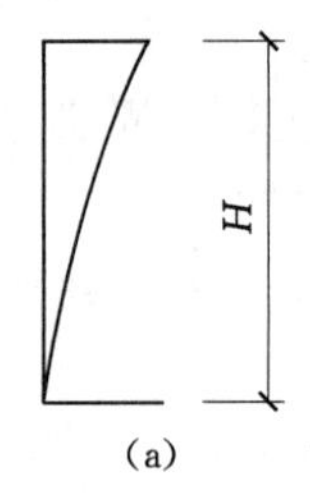

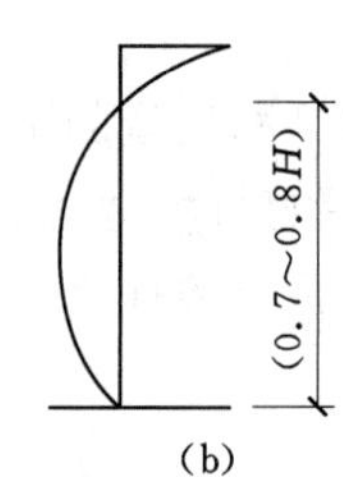

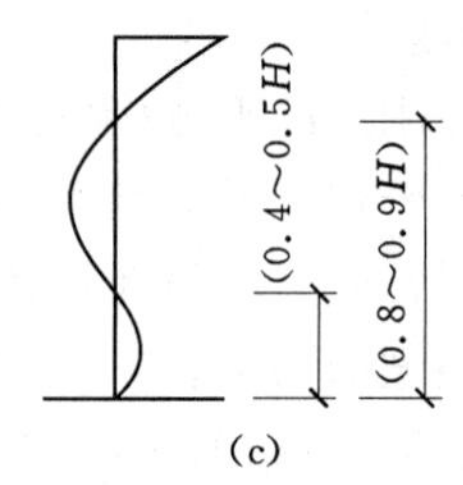

图 3.70 振型曲线

（a）第一振型；（b）第二振型；（c）第三振型

3.6.3 地震力

根据目前许多工程的计算结果，截面尺寸、结构布置都比较正常的结构，其底部剪力大约在下述范围内：

8 度，Ⅱ类场地土：　　$F_{EK}\approx(0.03\sim0.06)\ G$

7 度，Ⅱ类场地土：　　$F_{EK}\approx(0.015\sim0.03)\ G$

其中，F_{EK} 为底部地震剪力标准值；G 为结构总重量，F_{EK}/G 即为底层的层剪重比。

当结构层数多、刚度小时，偏于较小值；当结构层数少、刚度大时，偏于较大值。当为其他烈度和场地类型时，需相应调整此数值。

当计算的底部剪力小于上述数值时，宜适当加大截面、提高刚度，适当增大地震力以

保证安全；反之，地震力过大，宜适当降低刚度以求得合适的经济技术指标。

在“周期、地震力和楼层位移 TAT－P. OUT”文本文件中，X 向各振型的基底剪力及结构各层地震力、剪力、弯矩和 Y 向各振型的基底剪力及结构各层地震力、剪力、弯矩内容如图 3.71 所示，从图中看出，底层的层剪重比均在上述范围。

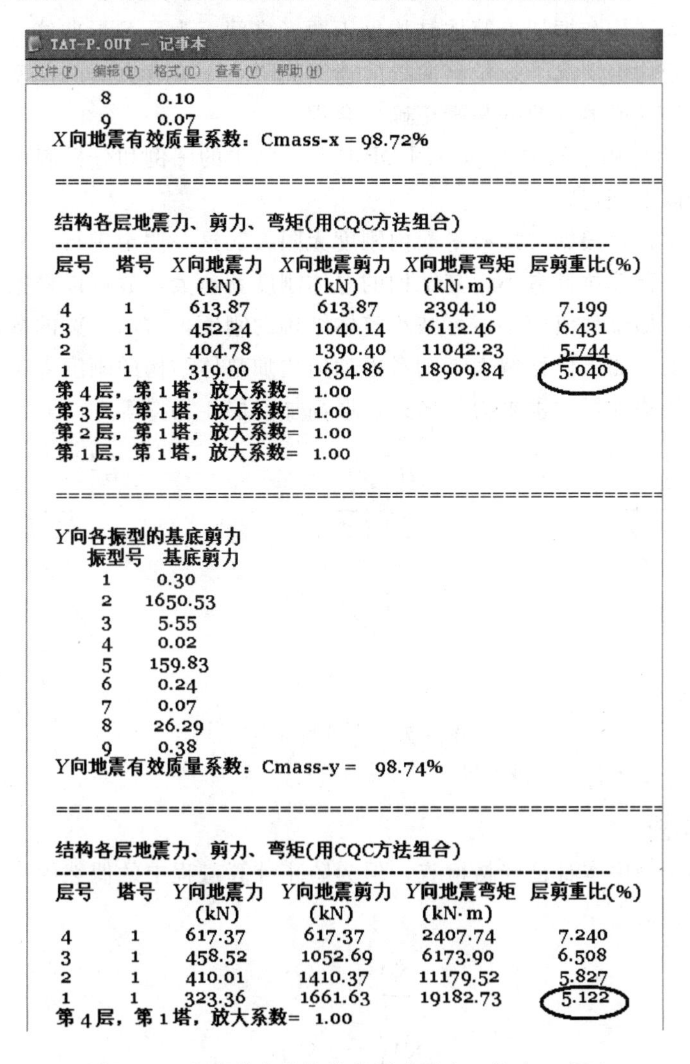

TAT-P.OUT - 记事本

文件(F) 编辑(E) 格式(O) 查看(V) 帮助(H)

8　0.10
9　0.07
X向地震有效质量系数：Cmass-x = 98.72%

==

结构各层地震力、剪力、弯矩(用CQC方法组合)

层号	塔号	X向地震力 (kN)	X向地震剪力 (kN)	X向地震弯矩 (kN·m)	层剪重比(%)
4	1	613.87	613.87	2394.10	7.199
3	1	452.24	1040.14	6112.46	6.431
2	1	404.78	1390.40	11042.23	5.744
1	1	319.00	1634.86	18909.84	5.040

第4层，第1塔，放大系数= 1.00
第3层，第1塔，放大系数= 1.00
第2层，第1塔，放大系数= 1.00
第1层，第1塔，放大系数= 1.00

==

Y向各振型的基底剪力

振型号	基底剪力
1	0.30
2	1650.53
3	5.55
4	0.02
5	159.83
6	0.24
7	0.07
8	26.29
9	0.38

Y向地震有效质量系数：Cmass-y = 98.74%

==

结构各层地震力、剪力、弯矩(用CQC方法组合)

层号	塔号	Y向地震力 (kN)	Y向地震剪力 (kN)	Y向地震弯矩 (kN·m)	层剪重比(%)
4	1	617.37	617.37	2407.74	7.240
3	1	458.52	1052.69	6173.90	6.508
2	1	410.01	1410.37	11179.52	5.827
1	1	323.36	1661.63	19182.73	5.122

第4层，第1塔，放大系数= 1.00

图 3.71　基底剪力及结构各层地震力、剪力、弯矩

3.6.4　水平位移特征

（1）水平位移满足《高层建筑混凝土结构技术规程》（JGJ 3—2010）的要求，是合理设计的必要条件之一，但不是充分条件。也就是说：合理的设计，水平位移应满足限值；但是水平位移限值满足，还不一定是合理的结构，还要考虑周期，地震力大小等综合条件。因为，抗震设计时，地震力大小与刚度直接相关，当刚度小，结构并不合理时，由于地震力也小，所以位移也有可能在限值范围内，此时并不能认为结构合理，因为它的周期长、地震力太小，并不安全。

（2）将各层位移连成侧移曲线，应具有以下特征：

剪力墙结构的位移曲线具有悬臂弯曲梁的特征，位移越往上增大越快，成外弯形曲线[图3.72（a）]；

框架结构的位移曲线具有剪切梁的特点，越往上增长越慢，成内收形曲线[图3.72（b）]；

框架—剪力墙结构和框架—筒体结构处于两者之间，为反S形曲线[图3.72（c）]。

（3）在刚度较均匀情况下，位移曲线应连续光滑，不应有突然凸凹变化和折点，否则应检查结构截面尺寸或输入数据是否正确、合理。

由“7. 水平力作用下楼层侧移简图DISP*.T”中的图例和分析表明，本实例的水平位移特征均符合以上规定。

需要注意：位移是根据“楼板平面内刚度无限大”这一假定进行计算的。位移与结构的总体刚度有关，计算位移愈小，其结构的总体刚度就愈大，故可以根据初算的结果对整体结构进行调整。如位移值偏小，可减小整体结构的刚度，对墙、梁的截面尺寸适当减小或取消部分剪力墙。如果位移偏大，则考虑如何增加整体结构的刚度，包括加大有关构件的尺寸，改变结构构件抵抗水平力的形式、增高加强层、斜撑等。

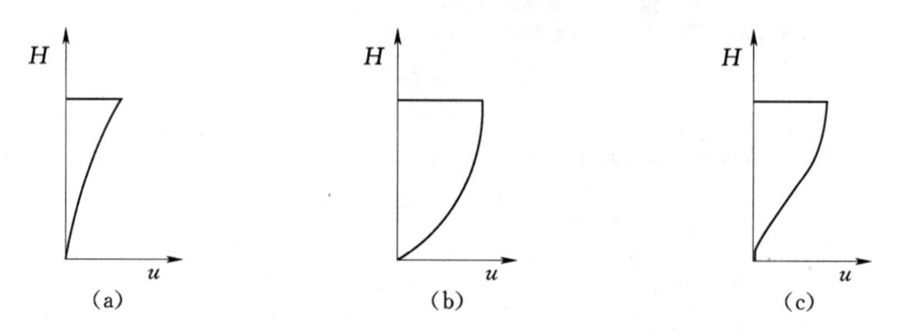

图3.72　位移特征曲线

（a）剪力墙结构；（b）框架结构；（c）框架—剪力墙结构

3.6.5　内外力平衡

对平衡条件，程序本身已严格检查，但为防止计算过程中的偶然因素，必要时可检查底层的平衡条件，即

$$\sum_{i=1}^{n} N_i = G$$

$$\sum_{i=1}^{n} V_i = \sum P$$

上二式中　N_i——底层柱墙在单组重力荷载下的轴力，其和应等于总重量G；校核时，不应考虑分层加载；

V_i——风荷载作用下的底层墙柱剪力，求和时应注意局部坐标与整体坐标的方向不同；

$\sum P$——全部风力值。注意不要考虑剪力调整。

对地震作用，程序不能校核平衡条件，因为各振型采用SRSS法（平方和平方根法，适用于平动的振型分解反应谱法）或CQC法（完全二次项平方根法，适用于扭转耦联的振型分解反应谱法）进行内力组合后，不再等于总地震力。

3.6.6　对称性

对称结构在对称外力作用下，对称点的内力与位移必须对称。TAT 程序本身已保证了结果对称性。如有反常现象应检查输入数据是否正确。

3.6.7　渐变性

竖向刚度、质量变化均匀的结构，在较均匀变化的外力作用下，其内力、位移等计算结果自上而下也均匀变化，不应有大正大负、大出大进等突变。

3.6.8　合理性

设计较正常的结构，一般不应有太多的超限截面，基本上应符合以下规律：

（1）柱、墙的轴力设计值绝大部分为压力。

（2）柱、墙大部分为构造配筋。

（3）梁基本上无超筋。

（4）除个别墙段外，剪力墙符合截面抗剪要求。

（5）梁截面抗剪不满足要求、抗扭超限截面不多。

3.6.9　需要注意的几个重要比值

除上述 8 项要求外，对于一般要求抗震设计的建筑结构，需要注意以下的几个重要比值（这几个比值在以前的章节均有阐述，在此进一步归纳总结）。

（1）柱轴压比。柱轴压比的限值是延性设计的要求，规范针对不同抗震等级的结构给出了不同要求，需要注意的是，抗震结构中，轴压力采用的是地震组合下的最大轴力。

（2）刚度比。控制刚度比主要是为了控制结构的竖向规则性，避免竖向刚度突变，形成薄弱层。具体详见“结构分析设计控制信息 TAT－M.OUT”中分析。对高层建筑而言，不宜采用竖向不规则结构。

（3）剪重比。剪重比为水平地震楼层剪力与该层重力荷载的比值。控制剪重比（楼层最小地震剪力系数）主要是为了控制各楼层的最小地震剪力，确保结构安全性。

水平地震作用计算时，结构各楼层对应于地震作用标准值的剪力应符合下式要求：

$$V_{EKi} \geqslant \lambda \sum_{j=i}^{n} G_j \tag{3.5}$$

式中　V_{EKi}——第 i 层对应于水平地震作用标准值的剪力；

λ——水平地震剪力系数，不应小于表 3.2 规定的楼层最小地震剪力系数值；对于竖向不规则结构的薄弱层，应乘以 1.15 的增大系数；

G_j——第 j 层的重力荷载代表值；

n——结构计算总层数。

把公式（3.5）变形为 $\lambda \leqslant \dfrac{V_{EKi}}{\sum_{j=i}^{n} G_j}$，实际上该公式表示剪力与重量之比，即剪重比应满足的条件。

（4）位移比。控制位移比主要是为了控制结构的竖向规则性，以免形成扭转，对结构产生不利影响。《建筑抗震设计规范》（GB 50011—2010）第 3.4.4 条规定：对于平面不规则而竖向规则的建筑结构，楼层竖向构件最大的弹性水平位移和层间位移分别不宜大于楼层两端弹性水平位移和层间位移平均值的 1.5 倍。《高层建筑混凝土结构技术规程》

(JGJ 3—2010) 第3.4.5条规定："在考虑偶然偏心影响的地震作用下，楼层竖向构件的最大水平位移和层间位移，A级高度高层建筑不宜大于该楼层平均值的1.2倍，不应大于该楼层平均值的1.5倍；B级高度高层建筑、混合结构高层建筑及复杂高层建筑不宜大于该楼层平均值的1.2倍，不应大于该楼层平均值的1.4倍"。

(5) 周期比。控制周期比主要是为了控制结构的扭转效应，减少扭转对结构带来不利影响。与位移比控制的侧重点不同，周期比侧重控制的是侧向刚度与扭转刚度之间的一种相对关系，而非其绝对大小，其目的是使抗侧力构件的平面布置更有效、更合理，使结构不至于出现过大（相对于侧移）的扭转效应。简单来说，周期比控制不是要求结构足够结实，而是要求结构承载布局的合理性。

高层建筑的第一、二振型不能以扭转为主。《高层建筑混凝土结构技术规程》(JGJ 3—2010)第3.4.5条规定："结构扭转为主的第一自振周期 T_t 与平动为主的第一自振周期 T_1 之比，A级高度高层建筑不应大于0.9，B级高度高层建筑、混合结构高层建筑及复杂高层建筑不应大于0.85"。

依据图3.65，本实例平动为主的第一自振周期 $T_1=0.7595$，扭转为主的第一自振周期 $T_t=0.6462$，$T_t/T_1=0.85<0.9$，满足要求［规范对多层建筑没有明确要求，在此参考《高层建筑混凝土结构技术规程》(JGJ 3—2010) 的相关规定］。

(6) 刚重比。高层建筑结构的稳定应符合刚重比的要求，控制刚重比主要是为了控制结构的稳定性，以免结构产生滑移和倾覆。图3.64中框架结构整体稳定验算满足要求。

稳定验算实际上是对刚度与重量之比（简称"刚重比"）的验算，框架结构应符合下式要求：

$$D_i \geqslant 10\sum_{j=i}^{n} G_j/h_i \quad (i=1,2,\cdots,n) \tag{3.6}$$

式中 D_i——第 i 层的弹性等效侧向刚度，可取该层剪力与层间位移的比值；

G_j——第 j 层的重力荷载设计值；

h_i——第 i 层层高。

把公式 (3.6) 变形为 $\dfrac{D_i h_i}{\sum_{j=i}^{n} G_j} \geqslant 10$，也即验算刚重比是否满足大于10的要求。

(7) 有效质量比。控制有效质量比（有效质量系数）主要是为了控制结构的地震力是否全计算出来。如果计算时只取了几个振型，那么这几个振型的有效质量之和与总质量之比即为有效质量系数。《高层建筑混凝土结构技术规程》(JGJ 3—2010) 第5.1.13条规定："B级高度的高层建筑结构和复杂高层建筑结构在抗震计算时，宜考虑平扭耦联计算结构的扭转效应，振型数不应小于15，对多塔楼结构的振型数不应小于塔楼数的9倍，且计算振型数应使振型参与质量不小于总质量的90%"。

有效质量系数是用于判断参与振型数是否足够。一般要求有效质量系数大于90%，也说明振型数取够了。图3.71中给出了 X 向和 Y 向的地震有效质量系数为98.72%和98.74%，基本全部参与地震力的计算。

3.6.10 根据计算结果对结构进行调整

TAT计算完成之后，一些参数和计算结果可能不满足要求，这时候就需要根据计算结果对结构进行适当的调整。

结构布置的调整，应在概念设计的基础上，从整体进行把握，做到有的放矢。如一般高层建筑单位面积的重量在 15kN/m^2 左右，如计算结果与此相差很大，则需考虑电算数据输入是否正确。

一旦出现周期比不满足要求的情况，一般只能通过调整平面布置来改善这一状况，这种改变一般是整体性的，局部的小调整往往收效甚微。周期比不满足要求，说明结构的扭转刚度相对于侧移刚度较小，总的调整原则是要加强结构外圈，或者削弱内筒。

高层建筑计算出的第一振型为扭转振型，则表明结构的抗侧力构件布置得不很合理，质量中心与抗侧刚度中心存在偏差，平动质量相对于刚度中心产生转动惯量；或是抗侧力构件数量不足；或是整体抗扭刚度偏小，此时对结构方案应从加强抗扭刚度，减小相对偏心，使刚度中心与质量中心趋于一致，减小结构平面的不规则性等角度出发进行调整。因此可采用加大抗侧力构件截面或增加抗侧力构件数量，或改变抗侧力构件的平面布置位置，将抗侧力构件尽可能均匀对称地布置在建筑物四周，必要时可设置抗震缝，将不规则平面划分为若干相对规则平面等方法进行处理。

在进行概念分析的基础上，有足够的经验和依据时，需要对某些计算结果进行修正，对某些部分进行加强，或对某些局部进行有限量地减弱。在计算机和计算程序相当发达的今天，人们越来越觉得计算机是知识、经验和思维的替代品，人们变得过分依赖和迷信计算机，有时宁肯完全相信计算机的结果，而怀疑自己正确的分析和判断，甚至人们认为使用计算机的能力等同于进行建筑结构设计的能力，完全忽略了安全而经济的设计依赖于渊博的理论知识和丰富的实践经验。总之，计算只是设计的一部分，对于结构设计人员来说，要防止过分依赖计算机而忽视结果分析、忽视概念设计等倾向。

第4章 框架结构电算实例——SATWE部分

4.1 SATWE的特点、基本功能和使用范围

4.1.1 SATWE的特点

SATWE（Space Analysis of Tall-buildlng with Wall-Element）是多、高层建筑结构分析与设计有限元分析程序。程序解决了剪力墙和楼板的模型简化问题，减小了模型简化后的误差，提高了分析精度，使分析结果能够更好地反映出高层建筑结构的真实受力状态。SATWE软件具有如下特点。

1. 模型化误差小，分析精度高

对剪力墙和楼板的合理简化及有限元模拟，是多、高层结构分析的关键，它直接决定了多、高层结构分析模型的科学性，同时也决定了软件分析结果的精度和可信度。SATWE以壳元理论为基础，构造了一种通用墙元来模拟剪力墙，这种墙元对剪力墙的洞口（仅限于矩形洞）的尺寸和位置无限制，具有较好的适用性。墙元不仅具有平面内刚度，也具有平面外刚度，可以较好地模拟工程中剪力墙的真实受力状态，而且墙元的每个节点都具有空间全部6个自由度，可以方便地与任意空间梁、柱单元连接，而无须任何附加约束。对于楼板，SATWE给出了4种简化假定：①楼板整体平面内无限刚，适用于多数常见结构；②分块无限刚，适用于多塔或错层结构；③分块无限刚带弹性连接板带，适用于楼板局部开大洞、塔与塔之间上部相连的多塔结构及某些平面布置较特殊的结构；④弹性楼板，可用于特殊楼板结构或要求分析精度高的高层结构。这些假定灵活、实用，在应用中可根据工程的实际情况采用其中一种或几种假定。

2. 前后处理功能强

SATWE程序以PMCAD程序为其前处理模块。SATWE程序读取PMCAD程序生成的几何数据及荷载数据，自动将其转换成空间有限元分析所需的数据格式，并自动传递荷载及划分墙元和弹性楼板单元。

SATWE程序以梁柱施工图、JLQ等程序为后处理模块。由SATWE程序完成的内力分析和配筋计算结果，可接梁柱施工图、JLQ等程序绘制梁、柱和剪力墙施工图，并可为各类基础程序提供柱、墙底内力作为各类基础的设计荷载。

4.1.2 SATWE的基本功能

1. 适用的结构体系

SATWE是专门为多、高层建筑结构分析与设计而研制的空间组合结构有限元分析软件，适用于各种复杂体型的高层钢筋混凝土框架、框剪、剪力墙、筒体等结构，以及混凝土—钢混合结构和高层钢结构。

2. 计算速度快，解题能力强

SATWE具有自动搜索计算机内存的功能，可把计算机的内存资源充分利用起来，最

大限度地发挥计算机硬件资源的作用，在一定程度上解决了在计算机上运行的空间有限元分析软件的计算速度和解题能力问题。

4.1.3　SATWE 的适用范围

1. SATWE 的使用限制

后处理只能绘矩形梁以及矩形、圆形和异形截面的钢筋混凝土柱施工图，对其他截面形式及材料的梁、柱及支撑，只给出内力。

2. SATWE 的适用范围

SATWE 的适用范围见表 4.1。

表 4.1　SATWE 的适用范围

序号	内　　容	应用范围
1	结构层数（高层版）	≤100
2	每层节点数	≤6000
3	每层梁数	≤5000
4	每层柱数	≤5000
5	每层墙数	≤2000
6	每层支撑数	≤2000
7	每层塔数（或刚性楼板块数）	≤10
8	结构总自由度数	不限

3. SATWE 多层版与高层版的区别

SATWE 分多层和多、高层两种版本，这两种版本的区别如下：

（1）多层版限 8 及 8 层以下。

（2）多层版没有考虑楼板弹性变形功能。

（3）多层版没有动力时程分析和吊车荷载分析功能。

（4）多层版没有与 FEQ 的数据接口。

4.2　接 PM 生成 SATWE 数据

SATWE 的前处理工作主要由 PMCAD 完成。对于一个工程，经 PMCAD 的主菜单 1、2、3 后，生成如下数据文件（假定工程文件名为办公楼）：办公楼 . * 和 * . PM。这些文件是 SATWE 所必需的。

SATWE 的主菜单如图 4.1 所示，主菜单 1“接 PM 生成 SATWE 数据”的主要功能就是在 PMCAD 生成上述数据文件的基础上，补充多高层结构分析所需的一些参数，并对一些特殊结构（如多塔、错层结构）、特殊构件（如角柱、非连梁、弹性楼板等）做出相应设定，最后将上述所有信息自动转换成多高层结构有限元分析及设计所需的数据格式，生成几何数据文件 STRU. SAT、竖向荷载数据文件 LOAD. SAT 和风荷载数据文件 WIND. SAT，供 SATWE 的主菜单 2、3 调用。

单击 SATWE 主菜单第 1 项“接 PM 生成 SATWE 数据”，屏幕弹出“补充输入及 SATWE 数据生成”和“图形检查”子菜单，分别如图 4.2 和图 4.3 所示。

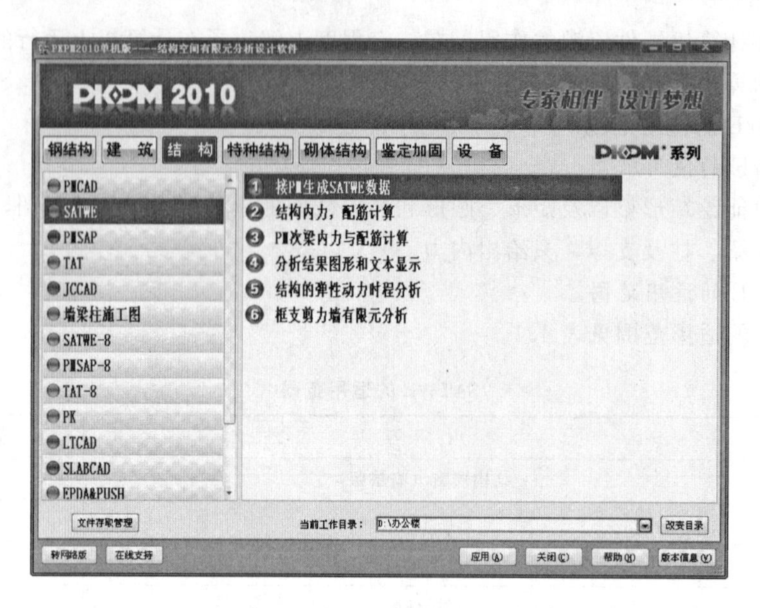

图 4.1 SATWE 程序主菜单

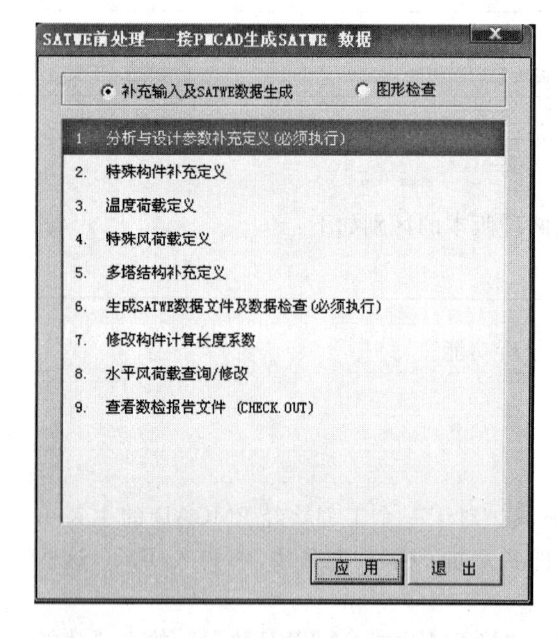

图 4.2 补充输入及 SATWE 数据生成子菜单

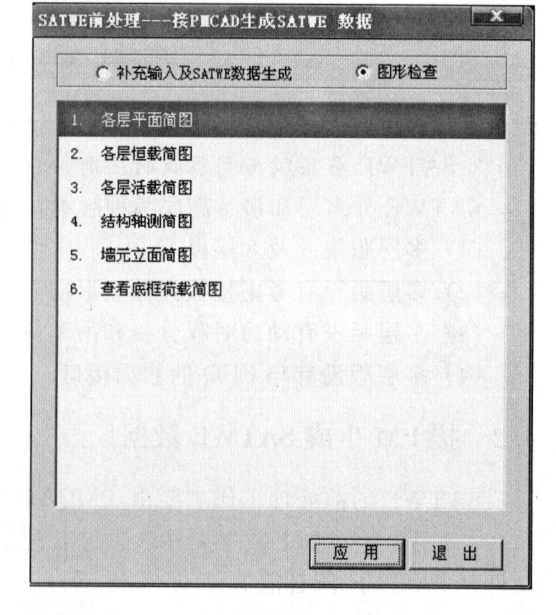

图 4.3 图形检查子菜单

4.2.1 分析与设计参数补充定义

单击“分析与设计参数补充定义”，进入 SATWE 参数补充修正对话框（图 4.4），屏幕共设 10 页参数信息，分别为总信息、风荷载信息、地震信息、活荷载信息、调整信息、配筋信息、荷载组合、设计信息、地下室信息和砌体结构信息。对于一个工程，在第一次启动 SATWE 程序主菜单时，程序自动将上述所有参数赋值（取多数工程中常用值作为隐含值）。

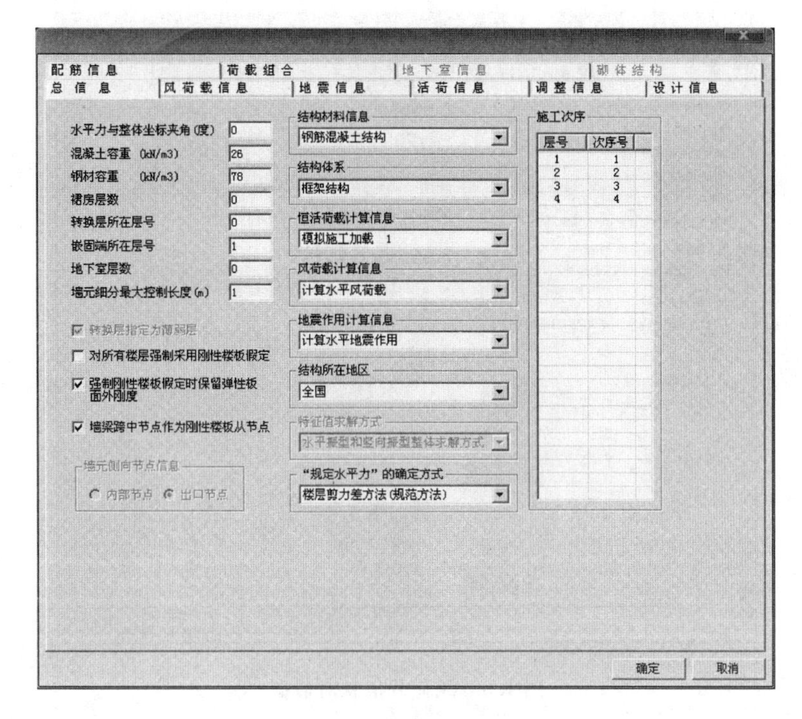

图 4.4　总信息对话框

1. 总信息（图 4.4）

混凝土容重、钢材容重、结构体系等参数同 TAT 中参数选择，在此不再赘述。

(1) 地下室层数。地下室层数是指与上部结构同时进行内力分析的地下室部分，该参数是为导算风荷载和设置地下室信息服务的。因为地下室无风荷载作用，程序在上部结构风荷载计算中扣除地下室高度。若虽有地下室，但在进行上部结构分析时不考虑地下室，则该参数应填 0。

(2) 墙元细分最大控制长度。墙元细分最大控制长度是在墙元细分时的参数。墙元细分最大控制长度（D_{max}）参数应填写计算单元最大尺寸，该参数一般取 1.0m$\leqslant D_{max}\leqslant$5.0m。对于一般工程，可取 $D_{max}=2.0$m；对于框支剪力墙结构，可取 $D_{max}=1.5$m 或 $D_{max}=1.0$m。

(3) 对所有楼层强制采用刚性楼板假定。当计算结构位移比时，需要选择“对所有楼层强制采用刚性楼板假定”。除结构位移比计算外，其他的结构分析、设计不应该选择此项。

(4) 恒、活荷载计算信息。同 TAT 程序中说明。

2. 风荷载信息（图 4.5）

进入“风荷载信息”选项，进行参数修正。

地面粗糙度类别、修正后的基本风压、体型系数的意义和填写同 TAT 部分的参数选择，在此不再赘述。

结构基本周期由经验公式（3.1）计算，近似取基本周期为 0.297s。经计算后重新填入计算周期，重新计算风荷载。

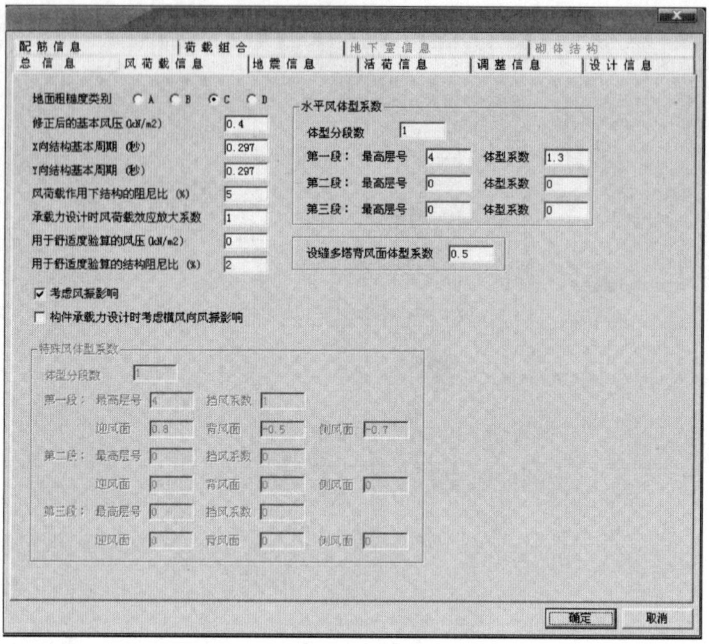

图 4.5 风荷载信息对话框

3. 地震信息（图 4.6）

设计地震分组、设防烈度、场地类别、框架抗震等级、剪力墙抗震等级、计算振型个数、周期折减系数、结构的阻尼比、特征周期、多遇地震影响系数最大值、罕遇地震影响系数最大值、考虑偶然偏心、考虑双向地震作用等参数的意义和填写同TAT部分的参数

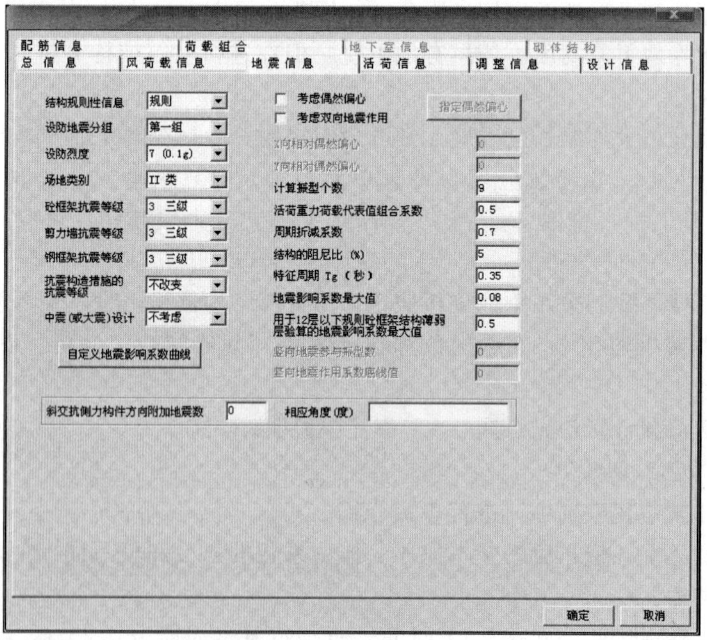

图 4.6 地震信息对话框

选择，在此不再赘述。

（1）结构规则性信息。根据结构具体情况可选择“规则”或“不规则”。

建筑及其抗侧力结构的平面布置宜规则、对称，并应具有良好的整体性；建筑的立面和竖向剖面宜规则，结构的侧向刚度宜均匀变化，竖向抗侧力构件的截面尺寸和材料强度宜自下而上逐渐减小，避免抗侧力结构的侧向刚度和承载力突变。当存在表 4.2 所列举的平面不规则类型或表 4.3 所列举的竖向不规则类型时，应按特殊要求进行水平地震作用计算和内力调整，并应对薄弱部位采取有效的抗震构造措施。

表 4.2　平面不规则的类型

不规则类型	定　义
扭转不规则	楼层的最大弹性水平位移（或层间位移），大于该楼层两端弹性水平位移（或层间位移）平均值的 1.2 倍
凸凹不规则	结构平面凹进的一侧尺寸，大于相应投影方向总尺寸的 30%
楼板局部不连续	楼板的尺寸和平面刚度急剧变化，例如，有效楼板宽度小于该层楼板典型宽度的 50%，或开洞面积大于该层楼面面积的 30%，或较大的楼层错层

表 4.3　竖向不规则的类型

不规则类型	定　义
侧向刚度不规则	该层的侧向刚度小于相邻上一层的 70%，或小于其上相邻三个楼层侧向刚度平均值的 80%；除顶层外，局部收进的水平向尺寸大于相邻下一层的 25%
竖向抗侧力构件不连续	竖向抗侧力构件（柱、抗震墙、抗震支撑）的内力由水平转换构件（梁、桁架等）向下传递
楼层承载力突变	抗侧力结构的层间受剪承载力小于相邻上一楼层的 80%

（2）斜交抗侧力构件方向附加地震数及相应角度。一般情况下，允许在建筑结构的两个主轴方向分别计算水平地震作用并进行抗震验算，各方向的水平地震作用应由该方向抗侧力构件承担。有斜交抗侧力构件的结构，当相交角度大于 15°时，应分别计算各抗侧力构件方向的水平地震作用。

4. 活荷载信息（图 4.7）

（1）柱、墙设计时活荷载。对于民用的多高层建筑，应考虑折减，程序默认规范的折减系数。

（2）传给基础的活荷载。在民用多高层建筑结构的基础设计时，应对承受的活荷载进行折减。

（3）梁活荷载不利布置。填入活荷载不利布置的最高层号。在选择恒、活荷载分开算时，填写该项。填 0，表示不考虑梁活荷载不利布置作用；填一个大于 0 的数（N_L），则表示从 $1 \sim N_L$ 各层考虑梁活荷载的不利布置，而从 N_L+1 层以上不考虑活荷载不利布置。若 N_L 等于结构层数，则表示对全楼所有层都考虑活荷载的不利布置。

5. 调整信息（图 4.8）

梁端负弯矩调幅系数、梁活荷载内力放大系数、连梁刚度折减系数、中梁刚度增大系数等参数的意义和填写同 TAT 部分的参数选择，在此不再赘述。

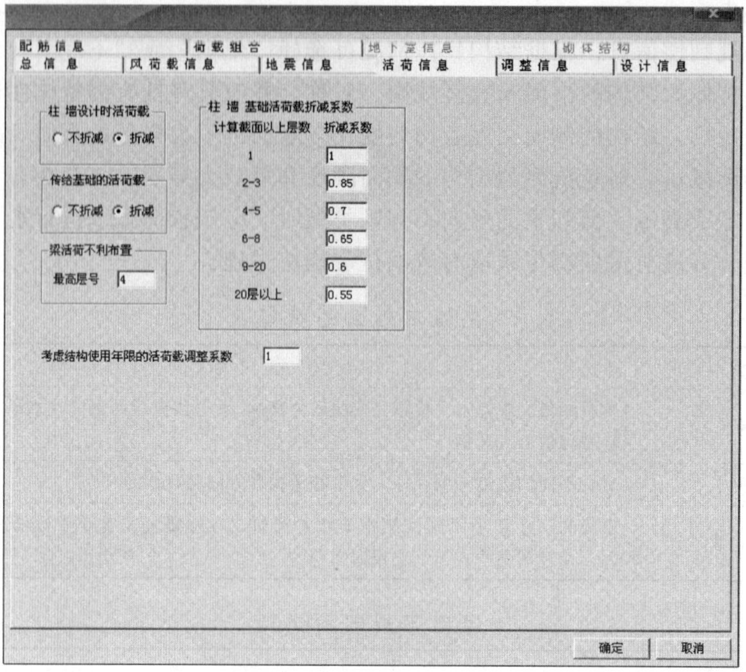

配筋信息 | 荷载组合 | 地下室信息 | 砌体结构
总信息 | 风荷载信息 | 地震信息 | 活荷信息 | 调整信息 | 设计信息

柱 墙设计时活荷载
○不折减 ⊙折减

传给基础的活荷载
○不折减 ⊙折减

梁活荷不利布置
最高层号 4

柱 墙 基础活荷载折减系数

计算截面以上层数	折减系数
1	1
2-3	0.85
4-5	0.7
6-8	0.65
9-20	0.6
20层以上	0.55

考虑结构使用年限的活荷载调整系数 1

确定 取消

图 4.7　活荷载信息对话框

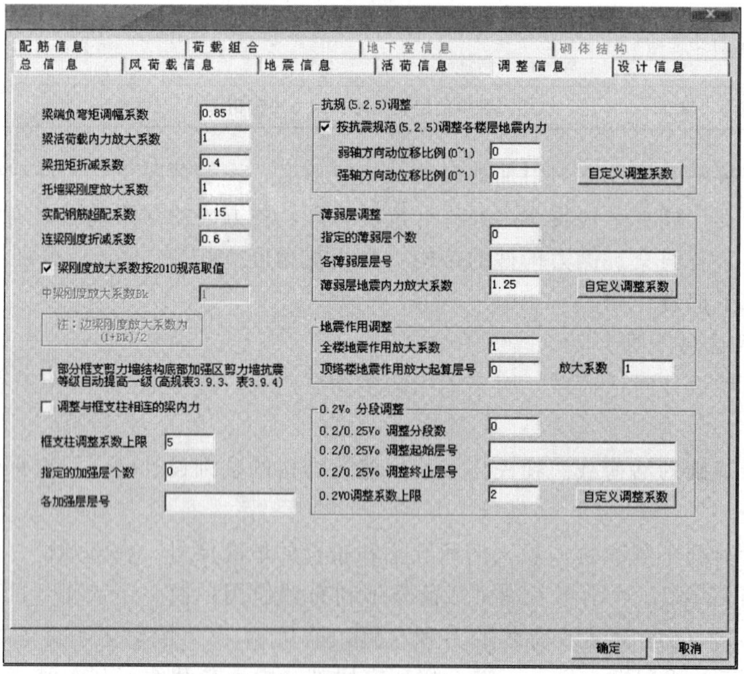

配筋信息 | 荷载组合 | 地下室信息 | 砌体结构
总信息 | 风荷载信息 | 地震信息 | 活荷信息 | 调整信息 | 设计信息

梁端负弯矩调幅系数 0.85
梁活荷载内力放大系数 1
梁扭矩折减系数 0.4
托墙梁刚度放大系数 1
实配钢筋超配系数 1.15
连梁刚度折减系数 0.6
☑ 梁刚度放大系数按2010规范取值
中梁刚度放大系数Bk 1
注：边梁刚度放大系数为(1+Bk)/2
☐ 部分框支剪力墙结构底部加强区剪力墙抗震等级自动提高一级(高规表3.9.3、表3.9.4)
☐ 调整与框支柱相连的梁内力
框支柱调整系数上限 5
指定的加强层个数 0
各加强层层号

抗规(5.2.5)调整
☑ 按抗震规范(5.2.5)调整各楼层地震内力
弱轴方向动位移比例(0~1) 0
强轴方向动位移比例(0~1) 0
自定义调整系数

薄弱层调整
指定的薄弱层个数 0
各薄弱层层号
薄弱层地震内力放大系数 1.25
自定义调整系数

地震作用调整
全楼地震作用放大系数 1
顶塔楼地震作用放大起算层号 0　放大系数 1

0.2Vo 分段调整
0.2/0.25Vo 调整分段数 0
0.2/0.25Vo 调整起始层号
0.2/0.25Vo 调整终止层号
0.2VO调整系数上限 2
自定义调整系数

确定 取消

图 4.8　调整信息对话框

(1) 梁扭矩折减系数。对于现浇楼板结构，当采用刚性楼板假定时，可以考虑楼板对梁抗扭的作用而对梁的扭矩进行折减。梁扭矩折减系数的取值范围为 0.4～1.0，一般工程取 0.4。若考虑楼板的弹性变形，梁的扭矩不应折减。程序规定对于不与刚性楼板相连的梁及弧梁，此系数不起作用。

（2）调整与框支柱相连的梁内力。《高层建筑混凝土结构技术规程》（JGJ 3—2010）第 10.2.17 条规定：带转换层的高层建筑结构，其框支柱承受的地震剪力标准值应做如下调整：

每层框支柱的数目不多于 10 根的场合，当框支层为 1～2 层时，每根柱所受的剪力应至少取基底剪力的 2%；当框支层为 3 层及 3 层以上时，每根柱所受的剪力应至少取基底剪力的 3%。

每层框支柱的数目多于 10 根的场合，当框支层为 1～2 层时，每层框支柱承受剪力之和应取基底剪力的 20%；当框支层为 3 层及 3 层以上时，每层框支柱承受剪力之和应取基底剪力的 30%。

框支柱剪力调整后，应相应调整框支柱的弯矩及柱端梁（不包括转换梁）的剪力和弯矩，框支柱轴力可不调整。

若选择该参数，程序自动对框支柱的地震作用弯矩、剪力作调整，由于调整系数往往很大，为了避免异常情况，程序给出一个控制开关，可人为决定是否对与框支柱相连的框架梁的地震作用弯矩、剪力进行相应调整。

（3）按抗震规范第 5.2.5 条调整各楼层地震内力。《建筑抗震设计规范》（GB 50011—2010）第 5.2.5 条规定："抗震验算时，结构任一楼层的水平地震剪力/重力荷载代表值（即剪重比）不应小于楼层最小地震剪力系数（表 3.2）"。若选择该项，由程序自动进行调整，即程序对结构的每一层分别判断，若某一层的剪重比小于楼层最小地震剪力系数的要求，则相应放大该层的地震作用效应（内力）。

注意：WZQ.OUT 文件中的所有结果都是结构的原始值，是未经过调整的；而 WNL*.OUT 文件中的内力是调整后的。

（4）实配钢筋超配系数。对于 9 度设防烈度的各类框架和一级抗震等级的框架结构，采用超配系数就是按规范考虑材料、配筋因素的一个附加放大系数。程序隐含值为 1.15，可采用。

（5）指定的薄弱层个数和各薄弱层层号。《建筑抗震设计规范》（GB 50011—2010）第 3.4.3 条规定：平面规则而竖向不规则的建筑结构，其薄弱层的地震剪力应乘以 1.15 的增大系数；《高层建筑混凝土结构技术规程》（JGJ 3—2010）第 3.5.8 条规定：对竖向不规则的高层建筑结构，包括某楼层抗侧刚度小于其上一层的 70%或小于其上相邻三层侧向刚度平均值的 80%，或结构楼层层间抗侧力结构的承载力小于其上一层的 80%，或某楼层竖向抗侧力构件不连续，其薄弱层对应于地震作用标准值的地震剪力应乘以 1.25 的增大系数。

在设计初期，如果难以确定薄弱层位置，可不填写，经计算后可确定薄弱层位置。

（6）全楼地震作用放大系数。该系数为地震作用调整系数，取值范围为 1.0～1.5。可通过此参数来放大地震作用，提高结构的抗震安全性。

（7）顶塔楼地震作用放大起算层号和放大系数。设计者可通过确定顶塔楼地震作用放大起算层号和放大系数来放大结构顶部塔楼的内力，但并不改变位移。

顶层带有小塔楼的结构，在动力分析中会出现鞭鞘效应，这对小塔楼是很不利的。实际计算过程当中，若参与振型数取的足够多（再增加振型数对地震作用影响很小），可不调整顶层小塔楼地震作用；若参与振型数取的不够多，应调整小塔楼地震作用。计算振型数（N_{mode}）与顶层小塔楼地震作用放大系数（R_{t1}）的对应关系如下。

非耦联：$3\leqslant N_{mode}<6$，$R_{t1}\leqslant3.0$；$6\leqslant N_{mode}\leqslant9$，$R_{t1}\leqslant1.5$。

耦联：$9\leqslant N_{mode}<12$，$R_{t1}\leqslant3.0$；$12\leqslant N_{mode}\leqslant15$，$R_{t1}\leqslant1.5$。

6. 设计信息（图 4.9）

考虑P－Δ效应、梁柱重叠部分简化为刚域、结构重要性系数、按高规或高钢规进行构件设计、钢柱计算长度系数按有侧移计算、梁柱混凝土保护层厚度、柱配筋计算原则等参数的意义和填写同TAT部分的参数选择，在此不再赘述。

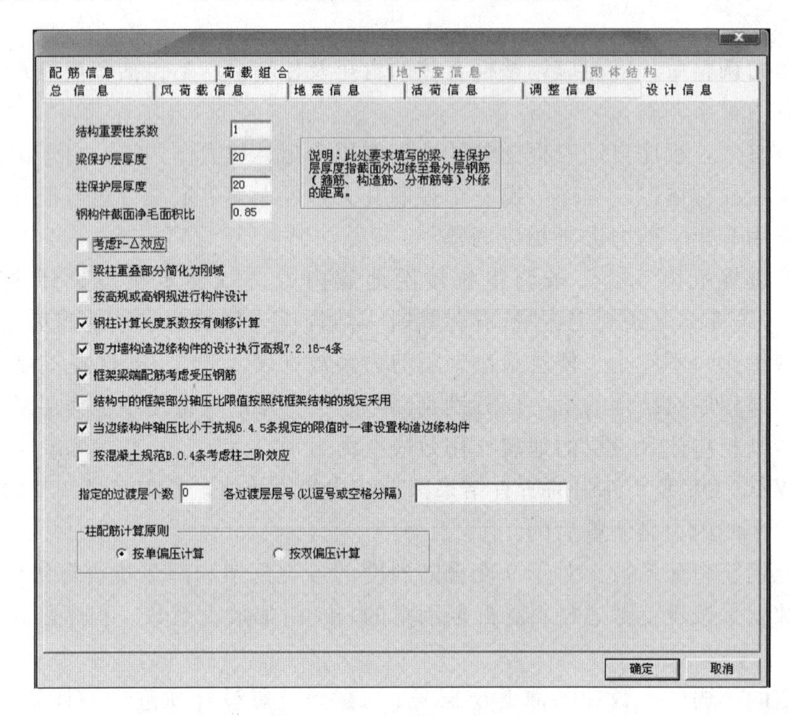

图 4.9　设计信息对话框

7. 配筋信息（图 4.10）

主筋强度、箍筋强度等参数的意义和填写同TAT部分的参数选择，在此不再赘述。

（1）梁、柱箍筋间距。梁、柱箍筋间距指梁、柱加密区部位的间距，单位为mm，抗震设防工程一般可取100，并满足规范要求。若梁上荷载复杂、有较大的集中力，则梁箍筋应全长加密。非抗震设防工程按构造规定可取200。

（2）剪力墙水平分布筋间距和墙竖向分布筋配筋率。若为非抗震设计，按照《混凝土结构设计规范》（GB 50010—2010）第9.4.4条的规定：钢筋混凝土剪力墙水平及竖向分布钢筋的直径不应小于8mm，间距不应大于300mm。

若为抗震设计，按照《建筑抗震设计规范》（GB 50011—2010）第6.4.3条、第6.4.4条规定：一级、二级、三级抗震等级的剪力墙的水平和竖向分布钢筋配筋率均不应

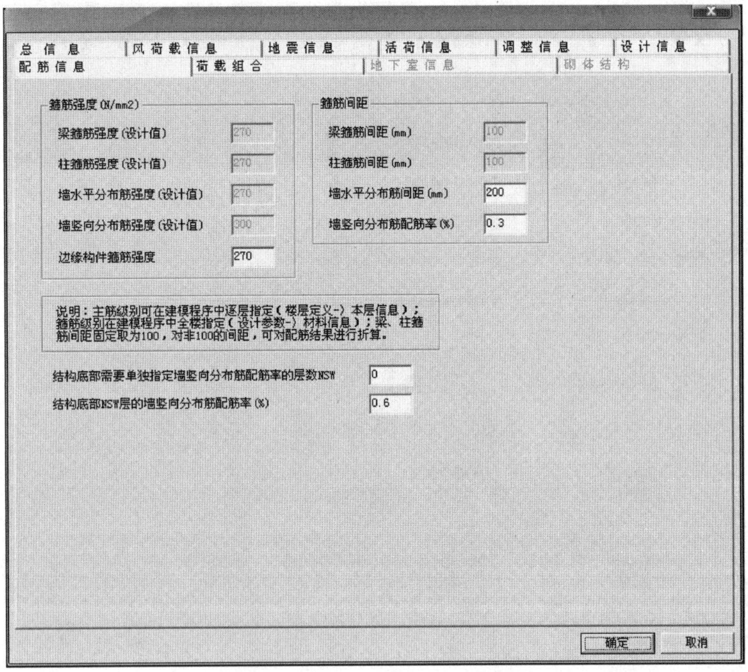

图 4.10　配筋信息对话框

小于 0.25%；四级抗震墙不应小于 0.2%；钢筋最大间距不应大于 300mm，最小直径不应小于 8mm。部分框支剪力墙结构的剪力墙底部加强部位，水平和竖向分布钢筋配筋率均不应小于 0.3%，钢筋间距不应大于 200mm。

（3）底部需要单独指定墙竖向分布筋配筋率的层数及配筋率。对于特一级剪力墙，按《高层建筑混凝土结构技术规程》（JGJ 3—2010）第 3.10.5 条的规定：一般部位的水平和竖向分布钢筋最小配筋率应取为 0.35%，底部加强部位的水平和竖向分布钢筋的最小配筋率应取为 0.4%。

8. 荷载组合信息（图 4.11）

进入“荷载组合”信息选项，通过参数修正，可以指定各个荷载工况下的分项系数和组合系数。恒荷载分项系数、活荷载分项系数、活荷载组合值系数、风荷载分项系数、风荷载组合值系数、水平地震作用分项系数、竖向地震作用分项系数、活荷重力荷载代表值系数等参数的意义和填写同 TAT 部分的参数选择，在此不再赘述。

若选择“采用自定义组合及工况”，程序将弹出自定义组合工况对话框，显示组合系数，以供参考、调整。同时，还可以选择“说明”项来查看自定义组合的用法及原理。

4.2.2　特殊构件补充定义

单击“特殊构件补充定义”，屏幕出现第 1 层的平面简图和特殊构件补充定义菜单，可对特殊构件进行补充定义（图 4.12）。程序对特殊构件采用不同的颜色进行区分。

1. 特殊梁

特殊梁指的是不调幅梁、连梁、转换梁、一端铰接梁、两端铰接梁、滑动支座梁、门式刚梁、耗能梁和组合梁等。

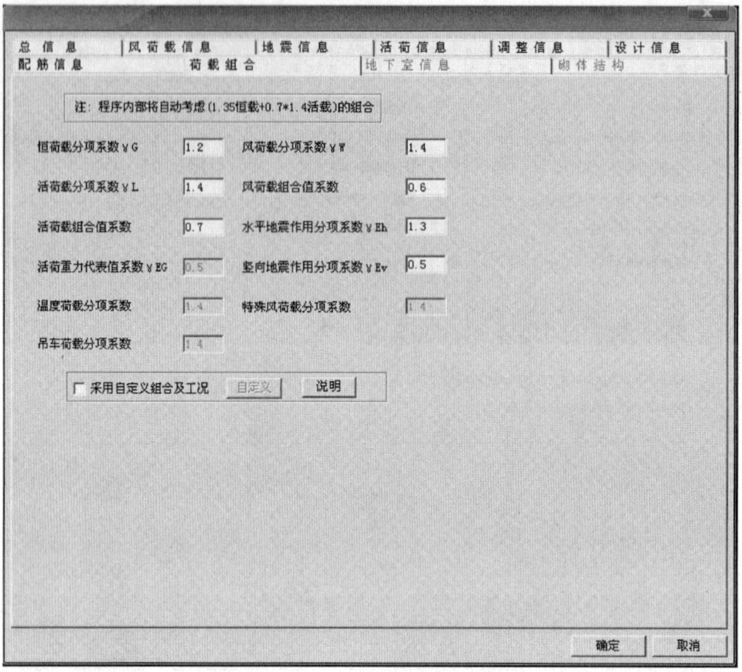

总信息 | 风荷载信息 | 地震信息 | 活荷信息 | 调整信息 | 设计信息
配筋信息 | 荷载组合 | 地下室信息 | 砌体结构

注：程序内部将自动考虑(1.35恒载+0.7*1.4活载)的组合

恒荷载分项系数γG 1.2　风荷载分项系数γW 1.4
活荷载分项系数γL 1.4　风荷载组合值系数 0.6
活荷载组合值系数 0.7　水平地震作用分项系数γEh 1.3
活荷重力代表值系数γEG 0.5　竖向地震作用分项系数γEv 0.5
温度荷载分项系数 1.4　特殊风荷载分项系数 1.4
吊车荷载分项系数 1.4

采用自定义组合及工况　自定义　说明

确定　取消

图4.11　荷载组合信息对话框

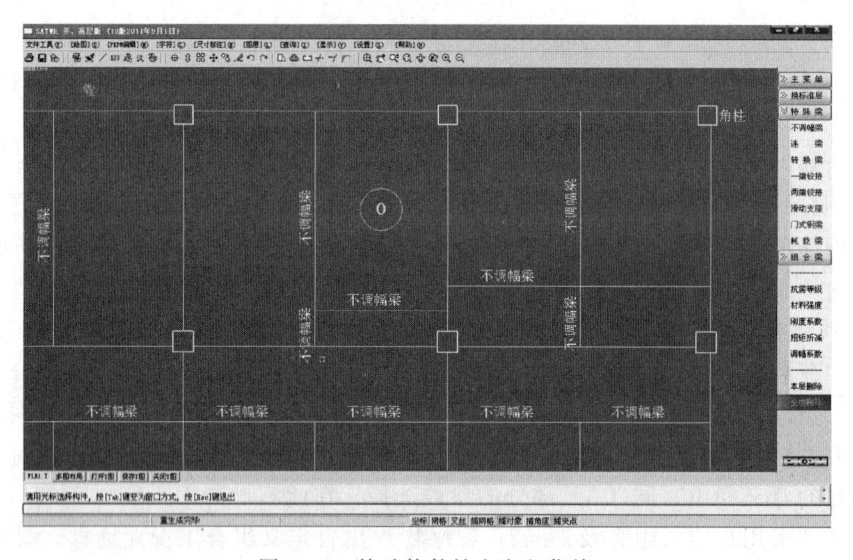

图4.12　特殊构件补充定义菜单

不调幅是指在配筋计算时不作弯矩调幅的梁。程序对全楼所有的梁都自动进行判断，将两端都没有支座或仅一端有支座的梁（如次梁、悬臂梁等）隐含定义为不调幅梁。

连梁是指与剪力墙相连、允许开裂、可作刚度折减的梁。程序对全楼的所有梁都自动进行判断，将两端都与剪力墙相连，且至少在一端与剪力墙轴线的夹角不大于25°的梁隐含定义为连梁。

转换梁是指框支转换大梁或托柱梁。程序没有隐含定义转换梁，需要自行定义。在设计时，程序自动按抗震等级放大转换梁的地震作用内力。

铰接梁有一端铰接或两端都铰接的情况，铰接梁没有隐含定义，需要自行定义。

SATWE程序中考虑了梁一端有滑动支座约束的情况，滑动支座梁没有隐含定义，需要自行定义。

刚性梁是指两端都在柱截面范围内的梁。程序自动将其定义为刚性梁，该梁的刚度无穷大且无自重。

2. 特殊柱

特殊柱包括角柱、上端铰接柱、下端铰接柱、两端铰接柱、框支柱和门式钢柱等。

3. 弹性楼板

弹性楼板是以房间为单元进行定义的，一个房间为一个弹性楼板单元。在图4.12中，小圆环内为0表示该房间无楼板或板厚为零，(洞口面积大于房间面积一半时，则认为该房间没有楼板)。

弹性楼板单元分为“弹性楼板6”、“弹性楼板3”和“弹性膜”三种。

“弹性楼板6”：程序真实地计算楼板平面内和平面外刚度。一般用于板柱结构和板柱—剪力墙结构的计算。

“弹性楼板3”：假定楼板平面内无限刚，程序仅真实地计算楼板平面外刚度。“弹性楼板3”是针对厚板转换层结构的转换厚板提出的。

“弹性膜”：程序真实地计算楼板平面内刚度，楼板平面外刚度不考虑（取为0)。“弹性膜”主要针对空旷的工业厂房、体育场馆结构、楼板局部开大洞结构、楼板平面较长或存在较大凹入以及平面弱连接结构等。

对于量大面广的普通工程，其楼板一般都不特殊，都可以简单地采用刚性楼板假定。

4. 刚性板号

刚性板号菜单的功能是以填充方式显示各块刚性楼板，以便检查在弹性楼板定义中是否有遗漏。

5. 材料强度和抗震等级

选择此项，可以重新修改单根构件的材料强度和抗震等级。在所有构件抗震等级定义中，单根构件定义将是优先级最高的，而且经单根构件定义抗震等级的构件，程序不会自动提供抗震等级，这样设计者可灵活实现如转换层结构的转换层上部分和下部分、地下室部分、裙房部分及弱联结部分等不同抗震等级控制。

4.2.3　特殊风荷载定义

选择“特殊风荷载定义”，程序出现菜单如图4.13所示。特殊风荷载主要用于平、立面变化比较复杂的结构，或者对风荷载有特殊要求的结构或某些部位，例如空旷结构、体育场馆、工业厂房、轻钢屋面、有大悬挑结构的广告牌、候车站、收费站等。尤其钢结构在施工阶段时，风对结构可能产生负压（吸力)，所以特殊风荷载定义于梁上或节点上，并用正、负荷载表示压力或吸力。因此，程序定义的特殊风荷载与常用的水平荷载不同，它是由梁上、下作用的竖向风荷载以及节点的三向力组成的风荷载。

4.2.4　多塔结构补充定义

该菜单为补充输入菜单，通过此项菜单，可补充定义结构的多塔信息。对于一个非多

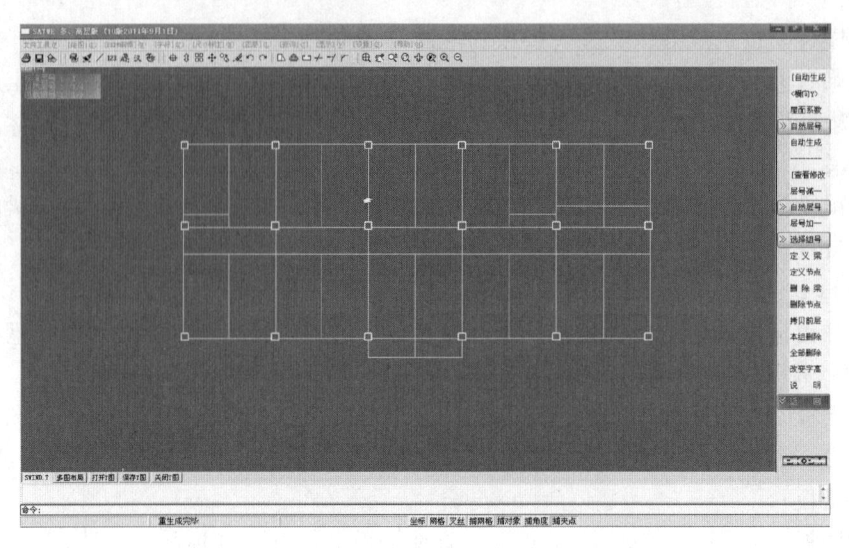

图 4.13 特殊风荷载定义

塔结构，可以跳过此项菜单，直接执行“生成SATWE数据文件及数据检查”菜单，程序隐含规定该工程为非多塔结构。

对于多塔结构，一旦执行过本项菜单，补充输入和多塔信息将被存放于硬盘当前目录名为SAT _ TOW.PM的文件中，以后再启动SATWE的前处理文件时，程序会自动读入以前定义的多塔信息。若要取消一个工程的多塔定义，可简单地将SAT _ TOW.PM文件删除。

“多塔结构补充定义”菜单的子菜单包括换层显示、多塔定义、多塔立面、多塔平面、多塔检查和遮挡定义等六项内容。

4.2.5 生成SATWE数据文件及数据检查

单击“生成SATWE数据文件及数据检查”，屏幕显示如图4.14所示，该菜单是SATWE前处理的核心，其功能是综合PMCAD主菜单1、2生成的数据和前述几项菜单输入的补充信息，将其转化成空间组合结构有限元分析所需的数据格式，生成几何数据文件STRU.SAT、竖向荷载数据文件LOAD.SAT和风荷载数据文件WIND.SAT，供SATWE主菜单2～主菜单3调用。

当对工程的结构方案进行了修改，或者经PMCAD菜单1、2或前述几项菜单采用交互方式对工程的几何布置或荷载信息作过修改的，都要重新执行一遍此菜单，重新生成SATWE的几何数据文件和荷载数据文件，否则，修改的信息无效。

执行此菜单后，若没有出错，屏幕会显示出检查结果（图4.15）。若发现几何数据文件或荷载数据文件有错，会在数检报告中输出有关错误信息，此时可点取“查看数检报告文件（CHECK.OUT）”菜单，查阅数检报告中的有关信息。

4.2.6 修改构件计算长度系数

点击“修改构件计算长度系数”菜单，屏幕弹出如图4.16所示的子菜单：“指定柱”、“梁面外长”和“指定支撑”等。可用于修改柱的两向、梁平面外和支撑两向的计算长度系数（对于柱、支撑构件，修改的是长度系数；对于梁构件，修改的则是平面外长度）。若进行修改，则必须重新执行“生成SATWE数据文件及数据检查”菜单，并在弹出的

“请选择”对话框（图 4.14）中“保留用户自定义的柱、梁、支撑长度系数”选择项前打“√”，使修改生效。

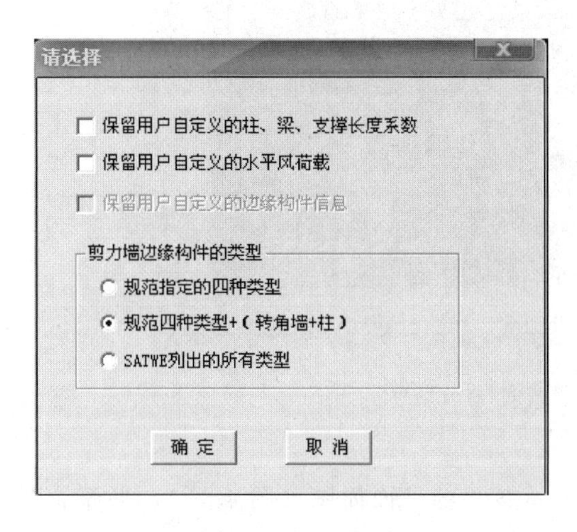

图 4.14　“生成 SATWE 数据文件及数据检查”菜单选项卡

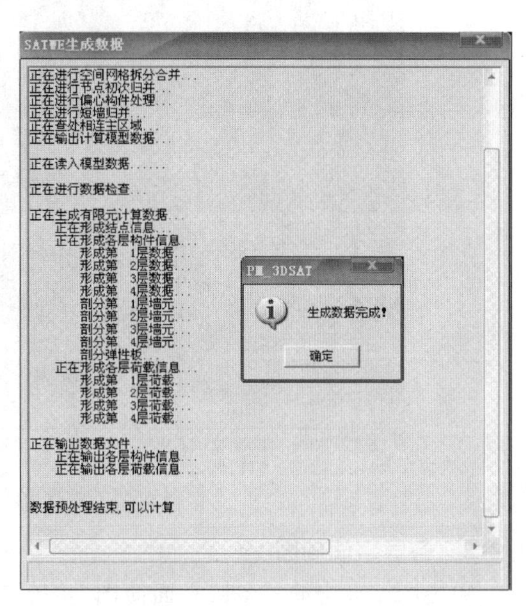

图 4.15　数据检查结果

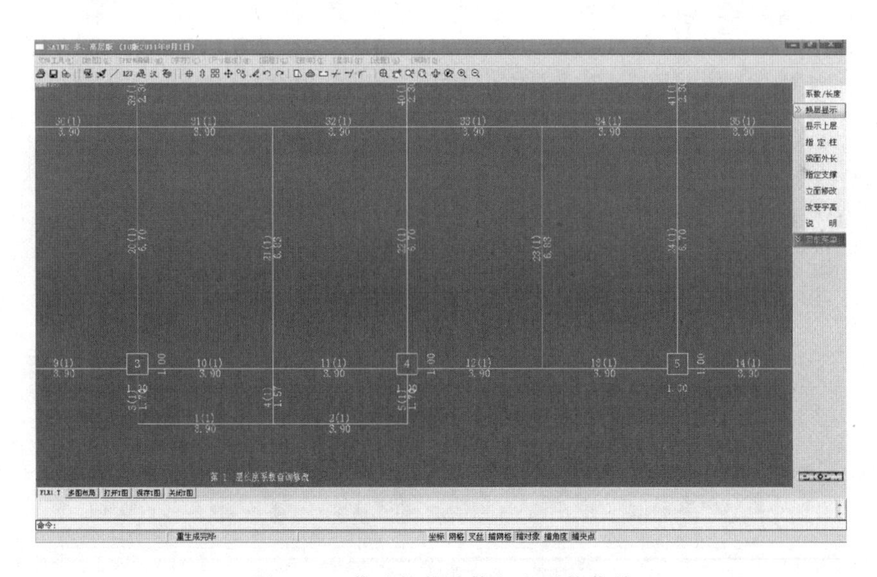

图 4.16　修改构件计算长度系数菜单

4.2.7　水平风荷载查询和修改

点击“水平风荷载查询/修改”菜单，可以对普通的水平风荷载（不包括前处理中定义的特殊风荷载）进行查询和修改（图 4.17）。若进行修改，则必须重新执行“生成 SATWE 数据文件及数据检查”菜单，并在弹出的“请选择”对话框（图 4.14）中“保留用户自定义的水平风荷载”选择项前打“√”，使修改生效。

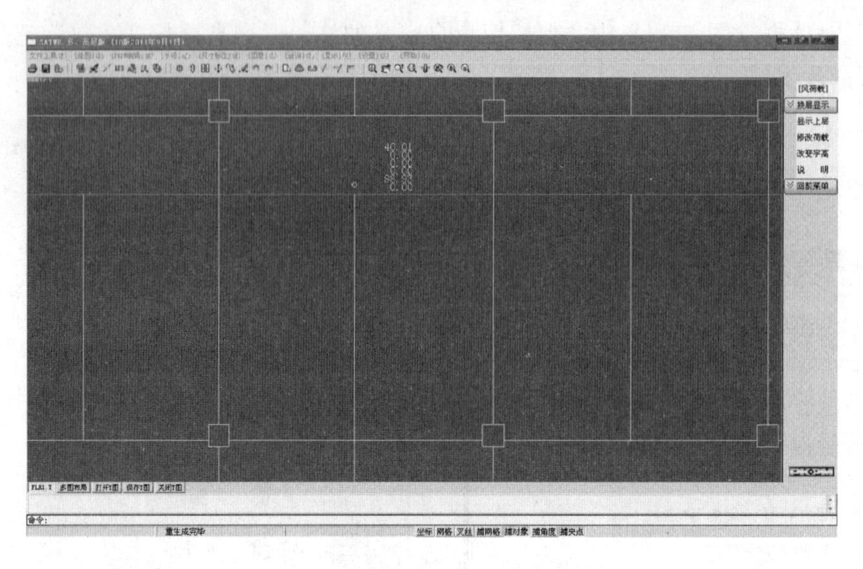

图 4.17　水平风荷载查询/修改菜单

4.2.8　各层平面简图

单击图 4.3 中的“各层平面简图”，屏幕显示各层的平面简图（图 4.18），平面简图的文件名为 FLR＊.T，＊为楼层号，比如第一层的平面简图文件为 FLR1.T，可通过“图形编辑、打印及转换”将 FLR＊.T 文件转换为 FLR＊.DWG 文件。各层平面简图分别如图 4.19～图 4.22 所示。

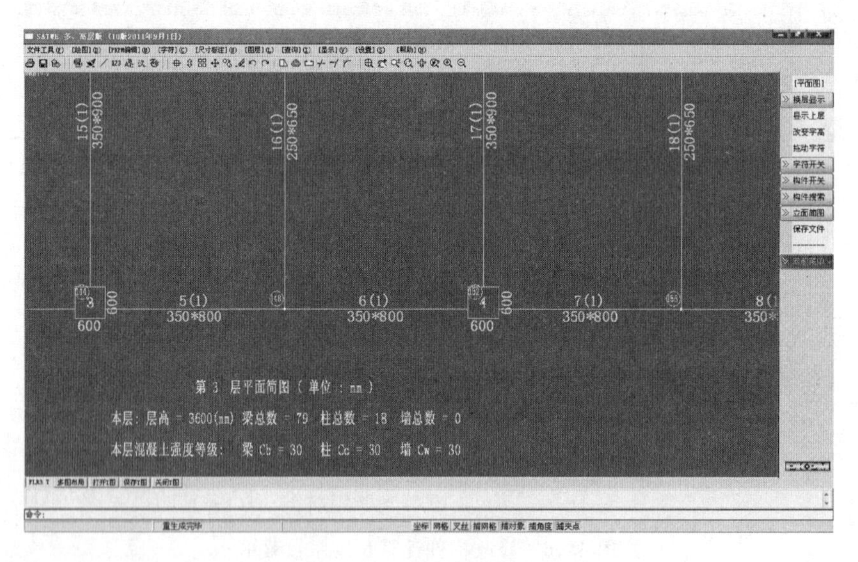

图 4.18　各层平面简图菜单

4.2.9　各层恒载简图

单击图 4.3 中的“各层恒载简图”，屏幕显示各层的恒载简图（图 4.23），恒载简图的文件名为 LOAD_D＊.T，＊为楼层号，比如第 3 层的恒载简图文件为 LOAD_D3.T，可通过“图形编辑、打印及转换”将 LOAD_D＊.T 文件转换为 LOAD_D＊.DWG 文件。

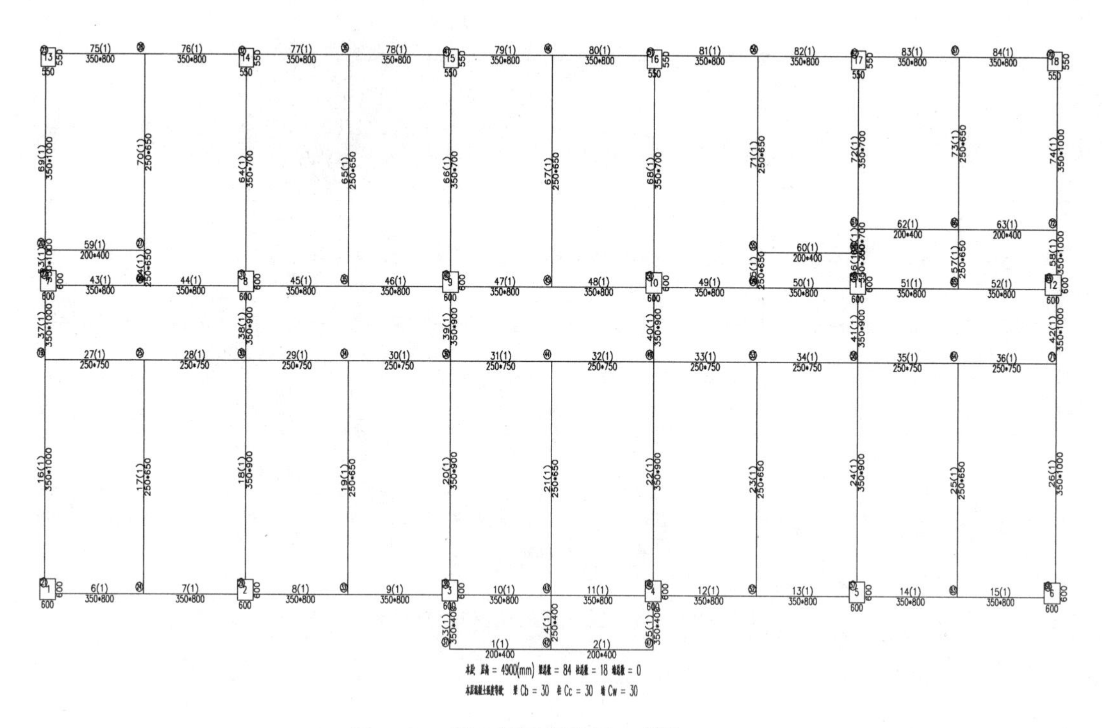

图 4.19　第 1 层平面简图（单位：mm）

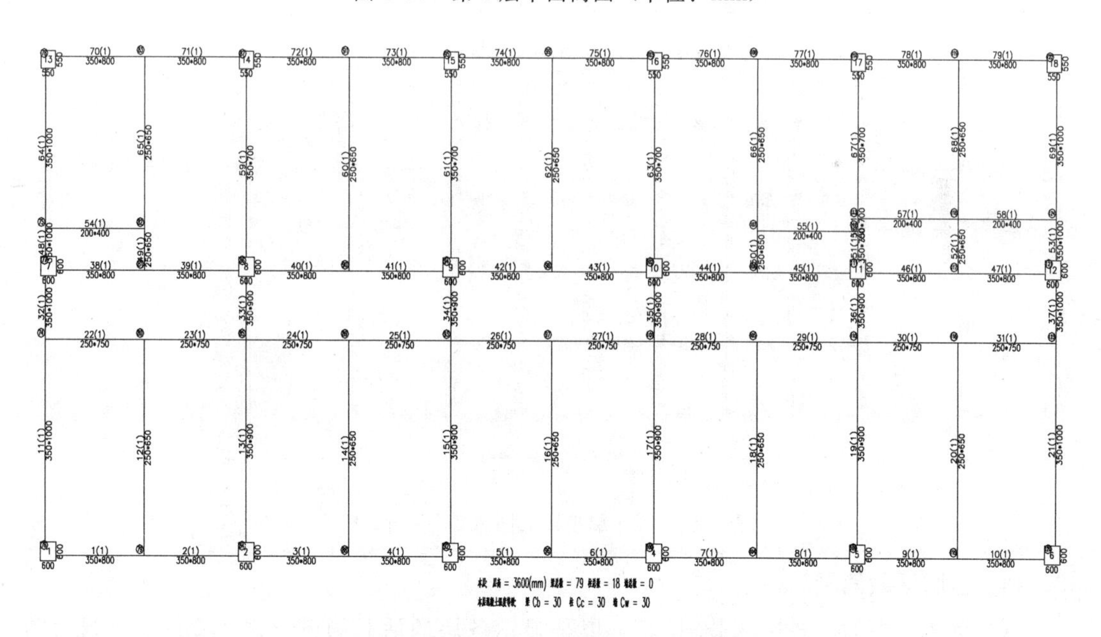

图 4.20　第 2 层平面简图（单位：mm）

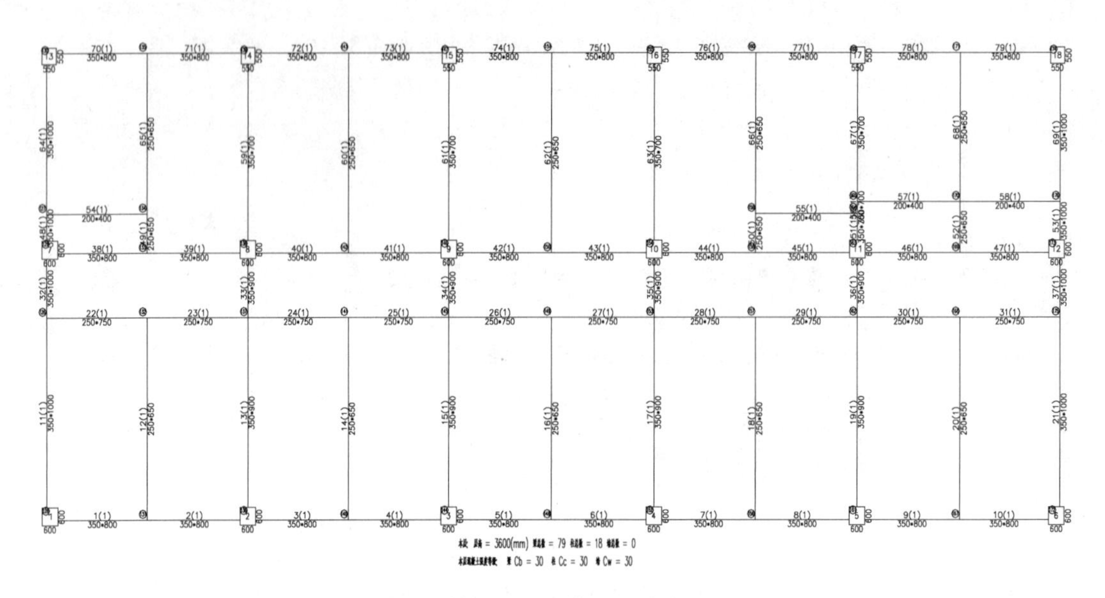

图 4.21　第 3 层平面简图（单位：mm）

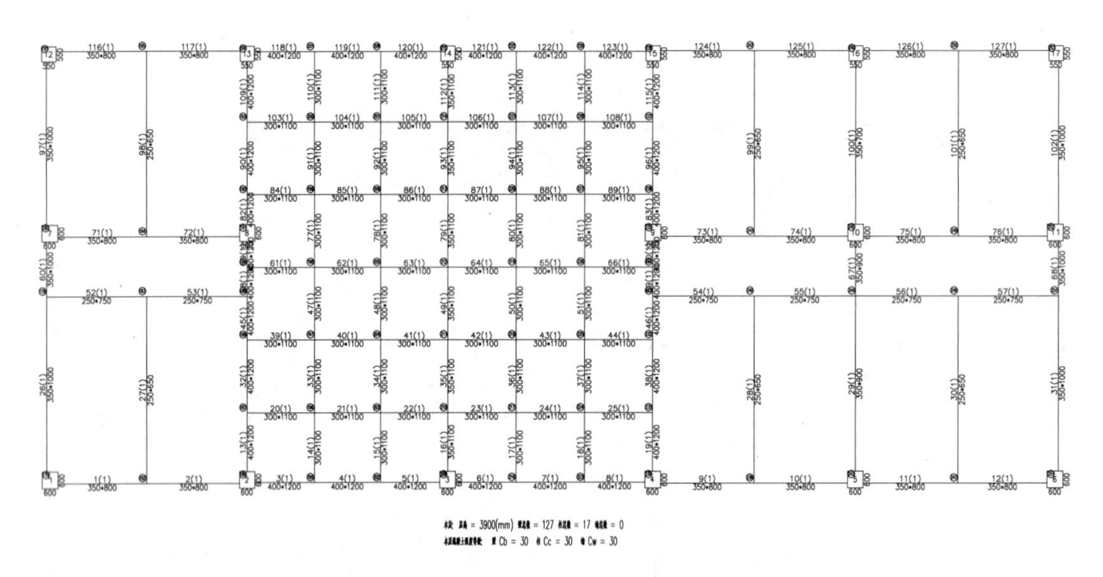

图 4.22　第 4 层平面简图（单位：mm）

4.2.10　各层活载简图

单击图 4.3 中的"各层活载简图"，屏幕显示各层的活载简图（图 4.24），活载简图的文件名为 LOAD _ L＊.T，＊为楼层号，比如第 3 层的活载简图文件为 LOAD _ L3.T，可通过"图形编辑、打印及转换"将 LOAD _ L＊.T 文件转换为 LOAD _ L＊.DWG 文件。

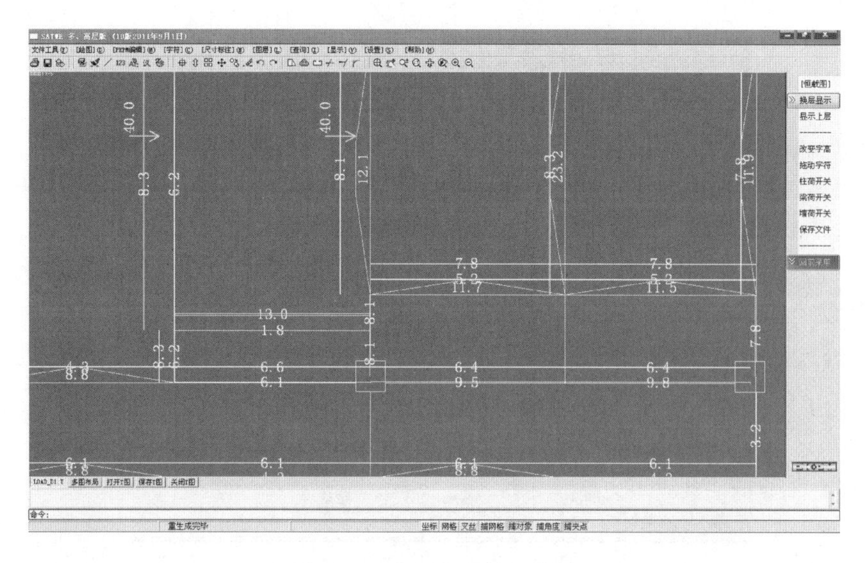

图 4.23　各层恒载简图菜单

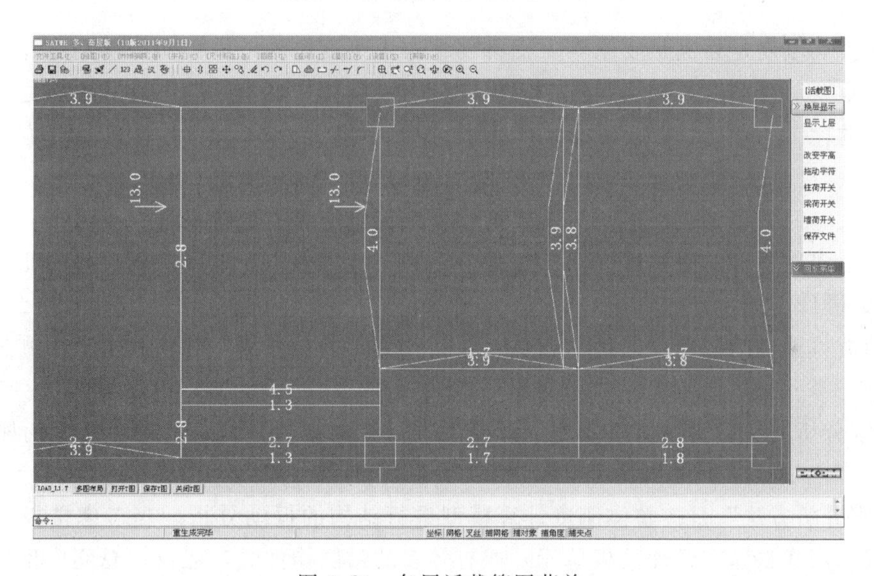

图 4.24　各层活载简图菜单

4.3　SATWE 结构内力分析和配筋计算

执行 SATWE 主菜单 2“结构内力，配筋计算”，屏幕弹出 SATWE 计算控制参数选择框（图 4.25），可对需计算的项目进行选择。其中“刚心坐标、层刚度比计算”、“形成总刚并分解”、“结构位移计算”、“全楼构件内力计算”、“生成传给基础的刚度”、“构件配筋及验算”等栏目应该勾选。有抗震设防的工程应选择“结构地震作用计算”。有吊车的结构应选择“吊车荷载计算”。

4.3.1　层刚度比计算

规范对结构的层刚度有明确的要求，在判断楼层是否为薄弱层、地下室是否能作为嵌

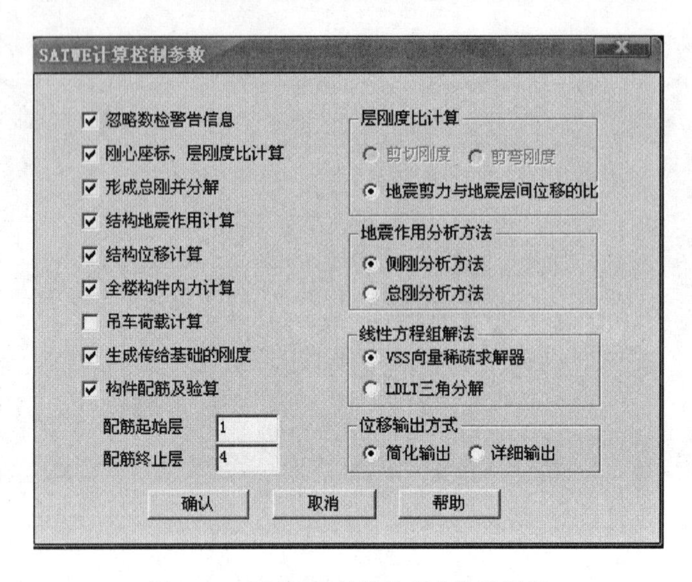

图 4.25　SATWE 计算控制参数选择框

固端、转换层刚度是否满足要求等方面都要求有层刚度作为依据，所以层刚度计算的准确性就非常重要。层刚度比计算参数中提供“剪切刚度”、“剪弯刚度”和“地震剪力与地震层间位移的比”三种选择，对于不同类型的结构，可以选择不同的层刚度计算方法。

底部大空间为一层的部分框支剪力墙结构可选择“剪切刚度”算法。

底部大空间为多于一层的部分框支剪力墙结构可选择“剪弯刚度”算法。

对于大多数一般的有抗震设防的工程应选择“地震剪力与地震层间位移的比”算法。

4.3.2　地震作用分析方法

该参数可选择结构刚度的计算方法，包括“侧刚分析方法”和“总刚分析方法”两种选择。

“侧刚分析方法”是按侧移刚度计算模型进行结构振动分析，适用于楼板为刚性楼板的工程。

“总刚分析方法”是按整体刚度计算模型进行结构的振动分析。当考虑楼板的弹性变形（某层局部或整体有弹性楼板单元）或有较多的错层构件时，建议按总刚模型进行结构的振动分析。

4.3.3　线性方程组解法

程序提供“VSS 向量稀疏求解器”和“LDLT 三角分解”两种计算方法，“VSS 向量稀疏求解器”的计算速度及解题能力均强于“LDLT 三角分解”，可优先选用。

4.3.4　位移输出方式

该参数提供“简化输出”和“详细输出”两种位移输出方式。

若选择“简化输出”，在 WDISP.OUT 输出文件中仅输出各工况下结构的楼层最大位移值；按总刚分析方法时，在 WZQ.OUT 文件中仅输出周期、地震力，不输出各振型信息。

若选择“详细输出”，在 WDISP.OUT 输出文件中还输出各工况下每个节点的位移，在 WZQ. OUT 文件中还输出各振型下每个节点的位移。

4.4　分析结果图形和文本显示

单击 SATWE 主菜单 4 “分析结果图形和文本显示”，屏幕弹出 SATWE 图形文件输出菜单（图 4.26）和 SATWE 文本文件输出菜单（图 4.27）。

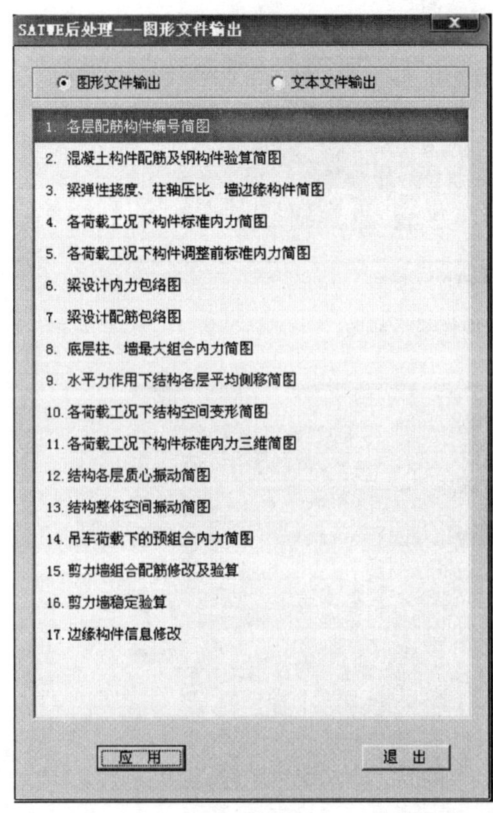
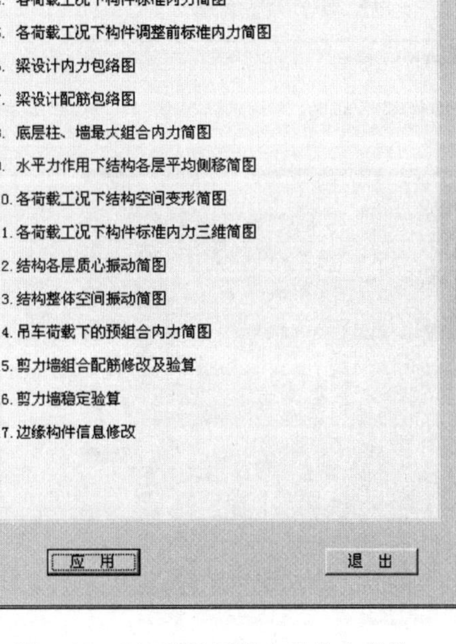

图 4.26　SATWE 图形文件输出菜单

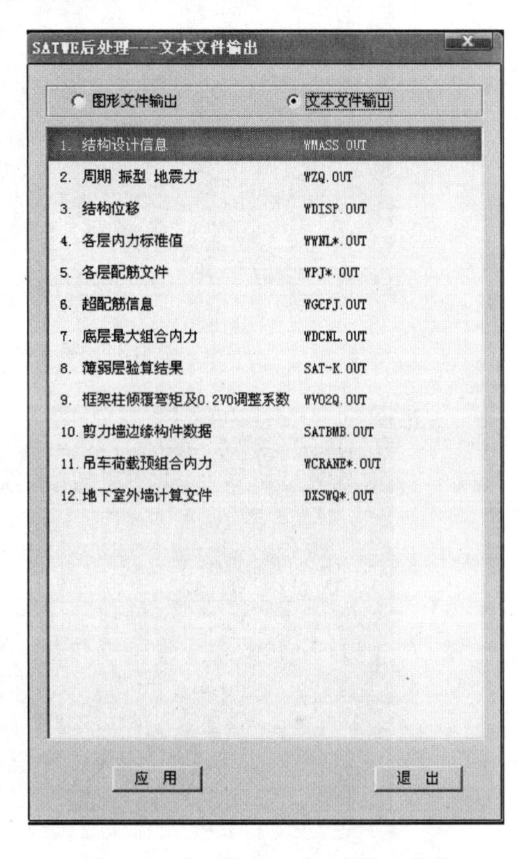

图 4.27　SATWE 文本文件输出菜单

4.4.1　图形文件输出

1. 各层配筋构件编号简图

该菜单的功能是在各层配筋构件编号简图上标注各层梁、柱、支撑和墙—柱及墙—梁的编号。对于每一根墙—梁，还在该墙—梁的下部标出了其截面的宽度和高度。在第一结构层的配筋构件编号简图中，显示结构本层的刚度中心坐标（双同心圆）和质心坐标（带十字线的圆环）。例如图 4.28 显示出第 3 层配筋构件的编号简图。各层配筋构件编号简图的文件名为 WPJW＊.T，＊为楼层号。

2. 混凝土构件配筋及钢构件验算简图

该菜单的功能是以图形方式显示配筋计算结果（图 4.29），文件名为 WPJ＊.T，＊为楼层号。简图中的结果为整数，单位是 cm^2。

（1）混凝土梁和钢骨混凝土梁配筋的简化表示如图 4.30 所示。

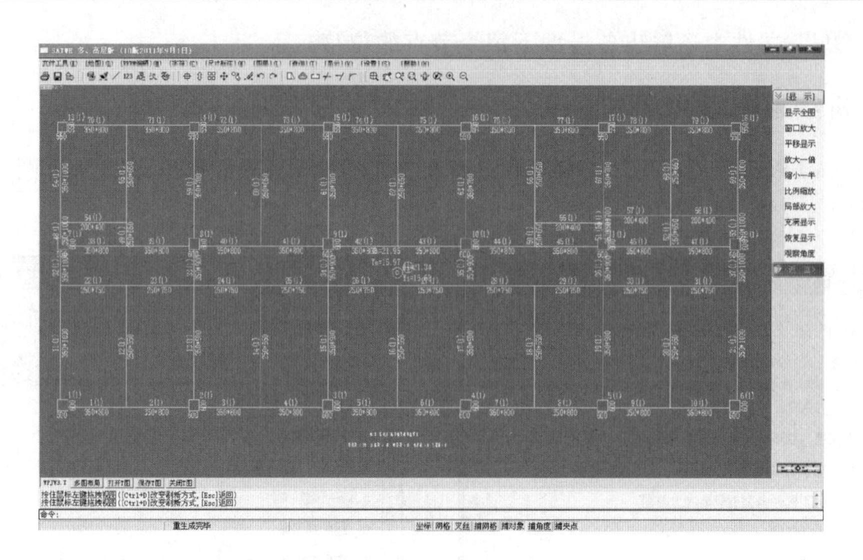

图 4.28　第 3 层配筋构件编号简图

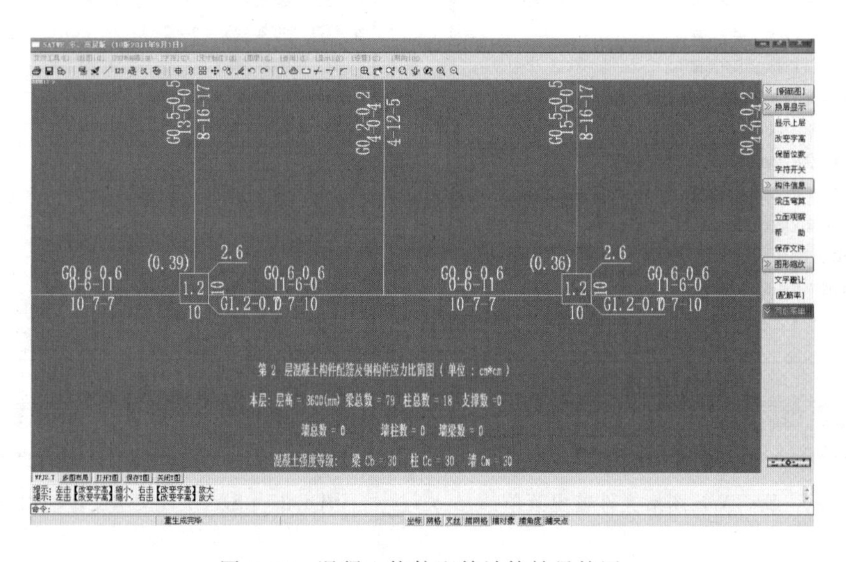

图 4.29　混凝土构件配筋计算结果简图

$GA_{sv}-A_{sv0}$

$A_{su1}-A_{su2}-A_{su3}$

―――――――――――――

$A_{sd1}-A_{sd2}-A_{sd3}$

$VTA_{st}-A_{st1}$

图 4.30　混凝土梁配筋的简化表示

图 4.30 中　A_{su1}、A_{su2}、A_{su3}——梁上部左端、跨中、右端配筋面积，cm^2；

A_{sd1}、A_{sd2}、A_{sd3}——梁下部左端、跨中、右端配筋面积，cm^2；

A_{sv}——梁加密区在 S_b（图 3.39）范围内抗剪箍筋面积和剪扭箍筋面积的较大值，cm^2；

A_{sv0}——梁非加密区在 S_b（图 3.39）范围内的剪扭箍筋面积，cm^2；

A_{st}——梁受扭所需的纵筋面积，cm^2。

A_{st1}——梁受扭所需周边箍筋的单肢箍的面积，cm^2。

若 A_{st} 和 A_{st1} 都为 0，则不输出这一行；G、T 为箍筋、剪扭配筋标记。

（2）矩形混凝土柱和钢骨柱配筋的简化表示如图 4.31 所示。

图 4.31 中　A_{sc}——柱一根角筋的面积，采用双偏压计算时，角筋面积不应小于此值；采用单偏压计算时，角筋面积可不受此值控制；

A_{sx}、A_{sy}——柱 B 边和 H 边的单边配筋，包括角筋；柱全截面的配筋面积为：$2\times(A_{sx}+A_{sy})-4\times A_{sc}$；

A_{svj}——节点域在 S_c（图 3.37）范围内的全部箍筋面积；

A_{sv}、A_{sv0}——加密区和非加密区在 S_c（图 3.37）范围内的全部箍筋面积；

U_c——柱的轴压比；

G——箍筋标志。

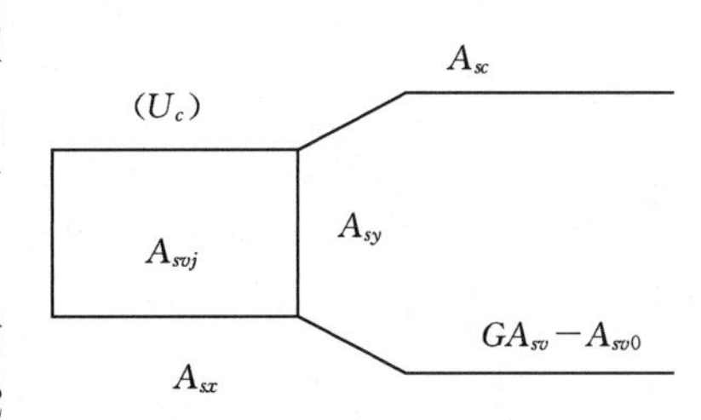

图 4.31　矩形混凝土柱配筋的简化表示

（3）各层配筋简图分别如图 4.32～图 4.35 所示。该菜单也可以显示每一层构件的配筋率，例如图 4.36 中给出了第 2 层构件的配筋率。

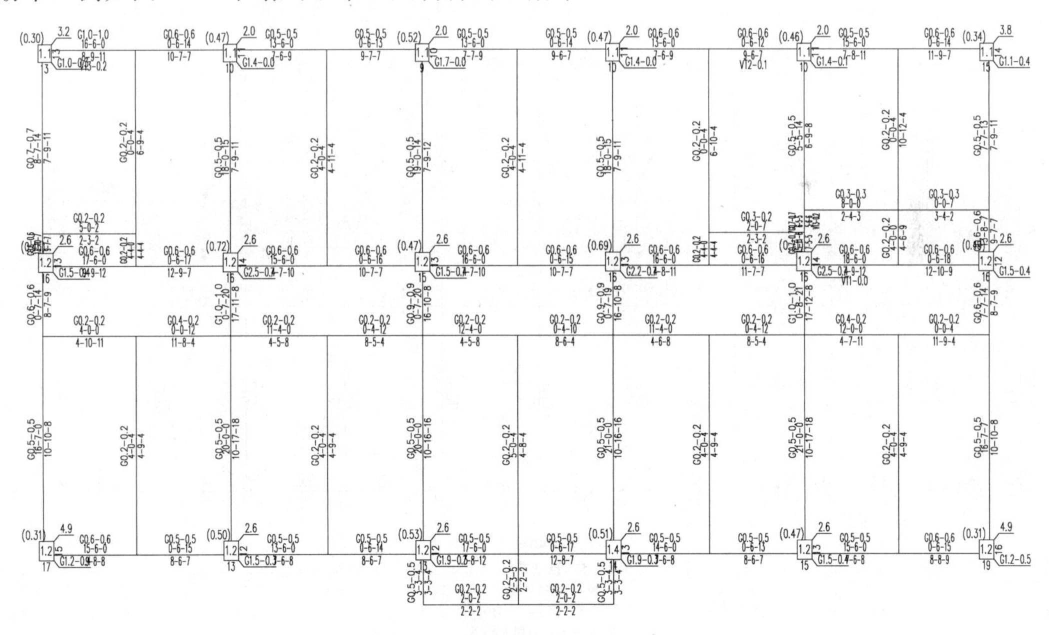

图 4.32　第 1 层混凝土构件配筋及钢构件应力比简图（单位：cm^2）

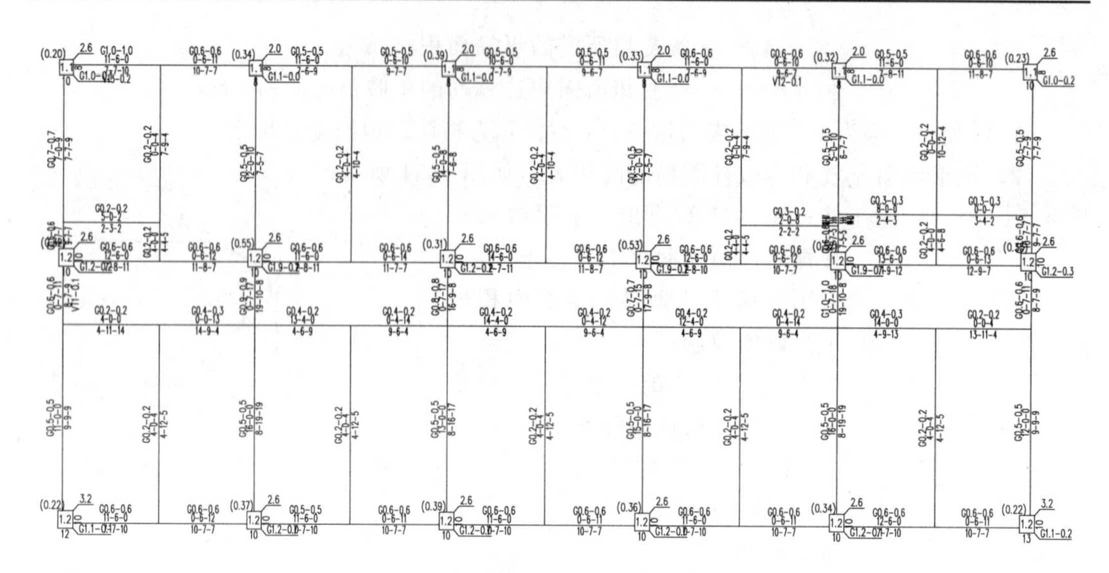

图4.33　第2层混凝土构件配筋及钢构件应力比简图（单位：cm^2）

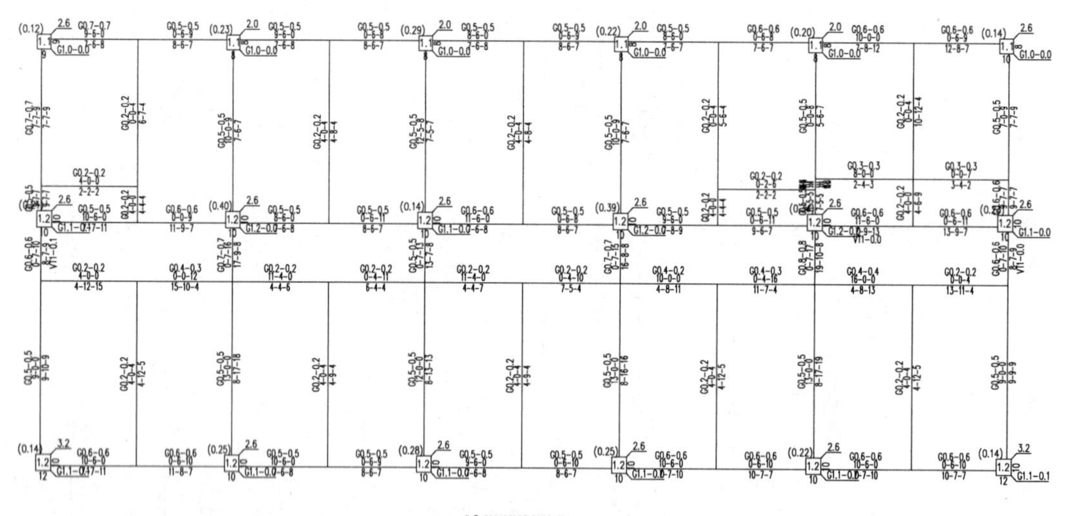

图4.34　第3层混凝土构件配筋及钢构件应力比简图（单位：cm^2）

3. 梁弹性挠度、柱轴压比、墙边缘构件简图

该菜单的功能是以图形方式显示梁弹性挠度、柱轴压比和墙边缘构件。

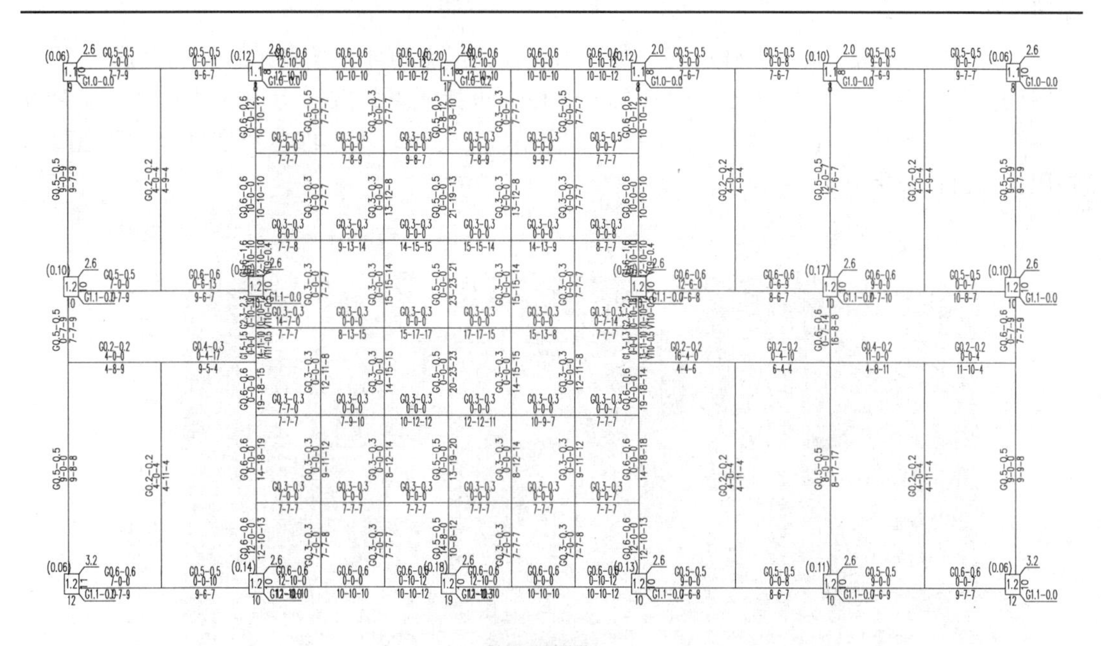

图 4.35　第 4 层混凝土构件配筋及钢构件应力比简图（单位：cm^2）

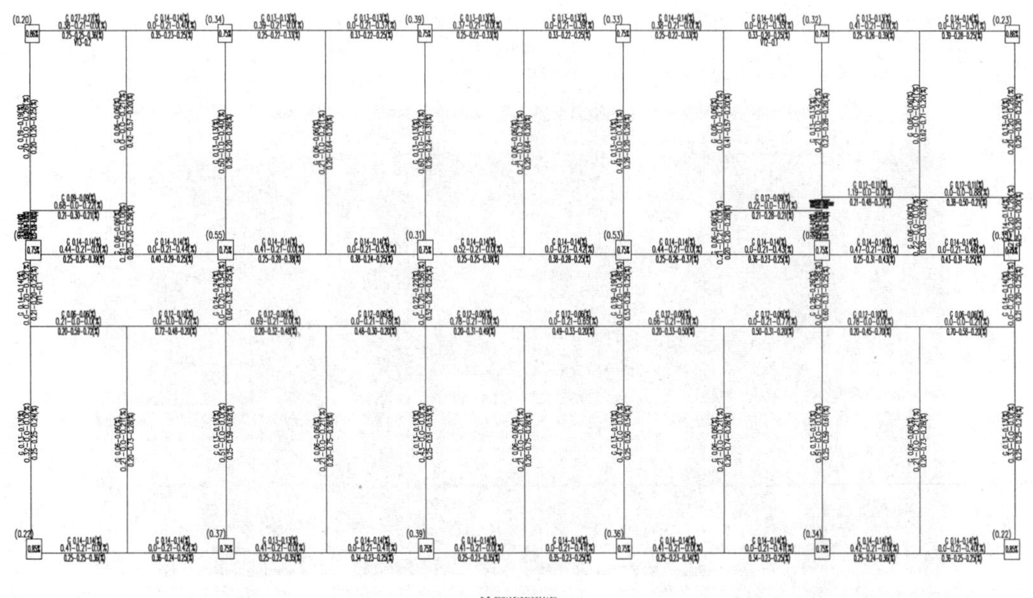

图 4.36　第 2 层构件配筋率简图

(1) 柱轴压比。选择柱轴压比，屏幕出现柱轴压比和计算长度系数简图（图 4.37）。该图的文件名为 WPJC＊.T，＊为楼层号。柱旁边括弧里的数字为柱的轴压比，柱两边的两个数分别为该方向的计算长度系数。若柱轴压比超限，则以红色数字显示，不超限的轴压比以白色数字显示。

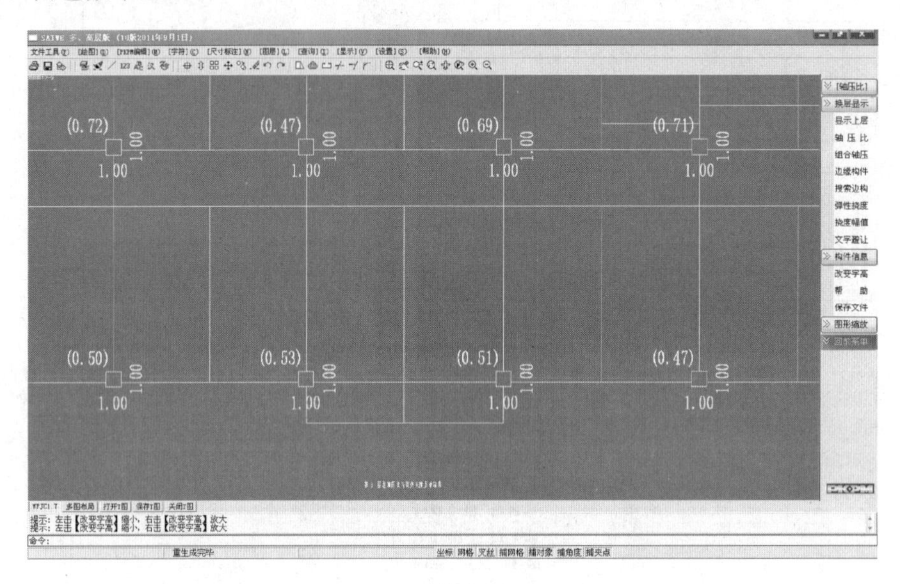

图 4.37　第 2 层柱轴压比和计算长度系数简图

(2) 梁的弹性挠度。选择弹性挠度，屏幕出现梁的弹性挠度简图（图 4.38），单位为 mm。该挠度值是按梁的弹性刚度和短期作用效应组合计算的，未考虑长期作用效应的影响。

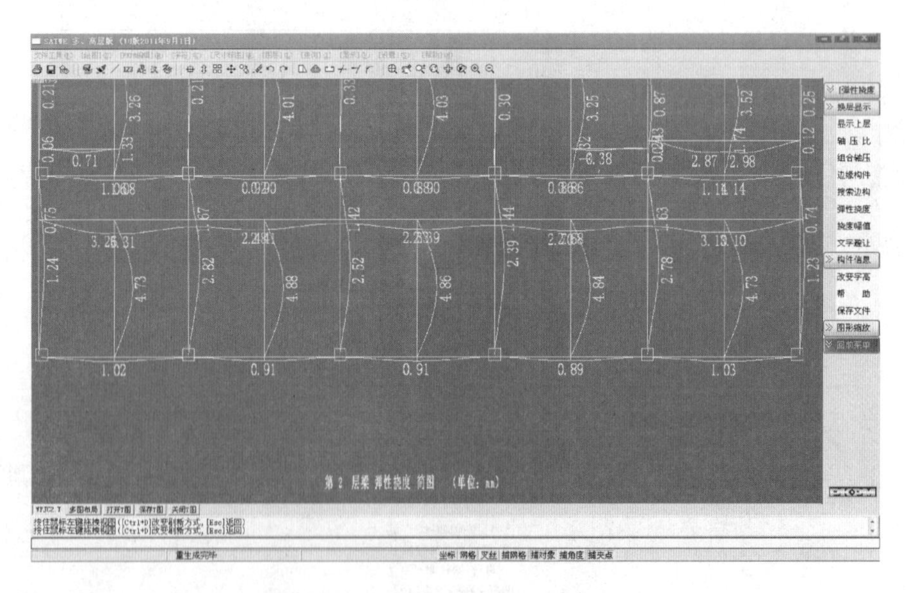

图 4.38　梁的弹性挠度菜单

第 4 层梁的弹性挠度如图 4.39 所示，井字梁跨中最大挠度为 8.74mm，第 3.6 节中给出了井字梁的参考挠度取值，即一般情况下，井字梁的挠度 $f\leqslant l_1/300=15600/300=52\text{mm}$，要求较高时 $f\leqslant l_1/400=15600/400=39\text{mm}$，可见井字梁的弹性挠度满足要求。

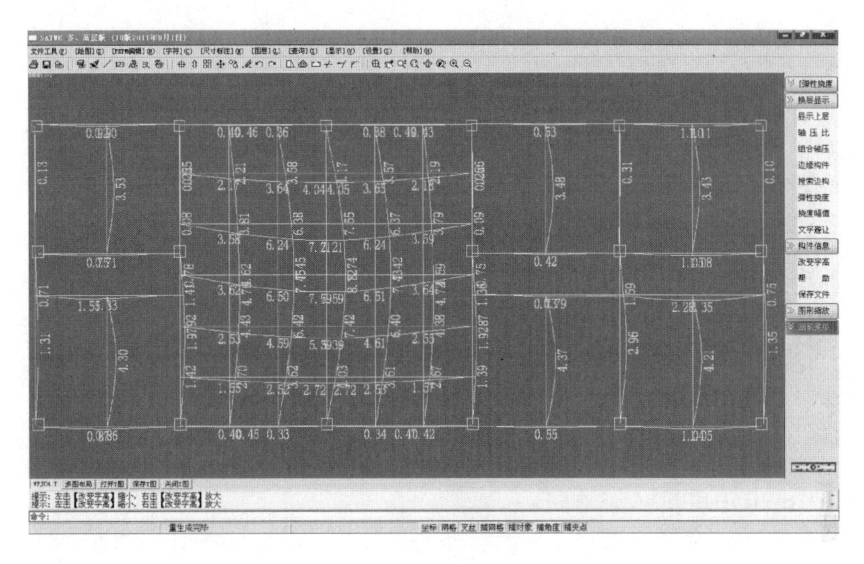

图 4.39　第 4 层梁的弹性挠度

(3) 墙边缘构件。墙边缘构件是指剪力墙或抗震墙的约束边缘构件，包括暗柱、端柱和翼墙。《建筑抗震设计规范》(GB 50011—2010) 第 6.4.5 条、第 6.4.6 条和《高层建筑混凝土结构技术规程》(JGJ 3—2010) 第 7.2.15 条、第 7.2.16 条都规定了在剪力墙端部应设置边缘构件。

4. 各荷载工况下构件标准内力简图

该菜单的功能是以图形方式显示各荷载工况下梁柱的标准内力简图。该图的文件名为 WBEM*.T，* 为楼层号。

5. 梁设计内力包络图

该菜单的功能是以图形方式显示各梁的截面设计内力包络图。该图的文件名为 WBEMF*.T，* 为楼层号。

6. 梁设计配筋包络图

该菜单的功能是以图形方式显示梁截面的配筋结果，图面上负弯矩对应的配筋以负数表示，正弯矩对应的配筋以正数表示。该图的文件名为 WBEMR*.T，* 为楼层号。

7. 底层柱、墙最大组合内力简图

该菜单的功能是可输出用于基础设计的上部荷载，并以图形方式显示出来，该图的文件名为 WDCNL.T。

8. 水平力作用下结构各层平均侧移简图

选择此项，程序可以给出水平力作用下楼层侧移单线条的显示图，具体可显示地震作用下的地震力、层剪力、倾覆弯矩、层位移、层位移角和风力作用下的风力、层剪力、倾覆弯矩、层位移、层位移角。

(1) 单击“地震”，选择“层剪力”，屏幕显示如图 4.40 所示；选择“倾覆弯矩”，屏幕显示如图 4.41 所示。选择“层位移”，屏幕显示如图 4.42 所示。这些计算结果和 TAT 部分的计算结果比较吻合。

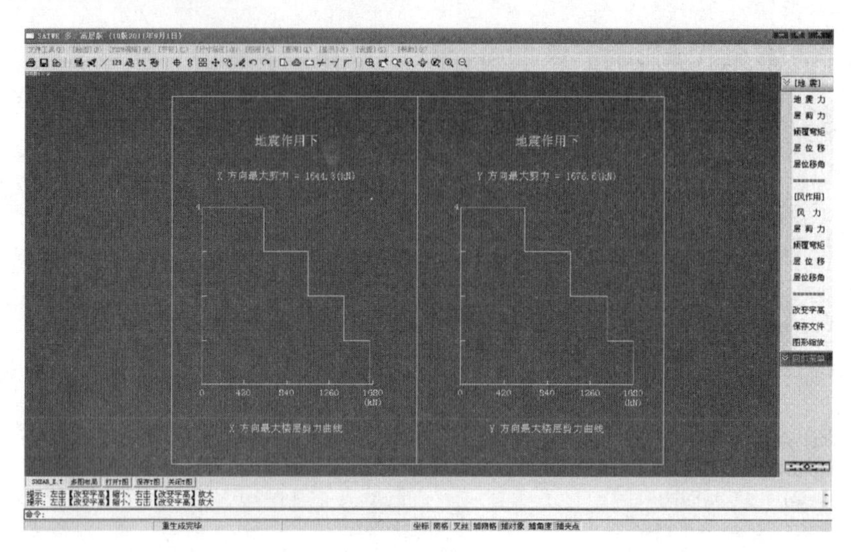

图 4.40 地震作用下层剪力

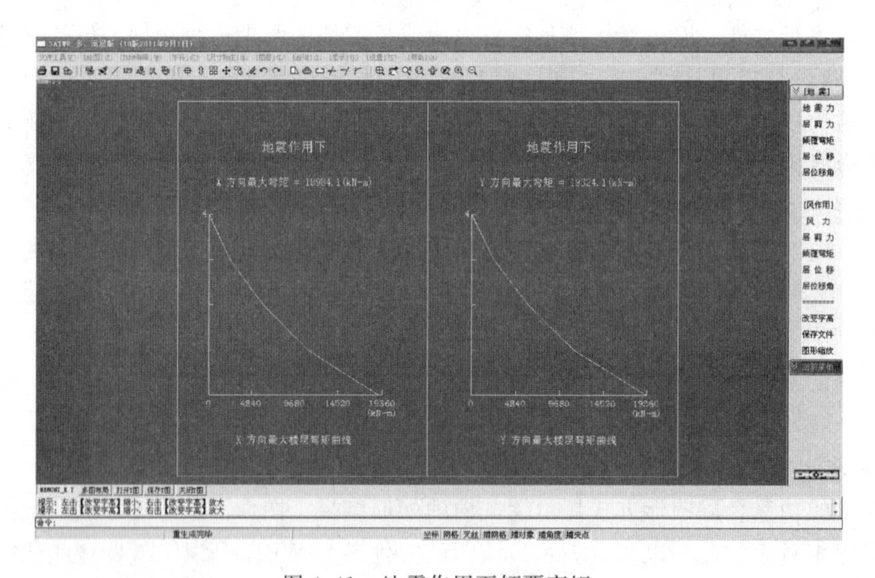

图 4.41 地震作用下倾覆弯矩

(2) 单击“风作用”，风荷载作用下的层位移如图 4.43 所示。

9. 各荷载工况下结构空间变形简图

选择此项，程序可以给出 X 向地震、Y 向地震、X 向风载、Y 向风载、恒载、活载等工况下结构的空间变形简图，本实例框架结构经图形渲染后的三维实体图如图 4.44 所示。程序还可显示各荷载工况下空间变形的动态变化，如图 4.45 所示为 Y 向地震动态变化中的一个变化状态。

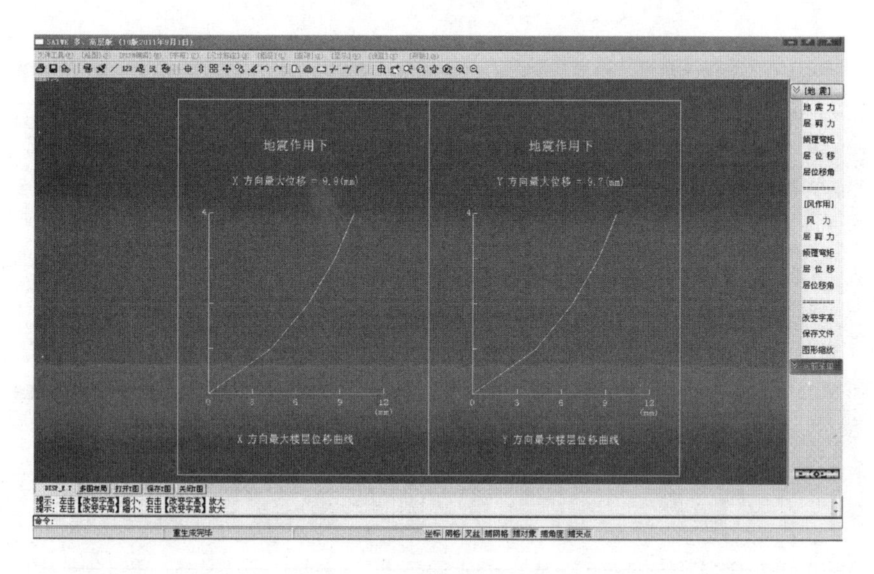

图 4.42　地震作用下层位移

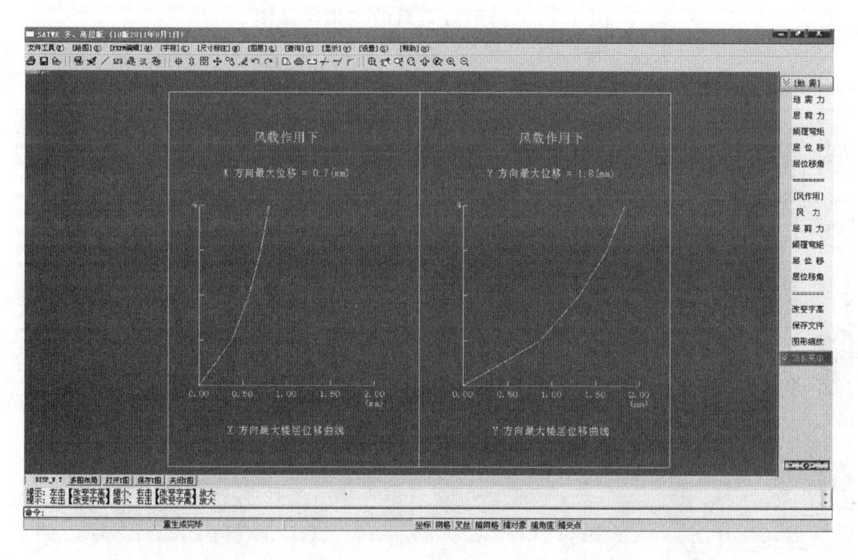

图 4.43　风力作用下层位移

10. 结构各层质心振动简图

选择此项，可以按自己的要求绘各振型的振型图。与“侧刚分析模型”相对应的是“结构各层质心振动简图”，显示各个振型时的振型曲线，图形文件名为 WMODE. T；与“总刚分析模型”相对应的是“结构整体空间振动简图”，显示各个振型时的动态图形。

本实例选择 9 个振型，由图 4.52 中的平动系数和扭转系数判断可知，Y 方向的前三个平动振型是：第一振型为振型号 2，第二振型为振型号 5，第三振型为振型号 8。X 方向的前三个平动振型是：第一振型为振型号 1，第二振型为振型号 4，第三振型为振型号 7。振型号 3、6、9 为扭转振动。

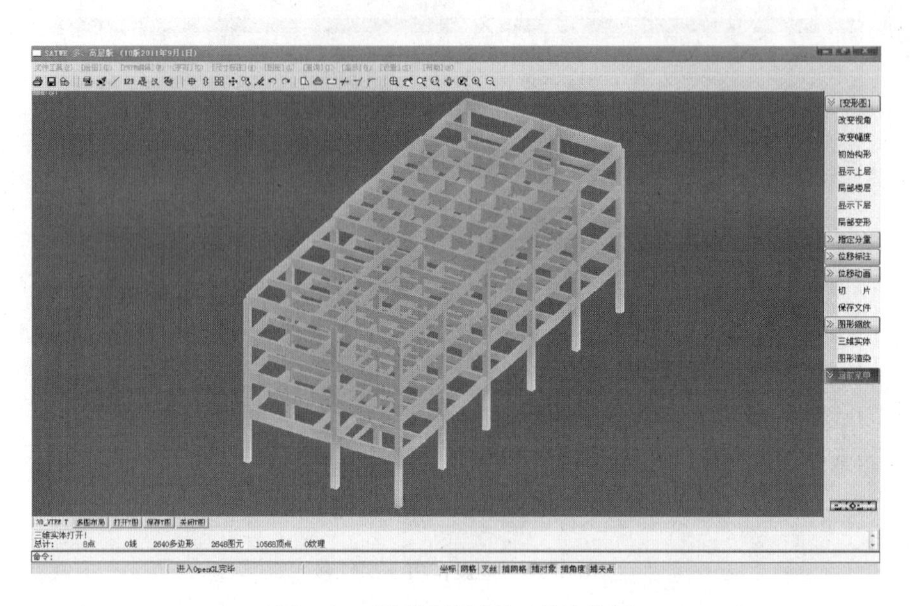

图 4.44 图形渲染后的三维实体图

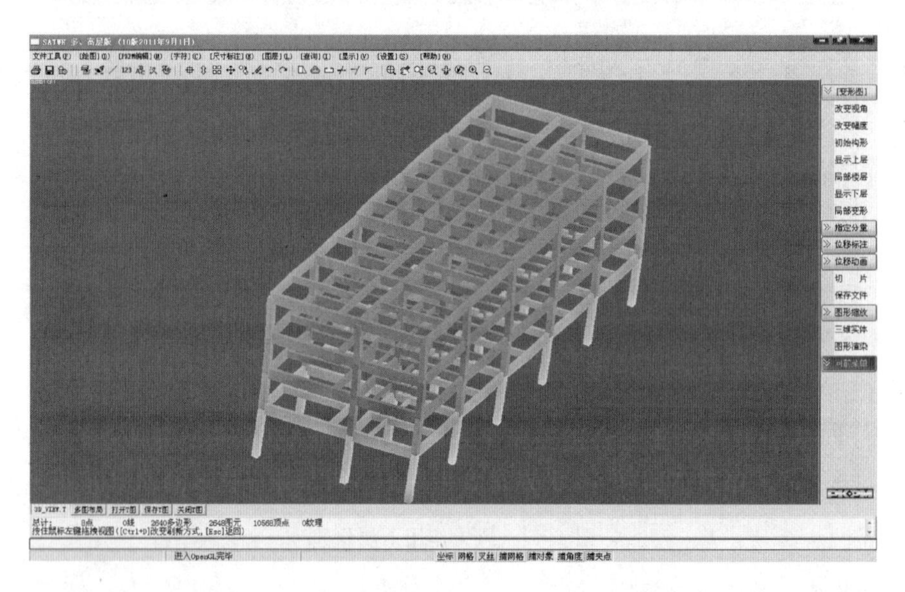

图 4.45 Y 向地震动态变化（Y 向平动第 1 振型）

11. 结构整体空间振动简图

选择此项，程序将以动画的形式显示各振型的空间振动情况，非常直观地显现各个振型的特征。根据前面的分析，图 4.46 和图 4.47 分别为 X 向平动第 1 振型和第 3 振型的空间振动简图；图 4.45 和图 4.48 分别为 Y 向平动第 1 振型和第 3 振型的空间振动简图；图 4.49 和图 4.50 为扭转第 1 振型和第 3 振型的空间振动简图。

4.4.2 文本文件输出

文本文件的输出子菜单如图 4.27 所示。

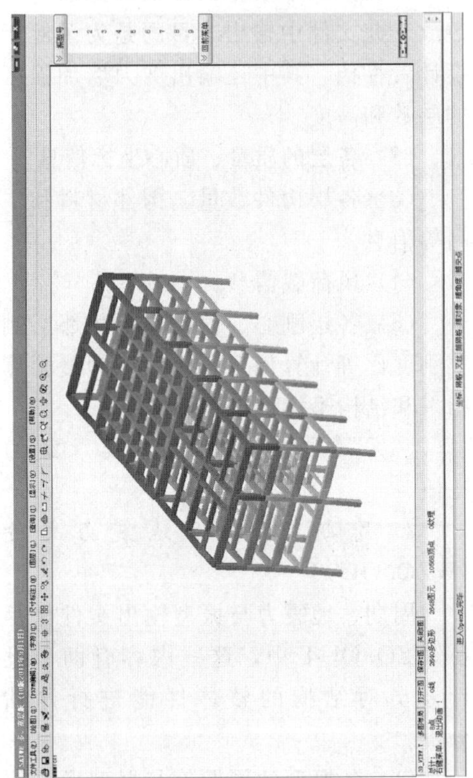

图 4.46　X 向平动第 1 振型

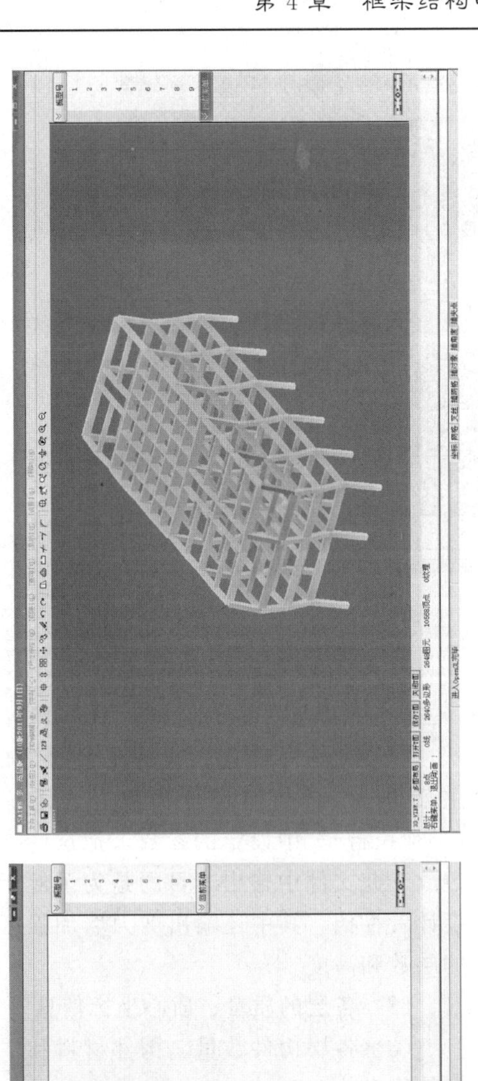

图 4.47　X 向平动第 3 振型

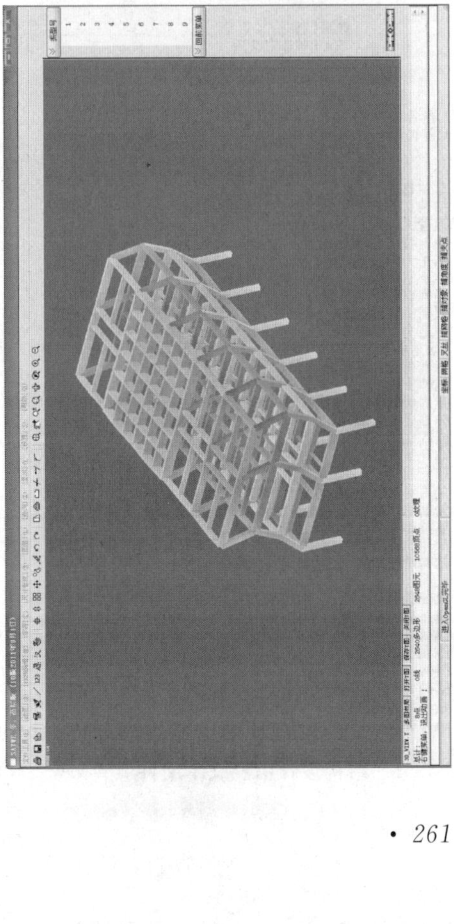

图 4.48　Y 向平动第 3 振型

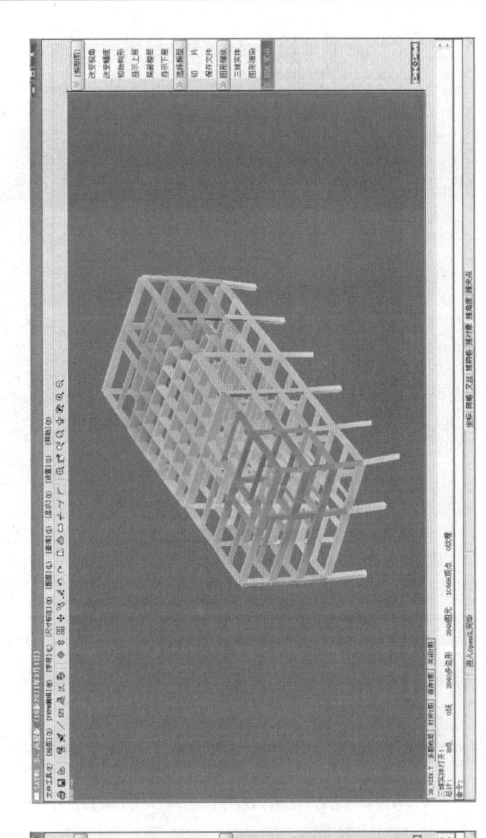

图 4.49　扭转第 1 振型

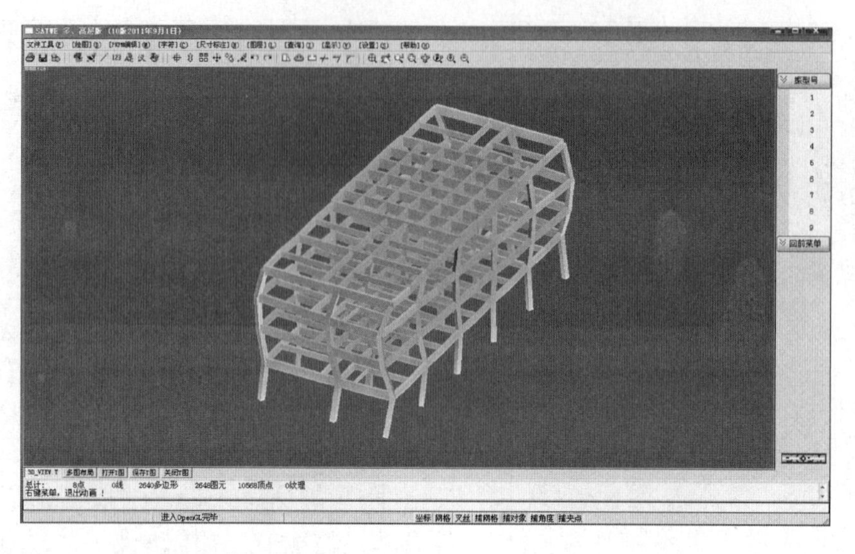

图 4.50　扭转第 3 振型

1. 结构设计信息文件（WMASS. OUT）

结构设计信息保存在输出文件 WMASS. OUT 中，主要包括以下六部分的信息（图 4.51）：

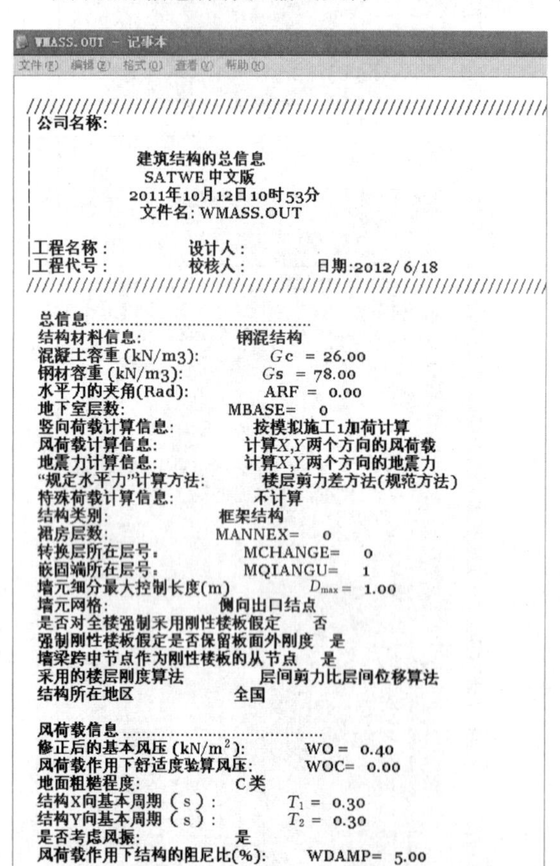

WMASS.OUT - 记事本

文件(F) 编辑(E) 格式(O) 查看(V) 帮助(H)

公司名称:

建筑结构的总信息
SATWE 中文版
2011年10月12日10时53分
文件名: WMASS.OUT

工程名称:　　设计人:
工程代号:　　校核人:　　日期:2012/ 6/18

总信息 ....
结构材料信息:　　钢混结构
混凝土容重 (kN/m3):　　Gc = 26.00
钢材容重 (kN/m3):　　Gs = 78.00
水平力的夹角(Rad):　　ARF = 0.00
地下室层数:　　MBASE= 0
竖向荷载计算信息:　　按模拟施工1加荷计算
风荷载计算信息:　　计算X,Y两个方向的风荷载
地震力计算信息:　　计算X,Y两个方向的地震力
"规定水平力"计算方法:　　楼层剪力差方法(规范方法)
特殊荷载计算信息:　　不计算
结构类别:　　框架结构
裙房层数:　　MANNEX= 0
转换层所在层号:　　MCHANGE= 0
嵌固端所在层号:　　MQIANGU= 1
墙元细分最大控制长度(m)　　D_{max} = 1.00
墙元网格:　　侧向出口结点
是否对全楼强制采用刚性楼板假定　　否
强制刚性楼板假定是否保留板面外刚度　　是
墙梁跨中节点作为刚性楼板的从节点　　是
采用的楼层刚度算法　　层间剪力比层间位移算法
结构所在地区　　全国

风荷载信息 ....
修正后的基本风压 (kN/m^2):　　WO = 0.40
风荷载作用下舒适度验算风压:　　WOC= 0.00
地面粗糙程度:　　C类
结构X向基本周期（s）:　　T_1 = 0.30
结构Y向基本周期（s）:　　T_2 = 0.30
是否考虑风振:　　是
风荷载作用下结构的阻尼比(%):　　WDAMP= 5.00

图 4.51　结构设计信息文本文件（WMASS. OUT）

（1）结构总信息。这是在 SATWE 主菜单 1“分析与设计参数补充定义（必须执行）”中设定的参数，把这些参数放于此文件中输出，目的是为了便于设计者存档。其中还输出剪力墙加强区的层数和高度。

（2）各层的质量、质心坐标信息。

（3）各层构件数量、构件材料和层高等信息。

（4）风荷载信息。

（5）各层刚心、偏心率、相邻层侧移刚度比等计算信息，包括抗倾覆验算结果和结构整体稳定验算结果。

（6）楼层抗剪承载力及承载力比值。

2. 周期、振型和地震力文件（WZQ. OUT）

周期、地震力与振型输出文件保存在 WZQ. OUT 中，这些内容有助于设计人员对结构的整体性能进行评估分析。

（1）各振型的周期值与振型形态信

息。当不考虑耦联时，仅输出各周期值，当考虑耦联时，不仅输出各周期值，还输出相应的振动方向、平动和扭转振动系数（图 4.52）。

《高层建筑混凝土结构技术规程》（JGJ 3—2010）为控制结构的扭转效应，对扭转振动周期和平动振动周期的比值给出了明确规定。对于一个振动周期来说，若扭转系数等于 1，说明该周期为纯扭转振动周期。若平动系数等于 1，则说明该周期为纯平动振动周期，其振动方向为转角，若转角为 0°或 180°，则为 X 方向的平动，若转角为 90°，则为 Y 方向的平动，否则，为沿角度为转角值的空间振动。若扭转系数和平动系数都不等于 1，则该周期为扭转振动和平动振动混合周期。

《高层建筑混凝土结构技术规程》（JGJ 3—2010）第 3.4.5 条规定：结构扭转为主的第一自振周期 T_t 与平动为主的第一自振周期 T_1 之比，A 级高度高层建筑不应大于 0.9s，B 级高度高层建筑、混合结构高层建筑及复杂高层建筑不应大于 0.85s。依据图 4.52，本实例平动为主的第一自振周期 $T_1=0.7624s$，扭转为主的第一自振周期 $T_t=0.6525s$，$T_t/T_1=0.86s<0.9s$，满足要求［规范对多层建筑没有明确要求，在此参考《高层建筑混凝土结构技术规程》（JGJ 3—2010）的相关规定］。

WZQ.OUT - 记事本

文件(F)　编辑(E)　格式(O)　查看(V)　帮助(H)

周期、地震力与振型输出文件
（VSS求解器）

考虑扭转耦联时的振动周期(秒)、X，Y 方向的平动系数、扭转系数

振型号	周 期	转 角	平动系数 (X+Y)	扭转系数
1	0.7624	179.52	1.00 (1.00+0.00)	0.00
2	0.7487	89.51	1.00 (0.00+1.00)	0.00
3	0.6525	125.83	0.00 (0.00+0.00)	1.00
4	0.2478	0.31	1.00 (1.00+0.00)	0.00
5	0.2424	90.33	1.00 (0.00+1.00)	0.00
6	0.2097	14.55	0.00 (0.00+0.00)	1.00
7	0.1368	178.40	0.99 (0.99+0.00)	0.01
8	0.1341	88.17	1.00 (0.00+0.99)	0.00
9	0.1182	142.85	0.01 (0.01+0.00)	0.99

地震作用最大的方向 = -0.690°

图 4.52　各振型的周期值与振型形态信息

（2）各振型的地震作用输出。

（3）等效各楼层的地震作用、剪力、剪重比和弯矩。

（4）有效质量系数，有效质量系数是判断结构振型取的够不够的重要指标，也是地震作用够不够的重要指标。当有效质量系数大于 90%时，表示振型数、地震作用满足规范要求，否则应增加计算的振型数。

（5）各楼层地震剪力系数调整情况。若调整系数大于 1.0，说明该楼层的剪重比不满足楼层最小地震剪力系数值（表 3.2）的要求，此时在内力计算时，应对地震作用下的内力乘以调整系数。

3. 结构位移输出文件（WDISP.OUT）

选择此项，屏幕出现文件名为 WDISP.OUT 的记事本，在文件中列出结构位移的信

息，若在“图4.25 SATWE计算控制参数选择框”中的“位移输出方式”选择“简化输出”，则仅输出各工况下结构每层的最大位移和位移比，不输出节点位移信息（图4.53）。如果选择“详细输出”，除输出楼层最大位移和位移比外，还输出各工况下的各节点三个线位移和三个转角位移信息。

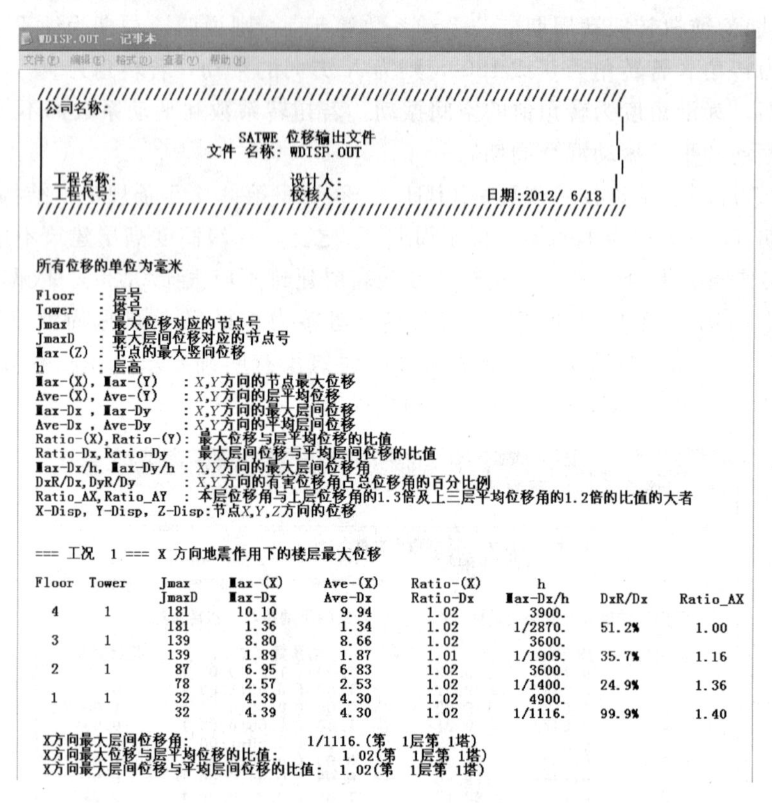

```
WDISP.OUT - 记事本
文件(F) 编辑(E) 格式(O) 查看(V) 帮助(H)

//////////////////////////////////////////////////////////////////////
|公司名称:                                                            |
|                         SATWE 位移输出文件                           |
|                      文件 名称: WDISP.OUT                            |
|                                                                      |
| 工程名称:                    设计人:                                 |
| 工程代号:                    校核人:              日期:2012/ 6/18    |
//////////////////////////////////////////////////////////////////////

所有位移的单位为毫米

Floor    : 层号
Tower    : 塔号
Jmax     : 最大位移对应的节点号
JmaxD    : 最大层间位移对应的节点号
Max-(Z)  : 节点的最大竖向位移
h        : 层高
Max-(X), Max-(Y)     : X,Y方向的节点最大位移
Ave-(X), Ave-(Y)     : X,Y方向的层平均位移
Max-Dx , Max-Dy      : X,Y方向的最大层间位移
Ave-Dx , Ave-Dy      : X,Y方向的平均层间位移
Ratio-(X),Ratio-(Y): 最大位移与层平均位移的比值
Ratio-Dx,Ratio-Dy    : 最大层间位移与平均层间位移的比值
Max-Dx/h, Max-Dy/h : X,Y方向的最大层间位移角
DxR/Dx,DyR/Dy        : X,Y方向的有害位移角占总位移角的百分比例
Ratio_AX,Ratio_AY    : 本层位移角与上层位移角的1.3倍及上三层平均位移角的1.2倍的比值的大者
X-Disp, Y-Disp, Z-Disp:节点X,Y,Z方向的位移


=== 工况  1 === X 方向地震作用下的楼层最大位移

Floor  Tower    Jmax     Max-(X)    Ave-(X)    Ratio-(X)      h
                JmaxD    Max-Dx     Ave-Dx     Ratio-Dx    Max-Dx/h    DxR/Dx    Ratio_AX
  4      1      181      10.10       9.94       1.02        3900.
                181       1.36       1.34       1.02       1/2870.     51.2%       1.00
  3      1      139       8.80       8.66       1.02        3600.
                139       1.89       1.87       1.01       1/1909.     35.7%       1.16
  2      1       87       6.95       6.83       1.02        3600.
                 78       2.57       2.53       1.02       1/1400.     24.9%       1.36
  1      1       32       4.39       4.30       1.02        4900.
                 32       4.39       4.30       1.02       1/1116.     99.9%       1.40

 X方向最大层间位移角:                  1/1116.(第  1层第 1塔)
 X方向最大位移与层平均位移的比值:         1.02(第  1层第 1塔)
 X方向最大层间位移与平均层间位移的比值:   1.02(第  1层第 1塔)
```

图4.53 结构位移输出文件（WDISP.OUT）

4. 各层内力标准值输出文件（WWNL＊.OUT）

选择此项，屏幕出现内力输出文件选择框（文件名为WWNL＊.OUT，＊为层号），选择某一层的文件名，单击确定之后，屏幕弹出该层各种工况下的内力标准值。

5. 各层配筋文件（WPJ＊.OUT）

选择此项，屏幕出现配筋输出文件选择框（文件名为WPJ＊.OUT，＊为层号），选择某一层的文件名，单击确定之后，屏幕弹出该层的“SATWE配筋、验算输出文件”。

6. 超配筋信息文件（WGCPJ.OUT）

超筋超限信息随着配筋一起输出，既在WGCPJ.OUT文件中输出，也在WPJ＊.OUT文件中输出。计算几层配筋，WGCPJ.OUT中就有几层超筋超限信息，并且下一次计算会覆盖前次计算的超筋超限内容，因此要想得到整个结构的超筋信息，必须从首层到顶层一起计算配筋。

7. 底层最大组合内力文件（WDCNL.OUT）

选择此项，可输出底层柱墙的最大组合内力，文件名为WDCNL.OUT。该文件主要用于基础设计，给基础提供上部结构的各种组合内力，以满足基础设计的要求。该文件包括底层柱组合内力、底层斜柱或支撑组合内力、底层墙组合内力、各荷载组合下的合力及合力点坐标等四部分。

8. 薄弱层验算结果文件（SAT－K. OUT）

选择此项，屏幕出现文件名为 SAT－K. OUT 的记事本，输出结构薄弱层的验算文件。SAT－K. OUT 文件中给出了第 1 层的弹塑性层间位移角，从图 4.54 看出，X，Y 两个方向的第 1 层弹塑性位移角 Dxsp/h 均满足表 3.4 规定的弹塑性层间位移角限值。

SAT-K. OUT - 记事本

文件(F)　编辑(E)　格式(O)　查看(V)　帮助(H)

Output of Weak-Storey-Analysis of Frame Structure
Displacements of Floors under earthquake load

Vx, Vy ----- The Shear Force of Floors
VxV, VyV ----- The Bearing Shear Force of Floors

Floor	Tower	V_x (kN)	V_y (kN)	V_xV (kN)	V_yV (kN)
4	1	3827.74	3869.73	3957.00	4415.00
3	1	6516.88	6619.36	5561.00	5865.00
2	1	8732.94	8886.49	6652.00	7047.00
1	1	10280.49	10479.36	5897.00	6306.00

The Yield Coefficients of Floor

Floor	Tower	Gsx	Gsy
4	1	1.0338	1.1409
3	1	0.8533	0.8860
2	1	0.7617	0.7930
1	1	0.5736	0.6018

The Elastic-Plastic Displacement of Floor in X-Direction

Floor	Tower	Dxs (mm)	Dxs (mm)	Atpx	Dxsp (mm)	Dxsp/h	h (m)
4	1	63.10090	8.49330	1.30	11.04129	1/ 353	3.90
3	1	54.97744	11.78609	1.30	15.32191	1/ 234	3.60
2	1	43.40916	16.07626	1.30	20.89914	1/ 172	3.60
1	1	27.45091	27.45091	1.30	35.68618	1/ 137	4.90

The Elastic-Plastic Displacement of Floor in Y-Direction

Floor	Tower	Dy (mm)	Dys (mm)	Atpy	Dysp (mm)	Dysp/h	h (m)
4	1	61.97219	8.20746	1.30	10.66970	1/ 365	3.90
3	1	54.43758	11.47496	1.30	14.91745	1/ 241	3.60
2	1	43.15899	15.71357	1.30	20.42764	1/ 176	3.60
1	1	27.50383	27.50383	1.30	35.75498	1/ 137	4.90

图 4.54　薄弱层验算文件 SAT－K. OUT

9. 框架柱倾覆弯矩及 $0.2Q_0$ 调整系数文件（WV02Q. OUT）

选择此项，屏幕出现文件名为 WV02Q. OUT 的记事本，输出框架柱地震倾覆弯矩百分比、框架柱地震剪力百分比和 $0.2Q_0$ 调整系数。

第 5 章　框架结构电算实例——结构施工图部分

在完成三维结构计算（TAT、SATWE 或 PMSAP）之后，可以执行“墙梁柱施工图”菜单，绘制混凝土结构墙梁柱施工图。梁柱施工图可以用梁立面、剖面施工图、梁平法施工图、柱立面、剖面施工图、柱平法施工图等方式之一表示。

单击“墙梁柱施工图”菜单，进入墙梁柱施工图主菜单（图 5.1），主菜单内容共 8 项。

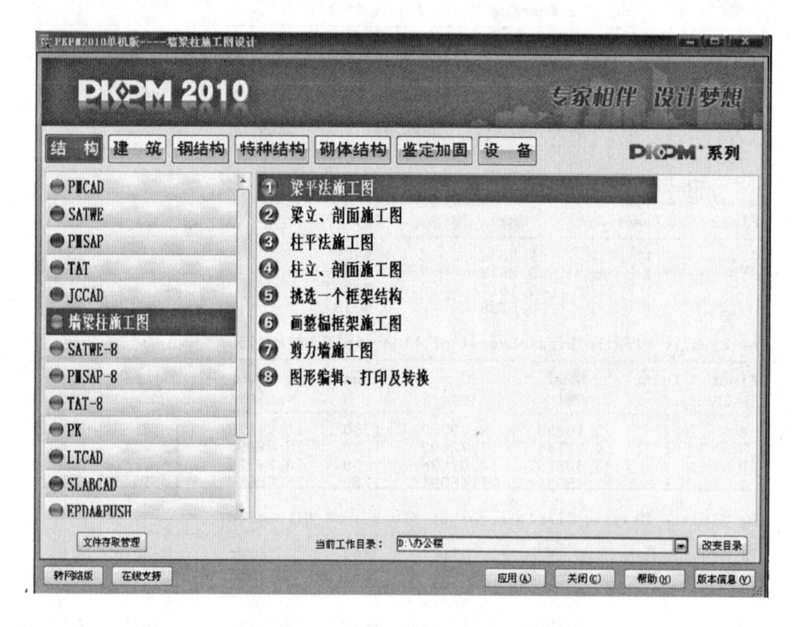

图 5.1　墙梁柱施工图主菜单

5.1　梁平法施工图

5.1.1　梁平面整体表示法

梁的平面布置，应分别按不同结构标准层，将全部梁与其相关联的柱、墙、板一起采用适当比例（一般为 1∶100）绘制，如果结构比较复杂，也可以把 X 向、Y 向的梁分开绘制。

梁在平面布置图上可采用平面注写方式或截面注写方式表达。按平法设计绘制结构施工图时，应当用表格或其他方式注明包括地下和地上各层的结构层楼（地）面标高、结构层高及相应的结构层号。结构层楼面标高是指将建筑图中的各层地面和楼面标高值扣除建筑面层及垫层做法厚度后的标高，结构层号应与建筑楼层号对应一致。对于轴线未居中的梁，应标注其偏心定位尺寸（贴柱边的梁可不注）。

1. 平面注写方式

平面注写方式是在梁平面布置图上，分别在不同编号的梁中各选一根梁，在其上注写截面尺寸和配筋具体数值的方式。平面注写包括集中标注与原位标注，集中标注表达梁的通用数值，原位标注表达梁的特殊数值。当集中标注中的某项数值不适用与梁的某部位时，则将该项数值原位标注，施工时，原位标注取值优先。

（1）梁编号。梁编号由梁类型代号、序号、跨数及有无悬挑代号几项组成，应符合表5.1的规定。

表 5.1　　　　梁　编　号

梁类型	代号	序号	跨数及是否带有悬挑
楼层框架梁	KL	XX	(XX)、(XXA) 或 (XXB)
屋面框架梁	WKL	XX	(XX)、(XXA) 或 (XXB)
框支梁	KZL	XX	(XX)、(XXA) 或 (XXB)
非框架梁	L	XX	(XX)、(XXA) 或 (XXB)
悬挑梁	XL	XX	—
井字梁	JZL	XX	(XX)、(XXA) 或 (XXB)

注　(XXA) 为一端有悬挑，(XXB) 为两端有悬挑，悬挑不计入跨数。

（2）梁集中标注的内容。梁集中标注的内容，有五项为必注值及一项选注值（集中标注可以从梁的任意一跨引出）。

1）梁编号为必注值，括号内标注跨数。

2）梁截面尺寸为必注值。当为等截面梁时，用 $b\times h$ 表示；当有悬挑梁且根部和端部的高度不同时，用斜线分隔根部与端部的高度值，即为 $b\times h_1/h_2$。

3）梁箍筋（包括钢筋级别、直径、加密区与非加密区间距及肢数）为必注值。箍筋加密区与非加密区的不同间距及肢数需用斜线“/ ”分隔；当梁箍筋为同一种间距及肢数时，则不需用斜线；当加密区与非加密区的箍筋直径相同时，则将肢数注写一次；箍筋肢数应写在括号内。

当抗震结构中的非框架梁、悬挑梁、井字梁，及非抗震结构中的各类梁采用不同的箍筋间距及肢数时，也用斜线“/”分隔。注写时，先注写梁支座端部的箍筋（包括箍筋的箍数、钢筋级别、直径、间距与肢数），在斜线后注写梁跨中部分的箍筋间距及肢数。

4）梁上部通长筋或架立筋配置（通长筋可为相同或不同直径采用搭接连接、机械连接或对焊连接的钢筋）为必注值。所注规格与根数应根据结构受力要求及箍筋肢数等构造要求而定。当同排纵筋中既有通长筋又有架立筋时，应用加号“+”将通长筋与架立筋相联。注写时须将角部纵筋写在加号的前面，架立筋写在加号后面的括号内，以示不同直径及与通长筋的区别。当全部采用架立筋时，则将其写入括号内。

当梁的上部纵筋和下部纵筋为全跨相同，且多数跨配筋相同时，此项可加注下部纵筋的配筋值，用分号“;”将上部与下部纵筋的配筋值分隔开来，少数跨不同时按“原位标注”。

5）梁侧面纵向构造钢筋或受扭钢筋配置为必注值。当梁腹板高度 $h_w\geqslant 450$mm 时，须配置纵向构造钢筋，所注规格与根数应符合规范规定。此项注写值以大写字母G打头，接续注写设置在梁两个侧面的总配筋值，且对称配置。例如G4Φ12，表示梁的两个侧面共配置4Φ12的纵向构造钢筋，每侧各配置2Φ12。

当梁侧面需配置受扭纵向钢筋时，此项注写值以大写字母N打头，接续注写配置在梁两个侧面的总配筋值，且对称配置。受扭纵向钢筋应满足梁侧面纵向构造钢筋的间距要求，且不再重复配置纵向构造钢筋。例如N6Φ20，表示梁的两个侧面共配置6Φ20的受扭纵向钢筋，每侧各配置3Φ20。

6）梁顶面标高高差为选注值。梁顶面标高高差是指相对于结构层楼面标高的高差值，对于位于结构夹层的梁，则指相对于结构夹层楼面标高的高差。有高差时，则将其写入括号内，无高差时不注。当某梁的顶面高于所在结构层的楼面标高时，其标高高差为正值，反之为负值。

（3）梁原位标注的内容。

1）梁支座上部纵筋（包含通长筋在内的所有纵筋）。当上部纵筋多于一排时，用斜线“/”将各排纵筋自上而下分开。例如梁支座上部纵筋注写为“6Φ22 4/2”，表示上一排纵筋为4Φ22，下一排纵筋为2Φ22。

当同排纵筋有两种直径时，用加号“＋”将两种直径的纵筋相联，注写时将角部纵筋写在前面。例如梁支座上部纵筋注写为“2Φ25＋2Φ22”，表示2Φ25放在角部，2Φ22放在中部。

当梁中间支座两边的上部纵筋不同时，须在支座两边分别标注；当梁中间支座两边的上部纵筋相同时，可仅在支座的一边标注配筋值，另一边省去不注。

设计时应注意：对于支座两边不同配筋值的上部纵筋，宜尽可能选用相同直径（不同根数），使其贯穿支座，避免支座两边不同直径的上部纵筋均在支座内锚固。对于以边柱、角柱为端支座的屋面框架梁，当能够满足配筋截面面积要求时，其梁的上部钢筋应尽可能只配置一层，以避免梁柱纵筋在柱顶处因层数过多、密度过大导致施工不便和影响混凝土浇筑质量。

2）梁下部纵筋。当下部纵筋多于一排时，用斜线“/”将各排纵筋自上而下分开。例如梁下部纵筋注写为“6Φ22 2/4”，表示上一排纵筋为2Φ22，下一排纵筋为4Φ22，全部伸入支座。

当同排纵筋有两种直径时，用加号“＋”将两种直径的纵筋相联，注写时角筋写在前面。

当梁下部纵筋不全部伸入支座时，将梁支座下部纵筋减少的数量写在括号内。例如梁下部纵筋注写为6Φ22 2（－2）/4，则表示上排纵筋为2Φ22，且不伸入支座；下一排纵筋为4Φ22，全部伸入支座。

当梁的集中标注中已注写了梁上部和下部均为通长的纵筋值时，不需要在梁下部重复做原位标注。

3）附加箍筋或吊筋。附加箍筋或吊筋通常是直接画在平面图中的主梁上，用线引注总配筋值（附加箍筋的肢数注在括号内），当多数附加箍筋或吊筋相同时，可在梁平法施工图上统一注明，少数与统一注明值不同时，再原位引注。

（4）需要注意的内容。当在梁上集中标注的内容（即梁截面尺寸、箍筋、上部通长筋或架立筋，梁侧面纵向构造钢筋或受扭纵向钢筋，以及梁顶面标高高差中的某一项或几项数值）不适用于某跨或某悬挑部分时，则将其不同数值原位标注在该跨或该悬挑部位，施工时应按原位标注数值取用。

在梁平法施工图中，当局部梁的布置过密时，可将过密区用虚线框出，适当放大比例后再用平面注写方式表示。

2. 截面注写方式

截面注写方式是在各标准层梁的平面布置图上，分别在不同编号的梁中各选择一根梁用剖面号引出配筋图，并在其上注写截面尺寸和配筋具体数值的方式。当表达异形截面梁的尺寸与配筋时，用截面注写方式比较方便，表达比较清楚。

对所有梁按表 5.1 的规定进行编号，从相同编号的梁中选择一根梁，先将“单边截面号”画在该梁上，再将截面配筋详图画在本图或其他图上。当某梁的顶面标高与结构层的楼面标高不同时，应继其梁标号后注写梁顶面标高高差。

在截面配筋详图上注写截面尺寸 $b \times h$、上部筋、下部筋、侧面构造筋和受扭筋、以及箍筋的具体数值，表达形式与平面注写方式相同。截面注写方式既可以单独使用，也可与平面注写方式结合使用。

梁平法施工图菜单可以将梁的配筋标注于每一层的平面图上，用平面整体表示方法绘制混凝土梁配筋施工图。单击“梁平法施工图”，屏幕弹出“请选择内力和配筋面积的来源”菜单（图 5.2），可以选择“SATWE 计算结果”或“TAT 计算结果”。选择“SATWE 计算结果”，屏幕出现如图 5.3 所示的梁平法施工图主菜单。

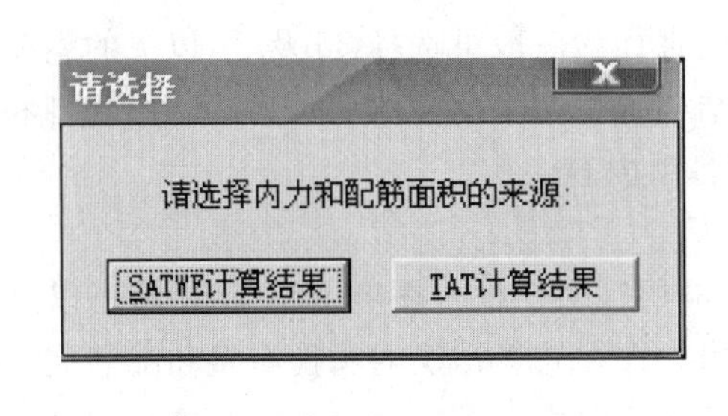

图 5.2　选择内力和配筋面积的来源菜单

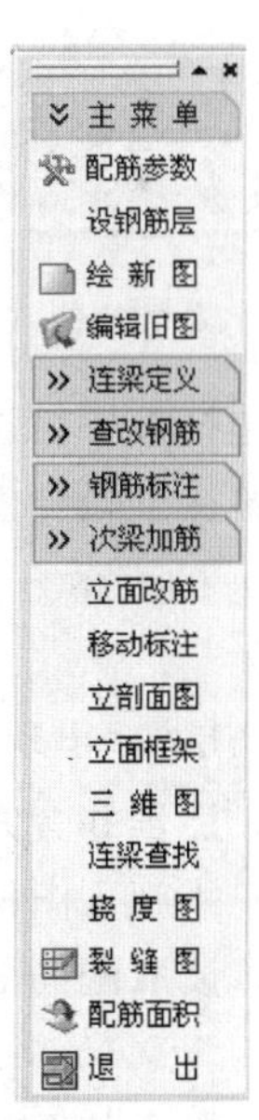

图 5.3　梁平法施工图主菜单

5.1.2　配筋参数

单击“配筋参数”，出现参数修改菜单（图 5.4、图 5.5），菜单需要确定绘图参数、归并放大系数、梁名称前缀、纵筋选筋参数、箍筋选筋参数、裂缝挠度选筋参数和其他参数。

为了减少出图量，可先将能合并的梁进行归并。梁的归并原则是：

（1）几何条件相同（跨数、跨度、截面形状与尺寸）。

（2）钢筋等级相同。

（3）对应截面配筋面积偏差在归并系数之内。

如果考虑实际工程中可能出现的一些偶然因素或施工过程中的很多不确定的因素，梁下部钢筋的放大系数可取1.0～1.15，梁上部钢筋的放大系数可取1.0～1.05。

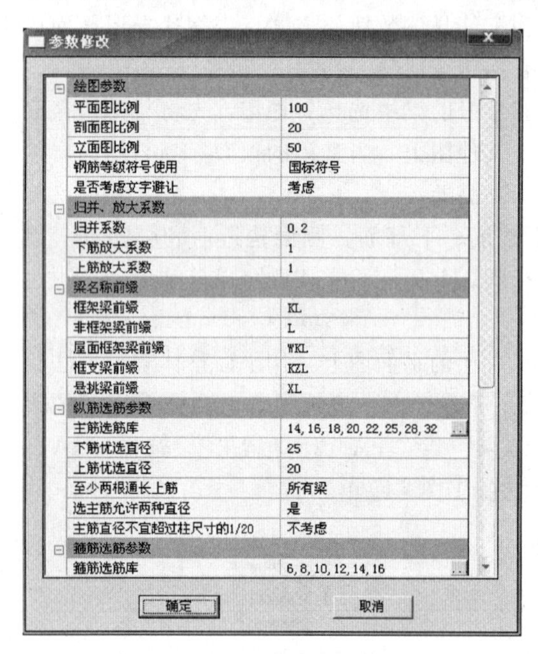

图5.4　参数修改（一）

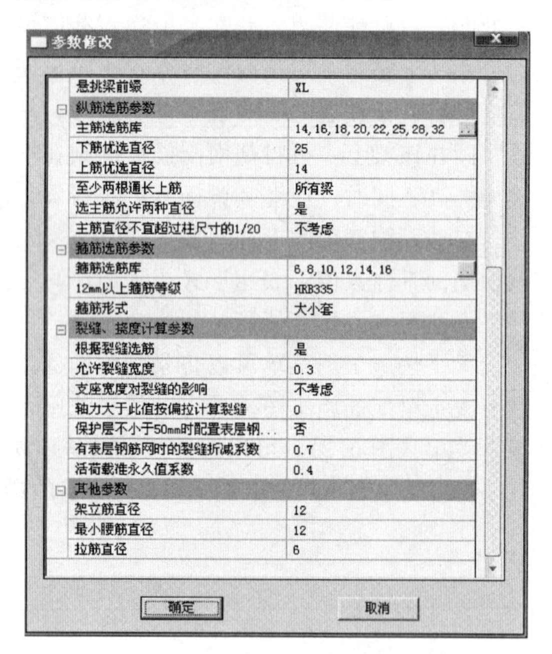

图5.5　参数修改（二）

在梁选筋库选择框中可选择常用的钢筋直径。一般可选择25及25以下的钢筋。

根据国家建筑标准设计图集《混凝土结构施工图平面整体表示方法制图规则和构造详图》（11G101—1）的表示方法，填写其他各项内容。

5.1.3　设钢筋层

单击“设钢筋层”，出现“定义钢筋标准层”对话框（图5.6）。此菜单可以进行钢筋层的增加、更名、清理和合并。实际设计中，存在若干楼层的构件布置和配筋完全相同的情况，可以用同一张施工图代表若干楼层，在程序中，可以通过将这些楼层划分为同一钢筋标准层来实现。读取配筋面积时，程序会在各层同样位置的配筋面积数据中取大值作为配筋依据。

钢筋标准层的概念与PM建模时定义的结构标准层不同，一般来讲，同一钢筋标准层的自然层都属于同一结构标准层，但是同一结构标准层的自然层不一定属于同一钢筋标准层。根据设计需要，设计人员可以将两个不同的结构标准层的自然层划分为同样的钢筋层，但应保证两自然层上的梁几何位置全部对应，完全可以用一张施工图表示。

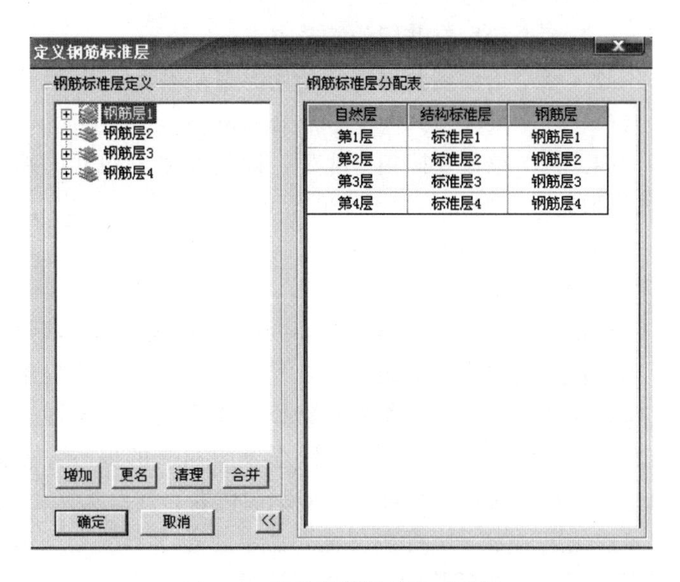

图 5.6　定义钢筋标准层对话框

5.1.4　绘新图

如果模型已经更改或经过重新计算，原有的旧图可能与原图不符，这时就需要重新绘制一张新图。点击“绘新图”，屏幕弹出绘新图选择对话框（图 5.7）。梁平法施工图的文件名为 PL＊.T，＊为层号。

如果选择“重新选筋并绘制新图”，则程序会删除本层所有已有数据，重新归并选筋后重新绘图，此选项适合模型更改或者重新进行有限元分析后的施工图更新。

如果选择“使用已有配筋结果绘制新图”，则程序只删除施工图目录中本层的施工图，然后重新绘图。绘图时使用数据库中保存的钢筋数据，不会重新选筋归并。此选项适合模型和分析数据没变，但钢筋标注和尺寸标注的修改比较混乱，需要重新出图的情况。

程序还提供了“编辑旧图”的命令，可以通过此命令反复打开修改编辑过的施工图。

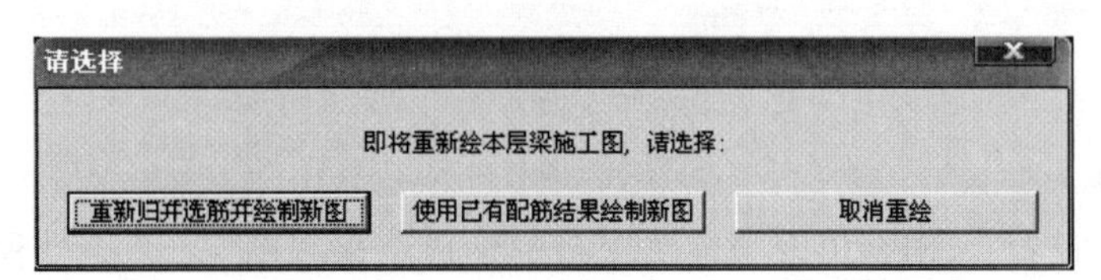

图 5.7　绘新图对话框

5.1.5　连梁定义

1. 连梁定义

单击“连梁定义”，出现连梁定义菜单（图 5.8）。梁以连续梁为基本单位进行配筋，在配筋之前应将建模时逐网格布置的梁段串成连续梁。程序按下列标准将相邻的梁段串成连续梁：

图5.8　连梁定义菜单

（1）两个梁段有共同的端节点。

（2）两个梁段在共同端节点处的高差不大于梁高。

（3）两个梁段在共同端节点处的偏心不大于梁宽。

（4）两个梁段在同一直线上，即两个梁段在共同端节点处的方向角（弧梁取切线方向角）相差180°±10°。

（5）直梁段与弧梁段不串成同一个连续梁。

2. 连梁查看

点击“连梁查看”，屏幕出现当前层连续梁的生成结果（图5.9）。程序用亮黄色的实线或虚线表示连续梁的走向，实线表示有详细标注的连续梁，虚线表示简略标注的连续梁。走向线一般画在连续梁所在轴线的位置，如果连续梁有高差，此线会发生相应的偏心。连续梁的起始端有一个菱形块，表示连续梁第一跨所在位置，连续梁的终止端有一个箭头，表示连续梁最后一跨所在位置。如果对连续梁的划分不满意，可以通过“连梁拆分”或“连梁合并”对连续梁的定义进行调整。

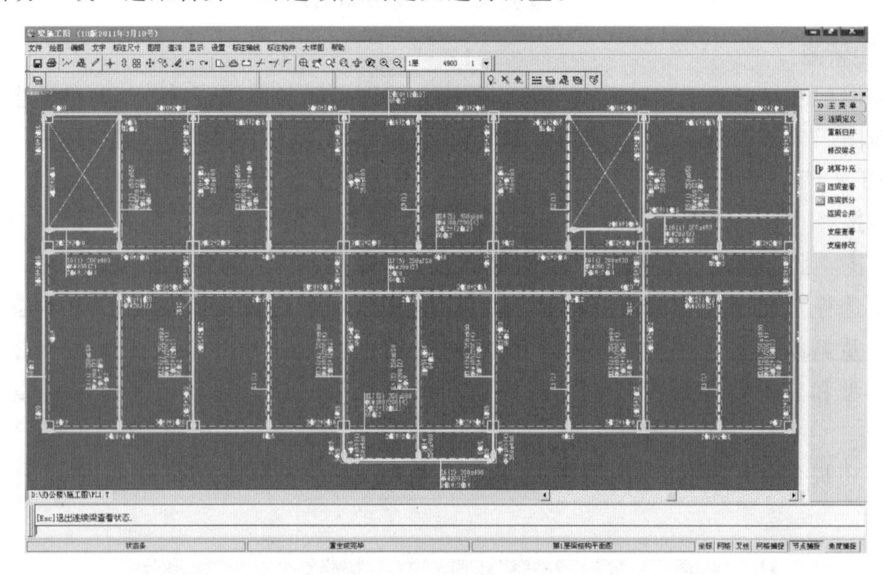
图5.9　连梁查看

3. 支座查看和修改

点击“支座查看”，屏幕出现当前层支座的生成结果（图5.10）。当程序自动生成的梁支座不满足设计人员的要求时，可以对支座进行修改。程序用三角形表示梁支座，圆圈表示连梁的内部节点。一般来说，把三角形支座改为圆圈后的梁构造是偏于安全的，支座调整后，构件会重配该梁钢筋并自动更新梁的施工图。

5.1.6　查改钢筋

点击“查改钢筋”，屏幕出现查改钢筋菜单（图5.11）。可以进行连梁修改、单跨修改、成批修改、表式改筋、次梁加筋等。如图5.12所示为单跨修改情况，可直接在对话框中修改钢筋。次梁加筋是指次梁与主梁交接处在主梁上设置附加箍筋或者吊筋（图

5.13)。附加箍筋的个数也可以修改，修改对话框中还显示此处集中力的大小及此集中力等效的钢筋面积。通过附加钢筋面积和集中力等效面积的对比，可以判断此处的附加钢筋是否满足要求（图 5.14）。

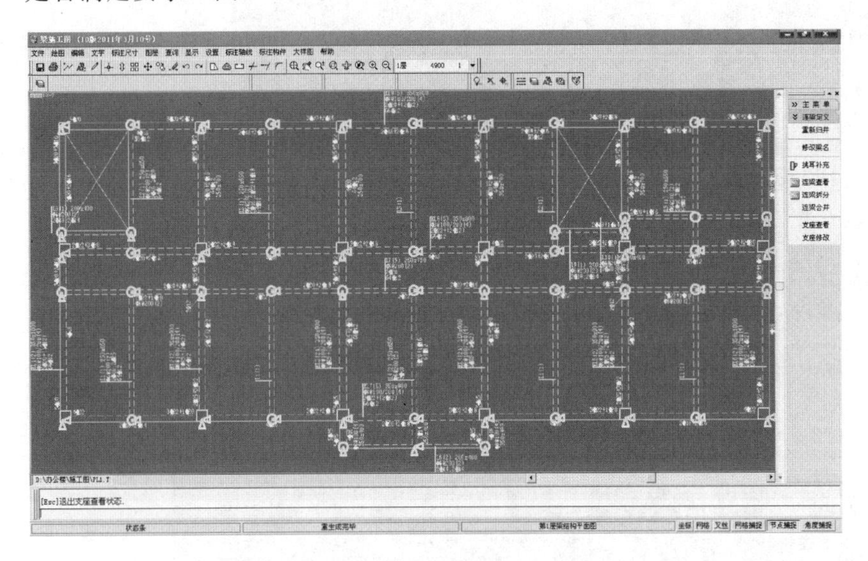

图 5.10　支座查看

图 5.11　查改钢筋菜单

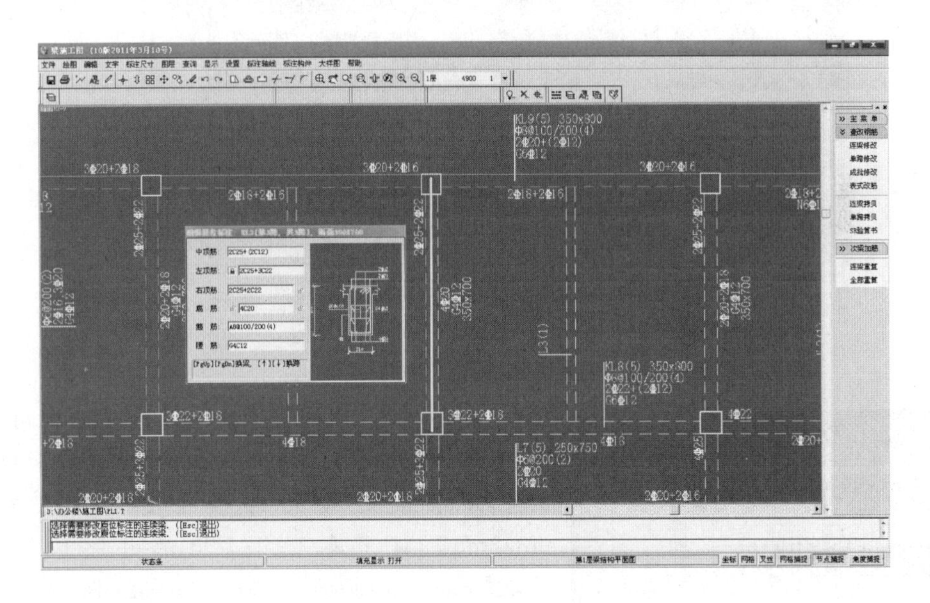

图 5.12　单跨修改

5.1.7　挠度图

点击“挠度图”，屏幕弹出挠度计算参数对话框（图 5.15）。梁挠度图的文件名为 ND ＊.T，＊为层号。可选择将现浇板作为受压翼缘，第 2 层梁的挠度图如图 5.16 所示，第 4 层梁的挠度图如图 5.17 所示。

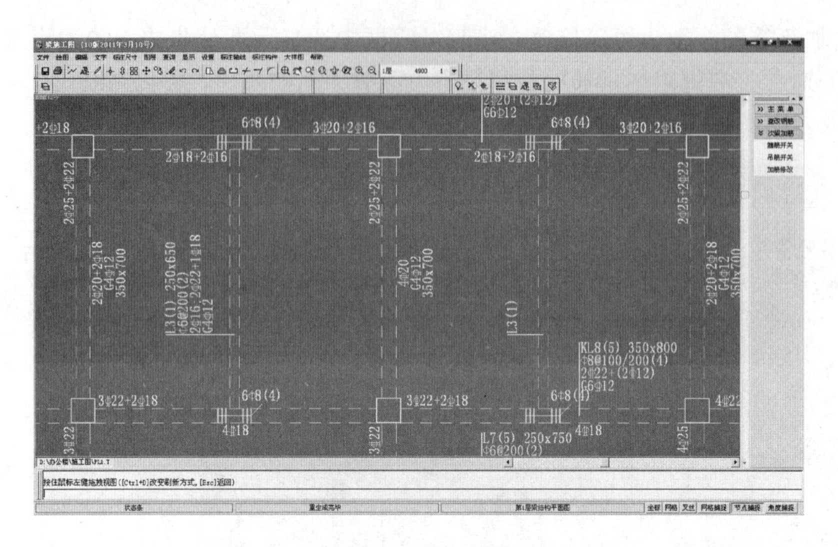

图 5.13　附加箍筋

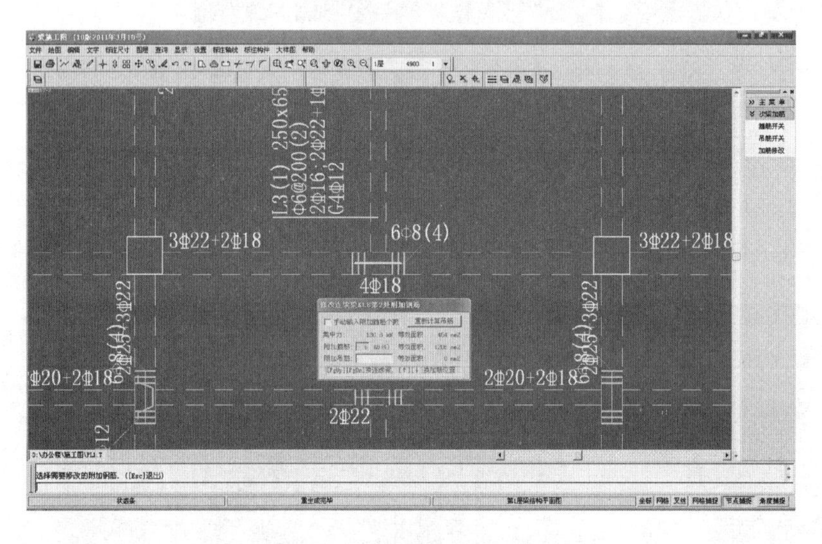

图 5.14　附加筋修改

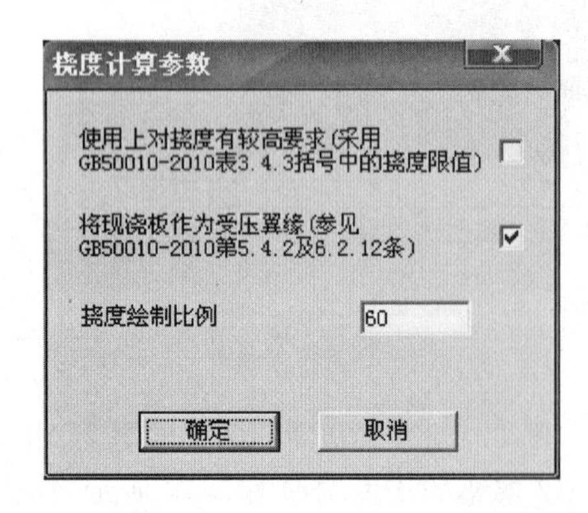

图 5.15　挠度计算参数对话框

从图 5.17 所示的第 4 层梁挠度图中可看出，井字梁部分的强度和裂缝均满足要求，但挠度较大。井字梁的最大的弯曲变形（挠度）为 48.2mm。对于本工程，虽然井字梁的挠度 48.2mm$<l_1/300=15600/300=52$mm，但这么大的挠度，作为楼板，将来要靠面层来找平，既不经济，也增加了楼面自重，自重增加又增大了梁的挠度；作为屋盖还可能导致屋面积水，积水的重力又增大挠度，挠度的增大又增加了积水，形成恶性循环。因此大跨结构必须严格控制挠度，考虑起拱后

的挠度应该是零或反拱。

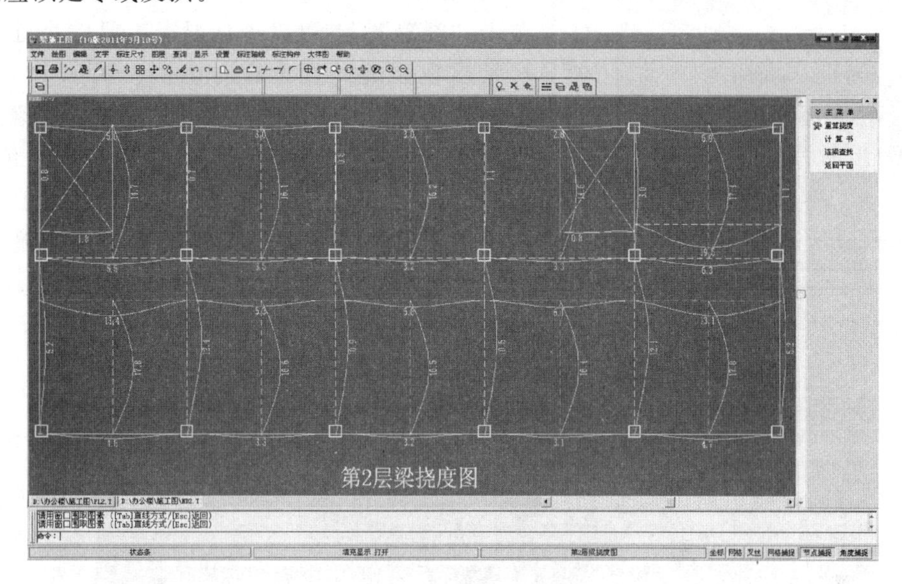

图 5.16　第 2 层梁挠度图

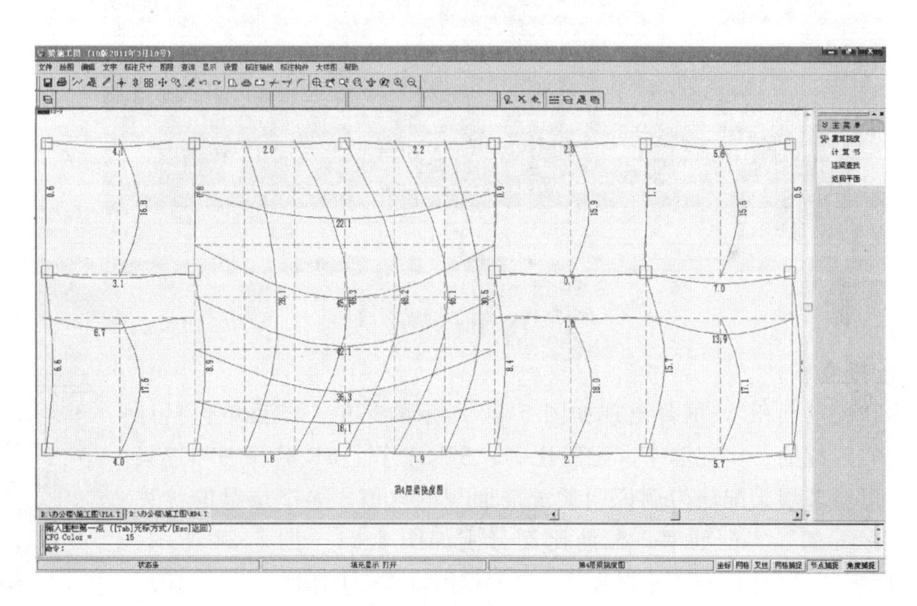

图 5.17　第 4 层梁挠度图

当然，井字梁挠度过大的原因是刚度不足，如果井字梁的截面尺寸满足一般的构造规定，则解决大跨度结构挠度过大的问题通常可采取预先起拱的措施，本实例中若按要求较高时 $f=l_1/400=15600/400=39$mm 考虑，则起拱值可取为 8.6mm(47.6－39＝8.6mm)。若将井字楼板的长期计算挠度控制在 $l_1/800$ 以内，则施工起拱值可取 28.1mm。混凝土结构工程施工规范规定，现浇钢筋混凝土梁板，当跨度等于或大于 4m 时，模板应起拱，当设计无具体要求时，起拱高度宜为全跨长度的 1/1000～3/1000。

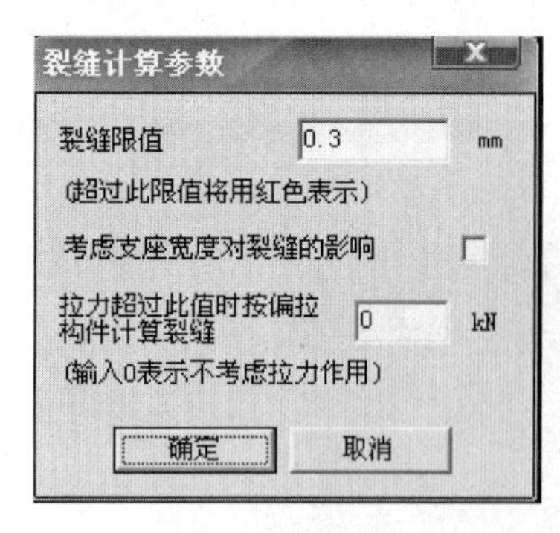

图 5.18　裂缝计算参数对话框

5.1.8　裂缝图

单击“裂缝图”，可以进行混凝土梁的裂缝宽度验算，屏幕出现裂缝计算参数对话框（图 5.18）。梁裂缝图的文件名为 LF＊.T，＊为层号。第 2 层梁的裂缝图如图 5.19 所示。裂缝若不满足要求，以红色显示。需要注意的是通过增大配筋面积减小裂缝宽度是比较没有效率的做法，通常钢筋面积增大很多裂缝才能下降一点。其他方法，如增大梁高、减小钢筋直径或增大保护层厚度则可以比较迅速的减小裂缝宽度。

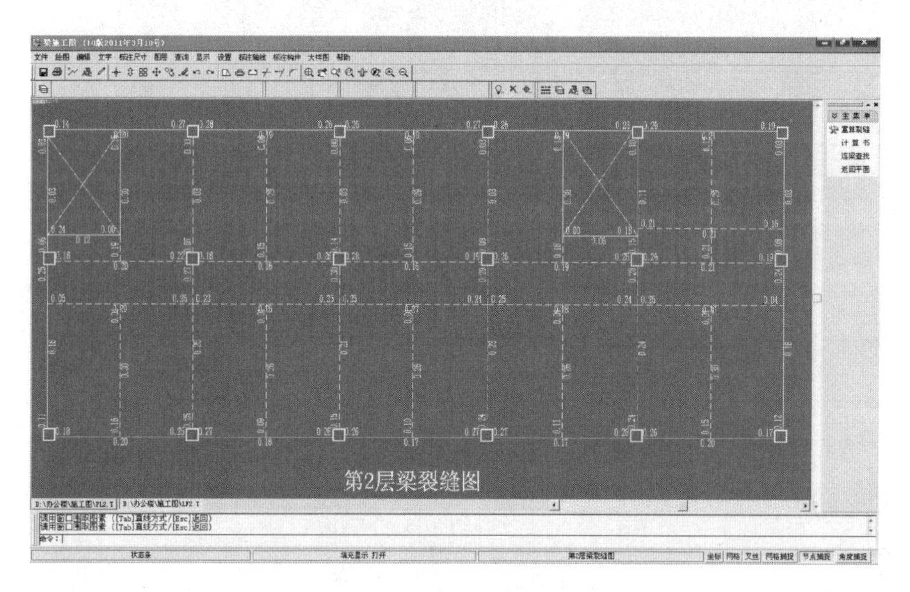

图 5.19　第 2 层梁裂缝图

5.1.9　配筋面积

点击“配筋面积”，屏幕出现如图 5.20 所示的菜单。该菜单包括计算配筋、实际配筋、实配筋率、配筋比例、S/R 验算、SR 验算书和连梁查找等。以第 2 层梁配筋为例说明梁配筋面积的取值。第 2 层梁的计算配筋、实际配筋、实配筋率、配筋比例分别如图 5.21～图 5.24 所示。图 5.24 中圆圈里面的 1.04 是根据图 5.21 和图 5.22 计算得出，即 1018÷977＝1.04。

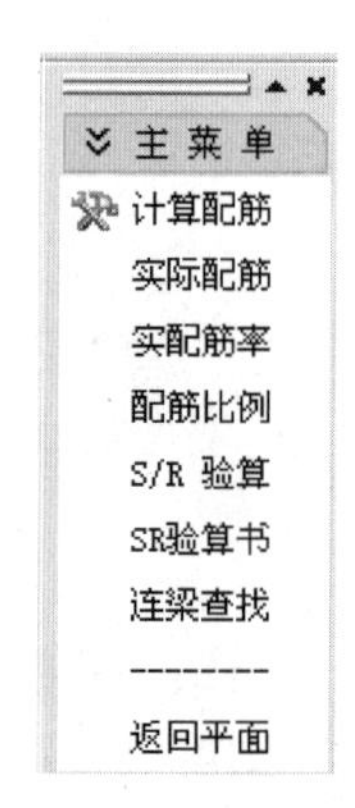

图 5.20　配筋面积菜单

5.2　柱平法施工图

5.2.1　柱平面整体表示法

柱平法施工图是在柱平面布置图上采用列表注写方式或截面注写方式表达。在柱平法施工图中，应注明各结构层的楼面标高、结构层高及相应的结构层号。

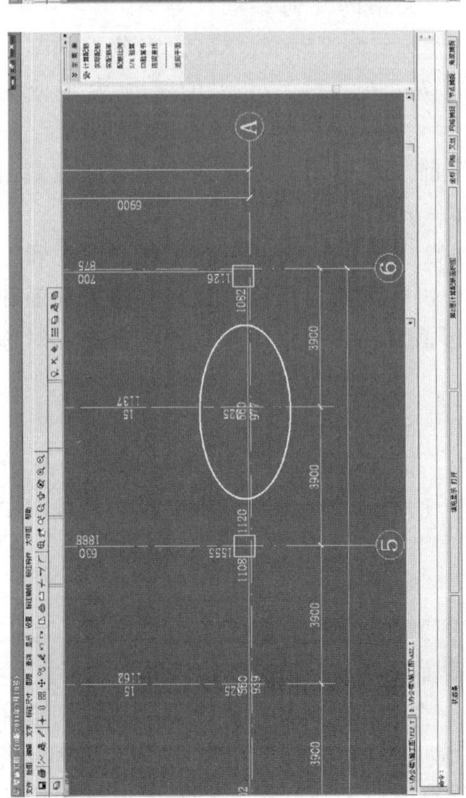

图 5.21　计算配筋面积

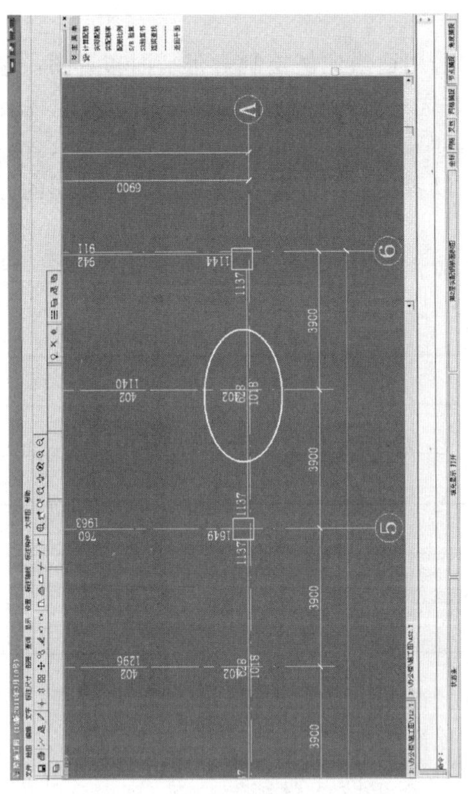

图 5.22　实际配筋面积

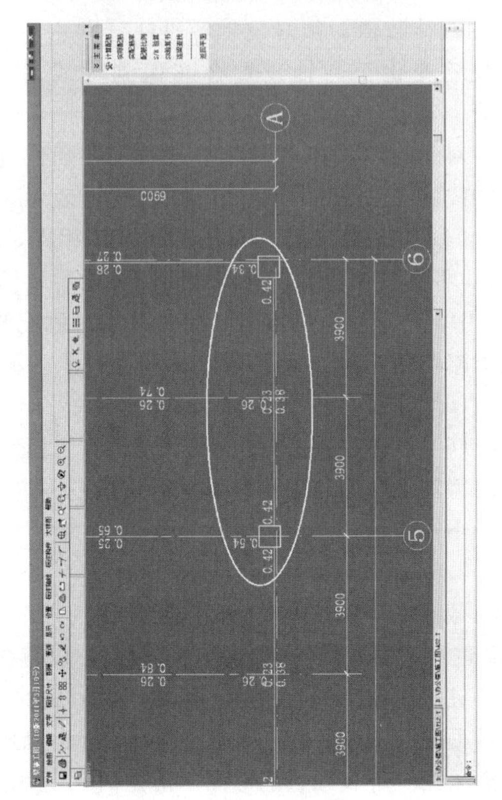

图 5.23　梁实配筋率

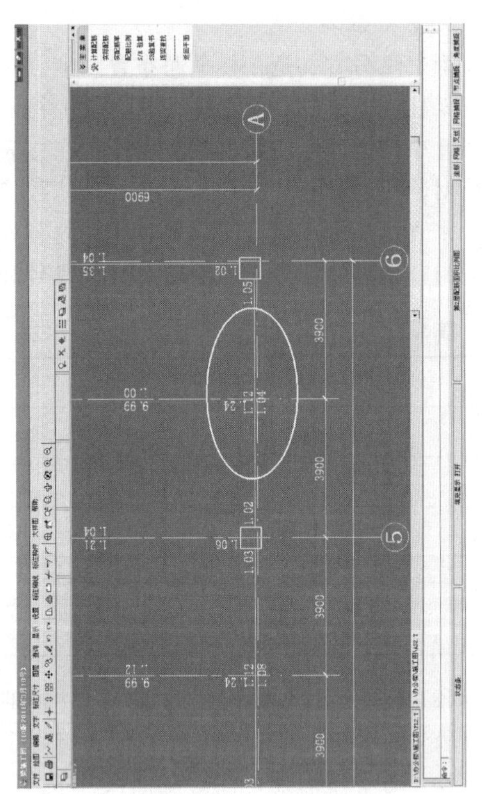

图 5.24　梁配筋比例

1. 列表注写方式

列表注写方式是在柱平面布置图上（一般只需采用适当比例绘制一张平面布置图，包括框架柱、框支柱、梁上柱和剪力墙上柱），分别在同一编号的柱中选择一个（有时需要选择几个）截面标注几何参数代号；在柱表中注写柱号、柱段起止标高、几何尺寸（含柱截面对轴线的偏心情况）与配筋的具体数值，并配以各种柱截面形状及其箍筋类型图的方式，来表达柱平法施工图。列表注写内容如下：

（1）注写柱编号。柱编号由类型代号和序号组成，应符合表5.2的规定。

表5.2　　柱　编　号

柱类型	代号	序号
框架柱	KZ	XX
框支柱	KZZ	XX
芯柱	XZ	XX
梁上柱	LZ	XX
剪力墙上柱	QZ	XX

（2）注写各段柱的起止标高，自柱根部往上以变截面位置或截面未变但配筋改变处为界分段注写。框架柱和框支柱的根部标高是指基础顶面标高。

（3）对于矩形柱，注写截面尺寸 $b\times h$ 及与轴线关系的几何参数代号 b_1、b_2 和 h_1、h_2 的具体数值，须对应于各段柱分别注写，其中 $b=b_1+b_2$，$h=h_1+h_2$。当截面的某一边收缩变化至与轴线重合或偏到轴线另一侧时，b_1、b_2、h_1、h_2 中的某项为零或为负值。

对于圆柱，表中 $b\times h$ 一栏改用在圆柱直径数字前加 d 表示。为表达简单，圆柱截面与轴线的关系也可用 b_1、b_2 和 h_1、h_2 表示，并使 $d=b_1+b_2=h_1+h_2$。

（4）注写柱纵筋。当柱纵筋直径相同，各边根数也相同时（包括矩形柱、圆柱和芯柱）。将纵筋注写在“全部纵筋”一栏中；除此之外，柱纵筋分角筋、截面 b 边中部筋和 h 边中部筋三项分别注写（对于采用对称配筋的矩形截面柱，可仅注写一侧中部筋，对称边省略不注）。

（5）注写箍筋类型号及箍筋肢数。

（6）注写柱箍筋，包括钢筋级别、直径与间距。当为抗震设计时，用斜线“/”区分柱段箍筋加密区与柱身非加密区长度范围内箍筋的不同间距。当箍筋沿柱全高为一种间距时，不需使用“/”线。

2. 截面注写方式

截面注写方式是在分标准层绘制的柱平面布置图的柱截面上，分别在同一编号（按表5.2进行编号）的柱中选择一个截面，以直接注写截面尺寸和配筋具体数值的方式。

柱平法施工图绘制时，从相同编号的柱中选择一个截面，按另一种比例原位放大绘制柱截面配筋图，并在各配筋图上继其编号后再注写截面尺寸 $b\times h$、角筋或全部纵筋（当纵筋采用一种直径且能够图示清楚时）、箍筋的具体数值以及在柱截面配筋图上标注柱截

面与轴线关系 b_1、b_2 和 h_1、h_2 的具体数值。

当纵筋采用两种直径时，须再注写截面各边中部筋的具体数值（对于采用对称配筋的矩形截面柱，可仅在一侧注写中部筋，对称边省略不注）。

5.2.2　参数修改、归并和绘新图

单击“柱平法施工图”，屏幕出现如图 5.25 所示的柱平法施工图主菜单。单击“参数修改”，出现参数修改菜单（图 5.26、图 5.27）。柱钢筋的归并和选筋，是柱施工图最重要的功能。程序归并选筋时，自动根据在此填入的各种归并参数，并参照相应的规范条文对整个工程的柱进行归并选筋。柱归并是在全楼范围内进行，归并条件是满足几何条件（柱单元数、单元高度和截面形状与大小）相同并满足给出的归并系数。柱归并考虑每根柱两个方向的纵向受力钢筋和箍筋。参数修改中的归并参数修改后，程序会自动提示设计人员是否重新执行归并命令。由于重新归并后配筋将有变化，程序将刷新当前层图形，钢筋标注内容将按照程序默认的位置重新标注。

根据国家建筑标准设计图集《混凝土结构施工图平面整体表示方法制图规则和构造详图》（11G101—1）的表示方法，填写其他各项内容。

单击“绘新图”，以第 2 层柱为例，添加轴线、标高表等，屏幕如图 5.28 所示。柱平法施工图的文件名为 ZPM＊.T，＊为层号。

图 5.25　柱平法施工图主菜单

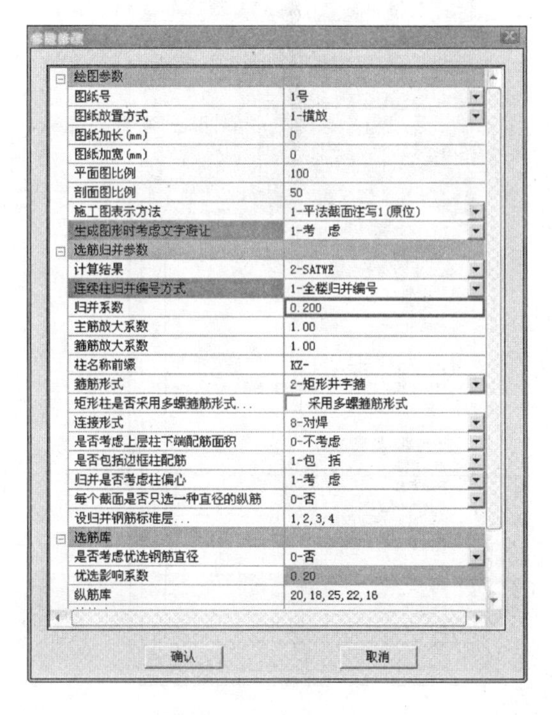

图 5.26　参数修改（一）

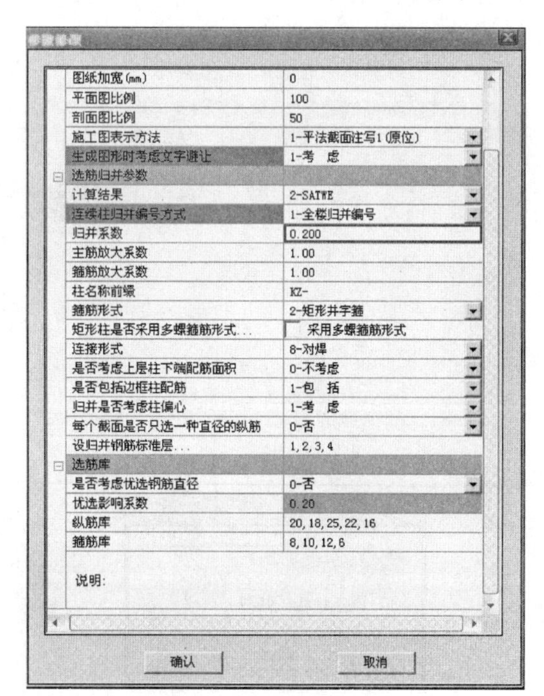

图 5.27　参数修改（二）

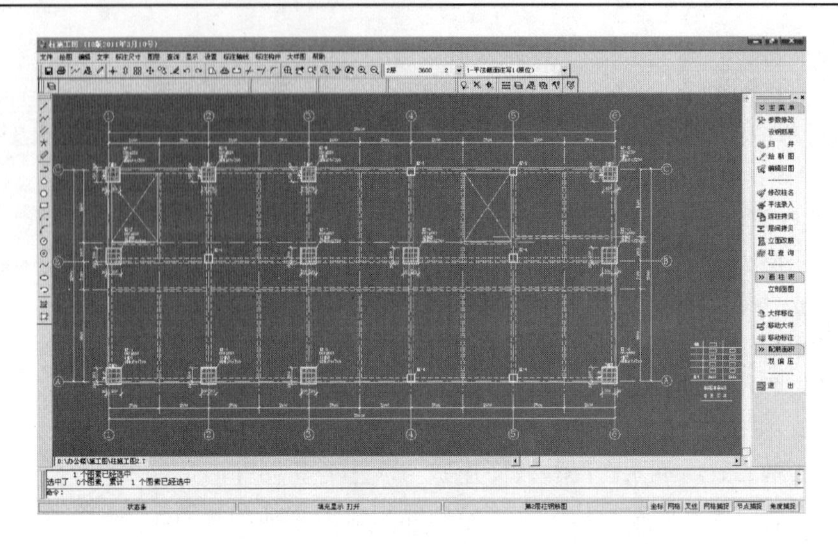

图 5.28　第 2 层柱的平法施工图

5.2.3　修改柱名

设计人员可以根据需要指定框架柱的名称，对于配筋相同的同一组柱子可以一同修改柱子的名称，如图 5.29 所示。

5.2.4　平法录入

可以利用平法录入对话框的方式修改柱钢筋，在对话框中不仅可以修改当前层柱的钢筋，也可以修改其他层的钢筋。对话框还包含了该柱的其他信息，如几何信息、计算数据和绘图参数（图 5.30）。

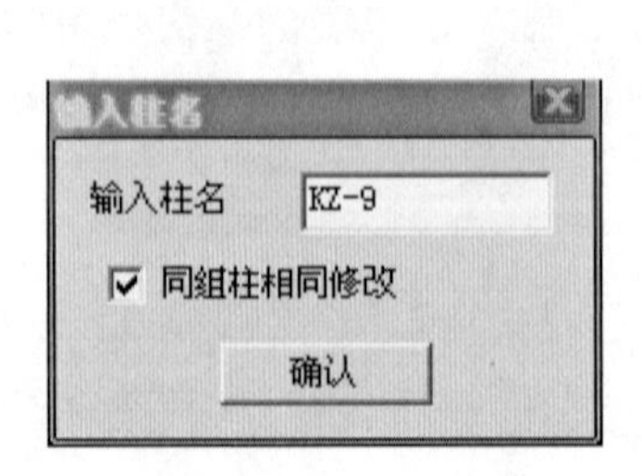

图 5.29　修改柱名

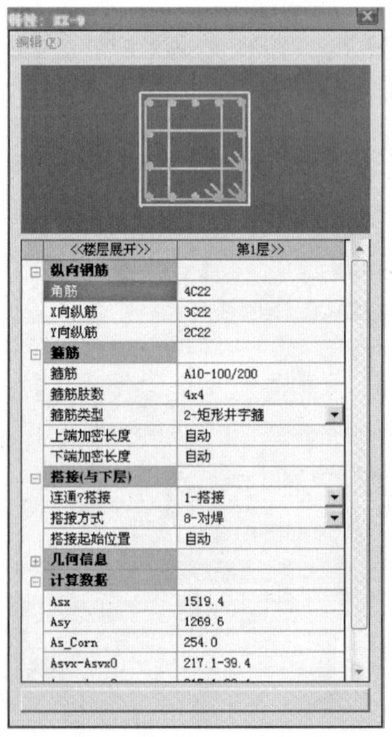

图 5.30　平法录入对话框

5.2.5　立面改筋

点击“立面改筋”，屏幕出现全部柱子的立面线框图并显示柱子的配筋信息，可以进行修改配筋的操作方式，如图 5.31 所示。包括修改钢筋、钢筋拷贝、重新归并、移动大样、插入图框和返回平面菜单。

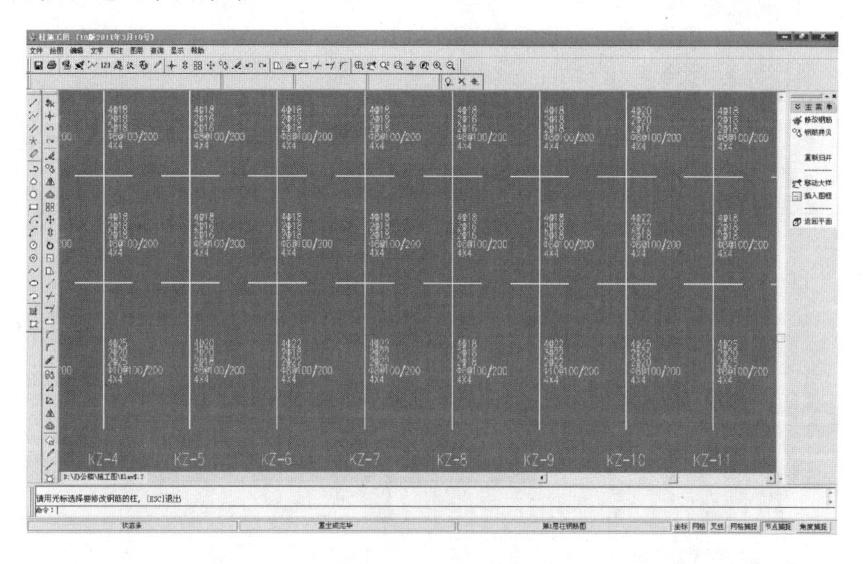

图 5.31　立面改筋

5.2.6　柱查询

柱查询功能可以快速定位柱子在平面中的位置。点击柱查询菜单，在出现的对话框中单击需要定位的柱名称，程序会用高亮闪动的方式显示查询到的柱子（图 5.32 中的 KZ－7）。

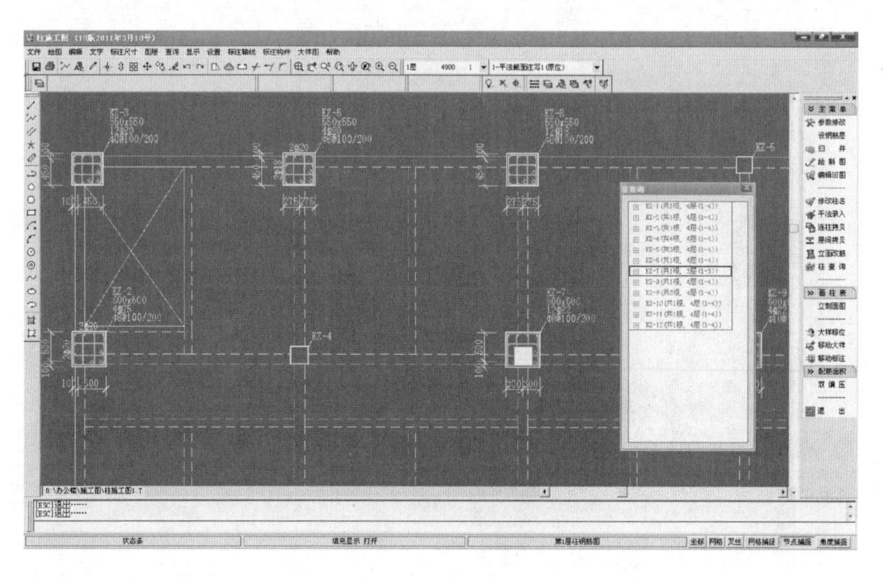

图 5.32　柱查询菜单

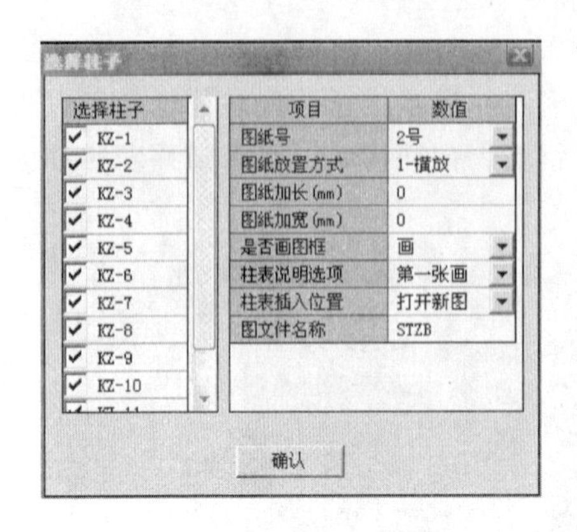

图5.33 “选择柱子”对话框

5.2.7 画柱表

绘制新图只绘制了柱施工图的平面图部分，画柱表菜单包括平法柱表、截面柱表、PMPM柱表、广东柱表等四种表式画法，需要设计人员交互选择要表示的柱、设置柱表绘制的参数，然后出柱表施工图。这四种画法的操作基本相同，选择相应的命令后，会弹出“选择柱子”对话框（图5.33），设计人员选择要绘制的柱和相应的参数设置，确认之后，绘制出表式画法的柱施工图。平法柱表、截面柱表、PMPM柱表、广东柱表四种表式画法的柱施工图分别如图5.34～图5.37所示。

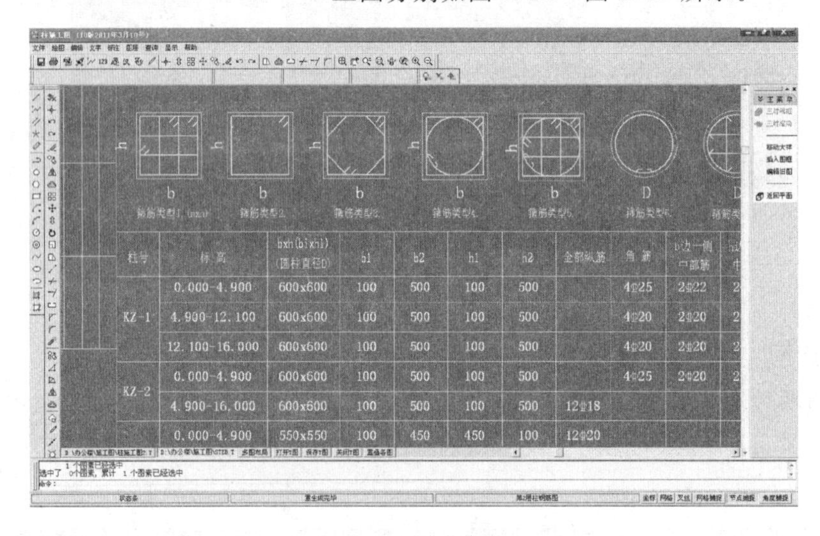

图5.34 平法柱表

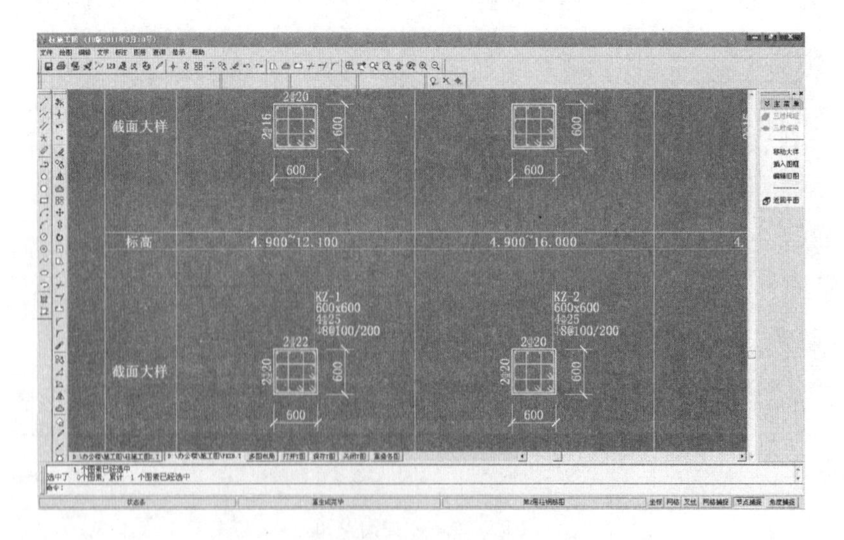

图5.35 截面柱表

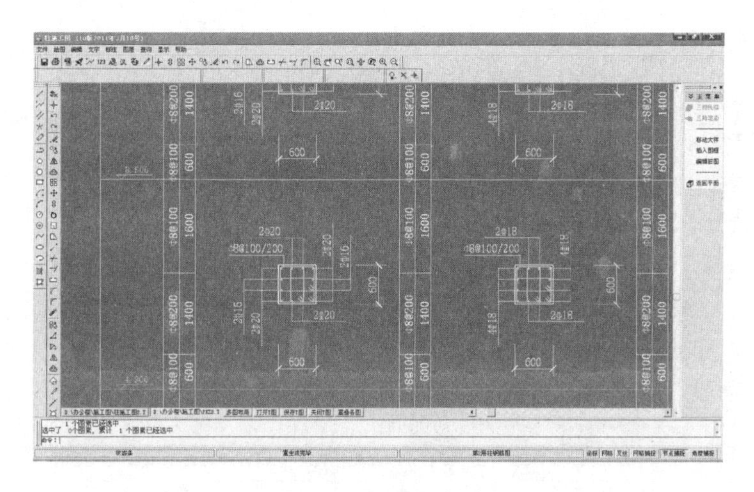

图 5.36　PMPM 柱表

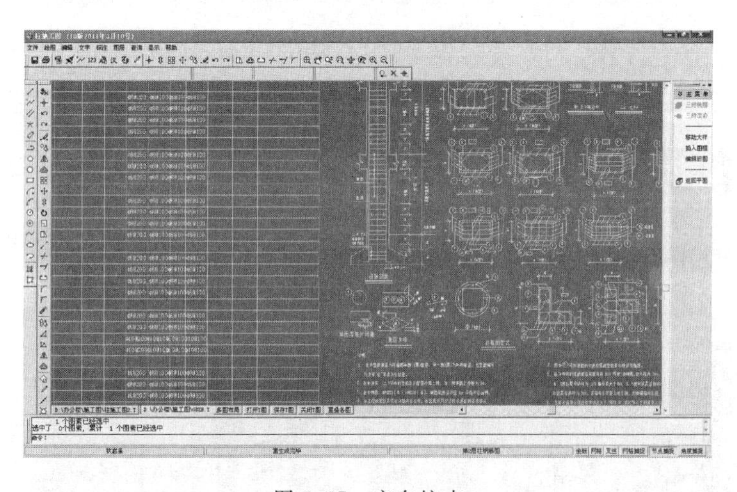

图 5.37　广东柱表

图 5.38　选择柱子对话框

5.2.8　立剖面图

点击“立剖面图”，出现“选择柱子”对话框（图 5.38），选择要绘制立剖面图的柱，然后根据对话框的提示，修改相应的参数，确定之后，屏幕出现该柱子的立剖面图和钢筋表（图 5.39）。选择三维渲染，可以查看该柱与梁的位置关系（图 5.40）。

5.2.9　配筋面积

点击“配筋面积”，屏幕出现如图 5.41 所示的菜单。该菜单包括计算配筋、实配面积、校核配筋和重新归并等。以第 2 层柱配筋为例说明柱配筋面积的取值。第 2 层柱的计算配筋、实配面积分别如图 5.42 和图 5.43 所示。在图 5.42 中显示了柱的计算配筋面积，其中 T 表示 X（或 Y）方向柱上端纵筋面积（mm^2）；B

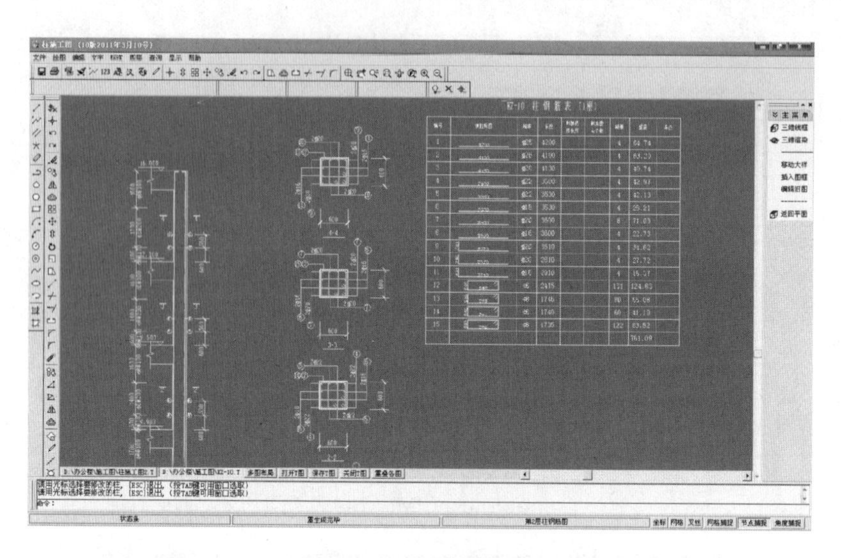

图 5.39　柱子的立剖面图和钢筋表

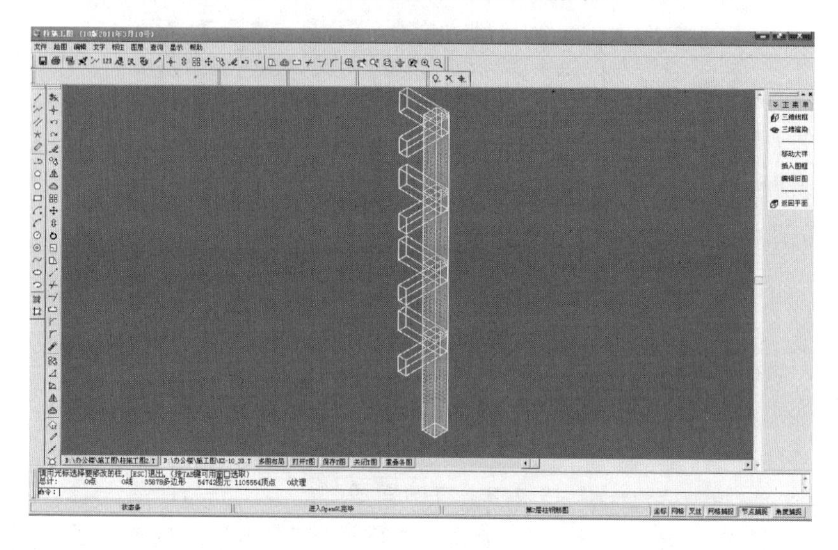

图 5.40　三维渲染

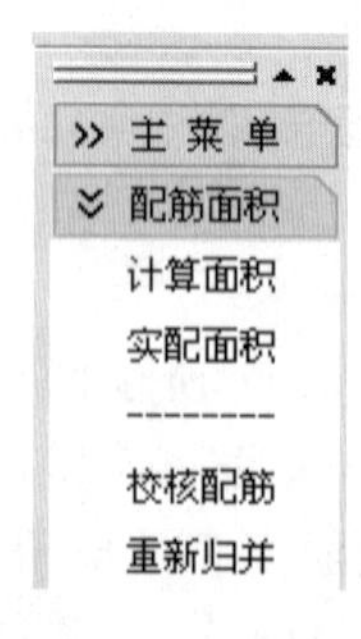

图 5.41　配筋面积菜单

表示 X（或 Y）方向柱下端纵筋面积（mm^2）；G 表示加密区和非加密区的箍筋面积（mm^2）。在图 5.43 中显示了柱的实配钢筋面积，其中 A_{sx} 表示 X 方向纵筋面积（mm^2）；A_{sy} 表示 Y 方向纵筋面积（mm^2）；GX（100mm）表示 X 方向加密区和非加密区的箍筋面积（mm^2）；GY（100mm）表示 Y 方向加密区和非加密区的箍筋面积（mm^2）。当实配钢筋对应项数值小于计算配筋面积时，会提示“有不满足计算要求的柱，请检查！”，并用红色的文字显示标注出不满足计算要求的柱。

5.2.10　双偏压验算

点击“双偏压验算”，程序验算后，对于不满足承载力要求的柱，柱截面以红色填充显示。对于不满足双偏压验算承载力要求的柱，可以

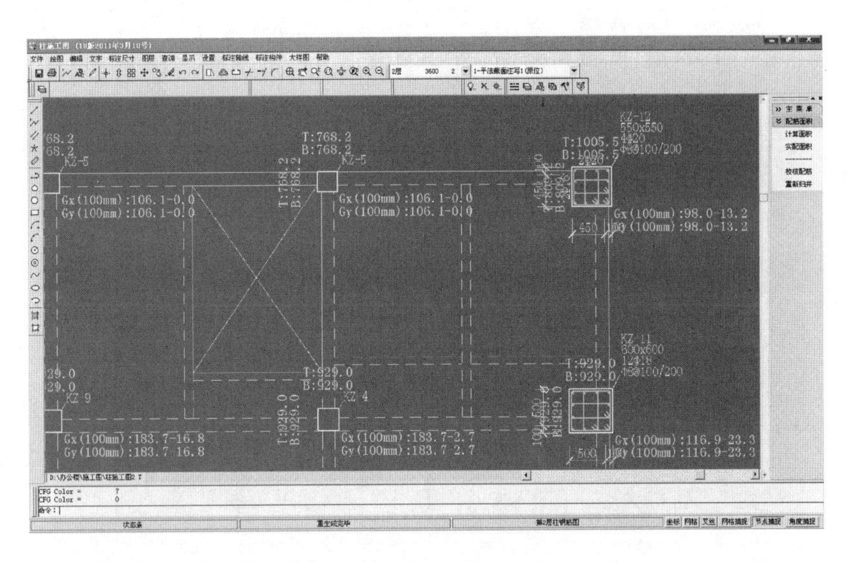

图 5.42　计算配筋面积

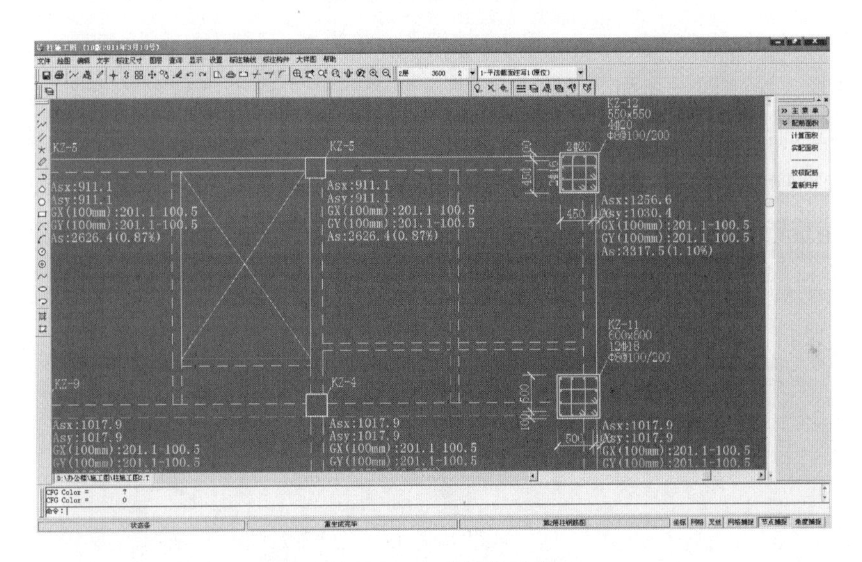

图 5.43　实配钢筋面积

直接修改实配钢筋，再次验算直到满足为止。

由于双偏压、双偏拉配筋计算是一个多解的过程，所以采用不同的布筋方式会得到不同计算结果，它们都可以满足承载力的要求。

5.3　结构施工图绘制

5.3.1　框架施工图绘制

1. 挑选一个框架结构

单击墙梁柱施工图主菜单 5“挑选一个框架结构”，屏幕弹出计算结果选择框（图 5.44），选择“接 SATWE 计

图 5.44　计算结果选择框

算结果”，单击“确定”，屏幕弹出结构平面简图进行框架选择（图5.45），选择⑤轴线的框架。

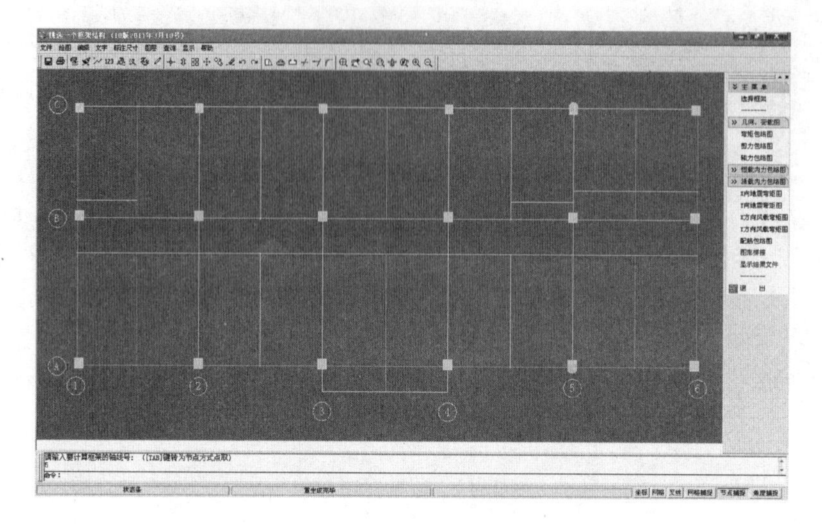

图5.45　框架选择框

（1）几何、荷载图。几何、荷载图包括框架立面图、恒载计算简图和活载计算简图。选择“框架立面图”，屏幕显示如图5.46所示。选择“恒载计算简图”，屏幕显示如图5.47所示。选择“活载计算简图”，屏幕显示如图5.48所示。

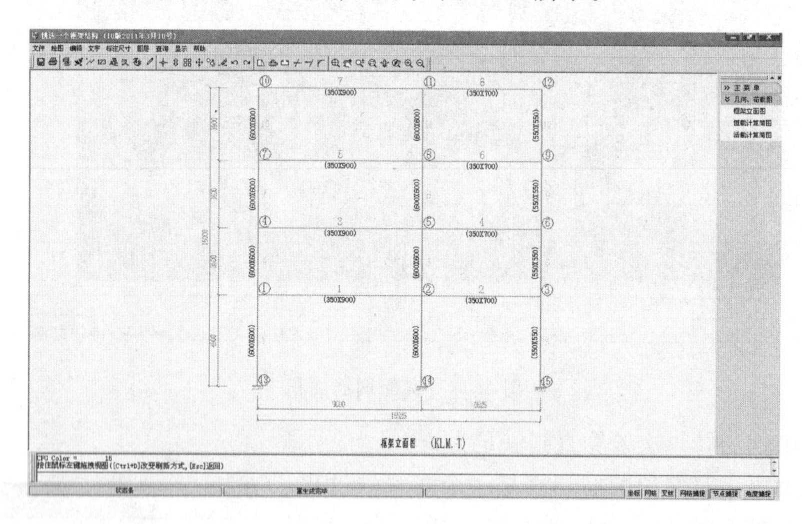

图5.46　框架立面图

（2）恒载内力包络图。选择恒载内力包络图，屏幕弹出内力种类选择框，选择框有弯矩图、剪力图和轴力图三个选项，分别可以显示恒载作用下的弯矩图（图5.49）、剪力图和轴力图。

（3）活载内力包络图。选择活载内力包络图，屏幕弹出内力种类选择框，选择框有弯矩图、剪力图和轴力图三个选项，分别可以显示活载作用下的弯矩包络图（图5.50）、剪力包络图和轴力包络图。

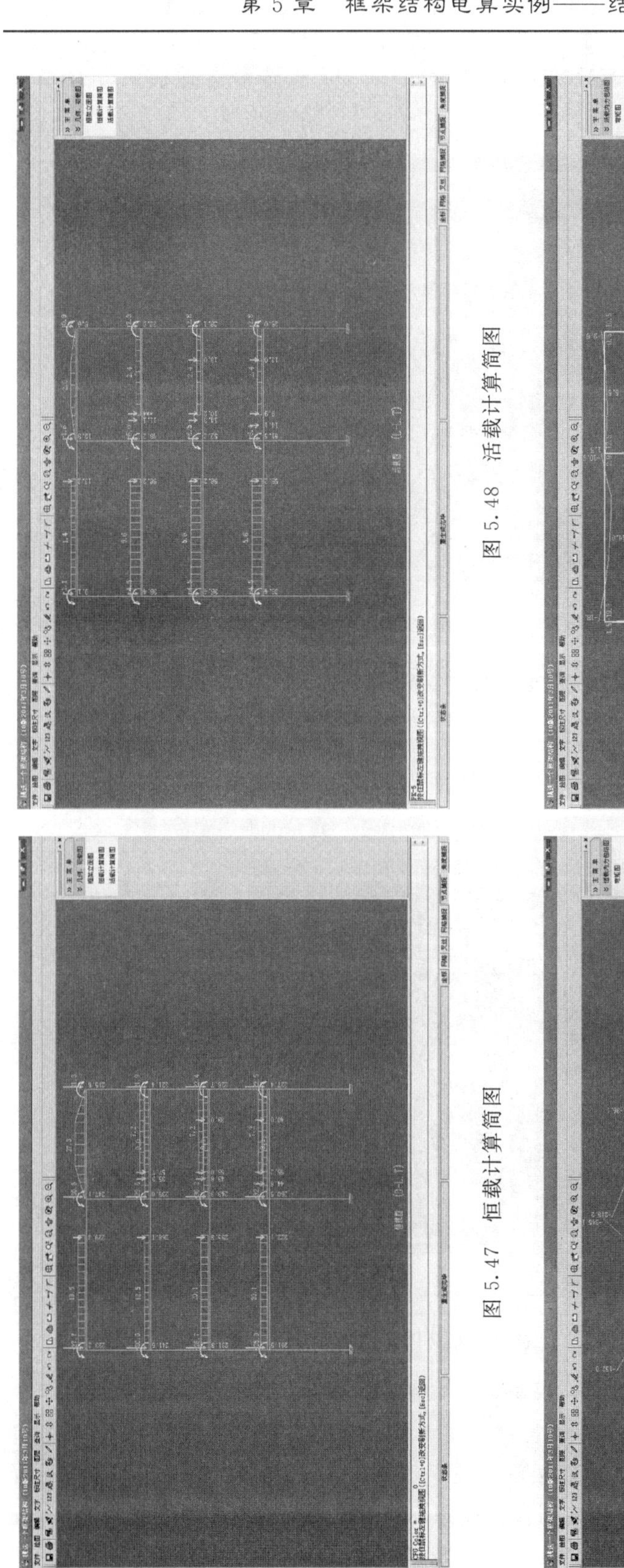

图 5.47　恒载计算简图

图 5.48　活载计算简图

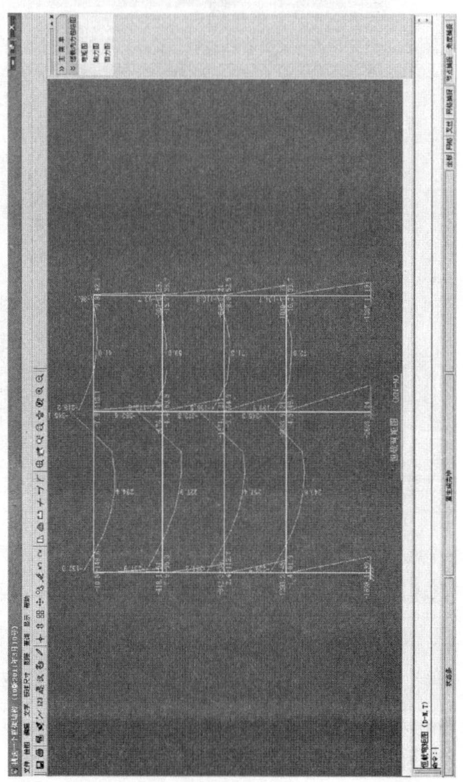

图 5.49　恒载作用下的弯矩图

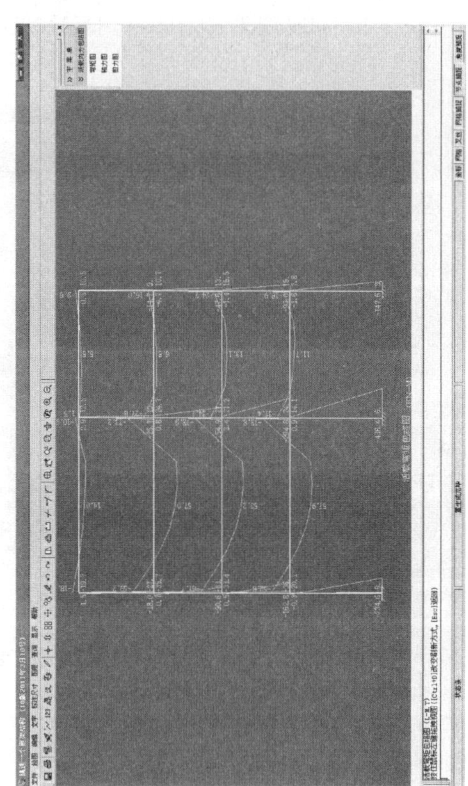

图 5.50　活载弯矩包络图

(4) Y 方向地震弯矩图。选择 Y 方向地震弯矩图，屏幕显示右地震弯矩图（图 5.51）。

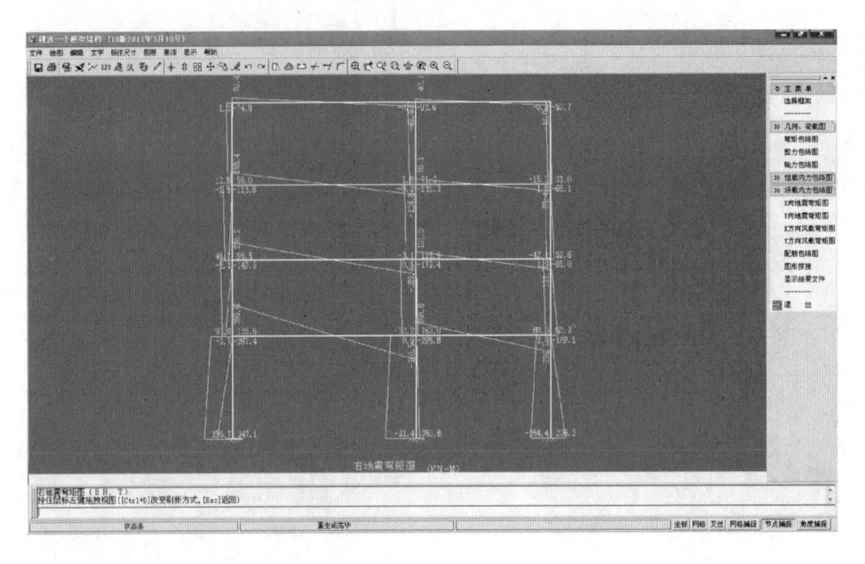

图 5.51　右地震弯矩图

(5) Y 方向风载弯矩图。选择 Y 方向风载弯矩图，屏幕显示右风载弯矩图（图 5.52）。

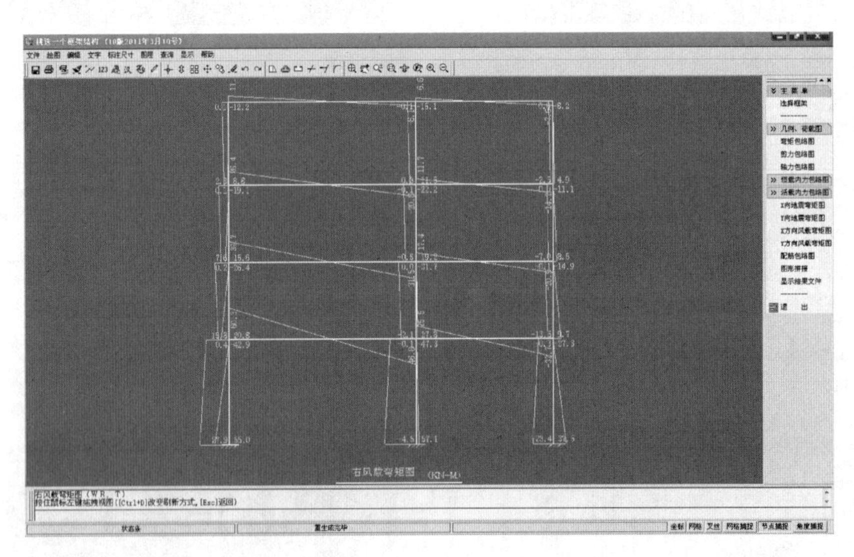

图 5.52　右风载弯矩图

(6) 配筋包络图。选择配筋包络图，屏幕显示如图 5.53 所示的配筋包络图。

2. 画整榀框架施工图

单击梁柱施工图主菜单 6 “画整榀框架施工图”，屏幕弹出 PK 选筋、绘图参数选择框。填写归并放大等参数（图 5.54）、绘图参数（图 5.55）、钢筋信息（图 5.56）和补充输入（图 5.57）参数选项卡。

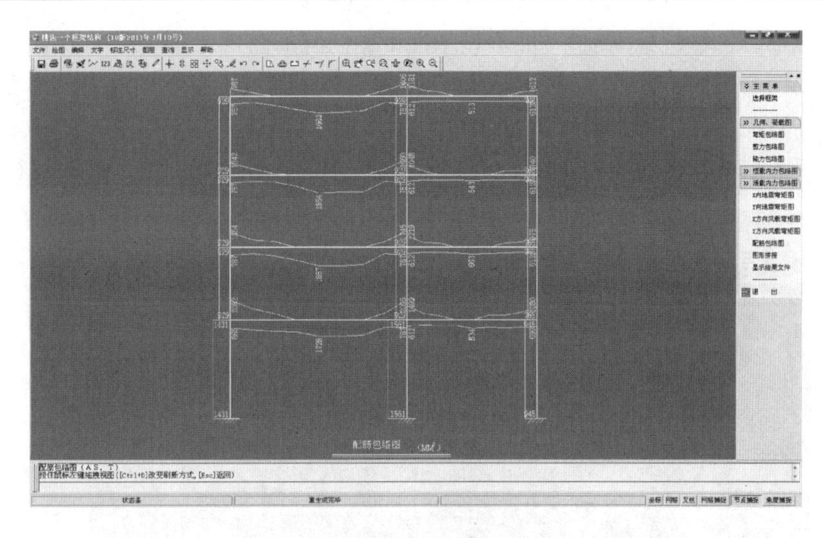

图 5.53　配筋包络图

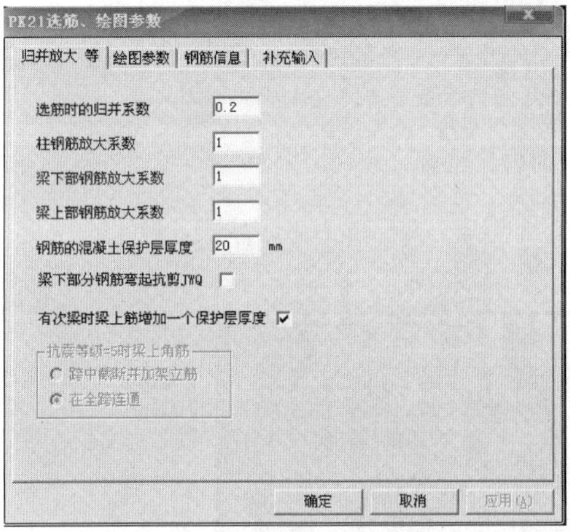

PK21选筋、绘图参数

归并放大 等 | 绘图参数 | 钢筋信息 | 补充输入

选筋时的归并系数 0.2

柱钢筋放大系数 1

梁下部钢筋放大系数 1

梁上部钢筋放大系数 1

钢筋的混凝土保护层厚度 20 mm

梁下部分钢筋弯起抗剪JWQ

有次梁时梁上筋增加一个保护层厚度

抗震等级=5时梁上角筋

跨中截断并加架立筋

在全跨连通

确定　取消　应用(A)

图 5.54　归并放大等参数选项卡

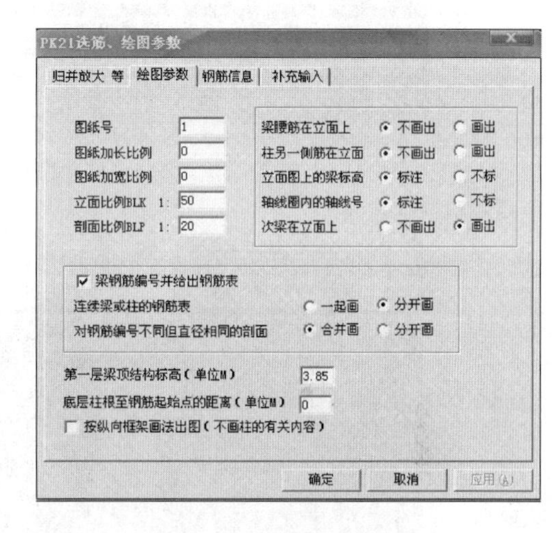

图 5.55　绘图参数选项卡

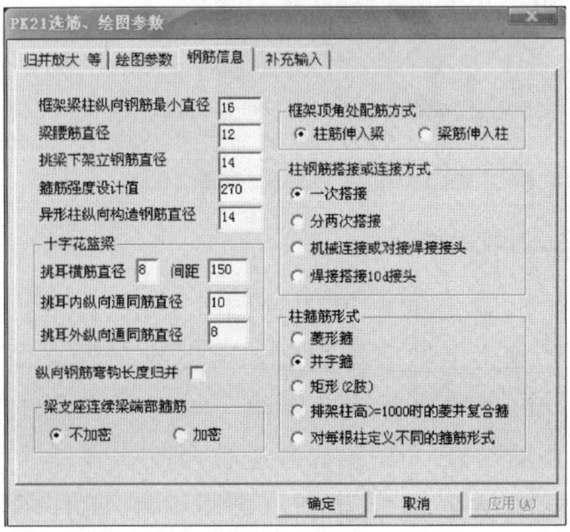

PK21选筋、绘图参数

归并放大 等 | 绘图参数 | 钢筋信息 | 补充输入

框架梁柱纵向钢筋最小直径 16

梁腰筋直径 12

挑梁下架立钢筋直径 14

箍筋强度设计值 270

异形柱纵向构造钢筋直径 14

十字花篮梁

挑耳横筋直径 8　间距 150

挑耳内纵向通同筋直径 10

挑耳外纵向通同筋直径 8

纵向钢筋弯钩长度归并

梁支座连续梁端部箍筋

不加密　加密

框架顶角处配筋方式

柱筋伸入梁　梁筋伸入柱

柱钢筋搭接或连接方式

一次搭接

分两次搭接

机械连接或对接焊接接头

焊接搭接10d接头

柱箍筋形式

菱形箍

井字箍

矩形（2肢）

排架柱高>=1000时的菱井复合箍

对每根柱定义不同的箍筋形式

确定　取消　应用(A)

图 5.56　钢筋信息选项卡

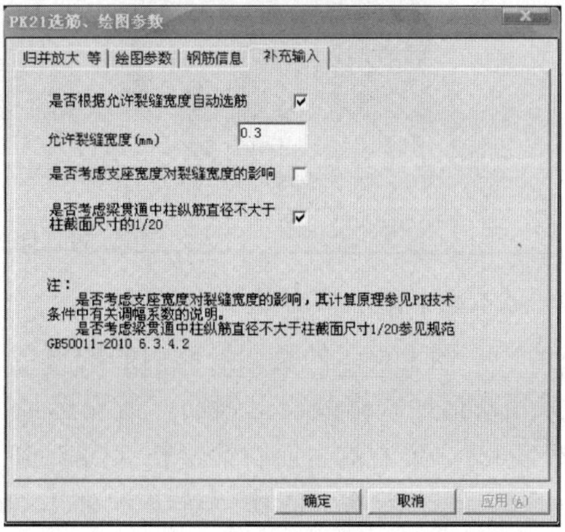

PK21选筋、绘图参数

归并放大 等 | 绘图参数 | 钢筋信息 | 补充输入

是否根据允许裂缝宽度自动选筋

允许裂缝宽度(mm) 0.3

是否考虑支座宽度对裂缝宽度的影响

是否考虑梁贯通中柱纵筋直径不大于柱截面尺寸的1/20

注：

是否考虑支座宽度对裂缝宽度的影响，其计算原理参见PK技术条件中有关调幅系数的说明。

是否考虑梁贯通中柱纵筋直径不大于柱截面尺寸1/20参见规范GB50011-2010 6.3.4.2

确定　取消　应用(A)

图 5.57　补充输入选项卡

（1）柱纵筋。选择“柱纵筋”，屏幕显示柱平面内配筋图（图5.58，文件名为ZJ.T）和柱平面外配筋图（图5.59，文件名为ZJY.T）。柱对称配筋图上显示的是柱对称配筋的单边钢筋的根数和直径（柱左数字为根数，柱右数字为直径）。若采用对话框式修改柱筋，需先选择柱段，再点取要修改的内容（图5.60），可对柱主筋、柱箍筋和主筋接头进行修改。

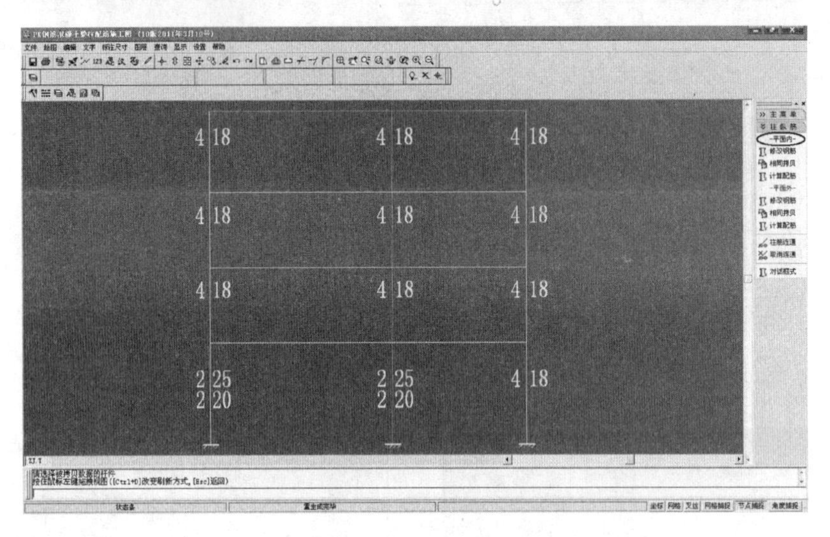

图5.58　柱框架平面内配筋图

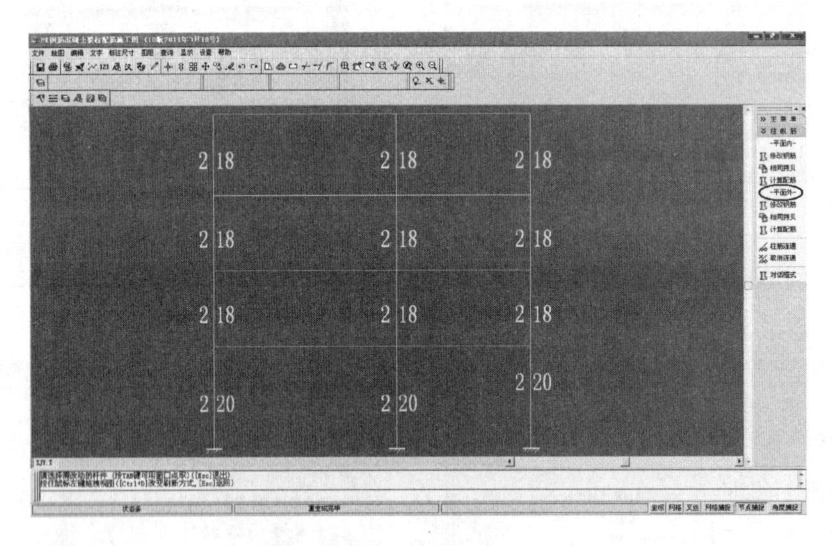

图5.59　柱框架平面外配筋图

（2）梁上配筋。选择“梁上配筋”，屏幕显示梁上部配筋图（图5.61，文件名为LSJ.T），图上显示的是梁上部钢筋的根数和直径（梁上数字为根数，梁下数字为直径）。若采用对话框式修改梁上钢筋，需先选择梁段，再点取要修改的内容，可对梁左端主筋（图5.62）、梁右端主筋、梁箍筋（图5.63）和上筋断点（图5.64）进行修改。

（3）梁下配筋。选择“梁下配筋”，屏幕显示梁下部配筋图（图5.65，文件名为LXJ.T），图上显示的是梁下部钢筋的根数和直径（梁上数字为根数，梁下数字为直径）。

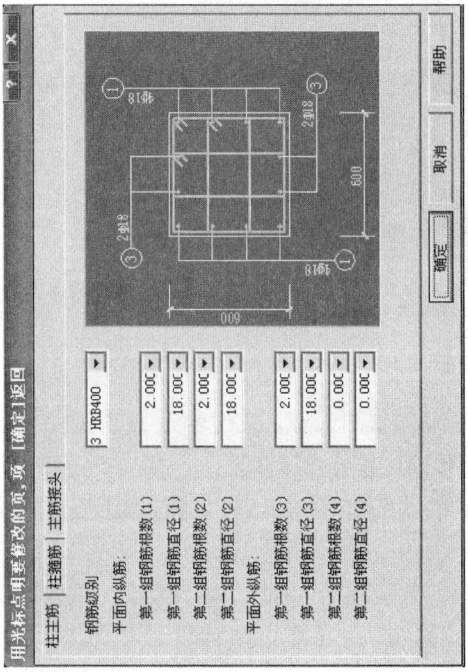

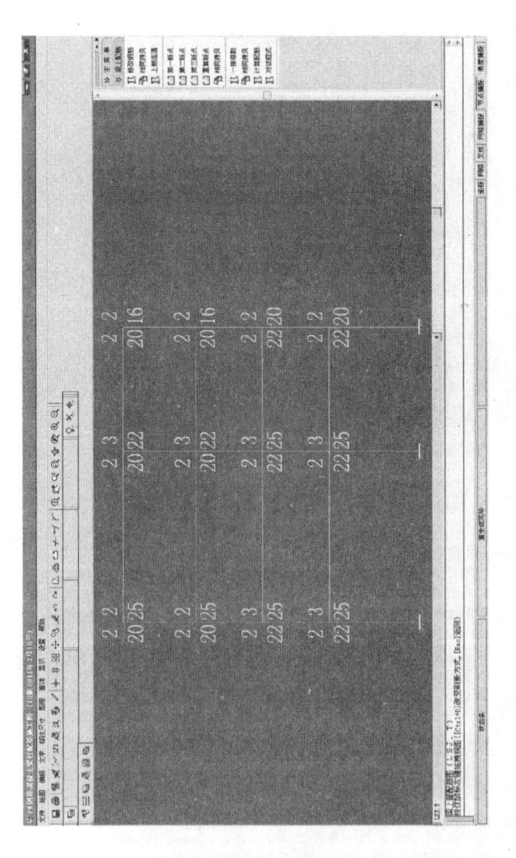

图 5.61　梁上部配筋图

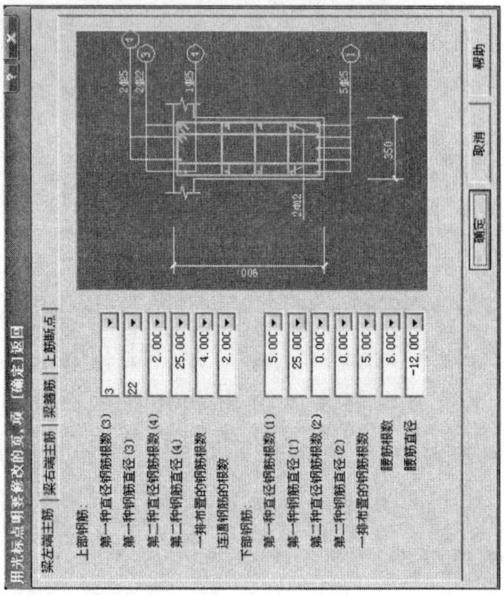

图 5.60　对话框式修改柱筋

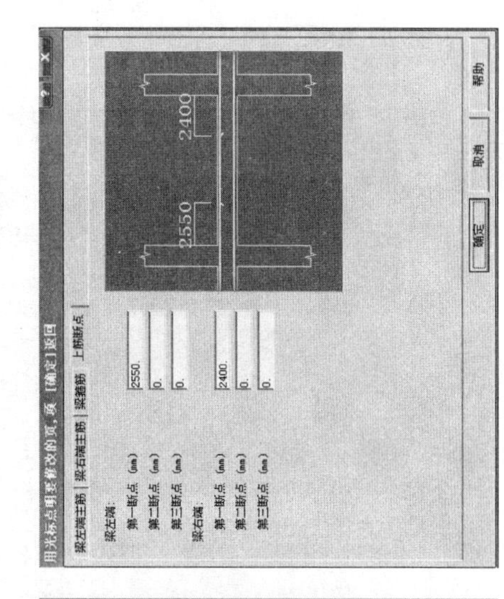

图 5.64　对话框式修改梁上筋断点

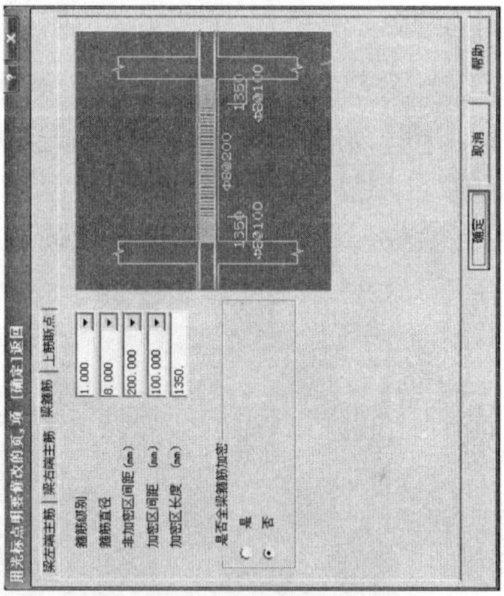

图 5.63　对话框式修改梁箍筋

图 5.62　对话框式修改梁主筋

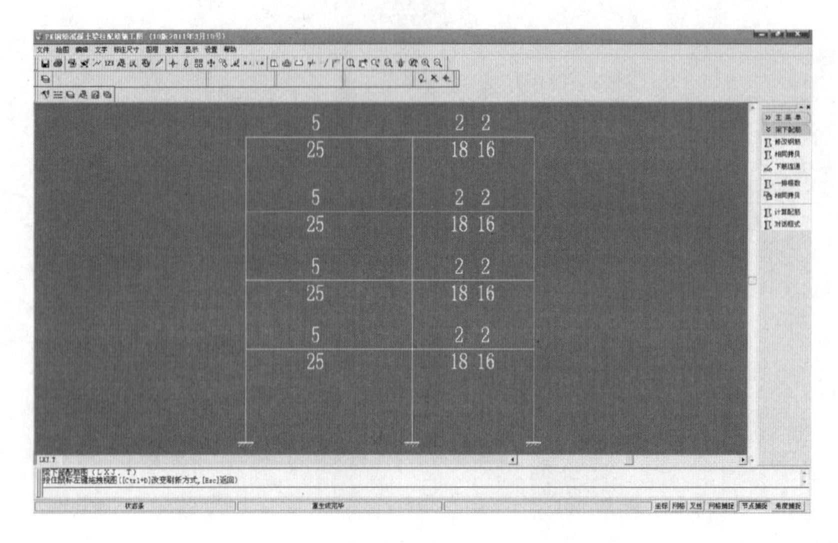

图 5.65　梁下部配筋图

（4）梁柱箍筋。选择“梁柱箍筋”，屏幕显示梁柱箍筋图（图 5.66，文件名为 GJ. T），图上显示的是梁柱箍筋的直径和级别。用右侧菜单区的加密长度、加密间距、非加密区可分别显示杆件箍筋加密区长度、加密区间距、非加密区间距。

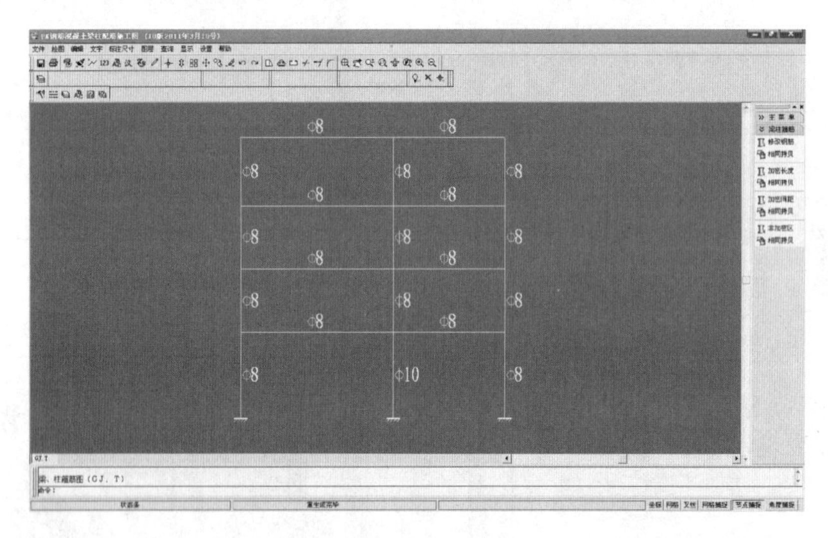

图 5.66　梁柱箍筋图

（5）梁腰筋。选择“梁腰筋”，屏幕显示梁腰筋配筋图（图 5.67，文件名为 YOJ. T），图上显示的是梁腰筋的直径和级别。用右侧菜单区的改梁腰筋可进行直接修改。

（6）节点箍筋。该选项用来显示或修改节点区的箍筋直径和级别，箍筋间距程序内定为 100。本项只在抗震等级为一、二级时起作用。

（7）框架梁的裂缝宽度计算。程序按荷载的短期效应组合，即恒载、活载、风载标准值的组合，以矩形截面形式，取程序选配的梁钢筋，按《混凝土结构设计规范》（GB 50010—2010）第 7.1.2 条计算并显示裂缝宽度，当裂缝宽度大于 0.3mm 时，用红色显

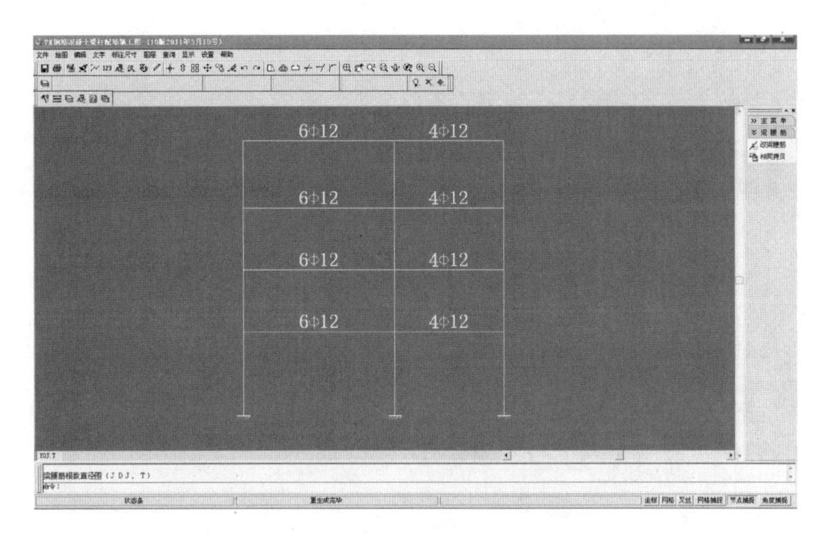

图 5.67　梁腰筋图

示，可以通过调整钢筋直径（配筋面积相同的情况下减小直径）或增大钢筋面积等措施使裂缝宽度满足要求。裂缝宽度图的文件名为 CRACK. T（图 5.68）。

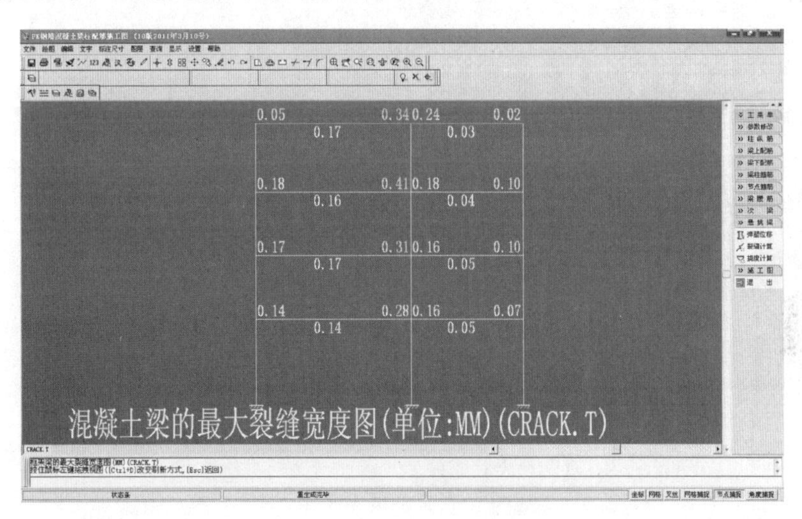

图 5.68　混凝土梁的裂缝宽度图

(8) 框架梁的挠度计算。选择“挠度计算”，为计算荷载长期效应组合，需输入活荷载准永久值系数，查《建筑结构荷载规范》（GB 50009—2001）2006 年版，本实例取为 0.4。挠度图中梁每个截面上的挠度是该处在恒载、活载、风载作用下可能出现的最大挠度，它们不一定由同一荷载工况产生。挠度图的文件名为 DEF. T（图 5.69）。

(9) 施工图绘制。选择“施工图”，进入施工图绘制菜单。选择“画施工图”，出现对话框“请输入该榀框架的名称”，比如本实例选择⑤轴线的框架，故可输入“KJ－5”，屏幕弹出 KJ－5 的施工图（图 5.70），该施工图的文件名为 KJ－5. T。

5.3.2　办公楼设计实例结构施工图绘制

结构施工图设计的编制深度应符合“建筑工程设计文件编制深度规定（2008 年版）”

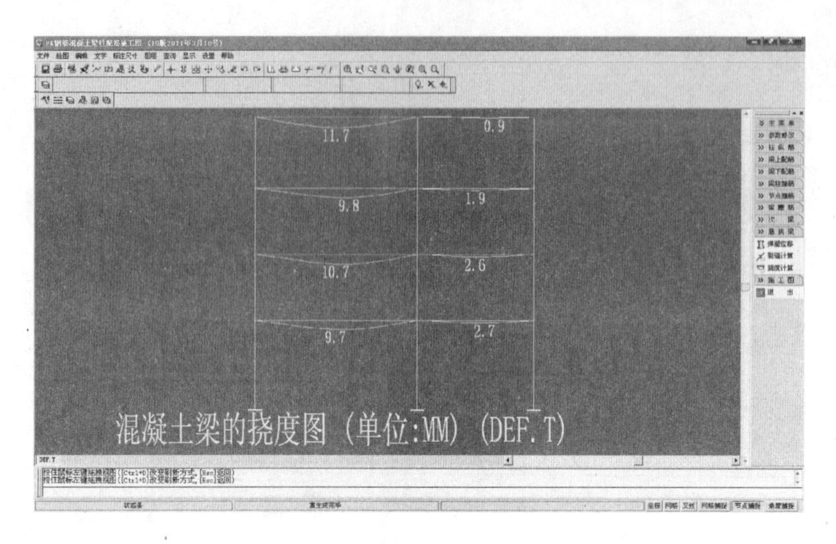

图 5.69　混凝土梁的挠度图

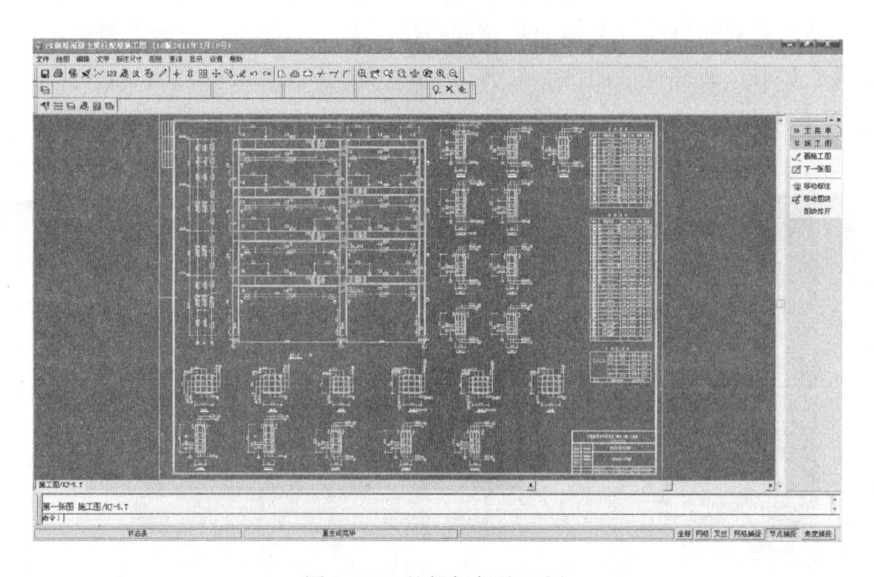

图 5.70　整榀框架施工图

的要求。施工图是工程师的语言，因此图面表达必须准确、完整。

结构施工图主要包括：结构设计总说明；基础平面图和基础详图；各层结构平面图及屋面结构平面图；钢筋混凝土构件详图；节点构造详图；其他需要表达内容（如楼梯结构平面布置图及剖面图、预埋件等）。结构施工图一般从下部结构往上部结构编号，依次为结构设计说明、桩位布置图、桩详图、基础布置图、基础详图、地下各层及上部各层的结构布置图、各层框架柱布置及配筋图、各层框架梁布置及配筋图、各层楼板布置及配筋图、次要结构详图（楼梯详图等）。

本书以“云海市建筑职业技术学校办公楼”作为设计实例，图 5.71～图 5.83 为该建筑物的结构施工图，包括结构设计总说明、基础平面布置图、基础详图、柱平法施工图、各层梁平面整体配筋图、各层结构平面图和楼梯详图等。

结构设计总说明(一)

一.工程概况和总则

1. 本工程位于云海市建筑职业技术学校内。地上4层建筑，
   建筑高度16.00。设计标高±0.000相当于绝对标高详建施 。
2. 上部结构体系：现浇钢筋混凝土框架结构。
3. 本工程的结构设计使用年限为50年。
4. 计量单位(除注明外)：1)长度：mm；2)角度：度；3)标高：m；4)强度：N/mm^2。
5. 本建筑物应按建筑图中注明的使用功能，未经技术鉴定或设计许可，不得改变结构的用途和使用环境。
6. 凡预留洞、预埋件应严格按照结构图并配合其他工种图纸进行施工，未经结构专业许可，严禁擅自留洞或事后凿洞。
7. 结构施工图中除特别注明外，均以本总说明为准。
8. 本工程各楼层梁及屋面梁采用"平法表示"，其制图规则详<<混凝土结构施工图平面整体表示方法制图规则和构造详图>> 图集编号为11G101-1。
9. 本总说明未详尽处，请遵照现行国家有关规范与规程规定施工。

二.设计依据

1. 本工程施工图按初步设计批文进行设计
2. 采用中华人民共和国现行国家标准规范和规程进行设计，主要有：
   建筑结构制图标准 GB/T50105-2010　　建筑地基基础设计规范 GB50007-2011
   工程结构可靠性设计统一标准 GB50153-2008　　混凝土结构工程施工质量验收规范 GB50204-2011
   建筑抗震设防分类标准 GB50223-2008　　混凝土结构设计规范 GB50010-2010
   建筑结构荷载规范 GB50009-2001 (2006年版)　　建筑抗震设计规范 GB50011-2010
   本工程按现行国家设计标准进行设计，施工时除应遵守本说明及各设计图纸说明外，尚应严格执行现行国家及工程所在地区的有关规范或规程。
3. 本工程 基础设计依据建设方提供的由云海市建筑勘察设计院编制的地勘报告资料。
4. 本工程的混凝土结构的环境类别：室内正常环境为一类，室内潮湿、露天及与水土直接接触部分为二类a。
5. 建筑抗震设防类别为丙类，建筑结构安全等级为二级，所在地区的抗震设防烈度为 7 度，设计基本地震加速度 0.10 g，设计地震分组：第一组；场地类别：Ⅱ类；特征周期Tg= 0.35 sec，
   ；建筑结构的阻尼比取0.05；框架抗震等级 三 级。
6. 50年一遇的基本风压：0.40 kN/m^2，地面粗糙度：C 类。
7. 楼面和屋面活荷载：按<<建筑结构荷载规范>> GB50009-2001 (2006年版) 取值，具体数值(标准值)如下表所示；
   卫生间活荷载不包括蹲式卫生间垫高部分的荷载。施工荷载：楼面2.0kN/m^2；屋面 2.0kN/m^2。
   楼层房间应按照建筑图中注明内容使用，未经设计单位同意，不得任意更改使用用途，不得在楼层梁和板上增设建筑图中未标注的隔墙。

名 称	会议室	办公室	走廊	卫生间	楼 梯	不上人屋面
KN/m^2	2.0	2.0	2.5	2.0	2.5	0.5

8. 本建筑物耐火等级为 二 级，相应各类主要构件的耐火极限，所要求的最小构件尺寸及保护层最小厚度应符合<<建筑设计防火规范>>GB50016-2006的要求。

三. 基础：

1. 本工程地基基础设计等级为 丙 级。
2. 本工程根据建设方提供的由云海市建筑勘察设计院编制的《岩土工程勘察报告》进行设计。基础型式为柱下独立基础。

3. 场地地质情况：

土 体 名 称	天然状态 含水率	天然状态 重度(g/m^3)	天然状态 孔隙比 (e)	压缩变形 模量 (Mpa)	承载力特征值 fak(Kpa)
素填土	——	17.0	——	——	80
粘土	——	18.8	——	——	240
轻亚粘土	——	18.0	——	——	220
卵石	——	20.2	——	——	300

4. 地下水对混凝土无腐蚀性。

四. 设计计算程序

1. 使用计算软件：中国建筑科学研究院开发的PKPM(2010)系列
2. 采用"多层及高层建筑结构空间有限元分析与设计软件—SAT"进行结构整体分析。

五. 材料选用及要求

1. 混凝土：
(1) 承重结构混凝土强度等级按下表采用：

承重结构	基础	框架柱	框架梁和现浇板
混凝土强度等级	C30	C30	C30

(2) 构造柱、过梁、压顶梁等，特别注明者外均采用C20。
(3) 除了施工单位提供试块实验报告外，设计单位依据工程具体要求，可采用随机无损检验，以确认混凝土的施工质量及强度等级是否满足设计要求。

2. 钢材：
(1) Φ表示HPB300钢筋(I级钢筋，fy=270N/mm^2)；Φ表示HRB335钢筋(II级钢筋，fy=300N/mm^2)；Φ^{R}表示CRB550钢筋(冷扎带肋钢筋，fy=360N/mm^2)，Φ表示HRB400钢筋(III级钢筋，fy=360N/mm^2)。
(2) 受力预埋件的锚筋应采用HPB300级(I级)，HRB335级(II级)或HRB400级(III级)钢筋，严禁采用冷加工钢筋。吊环应采用HPB300(I级)钢筋制作，严禁使用冷加工钢筋。吊环埋入混凝土的深度不应小于35d，并应焊接或绑扎在钢筋骨架上。
(3) 施工中任何钢筋的替换，均应经设计单位同意后，方可替换。
(4) 严禁采用改制钢材。
(5) 纵向受拉钢筋的最小锚固长度lab=α(fy/ft)d 和抗震锚固长度labE详见表5-1：
(6) 纵向受拉钢筋绑扎搭接长度应根据位于同一连接区段内的钢筋搭接接头面积百分率按下列公式计算：
纵向受拉钢筋搭接长度 $l_l=\xi l_a$，在任何情况下，纵向受拉钢筋绑扎搭接接头的搭接长度均不应小于300mm。

纵向受拉钢筋搭接长度修正系数ξ

纵向受拉钢筋搭接接头面积百分率(%)	≤25	50	100
纵向受拉钢筋搭接长度修正系数ξ	1.20	1.40	1.60

(7) 纵向受压钢筋，当采用搭接连接时，其受压搭接长度不应小于纵向受拉钢筋搭接长度的0.70倍，且在任何情况下不应小于200mm。
(8) 轴心受拉及小偏心受拉杆件(如桁架和拱的拉杆)的纵向受力钢筋不得采用绑扎搭接接头。当直径d≥22时优先采用机械连接或焊接，当受拉钢筋的直径d>28mm及受压钢筋的直径d>32mm时，不应采用绑扎搭接接头。

表5-1 纵向受拉钢筋的最小锚固长度 la=α(fy/ft)d 和抗震锚固长度 laE

钢筋种类	抗震等级 \ 混凝土强度等级	C20	C25	C30	C35	C40
光面钢筋 HPB300即 I级钢筋Φ	用于一，二级抗震等级 (labE)	45d	39d	35d	32d	29d
	用于三级抗震等级 (labE)	41d	36d	32d	29d	26d
	用于四级抗震等级(labE)非抗震(lab)	39d	34d	30d	28d	25d
HRB335 即II级钢筋 Φ	用于一，二级抗震等级 (labE)	44d	38d	33d	31d	29d
	用于三级抗震等级 (labE)	40d	35d	31d	28d	26d
	用于四级抗震等级(labE)非抗震(lab)	38d	33d	29d	27d	25d
HRB400 即III级钢筋 Φ	用于一，二级抗震等级 (labE)	-	46d	40d	37d	33d
	用于三级抗震等级 (labE)	-	42d	37d	34d	30d
	用于四级抗震等级(labE)非抗震(lab)	-	40d	35d	32d	29d

注：1. 所有锚固长度均应 la≥250mm。
2. HPB300钢筋(I级钢筋)两端必须加弯钩。
3. 纵向受拉冷扎带肋钢筋锚固长度应同时满足《冷扎带肋钢筋混凝土结构技术规程》JGJ95-2011中的相关规定。

(9) 同一构件中相邻纵向受力钢筋的绑扎搭接接头宜相互错开。钢筋绑扎搭接接头连接区段的长度为1.3倍搭接长度，即1.3L_{lE}，凡搭接接头中点位于该连接区段长度内的搭接接头均属于同一连接区段。位于同一连接区段内的受拉钢筋搭接接头面积百分率：对梁类，板类及墙类构件：<25%(见图5.1a)对柱类构件：<50%(见图5.1b)。
(10) 在纵向受力钢筋搭接接头范围内应配置箍筋，其直径不应小于搭接钢筋较大直径的0.25倍。当钢筋受拉时，箍筋间距不应大于搭接钢筋较小直径的5倍，且不应大于100mm；当钢筋受压时，箍筋间距不应大于较小直径的10倍，且不应大于200mm。当受压钢筋直径d>25mm时，尚应在搭接接头两个端面外100mm范围内各设置两个箍筋。
(11) 纵向受力钢筋机械连接接头宜相互错开。钢筋机械连接接头连接区段内的长度为35d(d为纵向受力钢筋的较大直径)，凡接头中点位于该连接区段长度内的机械连接接头均属于同一连接区段。当受力较大处设置机械连接接头时，位于同一连接区段内的受拉钢筋接头面积百分率：≤50% (见图5.1c)，纵向受压钢筋的接头面积百分率可不受限制。纵向受力钢筋的焊接接头应相互错开。钢筋焊接接头连接区段的长度为35d(d为纵向受力钢筋的较大直径)且不小于500mm，凡接头中点位于该连接区段长度内的焊接接头均属于同一连接区段。位于同一连接区段内的受力钢筋的焊接接头面积百分率对纵向受拉钢筋接头：≤50% (见图5.1d)，纵向受压钢筋的接头面积百分率可不受限制。
(12) 纵向受力的普通钢筋及预应力钢筋，其混凝土保护层厚度(钢筋外边缘至混凝土表面的距离)不应小于钢筋的公称直径，且应符合下表规定：

纵向受力钢筋混凝土保护层最小厚度(mm)

环境类别	板、墙、壳	梁、柱、杆
一	15	20
二a	20	25
二b	25	35
三a	30	40
三b	40	50

注：1. 机械连接接头连接件的混凝土保护层厚度宜满足上表要求。
2. 基础中钢筋的混凝土保护层厚度从垫层顶面算起，且不应小于40mm。

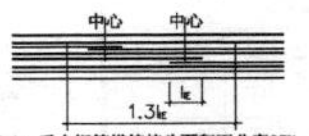

图5.1a 受力钢筋搭接接头面积百分率25%

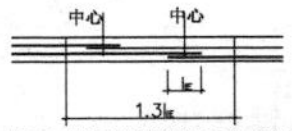

图5.1b 受力钢筋搭接接头面积百分率50%

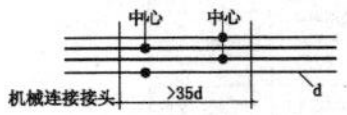

图5.1c 机械连接接头面积百分率50%

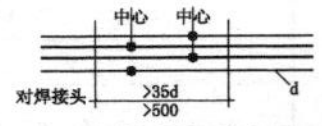

图5.1d 焊接接头面积百分率50%

(13) 当梁、柱、墙中纵向受力钢筋的混凝土保护层厚度大于50mm时，宜对保护层采取有效的构造措施。
(14) 对于四、五类环境中的混凝土保护层，除另行说明外，应按现行国家规范和规定执行；对有防火要求的建筑物，其保护层厚度尚应符合国家现行有关标准的要求。

工程名称	云海市建筑职业技术学校办公楼			
设计制图		结构设计总说明(一)	图号	01 / 13
校对			图别	结施
指导老师			日期	2012.06

图 5.71　结构设计总说明(一)

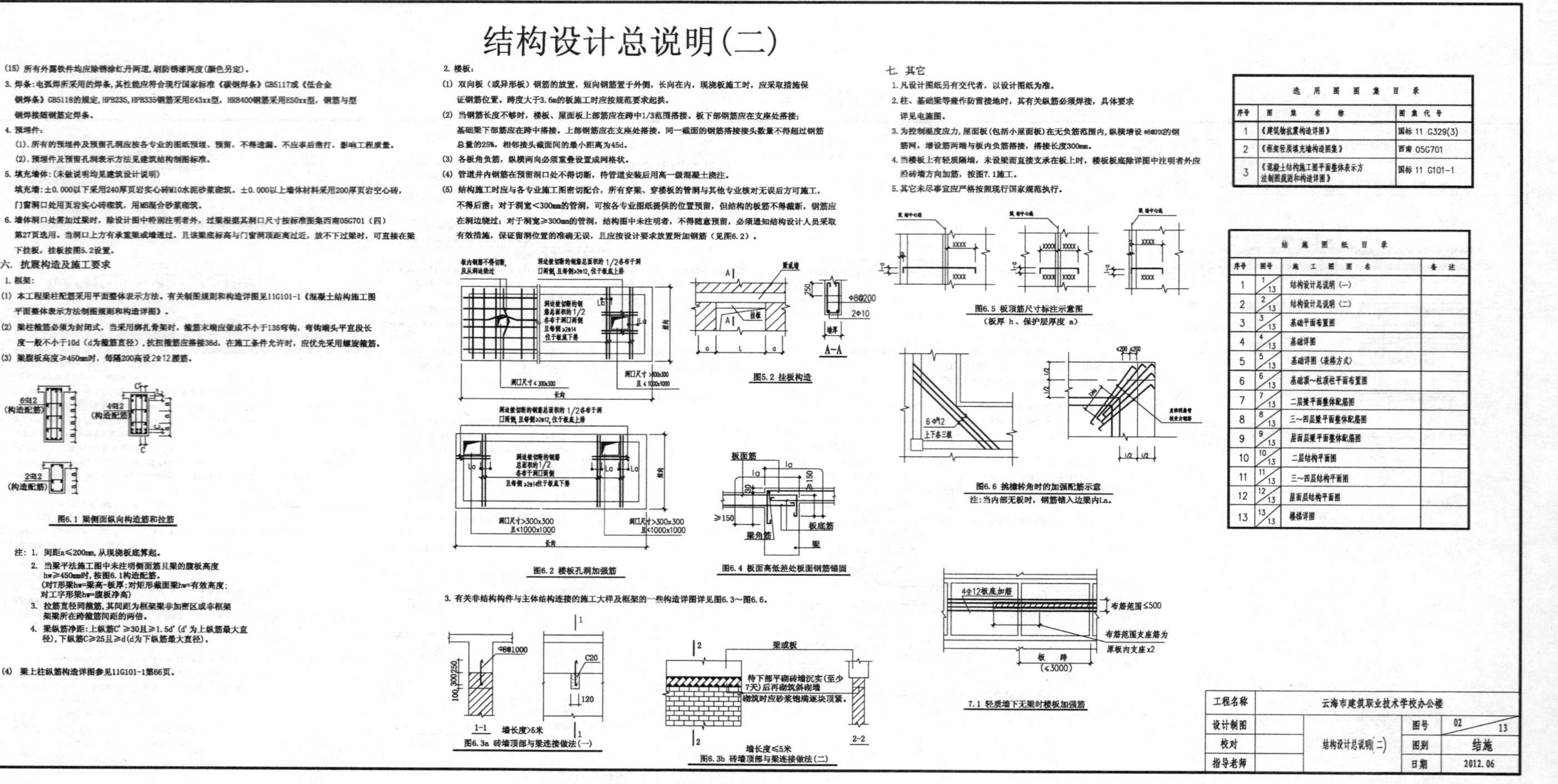

图 5.72 结构设计总说明(二)

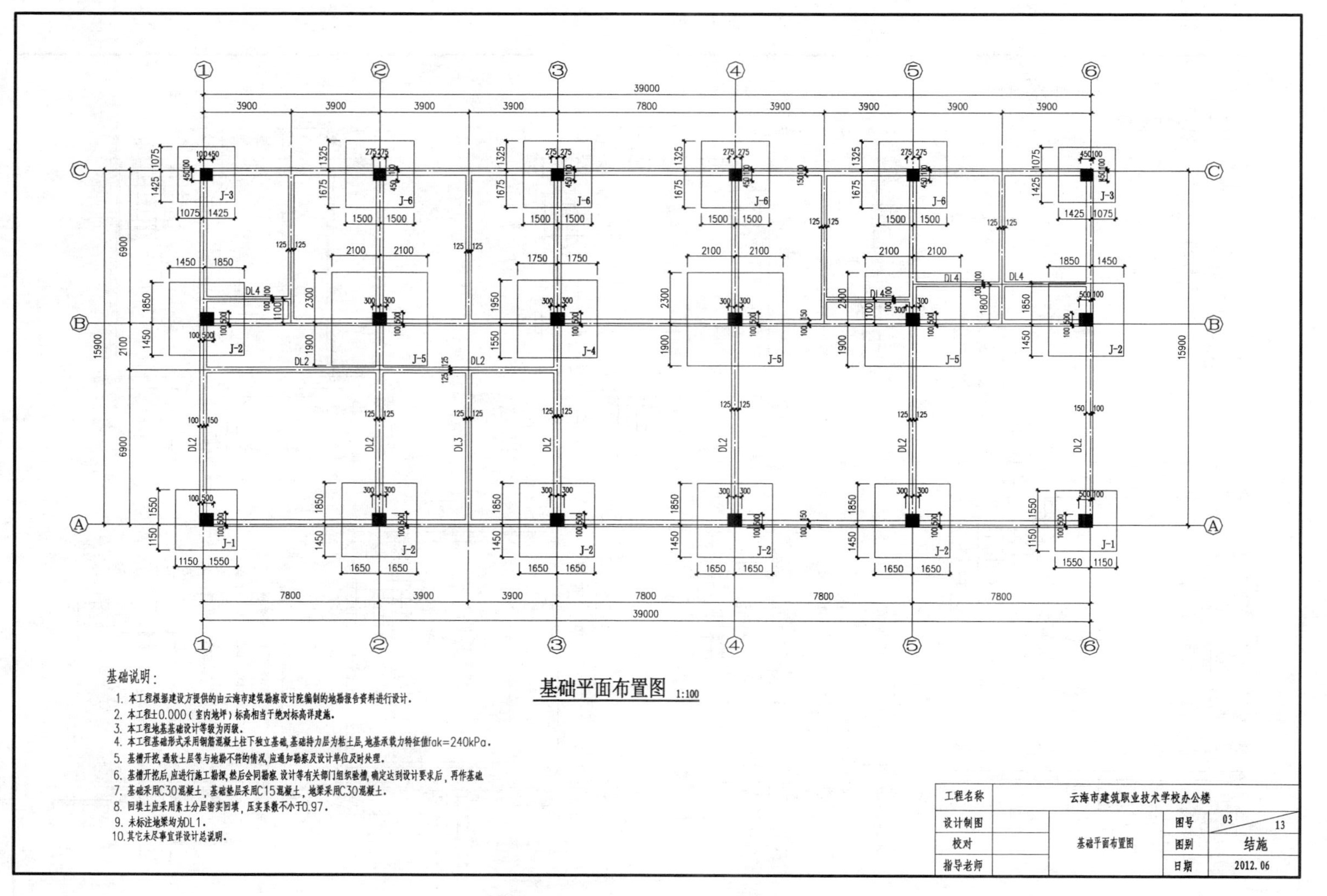

图 5.73　基础平面布置图

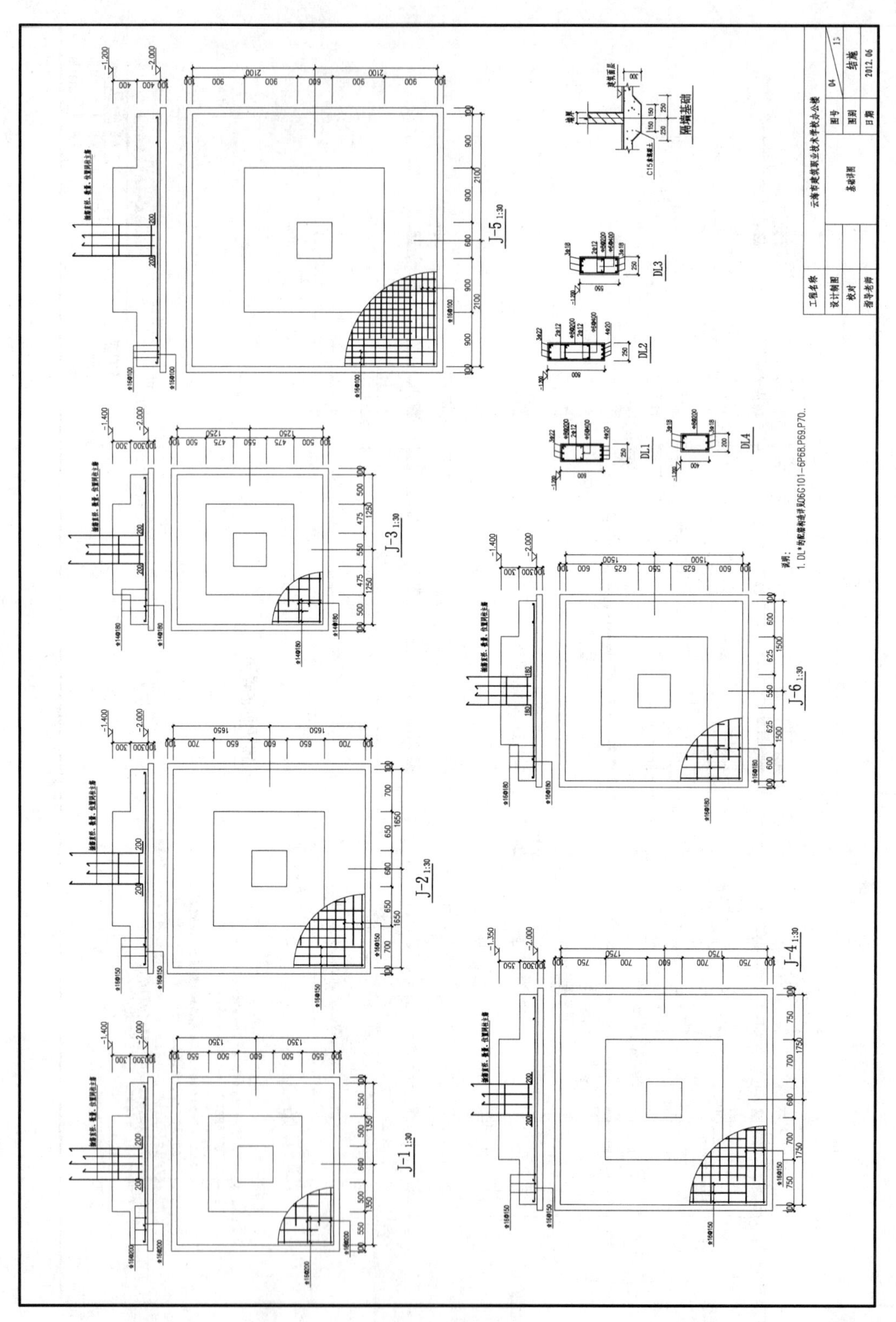
J-1 1:30
J-2 1:30
J-3 1:30
J-4 1:30
J-5 1:30
J-6 1:30
DL1
DL2
DL3
DL4
隔墙基础
说明：
1. DL*均配箍构造详见06G101-6P68.P69.P70.
工程名称
云海市建筑职业技术学校办公楼
设计制图
校对
指导老师
基础详图
图号
04
图别
结施
日期
2012.06

图 5.74 基础详图

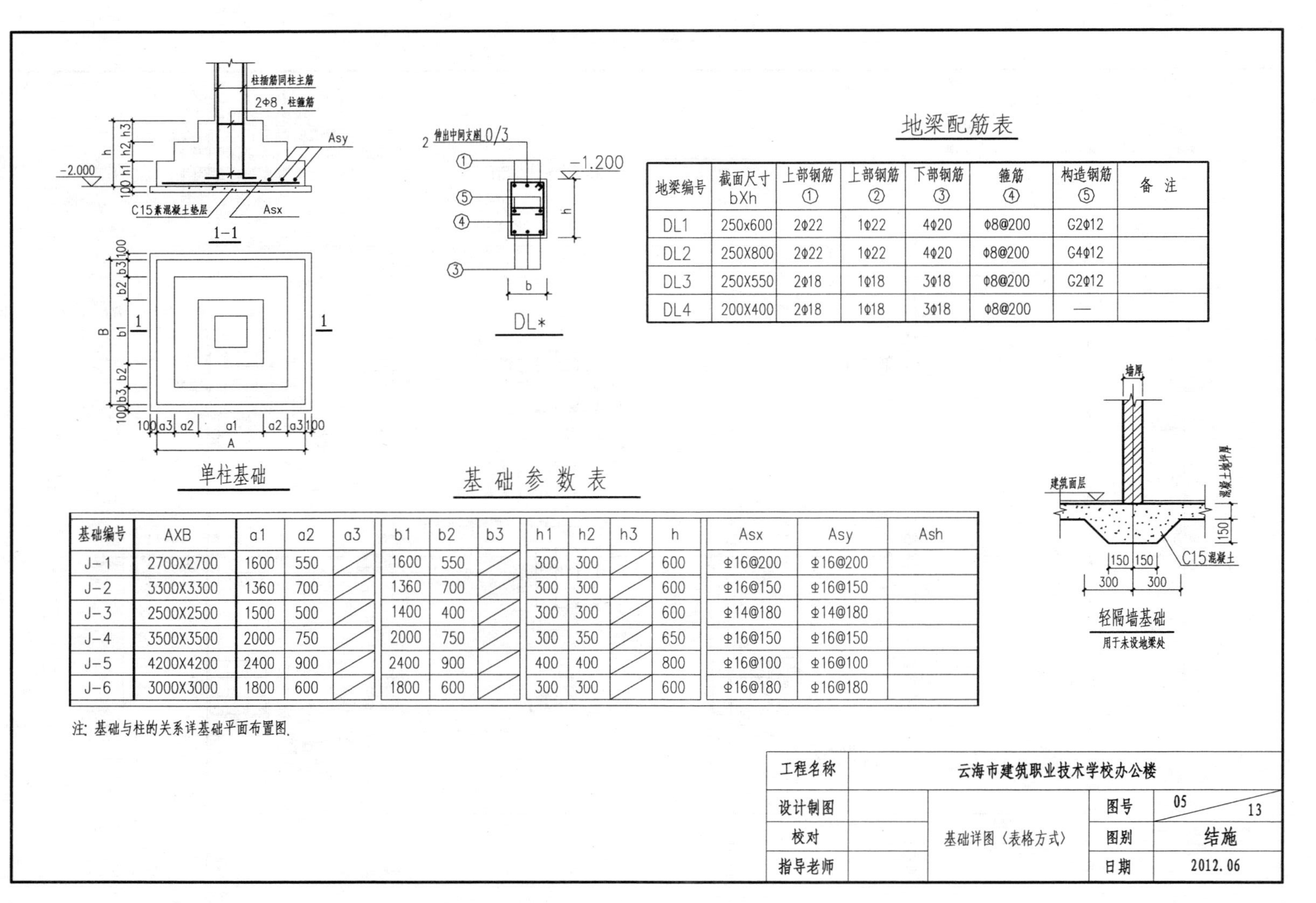

地梁配筋表

地梁编号	截面尺寸 bXh	上部钢筋 ①	上部钢筋 ②	下部钢筋 ③	箍筋 ④	构造钢筋 ⑤	备 注
DL1	250x600	2Φ22	1Φ22	4Φ20	Φ8@200	G2Φ12	
DL2	250X800	2Φ22	1Φ22	4Φ20	Φ8@200	G4Φ12	
DL3	250X550	2Φ18	1Φ18	3Φ18	Φ8@200	G2Φ12	
DL4	200X400	2Φ18	1Φ18	3Φ18	Φ8@200	—	

基 础 参 数 表

基础编号	AXB	a1	a2	a3	b1	b2	b3	h1	h2	h3	h	Asx	Asy	Ash
J-1	2700X2700	1600	550	/	1600	550	/	300	300	/	600	Φ16@200	Φ16@200	
J-2	3300X3300	1360	700	/	1360	700	/	300	300	/	600	Φ16@150	Φ16@150	
J-3	2500X2500	1500	500	/	1400	400	/	300	300	/	600	Φ14@180	Φ14@180	
J-4	3500X3500	2000	750	/	2000	750	/	300	350	/	650	Φ16@150	Φ16@150	
J-5	4200X4200	2400	900	/	2400	900	/	400	400	/	800	Φ16@100	Φ16@100	
J-6	3000X3000	1800	600	/	1800	600	/	300	300	/	600	Φ16@180	Φ16@180	

图 5.75　基础详图(表格方式)

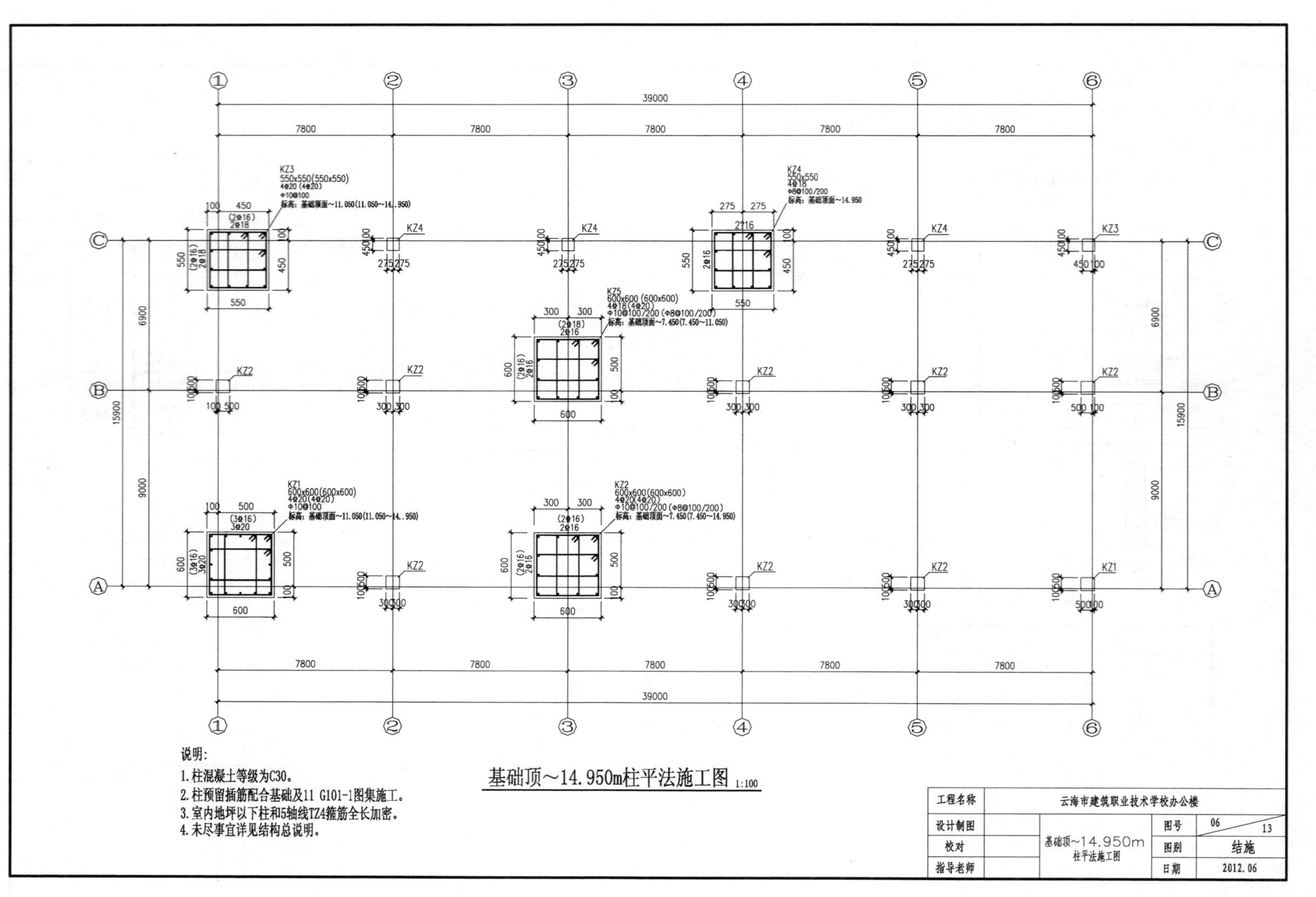

基础顶~14.950m柱平法施工图 1:100
说明:
1.柱混凝土等级为C30。
2.柱预留插筋配合基础及11 G101-1图集施工。
3.室内地坪以下柱和5轴线TZ4箍筋全长加密。
4.未尽事宜详见结构总说明。
工程名称
云海市建筑职业技术学校办公楼
设计制图
校对
指导老师
基础顶~14.950m
柱平法施工图
图号 06 13
图别 结施
日期 2012.06

图 5.76 柱平法施工图

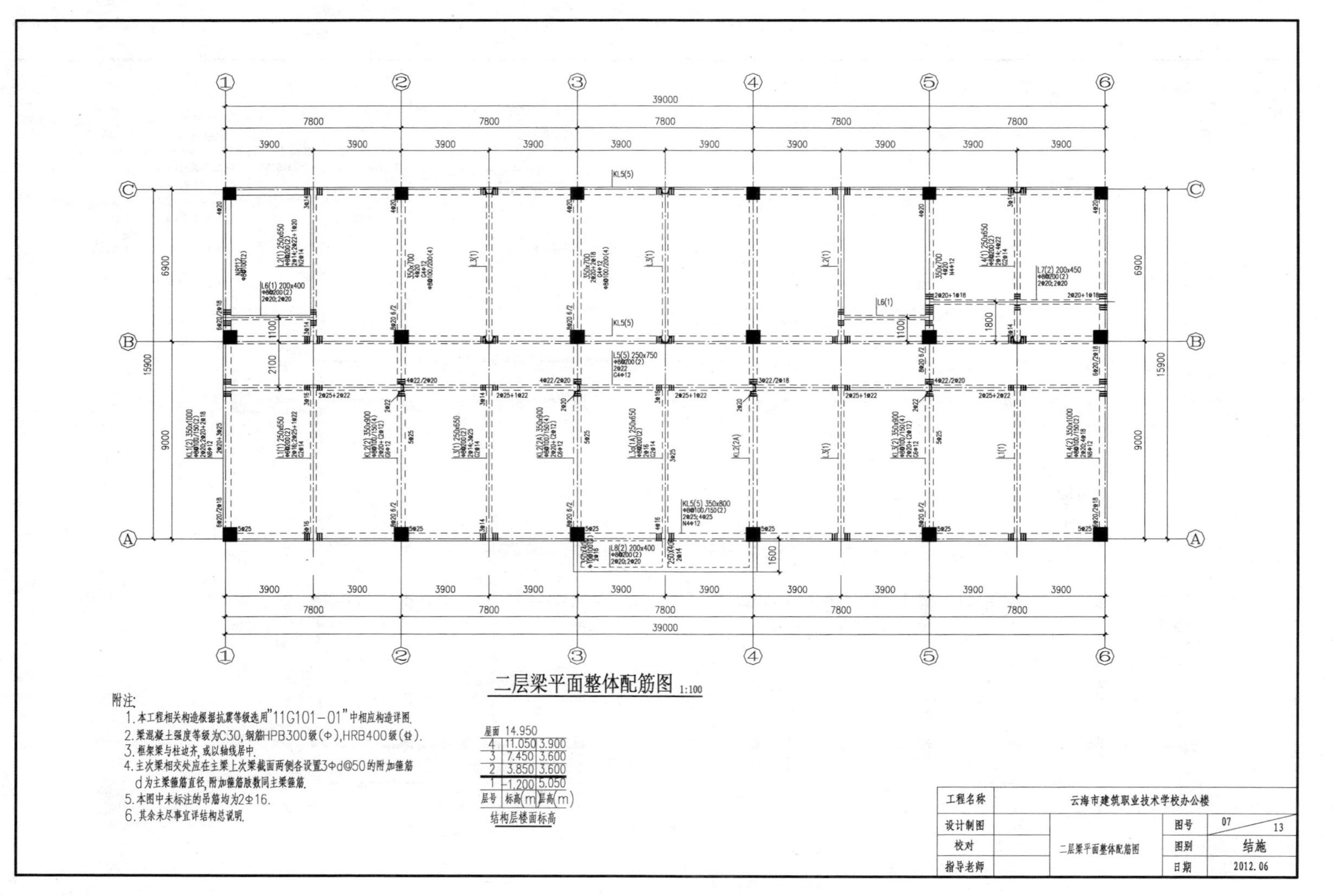

二层梁平面整体配筋图 1:100
附注：
1.本工程相关构造根据抗震等级选用"11G101-01"中相应构造详图.
2.梁混凝土强度等级为C30,钢筋HPB300级(Φ),HRB400级(Φ).
3.框架梁与柱边齐，或以轴线居中.
4.主次梁相交处应在主梁上次梁截面两侧各设置3Φd@50的附加箍筋
d为主梁箍筋直径,附加箍筋肢数同主梁箍筋.
5.本图中未标注的吊筋均为2Φ16.
6.其余未尽事宜详结构总说明.
屋面 14.950
4 11.050 3.900
3 7.450 3.600
2 3.850 3.600
1 -1.200 5.050
层号 标高(m) 层高(m)
结构层楼面标高
工程名称 云海市建筑职业技术学校办公楼
设计制图
校对
指导老师
二层梁平面整体配筋图
图号 07 13
图别 结施
日期 2012.06

图 5.77　二层梁平面整体配筋图

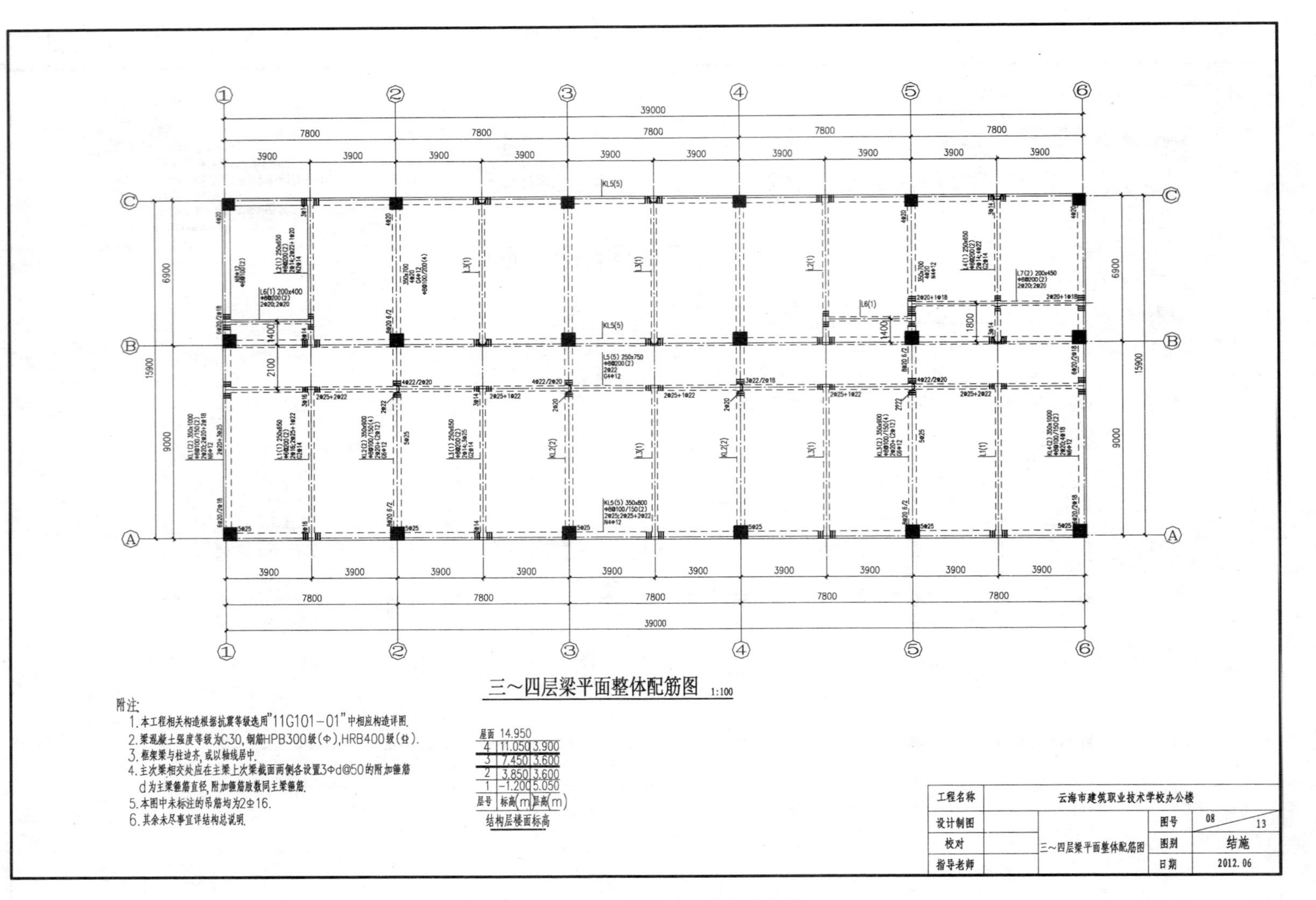
三~四层梁平面整体配筋图 1:100
附注：
1.本工程相关构造根据抗震等级选用"11G101-01"中相应构造详图.
2.梁混凝土强度等级为C30,钢筋HPB300级(Φ),HRB400级(Φ).
3.框架梁与柱边齐,或以轴线居中.
4.主次梁相交处应在主梁上次梁截面两侧各设置3Φd@50的附加箍筋
d为主梁箍筋直径,附加箍筋肢数同主梁箍筋.
5.本图中未标注的吊筋均为2Φ16.
6.其余未尽事宜详结构总说明.
屋面 14.950
4 11.050 3.900
3 7.450 3.600
2 3.850 3.600
1 -1.200 5.050
层号 标高(m) 层高(m)
结构层楼面标高
工程名称 云海市建筑职业技术学校办公楼
设计制图
校对
指导老师
三~四层梁平面整体配筋图
图号 08 13
图别 结施
日期 2012.06

图 5.78 三、四层梁平面整体配筋图

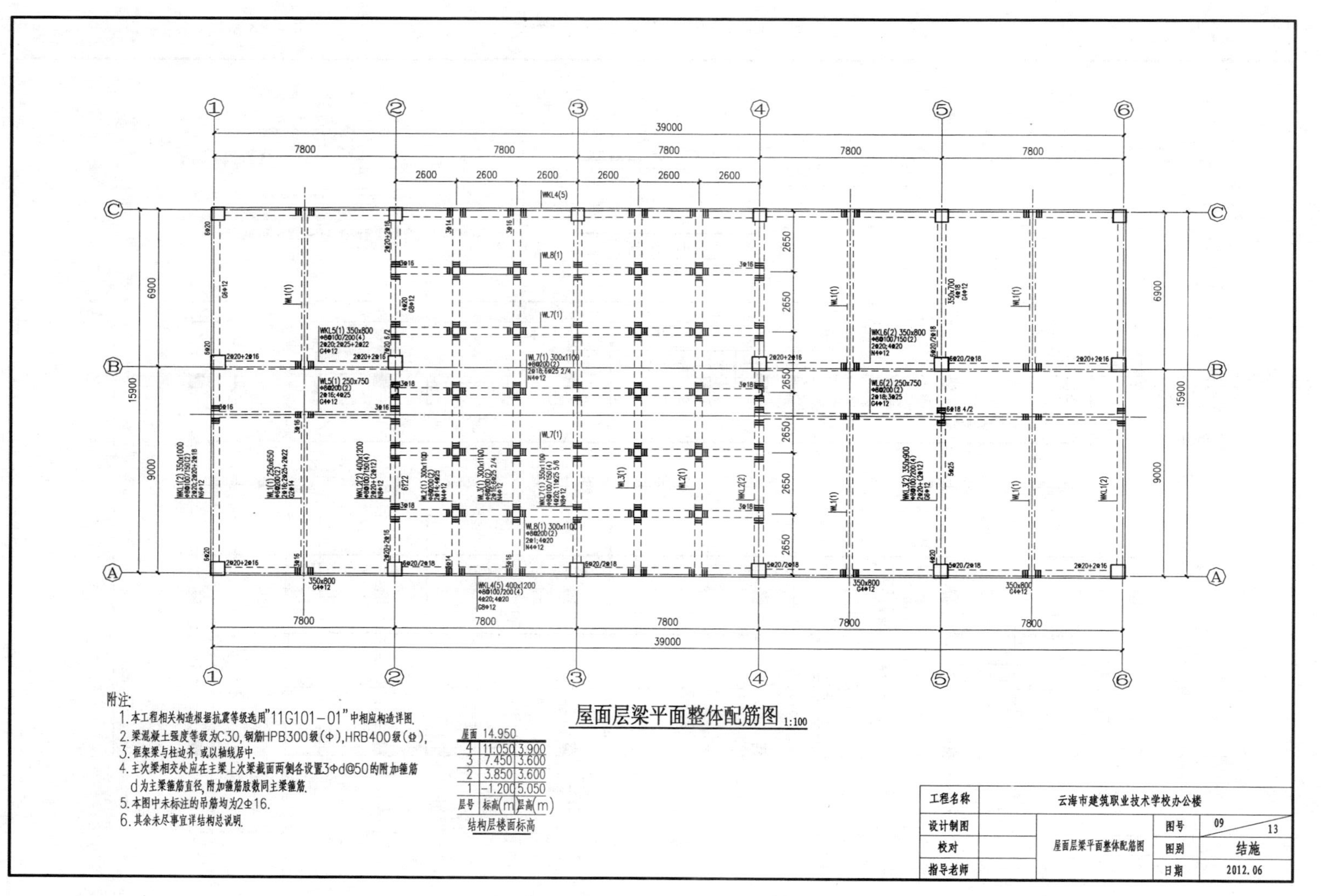
屋面层梁平面整体配筋图 1:100
附注:
1.本工程相关构造根据抗震等级选用"11G101-01"中相应构造详图.
2.梁混凝土强度等级为C30,钢筋HPB300级(Φ),HRB400级(Φ),
3.框架梁与柱边齐,或以轴线居中.
4.主次梁相交处应在主梁上次梁截面两侧各设置3Φd@50的附加箍筋
d为主梁箍筋直径,附加箍筋肢数同主梁箍筋.
5.本图中未标注的吊筋均为2Φ16.
6.其余未尽事宜详结构总说明.
屋面 14.950
4 11.050 3.900
3 7.450 3.600
2 3.850 3.600
1 -1.200 5.050
层号 标高(m) 层高(m)
结构层楼面标高
工程名称
云海市建筑职业技术学校办公楼
设计制图
校对
指导老师
屋面层梁平面整体配筋图
图号 09 13
图别 结施
日期 2012.06
39000
7800
2600
2650
6900
9000
15900

图 5.79　屋面层梁平面整体配筋图

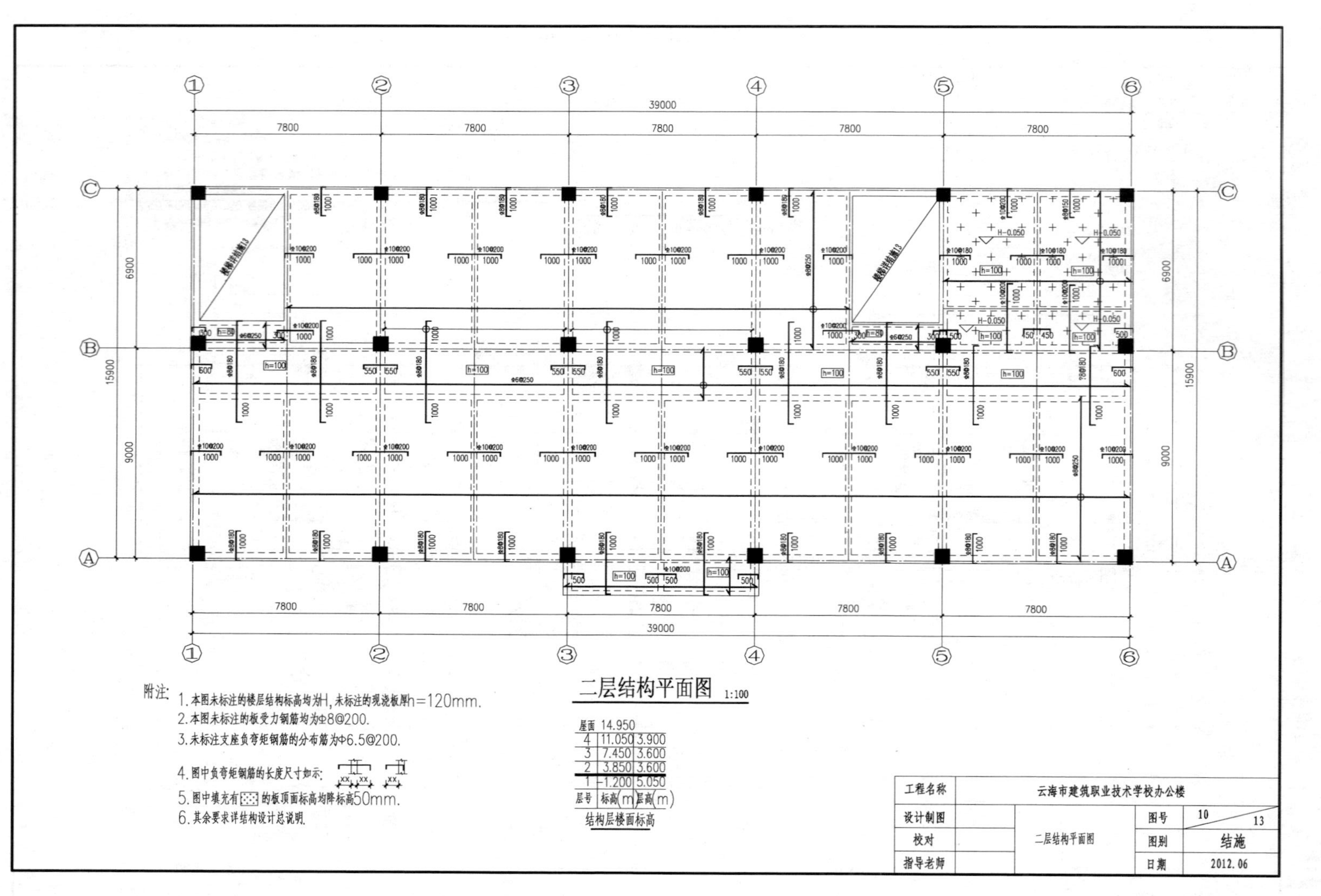

图 5.80　二层结构平面图

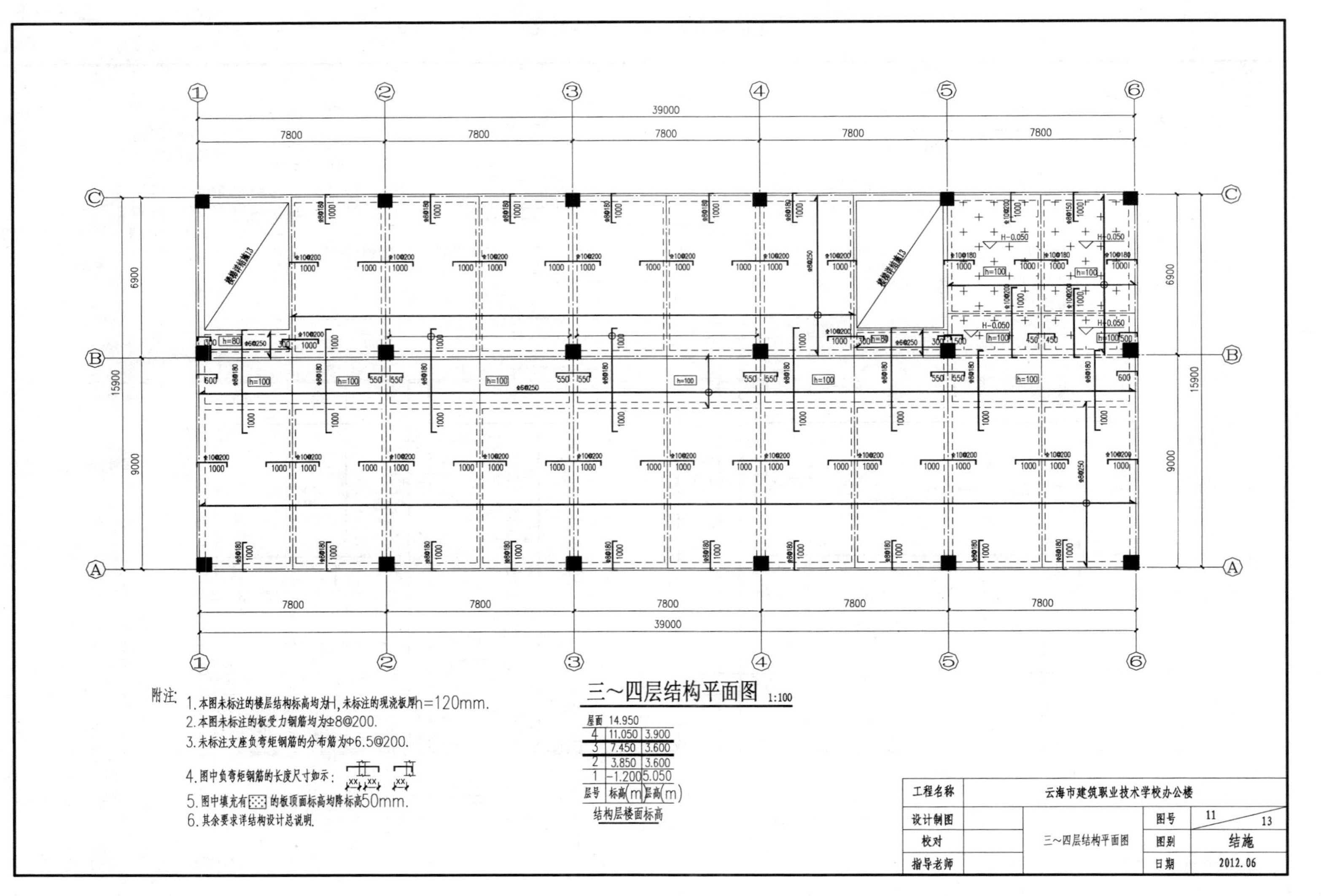

图 5.81　三、四层结构平面图

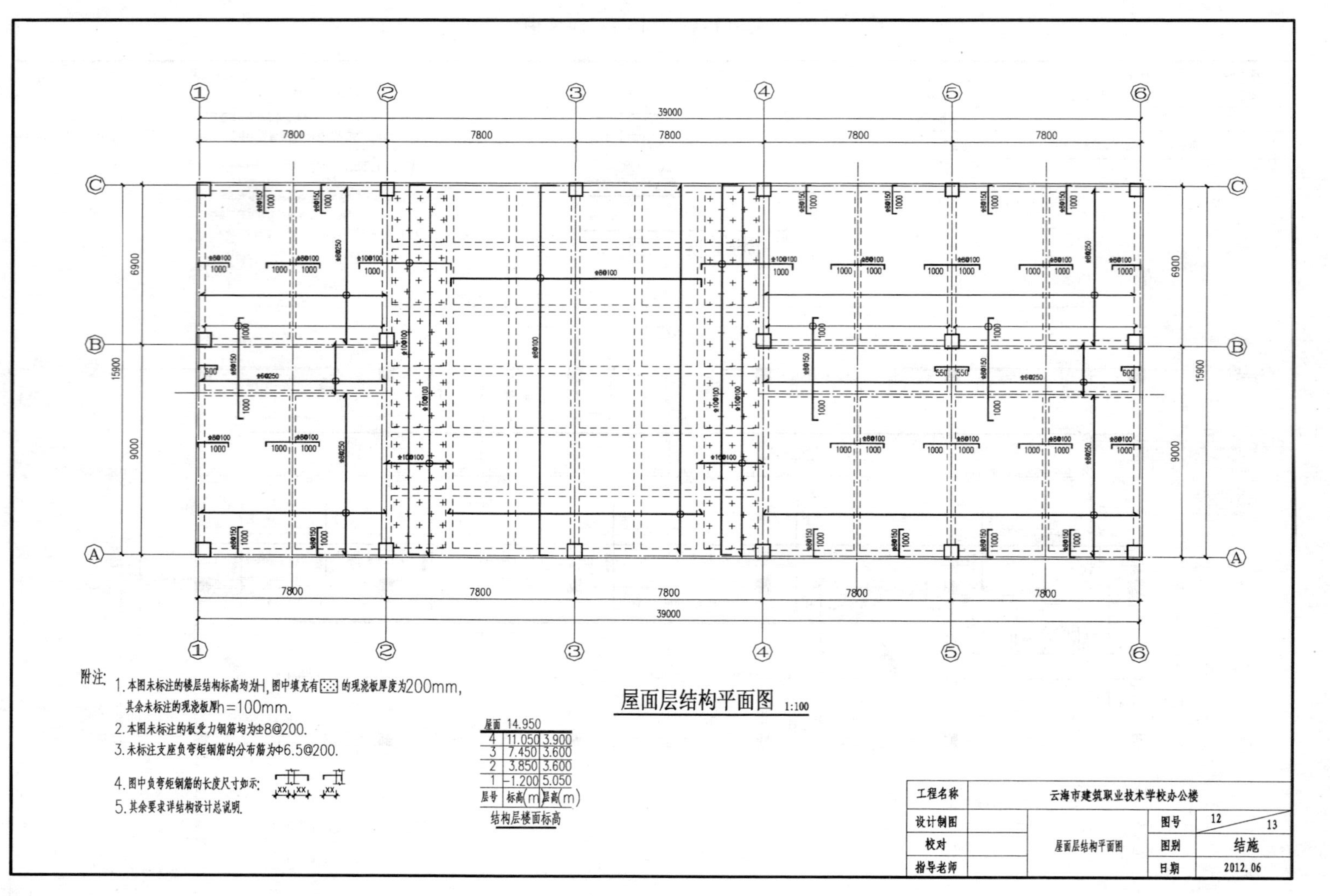

图 5.82　屋面层结构平面图

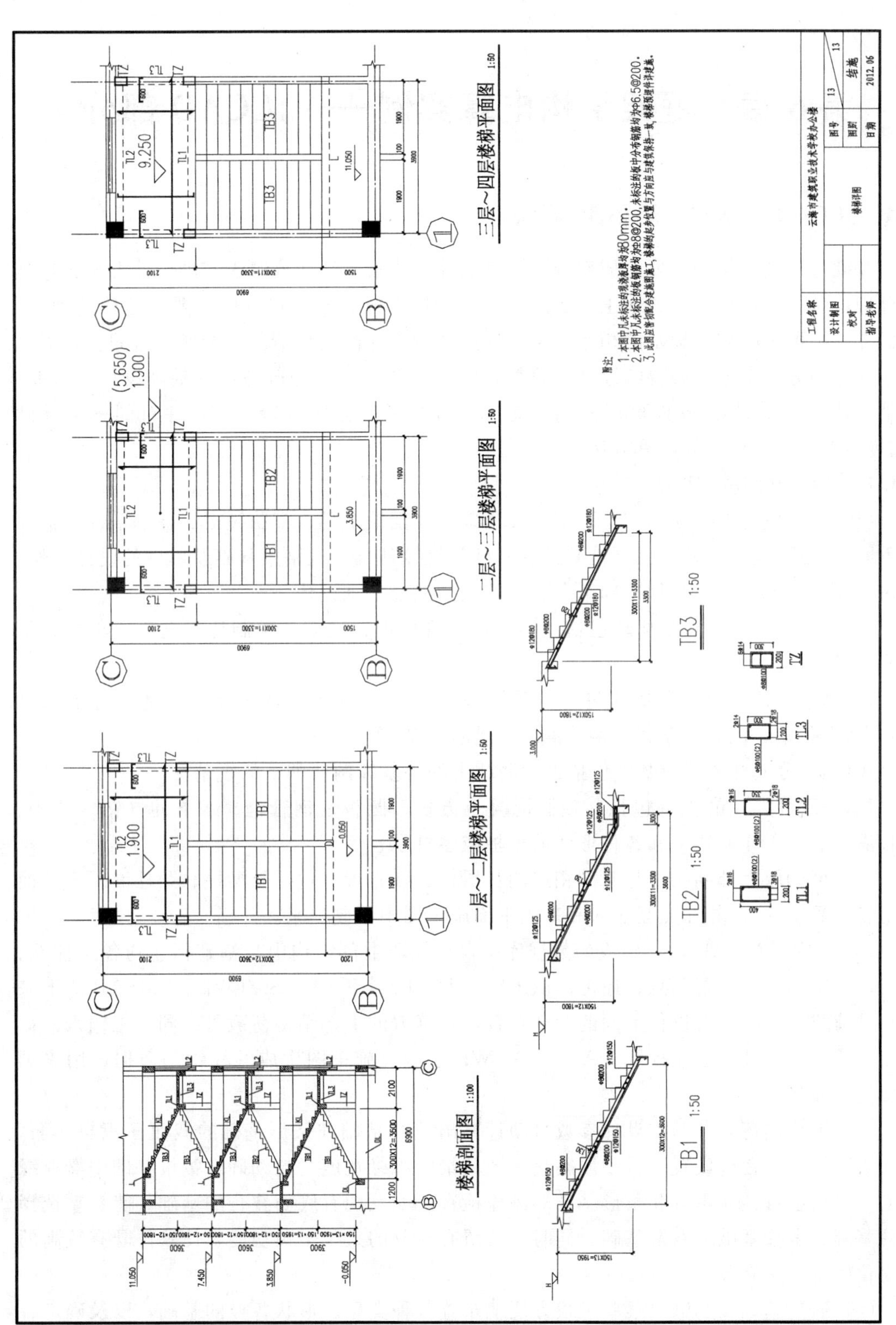
二层～四层楼梯平面图 1:50
二层～三层楼梯平面图 1:50
一层～二层楼梯平面图 1:50
楼梯剖面图 1:100
TB1 1:50
TB2 1:50
TB3 1:50
TL1
TL2
TL3
TZ
附注：
1.本图中凡未标注的板厚度均为80mm。
2.本图中凡未标注的板钢筋均为φ8@200，未标注的板中分布钢筋均为φ6.5@200。
3.此图应密切配合建施图施工，楼梯的配合位置与方向应与建筑保持一致，楼梯做法详建施。
工程名称
云南省建筑职业技术学校办公楼
设计制图
校对
指导老师
楼梯详图
图号
13
图别
结施
日期
2012.06

图 5.83　楼梯详图

第 6 章　框架结构电算实例——JCCAD 部分

6.1　JCCAD 的基本功能和使用限制

基础是建筑结构的重要组成部分，建筑设计的成败，往往取决于基础设计方案选择是否合理，能否适应建筑物场地土的实际情况。所以在进行基础设计时，要以整体的观点，考虑上部结构—基础—地基的相互作用，按照建筑场地的实际情况，选择合适的基础形式和地基处理方案，通过必要的设计和验算，做出安全可靠、经济适用的基础设计。目前，基础设计程序 JCCAD 软件可以做到方便地对各类基础方案进行比较，并对同一类基础（如筏板基础）采用不同计算方法进行比较。

6.1.1　JCCAD 的基本功能

（1）可完成柱下独立基础、墙下条形基础、弹性地基梁、带肋筏板、柱下平板（板厚可不同）、墙下筏板、柱下独立桩基承台基础、桩筏基础、桩格梁基础及单桩的设计工作。同时，还可完成由上述多种基础组合起来的大型混合基础设计。

JCCAD 可处理的独立基础包括：倒锥形、阶梯形、现浇或预制杯口基础、单桩、双桩或多桩基础。

JCCAD 可处理的条形基础包括：砖条基、毛石条基、钢筋混凝土条基（可带下卧梁）、灰土条基、混凝土条基及钢筋混凝土毛石条基。

JCCAD 可处理的筏板基础包括：两肋朝上的筏基和两肋朝下的筏基。

JCCAD 可处理的桩基包括：预制混凝土方桩、圆桩、钢管桩、水下冲（钻）孔桩、沉管灌注桩、干作业法桩和各种形状的单桩或多桩承台。

（2）可读取上部结构中与基础相连的各层柱、墙布置（包括异型柱、劲性混凝土截面和钢管混凝土柱），并在交互输入和基础平面施工图中绘制出来。

（3）可从 PMCAD 软件生成的数据库中自动提取上部结构中与基础相连的各层柱网、轴线、柱子和墙的布置信息；还可读取 PMCAD、PK、TAT、SATWE、PMSAP 传下来的各种荷载，并按需要进行不同的荷载组合，且读取的上部结构荷载可以同人工输入的荷载相互叠加。此外，还能提取 TAT、SATWE 绘制柱施工图生成的柱钢筋数据，用来画基础柱的插筋。

（4）可根据荷载和基础设计参数自动计算出独立基础和条形基础的截面面积与配筋，自动进行柱下承台桩设置，自动调整交叉地基梁的翼缘宽度，自动确定筏板基础中梁翼缘宽度，自动进行独立基础和条形基础的碰撞检查。如发现有底面叠合的基础，能自动选择双柱基础、多柱基础或双墙基础。同时，又留有充分的人工干预功能，使软件既有较高的自动化程度，又有极大的灵活性。

（5）通过基础交互输入菜单可很方便地布置各种类型、形状各异的基础，以及确定各种计算参数，供随后的计算分析使用。通过绘平面图菜单可将所布置的基础全部绘制在一张图纸上，画出筏板钢筋，标注各种尺寸和说明。通过绘制地基梁菜单可画出不同分析方法计算出的梁施工图。利用画详图菜单可绘出独基、条基、连梁、桩基、承台的大样图、地沟、电梯井图、轻质隔墙图。

6.1.2　JCCAD 的使用限制

JCCAD 软件运行的基础是可充分调用上部结构 CAD 软件形成的各种信息。因此，JCCAD 的使用限制应是上部结构相关信息的完备和准确。

（1）运行 PMCAD 主菜单 1，生成“工程名 .JAN”（轴线信息）、“TATDA1. PM”（PM 总信息）、“LAYDATN. PM”（PM 层信息）和“DATW. PM”（PM 荷载信息）文件。

（2）运行 TAT 、SATWE 或 PMSAP 分别生成“TOJLQ. TAT ”（TAT 墙信息）、“TATJC . TAT ”（TAT 荷载信息）、“COLMGB. TAT ”（TAT 柱归并信息）、“COLUMN. STL”（TAT 、SATWE 柱钢筋信息）、“TATFDK . TAT ” 和 “SATFDK. SAT ”（上部结构刚度信息）、“WDCNL. SAT”（SATWE 荷载信息）和“WDCNL. SAT”（PMSAP 荷载信息）文件。

6.2　地质资料输入和基础人机交互输入

基础设计软件 JCCAD 的主菜单如图 6.1 所示。进行独立基础、条形基础设计应运行主菜单第 1、2、4、7 项，弹性地基梁板基础设计应运行主菜单第 3、7 项，桩基桩筏基础设计应运行主菜单第 1、2、4、5、7 等项。

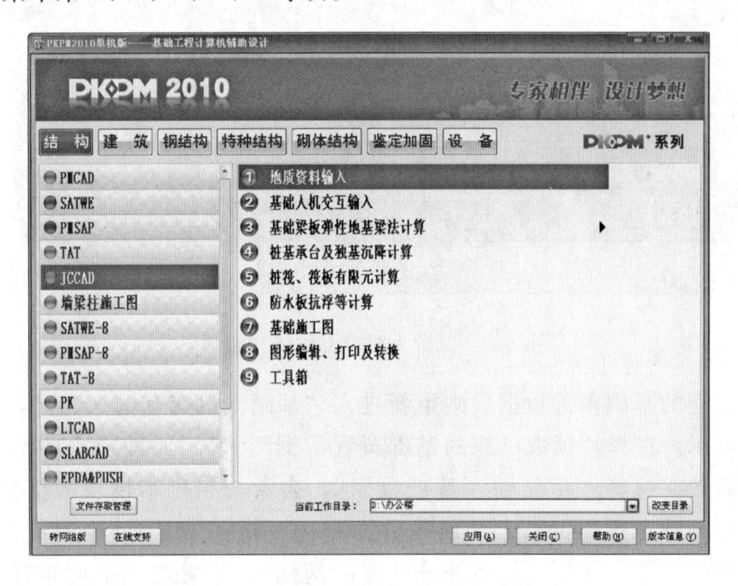

图 6.1　基础设计软件 JCCAD 主菜单

6.2.1　地质资料输入

JCCAD 主菜单 1 为“地质资料输入”，设计桩基础和弹性地基筏板基础时应该输入地质资料。如果要进行沉降计算，也必须输入地质资料数据。地质资料是建筑物场地地基状况的描述，是基础设计的重要依据，可以用人机交互方式或填写数据文件方式输入。由于本实例为独立柱基，不需要在此输入地质资料，故对“地质资料输入”只简单介绍。

由于不同基础类型对土的物理力学指标有不同要求，因此，JCCAD将地质资料分为两类：有桩地质资料和无桩地质资料。有桩地质资料供有桩基础使用（每层土要求压缩模量、重度、土层厚度、状态参数、内摩擦角和内聚力等六个参数），无桩地质资料供无桩基础（弹性地基筏板）使用（每层土只要求压缩模量、重度、土层厚度等三个参数）。

一个完整的地质资料包括各个勘测孔的平面坐标、竖向土层标高及各个土层的物理力学指标。程序以勘测孔的平面位置形成平面控制网格，将勘测孔的竖向土层标高和物理力学指标进行插值，可以得到勘测孔控制网格内部及附近的竖向各土层的标高和物理力学指标，通过人机交互方式可以形象地观测任意一点和任意竖向剖面的土层分布和力学参数。

6.2.2 基础人机交互输入

选择JCCAD主菜单2“基础人机交互输入”，屏幕弹出底层结构平面布置图和基础人机交互主菜单，如图6.2所示。

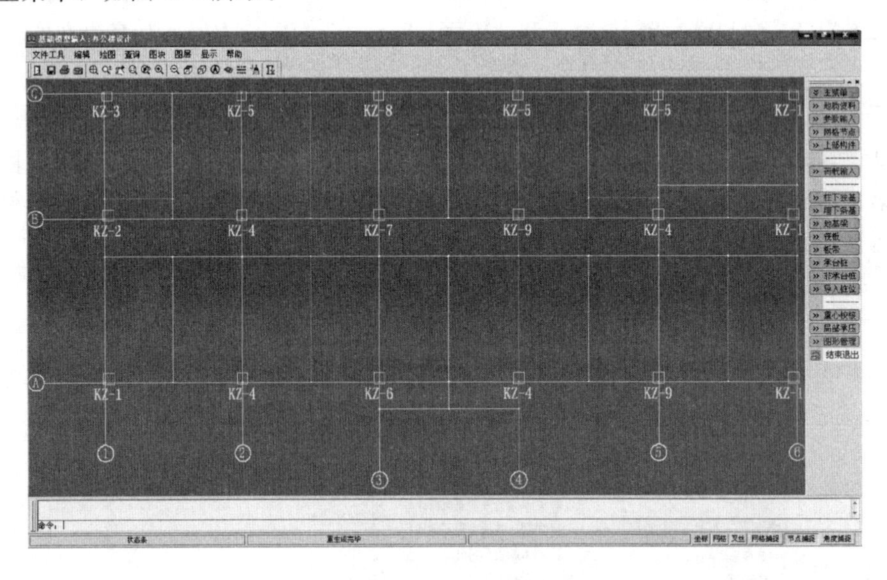

图6.2 基础人机交互输入主菜单

如果存在已有的基础布置数据，则重新进入“基础人机交互输入”时，屏幕弹出对话框，如图6.3所示。选择“读取已有的基础布置数据”，表示此前建立的基础数据和上部结构数据仍然有效。选择“重新输入基础数据”，表示初始化本模块的信息，重新输入。选择“读取已有基础布置并更新上部结构数据”，表示在PMCAD中的构件进行了修改，而又想保留原基础数据。选择“保留部分已有的基础”，是对基础平面布置图图形文件的处理。如果选择该选项，则仍然采用前一次形成的基础平面布置图；如果不选择该选项，则重新生成基础平面布置图。

1. 参数输入

单击“参数输入”菜单，屏幕弹出参数输入子菜单，根据输入的基础类型，选择相应的菜单进行参数修改。

（1）基本参数。单击“基本参数”菜单，屏幕弹出参数选择框（图6.4）。

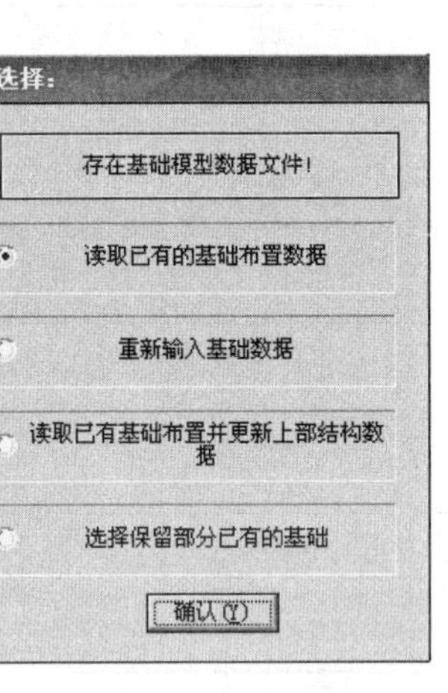
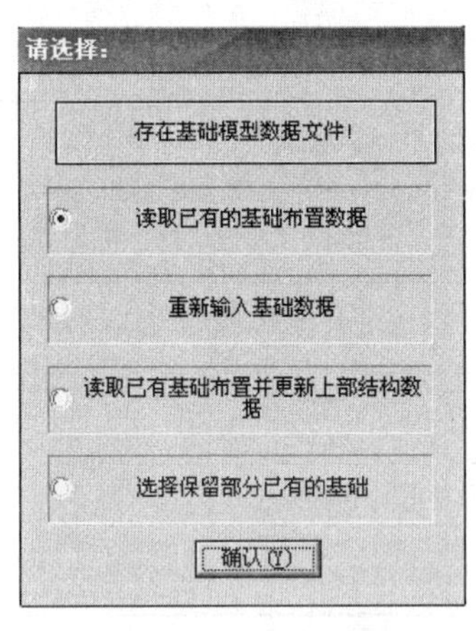

图 6.3　JCCAD 数据选择对话框

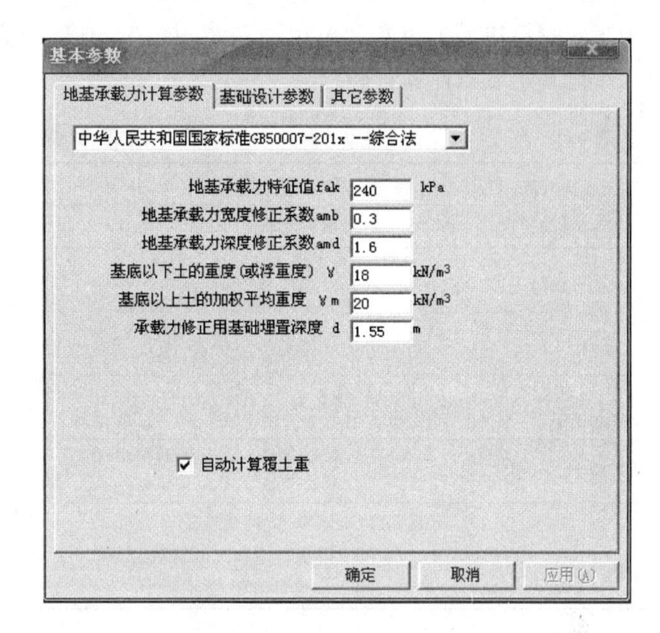

图 6.4　地基承载力计算参数对话框

1）地基承载力计算参数（图 6.4）。程序提供了五种方法可供选择，即中华人民共和国国家标准 GB 50007—201x—综合法、中华人民共和国国家标准 GB 50007—201x—抗剪强度指标法、上海市工程建设规范 DGJ 08—11—2010—静桩试验法、上海市工程建设规范 DGJ 08—11—2010—抗剪强度指标法和北京地区建筑地基基础勘察设计规范 DBJ 01—501—92。下面以综合法为例说明参数的选取。

《建筑地基基础设计规范》（GB 50007—2011）第 5.2.4 条规定：当基础宽度大于 3m 或埋置深度大于 0.5m 时，从荷载试验或其他原位测试、经验值等方法确定的地基承载力特征值，还应按下式修正

$$f_a = f_{ak} + \eta_b \gamma (b-3) + \eta_d \gamma_m (d-0.5) \tag{6.1}$$

式中　f_a——修正后的地基承载力特征值，kPa；

f_{ak}——地基承载力特征值，kPa；

η_b、η_d——基础宽度和埋深的地基承载力修正系数，按基底下土的类别查表 6.1 取值；

γ——基础底面以下土的重度，地下水位以下取浮重度，kN/m^3；

b——基础底面宽度，m，当基宽小于 3m 按 3m 取值，大于 6m 按 6m 取值；

γ_m——基础底面以上土的加权平均重度，地下水位以下取浮重度，kN/m^3；

d——基础埋置深度，m，一般自室外地面标高算起。在填方平整地区，可自填土地面标高算起，但填土在上部结构施工后完成时，应从天然地面标高算起。对于地下室，如采用箱形基础或筏基时，基础埋置深度自室外地面标高算起；当采用独立基础或条形基础时，应从室内地面标高算起。

覆土重是指基础及基底上回填土的平均重度，用于独立基础和条基计算，若选择“自动计算覆土重”，表示程序自动按 $20kN/m^3$ 的混合重度计算；若不选择“自动计算覆土重”，则需要填写对话框中显示的“单位面积覆土重”参数，一般设计独立基础和条基并

有地下室时采用人工填写“单位面积覆土重”，且覆土高度应计算至地下室室内地坪处，以保证地基承载力计算正确。

表 6.1　　承载力修正系数

土的类别		η_b	η_d
淤泥和淤泥质土		0	1.0
人工填土 e 或 I_L 大于等于 0.85 的黏性土		0	1.0
红黏土	含水比 $\alpha_w>0.8$	0	1.2
	含水比 $\alpha_w\leqslant 0.8$	0.15	1.4
大面积压实填土	压实系数大于 0.95、黏粒含量 $\rho_c\geqslant 10\%$ 的粉土	0	1.5
	最大干密度大于 2100kg/m³ 的级配砂石	0	2.0
粉土	黏粒含量 $\rho_c\geqslant 10\%$ 的粉土	0.3	1.5
	黏粒含量 $\rho_c<10\%$ 的粉土	0.5	2.0
e 及 I_L 均小于 0.85 的黏性土		0.3	1.6
粉砂、细砂（不包括很湿与饱和时的稍密状态）		2.0	3.0
中砂、粗砂、砾砂和碎石土		3.0	4.4

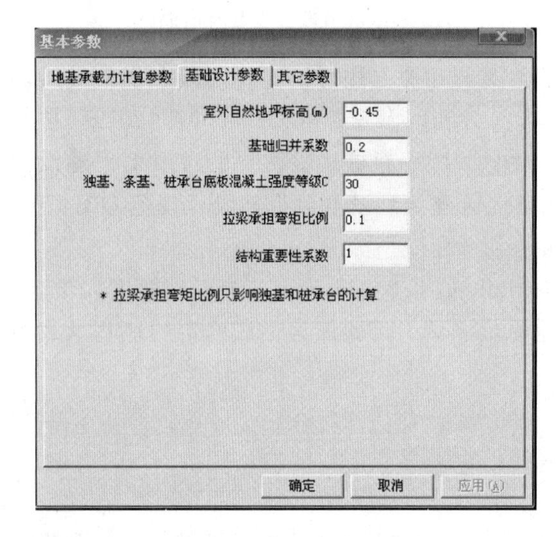

图 6.5　基础设计参数对话框

2）基础设计参数（图 6.5）。室外自然地坪标高用于计算弹性地基梁覆土重（室外部分）和筏板基础地基承载力修正。

基础归并系数是指独立基础和条基截面尺寸归并时的控制参数，程序将基础宽度相对差异在归并系数之内的基础视为同一种基础。

混凝土强度等级是指所有基础的混凝土强度等级（不包括柱和墙）。

拉梁承担弯矩指由拉梁来承受独立基础或桩承台沿梁方向上的弯矩，以减小独立基础底面积。承受的大小比例由所填写的数值决定，如填 0.5 就是承受 50%。拉梁和基础梁可以合并设置，设置拉梁（基础梁）的主要作用是平衡柱下端弯矩，调节不均匀沉降等，其中拉梁承担弯矩比例可选择为 1/10 左右。有抗震设防，基础埋深不一致；地基土层分布不均匀；相邻柱荷载相差悬殊和基础埋深较大等情况需要设置基础拉梁。基础梁的构造需要注意：先素土夯实，再铺炉渣 300mm 厚，梁底需留 100mm 高空隙；基础梁的高度一般可取 1/12 跨距左右。

3）其他参数（图 6.6）。若选择人防等级为 4－6B 级核武器或常规武器中的某一级别，则对话框会自动显示在该人防等级下的底板等效静荷载和顶板等效静荷载。

地下水距天然地坪深度参数只对梁元法起作用，程序用该值计算水浮力，影响筏板重心和地基反力的计算结果。

（2）个别参数。选择此项，可以对“基本参数”中统一设置的基础参数进行个别修改，这样不同的区域可以用不同的参数进行基础设计。

点击“个别参数”，屏幕显示结构与基础相连的平面布置图，点击需要修改参数的网格节点后，屏幕弹出“基础设计参数输入”对话框（图 6.7），输入要修改的参数值，进行个别参数修改。

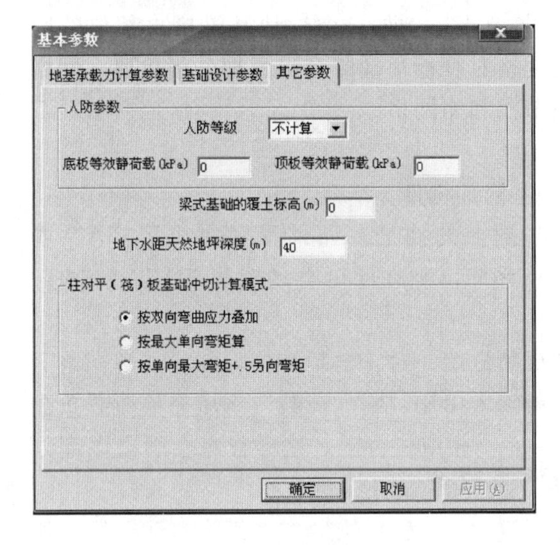

图 6.6　其他参数对话框

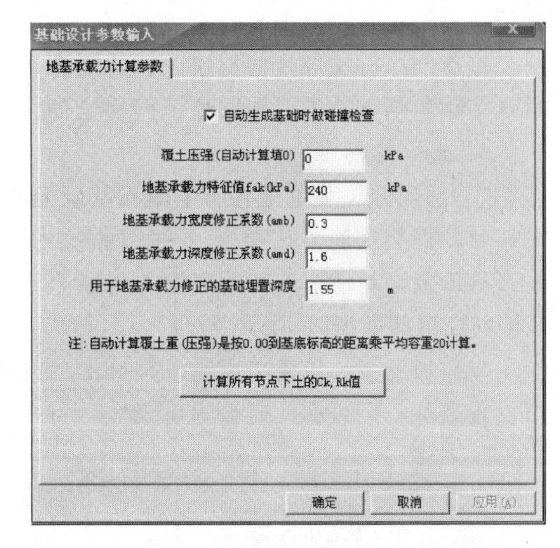

图 6.7　基础个别参数对话框

点击“计算所有节点下土的 Ck，Rk 值”，程序自动计算所有网格节点的黏聚力标准值和内摩擦角标准值。

（3）参数输出。点击“参数输出”，屏幕弹出如图 6.8 所示的“基础基本参数 .txt”文本文件，设计人员可查看相关参数并存档。

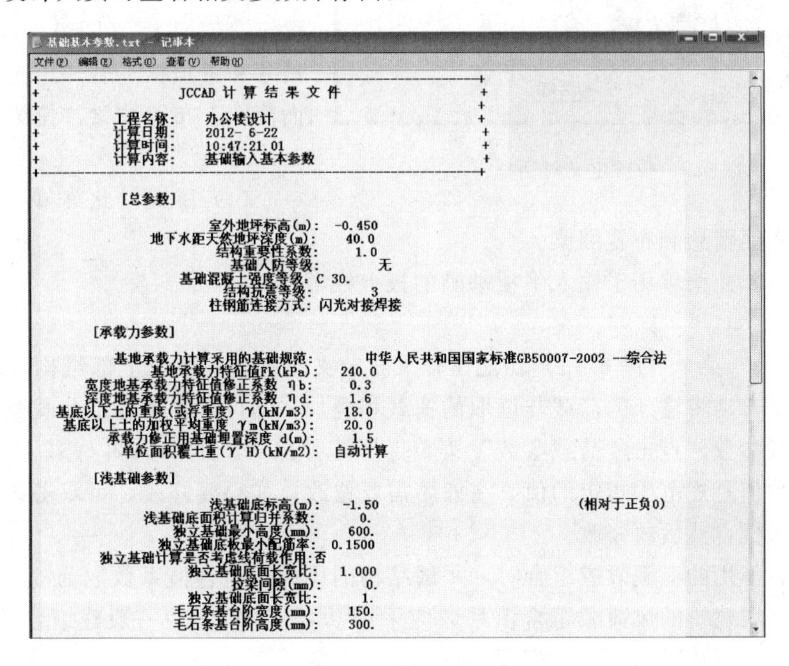

基础基本参数.txt - 记事本

文件(F)　编辑(E)　格式(O)　查看(V)　帮助(H)

```
+-------------------------------------------------+
+              JCCAD 计 算 结 果 文 件              +
+                                                 +
+        工程名称:     办公楼设计                    +
+        计算日期:     2012- 6-22                  +
+        计算时间:     10:47:21.01                 +
+        计算内容:     基础输入基本参数               +
+-------------------------------------------------+

        [总参数]

                室外地坪标高(m):   -0.450
          地下水距天然地坪深度(m):   40.0
                结构重要性系数:      1.0
                 基础人防等级:        无
             基础混凝土强度等级: C 30.
                 结构抗震等级:       3
              柱钢筋连接方式: 闪光对接焊接

     [承载力参数]

      基地承载力计算采用的基础规范:        中华人民共和国国家标准GB50007-2002 --综合法
          基地承载力特征值Fk(kPa):   240.0
   宽度地基承载力特征值修正系数 ηb:     0.3
   深度地基承载力特征值修正系数 ηd:     1.6
 基底以下土的重度(或浮重度) γ(kN/m3):   18.0
 基底以上土的加权平均重度 γm(kN/m3):   20.0
       承载力修正用基础埋置深度 d(m):    1.5
        单位面积覆土重(γ'H)(kN/m2):  自动计算

     [浅基础参数]

                浅基础底标高(m):   -1.50                    (相对于正负0)
           浅基础底面积计算归并系数:     0.
               独立基础最小高度(mm):   600.
              独立基础底板最小配筋率:  0.1500
      独立基础计算是否考虑线荷载作用:否
                独立基础底面长宽比:   1.000
                    拉梁间隙(mm):     0.
                独立基础底面长宽比:     1.
               毛石条基台阶宽度(mm):   150.
               毛石条基台阶高度(mm):   300.
```

图 6.8　“基础基本参数 .txt”文本文件

2. 网格节点

网格节点菜单的功能是用于增加、编辑PMCAD传下的平面网格、轴线和节点，以满足基础布置的需要。程序可将与基础相联的各层网格全部传下来，并合并为同一的网点。如果在PMCAD中已经将基础所需要的网格全部输入，则在基础程序中可不进行网格输入菜单；否则需要在该项菜单中增加轴线与节点，例如，弹性地基梁挑出部位的网格、筏板加厚区域部位的网格、删除没有用的网格对筏板基础的有限元划分很重要。网格节点菜单包括加节点、加网格、网格延伸、删节点和删网格。

3. 上部构件

“上部构件”菜单主要用于输入基础上的一些附加构件。

(1) 框架柱筋。该菜单可输入框架柱在基础上的插筋。如果程序完成了TAT或SATWE中绘制柱施工图的工作并将结果存入钢筋库，则在此可自动读取TAT或SATWE的柱钢筋数据。

(2) 填充墙。该菜单可输入基础上面的底层填充墙。对于框架结构，如底层填充墙下需设置条基，则可在此先输入填充墙，再在荷载输入中用“附加荷载”将填充墙荷载布在相应位置上，这样程序会画出该部分完整的施工图。

(3) 拉梁。该菜单用于在两个独立基础或独立桩基承台之间设置拉接连系梁。如果拉梁上有填充墙，其荷载应该按节点荷载输入到拉梁两端基础所在的节点上。

点击“拉梁布置”，屏幕显示拉梁定义对话框（图6.9），填入拉梁尺寸和梁顶标高后，用光标在底层平面简图上布置拉梁，拉梁布置图如图6.10所示。

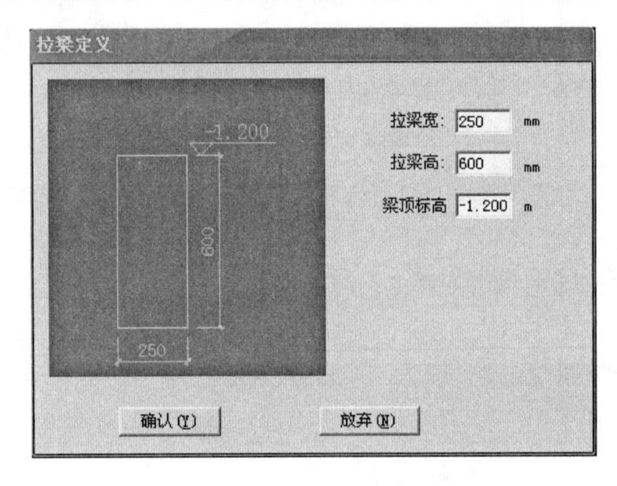

图6.9　拉梁定义对话框

(4) 圈梁。此菜单用于定义各类圈梁尺寸、钢筋信息和布置圈梁。

(5) 柱墩。此菜单用于输入平板基础的板上柱墩。

4. 荷载输入

“荷载输入”菜单（图6.11）功能是输入自定义的荷载和读取上部结构计算传下来的荷载，程序能自动将输入的荷载与读取的荷载相叠加，并可对各类各组荷载删除修改。

(1) 荷载参数。点击“荷载参数”菜单，屏幕弹出对话框，如图6.12所示。对话框中灰颜色的数值是规范中指定的值，一般不需要修改；如果要修改，可双击该值，将其变成白色的输入框，然后再修改。

在有地震作用的荷载效应组合时，一般结构的风荷载组合值系数取为0.0，风荷载起控制作用的高层建筑的风荷载组合值系数应采用0.2，本实例为一般建筑，故图6.12中“地震作用组合风荷载组合值系数”取为0。

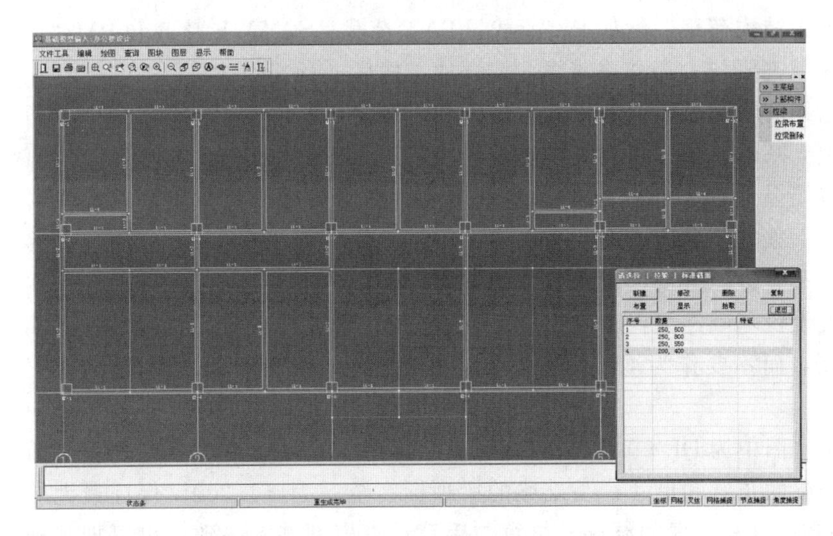

图 6.10　拉梁布置图

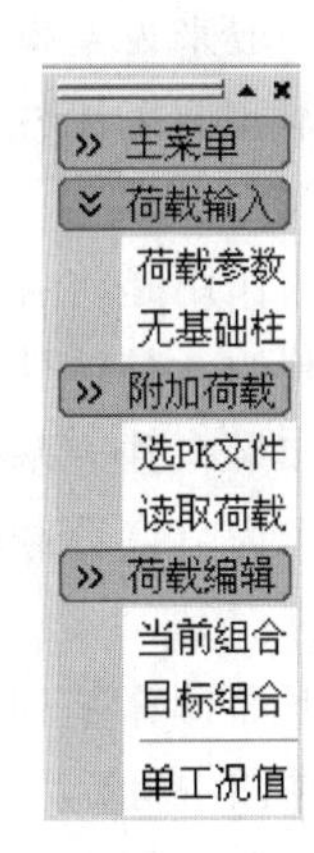

图 6.11　荷载输入菜单

若选择“分配无柱节点荷载”项，程序可将墙间无柱节点或无基础柱上的荷载分配到节点周围的墙上，并且对墙下基础不会产生丢荷载情况。

当选择自动按楼层折减活荷载时，程序会根据与基础相连接的每个柱、墙上面的楼层数进行活荷载折减。因为 JCCAD 读入的是上部未折减的荷载标准值，所以上部结构分析程序中输入的活荷载按楼层折减系数对传给基础的荷载标准值没有影响。如果需要考虑活荷载按楼层折减应该在 JCCAD 中考虑。

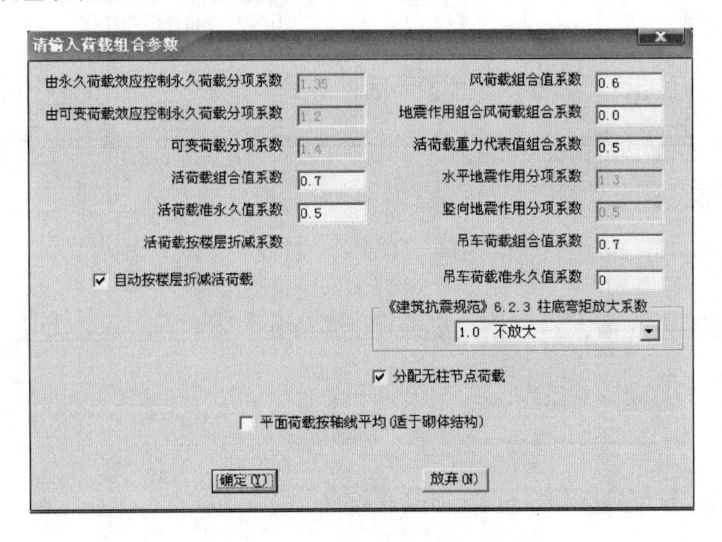

图 6.12　荷载组合参数菜单

（2）无基础柱。有些柱下无需布置独立基础，例如构造柱。“无基础柱”菜单用于设定无独立基础的柱，以便程序自动将柱底荷载传递到其他基础上。

（3）附加荷载。“附加荷载”菜单的作用是布置、删除自定义的节点荷载与线荷载。附加荷载包括恒荷载标准值和活荷载标准值，可作为一组独立的荷载工况进行基础计算或验算。如果还输入了上部结构荷载，例如PK荷载、TAT荷载、SATWE荷载和PM“恒＋活”荷载等，附加荷载先要与上部结构各组荷载叠加，然后进行基础计算。

一般来说，框架结构的填充墙或设备重荷应按附加荷载输入。

本实例采用柱下独立基础，依据《建筑抗震设计规范》（GB 50011—2010）第6.1.11条的规定，本实例设置了基础系梁（也可称为基础拉梁、基础连梁，其作用可以统一）。拉梁的作用是将各个柱下独立基础连成一个平面梁格，使得各个独立基础在水平方向能够相互制约，整体性能好；设置拉梁也可以调整基础不均匀沉降。

如果在独立基础上设置基础连梁，基础连梁上有填充墙，则应将填充墙的荷载在此菜单中作为节点荷载输入，而不要作为均布荷载输入，否则将会形成墙下条形基础或丢失荷载。

下面计算基础连梁（图中为DL＊）传至基础的节点荷载。图6.13为基础梁布置平面图，在图中标示了基础梁的布置和尺寸，基础梁的梁顶标高统一为－1.200（保证最大的DL底面与基础底面平齐，这样设置的结果是电算与手算计算模型基本一致，也可把基础系梁作为一层框架梁在上部结构建模输入，则在此处就不需要输入荷载）。配筋构造参考06G 101－6第68～70页的规定，因基础梁高度不一致，计算荷载和图示中均考虑基础梁到定位轴线位置。为计算方便，对框架柱重新编号，计算每个柱上的节点荷载，需要说明：图6.13中的LTL－2即为图5.73中的DL4。

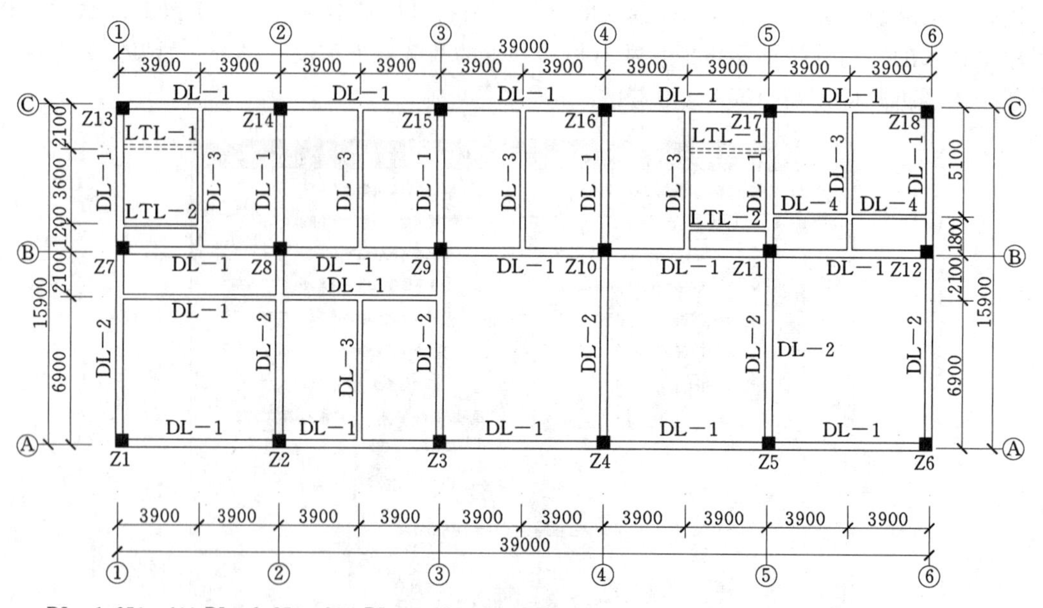

DL－1：250＊600 DL－2：250＊800 DL－3：250＊550 LTL－2：200＊400 LTL－1：200＊400 DL－4：200＊400

图6.13 基础梁布置平面图

1）基础梁上荷载计算。参考本设计实例的底层平面图中的墙体布置，基础梁上荷载计算详见表6.2和表6.3。需要说明DL＊（梁顶－1.200）其上到±0.000以下的墙体采用240mm厚的实心墙体，容重取为18kN/m³，±0.000以上到第一层梁下采用200mm厚的空心墙体，容重取为10 kN/m³。

表 6.2　　横向基础梁上荷载计算

序号	位　置		线荷载（kN/m）	线荷载合计（kN/m）
1	①轴线 ⑥轴线	墙长 6.9m（无洞口，上层梁高 1.0m，层高 3.9m）	墙重：（3.9－1.0）×3.0＝8.7 ±0.000 以下墙重：18×0.24×1.2＝5.18 梁自重：25×0.25×0.60＝3.75	17.63
2		墙长 6.9m（无洞口，上层梁高 1.0m，层高 3.9m）	墙重：（3.9－1.0）×3.0＝8.7 ±0.000 以下墙重：18×0.24×1.2＝5.18 梁自重：25×0.25×0.80＝5	18.88
3		墙长 2.1m（有窗洞 1.9m×1.8m，上层梁高 1.0m，层高 3.9m）	墙重：（3.9－1.0－1.8）×3.0＝3.3 ±0.000 以下墙重：18×0.24×1.2＝5.18 窗重：0.45×1.8＝0.81	9.29
4	②轴线 ③轴线 ④轴线 ⑤轴线	墙长 6.9m（无洞口，上层梁高 0.9m，层高 3.9m）	墙重：（3.9－0.9）×2.8＝8.4 ±0.000 以下墙重：18×0.24×1.2＝5.18 梁自重：25×0.25×0.80＝5	18.58
5		墙长 6.9m（无洞口，上层梁高 0.7m，层高 3.9m）	墙重：（3.9－0.7）×2.8＝8.96 ±0.000 以下墙重：18×0.24×1.2＝5.18 梁自重：25×0.25×0.60＝3.75	17.89
6		墙长 2.1m（走廊，无墙体）	0	0
7	①～⑤轴线间横隔墙	墙长 6.9m（无洞口，上层梁高 0.65m，层高 3.9m）	墙重：（3.9－0.65）×2.8＝9.1 ±0.000 以下墙重：18×0.24×1.2＝5.18 梁自重：25×0.25×0.55＝3.44	17.72
		墙长 6.9m（有 M2：1.0m×2.1m，上层梁高 0.65m，层高 3.9m）	墙重： $\frac{[6.9\times(3.9-0.65)-1.0\times2.1]\times2.8+1.0\times2.1\times0.45}{6.9}$ ＝8.4±0.000 以下墙重：18×0.24×1.2＝5.18 梁自重：25×0.25×0.55＝3.44	17.02
8	⑤～⑥轴线间横隔墙	墙长 5.1m（无洞口，上层梁高 0.65m，层高 3.9m）	墙重：（3.9－0.65）×2.8＝9.1 ±0.000 以下墙重：18×0.24×1.2＝5.18 梁自重：25×0.25×0.55＝3.44	17.72

表 6.3　　纵向基础梁上荷载计算

序号	位　置		线荷载（kN/m）	线荷载合计（kN/m）
1	Ⓐ轴线 Ⓒ轴线	墙长 7.8m（有两个窗 C2：2.1m×1.8m，上层梁高 0.8m，层高 3.9m）	墙重： $\frac{[7.8\times(3.9-0.8)-2\times2.1\times1.8]\times3+2\times2.1\times1.8\times0.45}{7.8}=6.8$ ±0.000 以下墙重：18×0.24×1.2＝5.18 梁自重：25×0.25×0.60＝3.75	15.73

续表

序号	位　置		线荷载（kN/m）	线荷载合计（kN/m）
1	Ⓐ轴线 Ⓒ轴线	墙长 7.8m（有两个门 M1：2.4m×2.1m，上层梁高 0.8m，层高 3.9m）	墙重： $\frac{[7.8\times(3.9-0.8)-2\times2.4\times2.1]\times3+2\times2.4\times2.1\times0.45}{7.8}=6$ ±0.000 以下墙重：18×0.24×1.2=5.18 梁自重：25×0.25×0.60=3.75	14.93
2	Ⓑ轴线	墙长 3.9m（有一个门 M2：1.0m×2.1m，上层梁 0.8m，层高 3.9m）	墙重： $\frac{[3.9\times(3.9-0.8)-1.0\times2.1]\times2.8+1.0\times2.1\times0.45}{3.9}=7.4$ ±0.000 以下墙重：18×0.24×1.2=5.18 梁自重：25×0.25×0.60=3.75	16.33
3		墙长 3.9m（有一个门 M3：1.5m×2.1m，上层梁 0.8m，层高 3.9m）	墙重： $\frac{[3.9\times(3.9-0.8)-1.5\times2.1]\times2.8+1.5\times2.1\times0.45}{3.9}=6.78$ ±0.000 以下墙重：18×0.24×1.2=5.18 梁自重：25×0.25×0.60=3.75	15.71
4		墙长 7.8m（有一个门洞：2.0m×2.1m，梁高 0.8m，层高 3.9m）	墙重： $\frac{[7.8\times(3.9-0.80)-2.0\times2.1]\times2.8}{7.8}=7.2$ ±0.000 以下墙重：18×0.24×1.2=5.18 梁自重：25×0.25×0.60=3.75	16.13
5	Ⓐ轴～Ⓑ轴线之间	墙长 7.8m（有两个门 M3：1.5m×2.1m，上层梁高 0.75m，层高 3.9m）	墙重： $\frac{[7.8\times(3.9-0.75)-2\times1.5\times2.1]\times2.8+2\times1.5\times2.1\times0.45}{7.8}=6.9$ ±0.000 以下墙重：18×0.24×1.2=5.18 梁自重：25×0.25×0.60=3.75	15.83
6		墙长 3.9m（无洞口，上层梁高 0.75m，层高 3.9m）	墙重：（3.9−0.75）×2.8=8.82 ±0.000 以下墙重：18×0.24×1.2=5.18 梁自重：25×0.25×0.60=3.75	17.75
7	Ⓑ轴～Ⓒ轴线之间	墙长 7.8m（有两个门 M4：0.9m×2.1m，上层梁高 0.40m，层高 3.9m）	墙重： $\frac{[7.8\times(3.9-0.40)-2\times0.9\times2.1]\times2.8+2\times0.9\times2.1\times0.45}{7.8}=8.7$ ±0.000 以下墙重：18×0.24×1.2=5.18 梁自重：25×0.2×0.4=2	15.88

2）LTL−2 传至两端的集中力计算。

恒荷载：

LTL－2 在恒荷载作用下的计算简图如图 6.14 所示，由图 1.18 和表 1.15 可知，TB1 传至 LTL－2 的恒荷载为局部分布荷载 12.96kN/m，LTL－2 的自重荷载为 25×0.2×0.4＝2（kN/m）。则

$$F_{LTL-2(L)}=2\times3.9\div2+12.96\times2.925\div3.9=13.62\ (kN)$$

$$F_{LTL-2(R)}=2\times3.9\div2+12.96\times0.975\div3.9=7.14\ (kN)$$

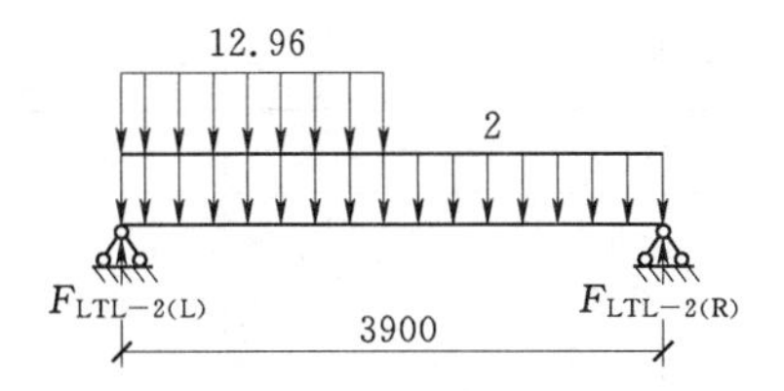

图 6.14　LTL－2 在恒荷载作用下的计算简图（单位：kN/m）

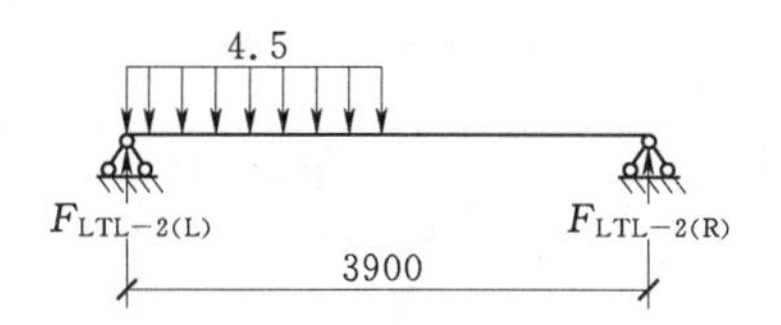

图 6.15　LTL－2 在活荷载作用下的计算简图（单位：kN/m）

活荷载：

LTL－2 在活荷载作用下的计算简图如图 6.15 所示，由图 1.18 和表 1.21 可知，TB1 传至 LTL－2 的活荷载为局部分布荷载 4.5kN/m。则

$F_{LTL-2(L)}=4.5\times2.925\div3.9=3.375\ (kN)$

$F_{LTL-2(R)}=4.5\times0.975\div3.9=1.125\ (kN)$

3）LTL－1 传至两端的集中力计算。

恒荷载：

LTL－1 在恒荷载作用下的计算简图如图 6.16 所示，由图 1.30、表 1.15 和表 1.16 可知，TB1 传至 LTL－1 的荷载为 12.96 kN/m，LTL－1 的自重及抹灰荷线为 1.7kN/m，PTB－3 传来荷载为 2.8kN/m，总计线荷载为 17.5kN/m。

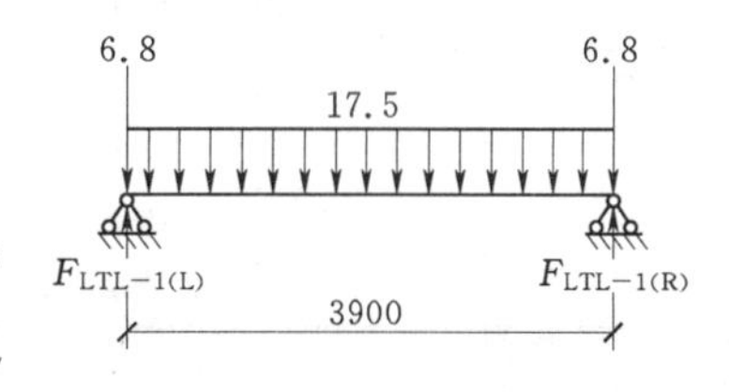

图 6.16　LTL－1 在恒荷载作用下的计算简图（单位：kN/m）

表 6.4 为 TZ 传至 LTL－1 的集中力计算（参考图 1.30）。

表 6.4　TZ 集中力计算

序号	类别	荷　载
1	TZ（200mm×300mm）自重荷载（抹灰略）	25×0.2×0.3×（1.95－0.4）＝2.3（kN）
2	L1（200mm×300mm）自重荷载（抹灰略）	25×0.2×0.3＝1.5（kN/m）
3	L1 上墙体自重荷载	（1.95－0.7）×2.8＝3.5（kN/m）
4	L1 传至 TZ 集中力	$(3.5+1.5)\times\frac{(2.1-0.3)}{2}=4.5\ (kN)$
5	合计	2.3＋4.5＝6.8（kN）

$$F_{LTL-1(L)}=F_{LTL-1(R)}=17.5\times3.9\div2+6.8=41(kN)$$

活荷载：

LTL－1 在活荷载作用下的计算简图如图 6.16 所示（数值不同），由图 1.30 和表 1.21 可知，TB1 传至 LTL－1 的活荷载为 4.5 kN/m，PTB－3 传至 LTL－1 的活荷载为

1.375 kN/m，总计线荷载为5.875kN/m。则

$$F_{LTL-1(L)}=F_{LTL-1(R)}=5.875\times3.9\div2=11.5(kN)$$

4）柱上节点荷载。Z1～Z6的柱上节点荷载计算过程列于表6.5，Z7～Z18的柱上节点荷载列于表6.6（由于基础梁顶标高降低，增加了墙体的重量，近似取为原书中恒载数据乘以1.4，详细计算不再赘述）。

表6.5　Z1～Z6的柱上节点荷载

节点荷载位置	计算过程	合计（kN）
Z1	DL－1传来：15.73×3.9＝61.35 DL－2传来：18.88×6.9×5.55÷9＋9.29×2.1×1.05÷9＋15.83×3.9×2.1÷9＝97.02	158
Z2	DL－1传来：15.73×7.8＋17.02×6.9÷4＝152.05 DL－2传来：18.58×6.9×5.55÷9＋5×2.1×1.05÷9＋(17.02×6.9÷4＋15.83×3.9＋17.75×3.9×5.85÷7.8)×2.1÷9＝113.65	266
Z3	DL－1传来：15.73×3.9＋14.93×3.9＋17.02×6.9÷4＝148.93 DL－2传来：(17.02×6.9÷4＋17.75×3.9×1.95÷7.8＋3.75×3.9×5.85÷7.8)×2.1÷9＋5×9÷2＝35.95	185
Z4	DL－1传来：15.73×3.9＋14.93×3.9＝119.57 DL－2传来：25×0.25×0.80×9÷2＝22.5	142
Z5	DL－1传来：15.73×7.8＝122.69 DL－2传来：25×0.25×0.80×9÷2＝22.5	145
Z6	DL－1传来：15.73×3.9＝61.35 DL－2传来：18.88×6.9×5.55÷9＋9.29×2.1×1.05÷9＝82.61	144

表6.6　Z7～Z18的柱上节点荷载

节点荷载位置	荷载类型	合计（kN）
Z7	恒载	256
	活载	8
Z8	恒载	361
	活载	2
Z9	恒载	318
Z10	恒载	235
	活载	3
Z11	恒载	302
	活载	7
Z12	恒载	245
Z13	恒载	213
	活载	13
Z14	恒载	216
	活载	4

续表

节点荷载位置	荷载类型	合计（kN）
Z15	恒载	237
Z16	恒载	216
	活载	4
Z17	恒载	251
	活载	13
Z18	恒载	162

计算完成所有节点的荷载，单击“加点荷载”，屏幕弹出附加点荷载对话框（图 6.17），按各节点输入相应的恒载标准值和活载标准值。注意所加节点荷载的作用点在柱子的形心，对不在形心位置的节点荷载应该考虑两个方向的偏心距，本实例近似忽略节点荷载两个方向的偏心，直接输入各节点荷载。注意节点荷载输入时看清楚节点的实际位置，而不能仅依据节点的编号。

附加点荷载	N (kN)	Mx (kN-M)	My (kN-M)	Qx (kN)	Qy (kN)
恒载标准值	158	0	0	0	0
活载标准值	0	0	0	0	0

图 6.17　附加点荷载对话框

（4）读取荷载。该菜单的功能是可读取 PM 导荷和砖混、TAT、PK、SATWE、PMSAP 等上部结构分析程序传来的首层柱、墙内力，作为基础设计的外加荷载。点击“读取荷载”，屏幕弹出荷载类型选择框（图 6.18）。

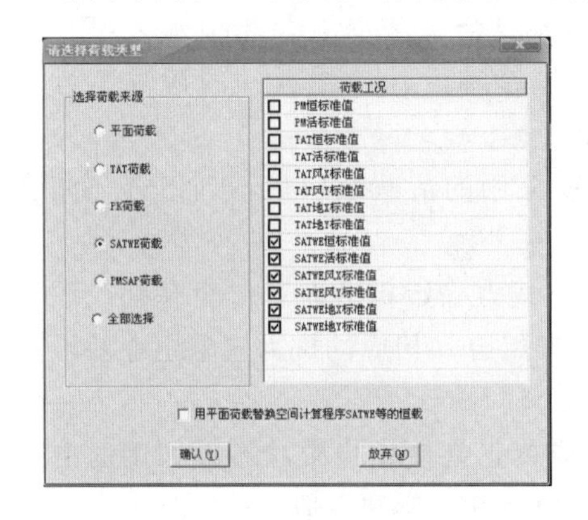

图 6.18　荷载类型选择框

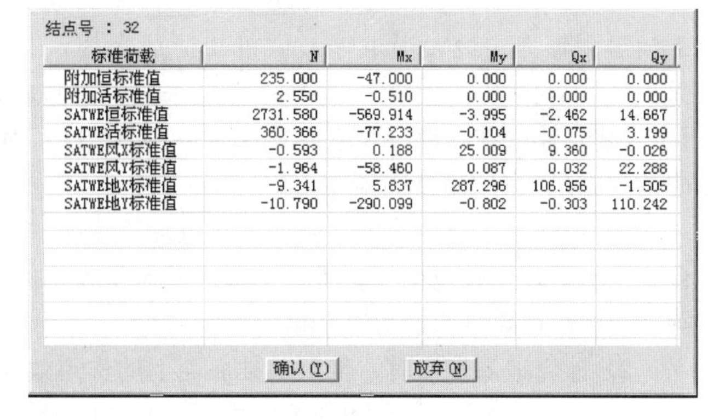
结点号 ： 32

标准荷载	N	Mx	My	Qx	Qy
附加恒标准值	235.000	-47.000	0.000	0.000	0.000
附加活标准值	2.550	-0.510	0.000	0.000	0.000
SATWE恒标准值	2731.580	-569.914	-3.995	-2.462	14.667
SATWE活标准值	360.366	-77.233	-0.104	-0.075	3.199
SATWE风X标准值	-0.593	0.188	25.009	9.360	-0.026
SATWE风Y标准值	-1.964	-58.460	0.087	0.032	22.288
SATWE地X标准值	-9.341	5.837	287.296	106.956	-1.505
SATWE地Y标准值	-10.790	-290.099	-0.802	-0.303	110.242

确认(Y)　放弃(N)

图 6.19　修改节点荷载对话框

如果要选择某一程序生成的荷载，可选取左面的按钮。选取之后，右面的列表框中会在相应的荷载项前划“√”，表示荷载选中。程序根据选择的荷载类型读取相应的上部结构分析程序生成的荷载，并组合成计算所需要的荷载组合。

（5）荷载编辑。该菜单的功能是可对附加荷载和上部结构传下的各工况标准荷载进行查询或修改。点取“点荷编辑”菜单，再点取要修改荷载的节点即可在屏幕弹出的对话框（图 6.19）中修改节点的轴力、弯矩和剪力。图中的荷载是作用点在节点上的值，而屏幕显示的荷载是作用点在柱形心上；两者按矢量平移原则转换。

（6）当前组合。该菜单的功能是显示指定的荷载组合图，便于查询或打印。点击“当前组合”，屏幕显示荷载组合类型（图6.20），用光标选择某组荷载组合时，屏幕显示该组荷载组合图。

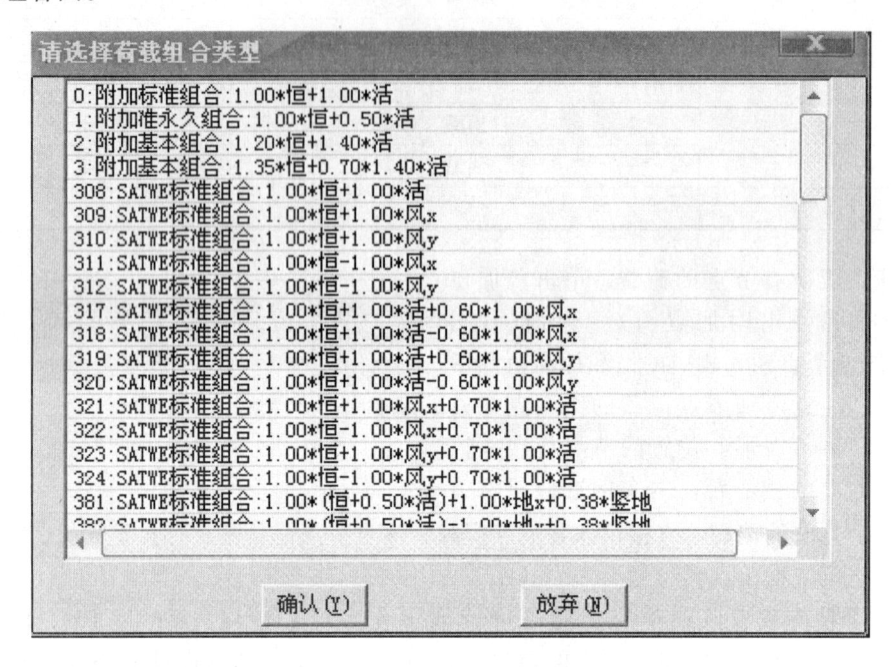

图6.20　荷载组合类型

（7）目标组合。该菜单的功能是显示荷载效应标准组合、基本组合和准永久组合下的最大轴力、最大弯矩等，供校核荷载之用，与地基基础设计最终选择的荷载组合无关。

《建筑地基基础设计规范》（GB 50007—2011）对所采用的荷载效应最不利组合与相应的抗力限值有以下规定：

1）按地基承载力确定基础底面积及埋深或按单桩承载力确定桩数时，传至基础或承台底面上的作用效应应按正常使用极限状态下作用的标准组合；相应的抗力应采用地基承载力特征值或单桩承载力特征值。

2）计算地基变形时，传至基础底面上的作用效应应按正常使用极限状态下作用的准永久组合，不应计入风荷载和地震作用；相应的限值应为地基变形允许值。

3）计算挡土墙、地基或滑坡稳定以及基础抗浮稳定时，作用效应应按承载能力极限状态下作用的基本组合，但其分项系数均为1.0。

4）在确定基础或桩基承台高度、支挡结构截面、计算基础或支挡结构内力、确定配筋和验算材料强度时，上部结构传来的作用效应和相应的基底反力、挡土墙土压力以及滑坡推力，应按承载能力极限状态下作用效应的基本组合，采用相应的分项系数。当需要验算基础裂缝宽度时，应按正常使用极限状态下作用的标准组合。

点击“目标组合”，屏幕显示目标荷载选择框（图6.21），用光标选择某组荷载组合时，屏幕显示该组荷载组合图。

5. 柱下独基

该菜单用于独立基础设计，程序可根据输入的多种荷载自动选取独立基础尺寸，自动配筋，并可灵活地进行人工干预。

(1) 自动生成。点击“自动生成”菜单，首先选择要生成独立基础的柱，然后输入地基承载力计算参数（图 6.22）和柱下独立基础参数（图 6.23）。

独立基础最小高度指程序确定独立基础尺寸的起算高度，若冲切计算不满足要求时，程序自动增加基础各阶的高度，初始值为 600mm。

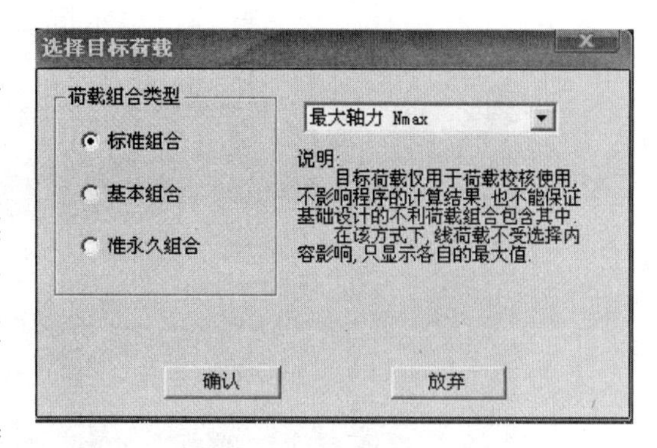

图 6.21　目标荷载选择框

独基底面长宽比，一般取 1～1.5 为宜，不能超过 2。

独立基础底板最小配筋率是用来控制独立基础底板的最小配筋百分率，如果不控制则填 0，程序按最小直径不小于 10mm，间距不大于 200mm 配筋。

在计算基础底面积时，允许基础底面局部不受压，可以通过填写“承载力计算时基础底面受拉面积/基础底面积（0～0.3）”这个参数来确定。填 0 表示全底面受压。

参数填写完成并确定后，程序会自动在所选择的柱下（除已布置筏板和承台桩的柱外）自动进行独立基础设计，通过基础碰撞检查，当可能发生碰撞时，程序会将发生碰撞的独立基础自动合并成双柱基础或多柱基础（图 6.24）。

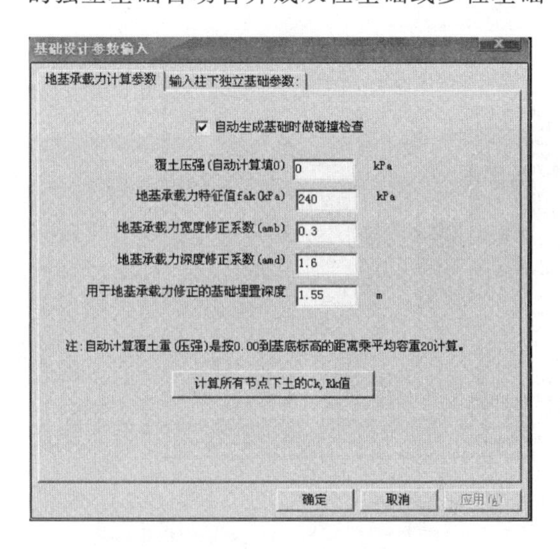

图 6.22　地基承载力计算参数

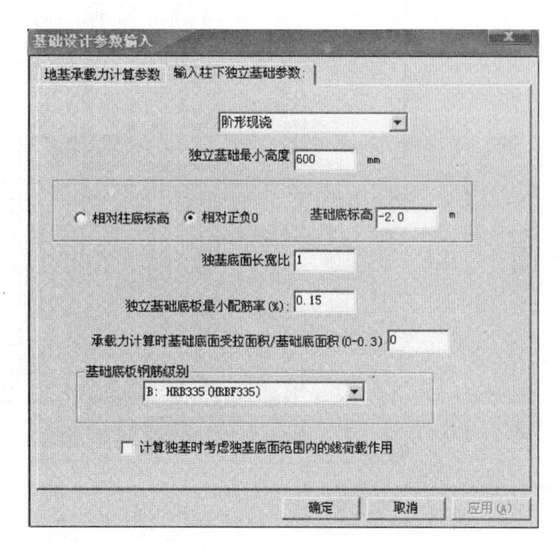

图 6.23　柱下独立基础参数

(2) 计算结果。点击“计算结果”，屏幕弹出独立基础计算结果文件——jc0.out 记事本（图 6.25），可作为计算书存档。结果内容包括各荷载工况组合、每个柱子在各组荷载下求出的底面积、冲切计算结果、程序实际选用的底面积、底板配筋计算值与实配钢筋。

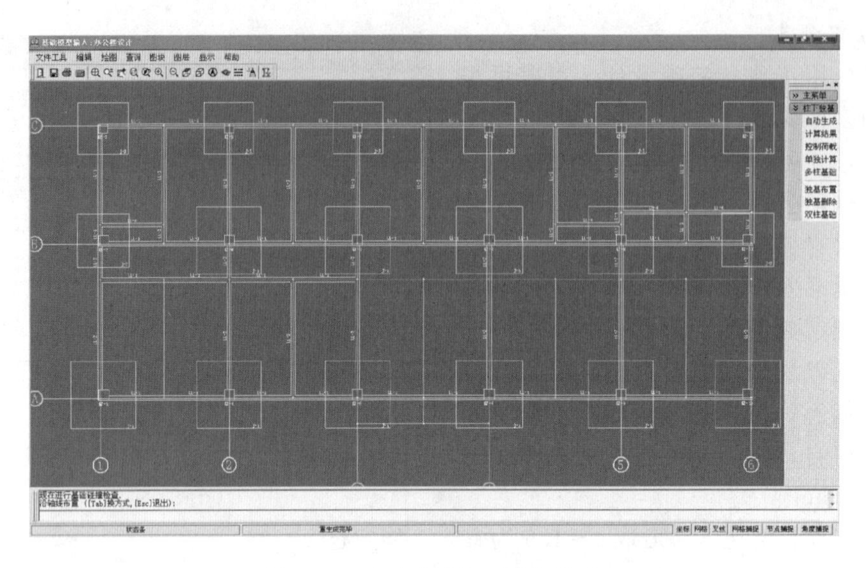

图 6.24　自动生成柱下独立基础

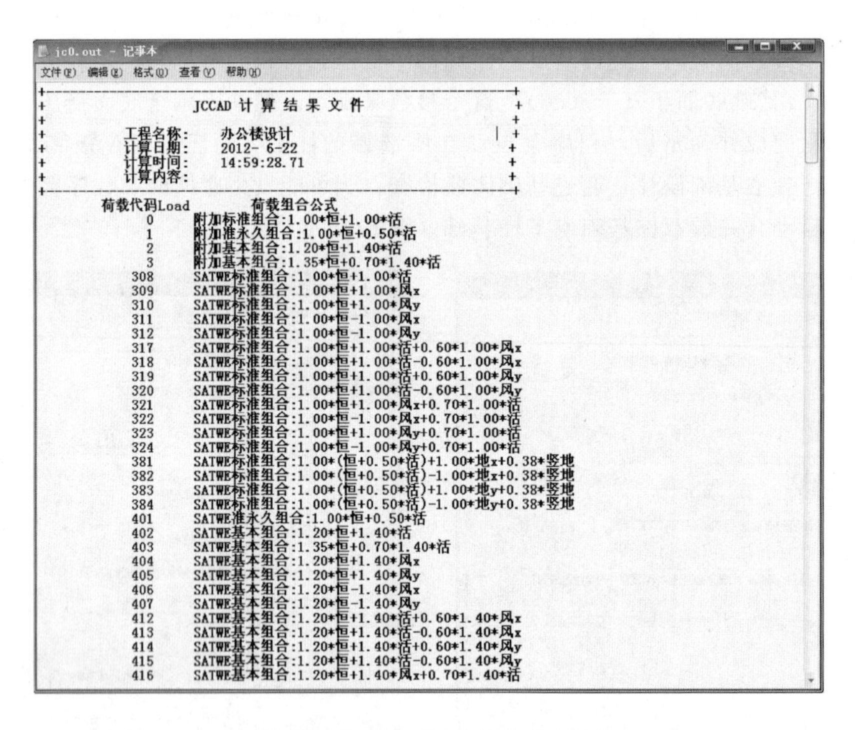

图 6.25　独立基础计算结果文本文件

（3）控制荷载。点击“控制荷载”，程序可以生成柱下独基计算时的四种控制荷载效应组合的荷载图，分别是承载力计算、冲切计算、X 向板底配筋、Y 向板底配筋计算时的控制荷载图（图 6.26），方便查看、编辑、校对等。

（4）独基布置。该菜单的功能是对自动生成的独立基础进行查看或修改。点击“独基布置”，屏幕弹出构件选择对话框（图 6.27），可对自动生成的独立基础进行修改、布置或删除等操作。点击任一序号的独立基础，屏幕弹出柱下独立基础定义对话框（图6.28）。

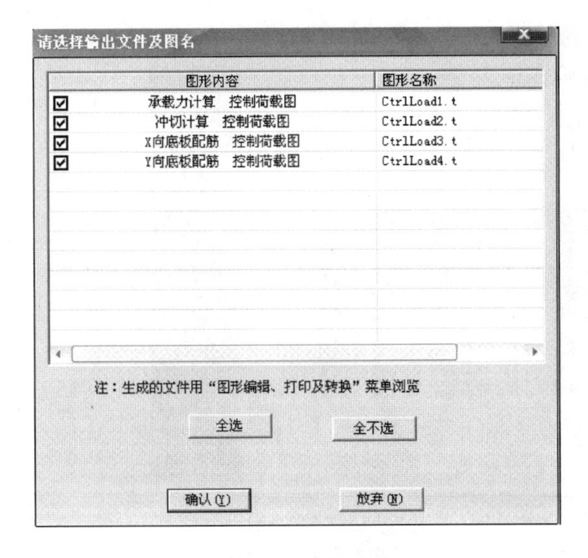

图 6.26　控制荷载图

图 6.27　构件选择对话框

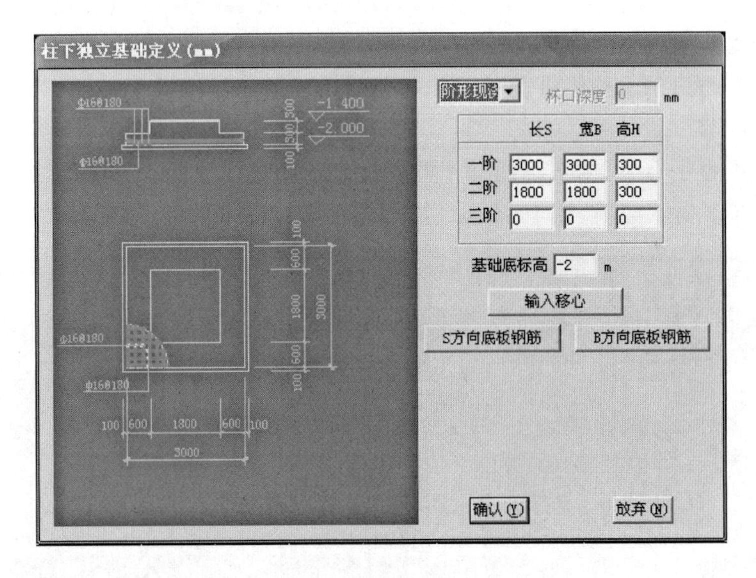

图 6.28　柱下独立基础定义对话框

(5) 双柱基础。当两个柱子的距离比较近时，各自生成独立基础会发生相互碰撞，此时，可以用该菜单在两个柱下生成一个独立基础，即双柱联合基础。

6. 局部承压

该菜单的功能是进行柱下独立基础、承台、基础梁以及桩对承台的局部承压计算。《建筑地基基础设计规范》（GB 50007—2011）第 8.2.7 条规定：当基础的混凝土强度等级小于柱的混凝土强度等级时，尚应验算柱下基础顶面的局部受压承载力。点取“局部承压”，再选择柱或桩，屏幕显示局部承压计算结果文本文件，同时在柱上标注计算结果，若计算结果大于1.0为满足局部承压要求，如图6.29所示。

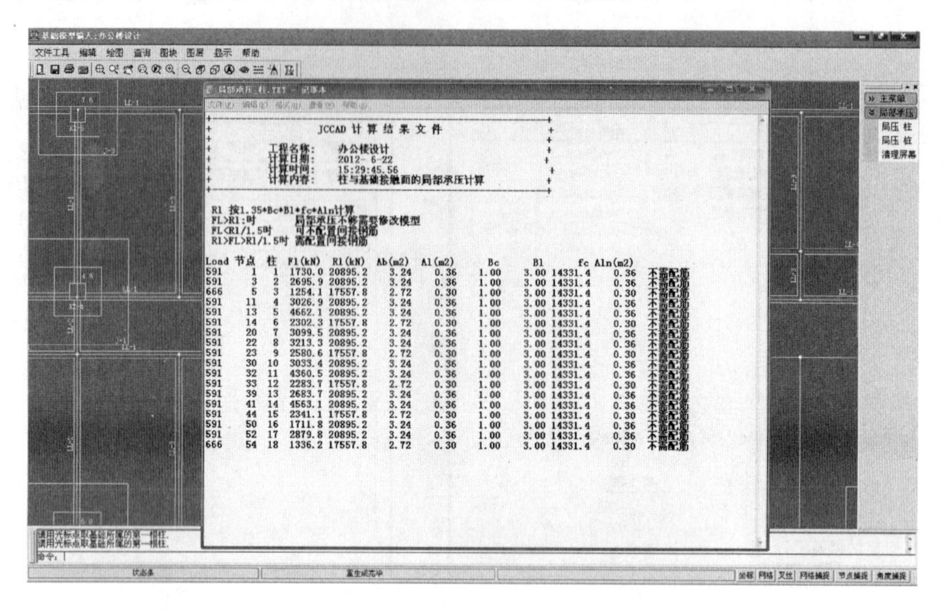

JCCAD 计 算 结 果 文 件

工程名称：　办公楼设计
计算日期：　2012- 6-22
计算时间：　15:29:45.56
计算内容：　柱与基础接触面的局部承压计算

Rl 按1.35*Bc*Bl*fc*Aln计算
FL>Rl:时　局部承压不够需要修改模型
FL<Rl/1.5时　可不配置间接钢筋
Rl>FL>Rl/1.5时　需配置间接钢筋

Load	节点	柱	Fl(kN)	Rl(kN)	Ab(m2)	Al(m2)	Bc	Bl	fc	Aln(m2)	
591	1	1	1730.0	20895.2	3.24	0.36	1.00	3.00	14331.4	0.36	不需配筋
591	3	2	2695.9	20895.2	3.24	0.36	1.00	3.00	14331.4	0.36	不需配筋
666	5	3	1254.1	17557.8	2.72	0.30	1.00	3.00	14331.4	0.30	不需配筋
591	11	4	3026.9	20895.2	3.24	0.36	1.00	3.00	14331.4	0.36	不需配筋
591	13	5	4662.1	20895.2	3.24	0.36	1.00	3.00	14331.4	0.36	不需配筋
591	14	6	2302.3	17557.8	2.72	0.30	1.00	3.00	14331.4	0.30	不需配筋
591	20	7	3099.5	20895.2	3.24	0.36	1.00	3.00	14331.4	0.36	不需配筋
591	22	8	3213.3	20895.2	3.24	0.36	1.00	3.00	14331.4	0.36	不需配筋
591	23	9	2580.6	17557.8	2.72	0.30	1.00	3.00	14331.4	0.30	不需配筋
591	30	10	3033.4	20895.2	3.24	0.36	1.00	3.00	14331.4	0.36	不需配筋
591	32	11	4360.5	20895.2	3.24	0.36	1.00	3.00	14331.4	0.36	不需配筋
591	33	12	2283.7	17557.8	2.72	0.30	1.00	3.00	14331.4	0.30	不需配筋
591	39	13	2683.7	20895.2	3.24	0.36	1.00	3.00	14331.4	0.36	不需配筋
591	41	14	4563.1	20895.2	3.24	0.36	1.00	3.00	14331.4	0.36	不需配筋
591	44	15	2341.1	17557.8	2.72	0.30	1.00	3.00	14331.4	0.30	不需配筋
591	50	16	1711.8	20895.2	3.24	0.36	1.00	3.00	14331.4	0.36	不需配筋
591	52	17	2879.8	20895.2	3.24	0.36	1.00	3.00	14331.4	0.36	不需配筋
666	54	18	1336.2	17557.8	2.72	0.30	1.00	3.00	14331.4	0.30	不需配筋

图6.29　局部承压计算

7. 图形管理

该菜单具有与显示、绘图有关的功能，包括各类基础视图选项、图形缩放、三维实体显示、绘制等内容。

单击“三维显示”，可用三维线框图的方式显示构件，如图6.30所示。

单击“OPGL方式”，可用OpenGL技术显示基础实体模型，如图6.31所示。

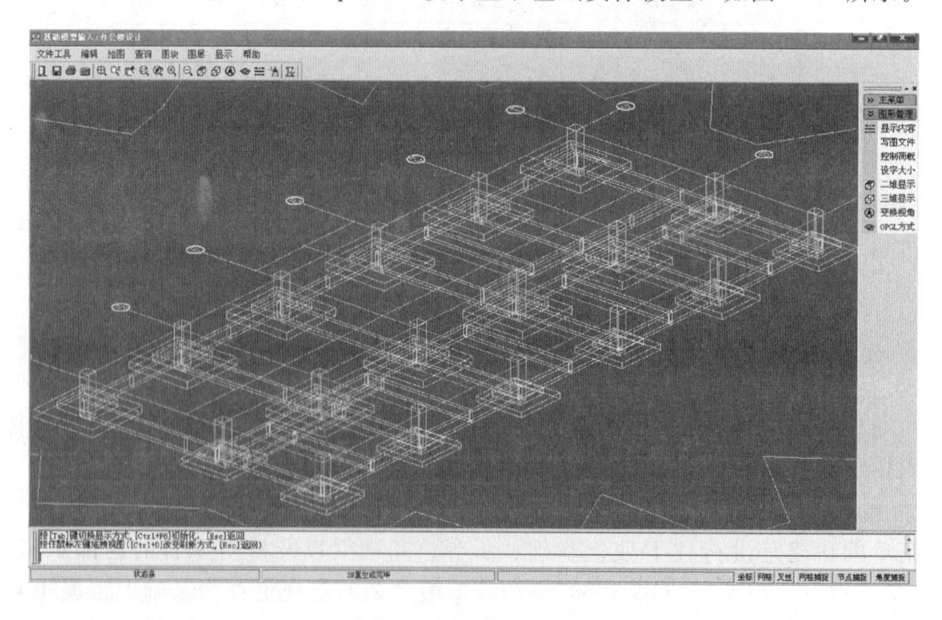

图6.30　三维显示图

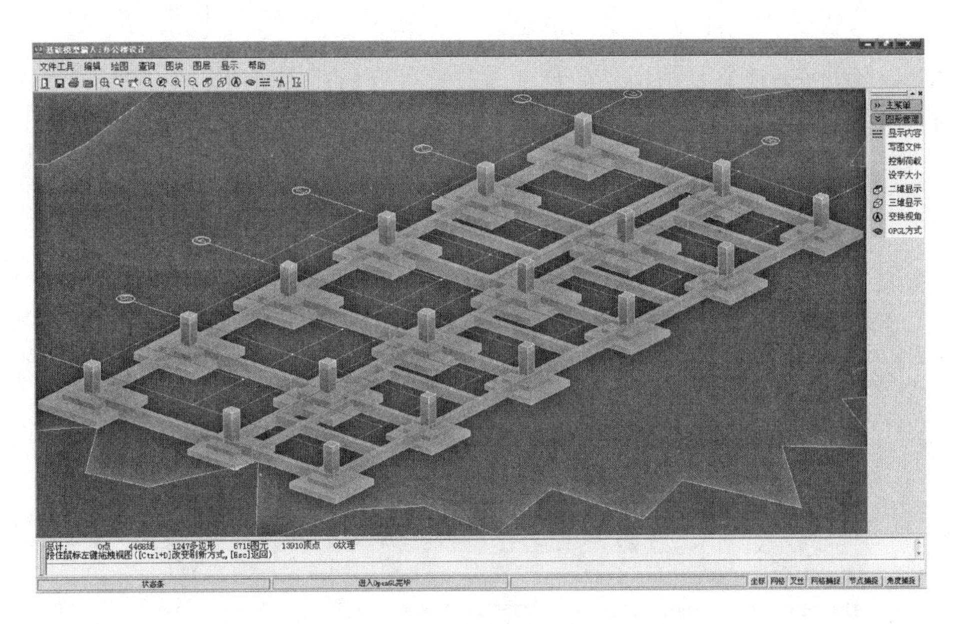

图 6.31　OPGL 方式基础实体模型

6.3　基础施工图绘制

6.3.1　基础平面施工图

基础施工图菜单用于所有基础类型的平面绘制，有子菜单 17 个，如图 6.32 所示。

1. 绘图参数

进入 JCCAD 主菜单 7 “基础施工图”，首先需要确定绘图参数，屏幕弹出 “绘图参数” 选择框（图 6.33）。

图 6.32　基础施工图菜单

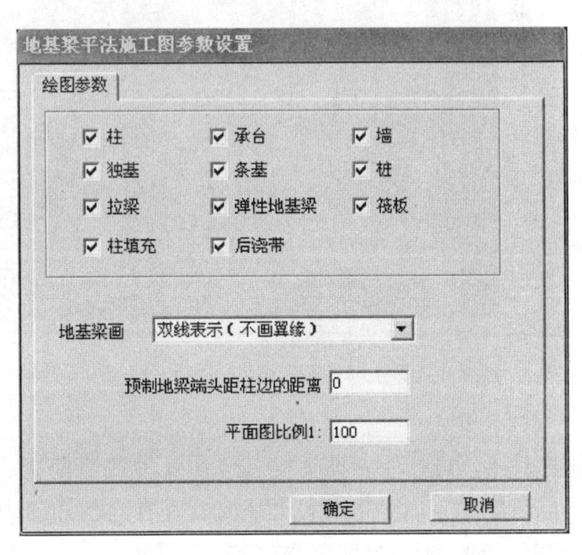

图 6.33　绘图参数选择框

2. 标注尺寸

选择此项，可对所有基础构件的尺寸与位置进行标注，如图 6.34 所示。在图 6.34 中，对柱尺寸、拉梁尺寸和独基尺寸进行了标注。

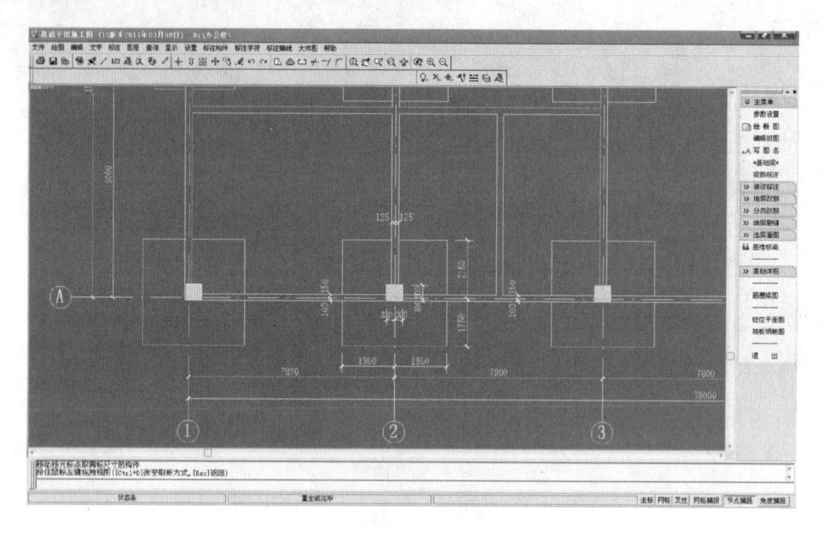

图 6.34　标注尺寸

3. 标注字符

选择此项，可标注柱、梁和独立基础的编号及在墙上设置、标注预留洞口，还可以写图名，如图 6.35 所示。在图 6.35 中，标注了柱编号、拉梁编号和独基编号，并且写了图名。

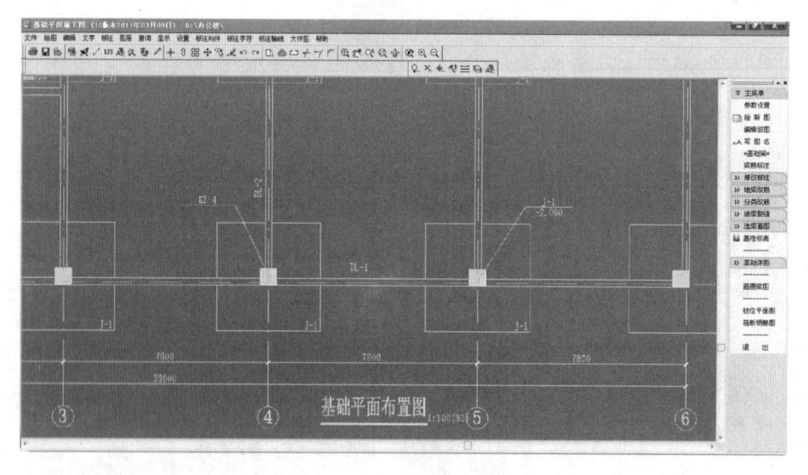

图 6.35　标注字符

4. 标注轴线

选择此项，可标注各类轴线（包括弧轴线）间距、总尺寸和轴线号等。图 6.36 所示的是“自动标注”菜单完成的水平向、垂直向轴线间距、总尺寸和轴线号的标注。

5. 轻隔墙基础

单击“轻隔墙基”，屏幕弹出输入轻隔墙基础详图参数菜单，输入各参数并确定之后，屏幕显示轻隔墙基础（图 6.37）。

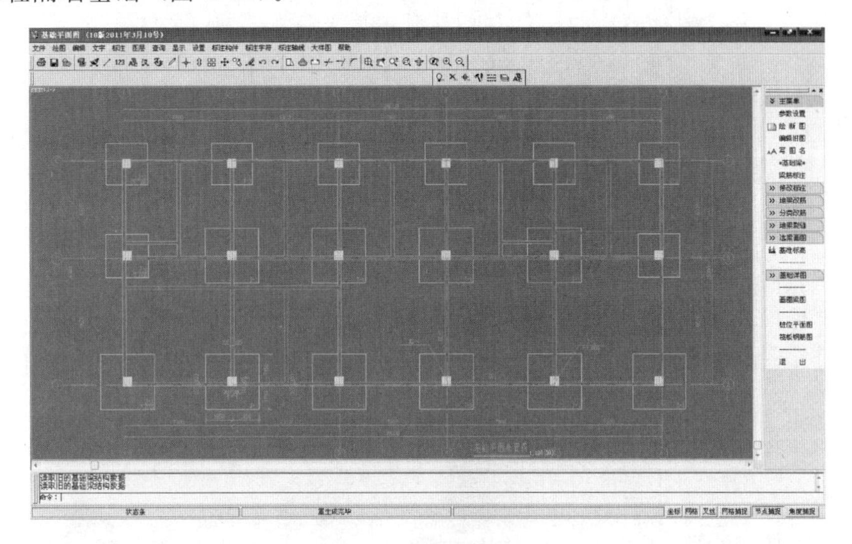

图 6.36　标注轴线菜单

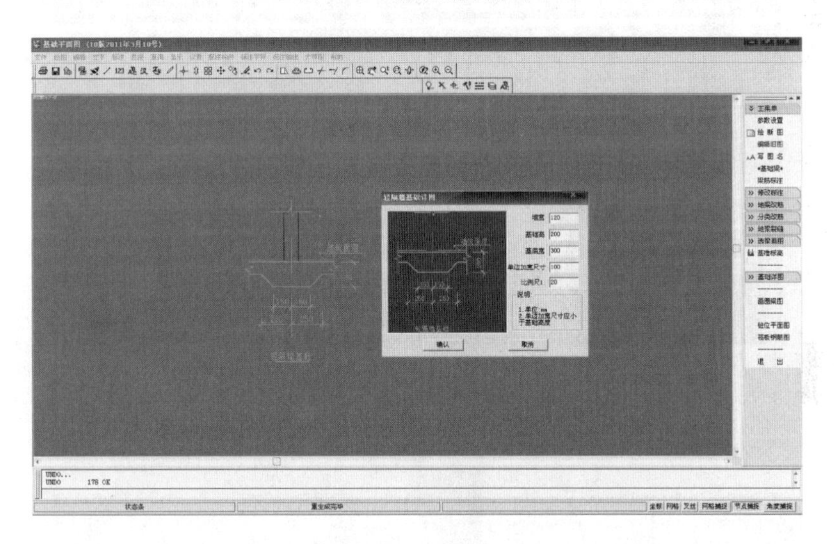

图 6.37　轻隔墙基础

6. 拉梁剖面

单击“拉梁剖面”，屏幕弹出输入拉梁剖面参数菜单，输入各参数并确定之后，屏幕显示拉梁的剖面（图 6.38）。

7. 电梯井

单击“电梯井”，屏幕弹出电梯井平面图、剖面图参数输入框，输入各参数并确定之后，屏幕可逐次显示电梯井的平面图、1—1 剖面图和 2—2 剖面图（图 6.39）。

8. 地沟

单击“地沟”，屏幕弹出地沟基本参数输入框，输入各参数并确定之后，屏幕可显示地沟的剖面图（图 6.40）。

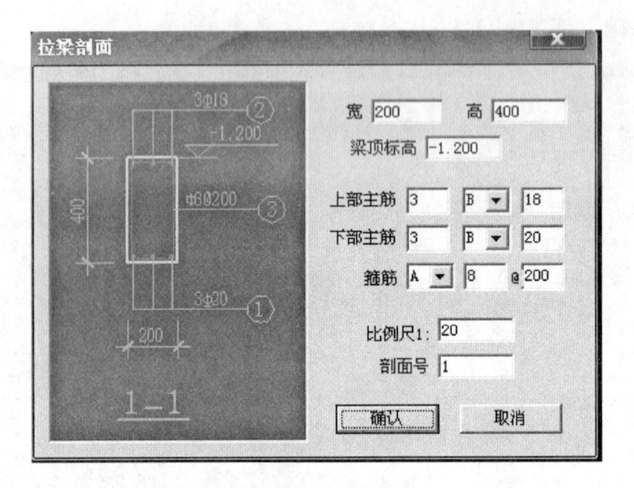

图 6.38　拉梁剖面

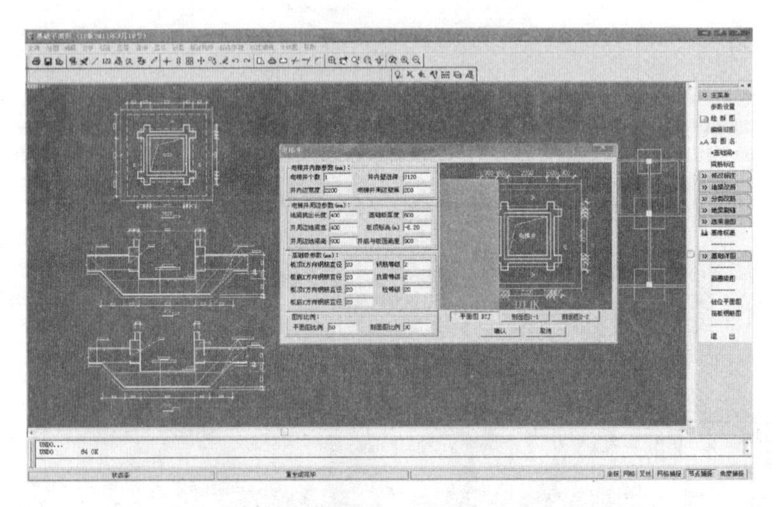

图 6.39　电梯井平面图、剖面图参数菜单

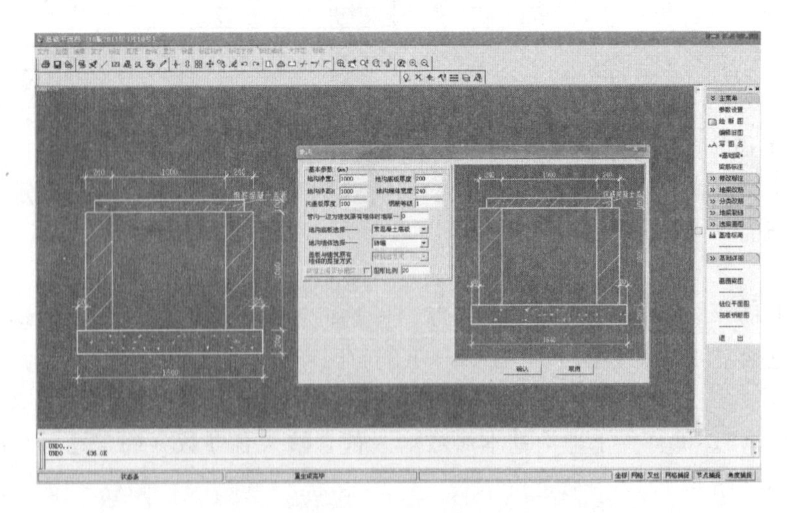

图 6.40　地沟剖面图

6.3.2 基础详图

选择此项，在平面图上可添加绘制独立基础和条形基础的大样详图。点击“基础详图”，填写“绘图参数”对话框（图 6.41）里面的各个选项。确定之后选择“插入详图”和“钢筋表”，则在图 6.42 中标示了钢筋表，并插入了 J－1 详图。

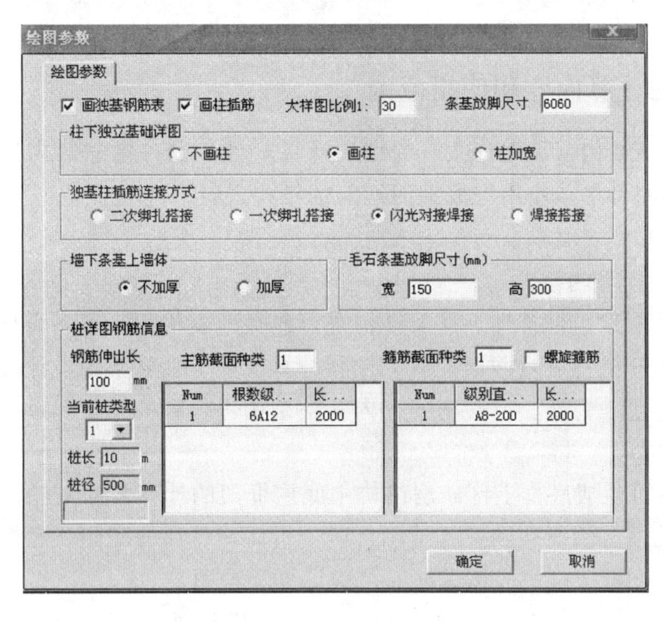

图 6.41　“绘图参数”对话框

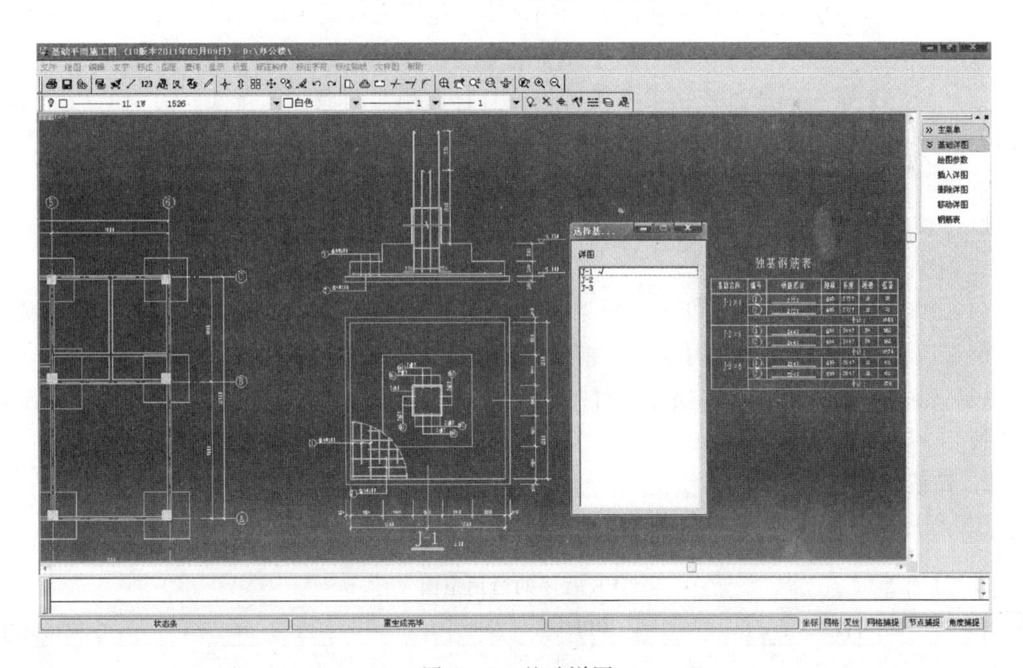

图 6.42　基础详图

第7章　框架PK电算结果与手算结果对比分析

7.1　PK程序的计算内容和使用范围

PK程序是二维结构（平面杆系）的结构计算软件，以一榀框架或其他平面结构作为分析对象。PK程序可单独使用完成平面框架的结构设计，也可完成三维结构分析后梁柱配筋图的绘制。

7.1.1　PK程序的计算内容

（1）可对平面框架、框排架、排架结构进行包括地震作用、吊车荷载等作用的内力分析和效应组合，并对梁柱进行截面配筋、位移计算及柱下独立基础设计。

（2）可对连续梁、桁架、空腹桁架、内框架结构进行结构分析和效应组合，对连续梁可进行截面配筋计算。

（3）PMCAD可生成底框上部砖房结构中底层框架的计算数据文件，该文件中包含上部各层砖房传来的恒、活荷载和整栋结构抗震分析后，传递分配到该底框的水平地震力和垂直地震力，由PK再接口完成该底框的结构计算和绘图。

（4）PK可与本系统的多层和高层建筑三维分析软件TAT、空间有限元计算软件SATWE和特殊多层和高层计算软件PMSAP接口运行完成梁柱的绘图。这时，计算配筋取自TAT、SATWE或PMSAP，而不是PK本身所带的平面杆系计算分析结果。

（5）当框架某一侧通过铰接梁连接排架柱且计算吊车荷载（框排架）时，结构计算完成后，须分别补充框架绘图数据信息和排架绘图数据文件，分别用框架和排架柱绘图菜单作出框架部分和排架柱的施工图。

7.1.2　PK程序的使用范围

1. 适用的结构形式

（1）PK程序适用于平面杆系的框架、排架、框排架（某几跨上或某些层上作用吊车荷载的多层框架）、连续梁、内框架、桁架等结构。

（2）结构中的杆件可为混凝土构件或钢构件，或二者混合构件，杆件连接可以为刚接或铰接。

2. 程序使用范围

PK程序的适用范围详见表7.1。

表7.1　　PK程序的适用范围

序号	内　　容	应用范围	序号	内　　容	应用范围
1	总节点数（包括支座的约束点）	≤350	5	地震计算时合并的质点数	≤50
2	柱子数	≤330	6	跨数	≤20
3	梁数	≤300	7	层数	≤20
4	支座约束数	≤100			

7.2　框架 PK 电算与框架绘图

7.2.1　由 PMCAD 主菜单 4 形成 PK 文件

单击 PMCAD 主菜单 4 “形成 PK 文件”，屏幕弹出 “形成 PK 数据文件” 选择框（图 7.1），界面底部显示工程名称和已生成 PK 数据文件个数。在形成的 PK 数据文件中，不包括梁、柱的自重，杆件自重由 PK 程序计算。

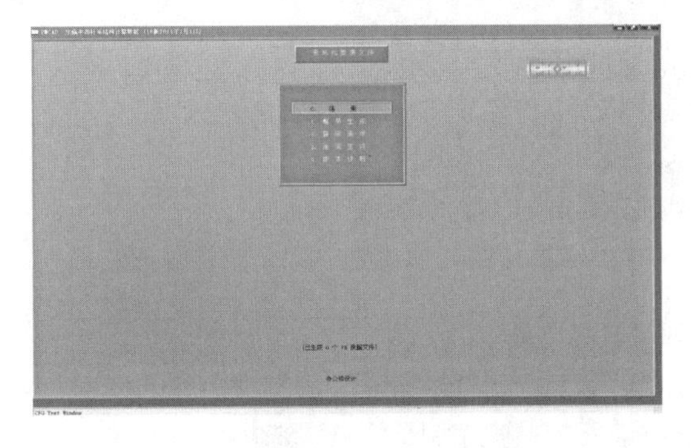

图 7.1　形成 PK 数据文件选择框

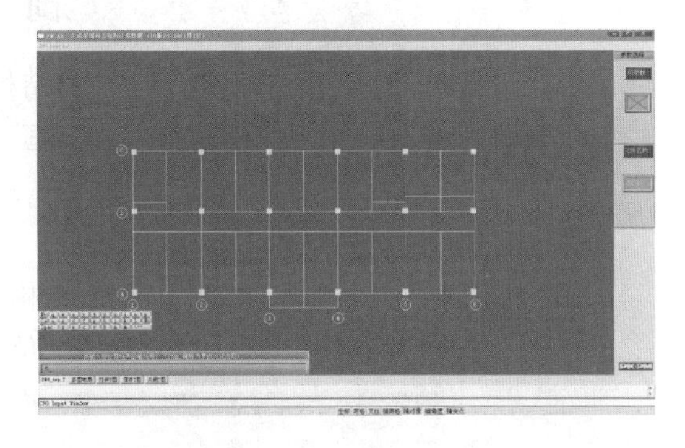

图 7.2　底层结构平面图

点取 “1. 框架生成”，屏幕显示底层的结构平面图（图 7.2）。用光标点取右侧风荷载选项，可输入风荷载信息（图 7.3）；点取文件名称选项，可以输入指定的文件名称，缺省的文件名称为 “PK－轴线号”；框架的选取方式可输入轴线号。

在图 7.3 中输入风荷载信息并确定，屏幕显示风荷载体形系数供判断，若正确，直接回车。输入要计算框架的轴线号：5，取默认的文件名称 PK－5，屏幕显示本榀框架各层迎风面水平宽度（图 7.4），各层的迎风面水平宽度有错误的时候可以修正，若正确，直接回车。这样便生成了⑤轴线的框架数据文件 PK－5。

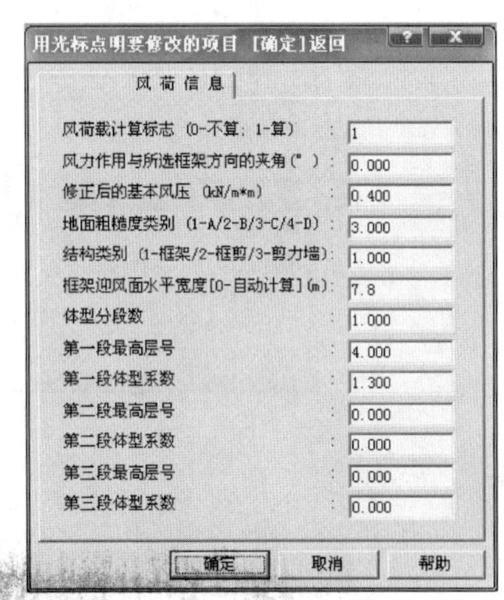

图 7.3　风荷载信息

点击结束，退出形成 PK 数据文件。

7.2.2　PK 数据交互输入和计算

单击 “PK” 菜单，屏幕如图 7.5 所示，显示框、排架的 PK 设计菜单。选择此项，可以用人机交互方式新建一个 PK 数据文件，其文件名为在本菜单下输入的交互文件名加后缀 .SJ；还可以打开用 PMCAD 生成或用文本格式录入的 PK 数据文件，再用人机交互进行修改，存盘后会在原数据名后加上后缀 .SJ。

点击 “PK 数据交互输入和计算”，屏幕弹出如图 7.6 所示的 PK 文件选择菜单。如果选择新建文件，则需输入要建立的新交互式文件，程序自动生成后缀名 .JH。如果选择打开已有交互文件，则弹出一个对话框，直接选择已有的交互式文件，文件名为 *.JH。选择打开已有数据文件，在打开已有数据文件对话框里选择已经生成的 PK－5 数据文件

(图7.7)，屏幕显示框架立面简图和PK数据交互输入主菜单（图7.8)。

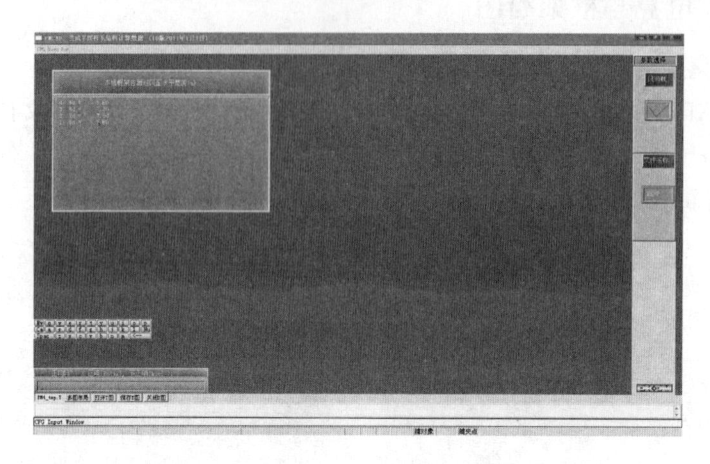

图7.4 框架各层迎风面水平宽度

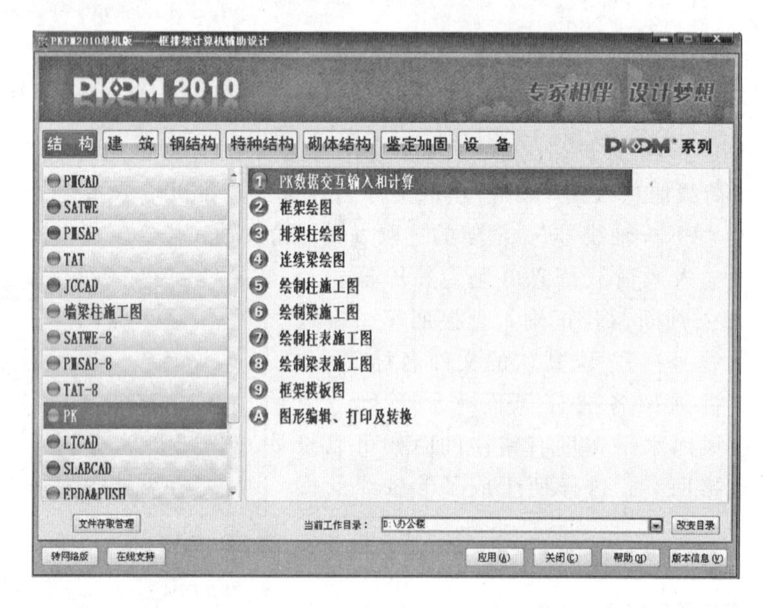

图7.5 PK程序主菜单

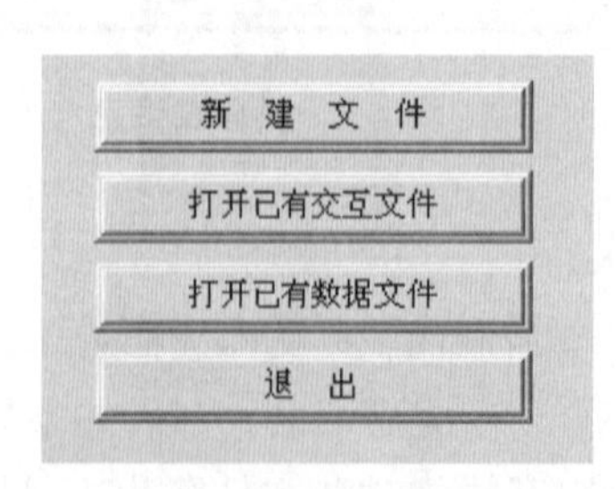

图7.6 PK文件选择菜单

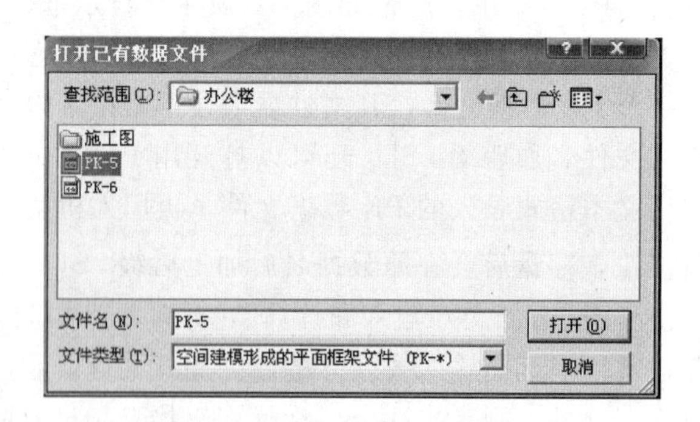

图7.7 打开已有数据文件对话框

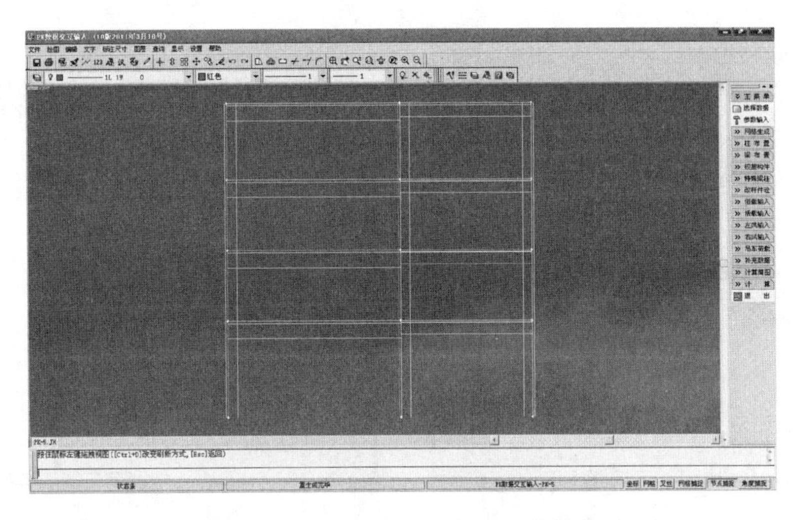

图 7.8　PK 数据交互输入主菜单

1. 参数输入

单击“参数输入”，屏幕弹出 5 页参数选择框，包括总信息参数（图 7.9）、地震计算参数（图 7.10）、结构类型（图 7.11）、分项及组合系数（图 7.12）和补充参数（图 7.13）。在图 7.9 中，不选择“基础计算 KAA”，就是不计算基础数据；若选择“基础计算 KAA”，就输出基础计算结果。在图 7.10 中，选择“规则框架考虑层间位移校核及薄弱层地震力调整”，则程序按照《建筑抗震设计规范》（GB 50011—2010）第 3.4.2 条、第 3.4.3 条和第 3.4.4 条的规定进行调整。

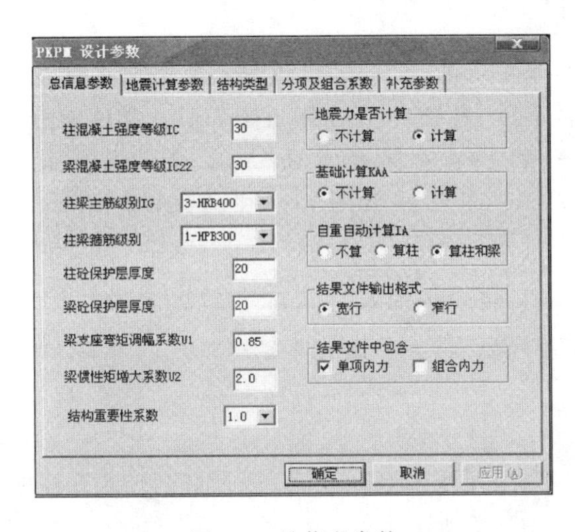

图 7.9　总信息参数

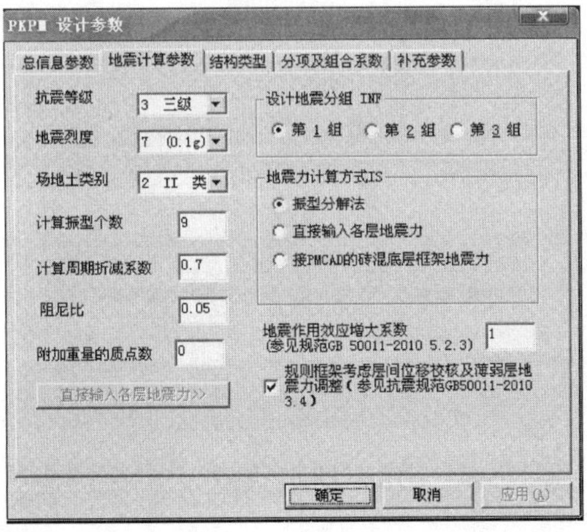

图 7.10　地震计算参数

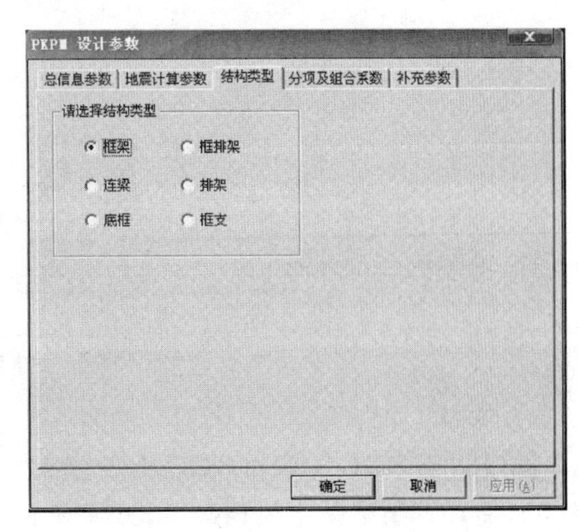

图 7.11　结构类型

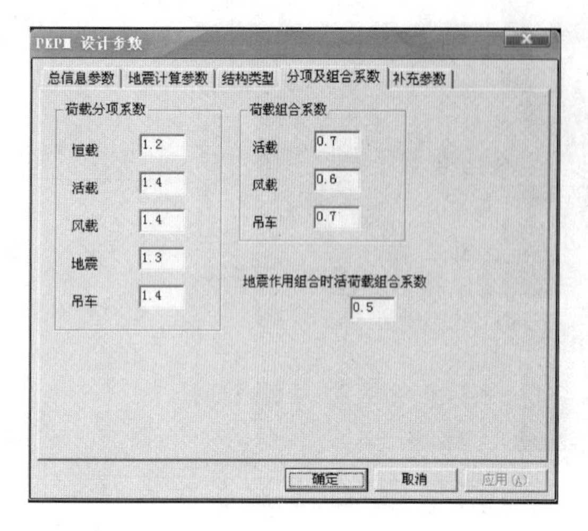

图 7.12　分项及组合系数

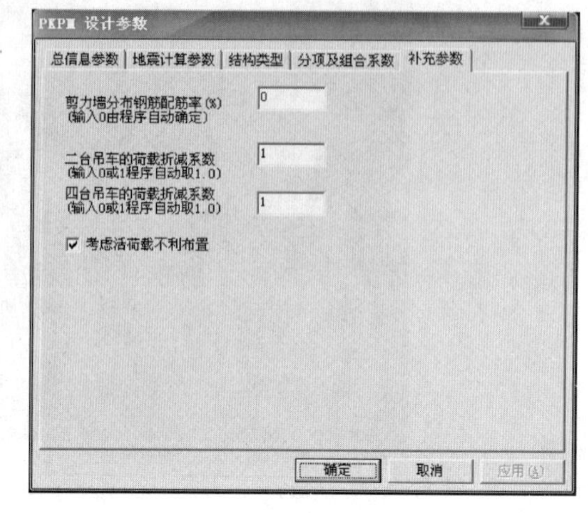

图 7.13　补充参数

2. 计算简图

单击“计算简图”，屏幕弹出计算简图主菜单（图 7.14），可以显示框架立面图（文件名为 KLM. T）、恒载图（图 7.15，文件名为 D—L. T）、活载图（图 7.16，文件名为 L—L. T）、左风载（图 7.17，文件名为 L—W. T）、右风载（图 7.18，文件名为 R—W. T）、吊车荷载和地震力的计算简图。图 7.14、图 7.15 和图 7.16 中的数值和图 5.46、图 5.47 和图 5.48 中的数值是一致的。

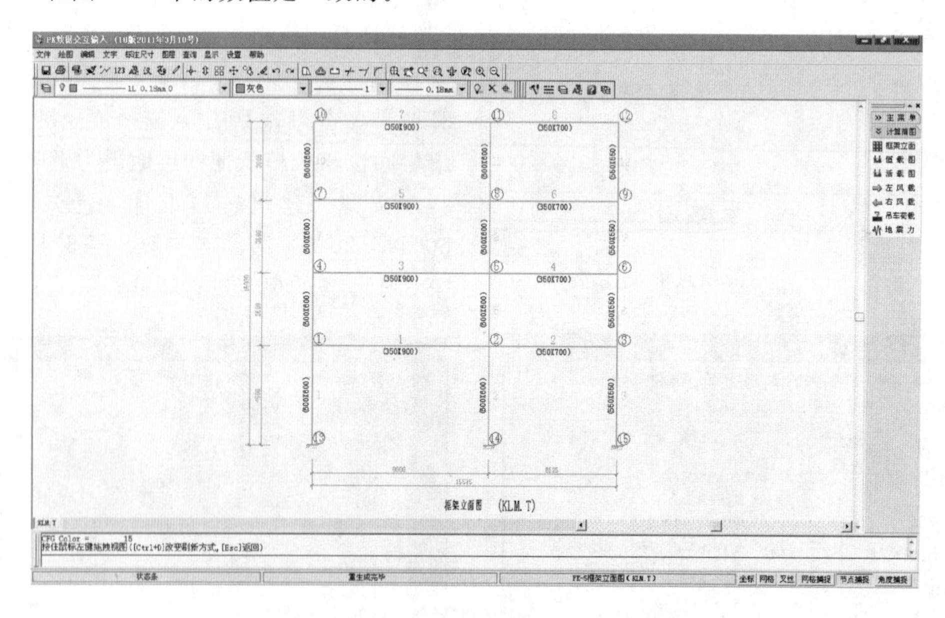

图 7.14　计算简图主菜单

3. 计算

单击“计算”，屏幕弹出输入计算结果文件名对话框（图 7.19），输入 PK—5. OUT，则程序将计算结果保存在 PK—5. OUT 文件中。

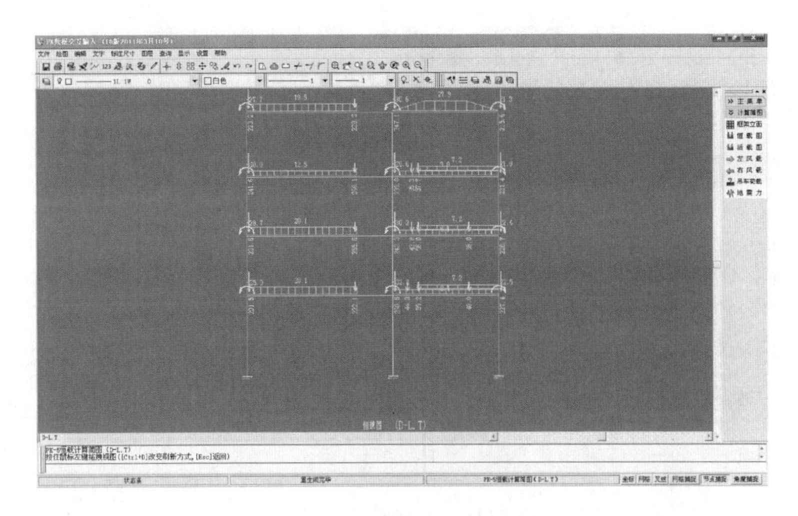

图 7.15　恒载计算简图

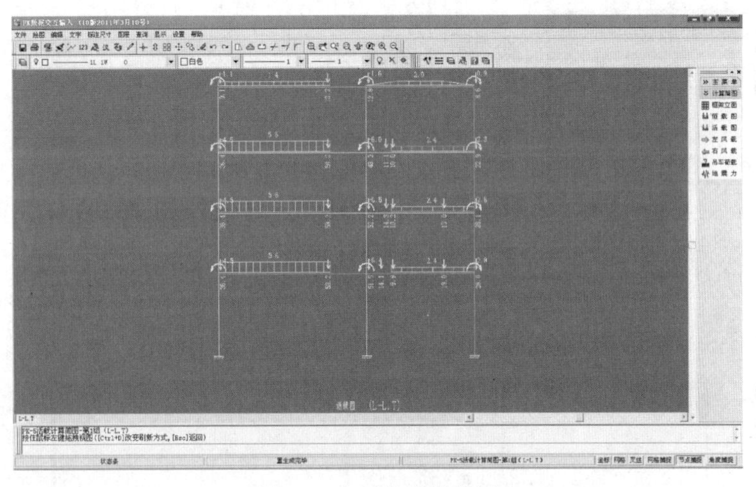

图 7.16　活载计算简图

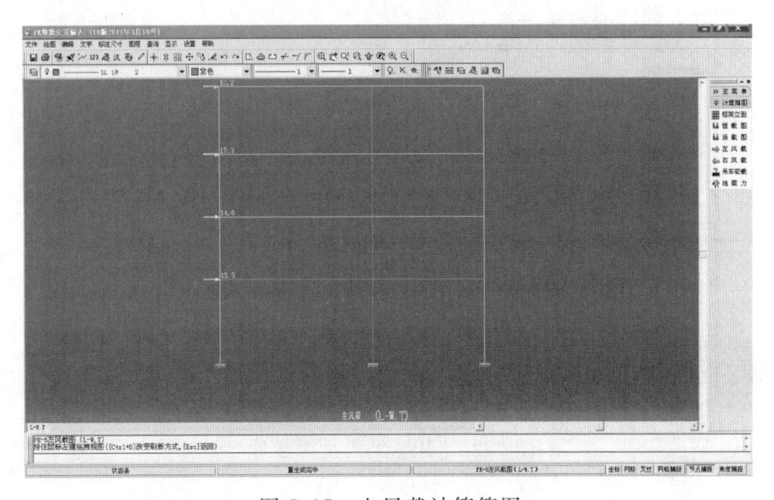

图 7.17　左风载计算简图

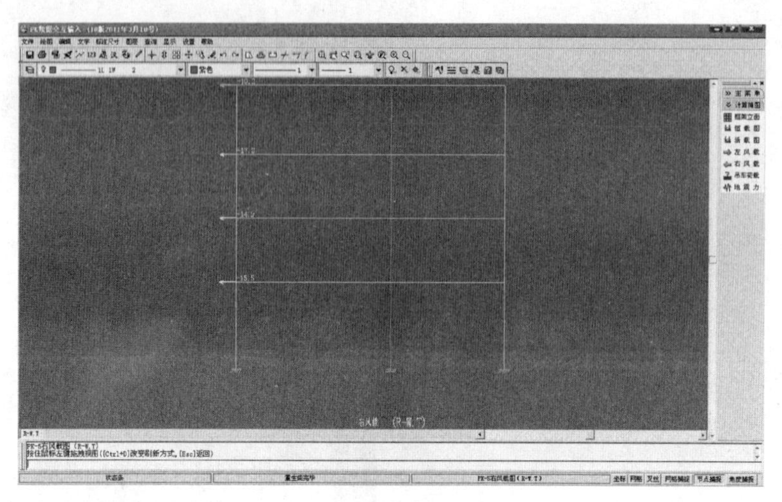

图 7.18　右风载计算简图

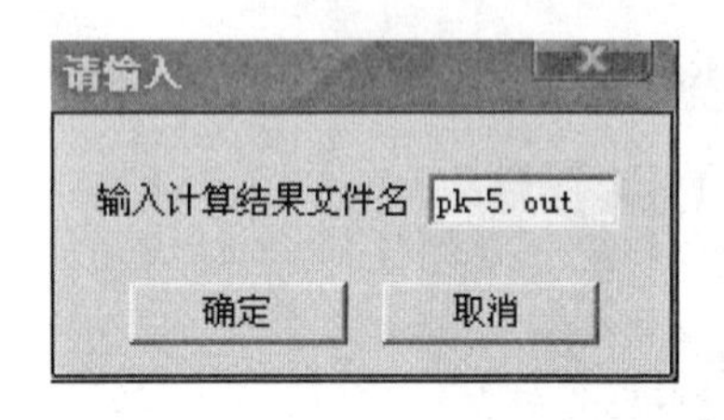

图 7.19　输入计算结果文件名对话框

（1）计算结果。单击“计算结果”，屏幕弹出用记事本输出的 PK－5.OUT 计算结果文本文件（图 7.20），文件包括总信息、节点坐标、柱杆件关联号、梁杆件关联号、支座约束信息、柱平面内计算长度、柱平面外计算长度、节点偏心值、标准截面数据、柱截面类型号、梁截面类型号、恒载计算、活载计算、风荷载计算、地震力计算、梁柱配筋计算等。

（2）恒载计算结果。恒荷载作用下的计算结果有恒载弯矩图（图 7.21）、恒载剪力图（图 7.22）和恒载轴力图（图 7.23）。

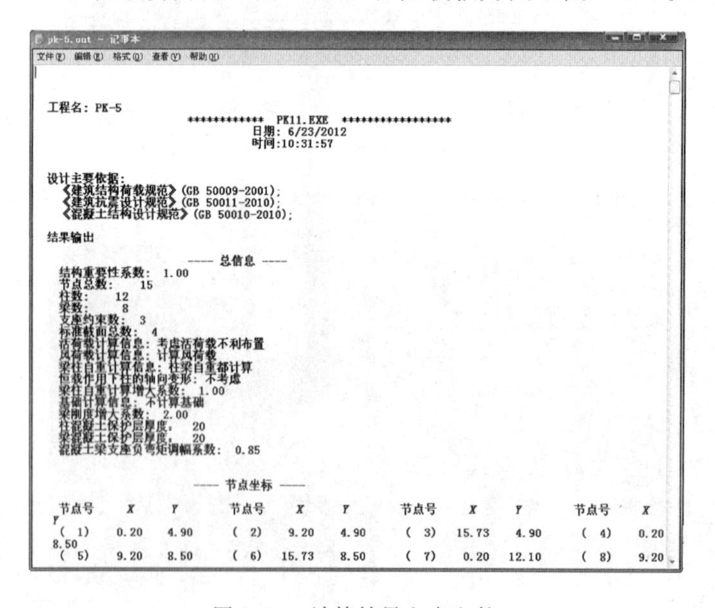

pk-5.out - 记事本

文件(F)　编辑(E)　格式(O)　查看(V)　帮助(H)

工程名：PK-5

************ PK11.EXE *****************
日期：6/23/2012
时间:10:31:57

设计主要依据：
《建筑结构荷载规范》(GB 50009-2001);
《建筑抗震设计规范》(GB 50011-2010);
《混凝土结构设计规范》(GB 50010-2010);

结果输出

---- 总信息 ----
结构重要性系数：1.00
节点总数：15
柱数：12
梁数：8
支座约束数：3
标准截面总数：4
活荷载计算信息：考虑活荷载不利布置
风荷载计算信息：计算风荷载
梁柱自重计算信息：柱梁自重都计算
恒载作用下柱的轴向变形：不考虑
梁柱自重计算增大系数：1.00
基础计算信息：不计算基础
梁刚度增大系数：2.00
柱混凝土保护层厚度：20
梁混凝土保护层厚度：20
混凝土梁支座负弯矩调幅系数：0.85

---- 节点坐标 ----

节点号	X	Y	节点号	X	Y	节点号	X	Y	节点号	X	Y
(1)	0.20	4.90	(2)	9.20	4.90	(3)	15.73	4.90	(4)	0.20	8.50
(5)	9.20	8.50	(6)	15.73	8.50	(7)	0.20	12.10	(8)	9.20	

图 7.20　计算结果文本文件

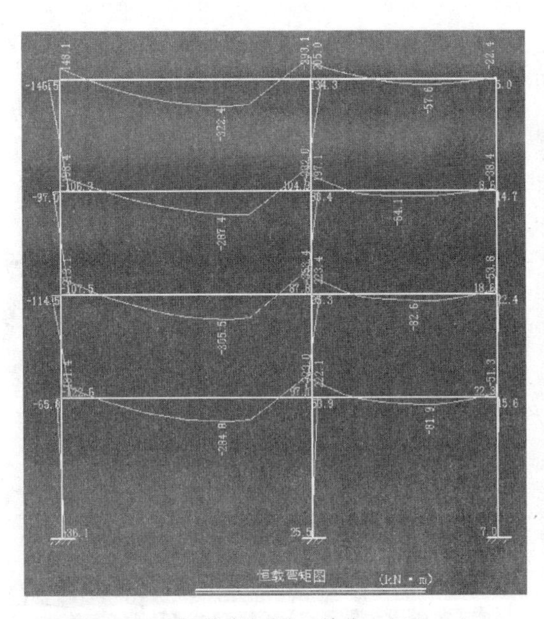

图 7.21　恒载弯矩图（单位：kN·m）

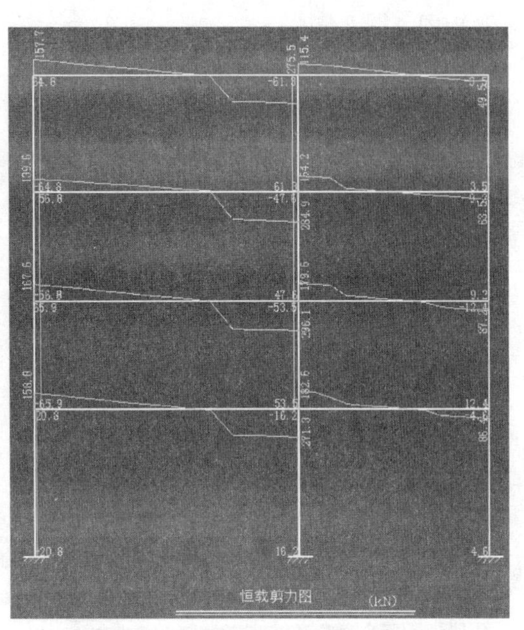

图 7.22　恒载剪力图（单位：kN）

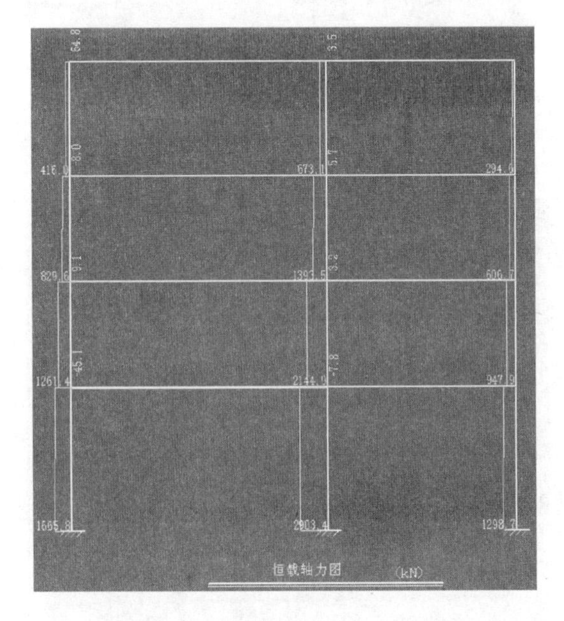

图 7.23　恒载轴力图（单位：kN）

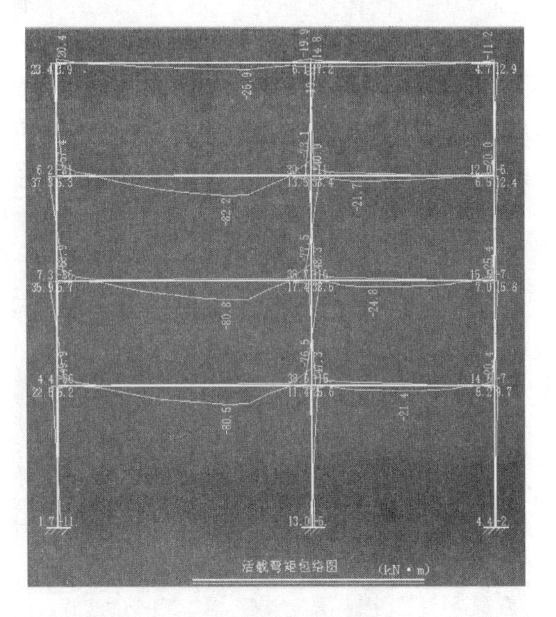

图 7.24　活载弯矩包络图（单位：kN·m）

（3）活载计算结果。活荷载作用下的计算结果有活载弯矩包络图（图 7.24）、活载剪力包络图（图 7.25）和活载轴力包络图（图 7.26）。

（4）风载计算结果。风荷载作用下的计算结果有左风载弯矩图（图 7.27）和右风载弯矩图（图 7.28）。

（5）地震荷载计算结果。地震荷载作用下的计算结果有左震弯矩图（图 7.29）和右震弯矩图（图 7.30）。

（6）节点位移。节点位移包括恒载位移、活载位移、恒活组合下的节点位移、左风载位移（图 7.31）、右风载位移、左震位移（图 7.32）、右震位移和吊车位移等。

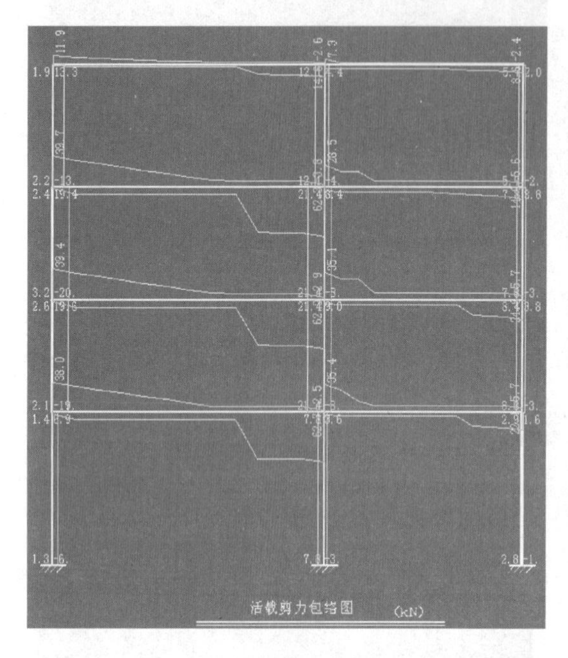

图 7.25　活载剪力包络图（单位：kN）

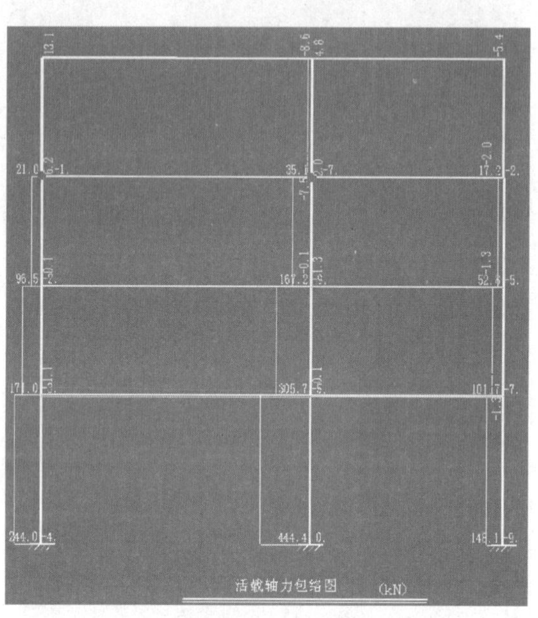

图 7.26　活载轴力包络图（单位：kN）

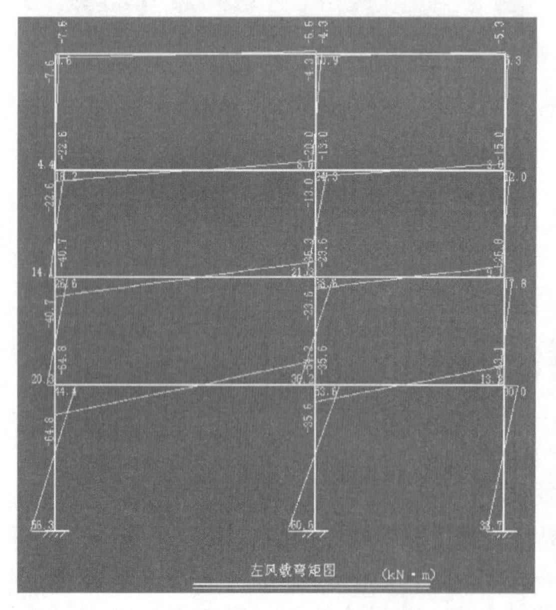

图 7.27　左风载弯矩图（单位：kN·m）

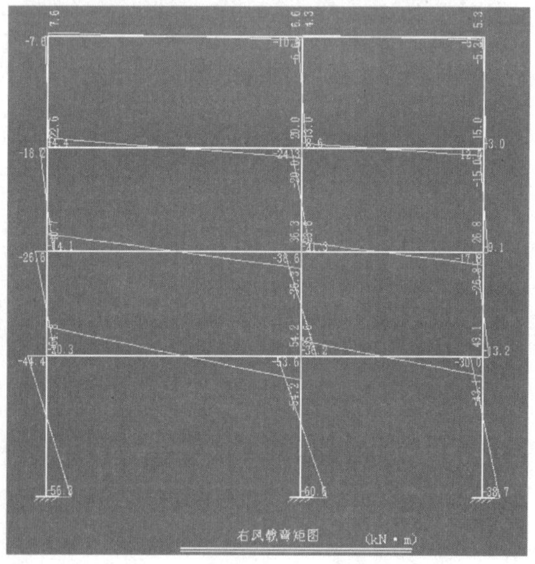

图 7.28　右风载弯矩图（单位：kN·m）

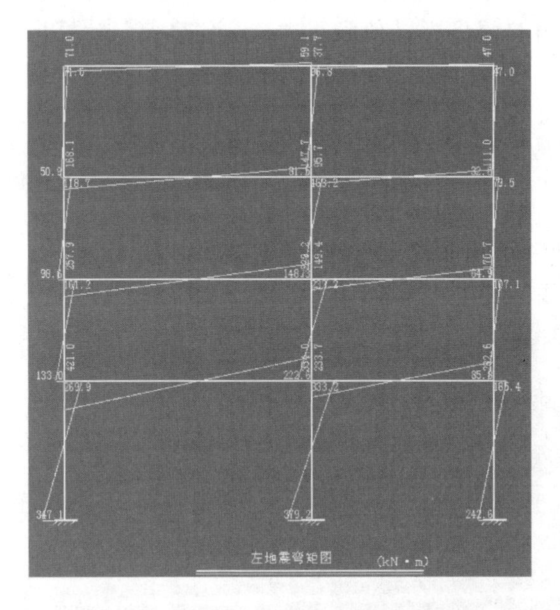

图 7.29　左震弯矩图（单位：kN·m）

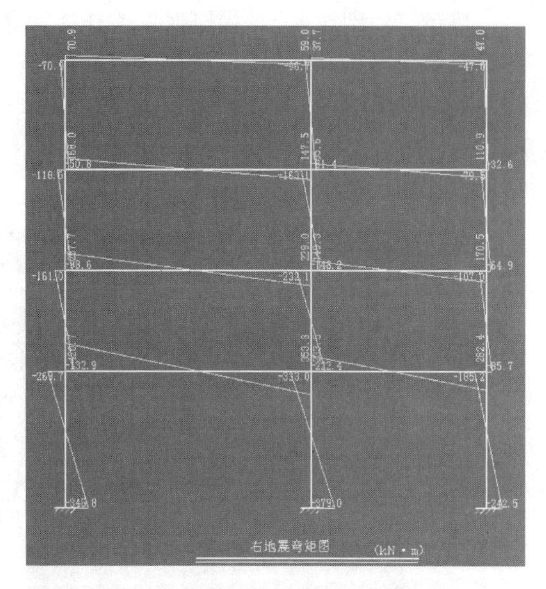

图 7.30　右震弯矩图（单位：kN·m）

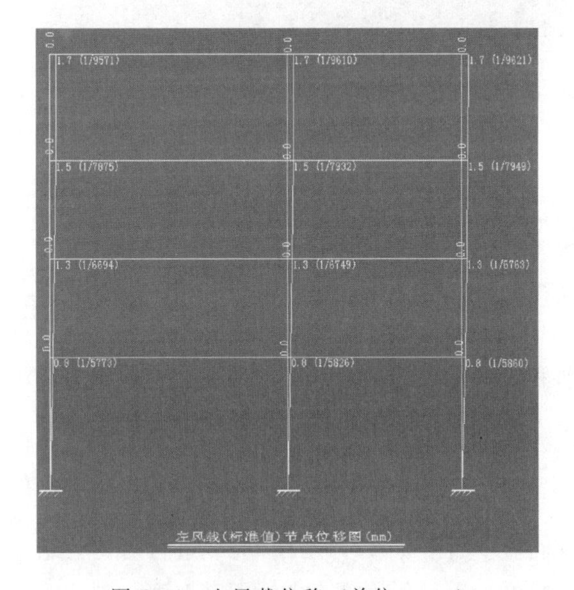

图 7.31　左风载位移（单位：mm）

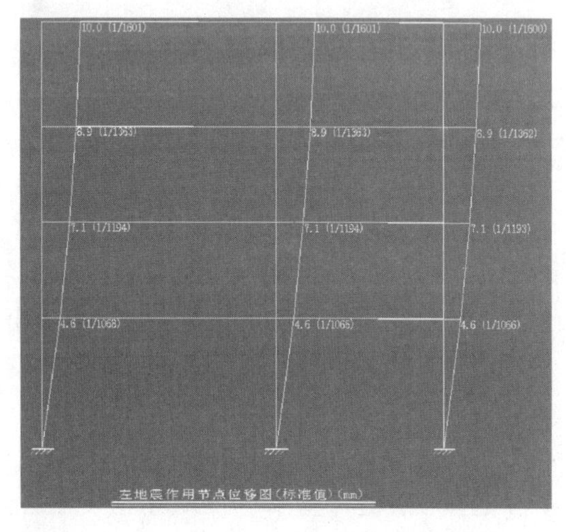

图 7.32　左震位移（单位：mm）

7.2.3　框架绘图

单击 PK 程序主菜单 2 “框架绘图”，屏幕弹出框架立面简图和 PK 钢筋混凝土梁柱配筋施工图选择菜单。菜单区包括的参数修改、柱纵筋、梁上配筋、梁下配筋、梁柱箍筋、节点箍筋、梁腰筋、节点箍筋等子菜单均同“5.3.1 框架施工图绘制”中相应内容，在此不再赘述。

1. 弹塑性位移计算

《建筑抗震设计规范》（GB 50011—2010）规定 7～9 度时楼层屈服强度系数小于 0.5 的钢筋混凝土框架结构应进行罕遇地震作用下薄弱层的弹塑性变形验算。

单击“弹塑位移”，程序根据梁柱配筋、材料强度标准值和重力荷载代表值，计算出各层屈服强度系数并显示，该系数小于0.5时，用红色显示，表示不满足要求，可修改梁柱钢筋后再计算一遍。同时显示薄弱层的层间弹塑性位移及层间弹塑性位移角（图7.33）。从图7.33中看出，底层的楼层屈服强度系数为0.325，小于0.5，所以应进行罕遇地震作用下薄弱层的弹塑性变形验算。

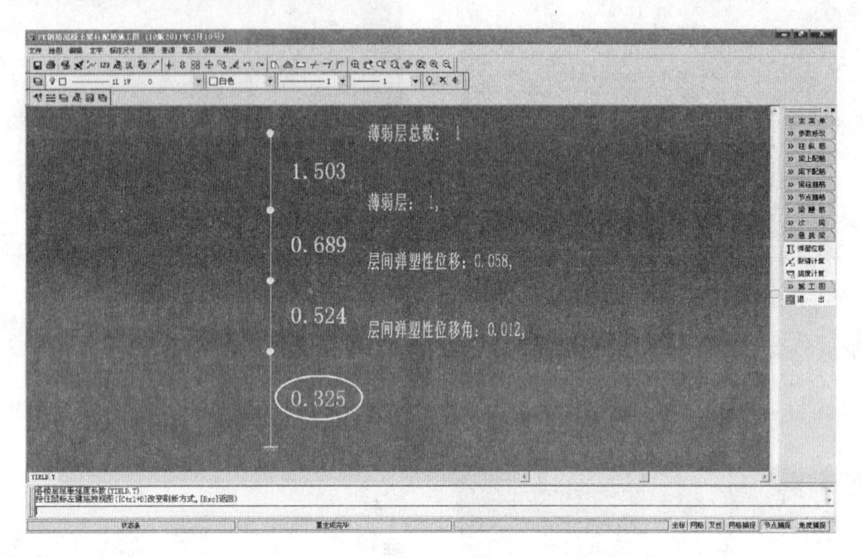

图7.33　薄弱层弹塑性变形验算

结构薄弱层（部位）弹塑性层间位移应符合公式（3.4）的要求，也即结构薄弱层（部位）的弹塑性位移角应满足表3.4规定的弹塑性层间位移角限值。从图7.33中可看出，底层的层间弹塑性位移角为0.012，小于表3.4中规定的限值，即1/50=0.02，故满足要求。

由于楼层屈服强度系数为按构件实际配筋和材料强度标准值计算的楼层受剪承载力和按罕遇地震作用标准值计算的楼层弹性地震剪力的比值。故也可修改梁柱钢筋，再进行计算，使楼层屈服强度系数不小于0.5。

2. 框架梁的裂缝宽度计算

选择“裂缝计算”，屏幕显示框架梁的裂缝宽度（图7.34），与图5.68进行对比，结果是不同的，这是由于裂缝宽度的计算与钢筋数量、直径等因素有关，配筋改变，裂缝宽度也就发生变化。

由于在“图5.57补充输入选项卡”中选择了“是否根据允许裂缝宽度自动选筋”，故图7.34中框架梁的裂缝宽度均满足要求，若不选择“是否根据允许裂缝宽度自动选筋”，则可能会有部分梁的裂缝宽度不满足要求，这时可以通过调整钢筋直径（配筋面积相同的情况下减小直径）或增大钢筋面积等措施使裂缝宽度满足要求。

3. 框架梁的挠度计算

选择“挠度计算”，输入活荷载准永久值系数0.4，屏幕弹出框架梁的挠度图（图7.35），图7.35和图5.69中的挠度值是不同的。这是因为图7.35中框架梁的挠度是利用

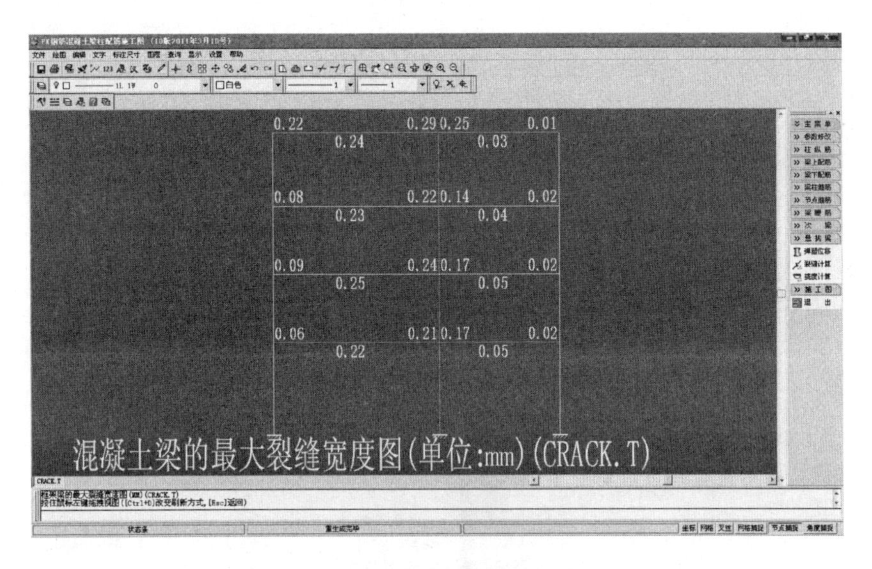

图 7.34　混凝土梁的裂缝宽度图（单位：mm）

二维平面结构分析软件（PK 程序）进行计算的，图 5.69 中框架梁的挠度是利用三维空间结构分析软件进行计算的。

通过对比，可以发现利用三维空间结构分析软件计算的挠度比利用二维平面结构分析软件（PK 程序）计算的挠度小，这是因为三维空间结构分析软件考虑了空间的协同作用，更符合实际情况。

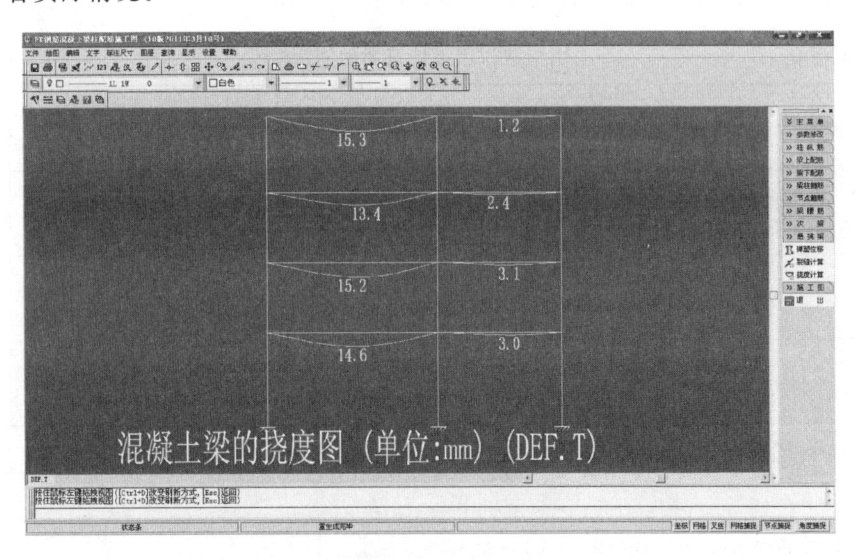

图 7.35　混凝土梁的挠度图（单位：mm）

4. 施工图绘制

选择“施工图”，进入施工图绘制菜单。选择“画施工图”，出现对话框“请输入该榀框架的名称”，输入“KJ－5”，屏幕显示 KJ－5 的施工图（图 7.36），该施工图的文件名为 KJ－5.T。

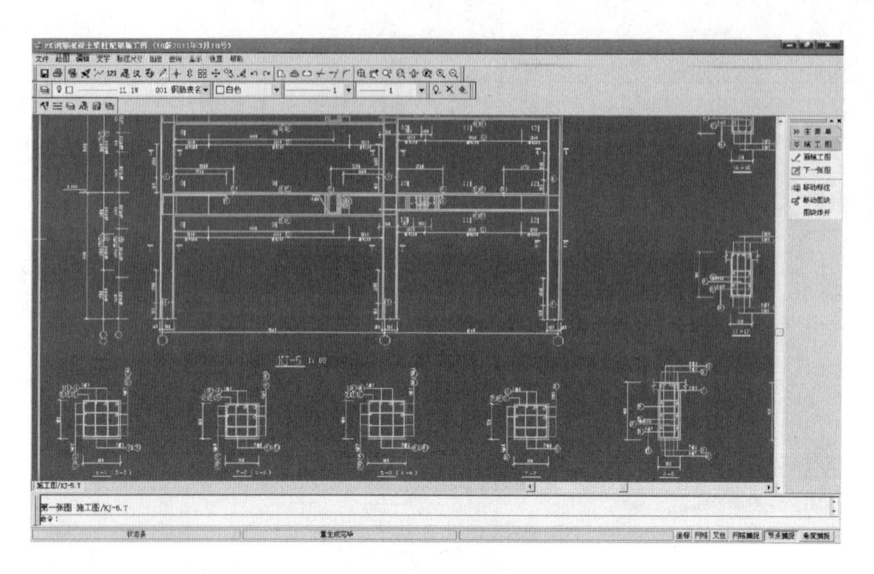

图 7.36　KJ—5 施工图

7.3　框架 PK 电算结果与手算结果对比分析

7.3.1　框架 PK 电算计算简图与手算计算简图对比

1. 恒荷载作用下计算简图对比

恒荷载作用下的计算简图对比列于表 7.2。

表 7.2　　恒荷载作用下计算简图对比

构　件	第三层 *AB* 框架梁			第二层 *AB* 框架梁		
荷载	q_{AD}	q_{DB}	F_D	q_{AD}	q_{DB}	F_D
手算结果（图 1.56）	7.09（均布）+17.55（梯形）近似换算成均布荷载：19.53	7.10	244.4	14.65（均布）+17.55（梯形）近似换算成均布荷载：27.09	7.10	236.0
电算结果（图 7.15）	19.60	7.10	268.1	27.2	7.10	255.8
对比（以电算为准）	−0.36%	0%	−8.84%	−0.04%	0%	−7.74%

注　1. 表中 19.6=12.5+7.10，7.10 为梁自重，即 26×0.35×(0.9−0.12)=7.10。
2. 表中 27.2=20.1+7.10。
3. 表中 19.53=7.09+17.55×(2.8+6.7)÷2÷6.7。
4. 表中 27.09=14.65+17.55×(2.8+6.7)÷2÷6.7。
5. 表中集中力的单位是 kN，分布力的单位是 kN/m。

2. 活荷载作用下计算简图对比

活荷载作用下的计算简图对比列于表 7.3。

3. 风荷载作用下计算简图对比

风荷载作用下的计算简图对比列于表 7.4。

表 7.3 活荷载作用下计算简图对比

构　件	第三层 AB 框架梁		第二层 AB 框架梁	
荷载	$q_{AD梯形}$	F_D	$q_{AD梯形}$	F_D
手算结果（图 1.76）	$q_{AD梯形}=7.8$ 近似换算成均布荷载：5.53	55.0	$q_{AD梯形}=7.8$ 近似换算成均布荷载：5.53	55.0
电算结果（图 7.16）	5.6	58.2	5.6	58.2
对比（以电算为准）	－1.25％	－5.50％	－1.25％	－5.50％

注　1. 5.53＝7.8×（2.8＋6.7）÷2÷6.7。

2. 表中集中力的单位是 kN，分布力的单位是 kN/m。

表 7.4 风荷载作用下计算简图对比

楼　层	4	3	2	1
左风荷载	F_4	F_3	F_2	F_1
手算结果（图 1.106）	14.1	16.3	13.5	13.3
电算结果（图 7.17）	10.2	17.3	14.9	15.5
对比（以电算为准）	38.2％	－5.8％	－9.4％	－14.2％

注　表中力的单位是 kN。

4. 结论

框架除个别地方恒荷载相差较大（－8.84％）外，其余部位的恒荷载相差不大。活荷载的手算结果与电算结果相差不大，最大－5.50％。顶部风荷载手算结果大于电算结果，因为在手算时考虑了女儿墙部分的风荷载，而电算时忽略了这部分风荷载。

7.3.2 框架梁内力电算结果与手算结果对比分析

1. 恒荷载作用下框架梁弯矩电算结果与手算结果对比

恒荷载作用下框架梁弯矩电算结果与手算结果的对比列于表 7.5。图 7.21 为梁端调幅系数为 0.85 时的弯矩值，图 7.37 给出梁端不调幅时的弯矩值，这样便于对比。

表 7.5 恒荷载作用下框架梁弯矩电算结果与手算结果对比

构　件	第三层 AB 框架梁			第二层 AB 框架梁		
弯矩	左端	跨中	右端	左端	跨中	右端
手算结果（图 1.92）	205.69	178.93	389.54	226.12	211.97	416.80
电算结果（图 7.37）	233.40	236.70	390.60	250.70	251.40	415.80
对比（以电算为准）	－11.9％	—	－0.27％	－9.8％	—	0.24％

注　1. 表中跨中弯矩不能对比，手算结果为跨中弯矩，电算结果为跨间最大弯矩，其比值约为 1.2～1.3，可见计算时可以将跨中弯矩乘以 1.2～1.3 的系数作为跨间最大弯矩为宜。

2. 表中弯矩的单位是 kN·m。

2. 恒荷载作用下框架梁剪力电算结果与手算结果对比

恒荷载作用下框架梁剪力电算结果与手算结果的对比列于表 7.6。

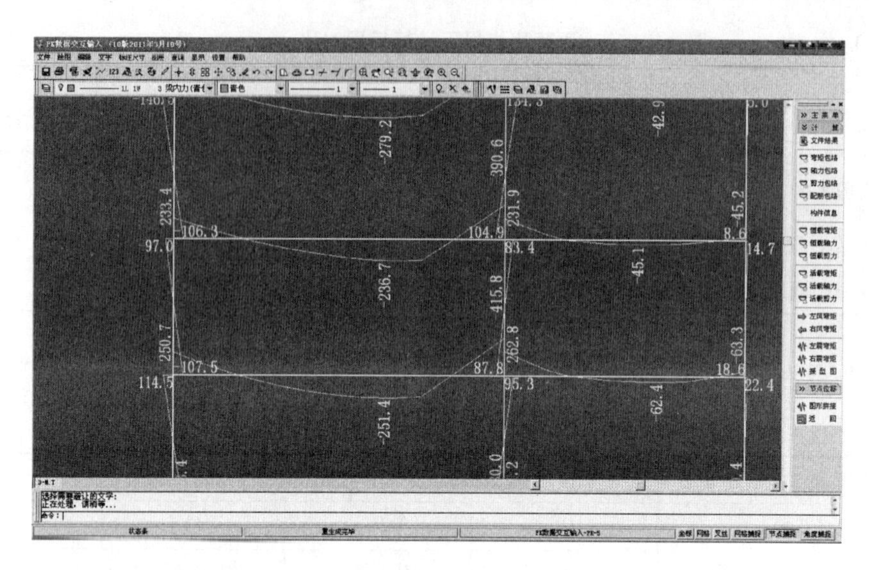

图7.37　梁端不调幅时的恒载作用下弯矩值（单位：kN·m）

表7.6　　　　　　恒荷载作用下框架梁剪力电算结果与手算结果对比

构件	第三层AB框架梁		第二层AB框架梁	
剪力	左端	右端	左端	右端
手算结果（图1.93）	126.27	265.33	155.16	278.68
电算结果（图7.22）	139.60	284.90	167.60	296.10
对比（以电算为准）	−9.5%	−6.9%	−7.4%	−5.9%

注　表中剪力的单位是kN。

3. 风荷载作用下框架梁弯矩电算结果与手算结果对比

风荷载作用下框架梁弯矩电算结果与手算结果的对比列于表7.7。

表7.7　　　　　　风荷载作用下框架梁弯矩电算结果与手算结果对比

构　件	第三层AB框架梁		第二层AB框架梁	
弯矩	左端	右端	左端	右端
手算结果（图1.107）	27.59	21.33	46.12	35.47
电算结果（图7.27）	22.60	20.00	40.7	36.3
对比（以电算为准）	22.1%	6.7%	13.3%	−2.3%

注　表中弯矩的单位是kN·m。

4. 地震荷载作用下框架梁弯矩电算结果与手算结果对比

地震荷载作用下框架梁弯矩电算结果与手算结果的对比列于表7.8。

5. 结论

在恒荷载作用下，框架梁弯矩和剪力的电算结果与手算结果吻合较好，误差基本在10%以内。在恒荷载作用下的跨中弯矩没有对比，因为框架受力复杂，手算时近似取跨度中点的弯矩作为跨中弯矩，而电算结果是跨中的绝对最大弯矩，从表7.5中看出，在手算

表 7.8　　地震荷载作用下框架梁弯矩电算结果与手算结果对比

构　　件	第三层 *AB* 框架梁		第二层 *AB* 框架梁	
弯矩	左端	右端	左端	右端
手算结果（图 1.111）	191.40	151.87	255.73	198.71
电算结果（图 7.29）	168.1	147.7	257.90	229.20
对比（以电算为准）	13.9%	2.8%	−0.84%	−13.3%

注　表中弯矩的单位是 kN・m。

时，近似取跨度中点的弯矩作为跨中弯矩是有一定误差的，因此，近似计算时，最好把跨度中点的弯矩适当放大后作为跨中弯矩。

在风荷载和地震荷载作用下，框架梁弯矩和剪力的电算结果与手算结果有的部分吻合较好，有的地方相差较大（最大不超过 22.1%）。

7.3.3　框架柱内力电算结果与手算结果对比分析

1. 恒荷载作用下框架柱弯矩电算结果与手算结果对比

恒荷载作用下框架柱弯矩电算结果与手算结果的对比列于表 7.9。

表 7.9　　恒荷载作用下框架柱弯矩电算结果与手算结果对比

构　　件	第三层Ⓐ轴线框架柱		第二层Ⓐ轴线框架柱	
弯矩	柱顶	柱底	柱顶	柱底
手算结果（图 1.92）	99.22	109.78	116.34	126.54
电算结果（图 7.21）	97.00	107.50	114.50	122.60
对比（以电算为准）	2.3%	2.1%	1.6%	3.2%

注　表中弯矩的单位是 kN・m。

2. 恒荷载作用下框架柱剪力电算结果与手算结果对比

恒荷载作用下框架柱剪力电算结果与手算结果的对比列于表 7.10。

表 7.10　　恒荷载作用下框架柱剪力电算结果与手算结果对比

构　　件	第三层Ⓐ轴线框架柱		第二层Ⓐ轴线框架柱	
剪力	柱顶	柱底	柱顶	柱底
手算结果（图 1.93）	58.06	58.06	67.47	67.47
电算结果（图 7.22）	56.80	56.80	65.90	65.90
对比（以电算为准）	2.2%	2.2%	2.4%	2.4%

注　表中剪力的单位是 kN。

3. 恒荷载作用下框架柱轴力电算结果与手算结果对比

恒荷载作用下框架柱轴力电算结果与手算结果的对比列于表 7.11。

4. 风荷载作用下框架柱弯矩电算结果与手算结果对比

风荷载作用下框架柱弯矩电算结果与手算结果的对比列于表 7.12。

5. 地震荷载作用下框架柱弯矩电算结果与手算结果对比

地震荷载作用下框架柱弯矩电算结果与手算结果的对比列于表 7.13。

表 7.11　　恒荷载作用下框架柱轴力电算结果与手算结果对比

构　件	第三层Ⓐ轴线框架柱		第二层Ⓐ轴线框架柱	
轴力	柱顶	柱底	柱顶	柱底
手算结果（图1.94）	735.17	767.57	1135.43	1167.83
电算结果（图7.23）	—	829.60	—	1261.40
对比（以电算为准）	—	−7.5%	—	−7.4%

注　表中轴力的单位是kN。

表 7.12　　风荷载作用下框架柱弯矩电算结果与手算结果对比

构　件	第三层Ⓐ轴线框架柱		第二层Ⓐ轴线框架柱	
弯矩	柱顶	柱底	柱顶	柱底
手算结果（图1.107）	20.39	16.68	29.44	24.09
电算结果（图7.27）	18.20	14.1	26.6	20.3
对比（以电算为准）	12.0%	18.3%	10.7%	18.7%

注　表中弯矩的单位是kN·m。

表 7.13　　地震荷载作用下框架柱弯矩电算结果与手算结果对比

构　件	第三层Ⓐ轴线框架柱		第二层Ⓐ轴线框架柱	
弯矩	柱顶	柱底	柱顶	柱底
手算结果（图1.111）	124.44	101.82	153.91	125.92
电算结果（图7.29）	118.70	98.60	161.20	133.00
对比（以电算为准）	4.8%	3.3%	−4.5%	−5.3%

注　表中弯矩的单位是kN·m。

6. 结论

在恒荷载作用下，框架柱弯矩和剪力的手算结果均与电算结果接近，误差在3.2%之内。框架柱轴力的手算结果均小于电算结果，但相差不大，均在7.5%以内。

在风荷载作用下，框架柱弯矩的手算结果大于电算结果，相差在18.7%以内。

在地震荷载作用下，框架柱弯矩的电算结果与手算结果吻合较好，最大相差5.3%。

需要说明：以上对比分析仅选取了框架的部分杆件，未对整榀框架或者所有框架进行统计，因此，结论可能有一定的片面性。如果选择对所有的框架进行统计和对比，结论将更具有实际意义。

参 考 文 献

[1] 建筑制图标准（GB/T 50104—2010）．中华人民共和国国家标准．北京：中国计划出版社，2010.

[2] 房屋建筑制图统一标准（GB/T 50001—2010）．中华人民共和国国家标准．北京：中国计划出版社，2010.

[3] 建筑结构制图标准（GB/T 50105—2010）．中华人民共和国国家标准．北京：中国计划出版社，2010.

[4] 建筑结构荷载规范（GB 50009—2001）（2006 年版）．中华人民共和国国家标准．北京：中国建筑工业出版社，2006.

[5] 建筑抗震设计规范（GB 50011—2010）．中华人民共和国国家标准．北京：中国建筑工业出版社，2010.

[6] 高层建筑混凝土结构技术规程（JGJ 3—2010）．中华人民共和国行业标准．北京：中国建筑工业出版社，2010.

[7] 赵西安．高层建筑结构设计与施工问答［M］．上海：同济大学出版社，1991.

[8] 赵西安．钢筋混凝土高层建筑结构设计［M］．北京：中国建筑工业出版社，1992.

[9] 张维斌．多层及高层钢筋混凝土结构设计释疑及工程实例［M］．北京：中国建筑工业出版社，2005.

[10] 程懋堃．高层建筑结构构造资料集［M］．北京：中国建筑工业出版社，2005.

[11] 《建筑结构静力计算手册》编写组．建筑结构静力计算手册．2 版．［M］．北京：中国建筑工业出版社，1998.

[12] 欧新新，崔钦淑．建筑结构设计与 PKPM 系列程序应用［M］．北京：机械工业出版社，2007.

[13] 王小红，罗建阳．建筑结构 CAD—PKPM 软件应用［M］．北京：中国建筑工业出版社，2004.

[14] 崔钦淑，欧新新．PKPM 系列程序在土木工程中的应用［M］．北京：中国水利水电出版社，2006.

[15] 周献祥．品味钢筋混凝土［M］．北京：中国水利水电出版社，2006.

[16] 腾智明，朱金铨．混凝土结构及砌体结构（上册，2 版）［M］．北京：中国建筑工业出版社，2003.

[17] 彭少民．混凝土结构（下册，2 版）［M］．武汉：武汉理工大学出版社，2004.

[18] 周俐俐，陈小川．土木工程专业钢筋混凝土及砌体结构课程设计指南［M］．北京：中国水利水电出版社，2006.

[19] 沈蒲生．高层建筑结构设计例题［M］．北京：中国建筑工业出版社，2005.

[20] 周俐俐，张志强，苏有文．计算机辅助设计（CAD）应用于毕业设计的利与弊［J］．四川建筑科学研究，2005（5）．

[21] 建筑地基基础设计规范（GB 50007—2011）．中华人民共和国国家标准．北京：中国建筑工业出版社，2011.

[22] 混凝土结构设计规范（GB 50010—2010）．中华人民共和国国家标准．北京：中国建筑工业出版社，2010.

[23] 中国建筑标准设计研究院．混凝土结构施工图平面整体表示方法制图规则和构造详图（11G101—1）．北京：中国建筑标准设计研究院，2011.

[24] 中国建筑科学研究院 PKPM CAD 工程部．结构平面计算机辅助设计软件．[CP] PMCAD．北京：中国建筑科学研究院，2011.

[25] 中国建筑科学研究院 PKPM CAD 工程部．多层及高层建筑结构三维分析与设计软件 TAT．北京：中国建筑科学研究院，2011.

[26] 中国建筑科学研究院 PKPM CAD 工程部．多层及高层建筑结构空间有限元分析与设计软件 SATWE．北京：中国建筑科学研究院，2011.

[27] 混凝土结构工程施工质量验收规范（GB 50204—2011）．中华人民共和国国家标准．北京：中国建筑工业出版社，2011.

[28] 方鄂华．多层及高层建筑结构设计 [M]．北京：地震出版社，2002.

[29] 中国建筑标准设计研究院．混凝土结构施工图平面整体表示方法制图规则和构造详图（06G101－6）．北京：中国建筑标准设计研究院，2006.

[30] 中国建筑标准设计研究院．民用建筑工程结构施工图设计深度图样（09G103）．北京：中国建筑标准设计研究院，2009.

[31] 董军，张伟郁，顾建平，等．土木工程专业毕业设计指南 房屋建筑工程分册 [M]．北京：中国水利水电出版社，2002.

[32] 周果行．工民建专业毕业设计指南 [M]．北京：中国建筑工业出版社，1990.

[33] 《建筑结构设计资料集》编写组．建筑结构设计资料集（混凝土结构分册）[M]．北京：中国建筑工业出版社，2007.

[34] 李国胜．多高层钢筋混凝土结构设计中疑难问题的处理及算例 [M]．北京：中国建筑工业出版社，2004.

[35] 建筑工程抗震设防分类标准（GB 50223—2008）．中华人民共和国国家标准．北京：中国建筑工业出版社，2008.

[36] 建筑桩基技术规范（JGJ 94—2008）．中华人民共和国国家标准．北京：中国建筑工业出版社，2008.